普通高等教育“十一五”国家级规划教材

中国科学技术大学数学教学丛书

概　率　论

(第三版)

苏　淳　冯群强　编著

科学出版社

北　京

内 容 简 介

本书为中国科学技术大学数学类本科生的“概率论”教材，既保留了第二版中原有的基本内容：初等概率论、随机变量、随机向量、数字特征与特征函数、极限定理等，又根据国际通用表述习惯和教学需求调整了叙述方式和部分内容，增加了例题，使得主干脉络更清楚，枝叶更丰满.

本书内容丰富，叙述严谨，深入浅出，既以生动浅显的方式说明了概率论中的许多基本概念的直观意义，又以严密的数学形式陈述了这些概念的数学本质. 书中的有趣例题和大量习题有助于读者理解和掌握概率论基础知识. 在教学中，标有*号的节或小节可以跳过不讲，不影响内容的衔接.

本书可供高等院校数学类师生阅读参考，也可供其他专业人士进一步学习概率论时使用.

图书在版编目(CIP)数据

概率论/苏淳，冯群强编著. —3 版. —北京：科学出版社，2020.4
(中国科学技术大学数学教学丛书)
普通高等教育“十一五”国家级规划教材
ISBN 978-7-03-063327-9

Ⅰ.①概… Ⅱ.①苏… ②冯… Ⅲ.①概率论-高等学校-教材 Ⅳ.①O211

中国版本图书馆 CIP 数据核字(2019) 第 255496 号

责任编辑：张中兴 姚莉丽 李 萍／责任校对：杨聪敏
责任印制：赵 博／封面设计：陈 敬

科学出版社 出版
北京东黄城根北街 16 号
邮政编码：100717
http://www.sciencep.com

保定市中画美凯印刷有限公司印刷
科学出版社发行 各地新华书店经销
*
2004 年 3 月第 一 版 开本：720 × 1000 B5
2010 年 8 月第 二 版 印张：26
2020 年 4 月第 三 版 字数：524 000
2025 年 2 月第十八次印刷

定价：69.00 元

(如有印装质量问题，我社负责调换)

序

对于概率论这样一门有悠久历史, 其基础内容随时代变化不大的学科来说, 要撰写一本教科书, 说容易也容易, 说难也难. 说容易, 是因为其学科体系、基本材料以至编排和叙述方式等方面, 都大致有了一个定型, 再因其读者对象而作适当的剪裁, 就可写出一部拿得出手的成品. 说难, 就因为在上述因素的限制下, 写作易落入俗套, 给人 "千人一面" 的感觉. 所以, 纵观大量已经出版的教科书, 给人的感觉是多数可用或基本可用, 而精品寥寥. 我自己也曾涉足此事, 主观上也想努力写出一点称得上有些特色的东西, 但成绩平平. 这固然有自己才力不逮的因素, 但此事之不易为, 或为而不易精, 也不能不说是一个原因.

因此, 日前苏淳教授以概率论教科书近著见示, 我即怀着浓厚的兴趣仔细通读了一遍, 我得老实承认: 由于上述的 "思想准备", 我的期望值没有放在 "别开生面、耳目一新" 这个档次上, 自己也做不到的事, 不能强人所难. 但我心目中对一本好的教科书, 还是有一定的标准. 如取材的繁简适中, 内容编排次序合理以便于教学, 以及对 "严谨" 性的关注. 这严谨性主要还不是指数学证明是否严格, 因作为一本教科书, 时常不免因照顾读者对象而限制了可用数学工具的范围, 而是指其对概念、定理、理论的表述是否符合科学, 没有似是而非以至误导读者之处. 另外, 是否注意了概念的直观背景及其产生和发展的历史历程. 应该说, 在这几个方面, 苏博士的这本著作都有上乘的表现.

我还想特别提一下习题, 50 年前华罗庚先生在为维诺格拉多夫著作中译本《数论基础》写序时, 特别强调该书的精华在其习题, 指出若读书而忽略了这一方面, 无异入宝山而空返. 华老介绍该书正文内容简略, 但许多补充和重要结果都在习题内, 让读者自己循此按步推演出来. 固然维氏的著作属于专著, 但我想这一精神也适用于教科书, 不做大量的有一定难度的习题, 是决学不好一门数学的. 我总有一种感觉 —— 也许是个人偏见: 在大量现行概率统计教科书中, 相当一部分在习题这个环节功夫不够. 苏博士的这本著作在这一点上给予了充分的重视, 其所附习题紧密配合教材内容, 量大且难度安排合理 —— 较易的和有一定难度的都有.

该书作者苏淳教授是我国资深的概率论研究者, 从事这个领域的研究和教学工作垂 20 年, 在概率极限理论以及金融数学等方面取得了丰硕的成果, 并在多年教学和研究工作中, 积累了许多经验. 他现在贡献给读者的这部著作凝聚了他多年的教学心得和体会, 实在是弥足珍贵. 因此, 在该书即将问世之际, 笔者作为其第一位读者, 写下了自己的一点感想, 是为序.

陈希孺

2003 年 8 月 4 日

第三版前言

光阴荏苒, 时光如箭, 眨眼间第二版问世已有差不多十年了. 一切都在发展, 都在随时间而变化, 我们的概率论课本也不例外.

首先, 对随机变量的分布函数, 我们在这一版中采用了当今世界惯用的定义方式, 改为右连续的. 这一改动, 使得我们的叙述方式与当今的众多概率统计文献相吻合, 更有利于读者今后的进一步学习. 我们变更了组合数符号, 将 C_n^k 改为 $\binom{n}{k}$, 不仅是为了与国际接轨, 也是为了使用中的方便. 我们在许多章节里增加了例题, 加强了定理与例题的相互映照, 使得内容更加生动活泼. 在 "絮话正态分布" 中, 我们粗浅地介绍了关于正态分布研究的发展简史, 按照管理学中的定义, 对 3σ 原则的概念作了更正, 还粗浅地介绍了高考中的标准分的产生原因和产生办法.

其次, 在内容安排上, 我们设了附录, 把前两版中一些仅仅为保证理论性的严密完整而写的内容收录其间. 数学上有一些定理, 就其内容而言非常重要, 但是就其正确性的证明所运用的知识和方法来看, 却脱离我们教学的主干线, 写在正文中, 会分散读者时间与精力, 但完全删去又有损于理论的严密, 放入附录最好, 可供感兴趣者阅读, 也可供大家必要时查阅. 而在正文中, 我们就可以腾出时间和篇幅来讲述定理的价值和意义, 讲述它们的作用和应用, 讲述更多的例题, 更有利于读者了解知识的方方面面, 有利于他们能力的提高.

这一版还有一个鲜明的特点, 就是在第 5 章中扩充了条件期望的内容, 大力介绍了避开分布求期望的方法, 通过许多例题展现这一方法的威力和作用, 更加体现出概率论的现代教学风格.

为便于在本科生教学中使用本书, 我们在目录中对一部分内容标了 $*$ 号, 这些标有 $*$ 号的节或小节可以跳过不讲. 其他未加 $*$ 号的内容, 也可根据需要或课时情况灵活调整.

借此机会, 向缪柏其教授和胡太忠教授对本书的修订所提出的宝贵意见表示衷心的感谢. 同时也感谢冯群强博士在本版的修订和写作上所贡献的心血与精力.

苏 淳

2019 年 6 月 30 日

于合肥

第一版前言

概率论是一门研究随机现象中的数量规律的数学学科, 随机现象在自然界和人类生活中无处不在. 随着人类社会的进步, 科学技术的发展以及经济全球化的日益快速进程, 概率论在众多领域内扮演着越来越重要的角色, 取得越来越广泛的应用, 也获得了越来越大的发展动力. 概率论又是一门有着严密的数学理论基础的学科, 它的公理化体系是建立在集合论和测度论基础上的. 只有在这个公理化体系之下学习概率论, 才能弄清它的概念和理论, 也才能为学习概率统计的系统知识打下必要的基础.

作为一本为数学类本科生写作的 "概率论" 教材, 既要对概率论的基本概念给予严密的陈述, 又要让学生切实了解它们的直观意义, 这就要求我们认真处理好直观性和严密性的关系, 使它们达到有机的统一. 因此, 我们对于诸如随机事件、概率空间、随机变量等一系列基本概念, 都从多种不同角度予以介绍, 使得它们不仅仅是一些抽象的数学概念, 而且是一些有血有肉、生动鲜活的事物, 看得见, 摸得着. 本书的内容, 即使对于没有学过实变函数的读者来说, 只要认真加以体验, 也是可以接受的.

本书成形后, 已经在中国科学技术大学数学类本科生的教学中使用过多次, 取得了良好的教学效果. 此次整理出版时, 作者又遵照陈希孺院士的建议, 并结合教学实践中的体会, 作了不少修改和补充. 陈昱和冯群强两位博士生为本书选配了习题. 在写作中, 作者参考了多个兄弟院校的概率论教材, 尤其是从南开大学杨振明先生编著的《概率论》教材中受到许多启发. 在此谨向他们致以深深的谢意.

苏　淳

2003 年 6 月 30 日

于中国科学技术大学

目　录

第1章 预 备 知 识

*1.1 随机现象和随机事件

概率论是一门研究随机现象中的数量规律的数学学科, 随机现象在自然界和人类生活中无处不在. 抛掷一枚硬币, 可能出现正面, 也可能出现反面; 抛掷一枚骰子, 可能出现 $1, 2, \cdots, 6$ 点; 110 报警台一天中说不定会接到多少次报警电话; 等等. 在这些现象中都可能有多种不同的结果出现, 并且事前人们无法知道究竟会出现哪一种结果. 这类现象被称为随机现象, 意即其结果随机遇而定的现象.

研究随机现象中的数量规律对于人类认识自身和自然界, 有效地进行经济活动和社会活动十分重要. 人类的寿命长短, 基因的遗传和变异规律, 疾病的发生发展和传播规律; 自然界中的气候变化规律, 河流的流量变化规律, 鱼的洄游规律; 在经济活动中: 股票价格的涨落, 市场需求的变化, 资金回报率的变动, 保险公司经营状况的变化; …… 都是需要加以研究的, 而它们无一不是随机现象中的数量规律.

概率论正是为了研究随机现象中的数量规律而产生的一门数学学科, 并且随着这种研究需求的推动而不断地发展着. 可以说概率论是当前世界上发展最为迅速也是最为活跃的数学学科之一.

在随机现象中, 虽然不能事先预言所可能出现的具体结果, 但是却可以认为 "所有可能的结果" 是已知的. 例如, 抛掷硬币的所有结果只有两个: 正面和反面; 母兔下崽的只数一定是正整数; 110 报警台 1 天内接到的报警次数一定是非负整数; 股票价格的涨跌幅度充其量可认为是任意实数; 等等.

为了研究随机现象的数量规律, 人们需要进行观察或安排试验. 例如, 为了研究射击中的规律, 可以让射手去射击; 为了检验骰子是否均匀, 可以实际地反复投掷; 等等. 但是, 为了研究 110 报警台接到的报警次数的变化规律, 为了研究长江流量规律, 等等, 我们就只能进行观察. 无论是观察还是试验, 目的都是为了了解相应随机现象中所可能出现的所有不同结果及其发生规律. 所以, 我们把这类观察或试验统统称为统计试验. 也就是说, 统计试验就是了解随机现象所可能发生的所有不同结果及其发生规律而进行的试验或观察.

为了能够研究随机现象中的规律, 人们通常用一个集合 Ω 来表示所有不同的可能结果. 例如, 在抛掷一枚骰子的试验中, 一共有 6 种不同的可能结果出现, 因此 $\Omega = \{1, 2, 3, 4, 5, 6\}$; 在抛掷一枚硬币的试验中, 可以将 Ω 写成 {正, 反}, 也可以数学化地用 1 表示出现正面, 用 0 表示出现反面, 将 Ω 写为 $\{0, 1\}$; 在研究 110 报警台 1 天内接到的报警次数时, 由于事前难于定出次数的最大值, 所以就将 Ω 取为所有非负整数的集合; 在研究人的身高时, 可以将 Ω 取为所有正数的集合; 在研究股市的变化规律时, 可以将 Ω 取为所有实数的集合; 等等. 总之, Ω 就是包含了所有可能的试验结果的集合.

应当注意, 在试验结果仅有有限多个时, 我们把 Ω 取为所有这些可能结果的集合. 例如, 连续射击 5 次, 只考察各次射击是否命中目标, 我们若以 1 表示命中目标, 以 0 表示未命中目标, 那么

$$\Omega=\{(a_1,a_2,\cdots,a_5)\mid a_j=0 \text{ 或 } 1,\ j=1,2,3,4,5\},$$

其中一共有 32 个元素, 每一个元素都是一个由 0 或 1 组成的 5 元有序数组.

一般地, 我们用小写希腊字母 ω 或者带有足标的小写希腊字母 ω_i 表示 Ω 中的元素. 例如, 对于一个仅有 n 个元素的 Ω, 可以将其记作

$$\Omega=\{\omega_i\mid i=1,2,\cdots,n\}=\{\omega_1,\omega_2,\cdots,\omega_n\}.$$

对于随机现象来说, 每一次试验都只能出现 Ω 中的一个结果 ω, 所以各个结果 ω 在一次试验中是否出现是随机遇而定的. 我们在随机试验中通常会关心其中的一类结果是否出现. 例如, 抛掷一枚骰子, 会关心掷出的点数是否为奇数; 考察某个城市治安状况, 会关心一天中的报警次数是否超过某个给定的数目; 等等. 这些都是在我们的试验中可能出现, 也可能不出现的结果. 在概率论中, 这种在一次试验中可能出现, 也可能不出现的一类结果称为*随机事件*, 简称为*事件*.

不言而喻, 我们所关心的一类结果构成了 Ω 的一个子集. 例如, 抛掷一枚骰子, 如果关心掷出的点数是否为奇数, 那么子集 $A=\{1,3,5\}$ 就是所关心的随机事件; 考察城市治安状况, 即 110 报警台一天中所接到的报警次数, 而如果关心其次数是否不少于 k 次, 那么子集 $A_k=\{n\mid n\geqslant k\}$, $k\in\mathbb{N}$ 就是我们所关心的随机事件; 等等. 当试验的结果 ω 属于该子集时, 便出现了所关心的一类结果, 这时就说, 相应的随机事件*发生*了. 相反地, 如果试验的结果 ω 不属于该子集, 那么便说该事件*没有发生*. 例如, 如果掷骰子掷出了 3, 那么事件 $A=\{1,3,5\}$ 发生; 如果掷出 2, 那么事件 $A=\{1,3,5\}$ 就没有发生; 如果某天中的报警次数为 5, 那么对事件 $A_k=\{n\mid n\geqslant k\}$, $k\in\mathbb{N}$, 便有 $A_1,\cdots,A_5$ 都发生了, 而事件 $A_6,A_7,\cdots$ 都没有发生.

Ω 中的每个元素 ω 作为 Ω 的单点子集, 也是一类可能发生, 也可能不发生的结果, 所以也是随机事件. 由于每一次试验的结果 ω 都一定是 Ω 中的一个单点子集 $\{\omega\}$, 所以我们把 Ω 中的每一个元素都称为一个*基本随机事件*(简称为*基本事件*), 也称为一个*样本点*. 并且把 Ω 称为*样本空间*. 于是, **样本空间 Ω 就是包含了所有基本事件 (样本点) 的集合**.

由于样本空间 Ω 自身也是自己的一个子集, 所以也把它称作一个事件. 由于每一次试验的结果 ω 都是 Ω 中的一个元素, 所以 Ω 在每一次试验中都一定发生, 故把它称为**必然事件**. 相对应地, 由于空集 $\varnothing$ 也是 Ω 的一个子集, 只不过 $\varnothing$ 中不包含任何元素, 所以 $\varnothing$ 在每一次试验中都一定不发生, 故把它称为**不可能事件**.

习 题 1.1

1. 同时抛掷两枚均匀的骰子, 试写出: (1) 样本空间 Ω; (2) 两枚骰子上的点数相等的随机事件; (3) 两枚骰子上的点数之和等于 10 的随机事件.

2. 在以原点为圆心的单位圆内随机抽取一点, 试写出: (1) 样本空间 Ω; (2) 所取之点与圆心的距离小于 $r(0<r<1)$ 的随机事件; (3) 所取之点与圆心的距离大于 $\dfrac{1}{3}$ 小于 $\dfrac{1}{2}$ 的随机事件.

3. 考察正方体 6 个面的中心, 从中任意选择 3 个点连成三角形, 把剩下的 3 个点也连成三角形, 以 A 表示所得到的两个三角形相互全等的事件, 则 A 是一个什么样的事件?

4. 连续抛掷一枚均匀的骰子, 直到六个面都出现为止. 以 A 表示所需的抛掷次数不超过 100 的事件, 则 A 是一个什么样的事件?

1.2 随机事件的运算

我们已经知道了样本空间 Ω 就是包含了所有基本随机事件 (样本点) 的集合, 而随机事件是它的子集, 所谓一个随机事件发生, 就是指统计试验的结果是该子集中的一个元素 (即基本事件). 大家知道, 在集合之间是可以进行运算的, 因此在随机事件之间也可以进行相应的运算. 我们这一节的任务就是要弄清楚, 作为 Ω 的子集的随机事件之间的运算所代表的概率意义.

设 A, B, A_1, $A_2, \cdots$ 是某个统计试验中的一些随机事件, 也就是样本空间 Ω 的一些子集. 当这些事件之间按照集合之间的运算规则进行运算时, 运算的结果自然还是 Ω 的子集, 因此它们应该还是随机事件. 那么这些随机事件各表示什么意义呢? 下面就来逐一说明.

$A\cup B$ 在集合论中称为 A 并 B, 它表示由 A 和 B 中所有不同元素所形成的集合, 作为 Ω 的子集间的运算, 它表示由 A 和 B 中所有不同基本事件所形成的随机事件, 当 $A\cup B$ 发生时, 表示试验的结果是 $A\cup B$ 的一个元素 (基本事件). 易知

$$\omega \in A\cup B \Longrightarrow \omega \in A \text{ 或 } \omega \in B,$$

因此当事件 $A\cup B$ 发生时, 必有事件 A 或事件 B 发生, 所以在概率论中称 $A\cup B$ 为 A 与 B 的**并事件**, 称事件 $A\cup B$ 发生为**事件 A 或事件 B 发生**.

通过类似的讨论可知, 交事件 $A\cap B$(或写成 AB) 表示**事件 A 和事件 B 同时发生**.

当 $AB=\varnothing$ 时, 表示事件 A 和事件 B 不可能同时发生, 此时将它们称为**互不相容的事件**或**互斥事件**.

A^c 在集合论中表示由 Ω 中所有不属于 A 的元素所形成的集合, 称为 A 的余集, 又称为 A 的补集. 在概率论中, A^c 表示由所有不属于 A 的基本事件所形成的随机事件. 显然

$$\omega \in A^c \Longrightarrow \omega \notin A.$$

所以当 A^c 发生时, 试验的结果不属于 A, 此时 A 不发生. 容易看出

$$A\cup A^c=\Omega, \quad AA^c=\varnothing.$$

因此, 任何试验结果必属于事件 A 与 A^c 之一, 并且只属于其中的一个. 所以在任何时候, 事件 A 与 A^c 中都必有一个发生, 而且只有一个发生. 我们将 A^c 称为 A 的**对立事件**, 又称为 A 的**余事件**, 或**补事件**.

显然 $(A^c)^c=A$, 所以 A 与 A^c 互为对立事件. 由于 $A\cap A^c=\varnothing$, 所以对立事件一定互不相容. 又因为 $A\cup A^c$ 一定等于 Ω, 而互不相容事件未必满足这一条件, 所以**互不相容事件并不一定为对立事件**. 例如在后面的例 1.3.2 中, 事件 A 与 B 为互不相容事件, 因为它们不能同时发生 (事件 A 表示 "3 次都掷出反面", 而事件 B 表示 "恰有 1 次掷出正面"), 但是 $A\cup B\neq\Omega$, 所以它们不是相互对立的事件. 事实上, A 的对立事件是 "至少有 1 次掷出正面". **对立事件的含义是 "非此即彼", 即两者中必有一者发生, 但两者必不同时发生.** 因为 A 不发生就是 A^c 发生, A^c 不发生就是 A 发生.

差集 $A-B$ 在集合论中的含义是清楚的, 在概率论中 $A-B$ 表示**事件 A 发生, 事件 B 不发生**. 利用余事件的概念, 可以把 $A-B$ 表示为 AB^c(图 1.1).

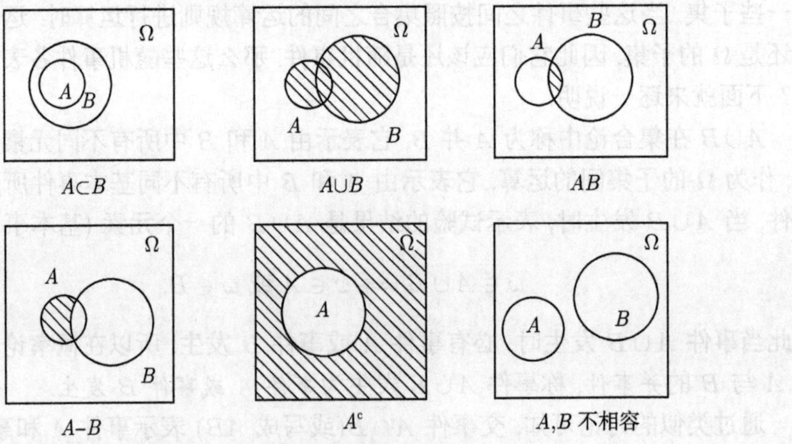

图 1.1　事件运算的 Venn 图

$A\triangle B$ 称为集合 A 与 B 的对称差, 有 $A\triangle B = AB^c \cup A^cB = A\cup B - AB$, 在概率论中表示事件 A 与 B 中恰有一个事件发生.

集合论中有关集合间的包含关系, 在概率论中也有概率意义上的解释. 在集合论中 $A\subset B$ 表示 A 是 B 的子集, 称为 A 包含于 B, 又称为 B 包含 A. 由于

$$A\subset B \Longrightarrow \text{只要 } \omega\in A, \text{ 就有 } \omega\in B,$$

所以只要事件 A 发生, 就一定有事件 B 发生. 因此在概率论中, $A\subset B$ 表示 *A 发生必然导致 B 发生*, 通常把事件 $A\subset B$ 叫做*事件 A 蕴涵事件 B*.

如果 $A\subset B$ 且 $B\subset A$, 则表明事件 A 蕴涵事件 B, 事件 B 也蕴涵事件 A, 因此有 $A=B$. 在证明两个事件相等时, 就需要证明它们之间的这种相互蕴涵关系.

上述各种运算不难推广到多个事件的场合. 设 $A_1, A_2, \cdots, A_n$ 是 n 个事件, 称

$$A_1\cup A_2\cup\cdots\cup A_n \quad \text{或} \quad \bigcup_{k=1}^{n} A_k$$

为它们的并, 表示在事件 $A_1, A_2, \cdots, A_n$ 中至少有一个发生. 称

$$A_1\cap A_2\cap\cdots\cap A_n \quad \text{或} \quad A_1A_2\cdots A_n \quad \text{或} \quad \bigcap_{k=1}^{n} A_k$$

为它们的交, 表示事件 $A_1, A_2, \cdots, A_n$ 同时发生.

显然还可以进行多个事件的并、交和取余的混合运算, *在进行混合运算时, 规定先作取余运算, 再作交运算, 最后作并运算. 当然还可以用括号表示运算进行的优先顺序*.

对可列个事件 $A_1, A_2, \cdots$, 将它们的**并**规定为

$$A_1\cup A_2\cup\cdots = \bigcup_{k=1}^{\infty} A_k = \lim_{n\to\infty}\bigcup_{k=1}^{n} A_k,$$

表示事件 $A_1, A_2, \cdots$ 中至少有一个发生; 将它们的**交**规定为

$$A_1\cap A_2\cap\cdots = \bigcap_{k=1}^{\infty} A_k = \lim_{n\to\infty}\bigcap_{k=1}^{n} A_k,$$

表示事件 $A_1, A_2, \cdots$ 同时发生.

上极限事件和**下极限事件**是概率论中的两个重要概念, 分别记为 $\bigcap\limits_{k=1}^{\infty}\bigcup\limits_{n=k}^{\infty} A_n$ 和 $\bigcup\limits_{k=1}^{\infty}\bigcap\limits_{n=k}^{\infty} A_n$, 其中 $\{A_n,\ n\in\mathbb{N}\}$ 是一列事件.

我们先来解释它们的概率意义. 容易看出, 对上极限事件, 有

$$\omega\in\bigcap_{k=1}^{\infty}\bigcup_{n=k}^{\infty}A_n\Longrightarrow\omega\in\bigcup_{n=k}^{\infty}A_n,\ \forall\, k\in\mathbb{N}$$
$$\Longrightarrow\exists\, n_k\geqslant k,\ \omega\in A_{n_k},\ \forall\, k\in\mathbb{N},$$

所以上极限事件 $\bigcap\limits_{k=1}^{\infty}\bigcup\limits_{n=k}^{\infty}A_n$ 表示 $\{A_n,\ n\in\mathbb{N}\}$ 中有**无穷多个发生**. 类似地, 对下极限事件, 有

$$\omega\in\bigcup_{k=1}^{\infty}\bigcap_{n=k}^{\infty}A_n\Longrightarrow\exists\, k\in\mathbb{N},\omega\in\bigcap_{n=k}^{\infty}A_n$$
$$\Longrightarrow\omega\in A_n,\ \forall\, n\geqslant k,\ n\in\mathbb{N},$$

所以下极限事件 $\bigcup\limits_{k=1}^{\infty}\bigcap\limits_{n=k}^{\infty}A_n$ 表示 $\{A_n,\ n\in\mathbb{N}\}$ 中**至多有有限个不发生**.

下面解释上极限事件和下极限事件名称的来历. 由于 $\bigcup\limits_{n=k}^{\infty}A_n\supset\bigcup\limits_{n=k+1}^{\infty}A_n$, 所以 $\left\{\bigcup\limits_{n=k}^{\infty}A_n\right\}$ 是下降的事件序列, 因此该序列存在极限, 并且有

$$\bigcap_{k=1}^{\infty}\bigcup_{n=k}^{\infty}A_n=\lim_{k\to\infty}\bigcup_{n=k}^{\infty}A_n.$$

类似地, 有

$$\bigcup_{k=1}^{\infty}\bigcap_{n=k}^{\infty}A_n=\lim_{k\to\infty}\bigcap_{n=k}^{\infty}A_n.$$

由于 "$\{A_n,\ n\in\mathbb{N}\}$ 中至多有有限个不发生" 显然蕴涵 "$\{A_n,\ n\in\mathbb{N}\}$ 中有无穷多个发生", 所以我们把极限 $\lim\limits_{k\to\infty}\bigcup\limits_{n=k}^{\infty}A_n$ 叫做原来的事件序列 $\{A_n,\ n\in\mathbb{N}\}$ 的**上极限事件**, 也记为

$$\limsup_{n\to\infty}A_n=\bigcap_{k=1}^{\infty}\bigcup_{n=k}^{\infty}A_n;$$

而把极限 $\lim\limits_{k\to\infty}\bigcap\limits_{n=k}^{\infty}A_n$ 叫做原来的事件序列 $\{A_n,\ n\in\mathbb{N}\}$ 的**下极限事件**, 也记为

$$\liminf_{n\to\infty}A_n=\bigcup_{k=1}^{\infty}\bigcap_{n=k}^{\infty}A_n.$$

我们把如上的讨论结果列成一张表 (表 1.1).

表 1.1

符 号	集合论意义	概率论意义
Ω	全集或空间	样本空间、必然事件
$\varnothing$	空集	不可能事件
ω	元素	样本点、基本事件
A	可测子集	随机事件
$\omega \in A$	ω 是 A 的元素	试验结果 ω 属于 A, 事件 A 发生
$A \subset B$	A 包含在 B 中	若 A 发生, 则 B 一定发生; 事件 A 蕴涵事件 B
$A = B$	A 与 B 相等	A 与 B 为同一事件; 它们同时发生或同时不发生
$A \cap B$ 或 AB	交集	表示 A 与 B 同时发生
$AB = \varnothing$	不相交	A 与 B 不相容 (互斥), 它们不可能同时发生
$A \cup B$	并集	表示 A 或 B 发生, A 与 B 中至少有一个发生
A^{c}	余集	对立事件; A^{c} 发生表示 A 不发生
$A - B$ 或 AB^{c}	差集	表示 A 发生, 而 B 不发生
$A \triangle B$	对称差	表示 A 与 B 中恰有一个发生
$\limsup\limits_{n\to\infty} A_n = \bigcap\limits_{k=1}^{\infty}\bigcup\limits_{n=k}^{\infty} A_n$	上极限集合	表示事件序列 $\{A_n\}$ 中有无穷多个事件发生
$\liminf\limits_{n\to\infty} A_n = \bigcup\limits_{k=1}^{\infty}\bigcap\limits_{n=k}^{\infty} A_n$	下极限集合	表示事件序列 $\{A_n\}$ 中至多有有限个事件不发生

我们可以利用事件的运算表示各种意思, 如下面的例子.

例 1.2.1 设 A, B, C 是某个统计试验中的三个随机事件, 则

(1) A 发生, 而 B 与 C 都不发生, 可以表示为

$$AB^{\mathrm{c}}C^{\mathrm{c}} \quad \text{或} \quad A - B - C \quad \text{或} \quad A - (B \cup C);$$

(2) A 与 B 都发生, 而 C 不发生, 可以表示为

$$ABC^{\mathrm{c}} \quad \text{或} \quad AB - C \quad \text{或} \quad AB - ABC;$$

(3) 三个事件中恰有一个事件发生, 可以表示为

$$AB^{\mathrm{c}}C^{\mathrm{c}} \cup A^{\mathrm{c}}BC^{\mathrm{c}} \cup A^{\mathrm{c}}B^{\mathrm{c}}C;$$

(4) 三个事件中恰有两个事件发生, 可以表示为

$$ABC^{\mathrm{c}} \cup AB^{\mathrm{c}}C \cup A^{\mathrm{c}}BC \quad \text{或} \quad (AB \cup BC \cup CA) - ABC;$$

(5) 三个事件都发生, 可以表示为 ABC;

(6) 三个事件中至少有一个事件发生, 可以表示为

$$A \cup B \cup C \quad \text{或} \quad ABC \cup (ABC^{\mathrm{c}} \cup AB^{\mathrm{c}}C \cup A^{\mathrm{c}}BC) \cup (AB^{\mathrm{c}}C^{\mathrm{c}} \cup A^{\mathrm{c}}BC^{\mathrm{c}} \cup A^{\mathrm{c}}B^{\mathrm{c}}C),$$

还可以表示为 $(A^cB^cC^c)^c$.

例 1.2.2 观察 110 报警台一天中接到的报警次数. 如果以 A_k 表示报警次数不少于 k 次的随机事件; B_k 表示报警次数恰好为 k 次的随机事件, 那么容易看出: A_k^c 表示报警次数少于 k 次的随机事件; B_k^c 表示报警次数不是 k 次的随机事件; $B_iB_j=\varnothing$, $i\neq j$; $A_{k+1}\subset A_k$, $A_k=\bigcup\limits_{n=k}^{\infty}B_n$, $B_k=A_k-A_{k+1}$; 等等.

既然事件之间的运算就是 Ω 的子集之间的运算, 所以由集合的运算法则知, 事件的运算满足如下的运算法则:

交换律 $A\cup B=B\cup A$, $AB=BA$;

结合律 $(A\cup B)\cup C=A\cup(B\cup C)$, $(AB)C=A(BC)$;

分配律 $(A\cup B)\cap C=AC\cup BC$, $(AB)\cup C=(A\cup C)(B\cup C)$;

对偶原理(De Morgan 法则) $(A\cup B)^c=A^cB^c$, $(AB)^c=A^c\cup B^c$.

在遇到并、交和取余的混合运算时, 一般的运算顺序是: *最先取余, 再求交, 最后求并*. 我们还可以通过加括号来规定运算之间的先后顺序. 可以通俗地把 De Morgan 法则读为: *并的余集是余集的交, 交的余集是余集的并*, 它在概率论中的应用极为广泛.

习　题　1.2

1. 设 A,B,C 为某三个事件, 证明:

(1) $AB\cup BC\cup AC\supset ABC$; (2) $AB\cup BC\cup AC\subset A\cup B\cup C$.

2. 设 A 和 B 是两个随机事件, 试求使得如下等式成立的一切事件 X:

(1) $AX=AB$; (2) $(A\cup X)^c\cup(A^c\cup X)^c=B$.

3. 试确定随机事件 A 和 B, 如果 (1) $A\cup B=A^c$; (2) $AB=A^c$.

4. 设 A 和 B 为某两个事件, 试求出所有的事件 X, 使

$$(X\cup A)^c\cup(X\cup A^c)^c=B.$$

5. 证明, 对任何随机事件 A 和 B, 如下各关系式相互等价:

$$A\subset B,\quad A^c\supset B^c,\quad A\cup B=B,\quad A\cap B=A,\quad A-B=\varnothing.$$

6. 设 A 和 B 是两个随机事件, 试讨论如下各事件之间的关系:

(1) $(A\cup B)(A\cup B^c)\cup(A^c\cup B)(A^c\cup B^c)$;

(2) $(A\cup B)(A^c\cup B^c)\cup(A\cup B^c)(A^c\cup B)$;

(3) $(A\cup B)(A^c\cup B)(A\cup B^c)(A^c\cup B^c)$.

7. 在区间 [0,1] 中任取一点 x, 记 $A=\left\{0\leqslant x\leqslant\dfrac{2}{3}\right\}$, $B=\left\{\dfrac{1}{4}<x\leqslant\dfrac{3}{4}\right\}$ 和 $C=\left\{\dfrac{1}{3}\leqslant x<1\right\}$, 试用相同的方法表示如下各事件:

(1) AB^c; (2) $A+B^c$; (3) $(AB)^c$; (4) $(A^cB^c)^c$; (5) $(A+B)(A+C)^c$.

8. 试用事件 $A_1, \cdots, A_5$ 表示如下各事件:

(1) $B_1 = \{A_1, \cdots, A_5$ 中至多发生两个$\}$; (2) $B_2 = \{A_1, \cdots, A_5$ 中至少发生两个$\}$;

(3) $B_3 = \{A_1, \cdots, A_5$ 中恰发生两个$\}$; (4) $B_4 = \{A_1, \cdots, A_5$ 都不发生$\}$.

9. 市场调查员报道了如下数据: 在被询问的 1000 名顾客中, 有 811 人喜欢巧克力糖, 752 人喜欢夹心糖, 418 人喜欢大白兔糖, 570 人喜欢巧克力糖和夹心糖, 356 人喜欢巧克力糖和大白兔糖, 348 人喜欢夹心糖和大白兔糖，以及 297 人喜欢全部三种糖果. 证明这一信息有误.

10. 若 A, B, C 为随机事件, 说明下列各关系式的概率意义:

(1) $ABC = A$; (2) $A \cup B \cup C = A$; (3) $AB \subset C$; (4) $A \subset (BC)^c$.

11. 设事件列 $\{A_n\}$单调上升, 即对任何 $n \in \mathbb{N}$, 有 $A_n \subset A_{n+1}$, 试用概率论语言证明

$$\limsup_{n\to\infty} A_n = \bigcup_{n=1}^{\infty} A_n = \liminf_{n\to\infty} A_n.$$

12. 进行独立重复的 Bernoulli 试验. 以事件 A_n 表示 “事件 A 在第 n 次试验时出现”, 事件 $B_{n,m}$ 为 “事件 A 在前 n 次试验中出现 m 次”.

(1) 试以 A_i 表示 $B_{4,2}$;

(2) 试解释事件 $B_m = \bigcap\limits_{n=m}^{\infty} \left(\bigcup\limits_{k=0}^{m} B_{n,k} \right)$;

(3) 记 $B = \bigcup\limits_{m=1}^{\infty} B_m$. 试问关系式 $\bigcap\limits_{n=1}^{\infty} A_n \subseteq B^c$ 与 $\bigcap\limits_{n=1}^{\infty} A_n^c \subseteq B$ 是否成立?

13. 盒中盛有许多黑球和白球, 从中相继取出 n 个球, 以 A_i 表示第 i 个被取出的球是白球的事件 $(1 \leqslant i \leqslant n)$, 试用 A_i 表示如下各事件:

(1) 所有 n 个球都是白球; (2) 至少有一个白球; (3) 恰有一个白球; (4) 不多于 k 个白球; (5) 不少于 k 个白球; (6) 恰有 k 个白球; (7) 所有 n 个球同色.

14. 甲乙二人下棋, 事件 A 表示甲赢, 事件 B 表示乙赢. 如下各事件分别表示什么意思:

(1) $A \triangle B^c$; (2) $A^c \triangle B$; (3) $A^c \triangle B^c$; (4) $B^c \setminus A$; (5) $A^c \setminus B$.

*1.3 古典概型

古典概型所研究的是一类最简单的随机现象: 在这类随机现象中一共只有有限种不同的可能结果 (基本事件) 出现, 并且各个基本事件发生的机会相等.

这类随机现象极为多见, 例如, 抛掷均匀的硬币, 抛掷均匀的骰子, 等等.

研究随机现象的规律就是要考察各种随机事件发生的可能性, 即要在样本空间中引入一种测度 $\mathbf{P}$, 称为概率, 用以度量各种随机事件发生的可能性的大小.

既然 Ω 为必然事件, 所以规定 $\mathbf{P}(\Omega) = 1$; 而 $\varnothing$ 为不可能事件, 所以 $\mathbf{P}(\varnothing) = 0$.

当样本空间中一共只有 n 个基本事件, 并且各个基本事件的发生可能性相等时, 那么每个基本事件的发生概率就应当都是 $\dfrac{1}{n}$. 这样一来, 当某个随机事件 A 中所包含的基本事件个数为 m 时, 则随机事件 A 的发生概率就应当是 $\mathbf{P}(A) = \dfrac{m}{n}$,

即有

$$\mathbf{P}(A)=\frac{|A|}{|\Omega|},\tag{1.3.1}$$

其中 $|A|$ 和 $|\Omega|$ 分别表示事件 A 和 Ω 中所包含的基本事件 (样本点) 个数. 这种概率模型就称为**古典概型**.

古典概型是一种最简单的概率模型, 大家在以前的学习中已经有所接触. 我们再来看一些简单的例子.

例 1.3.1　抛掷一枚均匀的骰子一次, 求如下各随机事件的发生概率: (1) 抛出的点数不小于 5; (2) 抛出的点数为质数; (3) 抛出的点数为偶数.

解　分别用 A,B,C 表示上述各随机事件, 易见

$$A=\{5,6\},\quad B=\{2,3,5\},\quad C=\{2,4,6\},$$

从而知 $|A|=2,\ |B|=3,\ |C|=3$, 由于 $|\Omega|=6$, 所以由公式 (1.3.1) 得

$$\mathbf{P}(A)=\frac{2}{6}=\frac{1}{3},\quad \mathbf{P}(B)=\frac{3}{6}=\frac{1}{2},\quad \mathbf{P}(C)=\frac{3}{6}=\frac{1}{2}.$$

例 1.3.2　抛掷一枚均匀的硬币 3 次, 求如下各事件的发生概率: (1) 3 次都掷出反面; (2) 恰有 1 次掷出正面; (3) 第 1 次掷出正面, 且至少有两次掷出正面.

解　我们先来弄清样本空间 Ω 是什么. 按照定义, Ω 应当由一切可能发生的基本随机事件所组成, 即由 3 次抛掷所可能出现的所有不同结果组成, 因此,

$$\begin{aligned}\Omega=\{&(\text{正},\text{正},\text{正}),\ (\text{正},\text{正},\text{反}),\ (\text{正},\text{反},\text{正}),\ (\text{反},\text{正},\text{正}),\\&(\text{正},\text{反},\text{反}),\ (\text{反},\text{正},\text{反}),\ (\text{反},\text{反},\text{正}),\ (\text{反},\text{反},\text{反})\}.\end{aligned}$$

如前所说, 也可以用 1 表示正面, 用 0 表示反面, 于是也可将 Ω 表示为

$$\Omega=\big\{(a_1,a_2,a_3)\mid a_j=0\text{ 或 }1,\ j=1,2,3\big\}.$$

总之我们都有 $|\Omega|=8$. 相应地, 如果分别用 A,B,C 表示上述各随机事件, 则有

$$A=\{(0,0,0)\};\quad B=\{(1,0,0),\ (0,1,0),\ (0,0,1)\};\quad C=\{(1,1,1),\ (1,1,0),\ (1,0,1)\}.$$

从而知 $|A|=1,\ |B|=3,\ |C|=3$, 由于 $|\Omega|=8$, 所以由公式 (1.3.1) 得

$$\mathbf{P}(A)=\frac{1}{8},\quad \mathbf{P}(B)=\mathbf{P}(C)=\frac{3}{8}.$$

以上两个例题都是最简单的古典概型的例子, 其中的样本空间 Ω 和随机事件都容易写出, 样本点的个数也容易求出. 然而在大多数问题中, 却不会这么简单. 由于我们的目的是计算随机事件的发生概率, 而不在于写出样本空间的具体内容. 而

正确计算概率的关键是正确求得样本空间 Ω 和随机事件的基本事件的个数, 所以今后在解题时, 可以不必时时写出样本空间 Ω 和随机事件的具体内容, 而只要正确求得样本空间 Ω 和随机事件中的基本事件的个数即可. 看几个例子.

例 1.3.3 10 男 4 女随机地站成一行, 求任何两位女士都不相邻的概率.

解 考察 10 男 4 女共 14 人站成一行的所有不同排法. 样本空间 Ω 由所有不同排法组成, 所以 $|\Omega| = 14!$.

如果用 A 表示任何两位女士都不相邻的事件, 则事件 A 由一切满足要求的排法组成. 我们先让 10 位男士随机地站成一行, 再让 4 位女士两两不相邻地插入其间, 即知

$$|A| = 10! \cdot \binom{11}{4} \cdot 4! = \frac{10! \cdot 11!}{7!},$$

由于"随机地站成一行"表示各种不同排法是等可能的, 所以

$$\mathbf{P}(A) = \frac{10! \cdot 11!}{7! \cdot 14!} = \frac{30}{91}.$$

例 1.3.4 从 5 双不同尺码的鞋子中随机抽取 4 只, 求如下各事件的发生概率:
事件 A: 4 只鞋子中任何两只不成双;
事件 B: 有两只成双, 另两只不成双;
事件 C: 4 只鞋子恰成两双.

解 从 10 只鞋子中随机抽取 4 只, 共有 $\binom{10}{4} = 210$ 种不同取法, 故 $|\Omega| = 210$.

在事件 A 中, 4 只鞋子分别取自 4 种不同尺码的鞋子. 哪 4 种尺码的鞋子, 有 $\binom{5}{4} = 5$ 种可能. 在各相应尺码的鞋子中分别取出 1 只. 哪 1 只 (左脚还是右脚), 共有 $2^4 = 16$ 种可能. 因此 $|A| = 5 \times 16 = 80$.

在事件 B 中, 有 1 双鞋子被完整地取出, 有 $\binom{5}{1} = 5$ 种可能; 还有两双鞋子被分别取出 1 只, 哪两双, 各取出哪 1 只, 有 $\binom{4}{2} \cdot \binom{2}{1} \cdot \binom{2}{1} = 24$ 种可能. 因此 $|B| = \binom{5}{1} \cdot 24 = 120$.

在事件 C 中, 有两双鞋子被完整地取出, 有 $\binom{5}{2} = 10$ 种可能, 故 $|C| = 10$.

综合上述, 知

$$\mathbf{P}(A) = \frac{80}{210} = \frac{8}{21}, \quad \mathbf{P}(B) = \frac{120}{210} = \frac{4}{7}, \quad \mathbf{P}(C) = \frac{10}{210} = \frac{1}{21}.$$

在以上两个例题中, 所使用的排列、组合计数模式是大家所熟悉的, 并且何时使用排列模式计数、何时使用组合计数模式, 也都合乎通常的习惯. 但是我们的目的是计算随机事件发生的概率, 而不是计数. 我们提醒大家注意下面的例子, 它反映出了概率计算与纯粹的计数问题之间的差别.

例 1.3.5 一个笼子里关着 10 只猫, 其中有 7 只白猫、3 只黑猫. 把笼门打开一个小口, 使得每次只能钻出 1 只猫. 猫争先恐后地往外钻. 如果 10 只猫都钻出了笼子, 以 A_k 表示第 k 只出笼的猫是黑猫的事件, 试求 $\mathbf{P}(A_k)$, $k=1,2,\cdots,10$.

解法 1 10 只猫出笼的先后顺序共有 10! 种不同可能, 所以 $|\Omega|=10!$. 在事件 A_k 中, 第 k 只出笼的猫是黑猫, 哪 1 只黑猫, 有 $\binom{3}{1}=3$ 种可能, 在其余 9 个位置上剩下的猫可任意排列, 有 9! 种可能的顺序, 所以 $|A_k|=3\cdot 9!$. 故有

$$\mathbf{P}(A_k)=\frac{3\cdot 9!}{10!}=\frac{3}{10},\quad k=1,2,\cdots,10.$$

在上述解法中, 我们把 10 只猫视为 10 个不同元素, 在计算它们出笼的先后顺序时, 使用了排列模式计数. 但是猫有时是很难识别的, 除了颜色易于区分之外, 在颜色相同的猫之间往往很难分出谁是谁. 因此在计算它们出笼的先后顺序时, 未必能视为 10 个不同元素的排列, 相反地, 把同种颜色的猫看成相同的元素, 似乎要更加合理一些. 由此看来, 不如采用不尽相异元素的排列模式计算出笼顺序. 就让我们来试一试吧!

解法 2 现在只有两种不同的元素, 一种有 7 个 (7 只白猫), 另一种有 3 个 (3 只黑猫), 由不尽相异元素的排列模式知, 它们共有 $\binom{10}{3}$ 种可能的排列顺序 (即只要分清哪些位置上是黑猫, 哪些位置上是白猫即可). 所以 $|\Omega|=\binom{10}{3}=120$.

在事件 A_k 中, 第 k 只出笼的猫是黑猫 (用不着弄清是哪 1 只黑猫), 在其余 9 个位置上有两个位置为黑猫 (只要弄清是哪两个位置即可), 所以 $|A_k|=\binom{9}{2}=36$, 因此也有

$$\mathbf{P}(A_k)=\frac{36}{120}=\frac{3}{10},\quad k=1,2,\cdots,10.$$

值得注意的是: 尽管采用了两种不同的计数模式计算 $|\Omega|$ 和 $|A_k|$, 但是计算出的概率值却是相等的. 这就告诉我们, 概率计算问题不同于普通的计数问题. 在概率计算问题中, 重要的不是采用何种计数模式来计算样本空间和随机事件中的样本点 (基本事件) 的数目, 而是要保证对两者采用同一种计数模式. 千万要注意, 不能对一者采用一种计数模式, 对另一者采用另一种计数模式. 可以说许多时候的计算错误即来源于此. 鉴于上述考虑, 还可以给出猫出笼问题的其他解法.

解法 3 由于只要求求出第 k 只出笼的猫是黑猫的概率, 所以只需考虑前 k 只出笼的猫的排列情况. 在 Ω 中包括了由 10 只 (不同的) 猫中选出 k 只猫来的一切可能的排列方式, 所以 $|\Omega|=\dfrac{10!}{(10-k)!}$. 在事件 A_k 中, 第 k 只出笼的猫是黑猫, 有 $\dbinom{3}{1}=3$ 种可能, 在其前面的 $k-1$ 个位置上则是由其余 9 只 (不同的) 猫中选出 $k-1$ 只猫来的一切可能的排列方式, 所以 $|A_k|=\dfrac{3\cdot 9!}{(10-k)!}$. 显然仍然有

$$\mathbf{P}(A_k)=\frac{3\cdot 9!}{10!}=\frac{3}{10},\quad k=1,2,\cdots,10.$$

这样, 我们便又得到了与前面两种解法完全相同的结果. 这个例子告诉我们: 对于古典概型问题, 可以有多种不同的解法, 并且可以采用不同的计数模式计算样本点的个数. 但是必须对样本空间和随机事件采用相同的计数模式, 并且能够给出合理的解释.

除此之外, 在这个问题的答案中, 还有一个引人注目之处: 即不论 k 等于几, 都有 $\mathbf{P}(A_k)=\dfrac{3}{10}$, 即恰好等于黑猫在所有猫中所占的比例. 而且这个问题的解答完全适用于下一个问题.

例 1.3.6 10 张签中有 3 张带圈、7 张带叉, 抽到带圈的签为中签. 10 个人依次抽签, 求各人的中签概率.

解 将第 k 个抽签的人中签的事件记作 A_k, $k=1,2,\cdots,10$. 不难看出, 可以采用上题中的解法, 分别求出 $|\Omega|$ 和 $|A_k|$, 从而知

$$\mathbf{P}(A_k)=\frac{36}{120}=\frac{3}{10},\quad k=1,2,\cdots,10.$$

这个结果表明了抽签具有公平性, 即不论第几个抽, 中签的概率都相等, 都等于带圈的签在所有签中所占的比例. 正是抽签所具有的这种公平性, 使它在抽样理论中被广泛使用. 我们来讨论两个与抽签有关的问题.

例 1.3.7 10 张签中有 3 张带圈、7 张带叉, 抽到带圈的签为中签. 10 个人依次抽签, 分别求: (1) 第 k 个抽签的人中签 ($1\leqslant k\leqslant 10$), 而在他前面抽的人皆未中签的概率; (2) 第 k 个抽签的人中签, 而第 $k-1$ 个抽签的人未中签的概率 ($2\leqslant k\leqslant 10$).

解 分别用 B_k 和 C_k 表示所说的两个事件. 按不全相异元素的排列模式, 有

$$|\Omega|=\binom{10}{3},\quad |B_k|=\binom{10-k}{2}\ \text{(后面的 } 10-k \text{ 个人中有两个人中签)},$$

$$|C_k|=\binom{8}{2}\ \text{(其余 8 个人中有两个人中签)}.$$

故所求的概率为

$$\mathbf{P}(B_k)=\frac{\binom{10-k}{2}}{\binom{10}{3}}=\begin{cases}\dfrac{(10-k)(9-k)}{240}, & 1\leqslant k\leqslant 8,\\ 0, & k=9,10;\end{cases}$$

$$\mathbf{P}(C_k)=\frac{\binom{8}{2}}{\binom{10}{3}}=\frac{7}{30}.$$

我们再来看两个较为复杂的例子.

例 1.3.8 从分别写有 $1,2,\cdots,9$ 的 9 张卡片中任取两张, 求两张卡片上所写两数之和不大于 10 的概率.

解 以 A 记两张卡片上所写两数之和不大于 10 的事件, 先来计算 $|A|$.

假定两张卡片是被先后取出的, 分别以 a 和 b 表示两张卡片上所写的数, 那么 a 和 b 是 $1,2,\cdots,9$ 中的两个不同的数. 记 $a+b=s$, 易知 $s\geqslant 3$.

先看 $s=2k-1$ 的情形. 显然有

$$1+(2k-2)=2+(2k-3)=3+(2k-4)=\cdots=(2k-2)+1=2k-1,$$

所以一共有 $2k-2$ 个满足 $a+b=2k-1$ 的有序数对 (a,b), 并且其中显然都有 $a\neq b$.

再看 $s=2k$ 的情形. 由于

$$1+(2k-1)=2+(2k-2)=3+(2k-3)=\cdots=(2k-1)+1=2k,$$

所以一共有 $2k-1$ 个满足 $a+b=2k$ 的有序数对 (a,b), 但是其中有一组为 $a=b=k$, 所以满足 $a+b=2k$ 且 $a\neq b$ 的有序数对 (a,b) 为 $2k-2$ 个.

对 $k=2,3,4,5$ 求和 (注意 $s\geqslant 3$), 即得

$$|A|=2(2+4+6+8)=40.$$

由于我们在计算 $|A|$ 时假定了两张卡片是被先后取出的, 即考虑了先后顺序, 所以在计算 $|\Omega|$ 时也应遵循同一原则, 从而有

$$|\Omega|=9\times 8=72$$

(第一张卡片有 9 种取法, 第二张卡片有 8 种取法). 所以有

$$\mathbf{P}(A)=\frac{40}{72}=\frac{5}{9}.$$

本题还有其他解法, 读者不妨自己一试.

例 1.3.9 设 G 是所有具有下述形式的逐段线性的函数 $g(x)$ 的集合: $g(0)=0$,

$$g(x)=g(j)+\alpha_j(x-j),\quad j\leqslant x\leqslant j+1,\quad j=0,1,2,\cdots,n-1,$$

其中 $\alpha_j=1$ 或 -1. 现知计算机中存有该集合中的所有函数. 从中随机调取一个函数, 求随机事件 A_k 的概率, 其中 A_k 表示所取出的函数 $g(x)$ 属于如下子集:

$$G_k=\{g\mid g(n)=k\},\ \ k\text{ 为绝对值不超过 }n\text{ 的整数}.$$

解 显然应当以 Ω 表示所有不同的取法, 因此 $|\Omega|$ 就等于 G 中的函数个数. 由于 G 中的每一个函数都与一个数组 $(\alpha_0,\alpha_1,\cdots,\alpha_{n-1})$ 相对应, 而 $\alpha_j=1$ 或 -1, $j=0,1,\cdots,n-1$. 故知 G 中共有 2^n 个不同函数, 因此就有 $|\Omega|=2^n$.

在随机事件 A_k 中, 所取出的函数 $g(x)$ 满足条件 $g(n)=k$. 而由函数 $g(x)$ 的定义知, $g(j+1)=g(j)+\alpha_j$, 所以有

$$g(n)=\sum_{j=0}^{n-1}\Big(g(j+1)-g(j)\Big)=\sum_{j=0}^{n-1}\alpha_j.$$

由于每个 α_j 都是 1 或 -1, 故若记数组 $(\alpha_0,\alpha_1,\cdots,\alpha_{n-1})$ 中 1 的个数为 a, 记其中 -1 的个数为 b, 则当事件 A_k 发生时, 就应当有 $a-b=k$, $a+b=n$, 即有 $a=\dfrac{n+k}{2}$. 由于 a 表示 1 的个数, 只能为整数, 所以当 k 与 n 的奇偶性不同时, 必有 $|A_k|=0$; 而当 k 与 n 的奇偶性相同时, 则有 $|A_k|=\begin{pmatrix}n\\ \dfrac{n+k}{2}\end{pmatrix}$. 因此, 求得

$$\mathbf{P}(A_k)=\begin{cases}0, & k\text{ 与 }n\text{ 的奇偶性不同},\\ \dfrac{1}{2^n}\begin{pmatrix}n\\ \dfrac{n+k}{2}\end{pmatrix}, & k\text{ 与 }n\text{ 的奇偶性相同}.\end{cases}$$

通过上述几个例题, 我们初步介绍了古典概型的概念及其解法, 强调了解题时所应遵循的基本原则, 并且还展示了计数方法的多样性.

习 题 1.3

1. 掷两枚骰子, 求事件“出现的点数之和等于 3”的概率.

2. 从 5 双不同号码的鞋子中任取 4 只, 求它们中至少有两只配成一双的概率.

3. 从正方体上面任意抽取 3 个顶点连成三角形, 试求: (1) 所得的三角形为等边三角形的概率; (2) 所得的三角形为直角等腰三角形的概率; (3) 所得的三角形为直角非等腰三角形的概率.

4. 考察正方体各个面的中心 (一共 6 个点). 从中任意选择 3 个点连成三角形, 试求: (1) 所得的三角形为等边三角形的概率; (2) 所得的三角形为直角等腰三角形的概率.

5. 考察正方体各个面的中心 (一共 6 个点). 从中任意选择 3 个点连成三角形, 把剩下的 3 个点也连成三角形. 求所得的两个三角形相互全等的概率.

6. 袋中有 9 个球, 其中 4 个白球、5 个黑球, 现从中不放回地抽取两个. 试求: (1) 两个均为白球的概率; (2) 两球一白一黑的概率; (3) 至少有一个黑球的概率.

7. 在电话号码簿中任取一个电话号码, 求后面四个数全不同的概率 (假设后面四个数中的每一个都等可能地取自 $0,1,2,\cdots,9$).

8. 一学生宿舍有 6 名学生, 试求如下各事件的概率: (1) 6 个人生日都是在星期天; (2) 6 个人生日都不在星期天; (3) 6 个人生日不都在星期天.

9. 袋内放有两枚五分的、三枚二分的和五枚一分的硬币, 任取其中 5 枚, 求钱数总额超过一角的概率.

10. 从 $0,1,2,\cdots,9$ 共 10 个数字中不重复地任取 4 个, 求它们能排成一个 4 位偶数的概率.

11. 在 $1,2,3,4,5$ 五个数中先任意抽取一个, 然后在剩下的四个中再抽取一个, 假定这全部 20 种可能都具有相同的概率. 试求如下各事件的概率: 有一个奇数在 (1) 第一次被抽到; (2) 第二次被抽到; (3) 两次都被抽到.

12. 扔一枚均匀的硬币, 直到它连续出现两次相同的结果为止, 试描述此样本空间, 并求下列事件的概率: (1) 试验在扔第六次之前结束; (2) 必须扔偶数次才能结束.

13. 在一副扑克牌 (52 张, 不包括大小王牌) 中任取 4 张, 求: (1) 四张牌花色全不相同的概率; (2) 四张牌花色不全相同的概率.

14. 某停车场有 12 个位置排成一列, 试求: 有 8 个位置停了车, 而空着的 4 个位置连在一起的概率.

15. 10 个人站成一行照相, 其中有两人是弟兄. 求他们之间恰好间隔 k 个人的概率, 其中 $k=0,1,\cdots,8$.

16. 房间里有 10 个人, 分别佩戴着从 1~10 号的纪念章, 现等可能地任选 3 个不同的人, 记录其纪念章的号码. 试求: (1) 最小号码为 5 的概率; (2) 最大号码为 5 的概率.

17. 甲袋里有 3 个白球、7 个红球、15 个黑球; 乙袋里有 10 个白球、6 个红球、9 个黑球. 从两袋中各取一球, 求两球颜色相同的概率.

18. 在一个装有 n 个白球、n 个黑球、n 个红球的袋中, 不放回地任取 m 个球. 求其中白、黑、红球分别为 m_1,m_2,m_3 $(m_1+m_2+m_3=m)$ 个的概率.

19. 从 n 双不同的鞋子中任取 $2r$ $(2r<n)$ 只, 求下列事件发生的概率: (1) 没有成双的鞋子; (2) 只有一双鞋子; (3) 恰有两双鞋子; (4) 有 r 双鞋子.

20. 一种彩票的游戏规则如下: 每张彩票可以从 $1\sim 33$ 中不重复地任选 7 个数, 开奖时有摇奖机在 $1\sim 33$ 中开出 7 个基本号和一个特别号 (均不重复), 彩票号码如果与基本号全部对上 (不计次序), 为一等奖; 对上 6 个基本号和特别号, 为二等奖; 对上 6 个基本号, 为三等奖; 对上 5 个基本号和特别号, 为四等奖. 现分别以 A_1,A_2,A_3,A_4 表示中一、二、三、四等奖的事件. 试求它们的概率.

21. 2×2 矩阵 $\begin{pmatrix} a & b \\ c & d \end{pmatrix}$ 中的每个元素都是 0 或 1, 将所有这样的矩阵所成的集合记为 M. 若 M 中的矩阵满足条件 "$a+b$, $c+d$, $a+c$, $b+d$ 互不相等", 就称为 "好矩阵". 从 M 中任意抽取一个矩阵, 求该矩阵为 "好矩阵" 的概率.

*1.4 古典概型的一些例子

为了进一步了解古典概型, 再来看一些例子.

概率论中的许多问题都可以用 "盒中取球" 的方式描述: 盒子中放有一些同样大小的小球 (上面可能标有号码), 从中取出一些来, 取法有两种: 一种是取出的球不放回, 接着取下一个, 称为 "无放回抽取" 或 "无放回抽样"; 另一种是每取出一个球后放回, 再取下一个球, 称为 "有放回抽取" 或 "有放回抽样".

例 1.4.1 盒子中放有 10 个分别标有号码 $1,2,\cdots,10$ 的小球, 从中随机抽取 3 个球. 试分别对 "无放回抽取" 和 "有放回抽取" 方式求: (1) 3 个球的号码都不大于 7 的概率; (2) 球上的最大号码为 7 的概率.

解 以 A 表示 3 个球的号码都不大于 7 的事件; 以 B 表示球上的最大号码为 7 的事件; 再以 C 表示 3 个球的号码都不大于 6 的事件.

在 "无放回抽取" 方式下, Ω 由 "从 10 个不同元素中选取 3 个不同元素" 的所有不同选法组成, 故有 $|\Omega|=\binom{10}{3}$. 事件 A 由 "从 1~7 号球这 7 个不同元素中选取 3 个不同元素" 的所有不同选法组成, 故有 $|A|=\binom{7}{3}$. 而在事件 B 中由于 7 号球一定被取出, 所以只要再从 $1\sim 6$ 号球这 6 个不同元素中选取两个不同元素, 故有 $|B|=\binom{6}{2}$. 所以此时

$$\mathbf{P}(A)=\frac{\binom{7}{3}}{\binom{10}{3}}=\frac{7}{24},\quad \mathbf{P}(B)=\frac{\binom{6}{2}}{\binom{10}{3}}=\frac{1}{8}.$$

在 "有放回抽取" 方式下, 可将 Ω 视为 "由 10 个不同元素中选取 3 个元素的可重排列" 的所有不同排法组成, 故有 $|\Omega|=10^3$. 对于事件 A, 则相应地有 $|A|=7^3$. 所以

$$\mathbf{P}(A)=\left(\frac{7}{10}\right)^3.$$

为了计算 $|B|$, 注意到 $B=A-C$, 并且 $C\subset A$, 易知 $|C|=6^3$, 所以 $|B|=|A|-|C|=7^3-6^3$, 从而

$$\mathbf{P}(B)=\frac{7^3-6^3}{10^3}=\left(\frac{7}{10}\right)^3-\left(\frac{6}{10}\right)^3=\frac{127}{1000}.$$

上述解答过程利用了集合的运算. 如果注意到 $\mathbf{P}(C)=\left(\frac{6}{10}\right)^3$, 那么我们就会发现这样一个现象: 当 $B=A-C$, 并且 $C\subset A$ 时, 有

$$\mathbf{P}(B)=\mathbf{P}(A)-\mathbf{P}(C).$$

以后我们将会介绍, 这一现象正是概率的基本性质 "可加性" 的体现.

如果不按照上述方法计算 $|B|$, 那么当然也可以求出其值, 但是要麻烦得多. 分别以 B_1, B_2 和 B_3 表示 7 号球被取出 1 次、2 次和 3 次的事件, 则有 $|B|=|B_1|+|B_2|+|B_3|$. 由于 $|\Omega|=10^3$ 是按排列模式计算的, 所以 $|B_j|$ 也必须按排列模式计算. $|B_3|$ 的计算比较简单, 由于每次都只能取 7 号球, 所以 $|B_3|=1^3=1$. 在计算 $|B_1|$ 时必须考虑 7 号球是在哪一次取球时被取到的. 因此 $|B_1|=3\cdot 6^2=108$. 同理, $|B_2|=3\cdot 6=18$. 从而有

$$\mathbf{P}(B)=\frac{|B|}{|\Omega|}=\frac{|B_1|+|B_2|+|B_3|}{|\Omega|}=\frac{108+18+1}{1000}=\frac{127}{1000}.$$

例 1.4.2 口袋里有 r 个红球、b 个黑球, 从中任意取出 n 个球, $r+b\geqslant n$. 试分别对 "无放回抽取" 和 "有放回抽取" 两种方式, 求其中恰有 k 个红球 $(k\leqslant r)$ 的概率.

解 用 A 表示其中恰有 k 个红球的事件. 视 Ω 为从 $r+b$ 个球取出 n 个球来的一切可能取法的集合.

在 "无放回抽取" 时, 有 $|\Omega|=\binom{r+b}{n}$. 当事件 A 发生时, 从 r 个红球中取出了 k 个, 从 b 个黑球中取出了 $n-k$ 个, 所以 $|A|=\binom{r}{k}\binom{b}{n-k}$, 因此

$$\mathbf{P}(A)=\frac{\binom{r}{k}\binom{b}{n-k}}{\binom{r+b}{n}}.$$

在 "有放回抽取" 时, 有 $|\Omega|=(r+b)^n$, 注意这是按可重排列模式计算出的数目, 即其中含有 "顺序". 因此在计算 $|A|$ 时, 也必须考虑 "顺序". 当事件 A 发生时,

从 r 个红球中有放回地取出了 k 个, 有取法 r^k 种, 从 b 个黑球中有放回地取出了 $n-k$ 个, 有取法 b^{n-k} 种, 但是在 n 次取球中, 哪 k 次取出红球, 哪 $n-k$ 次取出黑球, 却又有一个不尽相异元素的排列问题. 所以 $|A|=\binom{n}{k}r^kb^{n-k}$, 于是知

$$\mathbf{P}(A)=\binom{n}{k}\frac{r^kb^{n-k}}{(r+b)^n}=\binom{n}{k}\left(\frac{r}{r+b}\right)^k\left(\frac{b}{r+b}\right)^{n-k}.$$

在上述解答中所得到的两个结果都有重要的概率意义, 它们分别对应了概率论中的超几何分布 (无放回场合) 和二项分布 (有放回场合), 我们将会在今后进一步阐明.

例 1.4.3 将 n 个不同的小球放入 m 个不同的盒子, $n\leqslant m$, 各个球放入各个盒子的机会相等. 试求如下各事件的概率: (1) 在所指定的某 n 个盒子中各放入 1 个球; (2) 每个盒子都至多放入 1 个球; (3) 在所指定的某 1 个盒子中恰放入 k 个球.

解 分别以 A, B, C 表示 3 个事件. 按可重排列模式计算, 得 $|\Omega|=m^n$.

在事件 A 中, n 个不同的小球被放入所指定的某 n 个盒子中, 每盒 1 球, 由排列模式知 $|A|=n!$. 在事件 B 中, 有 n 个盒中各放入 1 个球, 哪 n 个盒子, 有 $\binom{m}{n}$ 种选法, 再对小球在这些盒子中进行排列, 有 $n!$ 种排法, 故得 $|B|=\binom{m}{n}n!$. 在事件 C 中, 在所指定的 1 个盒子中放有 k 个球, 哪 k 个球, 有 $\binom{n}{k}$ 种选法, 而其余 $n-k$ 个球在其余 $m-1$ 个盒子中可任意放置, 有放法 $(m-1)^{n-k}$ 种, 故得 $|C|=\binom{n}{k}(m-1)^{n-k}$. 综合上述, 得

$$\mathbf{P}(A)=\frac{n!}{m^n},\quad \mathbf{P}(B)=\binom{m}{n}\frac{n!}{m^n},\quad \mathbf{P}(C)=\binom{n}{k}\frac{(m-1)^{n-k}}{m^n}.$$

例 1.4.4 有 n 根短绳, 现把它们的 $2n$ 个端头两两任意连接. 试求如下各事件的概率: (1) n 根短绳恰结成 n 个圈; (2) n 根短绳恰结成 1 个圈.

解 分别以 A 和 B 表示上述两事件. Ω 应当由一切可能的连接方式组成.

先来考虑 $|\Omega|$ 的求法. 可以设想把 $2n$ 个端头排成一行, 然后规定将第 $2k-1$ 个端头与第 $2k$ 个端头相连接, $k=1,2,\cdots,n$, 于是每一种排法对应一种连法, 得 $\Omega=(2n)!$.

在事件 A 中, 每根短绳的两端自行连接, 这相当于在 $2n$ 个端头的排列中, 每根短绳的两端都相邻放置, 于是可先对 n 根短绳进行排列, 以确定各根短绳的先后位置, 再考虑每根短绳的两端的前后位置, 得知 $|A|=n!(2!)^n$.

在事件 B 中, 对每个 k ($k=1,2,\cdots,n$), 在第 $2k-1$ 个位置上与第 $2k$ 个位置上所放置的端头都不属于同一根短绳, 所以应小心从事. 下面来对每个 k 逐一考虑. 在第 1, 2 两个位置上, 不能放同一根短绳的两端, 所以各有 $2n$ 和 $2n-2$ 种选法 (在第 2 个位置上不能放第 1 个位置上所放短绳的另一端). 为了考察在第 3, 4 两个位置上的放法数目, 我们设想已经将放在第 1, 2 两个位置上的端头连接, 于是还剩下 $n-1$ 根短绳. 这时就又回到开始的情况, 知道最初的两个位置各有 $2n-2$ 和 $2n-4$ 种选法 (在第 3 个位置上, 可以任意从 $2n-2$ 个端头中选取 1 个; 在第 4 个位置上不能放第 3 个位置上所放短绳的另一端); 循此下去, 可知第 $2k-1$ 个位置上与第 $2k$ 个位置上各有 $2n-2(k-1)$ 和 $2n-2k$ 种选法. 所以有 $|B|=(2n)!!(2n-2)!!$.

综合上述, 得

$$\mathbf{P}(A)=\frac{n!2^n}{(2n)!}=\frac{1}{(2n-1)!!},\quad \mathbf{P}(B)=\frac{(2n)!!(2n-2)!!}{(2n)!}=\frac{(2n-2)!!}{(2n-1)!!}.$$

现在给出问题 (1) 的另一种解法.

采用 "无编号分组模式". 将 $2n$ 个端头分为 n 个无编号的组, 每组两个端头, 同一组内的两个端头连接, 共有不同的分组方式

$$|\Omega|=\frac{(2n)!}{n!(2!)^n}=\frac{(2n)!}{n!(2)^n}=(2n-1)!!$$

种. 在事件 A 发生时, 每根短绳的两个端头都分在同一组, 只有一种分法, 即 $|A|=1$, 所以

$$\mathbf{P}(A)=\frac{|A|}{|\Omega|}=\frac{1}{(2n-1)!!}.$$

显然两种解法的结果一致.

例 1.4.5 计算机里存有方程 $x_1+x_2+\cdots+x_n=m$ 的所有非负整数解, 其中 m 是正整数, $n\leqslant m$. 从中随机地调取一组解 $(x_1,x_2,\cdots,x_n)$, 试求该组解是正整数解的概率.

解 以 A 表示上述事件, 则 $|\Omega|$ 和 $|A|$ 分别等于上述方程的所有非负整数解的个数和正整数解的个数. 利用第二类分球入盒的模式, 设想将 m 个相同的小球分入 n 个不同的盒子, 然后将第 k 个盒子中的球数作为 x_k 的值, $k=1,2,\cdots,n$. 显然每一种放法对应了原方程的一组解. 反之, 原方程的每一组解也都以如此方式对应了一种分球入盒的方式, 所以两者的个数相等.

非负整数解的情况对应于容许有空盒出现, 所以 $|\Omega|=\binom{m+n-1}{n-1}$; 正整数

解的情况对应于不容许有空盒出现, 所以 $|A|=\binom{m-1}{n-1}$. 于是

$$\mathbf{P}(A)=\frac{\binom{m-1}{n-1}}{\binom{m+n-1}{n-1}}.$$

例 1.4.6 有 10 本不同的书, 把它们随机地分给 5 个人. 试求如下各事件的概率: (1) 甲、乙、丙各得 2 本, 丁得 3 本, 戊得 1 本; (2) 有 3 人各得 2 本, 有 1 人得 3 本, 有 1 人得 1 本.

解 分别用 A 和 B 表示上述两个事件, 把 Ω 视为由一切 "分配方式" 形成的集合. 由可重排列模式知 $|\Omega|=5^{10}$. 而由多组组合模式知

$$|A|=\frac{10!}{(2!)^3\cdot 3!\cdot 1!},$$

所以

$$\mathbf{P}(A)=\frac{10!}{(2!)^3\cdot 3!\cdot 5^{10}}.$$

下面来求 $|B|$. 先把 10 本书分为 5 个无编号的组, 有 3 组各 2 本, 有 1 组为 3 本, 有 1 组为 1 本, 有分法 $\alpha=\dfrac{10!}{(2!)^3\cdot 3!\cdot 3!}$ 种, 然后把 5 组书分配给 5 个人, 有 5! 种分配方式, 所以

$$|B|=5!\alpha=\frac{5!\cdot 10!}{(2!)^3\cdot (3!)^2},$$

故得

$$\mathbf{P}(B)=\frac{5!\cdot 10!}{(2!)^3\cdot (3!)^2\cdot 5^{10}}.$$

比较 $\mathbf{P}(A)$ 和 $\mathbf{P}(B)$, 发现

$$\mathbf{P}(B)=\frac{5!}{3!}\mathbf{P}(A)=20\mathbf{P}(A).$$

那么这是为什么呢? 我们可以从另一个角度来给出解释: 事实上, $|A|$ 表示 "有某 3 个指定的人各得 2 本, 某 1 个指定的人得 3 本, 某 1 个指定的人得 1 本" 的所有不同的分法数目; 而 $|B|$ 表示 "有 3 人各得 2 本, 有 1 人得 3 本, 有 1 人得 1 本" 的所有不同的分法数目. 因此 $|B|=a|A|$, 其中 a 表示如何指定 3 个人、1 个人和 1 个人的所有不同方式数目. 由多组组合模式易知

$$a=\frac{5!}{3!1!1!}=\frac{5!}{3!}=20,$$

所以

$$\mathbf{P}(B)=\frac{|B|}{|\Omega|}=\frac{a|A|}{|\Omega|}=aP(A)=20\,\mathbf{P}(A).$$

这样我们就得到了 $\mathbf{P}(B)$ 的另一种计算方式.

例 1.4.7 罐中有 m 个白球和 n 个黑球 $(m>n)$. 将球逐个取出, 不再放回. 如果在取球过程中有某一时刻, 所取出的白球与黑球数目相等, 就说出现了一次巧合. 求至少出现一次巧合的概率.

解 将至少出现一次巧合的事件记作 E, 将第一个取出的球为白球的事件记作 A, 将第一个取出的球为黑球的事件记作 B.

易知, $B\subset E$, 且 $\mathbf{P}(B)=\dfrac{n}{m+n}$. 为了求出 $\mathbf{P}(EA)$, 利用例 1.3.9 中的函数 $g(x)$. 令

$$\alpha_j=\begin{cases}1, & \text{第 } j \text{ 个取出的球是白球},\\ -1, & \text{第 } j \text{ 个取出的球是黑球}.\end{cases}$$

于是 $g(0)=0$, $g(m+n)=m-n$. 如果在平面直角坐标系中依次连接点 $(j,g(j))$, $j=0,1,2,\cdots,m+n$, 则每一种取球方式都对应为一条以 $(0,0)$ 为起点、以 $(m+n,m-n)$ 为终点的折线, 折线上的每一段的斜率不是 1 就是 -1, 终点 $(m+n,m-n)$ 位于 x 轴的上方.

Ω 由所有不同的折线组成, 容易知道 $|\Omega|=\dbinom{m+n}{m}$. 事件 E 由所有与 x 轴有公共点的折线组成. 事件 B 中的折线都经过点 $(1,-1)$(图 1.2). 事件 EA 中的折线都经过点 $(1,1)$, 但都与 x 轴有公共点. 如果将事件 EA 中的折线与 x 轴的第一个公共点 (图 1.3 中的点 T) 以左的部分作关于 x 轴的镜面反射, 那么就得到一条经过点 $(1,-1)$ 的折线; 反之, 任何一条经过点 $(1,-1)$ 的折线都与 x 轴有公共点, 而若将它与 x 轴的第一个公共点以左的部分作关于 x 轴的镜面反射, 则得到一条经过点 $(1,1)$ 的与 x 轴有公共点的折线. 这表明事件 EA 与 B 中的折线可以形成一一对应, 所以 $|EA|=|B|$, 如此一来, $\mathbf{P}(EA)=\mathbf{P}(B)=\dfrac{n}{m+n}$, 从而

$$\mathbf{P}(E)=\mathbf{P}(EA)+\mathbf{P}(B)=\frac{2n}{m+n}.$$

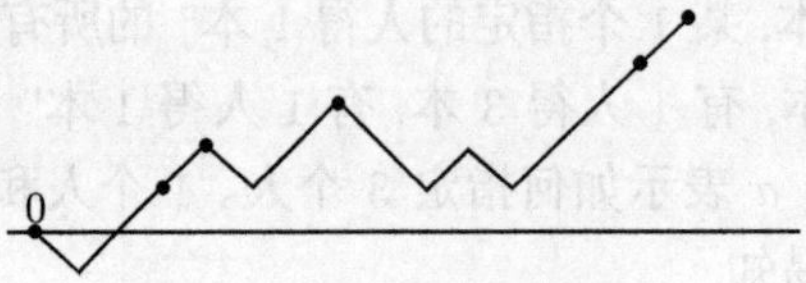

图 1.2 路径示意图

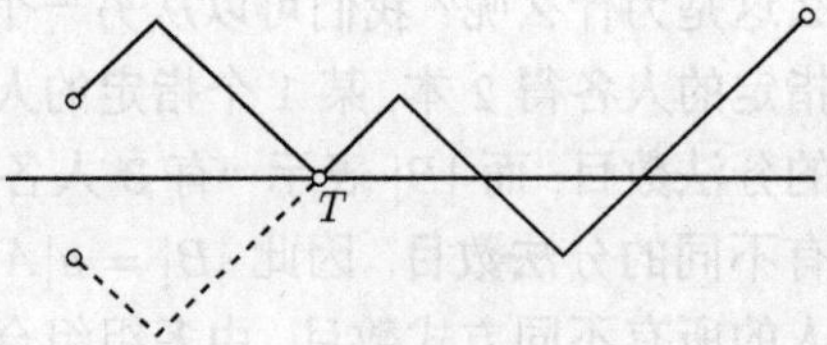

图 1.3 镜面反射示意图

有趣的是, 在计算概率 $\mathbf{P}(E)$ 时, 我们并未求出事件 E 中的折线条数. 相反地, 可以利用概率 $\mathbf{P}(E)$ 来求 $|E|$, 事实上,

$$|E| = |\Omega| \cdot \mathbf{P}(E) = \binom{m+n}{m} \cdot \frac{2n}{m+n} = 2\binom{m+n-1}{m}.$$

以上的例子表明各种计数模式在古典概型中多有应用. 并且同一个问题可以有多种不同的计算方式. 我们应该学会从不同的角度对计算结果作出解释, 以期学会学活各种不同的计算方法.

习　题　1.4

1. 从一副去掉了大小王的扑克牌中不放回地任意抽取 5 张, 分别求如下各事件的概率:

(1) 最大同花 (5 张牌恰为同一花色的 10, J, Q, K, A);

(2) 四同点 (其中有 4 张牌的面值相同);

(3) 满堂 (有两张牌同面值, 且另 3 张牌同面值);

(4) 顺子 (5 张牌的顺序连续, 但可不同花色);

(5) 三同点 (有 3 张牌面值相同, 另两张牌面值不同);

(6) 两对 (4 张牌成两对, 另有一张其他牌);

(7) 一对 (有两张牌面值相同, 另外 3 张牌为各不相同的其他牌).

2. 多次抛掷一枚均匀的骰子, 哪个事件的概率更大:

$$A = \{掷出的骰子之和为偶数\}, \quad B = \{掷出的骰子之和为奇数\}?$$

3. 大厅里共有 $n+k$ 个座位, n 个人随意入座, 试求某给定的 m $(m \leqslant n)$ 个座位有人入座的概率.

4. 考察由 N 个元素构成的集合, 随意取出它的一个非空子集. 试求该子集含有偶数个元素的概率.

5. 罐中放有 $2n$ 个白球和 $2n$ 个黑球, 从中有放回地随意抽取 $2n$ 个球. 试求所取出的球中白球与黑球数目相等的概率.

6. 罐中有 a 个白球和 b 个黑球 $(a \geqslant 2,\ b \geqslant 2)$, 从中无放回地随意抽取两个球. 试求如下事件的概率: (1) 两个球的颜色相同; (2) 两个球的颜色不同.

7. 罐中有 5 个颜色各异的球, 进行一次 "大小为 25 的有放回抽样". 试求: 抽得的 25 个球中每种颜色的球各有 5 个的概率.

8. 罐中有一些白球和黑球, 并且白球数目与黑球数目之比为 α, 从中逐个取出所有的球. 试求最后一个取出的球是黑球的概率.

9. n 个人随机地坐成一排, 试求出两个指定的人相邻而坐的概率. 如果 n 个人坐成一圈, 再求该概率.

10. 将 30 个球等可能地放入 8 个盒子. 试求如下事件的概率: 有 3 个盒子为空盒, 有 2 个盒子各放 3 个球, 有 2 个盒子各放 6 个球, 有 1 个盒子放 12 个球.

11. 从一个由 n 个元素构成的总体中抽出一个大小为 r 的样本, 求指定的 N 个元素不包含在样本中的概率. 假定: (1) 无放回; (2) 有放回. 并且分别在: (a) $n=100$, $r=N=3$; (b) $n=100$, $r=N=10$ 时, 比较上述两种抽样法所得的概率.

12. 罐中放有一些黑球和白球, 从中无放回地逐个取出所有的球. 哪个事件的概率较大: (1) 第一个取出的球为白球; (2) 最后一个取出的球为白球?

13. 罐中放有一些白球和黑球, 从中有放回地任取两球. 证明: 两球同色的概率不小于 $\frac{1}{2}$.

14. 罐中放有 m 个白球和 n 个黑球, 从中无放回地逐个取出所有的球. 求第 k 个取出的球为白球的概率.

15. 罐中有 m 个白球和 n 个黑球 $(m>n)$, 从中无放回地逐个取出所有的球. 试求在某一时刻罐中剩下的白球数目与黑球数目相等的概率. (提示: 参阅例 1.4.7.)

16. 现有 $2n$ 张卡片, 上面分别写着号码 $1\sim 2n$, 另有 $2n$ 个信封, 亦分别写有这些号码. 随机地将卡片装入信封, 每个信封装 1 张卡片. 试求每个信封与装在其内的卡片的号码之和均为偶数的概率.

17. 将一副去掉了大小王的扑克牌精心洗牌后叠成一摞, 试求如下各事件的概率: (1) 最上面 4 张全为 A; (2) 最上面一张和最下面一张均为 A; (3) 各 A 之间间隔相同的张数 l.

18. 每一页书都有 N 个符号可能误印, 现知全书共有 n 页, r 个印错的符号. 证明: 第 $1,2,\cdots,n$ 页分别含有 $r_1,r_2,\cdots,r_n$ 个印错的符号 $\left(\sum\limits_{j=1}^{n} r_j=r\right)$ 的概率为

$$\frac{\dbinom{N}{r_1}\dbinom{N}{r_2}\cdots\dbinom{N}{r_n}}{\dbinom{nN}{r}}.$$

19. 某油漆公司发出 17 桶油漆, 其中白漆 10 桶, 黑漆 4 桶, 红漆 3 桶, 在搬运中所有油漆的标签脱落, 交货人随意将这些油漆发给顾客. 问一个订货为 4 桶白漆、3 桶黑漆和 2 桶红漆的顾客, 能按所定的颜色如数得到订货的概率是多少?

20. 将 n 根手杖都截成一长一短两部分, 然后将所得的 $2n$ 个小段随机分成 n 对, 每对连接成一根新的 "手杖", 求以下各事件的概率: (1) 这 $2n$ 个小段全部被重新组成原来的手杖; (2) 均为长的部分与短的部分连接.

21. 令 a,b,c,d 为满足 $a+b+c+d=13$ 的四个非负整数, 在一次桥牌游戏中, 求东南西北各家分别拿到 a,b,c,d 张黑桃的概率 $p(a,b,c,d)$. 试构造一个把红球、黑球放入盒中的模型, 并把此问题作为一个特例.

22. 利用上题的结果求出概率 $p(a,b,c,d)$, 如果:

(1) $a=5,b=4,c=3,d=1$; (2) $a=b=c=4,d=1$; (3) $a=b=4,c=3,d=2$.

1.5 几何概型

同古典概型一样, 几何概型也是一种建立在等可能性基础上的概率模型. 先看

一些例子.

例 1.5.1 向长度等于 1 的线段上随机抛掷两个点, 把线段分成长度分别为 x, y 和 z 的 3 段, 试求可以用这 3 条线段为边构成三角形的概率.

解 用向量 (x, y, z) 来表示抛掷结果, 这是 3 维空间中的一个点. 所有可能的抛掷结果的集合是

$$\Omega = \{(x, y, z) \mid x + y + z = 1,\ x \geqslant 0,\ y \geqslant 0,\ z \geqslant 0\},$$

这是 3 维空间中的一个闭区域, 确切地说, 是平面 $x + y + z = 1$ 中的一个三角形.

如果用 A 表示 3 条线段可以形成三角形的事件, 则当事件 A 发生时, 必有

$$x + y > z,\quad y + z > x,\quad z + x > y.$$

所以应有

$$A = \{(x, y, z) \mid (x, y, z) \in \Omega,\ x + y > z,\ y + z > x,\ z + x > y\},$$

它也是平面 $x + y + z = 1$ 中的一个三角形 (图 1.4).

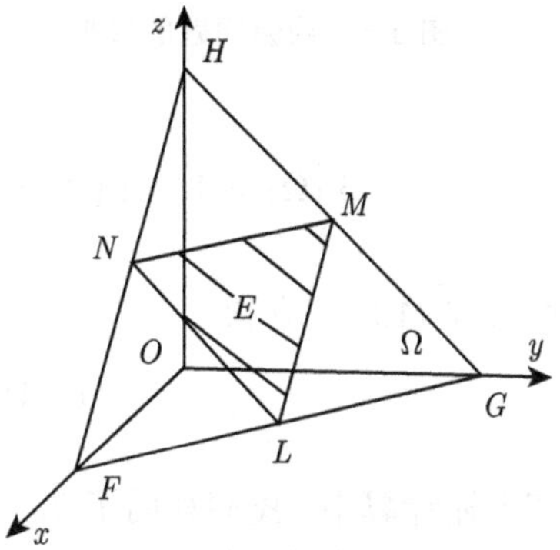

图 1.4 例 1.5.1 的模型

由于两个点是随机抛掷的, 所以样本点 (x, y, z) 在 Ω 中均匀分布, 因此我们合理地认为 $\mathbf{P}(A)$ 就应当等于三角形 A 的面积与三角形 Ω 的面积之比. 大家从实变函数论中已经知道, 三角形的面积就是其 Lebesgue 测度. 所以分别用 $\mathbf{L}(\Omega)$ 和 $\mathbf{L}(A)$ 表示 Ω 与 A 的面积, 这里 $\mathbf{L}$ 是 Lebesgue 的缩写. 于是就有

$$\mathbf{P}(A) = \frac{\mathbf{L}(A)}{\mathbf{L}(\Omega)}. \tag{1.5.1}$$

公式 (1.5.1) 就是几何概型中的概率计算公式. 当 Ω 与 A 是 n 维空间 $\mathbb{R}^n$ 中的 Lebesgue可测集时, $\mathbf{L}(\Omega)$ 和 $\mathbf{L}(A)$ 相应地表示它们的 n 维 Lebesgue测度.

一般来说, 在一维场合, Ω 与 A 往往是线段, 此时它们的 Lebesgue 测度就是线段的长度; 在二维场合, Ω 与 A 往往是规则的平面图形, 此时它们的 Lebesgue 测度就是平面图形的面积; 在 3 维场合, 则往往是体积; 等等.

如此一来不难算得, 在例 1.5.1 中有

$$\mathbf{P}(A) = \frac{\mathbf{L}(A)}{\mathbf{L}(\Omega)} = \frac{1}{4}.$$

例 1.5.2 甲、乙二人于某日下午 6 时至 7 时之间到达某处, 每人都只在该处停留 10 分钟. 试求他们可在该处相遇的概率.

解 以 (x,y) 表示两人到达该处的时间, 则易知

$$\Omega=\{(x,y)\mid 6\leqslant x\leqslant 7,\ 6\leqslant y\leqslant 7\},$$

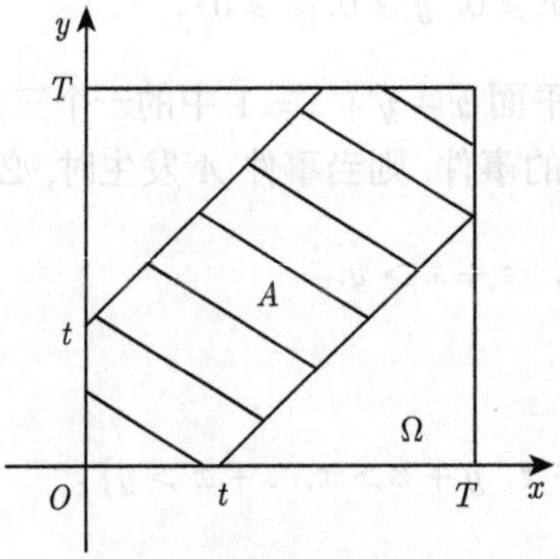

图 1.5　约会问题的模型

如果以 A 表示两人在该处相遇的事件, 则有

$$A=\left\{(x,y)\,\middle|\,(x,y)\in\Omega,\ |x-y|\leqslant\frac{1}{6}\right\}.$$

可以认为两人均随机地在 6 时与 7 时之间到达该处, 所以样本点 (x,y) 在 Ω 中均匀分布, 故可用几何概型解之. 显然, Ω 是一个边长为 1 的正方形, 而 A^c 是直角边长为 5/6 的两个直角等腰三角形之并 (图 1.5), 所以

$$\mathbf{L}(\Omega)=1,\quad \mathbf{L}(A)=1-\mathbf{L}(A^c)=1-\left(\frac{5}{6}\right)^2=\frac{11}{36}.$$

于是由公式 (1.5.1) 立得

$$\mathbf{P}(A)=\frac{\mathbf{L}(A)}{\mathbf{L}(\Omega)}=\frac{11}{36}.$$

在上述计算中, 我们利用了 $\mathbf{L}(A)=\mathbf{L}(\Omega)-\mathbf{L}(A^c)$, 这从几何直观看是显然的. 但若从概率角度来看, 上述事实也可以表述为

$$\mathbf{P}(A)=\frac{\mathbf{L}(\Omega)-\mathbf{L}(A^c)}{\mathbf{L}(\Omega)}=1-\mathbf{P}(A^c).$$

下面将会进一步明确概率事实上是一个测度, 并且有 $\mathbf{P}(\Omega)=1$, 所以该等式不过只是测度性质的一个反映.

例 1.5.3 在圆周上随机选取 3 个点 A,B,C, 求 $\triangle ABC$ 为锐角三角形的概率.

解 用 E 表示 $\triangle ABC$ 为锐角三角形的事件. 现在的问题是如何表述 Ω 和 E. 显然可以假定圆的半径是 1, 圆心为 O. 于是 $\triangle ABC$ 为锐角三角形等价于 $\angle ABC$, $\angle BCA$, $\angle CAB$ 均小于 90°, 而这又等价于弧 $\overset{\frown}{AB},\overset{\frown}{BC},\overset{\frown}{CA}$ 的长度均小于 π. 显然可以先任意固定一个点, 由该点处剪开圆周, 把圆周拉直为一条长度为 2π 的线段. 然后向该线段随机抛掷两个点, 把线段分成长度分别为 x,y 和 z 的 3 段.

于是只要这 3 条线段的长度都小于 π, 则 $\triangle ABC$ 就是锐角三角形. 这样一来, 便知可将 Ω 和 E 分别表述为

$$\Omega=\{(x,y,z)\mid x+y+z=2\pi,\ x\geqslant 0,\ y\geqslant 0,\ z\geqslant 0\},$$
$$E=\{(x,y,z)\mid x+y+z=2\pi,\ 0<x<\pi,\ 0<y<\pi,\ 0<z<\pi\}.$$

由于点是随机抛掷的, 所以样本点 (x,y,z) 在 Ω 中均匀分布, 故由公式 (1.5.1) 得

$$\mathbf{P}(E)=\frac{\mathbf{L}(E)}{\mathbf{L}(\Omega)}=\frac{1}{4}.$$

例 1.5.4 平面上画满间距为 a 的平行直线, 向该平面随机投掷一枚长度为 l 的针 $(l<a)$, 试求针与直线相交的概率.

这个问题称为 Buffon 投针问题, 是概率论中的一个著名问题 (图 1.6).

解 以 E 表示针与直线相交的事件. 我们来看如何描述 Ω 和 E. 易知, 针的位置可由它的中点到最近的直线的距离 ρ, 以及它与直线的夹角 θ 决定. 所以

$$\Omega=\left\{(\rho,\theta)\ \middle|\ 0\leqslant\rho\leqslant\frac{a}{2},\ 0\leqslant\theta\leqslant\frac{\pi}{2}\right\}.$$

而针与直线相交, 当且仅当, $\rho\leqslant\dfrac{l}{2}\sin\theta$(图 1.7). 所以

$$E=\left\{(\rho,\theta)\ \middle|\ (\rho,\theta)\in\Omega,\ \rho\leqslant\frac{l}{2}\sin\theta\right\}.$$

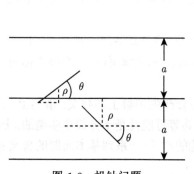

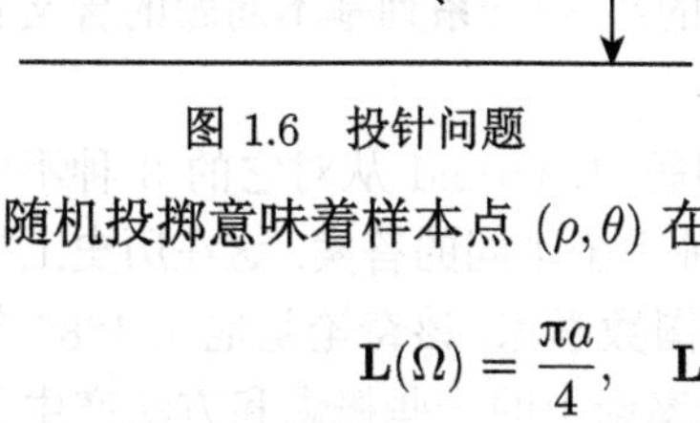

图 1.6 投针问题

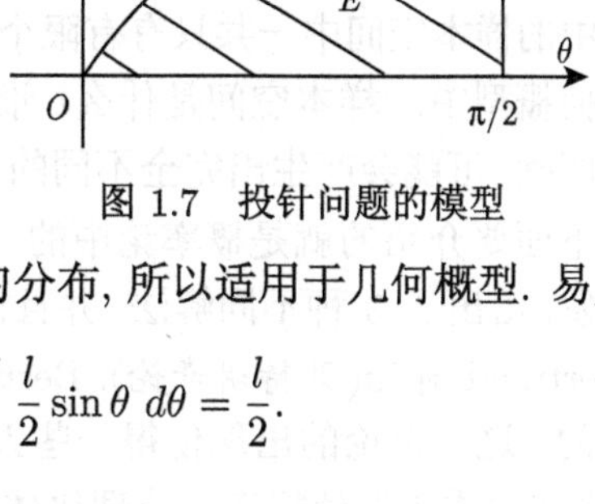

图 1.7 投针问题的模型

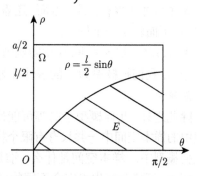

随机投掷意味着样本点 (ρ,θ) 在 Ω 中均匀分布, 所以适用于几何概型. 易见

$$\mathbf{L}(\Omega)=\frac{\pi a}{4},\quad \mathbf{L}(E)=\int_0^{\frac{\pi}{2}}\frac{l}{2}\sin\theta\,d\theta=\frac{l}{2}.$$

所以由公式 (1.5.1) 得

$$\mathbf{P}(E)=\frac{\mathbf{L}(E)}{\mathbf{L}(\Omega)}=\frac{2l}{\pi a}.$$

与古典概型不同, 几何概型的引入还带来了观念上的一些变化. 下面来看一些例子.

例 1.5.5 往区间 $[0,1]$ 中随机抛掷一个质点, 求该质点落在区间中点的概率.

以 E 表示质点落在区间中点的事件. 在这里, $\Omega = [0,1]$, $E = \left\{\frac{1}{2}\right\}$, 所以 $\mathbf{L}(\Omega) = 1$, $\mathbf{L}(E) = 0$, 于是

$$\mathbf{P}(E) = \frac{\mathbf{L}(E)}{\mathbf{L}(\Omega)} = 0.$$

这表明, "往区间 $[0,1]$ 中随机抛掷一个质点, 质点落在区间中点" 是一个零概率事件. 更有甚者, 如下面的例子.

例 1.5.6 往区间 $[0,1]$ 中随机抛掷一个质点, 求质点落在区间中有理点上的概率.

以 E 表示质点落在区间中有理点上的事件. 在这里, $\Omega = [0,1]$, E 为 $[0,1]$ 中的有理点集, 所以 $\mathbf{L}(\Omega) = 1$, $\mathbf{L}(E) = 0$, 于是

$$\mathbf{P}(E) = \frac{\mathbf{L}(E)}{\mathbf{L}(\Omega)} = 0.$$

这表明, "往区间 $[0,1]$ 中随机抛掷一个质点, 质点落在区间中有理点上" 也是一个零概率事件. 但是, 以上两个事件都不是不可能事件. 这就告诉我们: *零概率事件不等于不可能事件*. 另一方面, 还需告诉大家: *概率等于 1 的事件也并不就是必然事件*. 下面就是一个例子.

例 1.5.7 往区间 $[0,1]$ 中随机抛掷一个质点, 求质点落在区间 $(0,1)$ 中的概率.

今后, 我们把概率为 1 的事件称为*几乎必然事件*, 把概率为 0 的事件称为*几乎不可能事件*.

除此之外, 几何概型中的等可能性有时还会产生理解上的歧义. 事实上, 古典概型中的样本空间中一共只有有限个样本点, 其等可能性是十分简单明确的. 然而, 在几何概型中, "样本空间是什么? 谁是等可能的?" 等一系列基本问题的含义有时并不明确, 可能会产生出完全不同的理解来.

下面要介绍的就是概率论中的一个著名问题, Bertrand 从对它的 3 种不同理解出发, 给出了 3 种不同解法, 并且得到了 3 种完全不同的答案. 这在历史上被称为 Bertrand *奇论(贝特朗奇论)*. Bertrand 是法国数学家, 该奇论是他在 1889 年提出来的. 这一奇论的出现使得一些人对当时概率论中的一些概念和方法产生了怀疑. 当然也成为促使概率论公理化体系诞生的一个原因.

例 1.5.8 在单位圆内任作一弦, 试求弦长大于 $\sqrt{3}$ 的概率.

解 我们以 E 表示弦长大于 $\sqrt{3}$ 的事件. 问题是如何描述 Ω 和 E.

解法 1 不妨认为弦的一个端点 A 已经取定, 问题变为在圆周上取另一端点 B. 于是 Ω 就是整个圆周. 由于单位圆的内接正三角形的边长等于 $\sqrt{3}$, 所以若以 A 为一个顶点作单位圆的内接正三角形 $\triangle AMN$, 则当且仅当弦 AB 与边 MN 相交时, 弦 AB 的长度大于 $\sqrt{3}$, 而此时端点 B 位于弧 $\widehat{MN}$ 上, 所以 E 就是弧 $\widehat{MN}$ (图 1.8(1)). 以 $\mathbf{L}$ 表示弧长, 则有 $\mathbf{L}(\Omega)=\mathbf{L}$ (单位圆的圆周) $=2\pi$, $\mathbf{L}(\widehat{MN})=\dfrac{2\pi}{3}$. 故由几何概型概率公式 (1.5.1) 得

$$\mathbf{P}(E)=\frac{\mathbf{L}(\widehat{MN})}{\mathbf{L}(\Omega)}=\frac{1}{3}.$$

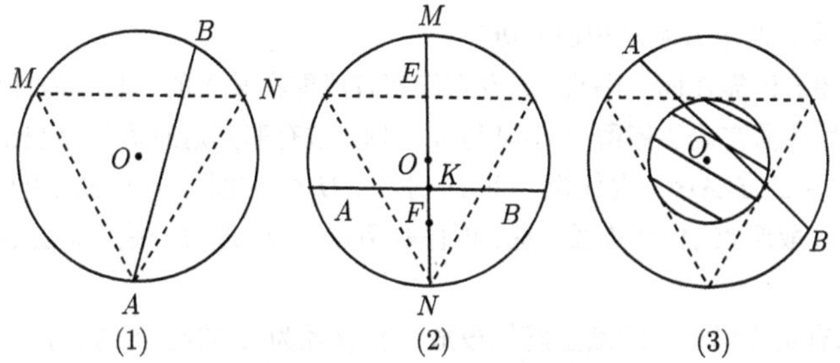

图 1.8 Bertrand 奇论

解法 2 在单位圆内取定一条直径 MN, 只考虑与 MN 垂直的弦 AB, 此时弦 AB 的中点 K 必在该直径上. 所以可把直径 MN 作为 Ω. 易知, 当且仅当弦 AB 的中点 K 与圆心 O 的距离小于 $\dfrac{1}{2}$ 时, 弦 AB 的长度大于 $\sqrt{3}$(图 1.8(2)). 所以

$$E=\left\{K\,\middle|\, K\in MN,\ |KO|<\frac{1}{2}\right\}.$$

于是 $\mathbf{L}(\Omega)=|MN|=2$, $\mathbf{L}(E)=1$, 故由几何概型概率公式 (1.5.1) 得

$$\mathbf{P}(E)=\frac{\mathbf{L}(E)}{\mathbf{L}(\Omega)}=\frac{1}{2}.$$

解法 3 弦 AB 的长度仅由它的中点 K 的位置确定, 易知, 当且仅当中点 K 位于以 $1/2$ 为半径的同心圆之内时, 弦 AB 的长度大于 $\sqrt{3}$. 所以在这里, Ω 就是整个单位圆, E 就是以 $\dfrac{1}{2}$ 为半径的同心圆, $\mathbf{L}$ 就是它们的面积 (图 1.8(3)). 故由几何概型概率公式 (1.5.1) 得

$$\mathbf{P}(E)=\frac{\mathbf{L}(E)}{\mathbf{L}(\Omega)}=\frac{1}{4}.$$

这种用不同解法得到不同结论的情况, 我们还是第一次遇到. 仔细分析上述解答过程, 可知产生不同结论的原因是: 题目中的 “任作一弦” 的含义不够清楚, 因而

可对其作各种不同理解, 从而导致对样本空间 Ω 和随机事件 E 的不同理解. 这些不同的理解对题目中的含义不清之处作了不同的演化, 使之成为不同的概率计算问题, 因此产生出多种不同的结论也就不足为奇了, 因为它们事实上是针对不同问题所给出的答案.

"几何概型" 的这种特点, 使得它不宜于过早地出现在初学者面前. 在教育部颁布的《高中数学课程标准 (2017 版)》中已经不把 "几何概型" 列入教学内容, 这是一件值得庆幸的事情.

习 题 1.5

1. 假定在例 1.5.2 中, 还有第 3 个人也参加约定. 试求如下事件的概率: (1) 3 个人可以相遇的概率; (2) 至少有两个人可以相遇的概率.

2. 甲、乙两船欲停靠在同一码头. 假设它们都有可能在某天的一昼夜内任何时刻到达, 且甲船与乙船到达后各需在码头停留 3 小时与 4 小时. 求有船到达时需等待空出码头的概率.

3. 向面积为 S 的 $\triangle ABC$ 内任投一点 P, 求 $\triangle PBC$ 的面积小于 $S/2$ 的概率.

4. 在圆周上任取两点 A, B 连成一弦, 再任取两点 C, D 连成一弦. 求弦 AB 与弦 CD 相交的概率.

5. 在一张画有正方形格子的纸上随机投放一枚直径为 1 的硬币. 试问, 当方格边长 a 小于多少时, 硬币与方格不相交的概率小于 1%?

6. 在区间 $(0,1]$ 内任取两个数, 求下列事件的概率: (1) 两数之和小于 1.3; (2) 两数之差的绝对值大于 0.2; (3) 以上两要求都满足.

7. 把长为 l 的线段任意折成 3 段, 试求如下各事件的概率: (1) 它们可构成一个三角形; (2) 它们中最长的不超过 $\dfrac{2l}{3}$.

8. 在区间 $(-1,1)$ 上任取两数 X, Y, 考察二次方程 $x^2+Xx+Y=0$ 的两根, 试求如下事件的概率: (1) 它们都是实数; (2) 它们都是正数.

9. 在平面上画有两族相互垂直的平行直线, 它们将平面分为一系列边长为 a 和 b 的矩形. 向该平面随机地投掷一枚长度为 $2r\left(2r<a+b-\sqrt{(a+b)^2-\pi ab}\right)$ 的针, 试求此针至少与一条所画直线相交的概率.

10. 在平面上画有一些间隔距离均为 a 的平行直线, 向该平面抛掷一枚直径为 $R(R<a/2)$ 的硬币. 试求硬币与任何直线相交的概率.

11. 在圆内作内接正方形, 向圆中随意抛掷一个点. 试求该点落在正方形中的概率.

12. 向一条线段上随机地相继抛掷 3 个点. 试求第 3 个点落在前两个点之间的概率.

13. 长度为 a_1+a_2 的线段用分点分成长度分别为 a_1 和 a_2 的两部分. 向该线段随机地相继抛掷 n 个点. 试求: n 个点中恰有 m 个点落在长度为 a_1 的部分中的概率.

14. 向一个正方形中随机抛掷 3 个点, 试求它们形成下述三角形之顶点的概率: (1) 任一三角形; (2) 正三角形; (3) 直角三角形.

*1.6 絮话概率论

随着人类社会的进步、科学技术的发展、经济全球化的进程日益加快, 概率论获得了越来越大的发展动力和越来越广泛的应用. 如今概率论已被广泛地应用于自然科学、环境保护、工程技术、经济管理的许多领域, 尤其是在市场经济发展的今天, 人们对金融保险领域的随机现象和变化规律的研究更是取得了长足的进步. 概率论作为一门科学已被人们广泛接受, 并日益成为人类社会和经济生活中的一种不可或缺的工具.

概率论能够发展到今天, 是经过了一段曲折的历程的. 300 多年前, 当概率论刚刚萌芽时, 只是赌博场上的一种产物. 人们在利用纸牌、骰子以及形形色色的工具进行赌博时, 遇到了许多无法解释的问题. 由于输赢无法预言, 涉及金钱的得失, 人们试图了解其中的规律. 17 世纪时, 赌徒中的一些有身份的人开始向他们的数学家朋友请教. 当时欧洲的一些颇有声望的数学家都参加了有关的讨论, 如 Fermat, Pascal 等. 由此产生出概率论中的一些最初的概念, 以及一些计算 “等可能” 类型概率的方法. 在漫长的历史进程中, 许多学者讨论过等可能性问题, 也讨论过概率论中各种概念的精确化问题. 例如, 不少人做过抛掷硬币的试验. 表 1.2 就是其中一些人的试验记录.

表 1.2

试验者	抛硬币次数	出现正面次数	出现正面频率
Buffon	4040	2048	0.5069
De Morgan	4092	2048	0.5005
Feller	10000	4979	0.4979
Pearson	12000	6019	0.5016
Pearson	24000	12012	0.5005
Lomanovskii	80640	39699	0.4923

下面来分析一下他们的试验. 如果以 A 表示抛出正面, 以 $N_n(A)$ 表示在 n 次抛掷硬币中正面的出现次数, 那么

$$f_n(A) = \frac{N_n(A)}{n}$$

就称为正面的出现频率. 由表 1.2 中的数据可以看出, 正面的出现频率 $f_n(A)$ 始终在 0.5 附近摆动, 并且抛掷次数越多, 频率 $f_n(A)$ 就越接近于 0.5. 这一事实表明: ① 在抛掷硬币的试验中, 关于出现正面和出现反面的等可能性假定是合理的; ② 随机事件发生的可能性是一个可以进行度量的客观存在的量, 它会在大数量的重复试验中通过频率 $f_n(A)$ 反映出来; ③ 频率 $f_n(A)$ 可以作为概率 $\mathbf{P}(A)$ 的近似

值, 并且当试验次数 n 充分大时, 近似程度会足够好.

但是, 人们也不能不注意到上述表述中的不严密之处: 何谓 "抛掷次数越多, 频率 $f_n(A)$ 就越接近于 $\mathbf{P}(A)$"? 这里显然不能用 "ε-δ 语言" 来描述. 因为我们不能对任意给出的 $\varepsilon > 0$, 找到一个自然数 n_0, 使得对一切 $n > n_0$ 都能成立

$$|f_n(A) - \mathbf{P}(A)| < \varepsilon.$$

事实上, 人们在这里也不是这个意思, 这里的 "频率 $f_n(A)$ 越来越接近于 $\mathbf{P}(\mathrm{A})$" 的含义应当是指 "随着 n 的增大, $(|f_n(A) - \mathbf{P}(A)| \geqslant \varepsilon)$ 发生的可能性越来越小". 或者说, "随着 n 的增大, 事件 $(|f_n(A) - \mathbf{P}(A)| \geqslant \varepsilon)$ 的发生概率

$$\mathbf{P}(|f_n(A) - \mathbf{P}(A)| \geqslant \varepsilon)$$

趋向于 0".

然而这样一来, 人们就又陷入了一个难以摆脱的怪圈之中: 一方面 "频率接近于概率" 表明概率是一个客观存在, 并且频率可以作为概率的近似值; 另一方面, 频率接近于概率的含义本身却又需要通过 "概率趋于 0" 来描述. 于是, 人们不能不问一句: "究竟什么是概率?" 再加上 Bertrand 奇论的出现, 一些人对当时的概率论中的一些概念和方法产生了怀疑. 于是, 人们不得不认真面对这种局面, 探讨解决的办法. 而解决的办法只有一个, 这就是完善概率论自身的理论基础. 在 1900 年的国际数学家大会上, Hilbert 提出的 20 世纪应解决的 23 个数学问题中, 就把这个问题列在其中. 不过, Hilbert 是把它列在数学物理问题类中的, 在当时还没有人承认概率论是一个数学分支, 因为它还没有严密的数学理论基础.

概率论的严密的数学理论基础是在 20 世纪 30 年代奠定的, 它应归功于 Kolmogorov 建立的公理化体系. 这种公理化体系的建立离不开集合论和测度论的发展, 也沟通了概率论与现代数学其他分支的联系. 我们将在第 2 章中介绍 Kolmogorov 的公理化体系. 在这个公理化体系之下, 所有的概率命题都得到了严密的陈述, 包括 "频率接近于概率" 的确切含义, 这就使得人们可以广泛地利用这一事实来解决许多问题.

现在就来介绍其中的一个应用.

回顾例 1.5.4 中的抛针问题, 在那里算得针与某条直线相交的概率为 $\mathbf{P}(E) = \dfrac{2l}{\pi a}$. 利用这一结果和 "频率接近于概率" 的事实, 便可知道: 只要抛掷的次数 n 充分多, 频率 $f_n(E)$ 就会充分地接近于概率 $\mathbf{P}(E)$, 换言之, 如果在 n 次抛掷中, 针与直线相交了 m_n 次, 那么当 n 充分大时, 就会有

$$\frac{m_n}{n} \approx \frac{2l}{\pi a},$$

即有

$$\pi \approx \frac{2nl}{m_n a}.$$

这就告诉我们, 可以通过大量重复抛针, 由上述公式算出 π 的近似值. 这就开辟了一条完成某些计算任务的途径. 这种方法被称为 Monte Carlo 方法. 由于大量重复试验可以通过计算机来模拟实现, 所以 Monte Carlo 方法现今已获得了广泛的运用, 例如可以用它来计算一些原函数不易表出的定积分, 等等.

“频率接近于概率” 表明了概率的客观存在, 也表明概率可以通过试验来验证. 但这只是问题的一个方面. 应当指出, 并不是所有的概率都能通过试验来验证. 例如, 对某个危重病人存活时间的估计 “存活 3 个月的可能性不超过 15%” 中的 15%, 就不是一个可用大量重复试验来加以验证的概率. 这种估计来源于医生的医学知识、医疗经验以及对病人病情的了解和趋势估计, 多少带有主观色彩, 所以有人把这类概率称为主观概率.

最后, 我们还想强调一句, “频率接近于概率” 只有在样本量非常大的情况下才有意义. 如果只是截取试验数据中的一段, 则其中的频率不仅可能不接近概率, 甚至可能差之甚远. 这一点非常值得初学概率论的读者注意.

有一位概率学家曾经做过一次试验: 他给 200 个小孩每人都发一支铅笔、一张纸; 然后把他们分成两组, 每组 100 人. 他发给第一组中的每个小孩一枚均匀的硬币, 让他们每人都抛掷硬币 100 次, 并要求他们依次记录抛掷结果: 每抛出一次正面, 就在纸上写一个 1, 每抛出一次反面, 就写一个 0. 他没有给第二组的小孩发硬币, 而是要求他们都设想自己也抛掷一枚硬币 100 次, 并且在觉得该抛出一次正面时, 就在纸上写一个 1, 觉得该抛出一次反面时, 就写上一个 0. 这 200 个小孩都认真地做了, 并且把记录都交了回来. 你知道这位概率学家从他们的记录中发现了些什么吗?

他发现了两组小孩交来的记录有着非常明显的差别: 在第一组真正抛掷硬币的小孩交来的记录中, 1 和 0 的交替不是那么频繁, 都有着多个连着出现的 1 和多个连着出现的 0; 相反, 在假想抛掷硬币的小孩交来的记录中, 1 和 0 则交替得比较频繁, 几乎很少出现有 3 个连续的 1 或 0, 更不用说 4 个或以上.

我们也请一些中学生朋友做了试验, 下面是他们的一些试验结果:

安徽省铜陵市第一中学一位同学 2008 年 12 月 27 日实际抛掷 100 次, 抛掷结果如下: 正面 45 次, 反面 55 次, 具体记录为

$$000\underbrace{11111}_{5}01\underbrace{0000}_{4}11011100100110010100111001001000$$

$$11\underbrace{0000}_{4}\underbrace{1111}_{4}001\underbrace{0000000}_{7}111001100011101000101001000\underbrace{1111}_{4}010.$$

安徽省亳州市第一中学一位同学同一天实际抛掷 100 次, 抛掷结果如下: 正面 51 次, 反面 49 次, 具体记录为

$$00010\underline{100}11\underline{100}11\underline{100}10\underline{100}01010\underline{100}10\,\underbrace{11111111}_{8}\,000111010\underline{100100}$$

$$111000\underline{100}1\underline{100100}10101010110001010\underline{100}\underbrace{1111}_{4}0111.$$

在前一位同学的记录中出现了 7 个连续的 0, 在后一位同学的记录中出现了 8 个连续的 1. 可以证明, 抛掷的次数越多, 其中可能出现的连贯的长度就越长. 频繁交替的 1 和 0 不是实际抛掷的结果, 而是假想抛掷硬币的小孩想象出来的结果, 所以不是随机现象的反映. 真正的随机现象中的 1 和 0 的交替应当是无规律的, 所以反而会出现多个连续的相同符号. 那种两个 1 后面接着两个 0; 两个 0 后面又接着两个 1 的情况恰恰不是随机性的反映, 而是一种确定性的规律. 你在乘汽车出行时, 有过连续多次遭遇红灯的经历吗? 你在与同伴打扑克娱乐时, 有过连续输牌、走霉运的经历吗? 不知你想过没有: 这仅仅只是你的打牌技术不佳, 或是你的运气不好吗? 是否还有着某种客观规律在起作用?

以上的絮话显得有些零乱, 希望能有助于大家对概率论的了解.

第 2 章　初等概率论

2.1　概率论的公理化体系

20 世纪 30 年代所建立的 Kolmogorov 公理化体系为概率论奠定了严密的数学理论基础, 使得概率论成为一门公认的数学学科. 公理化将概率概念从频率解释的束缚下解放了出来, 却又使得概率的概念随时可以从形式系统回到现实世界中去, 大大拓宽了概率论的应用领域.

Kolmogorov 公理化体系是建立在集合论和测度论的基础上的. 从测度论的观点来看, 概率论的公理化体系并不神秘, 其实就是用测度论的理论来解释概率理论罢了. 如果学过了实变函数论, 接受起来就比较容易. 如果没有学过实变函数论, 只要认真加以体验, 也是可以接受的.

2.1.1　什么是随机事件

从第 1 章中已经知道, 随机事件是样本空间的子集, 是随机试验中可能出现也可能不出现的一类结果的集合. 我们研究随机事件, 是为了知道它发生的可能性的大小, 即概率. 换句话说, 如果以 A 表示随机事件, 我们的目的之一就是要能够算出 $\mathbf{P}(A)$.

在第 1 章中, 我们讨论过两类概率模型.

古典概型比较简单, 只要分别算出随机事件 A 和样本空间 Ω 中的样本点个数 $|A|$ 和 $|\Omega|$, 再比一比就可以了. 由于在 Ω 中一共只有有限个样本点, 所以对 Ω 的任何子集都可以求出其概率.

在几何概型中, 则是要用 A 和 Ω 的 Lebesgue 测度 $\mathbf{L}(A)$ 和 $\mathbf{L}(\Omega)$ 来比. 我们曾经讲过, 对于线段, 它的 Lebesgue 测度就是长度; 对于平面上或空间中规则的几何图形, 它的 Lebesgue 测度就是面积或体积. 所以在第 1 章中我们并没有遇到过什么麻烦. 但是, 即使 Ω 是平面上的一个规则的几何图形, 它的子集也会是各种各样的. 有一些形状十分古怪的平面图形, 它的面积是无法计算的. 在测度论中叫做 Lebesgue 不可测集. 甚至在实轴上也存在 Lebesgue 不可测集. 如果把这些集合也算作随机事件, 那么它们的发生概率就无法算出来了. 为了解决这个问题, 我们就只能把随机事件限定为 Ω 中的一些可以算出其测度的子集.

今后还要涉及许多更加复杂的概率模型, 还会遇到类似的情况. 所以我们要对什么是随机事件作出一些规定.

2.1.2 事件 σ 域

既然在许多问题中不能把样本空间 Ω 的每一个子集都算作随机事件, 我们就要来讨论如何划定随机事件的范围. 换句话说, 应该明确可以把 Ω 的哪些子集算作随机事件. 为此, 要来建立一些准则, 并且这些准则要少而精, 以便于运用.

第一, 把 Ω 算作随机事件, 称之为必然事件. 因为它由一切可能的试验结果组成, 因此一定发生, 即有 $\mathbf{P}(\Omega)=1$.

第二, 如果出于研究的需要, 要把 Ω 的子集 E 算作事件, 那么它的余集 E^c 也应该算作事件, 因为它表示 E 不发生. 由于可把 E 算作事件, 说明 E 的发生概率 $\mathbf{P}(E)$ 是可以算出来的, 这也就意味着 E 不发生的概率, 即 $\mathbf{P}(E^c)$ 也是可以算出来的. 所以 E^c 也一定是事件.

第三, 如果 $\{E_n,\ n\in\mathbb{N}\}$ 是一列事件, 那么 $\bigcup\limits_{n=1}^{\infty} E_n$ 表示它们中至少有一个发生, 所以 $\bigcup\limits_{n=1}^{\infty} E_n$ 也应该是事件.

如上三条规定都是非常合理的, 现在把它们写下来:

把 Ω 的可以作为随机事件的子集的全体记作 $\mathscr{F}$, 用 $E\in\mathscr{F}$ 表示子集 E 是随机事件. 当然 $\mathscr{F}$ 就是由 Ω 中的一些子集所构成的 "子集类". 我们已经提到的三条规定是:

(1) $\Omega\in\mathscr{F}$;

(2) 如果 $E\in\mathscr{F}$, 那么 $E^c\in\mathscr{F}$;

(3) 如果 $\{E_n,\ n\in\mathbb{N}\}\subset\mathscr{F}$, 那么 $\bigcup\limits_{n=1}^{\infty} E_n\in\mathscr{F}$.

现在的问题是: 是否只要上述三条规定就够了? 学过实变函数论的读者容易回答这个问题. 因为从测度论中的观点来看, 满足上述三条规定的子集类叫做 σ 域或 σ 代数, 它具有许多没有写出的性质. 这些性质足以保证它能满足我们研究概率的需要. 没有学过实变函数论的读者, 可以从下面的讨论中了解这些性质.

现在就来讨论在概率研究中有哪些需求, 而满足上述三条规定的子集类 $\mathscr{F}$ 是如何满足这些需求的.

我们知道, $\varnothing$ 表示不可能事件, 它应当在 $\mathscr{F}$ 中. 不难看出, 由上述规定可以推出 $\varnothing\in\mathscr{F}$. 事实上, 由 (1) 知 $\Omega\in\mathscr{F}$, 再由 (2) 即知 $\varnothing=\Omega^c\in\mathscr{F}$.

如果 E_1,E_2 是两个事件, 那么 $E_1\cup E_2$ 表示 E_1 和 E_2 中至少有一个发生, 因此 $E_1\cup E_2$ 也应当是事件. 尽管上述三条没有明确写出这一点, 但是可以从上述三条规定中推出这一点来. 事实上, 由于 E_1,E_2 是事件, 所以它们都在 $\mathscr{F}$ 中. 又由于 $\varnothing\in\mathscr{F}$, 所以如果令 $E_3=E_4=\cdots=\varnothing$, 那么由 (3) 即得 $E_1\cup E_2=\bigcup\limits_{n=1}^{\infty} E_n\in\mathscr{F}$. 这一结论也可对有限个事件 $E_1,\cdots,E_m$ 的并集 $\bigcup\limits_{n=1}^{m} E_n$ 成立. 读者可以自己推导.

在三条规定中没有涉及事件的交, 但是事件的交表示这些事件同时发生, 当然也应该是事件. 那么如何由上述三条规定推出这一点呢? 设 $\{E_n,\ n\in\mathbb{N}\}$ 是一列事件, 即设 $\{E_n,\ n\in\mathbb{N}\}\subset\mathscr{F}$. 首先, 由 (2) 可知有 $\{E_n^{\mathrm{c}},\ n\in\mathbb{N}\}\subset\mathscr{F}$. 其次, 由 (3) 知有 $\bigcup\limits_{n=1}^{\infty}E_n^{\mathrm{c}}\in\mathscr{F}$; 最后, 再由 De Morgan 法则和 (2) 知 $\bigcap\limits_{n=1}^{\infty}E_n=(\cup E_n^{\mathrm{c}})^{\mathrm{c}}\in\mathscr{F}$. 这就告诉我们, 可列个事件的交集也属于 $\mathscr{F}$. 如果令 $E_{m+1}=E_{m+2}=\cdots=\Omega$, 则可推知有限个事件 $E_1,\cdots,E_m$ 的交集属于 $\mathscr{F}$.

最后, 我们来看如何推出两个事件的差集属于 $\mathscr{F}$. 事实上, 如果 E_1,E_2 是两个事件, 那么它们都属于 $\mathscr{F}$. 于是 $E_2^{\mathrm{c}}\in\mathscr{F}$, 从而 $E_1-E_2=E_1E_2^{\mathrm{c}}\in\mathscr{F}$.

这就说明, 只要 $\mathscr{F}$ 满足了所列出的三条规定 (即只要 $\mathscr{F}$ 是一个 σ 域), 那么在 $\mathscr{F}$ 中就包括了我们在通常意义上所说的所有随机事件. 因此, 我们只要把 $\mathscr{F}$ 规定为由 Ω 的一些子集所形成的一个 σ 域, 并且只把 $\mathscr{F}$ 中的成员叫做随机事件, 就足以保证我们研究概率的需要了. 通常, 我们把这样的 σ 域 $\mathscr{F}$ 叫做**事件 σ 域**.

为了便于今后运用, 给出如下定义.

定义 2.1.1 将样本空间 Ω 的一些子集所构成的类 $\mathscr{F}$ 叫做事件 σ 域, 如果它满足如下三条规定:

(1) $\Omega\in\mathscr{F}$;

(2) 只要 $E\in\mathscr{F}$, 就有 $E^{\mathrm{c}}\in\mathscr{F}$;

(3) 只要 $\{E_n,\ n\in\mathbb{N}\}\subset\mathscr{F}$, 就有 $\bigcup\limits_{n=1}^{\infty}E_n\in\mathscr{F}$.

同时也把上面的讨论结果写成定理的形式.

定理 2.1.1 设 Ω 为样本空间, 如果 $\mathscr{F}$ 是其中的事件 σ 域, 则一定有

1° $\varnothing\in\mathscr{F}$;

2° 如果 $\{E_n,\ n\in\mathbb{N}\}\subset\mathscr{F}$, 那么 $\bigcap\limits_{n=1}^{\infty}E_n\in\mathscr{F}$;

3° 如果 $\{E_n,\ n=1,\cdots,m\}\subset\mathscr{F}$, 那么 $\bigcap\limits_{n=1}^{m}E_n\in\mathscr{F}$ 且 $\bigcup\limits_{n=1}^{m}E_n\in\mathscr{F}$;

4° 如果 $E_1,E_2\in\mathscr{F}$, 那么 $E_1-E_2\in\mathscr{F}$.

2.1.3 关于事件 σ 域的一些讨论

由于定义 2.1.1 只是对事件 σ 域的构成作了一些原则性的规定, 所以还需要进一步明确它的含义. 事实上, 按照这些规定, 我们可以在同一个样本空间 Ω 中构造出许多不同的 σ 域来. 下面先看一些具体的事件 σ 域的例子.

易知, $\{\Omega,\varnothing\}$ 就是一个 σ 域, 因为它满足定义 2.1.1 中的三条规定. 这是一个平凡的 σ 域.

如果 $\mathscr{A}$ 是 Ω 的所有子集的全体, 那么 $\mathscr{A}$ 当然满足定义 2.1.1 中的三条规定, 所以它是一个 σ 域. 这是 Ω 中的一个最大的 σ 域 (意即 Ω 中的其他 σ 域全都包含

在 $\mathscr{A}$ 中). 例如, 在古典概型中, 就是这样选取 σ 域的.

一般地, 如果 $\mathscr{F}_1$ 和 $\mathscr{F}_2$ 是 Ω 中的两个 σ 域, 并且 $\mathscr{F}_1 \subset \mathscr{F}_2$, 那么我们就说 $\mathscr{F}_1$ 是 $\mathscr{F}_2$ 的子 σ 域, 并且说 $\mathscr{F}_1$ 比 $\mathscr{F}_2$ 小, 或者说 $\mathscr{F}_1$ 比 $\mathscr{F}_2$ 粗糙, 也可以说 $\mathscr{F}_2$ 比 $\mathscr{F}_1$ 大或细腻.

如果在随机试验中, 只关心某一类现象是否发生, 而属于这类现象的所有可能结果构成样本空间 Ω 的一个非平凡子集 A, 那么就可以把我们的 σ 域取为 $\{\Omega, \varnothing, A, A^c\}$ (不难验证这是一个 σ 域). 这是一个可以用来讨论此类现象发生与否的最小的 σ 域.

如果问题涉及两类现象, 属于它们的所有可能结果构成样本空间 Ω 的两个非平凡子集 A 和 B, 其中 A, B 互不包含, 并且 $B \neq A^c$, 那么可以用来讨论这两类现象发生与否的最小的 σ 域是怎样的呢?

首先, Ω, A 和 B 都应当属于 σ 域 $\mathscr{F}$; 其次 $\mathscr{F}$ 还应当包括由它们出发, 作一切可能的交、并和取余运算所得到的所有的集合 (Ω 的子集). 于是首先通过取余运算, 得出 $\varnothing, A^c, B^c$ 属于 $\mathscr{F}$, 然后对它们作交、并运算, 得知 $AB, AB^c, A^cB, A^cB^c, A\cup B, A^c\cup B, A\cup B^c, A^c\cup B^c$ 属于 $\mathscr{F}$, 但是还不够, 因为对这些子集还可以作取余和交、并运算, 于是又得到两个新的子集 $AB\cup A^cB^c$ 和 $AB^c\cup A^cB$, 它们也应当属于 $\mathscr{F}$. 至此我们发现, 再也不能通过作取余和交、并运算得出其他子集了. 所以我们已经找到由 Ω, A 和 B 出发, 作一切可能的交、并和取余运算所可能得到的所有的集合 (Ω 的子集), 从而可以用来讨论这两类现象发生与否的最小的 σ 域中一共包括 16 个事件, 它们是

$$\Big\{ \Omega,\ \varnothing,\ A,\ A^c,\ B,\ B^c,\ AB,\ AB^c,\ A^cB,\ A^cB^c,\ A\cup B,\\ A^c\cup B,\ A\cup B^c,\ A^c\cup B^c,\ AB\cup A^cB^c,\ AB^c\cup A^cB \Big\}.$$

通过这个例子, 我们看到了 σ 域的具体内涵. 没有学过实变函数论的读者, 可以从这个例子中进一步了解 σ 域的性质. 这个例子告诉我们, 必须从给定的一些集合出发, 把 "取余和交、并" 运算一直进行下去, 直到不能得到新的集合为止. 此时所有的集合 (Ω 的子集) 构成的集合类才是一个 σ 域. 由于在这个例子中, 最初给出的集合只有有限个, 所以我们只作了有限次 "取余和交、并" 运算便找到了所有的结果. 如果最初给出的集合有可列个, 那么就必须作无限次取余、有限交、可列交、有限并、可列并以及它们的混合运算才行.

为了便于今后使用, 给出如下定义.

定义 2.1.2　将对所给出的一些集合所作的各种 (有限次或可列次) 取余、取交和取并运算以及它们的混合运算都称为 Borel 运算.

按照这一定义, σ 域就是在一切可能的 Borel 运算之下封闭的集合 (Ω 的子

集) 类.

当然, 还有一些找出 σ 域中所有成员的办法. 例如, 在刚才的例子中, 如果注意到如下四个集合 AB, AB^c, A^cB, A^cB^c 中任何两个不相交, 并且它们的并集就是 Ω, 把这样的一组集合称为对 Ω 的一个分划. 那么只要对分划中的成员作一切可能形式的取并运算, 就可以方便地得到所有 16 个集合.

以上所说到的由 16 个事件构成的 σ 域, 是从给定的 Ω 的两个子集 A 和 B 出发, 通过作 Borel 运算得到的, 把这个 σ 域称为由 $\{A, B\}$ 生成的 σ 域.

一般地, 如下定义.

定义 2.1.3 如果 $\mathscr{A}$ 是 Ω 的一个子集类, 那么由 $\mathscr{A}$ 中的集合作一切可能的 Borel 运算所得到的 σ 域 $\mathscr{F}$ 称为由 $\mathscr{A}$ 生成的 σ 域, 记作 $\mathscr{F} = \sigma(\mathscr{A})$.

可以证明, $\sigma(\mathscr{A})$ 是包含子集类 $\mathscr{A}$ 的最小的 σ 域, 并且它是包含子集类 $\mathscr{A}$ 的所有 σ 域的交. 当然 σ 域的交还是 σ 域. 学过实变函数论的读者可以自己推导出这些结论.

现在来讨论实直线上的 σ 域.

例 2.1.1 将 Ω 视为实直线 $\mathbb{R}$, 令

$$\mathscr{A}_1 = \big\{(-\infty, x) \mid x \in \mathbb{R}\big\}, \quad \mathscr{A}_2 = \big\{(a,\ b) \mid -\infty < a < b < \infty\big\},$$

证明: $\sigma(\mathscr{A}_1) = \sigma(\mathscr{A}_2)$.

解 分别记 $\mathscr{F}_1 = \sigma(\mathscr{A}_1)$, $\mathscr{F}_2 = \sigma(\mathscr{A}_2)$.

首先, 对任何实数 x, 都有

$$(-\infty, x) = \bigcup_{n=1}^{\infty}(x-n, x),$$

它是可列个有界开区间的并集, 所以

$$(-\infty, x) \in \sigma(\mathscr{A}_2) = \mathscr{F}_2, \quad \forall x \in \mathbb{N},$$

即 $\mathscr{A}_1 \subset \mathscr{F}_2$, 因此 $\mathscr{F}_1 = \sigma(\mathscr{A}_1) \subset \mathscr{F}_2$.

反之, 对任何实数 a 与 b, $a < b$, 都有

$$[a, b) = (-\infty, b) - (-\infty, a) \in \sigma(\mathscr{A}_1) = \mathscr{F}_1,$$

以及

$$\{a\} = \bigcap_{n=1}^{\infty}\left[a,\ a+\frac{1}{n}\right) \in \sigma(\mathscr{A}_1) = \mathscr{F}_1,$$

因此就有

$$(a, b) = [a, b) - \{a\} = (a, b) \in \sigma(\mathscr{A}_1) = \mathscr{F}_1,$$

即 $\mathscr{A}_2 \subset \mathscr{F}_1$, 因此 $\mathscr{F}_2 = \sigma(\mathscr{A}_2) \subset \mathscr{F}_1$.

综合上述两方面, 即知 $\sigma(\mathscr{A}_1) = \sigma(\mathscr{A}_2)$.

通过上述讨论知, 在由 $\mathscr{A}_1 = \{(-\infty, x) \mid x \in \mathbb{R}\}$ 所生成的 σ 域 $\sigma(\mathscr{A}_1)$ 中, 包括了所有的有界开区间和单点集, 因此也就包括了所有的有界 (开、闭、左开右闭、左闭右开) 区间. 由于实直线上的任一开集都是至多可列个有界开区间的并集, 所以在该 σ 域中, 包括了所有的开集; 而任一闭集都是开集的余集, 所以在该 σ 域中, 包括了所有的闭集. 由此可知, 在该 σ 域中, 包括了所有的由开集和闭集作一切可能的 Borel 运算所得到的所有集合. 从集合论和测度论 (即实变函数论) 中我们知道, 由开集和闭集的类作一切可能的 Borel 运算得到的所有集合构成的 σ 域称为 Borel 域, 所以 $\sigma(\mathscr{A}_1)$ 包含了 Borel 域. 反之, 由于 $\mathscr{A}_1 = \{(-\infty, x) \mid x \in \mathbb{R}\}$ 是实直线上开集类的一个子类, 所以 $\sigma(\mathscr{A}_1)$ 亦必包含在 Borel 域中. 综合这两方面, 即知: $\sigma(\mathscr{A}_1)$ 就是 Borel 域. 再结合例 2.1.1, 就得到了实变函数论中的一个重要结论:

定理 2.1.2 实直线上的如下三种 σ 域相同, 都是一维 Borel 域 $\mathscr{B}^1$:

(1) 由全体有界开区间构成的类所生成的 σ 域;

(2) 由子集类 $\{(-\infty, x) \mid x \in \mathbb{R}\}$ 所生成的 σ 域;

(3) 由全体开集和闭集构成的类所生成的 σ 域.

Borel 域 $\mathscr{B}$ 在概率论中有极重要的地位, 一般将实直线上的 Borel 域记作 $\mathscr{B}^1$. Borel 域 $\mathscr{B}$ 中的集合称为 Borel 可测集, 简称为 Borel 集, 我们用 $B \in \mathscr{B}$ 表示 B 是 Borel 集.

从实变函数论中知道, 如果在空间 Ω 中给出了 σ 域 $\mathscr{F}$, 那么 $(\Omega, \mathscr{F})$ 就称为一个可测空间.

2.1.4 什么是概率

在 1.6 节中, 我们曾经谈到频率 $f_n(A)$ 与概率 $\mathbf{P}(A)$, 指出频率 $f_n(A)$ 随着 n 的增大越来越接近于概率 $\mathbf{P}(A)$, 因此, 表明概率 $\mathbf{P}(A)$ 的客观存在. 但是, 为了解释什么叫做 "越来越接近", 却又不得不用概率 $\mathbf{P}(|f_n(A) - \mathbf{P}(A)| \geqslant \varepsilon)$ 随着 n 的增大越来越小来加以描绘. 于是, 陷入了一个概念循环的怪圈.

正是为了摆脱这个怪圈, 人们才走上了公理化的道路.

既然概率 $\mathbf{P}(A)$ 是一种客观存在, 那么就可以直接从数学上给它一种描绘. 现在就来看看应当如何描绘概率.

假定 Ω 是一个样本空间, 已经在它上面给出了一个事件 σ 域 $\mathscr{F}$, 我们就有了一个可测空间 $(\Omega, \mathscr{F})$. 由于只把 σ 域 $\mathscr{F}$ 中的集合叫做事件, 所以就只需要对其中的集合 (事件) 定义概率. 既然概率是描述事件发生可能性的一个量, 那么它应该满足哪些要求呢? 不难看出, 如下三条要求是必须满足的:

首先, 对任何事件 E, 都应该有 $\mathbf{P}(E) \geqslant 0$;

其次, 应该有 $\mathbf{P}(\Omega)=1$, 因为 Ω 是必然事件;

最后, 如果 $\{E_n,\ n\in\mathbb{N}\}$ 是一列两两不交的事件, 那么就应该有

$$\mathbf{P}\left(\bigcup_{n=1}^{\infty}E_n\right)=\sum_{n=1}^{\infty}\mathbf{P}(E_n).$$

我们把这三条必须满足的要求分别叫做非负性、规范性和可列可加性. 现在的问题是: 是否只要满足这三条要求就够了呢? 我们说, 够了. 学过实变函数论的读者容易明白这一点, 因为从测度论的观点看来, 满足这三条要求的 $\mathbf{P}$ 就是定义在 σ 域 $\mathscr{F}$ 上的一个规范的测度. 为了使所有读者都能理解, 下面来进行解释.

显然, 在三条要求之下, 每个事件 E 都对应了一个量 $0\leqslant\mathbf{P}(E)\leqslant 1$. 所以 $\mathbf{P}$ 是定义在 σ 域 $\mathscr{F}$ 上的取值于区间 $[0,1]$ 的一个集合函数 (它的自变量是集合, 即 $E\in\mathscr{F}$).

现在来看看这个集合函数 $\mathbf{P}$ 还有哪些性质.

为便于叙述, 将原来的三条要求编个序号:

1° **非负性**.

2° **规范性**.

3° **可列可加性**.

它们都是集合函数 $\mathbf{P}$ 的性质. 我们要利用它们推出 $\mathbf{P}$ 的其他 8 条性质.

4° $\mathbf{P}(\varnothing)=0$.

因为如果取 $E_1=E_2=\cdots=\varnothing$, 那么自然有

$$E_i\cap E_j=\varnothing,\quad i\neq j,$$

因此 $\{E_n,\ n\in\mathbb{N}\}$ 是一列两两不交的事件, 故由性质 3° 知

$$\mathbf{P}(\varnothing)=\mathbf{P}\left(\bigcup_{n=1}^{\infty}E_n\right)=\sum_{n=1}^{\infty}\mathbf{P}(E_n)=\sum_{n=1}^{\infty}\mathbf{P}(\varnothing),$$

显然这个等式只有在 $\mathbf{P}(\varnothing)=0$ 时才能成立.

5° **有限可加性**. 如果 $\{E_k,\ k=1,2,\cdots,n\}$ 是 n 个两两不交的事件, 那么

$$\mathbf{P}\left(\bigcup_{k=1}^{n}E_k\right)=\sum_{k=1}^{n}\mathbf{P}(E_k).$$

事实上, 只要在性质 3° 中令 $E_{n+1}=E_{n+2}=\cdots=\varnothing$ 即可.

6° **可减性**. 如果 $E_1\in\mathscr{F}$, $E_2\in\mathscr{F}$, 并且 $E_1\supset E_2$, 则有

$$\mathbf{P}(E_1-E_2)=\mathbf{P}(E_1)-\mathbf{P}(E_2).$$

因为此时 $E_1E_2 = E_2$, 而 $E_1E_2 \cup E_1E_2^c = E_1$, 所以由有限可加性知

$$\mathbf{P}(E_1) = \mathbf{P}(E_1E_2) + \mathbf{P}(E_1E_2^c) = \mathbf{P}(E_2) + \mathbf{P}(E_1 - E_2).$$

7° **单调性**. 如果 $E_1 \in \mathscr{F}$, $E_2 \in \mathscr{F}$, 并且 $E_1 \supset E_2$, 则有

$$\mathbf{P}(E_1) \geqslant \mathbf{P}(E_2).$$

此由可减性立得.

8° $\mathbf{P}(E^c) = 1 - \mathbf{P}(E)$.

在性质 6° 中令 $E_1 = \Omega$, $E_2 = E$ 即得.

9° **加法定理**(加法公式). 如果 $\{E_k,\ k = 1, 2, \cdots, n\}$ 是任意 n 个事件, 那么

$$\mathbf{P}\left(\bigcup_{k=1}^{n} E_k\right) = \sum_{k=1}^{n} \mathbf{P}(E_k) - \sum_{1 \leqslant i < j \leqslant n} \mathbf{P}(E_iE_j) + \sum_{1 \leqslant i < j < k \leqslant n} \mathbf{P}(E_iE_jE_k) + \cdots + (-1)^{n-1}\mathbf{P}(E_1E_2 \cdots E_n). \tag{2.1.1}$$

特别地, 如果 $n = 2$, 则有

$$\mathbf{P}(E_1 \cup E_2) = \mathbf{P}(E_1) + \mathbf{P}(E_2) - \mathbf{P}(E_1E_2).$$

下面用归纳法证明这个结论.

当 $n = 2$ 时, 易知事件 E_1E_2, $E_1E_2^c$, $E_1^cE_2$ 两两不交, 并且

$$E_1 \cup E_2 = E_1E_2 \cup E_1E_2^c \cup E_1^cE_2,$$
$$E_1E_2 \cup E_1E_2^c = E_1, \quad E_1E_2 \cup E_1^cE_2 = E_2,$$

所以

$$\begin{aligned}\mathbf{P}(E_1 \cup E_2) &= \mathbf{P}(E_1E_2) + \mathbf{P}(E_1E_2^c) + \mathbf{P}(E_1^cE_2)\\ &= \{\mathbf{P}(E_1E_2) + \mathbf{P}(E_1E_2^c)\} + \{\mathbf{P}(E_1E_2) + \mathbf{P}(E_1^cE_2)\} - \mathbf{P}(E_1E_2)\\ &= \mathbf{P}(E_1) + \mathbf{P}(E_2) - \mathbf{P}(E_1E_2).\end{aligned}$$

假设当 $n = k$ 时结论成立, 当 $n = k + 1$ 时, 视 $A = \bigcup\limits_{j=1}^{k} E_j$, $B = E_{k+1}$, 于是由 $n = 2$ 时的结论知

$$\mathbf{P}\left(\bigcup_{j=1}^{k+1} E_j\right) = \mathbf{P}\left(\bigcup_{j=1}^{k} E_j\right) + \mathbf{P}(E_{k+1}) - \mathbf{P}\left(\bigcup_{j=1}^{k} (E_j \cap E_{k+1})\right),$$

再将 $n = k$ 时的结论代入其中, 整理后即知 $n = k + 1$ 时结论也成立.

10° **下连续性**. 如果 $\{E_n,\ n\in\mathbb{N}\}$ 是上升的事件序列, 即 $E_n\subset E_{n+1}$, $n=1,2,\cdots$, 则有

$$\mathbf{P}\left(\bigcup_{n=1}^{\infty}E_n\right)=\lim_{n\to\infty}\mathbf{P}(E_n).$$

记 $A_1=E_1$, $A_n=E_nE_{n-1}^{\mathrm{c}}$, $n=2,3,\cdots$, 则事件 A_1, A_2, $\cdots$ 两两不交, 且有 $\bigcup\limits_{n=1}^{\infty}A_n=\bigcup\limits_{n=1}^{\infty}E_n$ 及 $E_m=\bigcup\limits_{n=1}^{m}A_n$, $m=1,2,\cdots$. 于是由性质 3° 和性质 5° 知

$$\begin{aligned}\mathbf{P}\left(\bigcup_{n=1}^{\infty}E_n\right)&=\mathbf{P}\left(\bigcup_{n=1}^{\infty}A_n\right)=\sum_{n=1}^{\infty}\mathbf{P}(A_n)=\lim_{m\to\infty}\sum_{n=1}^{m}\mathbf{P}(A_n)\\&=\lim_{m\to\infty}\mathbf{P}\left(\bigcup_{n=1}^{m}A_n\right)=\lim_{m\to\infty}\mathbf{P}(E_m).\end{aligned}$$

11° **上连续性**. 如果 $\{E_n,\ n\in\mathbb{N}\}$ 是下降的事件序列, 即 $E_n\supset E_{n+1}$, $n=1,2,\cdots$, 则有

$$\mathbf{P}\left(\bigcap_{n=1}^{\infty}E_n\right)=\lim_{n\to\infty}\mathbf{P}(E_n).$$

由于此时 $\{E_n^{\mathrm{c}},\ n\in\mathbb{N}\}$ 是上升的事件序列, 故可由下连续性和 De Morgan 法则得知上连续性.

12° **次可加性**. 如果 $\{E_n,\ n\in\mathbb{N}\}$ 是一列事件, 则有

$$\mathbf{P}\left(\bigcup_{n=1}^{\infty}E_n\right)\leqslant\sum_{n=1}^{\infty}\mathbf{P}(E_n).$$

先由加法定理和归纳法, 证得关于有限个事件的次可加性:

$$\mathbf{P}\left(\bigcup_{n=1}^{m}E_n\right)\leqslant\sum_{n=1}^{m}\mathbf{P}(E_n).$$

再令 $m\to\infty$ 并根据下连续性即得性质 12°.

这样一来, 便由最初所规定的三条性质推出了作为 "概率" 所应该具有的所有其他性质. 所以, 最初所规定的三条性质是 "概率" 的最基本的性质. 因此可以写成定义的形式.

定义 2.1.4 设有可测空间 $(\Omega,\mathscr{F})$, 称定义在 $\mathscr{F}$ 上的集合函数 $\mathbf{P}$ 为概率测度, 如果它具有如下三条性质:

1° **非负性**, 即对任何事件 E, 都有 $\mathbf{P}(E)\geqslant 0$;

2° **规范性**, 即 $\mathbf{P}(\Omega)=1$;

3° **可列可加性**, 即如果 $\{E_n,\ n\in\mathbb{N}\}$ 是一列两两不交的事件, 那么就有

$$\mathbf{P}\left(\bigcup_{n=1}^{\infty}E_n\right)=\sum_{n=1}^{\infty}\mathbf{P}(E_n).$$

并且还可以把如上的讨论结果写成定理.

定理 2.1.3　概率测度 $\mathbf{P}$ 具有上述性质 $1^\circ\sim$ 性质 12°.

我们把定义了概率测度 $\mathbf{P}$ 的可测空间 $(\Omega,\mathscr{F})$ 称为概率空间, 记为 $(\Omega,\mathscr{F},\mathbf{P})$.

2.1.5　概率空间的例子

为了帮助读者了解概率空间, 下面给出概率空间的一些例子.

应当注意, 任何概率空间都有三个要素: 样本空间 Ω, 事件 σ 域 $\mathscr{F}$ 和定义在其上的概率测度 $\mathbf{P}$.

例 2.1.2 (Bernoulli 空间)　设 Ω 是一个样本空间, A 是 Ω 的一个非空真子集, $\mathscr{F}=\{\Omega,\varnothing,A,A^{c}\}$, p 为小于 1 的正数, 记 $q=1-p$, 令

$$\mathbf{P}(A)=p,\quad \mathbf{P}(A^{c})=q,\quad \mathbf{P}(\Omega)=1,\quad \mathbf{P}(\varnothing)=0.$$

显然如此定义的集合函数 $\mathbf{P}$ 满足概率测度的性质 $1^\circ\sim$ 性质 3°, 从而 $(\Omega,\mathscr{F},\mathbf{P})$ 就是一个概率空间, 称为 Bernoulli 空间.

在抛掷一枚硬币一次的试验中, 取 $\Omega=\{\text{正面},\text{反面}\}$, $A=\{\text{正面}\}$, 如果硬币为均匀的, 则有 $p=\dfrac{1}{2}$, 如果硬币不均匀, 则 $p\neq\dfrac{1}{2}$.

例 2.1.3 (有限概率空间)　设样本空间 $\Omega=\{\omega_1,\omega_2,\cdots,\omega_n\}$ 为有限集, 取事件 σ 域 $\mathscr{F}$ 为 Ω 的所有子集所构成的类 ($\mathscr{F}$ 中共有 2^n 个子集). 设 $p_1,p_2,\cdots,p_n$ 为 n 个非负实数, 有 $p_1+p_2+\cdots+p_n=1$. 对 Ω 的每一个子集 E, 令

$$\mathbf{P}(E)=\sum_{j:\ \omega_j\in E}p_j. \tag{2.1.2}$$

不难验证 $\mathbf{P}$ 满足概率测度的性质 $1^\circ\sim$ 性质 3°, 所以 $\mathbf{P}$ 是一个概率测度, 故 $(\Omega,\mathscr{F},\mathbf{P})$ 是一个概率空间, 称为*有限概率空间*. 特别地, 如果对每个 $\{\omega_j\}$, 都令 $\mathbf{P}(\{\omega_j\})=\dfrac{1}{n}$, 那么 $(\Omega,\mathscr{F},\mathbf{P})$ 就是一个*古典概率空间*. 一般有限概率空间与古典概率空间的区别就在于各个基本事件的概率未必相等.

例 2.1.4 (离散概率空间)　设样本空间 $\Omega=\{\omega_1,\omega_2,\cdots\}$ 为可列集, 取事件 σ 域 $\mathscr{F}$ 为 Ω 的所有子集所构成的类. 设 $p_1,p_2,\cdots$ 为一列非负实数, $p_1+p_2+\cdots=1$. 对 Ω 的每一个子集 E, 仍按式 (2.1.2) 定义 $\mathbf{P}(E)$, 则可验证 $\mathbf{P}$ 是一个概率测度, 于是 $(\Omega,\mathscr{F},\mathbf{P})$ 是一个概率空间, 称为*离散概率空间*.

例如, 可令 $\Omega=\{0,1,2,\cdots\}$, 即所有非负整数之集, 并对某个 $\lambda>0$, 令

$$p_n=\mathrm{e}^{-\lambda}\frac{\lambda^n}{n!},\quad n=0,1,2,\cdots.$$

事实上, 有

$$\sum_{n=0}^{\infty}p_n=\mathrm{e}^{-\lambda}\sum_{n=0}^{\infty}\frac{\lambda^n}{n!}=\mathrm{e}^{-\lambda}\cdot\mathrm{e}^{\lambda}=1.$$

例 2.1.5 (一维几何概率空间) 设样本空间 Ω 为实直线上的具有正 Lebesgue 测度的某个 Borel 集, 取事件 σ 域 $\mathscr{F}$ 为 Ω 的所有 Borel 子集所构成的类. 对每个 $E\in\mathscr{F}$, 令

$$\mathbf{P}(E)=\frac{\mathbf{L}(E)}{\mathbf{L}(\Omega)},$$

其中 $\mathbf{L}(E)$ 和 $\mathbf{L}(\Omega)$ 分别表示集合 E 与 Ω 的 Lebesgue 测度. 不难验证 $\mathbf{P}$ 是一个概率测度, 于是 $(\Omega,\mathscr{F},\mathbf{P})$ 是一个概率空间, 此即一维几何概型中的概率空间. 可以类似定义 n 维几何概率空间.

特别地, 如果 Ω 为开区间 $(0,1)$, 事件 σ 域 $\mathscr{F}$ 为区间 $(0,1)$ 中的所有 Borel 子集所构成的类, 那么就可以将 $\mathbf{P}$ 取为 $\mathbf{L}$, 即 Lebesgue 测度. 这种概率空间将在后面经常用到, 称为(0,1) 区间上的几何型概率空间.

习 题 2.1

1. 设 $\mathbf{P}(A)=\mathbf{P}(B)=1/2$, 证明 $\mathbf{P}(AB)=\mathbf{P}(A^{\mathrm{c}}B^{\mathrm{c}})$.

2. 设 a,b 为实数, 我们用 $a\vee b$ 表示 $\max\{a,b\}$. 试证明: 对任意两个事件 A 与 B, 都有

$$\mathbf{P}(A)\vee\mathbf{P}(B)\leqslant\mathbf{P}(A\cup B)\leqslant 2[\mathbf{P}(A)\vee\mathbf{P}(B)].$$

3. 证明: 对任意 n 个事件 $A_1,\cdots,A_n$, 都有

$$\mathbf{P}\left(\bigcap_{k=1}^{n}A_k\right)\geqslant\sum_{k=1}^{n}\mathbf{P}(A_k)-n+1.$$

4. 设 A,B,C 为事件, 证明:

(1) $\mathbf{P}(AB)+\mathbf{P}(AC)+\mathbf{P}(BC)\geqslant\mathbf{P}(A)+\mathbf{P}(B)+\mathbf{P}(C)-1$;

(2) $\mathbf{P}(AB)+\mathbf{P}(AC)-\mathbf{P}(BC)\leqslant\mathbf{P}(A)$.

5. 证明: 如果 $A\triangle B=C\triangle D$, 则 $A\triangle C=B\triangle D$.

6. 证明: $\mathbf{P}(A\triangle B)=\mathbf{P}(A)+\mathbf{P}(B)-2\mathbf{P}(AB)$.

7. 证明: 对任何事件 A,B,C, 有 $\mathbf{P}(A\triangle B)\leqslant\mathbf{P}(A\triangle C)+\mathbf{P}(C\triangle B)$.

8. 设 $A_1,\cdots,A_n$ 为任意 n 个事件, $A=\bigcup\limits_{i=1}^{n}A_i$. 试将 A 表示为 n 个互不相交的事件的并.

9. 设 $\{A_n,\ n\in\mathbb{N}\}$ 为事件序列, 证明:

$$\mathbf{P}\left(\liminf_{n\to\infty} A_n\right)\leqslant \liminf_{n\to\infty}\mathbf{P}(A_n),\quad \limsup_{n\to\infty}\mathbf{P}(A_n)\leqslant \mathbf{P}\left(\limsup_{n\to\infty} A_n\right).$$

10. 设 $A_1, A_2, \cdots, A_n$ 为事件, 证明

$$\mathbf{P}(A_1\triangle A_2\triangle\cdots\triangle A_n)=\sum_{i=1}^{n}\mathbf{P}(A_i)-2\sum_{1\leqslant i_1<i_2\leqslant n}\mathbf{P}(A_{i_1}A_{i_2})$$
$$+4\sum_{1\leqslant i_1<i_2<i_3\leqslant n}\mathbf{P}(A_{i_1}A_{i_2}A_{i_3})+\cdots+(-2)^{n-1}\mathbf{P}(A_1A_2\cdots A_n).$$

11. 设 $\mathscr{O}$ 为 $\mathbb{R}$ 上的开集的全体, $\mathscr{J}$ 为其上有理顶点开区间全体. 证明: $\mathbb{R}$ 中的 Borel 域 $\mathscr{B}=\sigma(\mathscr{O})=\sigma(\mathscr{J})$.

12. 证明: 事件 σ 域中的事件数目, 如果不是有限个, 就一定有不可列无限多个.

2.2 利用概率性质解题的一些例子

利用概率测度的 12 条性质, 可以解答更多的古典概型和几何概型问题.

我们已经知道, 在古典概型中, 样本空间 $\Omega=\{\omega_1,\ \omega_2,\ \cdots,\ \omega_n\}$ 为有限集, 事件 σ 域 $\mathscr{F}$ 为 Ω 的所有子集所构成的类 ($\mathscr{F}$ 中共有 2^n 个子集), 对每个 $\{\omega_j\}$, 都有

$$\mathbf{P}(\{\omega_j\})=\frac{1}{n}.$$

下面将通过一些例题, 说明概率问题解答方法的灵活多样性.

例 2.2.1 某人抛掷一枚均匀的硬币 $2n+1$ 次, 求他掷出的正面多于反面的概率.

虽然这是一个古典概型问题, 但是利用正面多于反面的事件 E 与其对立事件 E^{c} 的对称性, 却可以避免计算样本点个数.

解 以 E 表示掷出的正面多于反面的事件, 由于共抛掷奇数次, 所以 E^{c} 就是掷出的反面多于正面的事件. 由于硬币是均匀的, 所以 $\mathbf{P}(E)=\mathbf{P}(E^{\mathrm{c}})$, 故有

$$2\mathbf{P}(E)=\mathbf{P}(E)+\mathbf{P}(E^{\mathrm{c}})=\mathbf{P}(\Omega)=1,\quad \mathbf{P}(E)=\frac{1}{2}.$$

这种考察对立事件的解题办法是概率论中经常采用的. 再看两个例子.

例 2.2.2 口袋中有 $n-1$ 个白球和 1 个黑球, 每次从中随机取出 1 个球, 并放入 1 个白球, 如此共作 k 次操作. 试求第 k 次操作时取出的球是白球的概率.

解 以 E_k 表示第 k 次操作时取出的球是白球的事件. 显然 Ω 就是 k 次取球的所有可能的结果, 易知 $|\Omega|=n^k$. 但是 $|E_k|$ 不易直接求得, 我们来考虑 E_k^{c}. 易知 E_k^{c} 表示第 k 次操作时取出的球是黑球的事件. 由于口袋中一共只有 1 个黑球, 一

旦在某次被取出, 放入的都是白球, 于是后面再取时, 就只能取出白球, 所以欲 E_k^{c} 发生, 必须前 $k-1$ 次取的都是白球, 只有第 k 次才取黑球, 所以 $|E_k^{\mathrm{c}}|=(n-1)^{k-1}$, 从而

$$\mathbf{P}(E_k^{\mathrm{c}})=\frac{(n-1)^{k-1}}{n^k}=\frac{1}{n}\left(1-\frac{1}{n}\right)^{k-1},$$

$$\mathbf{P}(E_k)=1-\mathbf{P}(E_k^{\mathrm{c}})=1-\frac{1}{n}\left(1-\frac{1}{n}\right)^{k-1}.$$

如下的例题需要对 n 分情况讨论.

例 2.2.3 从 $0,1,\cdots,9$ 这 10 个数码中不放回地任取 n 个, 求这 n 个数的乘积可以被 10 整除的概率.

解 以 E_n 表示这 n 个数的乘积可以被 10 整除的事件, 显然有 $1\leqslant n\leqslant 10$.

当 $n=1$ 时, 只取一个数码, 当且仅当该数码是 0 时可以被 10 整除, 所以

$$\mathbf{P}(E_1)=\frac{1}{10}.$$

当 $n=10$ 时, 所有数码全被取出, 它们的乘积一定可被 10 整除, 所以

$$\mathbf{P}(E_{10})=1.$$

在其余情况下, 以 A_n 表示所取出的 n 个数码中有 0 的事件, 用 B_n 表示所取出的 n 个数码中没有 0, 但是 n 个数的乘积可以被 10 整除的事件. 显然有 $A_nB_n=\varnothing$, $A_n\cup B_n=E_n$, 所以

$$\mathbf{P}(E_n)=\mathbf{P}(A_n)+\mathbf{P}(B_n).$$

容易求得 $\mathbf{P}(A_n)$, 事实上 $|\Omega|=\binom{10}{n}$, $|A_n|=\binom{9}{n-1}$, 所以

$$\mathbf{P}(A_n)=\frac{\binom{9}{n-1}}{\binom{10}{n}}.$$

下面来求 $\mathbf{P}(B_n)$.

当 $6\leqslant n\leqslant 9$ 时, 所取出的 n 个数码中一定有偶数, 当 B_n 发生时, 该偶数不是 0, 因此, 5 一定要取出, 乘积才可被 10 整除. 除了 5 之外, 其余 $n-1$ 个数码可在除了 0 和 5 之外的其余 8 个数码中任取, 因此 $|B_n|=\binom{8}{n-1}$, 故

$$\mathbf{P}(E_n)=\mathbf{P}(A_n)+\mathbf{P}(B_n)=\frac{\binom{9}{n-1}+\binom{8}{n-1}}{\binom{10}{n}},\quad 6\leqslant n\leqslant 9.$$

特别地, 有

$$\mathbf{P}(E_9)=\frac{\binom{9}{8}+\binom{8}{8}}{\binom{10}{9}}=\frac{9+1}{10}=1.$$

当 $2\leqslant n\leqslant 5$ 时, 若 B_n 发生, 则 5 一定被取出, 并且还至少取出了一个非 0 偶数. 在 5 被取出的情况下, 其余 $n-1$ 个数全为奇数的取法有 $\binom{4}{n-1}$ 种, 所以 $|B_n|=\binom{8}{n-1}-\binom{4}{n-1}$, 故得

$$\mathbf{P}(E_n)=\mathbf{P}(A_n)+\mathbf{P}(B_n)=\frac{\binom{9}{n-1}+\binom{8}{n-1}-\binom{4}{n-1}}{\binom{10}{n}},\quad 2\leqslant n\leqslant 5.$$

例 2.2.4 (无空盒问题)　将 m 个不同的小球等可能地放入 n 个不同的盒子, $m>n$. 试求无空盒出现的概率.

解　将无空盒出现的事件记为 E. 易知 Ω 由一切可能的放法组成, 有 $|\Omega|=n^m$. 但是 $|E|$ 不易求得. 先来求 $\mathbf{P}(E^c)$.

以 A_k 表示第 k 号盒子是空盒的事件, $k=1,2,\cdots,n$. 易知 $E^c=\bigcup\limits_{k=1}^{n}A_k$.

下面来利用概率的加法公式计算 $\mathbf{P}(E^c)=\mathbf{P}\left(\bigcup\limits_{k=1}^{n}A_k\right)$. 由于事件 $A_{j_1}\cdots A_{j_i}$ 表示第 $j_1,\cdots,j_i$ 号盒子都是空的, 所以该事件表示小球全都落到其余 $n-i$ 个盒子中. 由等可能性的假设知

$$\mathbf{P}\left(A_{j_1}\cdots A_{j_i}\right)=\frac{(n-i)^m}{n^m}=\left(1-\frac{i}{n}\right)^m.$$

以此代入概率加法公式, 即得

$$\begin{aligned}\mathbf{P}(E^c)&=\mathbf{P}\left(\bigcup_{k=1}^{n}A_k\right)\\&=\binom{n}{1}\left(1-\frac{1}{n}\right)^m-\binom{n}{2}\left(1-\frac{2}{n}\right)^m+\cdots\\&\quad+(-1)^{n-2}\binom{n}{n-1}\left(1-\frac{n-1}{n}\right)^m\\&=\sum_{i=1}^{n-1}(-1)^{i-1}\binom{n}{i}\left(1-\frac{i}{n}\right)^m.\end{aligned}$$

所以无空盒出现的概率为

$$\mathbf{P}(E)=1-\mathbf{P}(E^{c})=\sum_{i=0}^{n-1}(-1)^{i}\binom{n}{i}\left(1-\frac{i}{n}\right)^{m}.$$

下面来看两个几何概型问题, 它们都是抛针问题的继续.

我们已经知道, 在几何概型中, 样本空间 Ω 是某个具有 Lebesgue 正测度的 Borel 集, 事件 σ 域 $\mathscr{F}$ 为 Ω 的所有 Borel 子集所构成的类. 并且对每个 $E\in\mathscr{F}$, 都有

$$\mathbf{P}(E)=\frac{\mathbf{L}(E)}{\mathbf{L}(\Omega)}.$$

例 2.2.5 (抛针问题续) 平面上画有一族间距为 a 的平行直线, 向平面上随机抛掷一个直径为 l 的半圆形塑料片, 其中 $l<a$. 试求塑料片与直线相交的概率.

注意半圆形塑料片是一个包括边界在内的闭图形. 为便于计算其与直线相交的概率, 我们要运用一些技巧.

解 将原有的半圆形塑料片称为 "甲片", 另取一个同样的半圆形塑料片, 称为 "乙片". 设想塑料片没有厚度, 将它们拼成一个直径为 l 的圆. 现在向平面上抛掷这个圆形塑料片.

分别以 A 和 B 表示 "甲片" 和 "乙片" 与直线相交的事件. 于是, $A\cup B$ 表示圆形塑料片与直线相交的事件, 而 AB 表示 "甲片" 和 "乙片" 都与直线相交的事件, 注意到半圆是凸图形, 所以 AB 等价于两个 "半圆" 的公共直径 (相当于一根长度为 l 的针) 与直线相交的事件. 易知 $\mathbf{P}(A)=\mathbf{P}(B)$, 由例 1.5.4 的计算知 $\mathbf{P}(AB)=\dfrac{2l}{\pi a}$, 下面求 $\mathbf{P}(A\cup B)$.

以 d 表示圆心到直线的最近距离. 易知有

$$\Omega=\left\{d\;\middle|\;0\leqslant d\leqslant\frac{a}{2}\right\},\quad A\cup B=\left\{d\;\middle|\;0\leqslant d\leqslant\frac{l}{2}\right\}.$$

所以

$$\mathbf{P}(A\cup B)=\frac{\mathbf{L}(A\cup B)}{\mathbf{L}(\Omega)}=\frac{l}{a}=\frac{\pi l}{\pi a}.$$

由概率的加法公式知

$$\mathbf{P}(A\cup B)=\mathbf{P}(A)+\mathbf{P}(B)-\mathbf{P}(AB)=2\mathbf{P}(A)-\mathbf{P}(AB),$$

所以求得

$$\mathbf{P}(A)=\frac{\mathbf{P}(A\cup B)+\mathbf{P}(AB)}{2}=\frac{(\pi+2)l}{2\pi a}.$$

从这道题中我们看到概率加法公式的一种有趣的应用方式. 这从一个方面告诉我们: 概率论的解题方法是灵活多变的, 应当注意从解题过程中去积累经验.

这道题的结论中有一个值得注意的地方, 即 $\mathbf{P}(A)$ 的分子恰好是半圆形塑料片的周长. 而在抛针问题中, 针与直线相交的概率中的分子 $2l$ 也可以看成针的周长. 那么在抛掷一般的图形时, 是否也有类似的结论呢? 答案是肯定的, 对此我们不作详细讨论了, 读者可以通过考察一些特殊图形来观察之.

例 2.2.6 (抛针问题续)　在平面上画有一族间距为 a 的水平直线和一族间距为 b 的垂直直线, 向平面上随机地抛掷一根长度为 l 的针, 试求针与直线相交的概率, 其中

$$l < \min\left\{a,\ b,\ a+b-\sqrt{(a+b)^2-\pi ab}\right\}.$$

解　以 E 表示针与某条直线相交的事件, 再分别以 A 和 B 表示针与某条水平直线相交及针与某条垂直直线相交的事件, 于是就有针与直线相交的事件 $E = A\cup B$.

由例 1.5.4 的计算知

$$\mathbf{P}(A)=\frac{2l}{\pi a},\quad \mathbf{P}(B)=\frac{2l}{\pi b}.$$

再来求出 $\mathbf{P}(AB)$. 显然, 事件 AB 表示针既与某条水平直线相交又与某条垂直直线相交. 以 ρ 和 δ 分别表示针的中点与水平直线的最近距离和针与垂直直线的最近距离, 以 θ 表示针与水平直线的夹角 $\left(\text{从而针与垂直直线的夹角为 } \frac{\pi}{2}-\theta\right)$. 于是就有

$$\Omega=\left\{(\rho,\delta,\theta)\ \middle|\ 0\leqslant\rho\leqslant\frac{a}{2},\ 0\leqslant\delta\leqslant\frac{b}{2},\ 0\leqslant\theta\leqslant\frac{\pi}{2}\right\},$$

$$AB=\left\{(\rho,\delta,\theta)\ \middle|\ (\rho,\delta,\theta)\in\Omega,\ \rho\leqslant\frac{l}{2}\sin\theta,\ \delta\leqslant\frac{l}{2}\cos\theta\right\}.$$

于是

$$\mathbf{L}(\Omega)=\frac{1}{8}\pi ab,$$

$$\mathbf{L}(AB)=\int_0^{\frac{\pi}{2}}\mathrm{d}\theta\int_0^{\frac{l}{2}\cos\theta}\mathrm{d}\delta\int_0^{\frac{l}{2}\sin\theta}\mathrm{d}\rho=\frac{l^2}{4}\int_0^{\frac{\pi}{2}}\sin\theta\cos\theta\mathrm{d}\theta=\frac{l^2}{8}.$$

所以

$$\mathbf{P}(AB)=\frac{\mathbf{L}(AB)}{\mathbf{L}(\Omega)}=\frac{l^2}{\pi ab}.$$

再由概率加法定理知

$$\mathbf{P}(E)=\mathbf{P}(A\cup B)=\mathbf{P}(A)+\mathbf{P}(B)-\mathbf{P}(AB)=\frac{2l(a+b)-l^2}{\pi ab}.$$

抛针问题还可以作各种形式的推广，不再赘述. 下面回到古典概型，讨论著名的配对问题. 我们将会看到加法定理的直接运用.

例 2.2.7 (配对问题) 两副卡片，各有 n 张，均分别写有编号 $1, 2, \cdots, n$. 现把它们分别洗清后叠成两摞. 如果两摞中在相同的位置上的卡片的编号相同，则称为出现 "配对". 试求至少出现 1 个配对的概率.

解 由对称性不难看出，可以认为有一摞卡片是自上而下按号码递增顺序放置的. 因此只需考虑另一摞卡片的放置顺序. 而此时第一摞卡片事实上只是起一个位置编号的作用，因此只需考察一摞卡片中卡片的号码是否与位置的编号相同即可. 从而原来的问题转化为一摞卡片中卡片的 "对号放置" 问题. 以 Ω 表示一摞卡片的所有不同的放置顺序的集合，则有 $|\Omega| = n!$.

以 A_1 表示至少出现 1 个 "对号放置" 的事件. 那么 A_1^c 就是无 "对号放置" 出现的事件. 初看起来，似乎 $|A_1^c|$ 容易求出，但事实不然. 因为 A_1^c 表示一摞中的所有卡片都不 "对号放置"，这种放法的种数并不容易求得.

我们还是直接考虑 A_1.

以 B_j 表示一摞卡片中的第 j 号卡片对号放置的事件，那么 A_1 就表示一摞中至少有一张卡片对号放置，故有 $A_1 = \bigcup_{j=1}^{n} B_j$. 我们要用概率的加法定理求 $\mathbf{P}\left(\bigcup_{j=1}^{n} B_j\right)$.

注意加法定理中的公式 (2.1.1) 表明需要对所有的正整数 m $(1 \leqslant m \leqslant n)$ 和 $1 \leqslant j_1 < j_2 < \cdots < j_m \leqslant n$，求出事件 $\bigcap_{i=1}^{m} B_{j_i}$ 的概率. 该事件表示一摞中的第 $1 \leqslant j_1 < j_2 < \cdots < j_m \leqslant n$ 号卡片分别 "对号放置"，即分别放在第 $1 \leqslant j_1 < j_2 < \cdots < j_m \leqslant n$ 号位置上，此时其余 $n-m$ 张卡片可以在其余的 $n-m$ 个位置上任意放置，所以 $\left|\bigcap_{i=1}^{m} B_{j_i}\right|$ 等于其余 $n-m$ 张卡片的所有不同的放法数目，即有 $\left|\bigcap_{i=1}^{m} B_{j_i}\right| = (n-m)!$，从而知

$$\mathbf{P}\left(\bigcap_{i=1}^{m} B_{j_i}\right) = \frac{(n-m)!}{n!}.$$

这样一来，由概率的加法定理即可求得

$$\begin{aligned}\mathbf{P}(A_1) = \mathbf{P}\left(\bigcup_{j=1}^{n} B_j\right) &= \sum_{m=1}^{n} (-1)^{m-1} \binom{n}{m} \frac{(n-m)!}{n!} \\ &= \sum_{m=1}^{n} (-1)^{m-1} \frac{1}{m!} = 1 - \frac{1}{2!} + \frac{1}{3!} - \cdots + (-1)^{n-1} \frac{1}{n!}.\end{aligned}$$

并且还可知道 n 张卡片都没有 “对号放置” 的概率为

$$\mathbf{P}(A_1^c) = 1 - \mathbf{P}(A_1) = \frac{1}{2!} - \frac{1}{3!} + \cdots + (-1)^n \frac{1}{n!}.$$

下面两个例题是配对问题的继续和应用.

例 2.2.8 (配对问题续)　要给 n 个单位发会议通知, 由两个人分别在通知上写单位名称和信封. 如果写完之后, 随机地把通知装入信封. 试求下述各事件的概率: (1) 恰有 k 份通知装对信封; (2) 至少有 m 份通知装对信封.

解　用 E_k 表示恰有 k 份通知装对信封的事件, 用 A_m 表示至少有 m 份通知装对信封的事件. 在例 2.2.7 中我们已经求出 A_1 的概率.

在事件 E_k 发生时, 有 k 份通知对号放置, 其余 $n-k$ 份通知均不对号放置 (全都装错信封).

为求出 $\mathbf{P}(E_k)$, 以 D_k 表示某给定的 $n-k$ 份通知均不对号放置的事件. 由于装对信封的 k 份通知有 $\binom{n}{k}$ 种选法, 所以若能求得 $|D_k|$, 那么就有 $|E_k| = \binom{n}{k}|D_k|$. 所以需要求出 $|D_k|$.

但是 $|D_k|$ 不易直接求得, 所以先从 $P(D_k)$ 看起. D_k 表示某给定的 $n-k$ 份通知均不对号放置的事件, 所以 D_k 不涉及其余 k 份通知, 而只需考虑这给定的 $n-k$ 份通知, 故可套用例 2.2.7 中的计算结果, 知 $n-k$ 份通知都没有 “对号放置” 的概率为

$$\mathbf{P}(D_k) = \frac{1}{2!} - \frac{1}{3!} + \cdots + (-1)^{n-k} \frac{1}{(n-k)!}.$$

另一方面, 在只对这给定的 $n-k$ 份通知进行考虑的情况下, 可以按古典概型的计算公式把 $\mathbf{P}(D_k)$ 表示为

$$\mathbf{P}(D_k) = \frac{|D_k|}{(n-k)!}.$$

联立上述两式, 即可得到

$$|D_k| = (n-k)!\mathbf{P}(D_k) = (n-k)!\left\{\frac{1}{2!} - \frac{1}{3!} + \cdots + (-1)^{n-k} \frac{1}{(n-k)!}\right\}.$$

这种计算 $|D_k|$ 的方法值得我们注意.

由于 $|E_k| = \binom{n}{k}|D_k|$, 所以

$$\begin{aligned}\mathbf{P}(E_k) &= \frac{|E_k|}{n!} = \frac{\binom{n}{k}|D_k|}{n!} = \binom{n}{k}\frac{(n-k)!}{n!}\left\{\frac{1}{2!} - \frac{1}{3!} + \cdots + (-1)^{n-k} \frac{1}{(n-k)!}\right\} \\ &= \frac{1}{k!}\sum_{j=2}^{n-k}(-1)^j \frac{1}{j!} = \frac{1}{k!}\sum_{j=0}^{n-k}(-1)^j \frac{1}{j!}.\end{aligned}$$

有趣的是, 如果在上式中令 $n \to \infty$, 则可得极限概率为 $\dfrac{1}{\mathrm{e}\cdot k!}$.

最后, 由于 $A_m = \bigcup\limits_{k=m}^{n} E_k$, 且事件 $E_m, E_{m+1}, \cdots, E_n$ 两两不交, 所以立知

$$\mathbf{P}(A_m) = \sum_{k=m}^{n} \mathbf{P}(E_k) = \sum_{k=m}^{n} \frac{1}{k!} \sum_{j=0}^{n-k} (-1)^j \frac{1}{j!} = \sum_{k=m}^{n} \sum_{j=0}^{n-k} (-1)^j \frac{1}{k!\,j!}.$$

例 2.2.9 从一副去掉了大小王的扑克牌 (共 52 张) 中任意取出 13 张牌. 试求其中恰有 k 对同花 K-Q 的概率.

解 以 A_k 表示取出的 13 张牌中恰有 k 对同花 K-Q 的事件. 显然 Ω 就是从 52 张牌中任取 13 张牌的所有不同取法的集合, 所以 $|\Omega| = \dbinom{52}{13}$.

当事件 A_4 发生时, 4 对同花 K-Q 都被取出, 于是只需从其余 $52-8=44$(张) 牌中再任取 5 张牌, 所以 $|A_4| = \dbinom{44}{5}$,

$$\mathbf{P}(A_4) = \frac{\dbinom{44}{5}}{\dbinom{52}{13}}.$$

如果 $0 \leqslant k \leqslant 3$, 则当事件 A_k 发生时, 除了有 k 对同花 K-Q 被取出外, 还可能会有 j 种花色的单张 K 或单张 Q 被取出, 其中 $0 \leqslant j \leqslant 4-k$. 用 B_j 表示有 j 种花色的单张 K 或单张 Q 被取出的事件, 那么就有 $A_k \subset \bigcup\limits_{j=0}^{4-k} B_j$. 这样一来, 便知有

$$A_k = A_k \bigcup_{j=0}^{4-k} B_j = \bigcup_{j=0}^{4-k} A_k B_j.$$

易知上式右端的事件两两不交, 所以由概率测度的性质 5°, 即有限可加性知

$$\mathbf{P}(A_k) = \sum_{j=0}^{4-k} \mathbf{P}(A_k B_j).$$

下面来求 $|A_k B_j|$. 在事件 $A_k B_j$ 发生时, 有 k 对同花 K-Q 被取出, 还有另外 j 种花色的单张 K 或单张 Q 被取出, 并且还要从其他点数的 44 张牌中取出 $13-2k-j$ 张, 所以

$$|A_k B_j| = \binom{4}{k}\binom{4-k}{j} 2^j \binom{44}{13-2k-j},$$

故由上面的公式即得

$$\mathbf{P}(A_k)=\sum_{j=0}^{4-k}\mathbf{P}(A_kB_j)=\sum_{j=0}^{4-k}\frac{\binom{4}{k}\binom{4-k}{j}2^j\binom{44}{13-2k-j}}{\binom{52}{13}}$$

$$=\sum_{j=0}^{4-k}\frac{4!}{k!j!(4-k-j)!}\frac{2^j\binom{44}{13-2k-j}}{\binom{52}{13}},\quad k=0,1,2,3.$$

上述结果中的因子 $\frac{4!}{k!j!(4-k-j)!}$ 很有趣, 它是把 4 种花色的牌分为成对取出 K-Q(有 k 种花色)、单张取出 K 或 Q(有 j 种花色) 和既未取出 K 也未取出 Q(有 $4-k-j$ 种花色) 的三种类型的 "多组组合" 方式数目, 而 2^j 是取出单张 K 或 Q 的取法数目, $\binom{44}{13-2k-j}$ 则是其余 $13-2k-j$ 张牌的取法数目.

我们讲述上述各例的目的是帮助读者熟悉概率的诸项性质. 概率计算的方法千变万化, 需要针对具体问题具体考虑, 不可能期望通过少数例题一蹴而就, 多思多想才有办法.

习 题 2.2

1. 把一枚均匀的硬币连掷三次, 求正好掷出两次国徽的概率.

2. 提纲中有 25 个问题, 某大学生掌握了其中的 20 个问题. 试求: 所考的 3 个问题恰好都是该大学生已掌握了的问题的概率.

3. 两个射手对着靶子各射击一次, 已知: 他们中的一人中靶的概率等于 0.6, 而另一人中靶的概率等于 0.7, 求下列事件的概率: (1) 只有一个射手中靶; (2) 至少一个射手中靶; (3) 两个射手都中靶; (4) 无论哪个射手都没有中靶; (5) 至少一个射手没有中靶.

4. 将一枚均匀的骰子投掷 n 次，求得到的最大点数为 5 的概率.

5. 从装有红、白、黑球各一个的袋中任意有放回地取球，直至 3 种颜色的球都取出过为止. 试求取球次数 (1) 大于 k; (2) 恰为 k 的概率.

6. 从一副 52 张 (大小王除外) 扑克牌中有放回地任取 n 张 ($n\geqslant 4$), 求这 n 张中包含了所有 4 种花色的牌的概率.

7. 向画满间隔为 a 的平行直线的桌面上任意投放一个三角形. 假定三角形的三条边长 l_1, l_2, l_3 均小于 a. 求此三角形与某直线相交的概率.

8. 一次口试准备了 N 张考签. 每个考生从中任取一张用毕放回，求 n ($n\geqslant N$) 个考生考完后，考签全被用过的概率.

9. 用概率想法证明对任何自然数 a, A ($a<A$), 都有

$$\frac{A}{a}=1+\frac{A-a}{A-1}+\frac{(A-a)(A-a-1)}{(A-1)(A-2)}+\cdots+\frac{(A-a)(A-a-1)\cdots 2\cdot 1}{(A-1)(A-2)\cdots(a+1)a}.$$

10. 盒中有从 1~5 编号的 5 个球, 从中依次任意取出 3 个球, 取出后不再放回. 求下列事件的概率: (1) 依次出现编号为 1, 4, 5 的球; (2) 所取出的球具有编号 1, 4, 5, 而与这些球被取出的次序无关.

11. 在一个小布袋里装有从 1~10 编号的 10 块相同的积木, 从中依次任意地摸出 3 块, 求依次出现编号为 1, 2, 3 的概率, 如果换取的方法是: (1) 无放回; (2) 有放回.

12. 投掷一枚均匀的骰子, 问需要掷多少次, 才能保证不出现 6 点的概率小于 0.3?

13. 箱中有 n 个白球与 n 个黑球, 把所有球从箱中成对地取出, 并且取出的球不放回去, 试求所有球对中两球的颜色都不同的概率.

14. 箱中有 a 个白球与 b 个黑球, 甲、乙二人轮流去拿球, 每人每次拿一个, 甲先开始, 每次取出的球要放回去, 游戏进行到他们中任一个人拿出白球为止, 求下列事件的概率: (1) 甲先拿出白球; (2) 乙先拿出白球.

15. 两只箱子中装有小球, 小球之间仅可凭借颜色区分, 其中第一只箱子装有 5 个白球、11 个黑球、8 个红球; 而第二只箱子中的相应数目分别为 10, 8, 6, 从这两只箱子中任意地各取出一个球来, 求所得两球颜色相同的概率.

16. 一猎人朝着远去的目标射击 3 次, 首次射击命中目标的概率等于 0.8, 而后命中率逐次减少 0.1. 求下列各事件的概率: (1) 3 次都没有命中; (2) 至少一次命中; (3) 命中 2 次.

17. 某人做投圈游戏, 共拿了 6 个圈去投, 直至首次投中目标, 或者圈用完为止, 如果每次投圈投中的概率都等于 0.7, 求至少留有一个圈没有投出的概率.

18. 有两种不同尺寸的待加工的零件, 它们按尺寸分放成两堆. 加工者每加工完一个零件后, 都跟前面无关地以相同的概率到第一堆或第二堆中去取下一个待加工的零件, 而加工后的零件则按照尺寸分别放入两个容量为 r 的箱子 (箱子一开始是空的), 试求当发现轮到的零件在箱子中放不下时, 另一只箱子中有 m 个零件的概率.

19. 根据英国 1891 年的居民调查资料, 统计学家发现: 黑眼睛的父亲和黑眼睛的儿子 (AB) 占调查人口的 5%; 黑眼睛的父亲和浅色眼睛的儿子 (AB^c) 占调查人口的 7.9%; 浅色眼睛的父亲和黑眼睛的儿子 (A^cB) 占调查人口的 8.9%, 浅色眼睛的父亲和浅色眼睛的儿子 (A^cB^c) 占调查人口的 78.2%, 试描述父亲和儿子的眼睛的颜色之间的关系.

2.3 条件概率

我们已经知道, 对任何概率问题的讨论, 都必须建立起一个概率空间 $(\Omega, \mathscr{F}, \mathbf{P})$, 并且是在 $\mathbf{P}(\Omega) = 1$ 的前提下进行讨论. 但是有时除了这个总前提之外, 还会出现附加前提. 例如, 抛掷一枚均匀的骰子一次, 已知掷出的点数为奇数, 要求求出点数大于 1 的概率, 等等. 那么此时 "已知掷出的点数为奇数" 就是一个附加前提, 而且所要求出的概率也会与没有这个附加前提时的概率值有所不同, 这种概率就是我们现在要来讨论的条件概率.

2.3.1　条件概率的初等概念和乘法定理

先来解答刚才的问题.

例 2.3.1　抛掷一枚均匀的骰子一次, 已知掷出的点数为奇数, 试求点数大于 1 的概率.

解　记 $\Omega=\{1,2,\cdots,6\}$, $A=\{1,3,5\}$, $B=\{2,3,4,5,6\}$. 现在的问题是: 已知事件 A 发生, 要求事件 B 的发生概率. 为了与以往所讨论的概率有所区别, 我们将这个概率记作 $\mathbf{P}(B|A)$, 称为在已知 A 发生的情况下 B 发生的条件概率.

既然事件 A 已经发生, 所以所抛掷出的所有可能结果就一共只有 3 种, 即 1 点、3 点和 5 点. 因此现在的所有可能结果的集合就是 A. 并且 B 发生就是 $AB=\{3,5\}$ 发生, 于是

$$\mathbf{P}(B|A)=\frac{|AB|}{|A|}=\frac{2}{3}. \tag{2.3.1}$$

等式 (2.3.1) 中有一些值得我们注意的问题: 如果我们回到原来的概率空间, 即仍然以 $\Omega=\{1,2,\cdots,6\}$ 作为所有可能结果的集合, 那么易知

$$\mathbf{P}(AB)=\frac{|AB|}{|\Omega|}=\frac{2}{6},\quad \mathbf{P}(A)=\frac{|A|}{|\Omega|}=\frac{3}{6}.$$

于是 (2.3.1) 恰好就是

$$\mathbf{P}(B|A)=\frac{\mathbf{P}(AB)}{\mathbf{P}(A)}=\frac{2}{3}. \tag{2.3.2}$$

我们再来看一个例子.

例 2.3.2　从分别写有号码 $1,2,\cdots,10$ 的 10 张卡片中随机抽取一张, 已知抽出的卡片的号码不小于 3, 试求其号码为偶数的概率.

解　记 $\Omega=\{1,2,\cdots,10\}$, $A=\{3,4,\cdots,10\}$, $B=\{2,4,6,8,10\}$. 要来求 $\mathbf{P}(B|A)$. 利用 (2.3.1) 式的办法, 可以得到

$$\mathbf{P}(B|A)=\frac{|AB|}{|A|}=\frac{4}{8}=\frac{1}{2}.$$

而若先求出

$$\mathbf{P}(A)=\frac{|A|}{|\Omega|}=\frac{8}{10}=\frac{4}{5},\quad \mathbf{P}(AB)=\frac{|AB|}{|\Omega|}=\frac{4}{10}=\frac{2}{5},$$

再利用 (2.3.2) 式的办法, 同样也得到

$$\mathbf{P}(B|A)=\frac{\mathbf{P}(AB)}{\mathbf{P}(A)}=\frac{2}{4}=\frac{1}{2}.$$

上述两个例子及 (2.3.2) 式启发我们: 可以以 $\mathbf{P}(AB)$ 与 $\mathbf{P}(A)$ 之比作为条件概率 $\mathbf{P}(B|A)$ 的一般性定义.

定义 2.3.1 设 $(\Omega, \mathscr{F}, \mathbf{P})$ 为概率空间, $A \in \mathscr{F}$, $B \in \mathscr{F}$, 其中 $\mathbf{P}(A) > 0$, 则将

$$\mathbf{P}(B|A) = \frac{\mathbf{P}(AB)}{\mathbf{P}(A)} \tag{2.3.3}$$

称为在已知 A 发生的情况下, B 发生的条件概率.

应当指出, 条件概率也是定义在概率空间 $(\Omega, \mathscr{F}, \mathbf{P})$ 上的概率测度, 当然也满足概率的 3 条基本性质, 即: 非负性、规范性和可列可加性. 现证如下.

定理 2.3.1 由式 (2.3.3) 所定义的条件概率满足概率的非负性、规范性和可列可加性 3 条基本性质.

证明 非负性和规范性显然, 仅需证明可列可加性.

设 $\{B_n, n \in \mathbb{N}\}$ 是一列两两不交的事件, $A \in \mathscr{F}$, $\mathbf{P}(A) > 0$, 则 $\{AB_n, n \in \mathbb{N}\}$ 也是一列两两不交的事件, 从而由概率的性质 3° 即可列可加性知

$$\mathbf{P}\left(A \bigcup_{n=1}^{\infty} B_n\right) = \mathbf{P}\left(\bigcup_{n=1}^{\infty} AB_n\right) = \sum_{n=1}^{\infty} \mathbf{P}(AB_n).$$

在上式两端同时除以 $\mathbf{P}(A)$, 由式 (2.3.3) 即得

$$\mathbf{P}\left(\bigcup_{n=1}^{\infty} B_n \middle| A\right) = \sum_{n=1}^{\infty} \mathbf{P}(B_n|A).$$

这就表明由式 (2.3.3) 所定义的条件概率也满足可列可加性.

这个定理表明由式 (2.3.3) 所定义的集函数 $\mathbf{P}(B|A)$, $B \in \mathscr{F}$, 的确是可测空间 $(\Omega, \mathscr{F})$ 上的一个概率测度. 因此条件概率具有概率测度的所有性质 $1^\circ \sim$ 性质 12°. 应当指出, 在式 (2.3.3) 中我们要求 $\mathbf{P}(A) > 0$, 是为了保证分母不为 0. 在日常的应用问题中, 这一要求一般都能满足. 在将来进一步学习高等概率论时, 还将进一步拓展条件概率的概念.

可以将式 (2.3.3) 变形为

$$\mathbf{P}(AB) = \mathbf{P}(A)\mathbf{P}(B|A), \tag{2.3.4}$$

由事件 A 和 B 的地位的对称性, 当然也应当有

$$\mathbf{P}(AB) = \mathbf{P}(B)\mathbf{P}(A|B). \tag{2.3.5}$$

这两个等式给出了计算两个事件同时发生的概率的公式, 可以把它们推广到多个事件的场合, 得到如下的关于概率的乘法定理.

定理 2.3.2 (概率的乘法定理) 设 $(\Omega,\mathscr{F},\mathbf{P})$ 为概率空间, $\{A_k,\ k=1,2,\cdots,n\}\subset\mathscr{F}$. 如果 $\mathbf{P}\left(\bigcap\limits_{k=1}^{n}A_k\right)>0$, 则有

$$\mathbf{P}\left(\bigcap_{k=1}^{n}A_k\right)=\mathbf{P}(A_1)\mathbf{P}(A_2|A_1)\mathbf{P}(A_3|A_1A_2)\cdots\mathbf{P}(A_n|A_1A_2\cdots A_{n-1}). \tag{2.3.6}$$

证明 写 $B=\bigcap\limits_{k=1}^{n-1}A_k,\ A=A_n$, 由式 (2.3.5) 得

$$\mathbf{P}\left(\bigcap_{k=1}^{n}A_k\right)=\mathbf{P}\left(\bigcap_{k=1}^{n-1}A_k\right)\mathbf{P}\left(A_n\,\middle|\,\bigcap_{k=1}^{n-1}A_k\right),$$

再用归纳法即可.

定理 2.3.2 给出了计算多个事件同时发生的概率的公式, 其中大量出现的因子多为条件概率. 因此, 正确计算条件概率十分重要.

回顾例 2.3.1 和例 2.3.2 的解答过程, 注意到可以有两种计算条件概率的方法. 一种是利用式 (2.3.3), 这当然是一种原则性的方法. 还应注意由式 (2.3.1) 所反映出的另一种方法. 在按该式计算条件概率 $\mathbf{P}(B|A)$ 时, 事件 A 是作为一切可能的结果的集合出现的, 换言之, 我们是把 A 作为样本空间看待的, 并且是按计算无条件概率的公式来计算条件概率的. 这是一种在改变了的样本空间之上计算条件概率的方法, 运用很广, 经常显得非常方便, 值得注意. 下面再来看几个例子.

例 2.3.3 罐中放有 7 个白球和 3 个黑球, 从中无放回地随机抽取 3 个球. 已知其中之一是黑球, 试求其余两球都是白球的概率.

解 以 A 表示其中有一个球为黑球的事件, 以 B 表示所取 3 个球为 1 黑 2 白的事件, 要来计算条件概率 $\mathbf{P}(B|A)$. 以 Ω 表示一切可能的选取结果的集合, 易知

$$|\Omega|=\binom{10}{3},\quad |B|=\binom{3}{1}\binom{7}{2}=63.$$

对于事件 A, 应当注意其含义. 在这里, 应当把 "有一个球为黑球" 理解为 "至少有一个球为黑球", 而其对立事件 A^c 则表示 "所取 3 个球全是白球", 因此 $|A^c|=\binom{7}{3}$, 从而 $|A|=\binom{10}{3}-\binom{7}{3}=85$. 又注意到 $B\subset A$, 故有 $AB=B$. 现在可以求得

$$\mathbf{P}(A)=\frac{|A|}{|\Omega|}=\frac{85}{\binom{10}{3}},\quad \mathbf{P}(AB)=\mathbf{P}(B)=\frac{|B|}{|\Omega|}=\frac{63}{\binom{10}{3}}.$$

于是按照条件概率的定义, 算得

$$\mathbf{P}(B|A)=\frac{\mathbf{P}(AB)}{\mathbf{P}(A)}=\frac{63}{85}.$$

但是, 我们也可以把 A 视为样本空间, 按照式 (2.3.1) 直接算得

$$\mathbf{P}(B|A)=\frac{|AB|}{|A|}=\frac{|B|}{|A|}=\frac{63}{85}.$$

再来讨论结绳问题.

例 2.3.4 将 n 根短绳的 $2n$ 个端头任意两两连接, 求恰好连成 n 个圈的概率.

解 我们曾在例 1.4.4 中给出过本题的两个解答, 现在利用概率的乘法定理给出另一个解答. 仍然以 Ω 表示所有不同连接结果的集合, 设想把 $2n$ 个端头排成一行, 然后规定将第 $2k-1$ 个端头与第 $2k$ 个端头相连接, $k=1,2,\cdots,n$. 于是每一种排法对应一种连接结果, 从而 $|\Omega|=(2n)!$. 以 A 表示恰好连成 n 个圈的事件. 设想已将 n 根短绳作了编号, 以 A_k 表示第 k 号短绳被连成 1 个圈的事件, 于是有 $A=\bigcap\limits_{k=1}^{n}A_k$.

当 A_1 发生时, 1 号短绳被连成 1 个圈, 这相当于有一个 $k\in\{1,2,\cdots,n\}$, 使得在 $2n$ 个端头的排列中, 1 号短绳的两个端头排在第 $2k-1$ 和第 $2k$ 个位置上, 所以 $|A_1|=2n(2n-2)!$. 因此

$$\mathbf{P}(A_1)=\frac{|A_1|}{|\Omega|}=\frac{1}{2n-1}.$$

下面来求 $\mathbf{P}(A_2|A_1)$, 即要在已知 1 号短绳被连成 1 个圈的情况下, 求 2 号短绳也被连成 1 个圈的概率. 既然 1 号短绳已经自成 1 个圈, 我们就可以不考虑它, 只要对剩下的 $n-1$ 根短绳讨论其中的头一号短绳被连成 1 个圈的问题就行了. 就是说, 只要在变化了的概率空间上按计算无条件概率的公式来计算条件概率 $\mathbf{P}(A_2|A_1)$ 就行了. 由于现在的情况与原来的情况完全类似, 只不过总的绳数变为 $n-1$ 根, 故通过类比, 即知

$$\mathbf{P}(A_2|A_1)=\frac{1}{2(n-1)-1}=\frac{1}{2n-3}.$$

同理可得

$$\mathbf{P}(A_k|A_1A_2\cdots A_{k-1})=\frac{1}{2[n-(k-1)]-1}=\frac{1}{2n-2k+1},\quad k=3,4,\cdots,n.$$

于是由概率乘法定理中的式 (2.3.6) 得到

$$\mathbf{P}(A)=\mathbf{P}\left(\bigcap_{k=1}^{n}A_k\right)=\prod_{k=1}^{n}\frac{1}{2n-2k+1}=\frac{1}{(2n-1)!!}.$$

这个解法充分体现了利用变化了的概率空间计算条件概率的好处.

例 2.3.5　在计算机中输入程序, 让它自动完成如下操作: 在时刻 $\frac{1}{2}$ 时, 往 "盒中" 放入标号为 $1 \sim 10$ 的 10 个球, 同时取出标号为 1 的球; 在时刻 $\frac{3}{4}$ 时, 往 "盒中" 放入标号为 $11 \sim 20$ 的 10 个球, 同时取出标号为 11 的球; 如此下去, 即在时刻 $1-\frac{1}{2^n}$ 时, 往 "盒中" 放入标号为 $10(n-1)+1 \sim 10n$ 的 10 个球, 同时取出标号为 $10(n-1)+1$ 的球, $n=1,2,\cdots$. 不难看出, 在时刻 1 时, "盒中" 有无穷多个球. 如果将操作变为: 在时刻 $1-\frac{1}{2^n}$ 时, 往 "盒中" 放入标号为 $10(n-1)+1 \sim 10n$ 的 10 个球, 同时取出标号为 n 的球, $n=1,2,\cdots$, 则不难证明, 在时刻 1 时, "盒子" 变为空的. 如果现在再将操作变为: 在时刻 $1-\frac{1}{2^n}$ 时, 往 "盒中" 放入标号为 $10(n-1)+1 \sim 10n$ 的 10 个球, 同时随机地从盒中取出一个球, $n=1,2,\cdots$, 则可证明, 在时刻 1 时, "盒子" 变为空的概率等于 1. 试证之.

证明　以 E 表示在时刻 1 时 "盒子" 变空的事件, 于是 E^c 表示在时刻 1 时, "盒中" 有球未被取出的事件. 显然, 为证 $\mathbf{P}(E)=1$, 只需证明 $\mathbf{P}(E^c)=0$.

以 A_k 表示在时刻 1 时 k 号球仍在盒中未被取出的事件, 于是 $E^c=\bigcup\limits_{k=1}^{\infty} A_k$. 由概率的性质 12°, 即次可加性知

$$\mathbf{P}(E^c)=\mathbf{P}\left(\bigcup_{k=1}^{\infty} A_k\right) \leqslant \sum_{k=1}^{\infty} \mathbf{P}(A_k).$$

所以为证 $\mathbf{P}(E^c)=0$, 只需证明 $\mathbf{P}(A_k)=0,\ k=1,2,\cdots$.

由于证法类似, 仅以证明 $\mathbf{P}(A_1)=0$ 为例.

以 B_n 表示在时刻 $1-\frac{1}{2^n}$ 时 1 号球未被取出的事件, 易知有 $A_1=\bigcap\limits_{n=1}^{\infty} B_n$. 注意到 $\bigcap\limits_{n=1}^{m} B_n \supset \bigcap\limits_{n=1}^{m+1} B_n$, 知 $\left\{\bigcap\limits_{n=1}^{m} B_n, m=1,2,\cdots\right\}$ 是下降的事件序列, 故由概率的性质 10°, 即上连续性知

$$\mathbf{P}(A_1)=\mathbf{P}\left(\bigcap_{n=1}^{\infty} B_n\right)=\lim_{m\to\infty} \mathbf{P}\left(\bigcap_{n=1}^{m} B_n\right).$$

下面先来求 $\mathbf{P}\left(\bigcap\limits_{n=1}^{m} B_n\right)$.

在时刻 $\frac{1}{2}$ 时, 盒中放入了标号为 $1 \sim 10$ 的 10 个球, 若 1 号球未被取出, 则 B_1 发生, 此时只有 9 种取球方式, 故知

$$\mathbf{P}(B_1)=\frac{9}{10}.$$

若在时刻 $\frac{3}{4}$ 时, 1 号球仍未被取出, 则在 B_1 发生的条件下还有 B_2 发生, 此时盒中共放有 19 个球, 故满足条件的取球方式只有 18 种. 由于面对的是变化了的概率空间, 所以按照求无条件概率方式求出的 B_2 发生的概率即为 "条件概率", 故有

$$\mathbf{P}(B_2|B_1)=\frac{18}{19}.$$

一般地, 若在时刻 $1-\frac{1}{2^n}$ 时, 1 号球仍未被取出, 则在 $B_1B_2\cdots B_{n-1}$ 发生的条件下还有 B_n 发生, 此时 "盒中" 共放有 $9(n-1)+10=9n+1$ 个球, 满足条件的取球方式只有 $9n$ 种, 从而类似地有

$$\mathbf{P}(B_n|B_1B_2\cdots B_{n-1})=\frac{9n}{9n+1}.$$

于是按照概率的乘法定理, 得到

$$\begin{aligned}\mathbf{P}\left(\bigcap_{n=1}^{m}B_n\right)&=\mathbf{P}(B_1)\prod_{n=2}^{m}\mathbf{P}(B_n|B_1\cdots B_{n-1})\\&=\prod_{n=1}^{m}\frac{9n}{9n+1}=\prod_{n=1}^{m}\left(1-\frac{1}{9n+1}\right).\end{aligned}$$

于是就有

$$\begin{aligned}\mathbf{P}(A_1)=\mathbf{P}\left(\bigcap_{n=1}^{\infty}B_n\right)&=\lim_{m\to\infty}\mathbf{P}\left(\bigcap_{n=1}^{m}B_n\right)\\&=\lim_{m\to\infty}\prod_{n=1}^{m}\left(1-\frac{1}{9n+1}\right)=\prod_{n=1}^{\infty}\left(1-\frac{1}{9n+1}\right).\end{aligned}$$

由于

$$\sum_{n=1}^{\infty}\frac{1}{9n+1}=\infty,$$

所以由无穷乘积发散的判别准则, 知

$$\mathbf{P}(A_1)=\prod_{n=1}^{\infty}\left(1-\frac{1}{9n+1}\right)=0.$$

同理可证

$$\mathbf{P}(A_k)=0,\quad k=2,3,\cdots.$$

综合上述, 即知在时刻 1 时, "盒子" 变空的概率等于 1.

概率论中的许多问题都可以用罐中取球的模型来描述, 例 2.3.3 是罐中取球的最简单的例子. 而下面的例题中出现的罐子模型则是所谓有后效的模型, 可以用来粗略描述流行病的传播规律.

例 2.3.6 (Polyá 罐子模型) 罐中放有 a 个白球和 b 个黑球, 每次从罐中随机抽取一个球, 并连同 c 个同色球一起放回罐中, 如此反复进行. 试证明: 在前 $n=n_1+n_2$ 次取球中, 取出了 n_1 个白球和 n_2 个黑球的概率为

$$\binom{n}{n_1}\frac{a(a+c)(a+2c)\cdots(a+n_1c-c)b(b+c)(b+2c)\cdots(b+n_2c-c)}{(a+b)(a+b+c)(a+b+2c)\cdots(a+b+nc-c)}.$$

证明 以 A 表示 "在前 $n=n_1+n_2$ 次取球中, 取出了 n_1 个白球和 n_2 个黑球" 的事件. 再以 A_k 表示在第 k 次取球时取出白球的事件, 于是 A_k^{c} 就是在第 k 次取球时取出黑球的事件. 采用逐个考虑被改变了的概率空间的方法, 不难利用概率的乘法定理求得

$$\begin{aligned}&\mathbf{P}(A_1\cdots A_{n_1}A_{n_1+1}^{\mathrm{c}}\cdots A_n^{\mathrm{c}})\\=&\frac{a(a+c)(a+2c)\cdots(a+n_1c-c)b(b+c)(b+2c)\cdots(b+n_2c-c)}{(a+b)(a+b+c)(a+b+2c)\cdots(a+b+nc-c)}.\end{aligned}$$

该概率是 "在前 n_1 次取球中取出了白球, 在接下来的 n_2 次取球中取出了黑球" 的事件的概率. 而事件 A 则是在 "前 n 次取球中, 有 n_1 次取出了白球, 其余 n_2 次取出了黑球" 的事件. 因此需要考虑 "哪 n_1 次取出了白球, 哪 n_2 次取出了黑球", 共有 $\binom{n}{n_1}$ 种不同的可能情况, 各种情况所代表的事件互不相交, 所以我们要求的概率 $\mathbf{P}(A)$ 等于这 $\binom{n}{n_1}$ 个事件的概率之和. 对于每一种指定的情况, 采用逐个考虑被改变了的概率空间的方法, 都不难利用概率的乘法定理求得其概率为

$$\frac{a(a+c)(a+2c)\cdots(a+n_1c-c)b(b+c)(b+2c)\cdots(b+n_2c-c)}{(a+b)(a+b+c)(a+b+2c)\cdots(a+b+nc-c)},$$

即都与 $\mathbf{P}(A_1\cdots A_{n_1}A_{n_1+1}^{\mathrm{c}}\cdots A_n^{\mathrm{c}})$ 相等, 因此 $\mathbf{P}(A)$ 等于 $\mathbf{P}(A_1\cdots A_{n_1}A_{n_1+1}^{\mathrm{c}}\cdots A_n^{\mathrm{c}})$ 的 $\binom{n}{n_1}$ 倍, 即得所证.

2.3.2 全概率公式

我们经常会碰到一些较为复杂的概率计算问题, 这时, 要对它们进行分解, 使之成为一些较为容易计算的情况, 以分别考虑, 全概率公式就是一个解决诸如此类复杂问题的有力武器. 先看一个例子.

例 2.3.7 有两个罐子, 在第一个罐中放有 7 个红球、2 个白球和 3 个黑球, 在第二个罐中放有 5 个红球、4 个白球和 3 个黑球. 从第一个罐中随机取出 1 个球放入第二个罐中, 再从第二个罐中随机取出 1 个球来. 试求从第二个罐中随机取出的球为红球的概率.

这是一个我们从未遇到过的问题, 在这个问题当中, 包含了两个相继进行的随机试验, 并且第二个随机试验的结果受到第一个试验之结果的影响. 如果要建立样本空间 Ω, 则 Ω 中的元素 ω 应当反映两个试验的结果, 即应当有 $\omega=(\omega^{(1)},\omega^{(2)})$, 其中 $\omega^{(1)}$ 表示由第一个罐子取往第二个罐子的球, 而 $\omega^{(2)}$ 表示由第二个罐中取出的球. 如果以 B 表示从第二个罐中随机取出的球为红球的事件, 则 B 就是由所有 $\omega^{(2)}$ 为红球的 ω 所构成的集合. 无论是计算 $|B|$ 还是直接计算 $\mathbf{P}(B)$ 都不很容易. 所以我们要换一个角度来考虑问题.

分别以 A_1,A_2,A_3 表示由第一个罐子取往第二个罐子的球是红球、白球和黑球的事件. 显然这三个事件两两不交, 并且它们之并就是 Ω. 因此有 $B=\bigcup\limits_{k=1}^{3}A_kB$ 及

$$\mathbf{P}(B)=\sum_{k=1}^{3}\mathbf{P}(A_kB)=\sum_{k=1}^{3}\mathbf{P}(A_k)\mathbf{P}(B|A_k). \tag{2.3.7}$$

由于 A_1,A_2,A_3 都是第一个试验的结果, 所以为计算它们的概率, 只需将样本空间取为由所有 $\omega^{(1)}$ 所形成的集合 Ω_1, 并按古典概型计算之. 因此得

$$\mathbf{P}(A_1)=\frac{7}{12},\quad \mathbf{P}(A_2)=\frac{1}{6},\quad \mathbf{P}(A_3)=\frac{1}{4}.$$

而为了计算 $\mathbf{P}(B|A_k)$, 则可在事件 A_k 已经发生, 从而第二个罐子中的球的分布有所变化的情况之下, 逐个计算之. 以计算 $\mathbf{P}(B|A_1)$ 为例: 由于 A_1 发生, 所以第二个罐子中增加了一个红球, 总球数变为 13, 且有 6 红、4 白、3 黑, 故得 $\mathbf{P}(B|A_1)=\dfrac{6}{13}$. 同理可以算得 $\mathbf{P}(B|A_2)=\mathbf{P}(B|A_3)=\dfrac{5}{13}$.

将上述计算结果代入式 (2.3.7), 即知

$$\mathbf{P}(B)=\frac{7}{12}\cdot\frac{6}{13}+\frac{1}{6}\cdot\frac{5}{13}+\frac{1}{4}\cdot\frac{5}{13}=\frac{67}{156}.$$

这是一个从未用过的方法, 在这个方法中, 我们把一个较为复杂的概率计算问题分解为一系列易于计算的步骤. 为了总结这个方法, 先来给出一个定义.

定义 2.3.2 设 $A_1,A_2,\cdots,A_n$ 是概率空间 $(\Omega,\mathscr{F},\mathbf{P})$ 中的一组事件, 称它们是对样本空间 Ω 的一个分划, 如果它们两两不交, 且有 $\bigcup\limits_{k=1}^{n}A_k=\Omega$.

在必要时, 可以把分划的概念推广到可列个事件 (即 n 为 ∞) 的情形.

利用对样本空间 Ω 的分划, 给出如下的概率计算公式.

定理 2.3.3 (全概率公式) 设 $(\Omega, \mathscr{F}, \mathbf{P})$ 为概率空间, $A_1, A_2, \cdots, A_n$ 是对 Ω 的一个分划, 如果 $\mathbf{P}(A_k) > 0,\ k = 1, 2, \cdots, n$, 则对任何 $B \in \mathscr{F}$, 都有

$$\mathbf{P}(B) = \sum_{k=1}^{n} \mathbf{P}(A_k B) = \sum_{k=1}^{n} \mathbf{P}(A_k)\mathbf{P}(B|A_k) \ . \tag{2.3.8}$$

在可列情形下, 相应地有

$$\mathbf{P}(B) = \sum_{k=1}^{\infty} \mathbf{P}(A_k B) = \sum_{k=1}^{\infty} \mathbf{P}(A_k)\mathbf{P}(B|A_k).$$

这个定理的证明不难, 式 (2.3.7) 是其 $n = 3$ 时的特例, 我们已在那里给出了证明思路. 读者不难自己完成式 (2.3.8) 的证明.

通过例 2.3.7 的解答过程, 我们看到了全概率公式的威力. 在使用全概率公式时, 应当注意正确选择 Ω 的分划 $\{A_k,\ k = 1, 2, \cdots, n\}$. 如果选择不当, 则难以达到简化计算的目的. 下面来看一些例子.

例 2.3.8 某工厂的第一、二、三号车间生产同一产品, 产量各占总产量的 $\frac{1}{2}, \frac{1}{3}, \frac{1}{6}$, 次品率分别为 1%, 1% 和 2%. 现从该厂产品中随机抽取一件, 试求该产品是次品的概率.

解 以 Ω 表示所有可能的抽取结果, 以 B 表示取出的产品是次品的事件. 问题在于不知该产品是哪个车间生产的. 于是再分别以 A_1, A_2, A_3 表示该产品是第一、二、三号车间生产的事件. 于是 A_1, A_2, A_3 就是对 Ω 的一个分划, 并且有

$$\mathbf{P}(A_1) = \frac{1}{2}, \quad \mathbf{P}(A_2) = \frac{1}{3}, \ \mathbf{P}(A_3) = \frac{1}{6},$$

$$\mathbf{P}(B|A_1) = \mathbf{P}(B|A_2) = 1\%, \quad \mathbf{P}(B|A_3) = 2\%,$$

将它们代入式 (2.3.8), 即得

$$\mathbf{P}(B) = \sum_{k=1}^{3} \mathbf{P}(A_k)\mathbf{P}(B|A_k) = 0.01 \cdot \left(\frac{1}{2} + \frac{1}{3}\right) + 0.02 \cdot \frac{1}{6} \approx 0.0117.$$

下面的例子是智力测验中常被问及的.

例 2.3.9 有三个罐子, 各装有两个球, 分别为两个白球、一白一黑和两个黑球. 任意取出一个罐子, 摸出一球, 发现是白球. (1) 求该罐中另一个球也是白球的概率; (2) 把摸出的球放回罐中, 再从该罐中随机摸出一球, 求该球也是白球的概率.

解 用 A_k 表示第 k 次取球取出的是白球的事件, $k = 1, 2$. 用 B_1, B_2 和 B_3 分别表示取球的罐子中装的球为两白、一白一黑和两黑的事件.

由全概率公式, 知

$$\mathbf{P}(A_1)=\sum_{k=1}^{3}\mathbf{P}(B_k)\mathbf{P}(A_1|B_k)=\frac{1}{3}\cdot 1+\frac{1}{3}\cdot\frac{1}{2}+\frac{1}{3}\cdot 0=\frac{1}{2}.$$

问题 (1) 无非是要求该白球是取自两白的罐子的概率, 即求 $\mathbf{P}(B_1|A_1)$, 由条件概率公式, 得

$$\mathbf{P}(B_1|A_1)=\frac{\mathbf{P}(A_1B_1)}{\mathbf{P}(A_1)}=\frac{\mathbf{P}(B_1)\mathbf{P}(A_1|B_1)}{\mathbf{P}(A_1)}=\frac{\frac{1}{3}}{\frac{1}{2}}=\frac{2}{3}.$$

问题 (2) 比较复杂. 它是要在同一个罐子中做两次有放回的取球, 要求的是在第一次取出的是白球的条件下, 第二次取出的还是白球的条件概率, 即求 $\mathbf{P}(A_2|A_1)$. 为此, 先要用全概率公式求出 $\mathbf{P}(A_1A_2)$:

$$\mathbf{P}(A_1A_2)=\sum_{k=1}^{3}\mathbf{P}(B_k)\mathbf{P}(A_1A_2|B_k)=\frac{1}{3}\cdot 1+\frac{1}{3}\cdot\frac{1}{4}+\frac{1}{3}\cdot 0=\frac{5}{12}.$$

再由条件概率的定义, 知

$$\mathbf{P}(A_2|A_1)=\frac{\mathbf{P}(A_1A_2)}{\mathbf{P}(A_1)}=\frac{\frac{5}{12}}{\frac{1}{2}}=\frac{5}{6}.$$

例 2.3.10 甲、乙二人抛掷一枚均匀的硬币, 甲抛了 100 次, 乙抛了 101 次. 求乙抛出的正面次数比甲多的概率.

解 先来考虑一个问题: 如果甲和乙都抛掷这枚均匀的硬币 100 次, 那么情形会怎样? 当然会有三种不同的可能结果: 甲抛出的正面次数比乙多, 乙抛出的正面次数比甲多, 甲乙抛出的正面次数一样多. 如果分别以 A_1, A_2 和 A_0 表示这三个事件. 那么就有 $\mathbf{P}(A_0)+\mathbf{P}(A_1)+\mathbf{P}(A_2)=1$, 而由对称性, 可知 $\mathbf{P}(A_1)=\mathbf{P}(A_2)$.

现在来讨论问题本身. 以 E 表示在我们的问题中, 乙抛出的正面次数比甲多的事件. 再以 B 表示乙第一次抛掷时抛出的是正面的事件, 那么 B^c 当然就是乙第一次抛掷时抛出的是反面的事件. 显然, 如果 B 发生, 那么乙只要在接下来的 100 次抛掷中, 抛出的正面次数不比甲少, 他所抛出的正面总次数就比甲多; 而若 B^c 发生, 则乙需要在接下来的 100 次抛掷中, 抛出的正面次数比甲多. 这就是说:

$$\mathbf{P}(E|B)=\mathbf{P}(A_0)+\mathbf{P}(A_1),\quad \mathbf{P}(E|B^c)=\mathbf{P}(A_1)=\mathbf{P}(A_2).$$

于是由全概率公式知

$$\mathbf{P}(E)=\mathbf{P}(B)\mathbf{P}(E|B)+\mathbf{P}(B^c)\mathbf{P}(E|B^c)=\frac{1}{2}\Big(\mathbf{P}(A_0)+\mathbf{P}(A_1)+\mathbf{P}(A_2)\Big)=\frac{1}{2}.$$

读者应当注意, 根据对称性, 我们可以得出: 乙抛出的反面比甲多的概率也是 $\frac{1}{2}$. 而不是: 乙抛出的正面比甲少的概率等于 $\frac{1}{2}$. 想一想, 这是为什么?

我们来继续讨论 Polyá 罐子模型.

例 2.3.11 (Polyá 罐子模型)　罐中放有 a 个白球和 b 个黑球, 每次从罐中随机抽取一个球, 并连同 c 个同色球一起放回罐中, 如此反复进行. 试证明: 在第 n 次取球时取出白球的概率为 $\frac{a}{a+b}$.

证明　以 A_k 表示在第 k 次取球时取出白球的事件, 于是 A_k^c 就是在第 k 次取球时取出黑球的事件. 我们来对 n 作归纳. 显然有 $\mathbf{P}(A_1)=\frac{a}{a+b}$. 假设 $n=k-1$, $k\geqslant 2$ 时结论成立, 要证结论对 $n=k$ 也成立. 以 A_1 和 A_1^c 作为对 Ω 的一个分划. 注意此时可将 $\mathbf{P}(A_k|A_1)$ 看成从原来放有 $a+c$ 个白球和 b 个黑球的罐中按规则取球, 并且在第 $k-1$ 次取球时取出白球的概率, 因此由归纳假设知 $\mathbf{P}(A_k|A_1)=\frac{a+c}{a+b+c}$, 同理亦有 $\mathbf{P}(A_k|A_1^c)=\frac{a}{a+b+c}$, 于是由全概率公式得

$$\begin{aligned}\mathbf{P}(A_k)&=\mathbf{P}(A_1)\mathbf{P}(A_k|A_1)+\mathbf{P}(A_1^c)\mathbf{P}(A_k|A_1^c)\\&=\frac{a}{a+b}\cdot\frac{a+c}{a+b+c}+\frac{b}{a+b}\cdot\frac{a}{a+b+c}=\frac{a}{a+b}.\end{aligned}$$

因此, 结论对一切 n 成立.

上面解答中对 Ω 的分划的选取方式值得注意. 这里易走的一条歧路是把 A_{k-1} 和 A_{k-1}^c 作为对 Ω 的分划. 在这种选取之下, 难以利用归纳假设算出条件概率 $\mathbf{P}(A_k|A_{k-1})$ 和 $\mathbf{P}(A_k|A_{k-1}^c)$. 因为此时我们只知道罐中有 $a+b+(k-1)c$ 个球, 而难于知道其中的白球和黑球数目. 相反地, 在 A_1 和 A_1^c 发生的情况下, 罐中的白球和黑球数目则十分清楚. 这个事实再次表明正确选取分划方式的重要性, 当然还有一个正确理解归纳假设的问题.

下面的例子会告诉我们, 全概率公式是一件有力的工具, 灵活地运用它往往会给我们带来简洁有效的解法.

例 2.3.12　甲、乙二人进行某项体育比赛, 每回合胜者得 1 分, 败者不得分. 比赛进行到有一人比另外一个人多 2 分就终止, 多 2 分者获胜. 现知每回合甲胜的概率为 p, 乙胜的概率为 $1-p$, 其中 $0<p<1$. 试求甲最终获胜的概率.

解法 1 (经典解法)　以 A 表示甲最终获胜的事件, 甲只能在偶数个回合比赛后获胜, 以 A_{2n} 表示甲在 $2n$ 个回合比赛后获胜的事件, 则 $\mathbf{P}(A_{2n})=(2p(1-p))^{n-1}p^2$, 从而甲最终获胜的概率是

$$\mathbf{P}(A)=\sum_{n=1}^{\infty}\mathbf{P}(A_{2n})=p^2\sum_{n=1}^{\infty}(2p(1-p))^{n-1}=p^2\sum_{n=0}^{\infty}(2p(1-p))^n=\frac{p^2}{1-2p(1-p)}.$$

解法 2(全概率公式) 以 A 表示甲最终获胜的事件, 并记 $P_1 = \mathbf{P}(A)$. 考虑前两个回合的战绩, 分别以 B_1, B_2, B_3 表示甲二胜、一胜一败、二败的事件. 则有

$$\mathbf{P}(B_1) = p^2, \quad \mathbf{P}(B_2) = 2p(1-p), \quad \mathbf{P}(B_3) = (1-p)^2;$$

$$\mathbf{P}(A|B_1) = 1, \quad \mathbf{P}(A|B_2) = P_1, \quad \mathbf{P}(A|B_3) = 0.$$

这是因为前两个回合一胜一败之后一切重新开始. 于是由全概率公式得

$$P_1 = \mathbf{P}(A) = \sum_{i=1}^{3} \mathbf{P}(B_i)\mathbf{P}(A|B_i) = p^2 + 2p(1-p)P_1,$$

解得

$$\mathbf{P}(A) = P_1 = \frac{p^2}{1-2p(1-p)}.$$

解法 3(随机游动) 考察质点在数轴整点上的随机游动. 每一步由所在整点 $x=n$ 以概率 p 向右移动到整点 $x=n+1$, 以概率 $1-p$ 向左移动到整点 $x=n-1$. 质点由原点 $x=0$ 出发, 一旦到达 $x=2$ 或 $x=-2$ 便停止不动. 如果以 p_n 表示质点由整点 $x=n$ 出发, 能够到达 $x=2$ 的概率, 则 p_0 就是甲可取胜的概率. 显然, $p_{-2}=0$, $p_2=1$, 而由全概率公式, 可得

$$\begin{cases} p_0 = pp_1 + (1-p)p_{-1}, \\ p_1 = pp_2 + (1-p)p_0 = p + (1-p)p_0, \\ p_{-1} = pp_0 + (1-p)p_{-2} = pp_0. \end{cases}$$

把后面两式代入第一式, 得

$$p_0 = p(p + (1-p)p_0) + (1-p)(pp_0), \qquad p_0 = p^2 + 2p(1-p)p_0,$$

解得

$$p_0 = \frac{p^2}{1-2p(1-p)}.$$

三种解法各有千秋. 解法 1 经典, 基于独立重复的 Bernoulli 试验. 解法 2 基于全概率公式, 简洁明了, 特点鲜明. 解法 3 构思巧妙, 是随机游动模型的灵活应用. 在下一节中, 我们还将进一步介绍随机游动模型, 它们都离不开全概率公式.

例 2.3.13 包括甲、乙二人在内的 2^n 名乒乓球运动员参加一场淘汰赛, 第一轮将他们任意两两配对比赛, 然后 2^{n-1} 名胜者再任意两两配对进行第二轮比赛, 如此下去, 直至第 n 轮决出一名冠军为止. 假定每一名运动员在各轮比赛中胜负都是等可能的. 求甲、乙二人在这场比赛中相遇的概率.

解　在参赛人数为 2^n 时, 记甲、乙二人在这场比赛中相遇的概率为 p_n, 并记他们在第一轮比赛中就相遇的概率为 q_n.

下面来对 n 进行讨论.

如果 $n=1$, 则一共只有甲、乙两个人参加比赛, 他们一定在第一轮相遇, 所以

$$p_1 = q_1 = 1.$$

如果 $n=2$, 则有包括甲、乙二人在内的 4 个人参加比赛. 分别以 A 和 B 记他们在第一轮和第二轮比赛中相遇的事件. 于是有

$$p_2 = \mathbf{P}(A) + \mathbf{P}(A^cB) = \mathbf{P}(A) + \mathbf{P}(A^c)\mathbf{P}(B|A^c) = q_2 + (1-q_2)\mathbf{P}(B|A^c).$$

显然, 甲、乙二人在第一轮相遇, 当且仅当他们在第一轮中配为一对. 采用无编号分组模式考虑, 知 4 个人两两配对的方式有 3 种, 而甲、乙二人配为一对的配对方式只有一种, 所以 $q_2 = \frac{1}{3}$. 如果甲、乙二人在第一轮中没有相遇, 那么他们只有在两人都战胜了对手进入第二轮比赛时才会相遇, 并且由于此时第二轮中只有两个人比赛, 所以只要他们都能进入第二轮, 那么一定相遇. 所以 $\mathbf{P}(B|A^c) = \frac{1}{4}$. 这样一来, 便知

$$p_2 = q_2 + (1-q_2)\mathbf{P}(B|A^c) = \frac{1}{3} + \frac{2}{3}\cdot\frac{1}{4} = \frac{1}{2}.$$

如上的结果, 使我们有理由猜测: 对一切 n, 都应当有

$$p_n = \frac{1}{2^{n-1}}.$$

现在用归纳法证明这个猜测. 当 $n=1$ 和 $n=2$ 时, 结论已经成立. 假设 $p_k = \frac{1}{2^{k-1}}$, 我们来看 $n=k+1$ 的情形. 仍分别用 A 和 B 记甲、乙二人在第一轮比赛和后续的比赛中相遇的事件. 于是有

$$p_{k+1} = \mathbf{P}(A) + \mathbf{P}(A^cB) = \mathbf{P}(A) + \mathbf{P}(A^c)\mathbf{P}(B|A^c) = q_{k+1} + (1-q_{k+1})\mathbf{P}(B|A^c).$$

由于甲、乙二人在第一轮相遇, 当且仅当他们在第一轮中配为一对. 采用无编号分组模式考虑, 知 2^{k+1} 个人两两配对的方式一共有

$$\frac{(2^{k+1})!}{2^{2^k}\,(2^k)!}$$

种, 其中甲、乙二人配为一对的配对方式有

$$\frac{(2^{k+1}-2)!}{2^{2^k-1}\,(2^k-1)!}$$

种. 将上述二式相除, 即得

$$q_{k+1}=\frac{2\cdot 2^k}{2^{k+1}\left(2^{k+1}-1\right)}=\frac{1}{2^{k+1}-1}\ .$$

如果甲、乙二人在第一轮比赛中没有相遇, 那么欲他们在后续的比赛中相遇, 就必须他们二人在第一轮比赛中双双战胜对手, 同其余 2^k-2 名胜者一道进入下一轮比赛. 而从这时开始便是 2^k 名运动员按照原来的比赛规则进行比赛. 所以只要甲、乙二人都能进入后续的比赛, 那么他们在后续比赛中相遇的概率就是 p_k, 所以有

$$\mathbf{P}(B|A^{\mathrm{c}})=\frac{1}{4}\,p_k.$$

于是结合归纳假设即知

$$\begin{aligned}p_{k+1}&=q_{k+1}+(1-q_{k+1})\mathbf{P}(B|A^{\mathrm{c}})=q_{k+1}+(1-q_{k+1})\frac{1}{4}p_k\\&=\frac{1}{4}p_k+\left(1-\frac{1}{4}p_k\right)q_{k+1}\ =\frac{1}{2^{k+1}}+\left(1-\frac{1}{2^{k+1}}\right)\frac{1}{2^{k+1}-1}=\frac{1}{2^k}\ .\end{aligned}$$

所以结论在 $n=k+1$ 时仍然成立.

综合上述知, 甲、乙二人在比赛中相遇的概率为 $p_n=\dfrac{1}{2^{n-1}}$.

在上述解答中, 我们都是以 A 和 A^{c}(即甲、乙二人是否在第一轮相遇) 作为对 Ω 的分划. 这种对分划的选取方式不仅有利于处理 $n=2$ 的情形, 而且有利于运用归纳假设进行过渡.

下面来介绍医学中的一个著名的问题. 先看问题.

例 2.3.14 有两种治疗肾结石的方案. 在接受方案 1 治疗的患者中, 小结石患者占 25%, 大结石患者占 75%, 小结石患者的治愈率是 93%, 大结石患者的治愈率是 73%. 在接受方案 2 治疗的患者中, 小结石患者占 77%, 大结石患者占 23%, 小结石患者的治愈率是 87%, 大结石患者的治愈率是 69%. 我们发现, 不管是对小结石患者, 还是大结石患者, 方案 1 的治愈率都要高于方案 2, 那么我们能就此判断方案 1 优于方案 2 吗?

解 我们来计算一下两种方案的治愈率, 再下结论. 以 A 表示患者是小结石患者的事件, 以 B 表示被治愈的事件. 根据全概率公式, 对于方案 1, 有

$$\mathbf{P}(B)=\mathbf{P}(A)\mathbf{P}(B|A)+\mathbf{P}(A^{\mathrm{c}})\mathbf{P}(B|A^{\mathrm{c}})=0.25\cdot 0.93+0.75\cdot 0.73=0.78.$$

对于方案 2, 有

$$\mathbf{P}(B)=\mathbf{P}(A)\mathbf{P}(B|A)+\mathbf{P}(A^{\mathrm{c}})\mathbf{P}(B|A^{\mathrm{c}})=0.77\cdot 0.87+0.23\cdot 0.69\approx 0.83.$$

方案 2 的治愈率高于方案 1, 可见方案 1 并不优于方案 2.

这类问题在统计界被称为 Simpson 悖论. 它告诉我们, 光凭直觉是难以作出判断的. 事实上, 尽管我们所看到的统计数据是真实的, 但是它们只是对各个方案分门别类地统计出来的数据. 我们所看到的治愈率都只是些条件概率, 是在已知患者的疾病类型的情况下, 统计出来的治愈率. 一旦加入了不同疾病人数所占的比例, 就排除掉了这个因素所造成的影响, 得到了不受疾病类型影响的全面的治愈率. 从这个意义上去评价两种不同的治疗方案, 我们获得了一种全新的视角. 实际上从整体上说, 方案 2 较之方案 1 有更高的治愈率.

下面的问题是概率论中的一类古老的问题.

例 2.3.15　甲盒中有球 5 红 1 黑, 乙盒中有球 5 红 3 黑. 随机取出一个盒子, 从中无放回地相继取出两个球, 试求在第一个球是红球的条件下, 第二个球也是红球的概率.

解　以 A 表示取出的是甲盒的事件, 于是 A^c 即为取出的是乙盒的事件. 再分别以 B 和 C 表示第一个球是红球与第二个球是红球的事件. 我们要求的是条件概率 $P(C|B)$. 由条件概率公式和全概率公式知

$$\mathbf{P}(C|B)=\frac{\mathbf{P}(BC)}{\mathbf{P}(B)}=\frac{\mathbf{P}(A)\mathbf{P}(BC|A)+\mathbf{P}(A^c)\mathbf{P}(BC|A^c)}{\mathbf{P}(A)\mathbf{P}(B|A)+\mathbf{P}(A^c)\mathbf{P}(B|A^c)}$$

$$=\frac{\frac{1}{2}\times\frac{5}{6}\times\frac{4}{5}+\frac{1}{2}\times\frac{5}{8}\times\frac{4}{7}}{\frac{1}{2}\times\frac{5}{6}+\frac{1}{2}\times\frac{5}{8}}=\frac{172}{245}.$$

在该例的计算中, 分子与分母都用到了全概率公式.

2.3.3　Bayes 公式

下面来进一步讨论例 2.3.8.

例 2.3.16　某工厂的第一、二、三号车间生产同一产品, 产量各占总产量的 $\frac{1}{2},\frac{1}{3},\frac{1}{6}$, 次品率分别为 1%, 1% 和 2%. 现从该厂产品中随机抽取一件, 发现是次品, 试求它是一号车间生产的概率.

解　以 B 表示该产品是次品的事件, 再分别以 A_1,A_2,A_3 表示该产品是第一、二、三号车间生产的事件. 下面求条件概率 $\mathbf{P}(A_1|B)$.

由于已在例 2.3.8 中求出 $\mathbf{P}(B)\approx 0.0117$, 所以现在的问题并不复杂, 有

$$\mathbf{P}(A_1|B)=\frac{\mathbf{P}(A_1B)}{\mathbf{P}(B)}=\frac{\mathbf{P}(A_1)\mathbf{P}(B|A_1)}{\mathbf{P}(B)}\approx\frac{0.01\times\frac{1}{2}}{0.0117}\approx 0.427\ .$$

上面的问题及其解答具有一定的普遍性, 如果结合例 2.3.8 中对 $\mathbf{P}(B)$ 的求法, 可以概述为如下的定理.

定理 2.3.4 (Bayes 公式) 设 $(\Omega,\mathscr{F},\mathbf{P})$ 为概率空间, $\{A_1,A_2,\cdots,A_n\}$ 是对 Ω 的一个分划, 如果 $\mathbf{P}(A_k)>0,\ k=1,2,\cdots,n$, 则对任何 $B\in\mathscr{F}$, 只要 $\mathbf{P}(B)>0$, 就都有

$$\mathbf{P}(A_k|B)=\frac{\mathbf{P}(A_k)\mathbf{P}(B|A_k)}{\displaystyle\sum_{j=1}^{n}\mathbf{P}(A_j)\mathbf{P}(B|A_j)},\quad k=1,2,\cdots,n. \tag{2.3.9}$$

这个定理的证明也不难, 只要将条件概率的定义与全概率公式结合运用即可.

下面来看运用 Bayes 公式解题的一些例子.

例 2.3.17 甲、乙二人之间经常用 E-mail (电子信件) 相互联系, 他们约定在收到对方信件的当天即给回音 (即回一个 E-mail). 由于线路问题, 每 n 份 E-mail 中会有 1 份不能在当天送达收件人. 甲在某日发了 1 份 E-mail 给乙, 但未在当天收到乙的回音. 试求乙在当天收到了甲发给他的 E-mail 的概率.

解 在这个问题中, 包含有两个不确定的环节: 一是甲发给乙的 E-mail 不一定能在当天到达乙处; 二是乙所回的 E-mail 不一定能在当天到达甲处. 至于乙是否回 E-mail , 则完全取决于他是否收到了甲发来的 E-mail, 即在 "收到" 与 "回" E-mail 之间完全是一种确定的关系.

以 A 表示乙在当天收到了甲发给他的 E-mail 的事件, 以 B 表示甲在当天收到了乙回给他的 E-mail 的事件, 下面求条件概率 $\mathbf{P}(A|B^c)$.

显然 A 和 A^c 构成了一个对 Ω 的分划. 由题中条件知

$$\mathbf{P}(A)=\frac{n-1}{n},\quad \mathbf{P}(B^c|A)=\frac{1}{n},\quad \mathbf{P}(B^c|A^c)=1.$$

所以由 Bayes 公式知

$$\mathbf{P}(A|B^c)=\frac{\mathbf{P}(A)\mathbf{P}(B^c|A)}{\mathbf{P}(A)\mathbf{P}(B^c|A)+\mathbf{P}(A^c)\mathbf{P}(B^c|A^c)}=\frac{\frac{n-1}{n}\cdot\frac{1}{n}}{\frac{n-1}{n}\cdot\frac{1}{n}+\frac{1}{n}\cdot 1}=\frac{n-1}{2n-1}.$$

有人说, Bayes 公式是用来解决 "已知结果, 分析原因" 问题的, 这个说法很有道理. 在这个例题中, 甲在当天没有收到乙回给他的 E-mail (这是已经发生的事实, 即结果), 那么他当然会想, 究竟是什么原因呢? 是乙没有收到他的 E-mail 呢, 还是他没有收到乙回给他的 E-mail 呢? 通过计算条件概率 $\mathbf{P}(A|B^c)$ 明白了: 乙收到了他的 E-mail 的可能性为 $\mathbf{P}(A|B^c)=\dfrac{n-1}{2n-1}<\dfrac{1}{2}$; 换句话说, 一大半可能是乙没有收到他的 E-mail, 因此没有给他回 E-mail .

例 2.3.18 某种疾病的患病率为 0.5%, 通过验血诊断该病的误诊率为 5%(即非患者中有 5% 的人验血结果为阳性, 患者中有 5% 的人验血结果为阴性). 现知某人验血结果为阳性, 试求他确患有此病的概率.

解 以 A 表示患有此病的事件, 以 B 表示验血结果为阳性的事件. 我们要求的是条件概率 $\mathbf{P}(A|B)$. 由已知条件知

$$\mathbf{P}(A)=0.5\%,\quad \mathbf{P}(B|A)=95\%,\quad \mathbf{P}(B|A^c)=5\%.$$

注意 A 和 A^c 是对 Ω 的一个分划, 故由式 (2.3.9) 得

$$\mathbf{P}(A|B)=\frac{\mathbf{P}(A)\mathbf{P}(B|A)}{\mathbf{P}(A)\mathbf{P}(B|A)+\mathbf{P}(A^c)\mathbf{P}(B|A^c)}=\frac{0.5\%\times 95\%}{0.5\%\times 95\%+99.5\%\times 5\%}\approx 0.087.$$

这个结果出人意料的小, 其原因在于人群中该病的患病率很低, 仅为 0.5%, 所以尽管通过验血诊断该病的误诊率不算高, 为 5%, 但与患病率相比已是 10 倍之多. 从而上式中的分母已经差不多是分子的 11 倍了. 这个事实告诉我们, 当验血结果为阳性时, 确患有此病的概率并不一定就很大. 因为患病的概率除了依赖于验血时的准确率之外, 还与人群中该病的患病率有关. 这一点对于罕见病的诊断尤为重要, 在获知验血结果为阳性时, 切切不要紧张.

Bayes 公式虽然很简单, 但是它却很有哲理意义. 这个公式是以 18 世纪英国哲学家 Bayes 冠名的, Bayes 本人并不专门研究概率统计, 只不过是对统计问题感兴趣而已. 他生前没有发表这个公式, 而是在他死后两年, 由他的一个朋友整理遗物时从他的笔记中发现后发表出来的. 我们可以这样来理解这个公式: 假设某个过程具有 $A_1,A_2,\cdots,A_n$ 这样 n 个可能的前提 (原因), 而 $\{\mathbf{P}(A_k),\ k=1,2,\cdots,n\}$ 是人们对这 n 个可能前提 (原因) 的可能性大小的一种事前估计, 称之为先验概率. 当这个过程有了一个结果 B 之后, 人们便会通过条件概率 $\{\mathbf{P}(A_k|B),\ k=1,2,\cdots,n\}$ 来对这 n 个可能前提的可能性大小作出一种新的认识, 因此将这些条件概率称为后验概率. 而 Bayes 公式恰恰提供了一种计算后验概率的工具. 大家可以从上面的 E-mail 和疾病诊断的例子体会出这种思想. 重要的是, 后来从这种先验概率和后验概率的理念中发展出了一整套统计理论和方法, 并形成了概率统计中的一个很大的学派. 该学派为了表明自己的基本理念的最初来源, 将自己称为 Bayes 学派. Bayes 学派对概率统计问题有自己的独特理解, 在处理许多问题时有自己的独到之处, 给出了许多很好的统计方法, 但也有一些观念上的难以自圆其说之处, 主要焦点是对先验概率的解释和处理上面, 经常受到经典学派的批评和指责. 尤其是他们在一无所知的情况下, 主张按照同等无知原则, 赋予各个可能的成因以相同的概率. 后来有人为了取其之长避其之短, 发展出所谓经验 Bayes 方法. 在计算机广为普及的今天, 由于计算机强大的运算功能和快速的运算能力, 人们获得信息的速度大大提高, Bayes 方法和经验 Bayes 方法的实用价值也随之大大提高. 大多数统计学者的做法是以兼容并蓄的态度对待两个学派的理论和方法. 更加值得指出的是, 在人工智能的研究和开发中, 由于 Bayes 理论对于智能机器人的深度学习具有重要的指导意义, Bayes 统计受到了从未有过的青睐, 迎来了前所未有的发展机遇.

习 题 2.3

1. 假定生男孩或女孩是等可能的, 在一个有 3 个孩子的家庭里, 已知有男孩, 求至少有一个女孩的概率.

2. 掷两枚均匀的骰子, 已知两枚骰子点数之和为 7, 试用两种方法, 求其中有一枚骰子的点数为 1 的概率.

3. 掷 3 枚均匀的骰子, 已知掷出的点数各不相同, 求至少有一个 6 点的概率.

4. 某人忘记了电话号码的最后一位数字, 因而他随意拨号. 求他拨号不超过三次而接通所需的电话号码的概率. 若已知最后一位数字是奇数, 那么此概率是多少?

5. 一学生接连参加同一课程的两次考试, 第一次及格的概率为 p, 若第一次及格则第二次及格的概率也为 p; 若第一次不及格则第二次及格的概率为 $\dfrac{p}{2}$.

(1) 若至少有一次及格则他能取得某种资格, 求他取得资格的概率.

(2) 若已知第二次及格, 求他第一次及格的概率.

6. 已知 $\mathbf{P}(A^c)=0.3$, $\mathbf{P}(B)=0.4$, $\mathbf{P}(AB^c)=0.5$, 求 $\mathbf{P}(B|A\cup B^c)$.

7. 已知 $\mathbf{P}(A)=1/4$, $\mathbf{P}(B|A)=1/3$, $\mathbf{P}(A|B)=1/2$, 求 $\mathbf{P}(A\cup B)$.

8. 袋中有 $2n-1$ 个白球和 $2n$ 个黑球, 现任意取出 n 个, 发现它们是同色的, 求同为黑色的概率.

9. 将 3 个不同的球放入编号为 1, 2, 3, 4 的四个盒中, 每球入各盒均为等可能. 现知恰有两个空盒, 求有球的盒子的最小编号为 k 的概率.

10. 今有 10 个白球和 10 个黑球, 要把它们分别装入两个箱子. 为了使得 "任取一箱, 从中任取一球, 所取之球为白球" 的概率达到最大, 应当怎样往两个箱中放球? 所能达到的概率最大值是多少?

11. 举例说明对于任意事件 A,B,C, 下列等式不一定成立:

(1) $\mathbf{P}(A|C)+\mathbf{P}(\bar{A}|\bar{C})=1$;

(2) $\mathbf{P}(A|C)+\mathbf{P}(A|\bar{C})=1$;

(3) $\mathbf{P}(A\cup B|C)=\mathbf{P}(A|C)+\mathbf{P}(B|C)$;

(4) $\mathbf{P}(A\cap B|C)=\mathbf{P}(A|C)\cdot\mathbf{P}(B|C)$.

试讨论使上列各式成立的条件.

12. (例 2.3.6 的续) 证明在第 k 次取得白球的条件下, 在第 m 次取球时 $(k<m)$ 也取得白球的条件概率等于 $\dfrac{a+c}{a+b+c}$.

13. 将 4 个红球与 6 个白球混装在袋中, 现任意地一一摸出, 直至红球全摸出为止. 求恰好摸 k 次为止的概率.

14. 袋中有 r 个红球与 b 个黑球, 现任取一球, 添加 s 个同色的球一并放回. 再从袋中任取出一球发现是红球, 求第一次取出的球是黑球的概率.

15. 有三只箱子, 第一只箱子中有 4 个黑球和 1 个红球, 第二只箱子中有 5 个黑球和 2 个红球, 第三只箱子中有 3 个黑球和 4 个红球. 现随机地取一只箱子, 再从此箱子中随机取出一球. (1) 试求这个球为红球的概率; (2) 已知取出的是黑球, 求此球来自第二只箱子的概率.

16. 罐中装有 7 个白球和 3 个黑球, 从中无放回地随机抽取 3 个球, 已知其中之一为黑球. 试求其余两球均为白球的概率.

17. 设一枚深水炸弹击沉一潜水艇的概率为 1/3, 击伤的概率为 1/2, 击不中的概率为 1/6. 并设击伤两次也会导致潜水艇下沉. 求施放 4 枚深水炸弹能击沉潜水艇的概率.

18. 罐中放有一个球, 它为白为黑的概率相等. 向罐中放入一个白球, 再从中随机取出一球, 发现此球为白. 试求罐中所剩之球也是白球的概率.

19. 接连抛一枚均匀硬币, 直至第一次出现两个相连的正面为止. 求恰抛掷 n 次的概率.

20. 假设一架坠毁的飞机掉在三个可能区域中的任何一个是等可能的. 如果飞机坠落在区域 i $(i=1,2,3)$ 中, 则由于地理环境的影响, 经过快速检查后发现其残骸的概率为 $\alpha_i(0<\alpha_i<1)$. 现快速检查区域 1 之后未发现残骸, 求飞机坠落在区域 i 的条件概率.

21. n 对夫妇任站成一列, 求丈夫全在其妻子后面 (不一定相邻) 的概率 p_n.

2.4 一些应用

本节介绍一些综合运用概率知识解题的例子和方法.

2.4.1 求概率的递推方法

全概率公式是概率论前期发展中的一个重要里程碑, 其意义和价值远远超出了时间的局限. 它的要点是在 Ω 中引入一个适当的分划, 把概率条件化, 以达到化难为易的目的. 这就为利用递推方法解答概率问题提供了途径. 看一些例子.

例 2.4.1 甲、乙二人轮流抛掷一枚均匀的骰子. 甲先掷, 一直到掷出了 1 点, 交给乙掷, 而到乙掷出了 1 点, 再交给甲掷, 并如此一直下去. 试求第 n 次抛掷时由甲掷的概率.

解 以 A_n 表示第 n 次抛掷时由甲掷的事件, 记 $p_n=\mathbf{P}(A_n)$. 我们以 A_{n-1} 和 A_{n-1}^{c} 作为对 Ω 的一个分划, 易知

$$\mathbf{P}(A_n|A_{n-1})=\frac{5}{6},\quad \mathbf{P}(A_n|A_{n-1}^{c})=\frac{1}{6}.$$

于是由全概率公式得

$$\begin{aligned}p_n=\mathbf{P}(A_n)&=\mathbf{P}(A_{n-1})\mathbf{P}(A_n|A_{n-1})+\mathbf{P}(A_{n-1}^{c})\mathbf{P}(A_n|A_{n-1}^{c})\\&=\frac{5}{6}p_{n-1}+\frac{1}{6}(1-p_{n-1})=\frac{2}{3}p_{n-1}+\frac{1}{6}.\end{aligned}$$

经过整理, 将上式化为易于递推的形式

$$p_n-\frac{1}{2}=\frac{2}{3}\left(p_{n-1}-\frac{1}{2}\right),\quad n=2,3,\cdots.$$

反复利用该式, 并注意 $p_1=1$, 即得 (也可利用等比数列的通项公式等)

$$p_n-\frac{1}{2}=\left(\frac{2}{3}\right)^{n-1}\left(p_1-\frac{1}{2}\right)=\frac{1}{2}\left(\frac{2}{3}\right)^{n-1},$$

所以就有

$$p_n=\frac{1}{2}\left(\frac{2}{3}\right)^{n-1}+\frac{1}{2},\quad n=1,2,\cdots.$$

再来讨论结绳问题.

例 2.4.2 将 n 根短绳的 $2n$ 个端头任意两两连接, 求恰好连成 n 个圈的概率.

解 在例 1.4.4 和例 2.3.4 中曾经讨论过本题, 现在再利用全概率公式给出一个解答. 以 A_n 表示 n 根短绳恰好连成 n 个圈的事件, 记 $p_n=\mathbf{P}(A_n)$. 再以 B 表示第 1 根短绳连成 1 个圈的事件, 用 B 和 B^c 作为对 Ω 的一个分划. 于是由全概率公式得

$$p_n=\mathbf{P}(A_n)=\mathbf{P}(B)\mathbf{P}(A_n|B)+\mathbf{P}(B^c)\mathbf{P}(A_n|B^c).$$

在例 2.3.4 中已经求得 $\mathbf{P}(B)=\dfrac{1}{2n-1}$; 易见 $\mathbf{P}(A_n|B^c)=0$; 而 $\mathbf{P}(A_n|B)$ 则是在已知第 1 根短绳连成 1 个圈的条件下, 其余 $n-1$ 根短绳连成 $n-1$ 个圈的概率, 此时第 1 根短绳已经与其余 $n-1$ 根短绳无关, 所以 $\mathbf{P}(A_n|B)=\mathbf{P}(A_{n-1})=p_{n-1}$, 代入上式即可得到

$$p_n=\mathbf{P}(A_n)=\frac{1}{2n-1}p_{n-1},\quad n=2,3,\cdots.$$

反复利用该式, 并注意 $p_1=1$, 即得

$$p_n=\frac{1}{(2n-1)!!},\quad n=1,2,\cdots.$$

2.4.2 秘书问题

秘书问题是概率论中的一个著名问题, 它涉及统计试验中的所谓最佳停止时间. 这类问题很多, 在此仅以秘书问题为例.

例 2.4.3 (秘书问题) 某公司需招收秘书一名, 共有 n 个人报名应聘. 这些应聘者的文化水平、业务素质、交际能力各不相同, 公司希望从中挑选出最佳人选, 要对他们逐个面试. 面试的当时就需对应聘者表态是否录用, 一旦对某人表态不录用, 便不可反悔. 公司打算按照如下的策略行事: 不录用前 k $(1\leqslant k<n)$ 个面试者, 自第 $k+1$ 个开始, 只要发现某人比他前面的所有面试者都好, 就录用他, 否则就录用最后一个. 试对该公司的策略作概率分析.

解　一个关键的问题是如何确定 k.

以 A 表示最佳人选被录用的事件, 以 B_j 表示最佳人选在面试顺序中排在第 j 个. 则易知

$$\mathbf{P}(B_j)=\frac{(n-1)!}{n!}=\frac{1}{n},\quad j=1,\cdots,n,$$

意即最佳人选出现在各个位置上的概率是相等的. 以给定所在位置的序号作为条件, 有

$$\mathbf{P}(A)=\sum_{j=1}^{n}\mathbf{P}(A|B_j)\mathbf{P}(B_j)=\frac{1}{n}\sum_{j=1}^{n}\mathbf{P}(A|B_j).$$

当 $1\leqslant j\leqslant k$ 时, 最佳人选位于前 k 个面试者之中, 不会被录用, 此时 $\mathbf{P}(A|B_j)=0$. 当 $k+1\leqslant j\leqslant n$ 时, 最佳人选被录用, 当且仅当, 前 $j-1$ 个面试者中的最佳者在前 k 个人中, 故 $\mathbf{P}(A|B_j)=\dfrac{k}{j-1}$. 由全概率公式知

$$\mathbf{P}(A)=\frac{1}{n}\sum_{j=k+1}^{n}\frac{k}{j-1}=\frac{k}{n}\sum_{j=k}^{n-1}\frac{1}{j}\sim\frac{k}{n}\ln\frac{n}{k}.$$

现在考虑可导函数 $g(x)=\dfrac{x}{n}\ln\dfrac{n}{x}$, $x>0$, 有 $g'(x)=\dfrac{1}{n}\ln\dfrac{n}{x}-\dfrac{1}{n}$, 故有

$$g'(x)=0\Longleftrightarrow x=\frac{n}{\mathrm{e}}.$$

既然 $\mathbf{P}(A)\sim g(k)$, 故知若将 k 取为最靠近 $\dfrac{n}{\mathrm{e}}$ 的正整数时, 可使 $\mathbf{P}(A)$ 达到最大, 由于 $g\left(\dfrac{n}{\mathrm{e}}\right)=\dfrac{1}{\mathrm{e}}\approx 0.36788$, 该概率最大值与 n 无关. 这表明即使对很大的 n, 采用所说的策略, 也能有 0.36788 的概率录用到最佳人选.

2.4.3　直线上的随机游动

设想有一个质点在数轴的整点上运动, 每次或向右移动距离 1, 或向左移动距离 1, 向右移动的概率是 p, $0<p<1$, 向左移动的概率是 $q=1-p$. 这称为直线上的随机游动. 我们关心在给定起始位置的条件下, 质点在做了 n 次移动之后 (为方便起见, 称为时刻 n) 所到达的位置.

例 2.4.4 (无限制的随机游动)　设质点在直线上做随机游动. 一开始质点位于坐标原点 O, 试求它在时刻 n 到达坐标为 k 的点 K 的概率.

解　以 A_k 表示质点在时刻 n 到达坐标为 k 的点 K 的事件. 设质点在此期间做了 a 次向右移动, b 次向左移动, 则在事件 A_k 发生时, 有

$$a+b=n\,,\quad a-b=k\,.$$

由此解得 $a=\dfrac{n+k}{2}$. 由于 a 是正整数, 所以只有在 n 与 k 的奇偶性相同时, 才有可能. 所以

$$\mathbf{P}(A_k)=\begin{cases}\dbinom{n}{\frac{n+k}{2}}p^{\frac{n+k}{2}}q^{\frac{n-k}{2}}, & n \text{ 与 } k \text{ 同奇偶},\\ 0, & n \text{ 与 } k \text{ 异奇偶}.\end{cases}$$

我们曾在解答例 1.3.9 时得到过类似的结论, 不过在那里有 $p=q=\dfrac{1}{2}$, 可见例 1.3.9 是对随机游动模型的一个应用.

例 2.4.5 (两端带吸附壁的随机游动) 设质点在直线上做随机游动. 一开始质点位于坐标为 k 的点 K, $0<k<m$. 如果它在某一时刻移动到了坐标原点 O 或坐标为 m 的点 M, 便停住不动. 我们将这两个点称为吸附壁. 试分别求它被坐标原点 O 和点 M 吸住的概率.

解 以 A_k 表示质点由坐标为 k 的点出发, 被点 M 吸住的事件, 则 A_k^{c} 就是它从该点出发被坐标原点 O 吸住的事件. 再以 H 表示质点第 1 步向右移动距离 1 的事件, 于是 H^{c} 就是质点第 1 步向左移动距离 1 的事件. 记

$$p_k=\mathbf{P}(A_k),\quad q_k=\mathbf{P}(A_k^{\mathrm{c}}).$$

以 H 和 H^{c} 作为对 Ω 的一个分划, 由全概率公式得

$$p_k=\mathbf{P}(A_k)=\mathbf{P}(H)\mathbf{P}(A_k|H)+\mathbf{P}(H^{\mathrm{c}})\mathbf{P}(A_k|H^{\mathrm{c}}),$$

注意到 $\mathbf{P}(A_k|H)=\mathbf{P}(A_{k+1})$, $\mathbf{P}(A_k|H^{\mathrm{c}})=\mathbf{P}(A_{k-1})$, 所以上式就是

$$p_k=p\cdot p_{k+1}+q\cdot p_{k-1},\quad k=1,2,\cdots,m-1.$$

整理之后, 得

$$p_{k+1}-p_k=\frac{q}{p}(p_k-p_{k-1}),\quad k=1,2,\cdots,m-1. \tag{2.4.1}$$

如果 $p=q=\dfrac{1}{2}$, 则上式表明 $\{p_k-p_{k-1},\ k=1,2,\cdots,m-1\}$ 构成等差数列. 结合边界条件 $p_0=0$, $p_m=1$, 即得

$$p_k=\frac{k}{m},\quad k=0,1,2,\cdots,m.$$

如果 $p\neq q$, 则反复利用 (2.4.1) 式, 并注意 $p_0=0$, 可以导出

$$p_{k+1}-p_k=\left(\frac{q}{p}\right)^k p_1,\quad k=0,1,2,\cdots,m-1. \tag{2.4.2}$$

将上式对 $k=0,1,2,\cdots,m-1$ 求和, 并利用 $p_m=1$, 得到

$$p_1=\left\{\sum_{k=0}^{m-1}\left(\frac{q}{p}\right)^k\right\}^{-1}=\frac{1-\dfrac{q}{p}}{1-\left(\dfrac{q}{p}\right)^m}.$$

再将 (2.4.2) 式对 $k=0,1,\cdots,j$ 求和, 并利用上式, 即得

$$p_j=\frac{1-\left(\dfrac{q}{p}\right)^j}{1-\left(\dfrac{q}{p}\right)^m},\quad j=0,1,2,\cdots,m.$$

综合上述, 我们得知: 对 $k=0,1,2,\cdots,m$, 有

$$p_k=\begin{cases}\dfrac{k}{m}, & p=q=\dfrac{1}{2},\\ \dfrac{1-\left(\dfrac{q}{p}\right)^k}{1-\left(\dfrac{q}{p}\right)^m}, & p\neq q.\end{cases}$$

类似可以算得: 对 $k=0,1,2,\cdots,m$, 有

$$q_k=\begin{cases}1-\dfrac{k}{m}, & p=q=\dfrac{1}{2},\\ \dfrac{\left(\dfrac{q}{p}\right)^k-\left(\dfrac{q}{p}\right)^m}{1-\left(\dfrac{q}{p}\right)^m}, & p\neq q.\end{cases}$$

从上述计算结果可以看出一个有趣的结论: 对 $k=0,1,2,\cdots,m$, 都有

$$p_k+q_k=1.$$

这告诉我们, 在两端带有吸附壁的随机游动中, 不论质点从什么位置出发, 都终究会被吸附壁所吸附, 从而运动或迟或早会结束.

例 2.4.6 (反射原理的应用)　设质点在直线上做随机游动, $p=q=\dfrac{1}{2}$. 一开始质点位于坐标原点 O, 试求它在时刻 $2n$ 到达坐标为 $2k$, $0<k<n$ 的点, 并且在游动过程中没有返回过坐标原点 O 的概率.

解　本题适用于古典概型. 在平面上建立直角坐标系, 以 X 轴表示时刻, 以 Y 轴表示质点所在位置. 于是质点的每一种可能的运动情况对应平面上的一条折

线 (称为路径), 折线上的每一段都是一条斜率为 1 或 -1 的线段. 于是样本空间 Ω 就是所有路径的集合, 故 $|\Omega| = 2^{2n}$. 以 E_{2k} 表示质点在时刻 $2n$ 到达坐标为 $2k$, $0 < k < n$ 的点, 并且在游动过程中没有返回过坐标原点 O 的事件, 于是 E_{2k} 由所有满足如下条件的路径组成: 这些路径起于点 $(0,0)$, 终于点 $(2n,2k)$, 并且与 X 轴没有交点.

为了求出 $|E_{2k}|$, 以 A_{2k} 表示质点在时刻 $2n$ 到达坐标为 $2k$, $0 < k < n$ 的点的事件, 以 B_{2k} 表示质点在时刻 $2n$ 到达坐标为 $2k$, $0 < k < n$ 的点, 并且在游动过程中返回过坐标原点 O 的事件. 于是

$$|E_{2k}| = |A_{2k}| - |B_{2k}|.$$

由例 2.4.4 的解答过程知, 在事件 A_{2k} 发生时, 质点做了 $n+k$ 次向右移动, 做了 $n-k$ 次向左移动, 所以

$$|A_{2k}| = \binom{2n}{n+k}.$$

事件 B_{2k} 中的路径都与 X 轴有交点, 但是可以分为两类: 第一类是质点第一步向左移动, 这种路径必经过点 $(1,-1)$; 第二类是质点第一步向右移动, 但是路径与 X 轴有交点, 这种路径经过点 $(1,1)$. 我们来观察任意一条第二类路径, 以 D 表示它与 X 轴的第一个 (坐标最小的) 交点, 把路径上位于原点 O 和点 D 之间的部分作关于 X 轴的镜面反射, 那么它就变为一条经过点 $(1,-1)$ 的第一类路径. 反之, 如果把任意一条第一类路径上位于原点 O 和它同 X 轴的第一个交点之间的部分作关于 X 轴的镜面反射, 那么它就变为一条经过点 $(1,1)$ 的第二类路径. 不难证明, 这种对应是一一对应, 所以两类路径的数目相等. 易知, 第一类路径的数目等于起于点 $(1,-1)$、终于点 $(2n,2k)$ 的折线的数目. 如果以 a 表示这类折线上斜率为 1 的线段的数目, 以 b 表示这类折线上斜率为 -1 的线段的数目, 那么就有

$$a+b=2n-1\ , \quad a-b=2k+1\ .$$

因此 $a=n+k$, 从而知

$$|B_{2k}| = 2\binom{2n-1}{n+k}\ .$$

这样一来, 便得

$$|E_{2k}| = |A_{2k}| - |B_{2k}| = \binom{2n}{n+k} - 2\binom{2n-1}{n+k} = \binom{2n-1}{n+k-1} - \binom{2n-1}{n+k}.$$

$\left(\text{注意 } n+k-1 \geqslant \dfrac{2n-1}{2}, \text{ 所以 } \dbinom{2n-1}{n+k-1} > \dbinom{2n-1}{n+k}.\right)$

于是就有

$$\mathbf{P}(E_{2k})=\frac{|E_{2k}|}{|\Omega|}=\frac{\binom{2n-1}{n+k-1}-\binom{2n-1}{n+k}}{2^{2n}},\quad k=1,2,\cdots,n.$$

以上所用的关于 X 轴的镜面反射称为 "反射原理", 是计算路径条数的一种有效办法.

本题中所得的结论反映了随机游动的一个重要性质, 如果利用对称性, 并结合例 2.4.4 中的结论, 我们可以总结如下:

设质点在直线上做随机游动, $p=q=\dfrac{1}{2}$. 一开始质点位于坐标原点 O, 以 $p_k^{(n)}$ 表示它在时刻 n 到达坐标为 k, $0<|k|\leqslant n$ 的点, 并且在游动过程中没有返回过原点 O 的概率. 则有

$$p_k^{(n)}=\begin{cases}2^{-n}\left(\binom{n-1}{\frac{n+|k|}{2}-1}-\binom{n-1}{\frac{n+|k|}{2}}\right), & n \text{ 与 } k \text{ 同奇偶},\\ 0, & n \text{ 与 } k \text{ 异奇偶}.\end{cases}$$

虽然我们只是对 n 和 k 都是偶数的情形作了推导, 但当它们都是奇数的情形时, 推导完全类似. 现在可以利用这个结论解答概率论中的一个重要问题:

例 2.4.7 (无返回问题)　设质点在直线的整点上做无限制的随机游动, $p=q=\dfrac{1}{2}$. 开始时质点位于坐标原点 O, 试求它直到时刻 n 为止, 从未回到过坐标原点 O 的概率.

解　以 A 表示质点直到时刻 n 为止, 从未回到过坐标原点 O 的事件. 那么在 A 发生时, 质点在时刻 n 的位置 K 的坐标 k 必定满足条件

$$n+k\equiv 0\ (\mathrm{mod}\ 2),\quad 0<|k|\leqslant n.$$

由刚才的结论知: 当 $n=2m$ 时, 有

$$\mathbf{P}(A)=2\sum_{k=1}^{m}p_{2k}^{(2m)}=2\sum_{k=1}^{m}2^{-2m}\left(\binom{2m-1}{m+k-1}-\binom{2m-1}{m+k}\right)=2^{-2m+1}\binom{2m-1}{m};$$

当 $n=2m-1$ 时, 有

$$\begin{aligned}\mathbf{P}(A)&=2\sum_{k=1}^{m}p_{2k-1}^{(2m-1)}=2\sum_{k=1}^{m}2^{-2m+1}\left(\binom{2m-2}{m+k-2}-\binom{2m-2}{m+k-1}\right)\\&=2^{-2m+2}\binom{2m-2}{m-1}.\end{aligned}$$

合并上述结果, 可以写成

$$\mathbf{P}(A)=2^{-n+1}\binom{n-1}{\left[\frac{n}{2}\right]}.$$

下面来看一个与路径问题有关的例子.

例 2.4.8 设 G 是所有具有下述形式的逐段线性的函数 $g(x)$ 的集合: $g(0)=0$,

$$g(x)=g(j)+\alpha_j(x-j),\quad j\leqslant x\leqslant j+i,\quad j=0,1,2,\cdots,n-1,$$

其中 $\alpha_j=1$ 或 -1. 现知计算机中存有该集合中的所有函数. 我们从中随机调取一个函数, 求随机事件 A 的概率, 其中 A 表示所取出的函数 $g(x)$ 属于如下子集:

$$G_0=\{g|\ g(x)\ \text{在区间}\ (0,n]\ \text{中没有根}\}.$$

解 本题是例 1.3.9 的继续. 易知, G_0 中的每一个函数都与质点随机游动的一条与 X 轴没有交点的路径相对应, 所以由上题的结果知

$$\mathbf{P}(A)=2^{-n+1}\binom{n-1}{\left[\frac{n}{2}\right]}.$$

习 题 2.4

1. 三个罐子中都装有白球和黑球, 它们中白球与黑球的数目之比为 p_1,p_2 和 p_3. 随机地 (即以概率 1/3) 选取一个罐子, 并从中取出一球. 试求该球为白球的概率.

2. (续) 随机地选取一个罐子, 并从中取出一球, 结果发现该球为白球. 该球取自第一个罐子的概率为多少?

3. 掷一枚不均匀的硬币 n 次, 第 1 次抛出正面的概率为 c, 此后每次掷出与前次相同结果的概率为 p $(0\leqslant p\leqslant 1)$. 求第 n 次抛出正面的概率, 并讨论 $n\to\infty$ 时的极限.

4. 两名射手依次向目标射击, 每人每次射击一轮. 平均来说, 射手甲在 10 次射击中可有 5 次命中目标, 而射手乙则可有 8 次命中. 在射击开始前, 他们以抛掷硬币方式来决定谁先开始 (即抛掷一枚均匀的硬币, 若正面向上, 则由甲开始, 反面向上, 则乙先开始). 旁观者知道他们的射击规则, 但不知道具体谁在射击, 设他看到了目标被击中. 试求该次目标被甲击中的概率.

5. 罐中装有 N 个球, 其中 M 个为白球, 从中进行大小为 n 的抽样. 以 A_k 表示第 k 个取出的球为白球的事件, 以 B_m 表示抽样中恰抽到 m 个白球的事件. 证明: 在有放回和无放回的两种场合下都有

$$\mathbf{P}(A_k|B_m)=\frac{m}{n}.$$

6. 第一个罐中装有 N_1 个白球和 M_1 个黑球, 第二个罐中有 N_2 个白球和 M_2 个黑球. 自第一个罐取出一球放入第二个罐中, 搅拌均匀后再从第二个罐中取出一个球. 试求该球为白球的概率.

7. 今有 n 个罐子, 分别放有 N 个白球和 M 个黑球. 自第一个罐子随机取出一球放入第二罐, 再自第二个罐子随机取出一球放入第三罐; 如此等等, 最后自第 n 罐中随机取出一球, 试求该球为白球的概率.

8. 第一个罐中装有 N_1 个白球和 M_1 个黑球, 第二个罐中有 N_2 个白球和 M_2 个黑球. 自第一个罐中无放回地随机取出 n_1 个球, 自第二个罐中无放回地随机取出 n_2 个球. 把所取出的球全都放入空着的第三个罐子. 最后自第三个罐子中随机取出一球, 试求该球为白色的概率.

9. 甲、乙两袋各装有 1 个红球与 1 个黑球, 每次从两袋中各任取 1 球交换后放回. 试求经过 n 次交换后, 甲袋中包含 2 个红球、1 红 1 黑、2 个黑球的概率 p_n, q_n, r_n.

10. 30 个学生参加考试, 其中有 5 个学生一贯优秀, 有 10 个学生成绩较好, 有 15 个学生学业较差. 成绩一贯优秀的学生考试中总得 "优秀"; 成绩较好的学生以相等的概率考得 "优秀" 和 "良好"; 学业成绩较差的学生则以相等的概率考得 "良好", "及格" 和 "不及格". 随机叫出一个学生, 试求他的考试结果为: (1) "优秀"; (2) "良好" 的概率.

11. 有甲、乙两只口袋, 甲袋中有 5 个白球和 2 个黑球, 乙袋中有 4 个白球和 5 个黑球, 从甲袋中任取两球放入乙袋, 然后再从乙袋中任取一球, 求此球是白球的概率.

12. 抛掷 3 枚骰子. 试求 3 枚骰子全都掷出 6 点的概率, 如果已知: (1) 有一枚骰子掷出 6 点; (2) 第一枚骰子掷出 6 点; (3) 有两枚骰子掷出 6 点; (4) 至少有两枚骰子掷出同样的点数; (5) 所有的骰子掷出同样的点数; (6) 至少有一枚骰子掷出 6 点.

13. r 个人 $(r>1)$ 做传球游戏, 从某甲开始, 每次持球者均等可能地传给其余 $r-1$ 个人中的任一个. 求下列事件的概率: (1) 传了 n 次, 球一直没有回到甲手中; (2) 传了 $n\ (n<r-1)$ 次, 没有人接到过两次球 (甲开始时持球算作已接球 1 次); (3) 第 n 次仍由甲传出.

14. 有 3 个罐子, 在第 j 个罐中放有 N_j 个白球和 M_j 个黑球, $j=1,2,3$. 随机选取一个罐子, 并从中无放回地抽取两个球, 发现为一白一黑. 试求这两个球分别来自第一个、第二个、第三个罐子的概率.

15. 一个罐子原来放有 N 个白球和 M 个黑球, 后遗失了一个球, 但不知其颜色. 今从该罐中无放回地随机取出 k 个球 $(0<k<N)$, 发现它们都是白球. 试求遗失之球为白球的概率.

16. 袋中装有 m 枚正品硬币、n 枚次品硬币 (次品硬币的两面均印有国徽). 在袋中任取一枚, 将它投掷 r 次, 已知每次得到国徽. 问这枚硬币是正品的概率是多少?

17. (选票问题) 在一次选举中, 候选人 A 得到 n 张选票而候选人 B 得到 m 张选票, 其中 $n>m$, 假定选票的一切排列次序是等可能的, 证明: 在计票过程中, A 的票数始终领先的概率为 $\dfrac{n-m}{n+m}$.

18. (续) 在选票问题中计算 A 不曾落后的的概率.

19. 进行 $2n$ 次独立试验, 每次试验中成功的概率等于 p. 试求所有偶数号码的试验得到成功, 并且成功总数等于 $n+m\ (0\leqslant m\leqslant n)$ 的概率.

20. 考虑一个赌徒, 他每次赌局中分别以概率 p 及 $1-p$ 赢得一元或输掉一元. 若赌徒开始时有 n 元, 试求: (1) 他输光之前恰好赌了 $n+2i$ 局的概率; (2) 他的赌金在到达 0(输光) 之

前达到 N 元的概率.

21. 质点在正四面体 $ABCD$ 的顶点上做随机游动, 每一步都从所在顶点转移到其余三个顶点之一上, 转移的概率都是 $\frac{1}{3}$. 开始时质点位于顶点 A 上. 以 p_n 表示在第 n 次移动之后, 质点在顶点 A 上的概率. 写出 p_n 的表达式, 证明极限 $\lim\limits_{n\to\infty} p_n$ 存在, 并求该极限.

2.5 事件的独立性

独立性是概率论中最重要的概念之一, 在许多问题中, 若无独立性的假设, 便很难得到解决. 因此需要对独立性的概念有一个很好的了解. 我们先在这里介绍事件的独立性概念.

2.5.1 两个事件的独立性

设 A 和 B 是同一概率空间 $(\Omega, \mathscr{F}, \mathbf{P})$ 中的两个事件, 一般来说, $\mathbf{P}(A)$ 与 $\mathbf{P}(A|B)$; $\mathbf{P}(B)$ 与 $\mathbf{P}(B|A)$ 是不同的. 为了明确这一点, 先来看一个例子.

例 2.5.1 某班有 51 个同学, 其中 30 男 21 女; 班上有团员 17 人, 其中 9 男 8 女. 随机地从该班叫出 1 人, 分别以 A 和 B 表示该人是男生和是团员的事件. 试求如下概率: $\mathbf{P}(A)$, $\mathbf{P}(B)$, $\mathbf{P}(A|B)$, $\mathbf{P}(B|A)$.

解 由题意有 $|\Omega| = 51$, $|A| = 30$, $|B| = 17$, $|AB| = 9$, 所以

$$\mathbf{P}(A) = \frac{30}{51} = \frac{10}{17}, \quad \mathbf{P}(B) = \frac{17}{51} = \frac{1}{3}, \quad \mathbf{P}(A|B) = \frac{9}{17}, \quad \mathbf{P}(B|A) = \frac{9}{30} = \frac{3}{10}.$$

在上述计算结果中有 $\mathbf{P}(A) \neq \mathbf{P}(A|B)$, $\mathbf{P}(B) \neq \mathbf{P}(B|A)$. 这反映了在一般情况下, 无条件概率不等于条件概率. 但是也有例外, 试看下例.

例 2.5.2 某班有 51 个同学, 其中 30 男 21 女; 班上有团员 17 人, 其中 10 男 7 女. 随机地从该班叫出 1 人, 分别以 A 和 B 表示该人是男生和是团员的事件. 试求如下概率: $\mathbf{P}(A)$, $\mathbf{P}(B)$, $\mathbf{P}(A|B)$, $\mathbf{P}(B|A)$.

解 现在仍然有 $|\Omega| = 51$, $|A| = 30$, $|B| = 17$, 但是却有 $|AB| = 10$. 因此

$$\mathbf{P}(A) = \frac{30}{51} = \frac{10}{17}, \quad \mathbf{P}(B) = \frac{17}{51} = \frac{1}{3}, \quad \mathbf{P}(A|B) = \frac{10}{17}, \quad \mathbf{P}(B|A) = \frac{10}{30} = \frac{1}{3}.$$

在上述计算结果中有 $\mathbf{P}(A) = \mathbf{P}(A|B)$, $\mathbf{P}(B) = \mathbf{P}(B|A)$. 这是一个值得注意的现象. 这种现象可以解释成事件 B 发生与否对事件 A 的发生概率没有影响, 事件 A 是否发生对事件 B 的发生概率也没有影响, 从而它们之间 "相互独立". 由概率的乘法定理可知, 如果 $\mathbf{P}(A) = \mathbf{P}(A|B)$, 那么就有

$$\mathbf{P}(AB) = \mathbf{P}(A|B)\mathbf{P}(B) = \mathbf{P}(A)\mathbf{P}(B) .$$

而如果 $\mathbf{P}(AB)=\mathbf{P}(A)\mathbf{P}(B)$, 那么由概率的乘法定理就又可算得

$$\mathbf{P}(A)=\mathbf{P}(A|B)\ ,\quad \mathbf{P}(B)=\mathbf{P}(B|A)\ . \tag{2.5.1}$$

因此式 (2.5.1) 中的两个等式或同时不成立, 或同时成立. 我们把上述现象归纳为如下的定义.

定义 2.5.1 设 A 和 B 是同一概率空间 $(\Omega,\mathscr{F},\mathbf{P})$ 中的两个事件, 如果有

$$\mathbf{P}(AB)=\mathbf{P}(A)\mathbf{P}(B)\ , \tag{2.5.2}$$

则称事件 A 与事件 B 相互独立, 简称为独立.

如上所说, A 与 B 相互独立, 意味着A **发生与否对** B **的发生概率没有影响**, B **发生与否对** A **的发生概率也没有影响**.

如果回过头来再看一看本节开头的两个例子, 会有助于我们理解独立性的含义. 在例 2.5.2 中, 在男生和全班中, 团员都占 $\frac{1}{3}$, 所以 "是否为男生" 对该生 "是否为团员" 的可能性的大小没有影响. 相反地, 在例 2.5.1 中, 男生中的团员比例小于全班的团员比例, 因此, 在已知该生为男生的条件下, 他是团员的条件概率 $\mathbf{P}(B|A)$ 自然会小于他是团员的无条件概率 A 了. 希望大家认真体会其中的道理.

由独立性的定义容易推出下述结论.

定理 2.5.1 设 A 和 B 是同一概率空间 $(\Omega,\mathscr{F},\mathbf{P})$ 中的两个事件, 则当事件 A 与事件 B 相互独立时, 如下各对事件之间也相互独立:

(1) A 与 B^c ; (2) A^c 与 B ; (3) A^c 与 B^c.

证明 注意到 $\mathbf{P}(A)=\mathbf{P}(AB)+\mathbf{P}(AB^c)$, 并由式 (2.5.2), 可得

$$\begin{aligned}\mathbf{P}(AB^c)&=\mathbf{P}(A)-\mathbf{P}(AB)=\mathbf{P}(A)-\mathbf{P}(A)\mathbf{P}(B)\\&=\mathbf{P}(A)(1-\mathbf{P}(B))=\mathbf{P}(A)\mathbf{P}(B^c),\end{aligned}$$

此即表明 A 与 B^c 相互独立. 其他情况可类似证明.

定义 2.5.1 是我们对于独立性所下的定义, 也是判断两个事件是否独立的理论依据. 换言之, 当要从理论上证明两个事件的独立性时, 就必须通过证明式 (2.5.2) 来完成. 并且只要该式成立, 那么相应的两个事件就一定相互独立.

例 2.5.3 向区间 $[0,1)$ 中随机抛掷一个点, 分别以 A_1 和 A_2 表示该点落在区间 $\left[0,\frac{1}{2}\right)$ 中和 $\left[\frac{1}{4},\frac{3}{4}\right)$ 中的事件, 试问: 事件 A_1 与 A_2 是否相互独立?

解 这里适用于几何概型. 易知 $A_1A_2=\left[\frac{1}{4},\frac{1}{2}\right)$, 故 $\mathbf{P}(A_1A_2)=\frac{1}{4}$. 而 $\mathbf{P}(A_1)=\mathbf{P}(A_2)=\frac{1}{2}$, 所以式 (2.5.2) 成立, 因此 A_1 与 A_2 相互独立.

应当注意, 我们之所以说 "这里适用于几何概型", 是因为 "点是向区间 $[0,1)$ 中随机抛掷的". 需要强调指出的是, 在定义 2.5.1 中, 事件的独立性是与概率空间的选择有关的. 在刚才的例子中, 我们所取的样本空间 $\Omega=[0,1)$; 事件 σ 域 $\mathscr{F}$ 由 $[0,1)$ 的所有 Borel 子集组成, $\mathbf{P}$ 为 Lebesgue 测度. 正是在这个概率空间之中, 所述的两个事件相互独立. 作为对比, 我们再来看下面的例子.

例 2.5.4 设样本空间 $\Omega=[0,1)$; 事件 σ 域 $\mathscr{F}$ 由 $[0,1)$ 的所有 Borel 子集组成. 对 $[0,1)$ 的任何 Borel 子集 E, 令

$$\mathbf{P}(E)=\sum_{k:\,\frac{1}{2^k}\in E}\frac{1}{2^k},$$

意即事件 E 的概率等于 E 中的所有形如 $\dfrac{1}{2^k}$ 的数的和. 不难验证, $(\Omega,\mathscr{F},\mathbf{P})$ 的确是一个概率空间. 现以 A_1 表示事件 $\left[0,\dfrac{1}{2}\right)$, 以 A_2 表示事件 $\left[\dfrac{1}{4},\dfrac{3}{4}\right)$ (注意, 事件 σ 域中的任何集合都是事件). 试问: A_1 与 A_2 是否相互独立?

解 由现在的赋概方式, 有

$$\mathbf{P}(A_1)=\mathbf{P}\left(\left[0,\frac{1}{2}\right)\right)=\sum_{k=2}^{\infty}\frac{1}{2^k}=\frac{1}{2};\quad \mathbf{P}(A_2)=\mathbf{P}\left(\left[\frac{1}{4},\frac{3}{4}\right)\right)=\frac{1}{2}+\frac{1}{4}=\frac{3}{4}.$$

但是却有

$$\mathbf{P}(A_1A_2)=\mathbf{P}\left(\left[\frac{1}{4},\frac{1}{2}\right)\right)=\frac{1}{4}.$$

从而

$$\mathbf{P}(A_1A_2)\neq\mathbf{P}(A_1)\mathbf{P}(A_2).$$

故知式 (2.5.2) 不成立, 所以 A_1 与 A_2 不相互独立.

在许多具体问题中, 我们可以通过问题的本身性质来判断事件的独立性, 甚至可以人为地假定独立性的存在. 事实上, 在许多实际问题中, 独立性往往都是人为假定的. 因为在这种情况下, 可以从计算的结果是否与实际相吻合来判断独立性假定是否合理.

例 2.5.5 甲、乙二人相互独立地各自抛掷一枚均匀的硬币, 分别抛掷 n 次, 试求两人掷出的正面次数相等的概率.

解 在这里, 假定甲、乙二人 "独立地" 抛掷硬币, 当然是合理的.

以 E 表示二人掷出的正面次数相等的事件, 再分别以 A_k 和 B_k 表示甲和乙掷出 k 次正面的事件, $k=0,1,2,\cdots,n$, 易知 $E=\bigcup\limits_{k=0}^{n}A_kB_k$, 并且当 $i\neq j$ 时, 事件 A_iB_i 与 A_jB_j 互不相交, 故有

$$\mathbf{P}(E)=\sum_{k=0}^{n}\mathbf{P}(A_kB_k).$$

由于两人相互独立地抛掷硬币, 所以对每个 k, 事件 A_k 与 B_k 都相互独立. 由于硬币是均匀的, 所以 $\mathbf{P}(A_k)=\mathbf{P}(B_k)=\binom{n}{k}\frac{1}{2^n}$, 从而

$$\mathbf{P}(E)=\sum_{k=0}^{n}\mathbf{P}(A_kB_k)=\sum_{k=0}^{n}\mathbf{P}(A_k)\mathbf{P}(B_k)=\sum_{k=0}^{n}\left(\binom{n}{k}\frac{1}{2^n}\right)^2=\binom{2n}{n}\frac{1}{4^n}.$$

下面的代数不等式的概率证明方法也是基于独立性的一种应用.

例 2.5.6 设 $0\leqslant\alpha\leqslant\dfrac{\pi}{2}$, 证明: $0\leqslant\sin\alpha+\cos\alpha-\sin\alpha\cos\alpha\leqslant1$.

证明 该不等式虽然简单, 但要证明右端的 "不大于 1" 却也未必能一蹴而就. 然而从概率角度来看, 却是一目了然.

由于 $0\leqslant\alpha\leqslant\dfrac{\pi}{2}$, 所以 $0\leqslant\sin\alpha,\ \cos\alpha\leqslant1$, 故可以把它们视为概率.

设事件 A 与事件 B 相互独立, 且 $\mathbf{P}(A)=\sin\alpha,\ \mathbf{P}(B)=\cos\alpha$, 那么就有

$$\begin{aligned}\mathbf{P}(A\cup B)&=\mathbf{P}(A)+\mathbf{P}(B)-\mathbf{P}(A)\mathbf{P}(B)\\&=\sin\alpha+\cos\alpha-\sin\alpha\cos\alpha.\end{aligned}$$

由于 $0\leqslant\mathbf{P}(A\cup B)\leqslant1$, 所以 $0\leqslant\sin\alpha+\cos\alpha-\sin\alpha\cos\alpha\leqslant1$.

"相交" 又称为 "相容". 在这个例题中, 同时出现了 "相互独立" 和 "互不相交" 两个不同的概念, 我们要来进一步指出 "相互独立" 和 "互不相容" 这两个概念的区别.

例 2.5.7 设 A 和 B 是同一概率空间 $(\Omega,\mathscr{F},\mathbf{P})$ 中的两个事件, 且 $\mathbf{P}(A)\mathbf{P}(B)>0$, 则当事件 A 与事件 B 互不相容时, 它们必不相互独立; 反之, 当它们相互独立时, 一定相容.

证明 只需注意, 它们 "相互独立" 当且仅当

$$\mathbf{P}(AB)=\mathbf{P}(A)\mathbf{P}(B)>0\ ;$$

而它们 "互不相容" 当且仅当 $\mathbf{P}(AB)=0$.

2.5.2 多个事件的独立性

多个事件的独立性是建立在两个事件的独立性的基础上的, 但要复杂许多.

设 $A_1,A_2,\cdots,A_n$ 是同一个概率空间 $(\Omega,\mathscr{F},\mathbf{P})$ 中的 n 个事件, 如果它们之间相互独立, 那么其中的任意一部分事件之间也应当是相互独立的. 以 $n=3$ 为例, 有如下定义.

定义 2.5.2 设 A_1, A_2, A_3 是同一个概率空间 $(\Omega, \mathscr{F}, \mathbf{P})$ 中的 3 个事件, 称它们相互独立, 如果如下 4 个关系式都成立

$$\begin{aligned}\mathbf{P}(A_1A_2A_3) &= \mathbf{P}(A_1)\mathbf{P}(A_2)\mathbf{P}(A_3);\\ \mathbf{P}(A_1A_2) &= \mathbf{P}(A_1)\mathbf{P}(A_2);\\ \mathbf{P}(A_2A_3) &= \mathbf{P}(A_2)\mathbf{P}(A_3);\\ \mathbf{P}(A_3A_1) &= \mathbf{P}(A_3)\mathbf{P}(A_1).\end{aligned}$$

在这里, 当且仅当 4 个关系式都满足, 才能说 3 个事件 A_1, A_2, A_3 相互独立. 如果仅有后面的 3 个关系式满足, 则称事件 A_1, A_2, A_3 **两两独立**.

由上述定义可知, 相互独立一定两两独立. 但一般来说, 两两独立不一定能相互独立; 而且由第一个等式也不一定能推出后面 3 个等式. 看一些例子.

例 2.5.8 设 $\Omega = (0,1)$; 事件 σ 域 $\mathscr{F}$ 由 $(0,1)$ 的所有 Borel 子集组成; $\mathbf{P}$ 为 Lebesgue 测度. 令

$$A_1 = \left(0, \frac{1}{2}\right), \quad A_2 = \left(\frac{1}{4}, \frac{3}{4}\right), \quad A_3 = \left(\frac{1}{16}, \frac{5}{16}\right) \cup \left(\frac{9}{16}, \frac{13}{16}\right).$$

试讨论事件 A_1, A_2, A_3 是否相互独立.

解 易知 $\mathbf{P}(A_1) = \mathbf{P}(A_2) = \mathbf{P}(A_3) = \dfrac{1}{2}$, $\mathbf{P}(A_1A_2) = \mathbf{P}(A_2A_3) = \mathbf{P}(A_3A_1) = \dfrac{1}{4}$, 但是却有 $\mathbf{P}(A_1A_2A_3) = \dfrac{1}{16} \neq \mathbf{P}(A_1)\mathbf{P}(A_2)\mathbf{P}(A_3)$, 所以事件 A_1, A_2, A_3 两两独立, 但不相互独立.

例 2.5.9 设概率空间及事件 A_1, A_2 同上题, 再令 $A_4 = \left(\dfrac{3}{8}, \dfrac{7}{8}\right)$. 试讨论事件 A_1, A_2, A_4 是否相互独立.

解 这个例子颇具启发性, 值得深入推敲. 显然, 在这里有 $\mathbf{P}(A_1) = \mathbf{P}(A_2) = \mathbf{P}(A_4) = \dfrac{1}{2}$ 和 $\mathbf{P}(A_1A_2A_4) = \dfrac{1}{8}$, 并且还有 $\mathbf{P}(A_1A_2) = \dfrac{1}{4}$ 与 $\mathbf{P}(A_1 \cup A_2) = \dfrac{3}{4}$, 但是却有

$$\mathbf{P}(A_1A_4) = \frac{1}{8} \neq \mathbf{P}(A_1)\mathbf{P}(A_4), \quad \mathbf{P}(A_2A_4) = \frac{3}{8} \neq \mathbf{P}(A_2)\mathbf{P}(A_4).$$

所以 3 个事件不相互独立.

此外, 我们还注意到, 在本题中有 $\mathbf{P}((A_1 \cup A_2)A_4) = \dfrac{3}{8} = \mathbf{P}(A_1 \cup A_2)\mathbf{P}(A_4)$.

以上两个例子告诉我们:

(1) 当定义 2.5.2 中后面的 3 个关系式成立时, 不一定能保证第一个关系式成立, 如例 2.5.8 所示.

(2) 反之, 定义 2.5.2 中的第一个关系式也不能蕴涵后面的 3 个关系式. 事实上, 例 2.5.9 就表明, 尽管有 $\mathbf{P}(A_1A_2A_4) = \mathbf{P}(A_1)\mathbf{P}(A_2)\mathbf{P}(A_4)$, 却依然可能有

$\mathbf{P}(A_iA_4) \neq \mathbf{P}(A_i)\mathbf{P}(A_4)$, $i=1,2$. 所以定义 2.5.2 中的 4 个关系式缺一不可. 并且关系式 $\mathbf{P}(A_1A_2A_4) = \mathbf{P}(A_1)\mathbf{P}(A_2)\mathbf{P}(A_4)$ 不仅不能保证 3 个事件相互独立, 而且也不能保证它们两两独立.

(3) 例 2.5.9 还告诉我们: 即使在 3 个事件 A_1, A_2, A_4 中, 有 A_1 与 A_2 相互独立, 并且 A_4 与 A_1A_2 相互独立, A_4 与 $A_1 \cup A_2$ 相互独立, 也不能保证它们相互独立, 甚至不能保证它们两两独立. 该例中 A_4 与 A_i 就不相互独立 $(i=1,2)$. 我们只有紧紧把握定义 2.5.2 中的 4 个关系式, 才能弄清楚三个事件的相互独立性.

这些例子表明, 多个事件之间的独立性概念有着丰富的内涵, 必须对其持慎重态度. 下面给出 n 个事件的独立性定义.

定义 2.5.3 设 $A_1, A_2, \cdots, A_n$ 是同一个概率空间 $(\Omega, \mathscr{F}, \mathbf{P})$ 中的 n 个事件, 称它们相互独立, 如果对任何正整数 k, $2 \leqslant k \leqslant n$, 以及任何正整数

$$1 \leqslant j_1 < j_2 < \cdots < j_k \leqslant n\,,$$

都有

$$\mathbf{P}(A_{j_1}A_{j_2}\cdots A_{j_k}) = \mathbf{P}(A_{j_1})\mathbf{P}(A_{j_2})\cdots\mathbf{P}(A_{j_k})\,. \tag{2.5.3}$$

应当注意, 在式 (2.5.3) 中一共包括了 $2^n - n - 1$ 个关系式. 也就是说, n 个事件的相互独立性与这 $2^n - n - 1$ 个关系式同时成立等价. 换言之, n 个事件的相互独立蕴涵了其中任意一部分事件相互独立; 但是反过来, 即使其中任何 $n-1$ 事件都相互独立, 也不能保证 n 个事件在整体上相互独立. 可以举出对任意正整数 k, $1 < k < n$, 其中任何 k 个事件都相互独立, 但是任何 $k+1$ 个事件都不相互独立的例子.

与 $n=2$ 的情形相类似, 当事件 $A_1, A_2, \cdots, A_n$ 相互独立时, 把它们中的任意一部分或全体换为相应的对立事件后, 所得到的 n 个事件也相互独立.

我们来看两个利用多个事件的独立性证明代数不等式的例子.

例 2.5.10 设 $a, b, c > 1$, 证明不等式

$$\frac{1}{ab} + \frac{1}{bc} + \frac{1}{ca} - \frac{1}{a^2bc} - \frac{1}{b^2ca} - \frac{1}{c^2ab} + \frac{1}{a^2b^2c^2} \leqslant 1.$$

证明 由于 $a, b, c > 1$, 所以 $0 < \dfrac{1}{ab}$, $\dfrac{1}{bc}$, $\dfrac{1}{ca} < 1$, 故可将它们视为概率. 设 A, B, C 是三个相互独立的事件, 且 $\mathbf{P}(A) = \dfrac{1}{ab}$, $\mathbf{P}(B) = \dfrac{1}{bc}$, $\mathbf{P}(C) = \dfrac{1}{ca}$. 则所要证明的不等式左端刚好就是概率 $\mathbf{P}(A \cup B \cup C)$ 的值, 故由概率的规范性立得所证.

例 2.5.11 设 a, b, c 为三角形三边之长, 有 $a+b+c=1$. 证明

$$a^2 + b^2 + c^2 + 4abc \leqslant \frac{1}{2}.$$

证明 三角形中, 任意两边的和都大于第三边, 所以 $1 = a+b+c > 2a$, 同理 $2b < 1$, $2c < 1$. 故可将 $2a, 2b, 2c$ 视为概率. 设 A, B, C 是三个相互独立的事件, 且 $\mathbf{P}(A) = 2a$, $\mathbf{P} = 2b$, $\mathbf{P}(C) = 2c$. 于是

$$
\begin{aligned}
1 \geqslant \mathbf{P}(A \cup B \cup C) &= 2(a+b+c) - 4(ab+bc+ca) + 8abc \\
&= 2 - 2(1 - a^2 - b^2 - c^2) + 8abc,
\end{aligned}
$$

整理后即得 $a^2 + b^2 + c^2 + 4abc \leqslant \dfrac{1}{2}$.

这些证明都很简单, 关键是能够把它们与概率和独立性联系起来. 这方面的一些例子来自网络 (例如, 参考文献 [14]).

现在给出事件序列的独立性定义.

定义 2.5.4 设 $A_1, A_2, \cdots$ 是同一个概率空间 $(\Omega, \mathscr{F}, \mathbf{P})$ 中的一列事件, 称它们相互独立, 如果对任何正整数 $n \geqslant 2$, 其中任何 n 个事件都相互独立. 这时, 将事件序列 $\{A_n,\ n \in \mathbb{N}\}$ 称为该概率空间中的独立事件序列或独立事件族.

易知, $\{A_n,\ n \in \mathbb{N}\}$ 为独立事件序列, 等价于对任何正整数 $n \geqslant 2$, 以及任何正整数 $1 \leqslant j_1 < j_2 < \cdots < j_n$, 都有

$$
\mathbf{P}(A_{j_1} A_{j_2} \cdots A_{j_n}) = \mathbf{P}(A_{j_1}) \mathbf{P}(A_{j_2}) \cdots \mathbf{P}(A_{j_n}) .
$$

下面来给出独立事件序列的一个例子.

例 2.5.12 设概率空间如同例 2.5.8, 即 $\Omega = (0,1)$; 事件 σ 域 $\mathscr{F}$ 由 $(0,1)$ 的所有 Borel 子集组成; $\mathbf{P}$ 为 Lebesgue 测度. 再设 $0 < p < 1$. 对任何正整数 n, 记 $a_{n,0} = 0$, $a_{n,2^n} = 1$, 并记 $a_{1,1} = p$;

$$
a_{2,1} = p\, a_{1,1} = p^2, \quad a_{2,2} = a_{1,1} = p,
$$

$$
a_{2,3} = a_{1,1} + p\,(a_{1,2} - a_{1,1}) = a_{1,1} + p(1-p) = p(2-p);
$$

假设已经定义好

$$
a_{k,1},\ a_{k,2},\ \cdots,\ a_{k,2^k-1},
$$

再记

$$
a_{k+1,2m} = a_{k,m}, \quad a_{k+1,2m-1} = a_{k,m-1} + p\,(a_{k,m} - a_{k,m-1}), \quad m = 1, 2, \cdots, 2^k.
$$

容易看出, 如果令 $q = 1 - p$, 那么, 坐标为 $x = a_{k+1,2m-1}$ 的点都把区间 $(a_{k,m-1}, a_{k,m})$ 分成长度之比为 $\dfrac{p}{q}$ 的两个小区间 $(a_{k+1,2m-2}, a_{k+1,2m-1})$ 和 $(a_{k+1,2m-1}, a_{k+1,2m})$.

现在, 定义

$$A_n = \bigcup_{m=0}^{2^{n-1}-1} (a_{n,2m},\ a_{n,2m+1}),\quad n = 1, 2, \cdots .$$

于是 $\{A_n,\ n \in \mathbb{N}\}$ 是区间 $(0,1)$ 中的一列开集, 当然是我们所取的概率空间中的一列事件. 可以证明, 对任何正整数 n, 都有 $\mathbf{P}(A_n) = p$, 并且对任何正整数 $n \geqslant 2$ 和任何正整数 $1 \leqslant j_1 < j_2 < \cdots < j_n$, 都有

$$\mathbf{P}(A_{j_1} A_{j_2} \cdots A_{j_n}) = p^n = \mathbf{P}(A_{j_1})\mathbf{P}(A_{j_2}) \cdots \mathbf{P}(A_{j_n}),$$

所以 $\{A_n,\ n \in \mathbb{N}\}$ 是一个独立事件序列.

2.5.3　独立场合下的概率计算

尽管对待事件的独立性概念必须慎之又慎, 但是对于独立事件族的概率计算, 却有许多方便之处, 这可以说是独立性概念的两重性吧! 在许多实际问题中, 人们通常把独立性作为一种假定. 这种假定的合理性往往可以通过计算结果与实际情况的吻合程度来检验.

当 $A_1, A_2, \cdots, A_n$ 是同一个概率空间 $(\Omega, \mathscr{F}, \mathbf{P})$ 中的 n 个相互独立的事件时, 乘法定理可以简化为

$$\mathbf{P}\left(\bigcap_{k=1}^{n} A_k\right) = \prod_{k=1}^{n} \mathbf{P}(A_k),$$

而加法定理则可简化为

$$\mathbf{P}\left(\bigcup_{k=1}^{n} A_k\right) = 1 - \prod_{k=1}^{n} \Big(1 - \mathbf{P}(A_k)\Big). \tag{2.5.4}$$

乘法定理的简化可由独立性的定义直接得到. 加法定理的简化公式可推导如下: 由事件 $A_1, A_2, \cdots, A_n$ 相互独立知, 事件 $A_1^c, A_2^c, \cdots, A_n^c$ 也相互独立, 再由 De Morgan 法则知

$$\mathbf{P}\left(\bigcup_{k=1}^{n} A_k\right) = 1 - \mathbf{P}\left(\bigcap_{k=1}^{n} A_k^c\right) = 1 - \prod_{k=1}^{n} \mathbf{P}(A_k^c) = 1 - \prod_{k=1}^{n} \Big(1 - \mathbf{P}(A_k)\Big). \tag{2.5.5}$$

下面来介绍概率计算的一些具体的例子.

例 2.5.13　某饮料公司推出一项 "再来一瓶" 的推销活动, 宣称顾客每买一瓶该公司的饮料就有 5% 的机会可以免费再获得一瓶. 现有一人买了该公司 20 瓶饮料, 但未获奖, 于是他跟朋友们说该公司有欺骗消费者的行为, 你认为他的话有道理吗?

解 以 A_k 表示该顾客所买的第 k 瓶饮料可中奖的事件, $k=1,2,\cdots,20$. 则 $A_1,A_2,\cdots,A_{20}$ 相互独立, 且 $\mathbf{P}(A_k)=0.05$. 而该顾客获奖的事件为 $\bigcup\limits_{k=1}^{20}A_k$. 由公式 (2.5.5) 得

$$\mathbf{P}\left(\bigcup_{k=1}^{20}A_k\right)=1-\prod_{k=1}^{n}\Big(1-\mathbf{P}(A_k)\Big)=1-0.95^{20}\approx 1-0.3585=0.6415.$$

尽管这个概率看起来已经不小, 但是不得奖的概率依然超过 $\frac{1}{3}$, 所以他没有足够的理由认为饮料公司有欺骗消费者的行为.

可靠性问题是研究系统或组成系统的元件正常工作的概率问题的, 是应用概率论的一个重要分支. 在可靠性理论中, 把元件正常工作的概率称为元件的可靠性, 把系统正常工作的概率称为系统的可靠性. 并且在一般情况下, 通常假定组成系统的各个元件正常工作的事件之间是相互独立的.

例 2.5.14 假设如图 2.1 所示的各系统中的各个元件正常工作的事件之间相互独立, 各个元件的可靠性皆为 p, 试求各系统的可靠性.

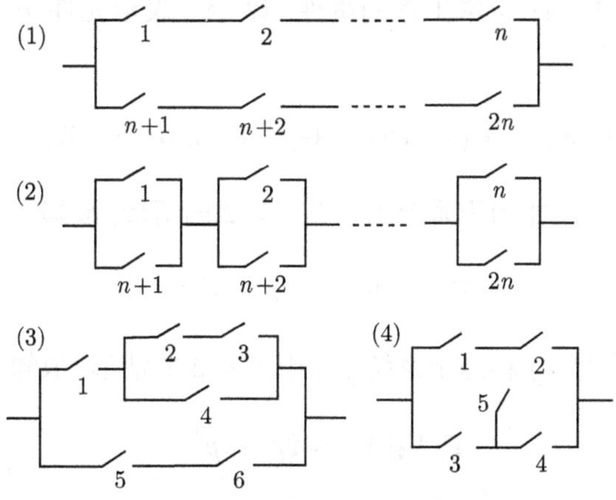

图 2.1 系统可靠性分析的例

解 在系统 (1) 中, 元件 1 到 n 串联, 元件 $n+1$ 到 $2n$ 串联, 而上述两串元件并联. 以 E_1 表示系统 (1) 正常工作的事件, 以 K_1 和 K_2 分别表示两串元件正常工作的事件, 易知

$$\mathbf{P}(E_1)=\mathbf{P}(K_1\cup K_2)=\mathbf{P}(K_1)+\mathbf{P}(K_2)-\mathbf{P}(K_1K_2)=2p^n-p^{2n}.$$

在系统 (2) 中, 元件 k 与 $n+k$ 并联, $k=1,2,\cdots,n$. 而上述 n 个并联组串联. 以 E_2 表示系统 (2) 正常工作的事件, 以 A_j 表示元件 j 正常工作的事件, $j=1,2,\cdots,2n$. 易知

$$\mathbf{P}(E_2)=\mathbf{P}\left(\bigcap_{k=1}^{n}(A_k\cup A_{n+k})\right)=\prod_{k=1}^{n}\mathbf{P}(A_k\cup A_{n+k})=(2p-p^2)^n.$$

以 E_3 表示系统 (3) 正常工作的事件, 以 A_k 表示元件 k 正常工作的事件, $k=1,2,\cdots,6$. 再以 B_1 表示由元件 $1\sim 4$ 组成的子系统正常工作的事件, 以 B_2 表示由元件 5 和 6 组成的子系统正常工作的事件. 易知

$$\mathbf{P}(B_1)=\mathbf{P}(A_1(A_2A_3\cup A_4))=p(p+p^2-p^3),$$

$$\mathbf{P}(B_2)=\mathbf{P}(A_5A_6)=p^2,$$

$$\begin{aligned}\mathbf{P}(E_3)&=\mathbf{P}(B_1\cup B_2)=\mathbf{P}(B_1)+\mathbf{P}(B_2)-\mathbf{P}(B_1B_2)\\&=\mathbf{P}(B_1)+\mathbf{P}(B_2)-\mathbf{P}(B_1)\mathbf{P}(B_2)\\&=2p^2+p^3-p^4-p^3(p+p^2-p^3)\\&=2p^2+p^3-2p^4-p^5+p^6.\end{aligned}$$

以 E_4 表示系统 (4) 正常工作的事件, 以 A_k 表示元件 k 正常工作的事件, $k=1,2,\cdots,5$. 则有

$$\mathbf{P}(E_4)=\mathbf{P}(A_5)\mathbf{P}(E_4|A_5)+\mathbf{P}(A_5^{\mathrm{c}})\mathbf{P}(E_4|A_5^{\mathrm{c}})\ .$$

在 A_5 发生时, 系统 (4) 相当于系统 (2) 中 $n=2$ 的情形, 故知

$$\mathbf{P}(E_4|A_5)=(2p-p^2)^2.$$

而在 A_5^{c} 发生时, 系统 (4) 相当于系统 (1) 中 $n=2$ 的情形, 故知

$$\mathbf{P}(E_4|A_5^{\mathrm{c}})=2p^2-p^4\ .$$

再注意到 $\mathbf{P}(A_5^{\mathrm{c}})=1-p$, 即知

$$\mathbf{P}(E_4)=p(2p-p^2)^2+(1-p)(2p^2-p^4)=2p^2+2p^3-5p^4+2p^5.$$

习 题 2.5

1. 对飞机进行三次独立的射击, 第一次射击的命中率为 0.4, 第二次为 0.5, 第三次为 0.7. 飞机被击中一次而坠落的概率为 0.2, 击中两次而坠落的概率为 0.6, 若被击中三次则飞机必然坠落, 求射击三次而击落飞机的概率.

2. 假设每个人血清中含肝炎病毒的概率为 0.004, 且各个人血清是否含肝炎病毒相互独立. 求 100 个人血清混合后含肝炎病毒的概率.

3. 无线电监测站负责监测 n 个目标. 假定在监测过程中第 i 个目标消失的概率为 p_i, 且各目标是否消失相互独立. 求下列事件的概率: (1) 监测过程中没有目标消失; (2) 至少一个目标消失; (3) 不多于一个目标消失.

4. 当开关 K_1 断开, 或开关 K_2 与 K_3 同时断开时电路断开. 设 K_1, K_2, K_3 断开的概率依次是 0.4, 0.5, 0.7, 且各开关相互独立. 求电路断开的概率.

5. 甲、乙二人相互独立地从正方体上分别随机抽取 3 个顶点连成三角形, 试求所得的两个三角形彼此全等的概率.

6. 甲、乙二人相互独立地从正五边形中分别随机抽取 3 个顶点连成三角形, 试求所得的两个三角形彼此全等的概率.

7. 甲、乙二人相互独立地从正六边形中分别随机抽取 3 个顶点连成三角形, 试求所得的两个三角形彼此全等的概率.

8. 考察正方体各个面的中心. 甲、乙二人相互独立地从中分别选取 3 个点连成三角形, 试求所得的两个三角形彼此全等的概率.

9. 考察正方体各个面的中心. 甲、乙二人相互独立地从中分别选取两个点连成直线, 试求: (1) 所得的两条直线彼此垂直的概率; (2) 所得的两条直线彼此异面的概率; (3) 所得的两条直线彼此平行, 但不重合的概率; (4) 所得的两条直线彼此相交, 但不重合的概率.

10. 假定生男孩生女孩是等可能的, 试证明, 在有 3 个孩子的家庭中, 如下两个事件相互独立: $E=\{$此家庭至多有 1 个女孩$\}$, $F=\{$家庭中有男孩也有女孩$\}$. 如果考虑有四个孩子的家庭呢?

11. 有一个由 3 人组成的评判组和一个独立评判人各自对事务作出决定. 评判组中有 2 人相互独立地以概率 p 采取正确的决定, 第 3 个人为了作决定而去掷一枚硬币, 该评判组按多数票的意见作出集体决定. 而独立评判人则以概率 p 采取正确的决定, 试问评判组与独立评判人中, 哪个作出正确决定的概率大?

12. 在 18 次独立重复的 Bernoulli 试验中, 事件 A 发生的概率都等于 0.2, 求该事件至少发生 3 次的概率.

13. 设事件 A 与 B 独立, 且两事件中 A 发生 B 不发生, B 发生 A 不发生的概率都是 $\dfrac{1}{4}$. 求 $\mathbf{P}(A)$ 与 $\mathbf{P}(B)$.

14. 设三个事件 A, B, C 独立, 证明 $A\cup B$, $A-B$ 都与 C 独立.

15. 掷两枚均匀的骰子, 记 $A=\{$点数之和为奇数$\}$, $B=\{$第一枚为奇数点$\}$, $C=\{$第二枚为偶数点$\}$. 证明: 事件 A, B, C 两两独立但不相互独立.

16. 在习题 2.3 第 21 题中, 记 $A_i=\{$第 i 个丈夫站在其妻子后面$\}$, 证明 $A_1, \cdots, A_n$ 相互独立.

17. 证明: 事件 $A_1, \cdots, A_n$ 相互独立的充分必要条件是: 对每个 $\hat{A}_k=A_k$ 或 A_k^{c} $(k=1, \cdots, n)$, 都有

$$\mathbf{P}(\hat{A}_1\cdots\hat{A}_n)=\mathbf{P}(\hat{A}_1)\cdots\mathbf{P}(\hat{A}_n).$$

18. 证明: 如果 $\mathbf{P}(A|B)=\mathbf{P}(A|B^{\mathrm{c}})$, 则事件 A 与 B 独立.

19. 证明: 事件 A 与任何事件独立, 当且仅当 $\mathbf{P}(A)$ 等于 0 或 1.

20. 设事件 A 与 B 独立, 且 $\mathbf{P}(A \cup B) = 1$, 证明 A 或 B 与任何事件独立.

21. 抛掷 3 枚均匀的骰子, 事件 A 表示第一、二两枚骰子掷出相同的点数, 事件 B 表示第二、三枚骰子掷出相同的点数, 事件 C 表示第一、三枚骰子掷出相同的点数. 试问事件 A, B, C 是否为: (1) 两两独立; (2) 相互独立?

22. 设事件 A, B, C 相互独立, 并且它们的概率都不等于 0 和 1. 试问事件 AB, BC 和 AC 能否为: (1) 两两独立; (2) 相互独立?

23. 设事件 A, B, C 两两独立, 并且它们的概率都不等于 0 和 1. 试问事件 AB, BC 和 AC 能否为: (1) 两两独立; (2) 相互独立?

24. 设 A 与 B 为相互独立事件, 而事件 C 与事件 AB 和 $A \cup B$ 都独立. 试问: 事件 A, B, C 是否一定两两独立?

25. 设 A, B, C 为事件, 其中 A 独立于 BC 和 $B \cup C$, B 独立于 AC, 而 C 独立于 AB, 并且 $\mathbf{P}(A)$, $\mathbf{P}(B)$ 和 $\mathbf{P}(C)$ 均为正. 证明: 事件 A, B, C 相互独立.

26. 已知三个事件 A, B, C 有相同的概率 p, 且两两独立但三个事件不能同时发生. 试确定 p 的最大可能值.

第 3 章　随 机 变 量

随机变量概念的引入是概率论发展史上的重大事件. 它最先是在 19 世纪下半叶由俄国彼得堡学派引入的, 这一概念的引入标志着概率论已经推进到了现代化的门槛. 对随机变量概念的严格表述, 则是 20 世纪 30 年代, 在概率论的公理化体系建立以后才得以完成的. 同学们大多已经从中学课本中了解了随机变量的直观概念, 现在要从严格的数学角度来弄清随机变量的概念和意义.

3.1　初识随机变量

3.1.1　随机变量与随机试验

通过中学数学的学习, 大家已经建立了随机变量的直观概念: *随机变量是用字母表示的一种变量, 其值随机遇而定; 虽然事先不能确定这种变量的值, 但是其取值集合和分布律是清楚的, 即可以求出其取各种不同值的概率*. 分布律在一些文献中又被称为*概率质量函数*. 中学课本中在谈到只取有限个值的随机变量的分布律时称为分布列.

下面是一些大家熟悉的随机变量的例子. 我们先来观察例 1.3.5 中所出现的随机变量.

例 3.1.1　一个笼子里关着 10 只猫, 其中有 7 只白猫、3 只黑猫. 把笼门打开一个小口, 使得每次只能钻出 1 只猫. 猫争先恐后地往外钻, 观察最先出笼的黑猫的出笼时刻, 以 X 表示在它前面出笼的白猫只数, 求 X 的分布律.

解　显然 X 的值随机遇而定, 它的取值集合是 $\{0,1,\cdots,7\}$. 对于每个 $k\in\{0,1,\cdots,7\}$, 都能求出 $(X=k)$ 的概率. 事实上, 如果把 Ω 视为对 7 只白猫和 3 只黑猫的一切可能的位置分配方式, 那么 $|\Omega|=\binom{10}{3}$, 而当 $(X=k)$ 发生时, 前 k 个位置上都是白猫, 第 $k+1$ 个位置是黑猫, 已经无须分配, 所以 $(X=k)$ 中所包含的分配方式中只是在后面的 $9-k$ 个位置上有所区别, 其中包含的不同的分配方式仅有 $\binom{9-k}{2}$ 种, 因而

$$\mathbf{P}(X=k)=\frac{\binom{9-k}{2}}{\binom{10}{3}}=\frac{(9-k)(8-k)}{240},\quad k=0,1,\cdots,7. \tag{3.1.1}$$

例 3.1.2　设正整数 n 足够大. 从数集 $\{1,2,\cdots,n\}$ 中任取 k 个数, 其中 $k<n$. 如果数 i 与 $i+1$ 同时被取出, 则称 i 不孤独. 以 X 表示所取出的数中的孤独的数的个数, 试求 X 的分布律.

解　无论怎么取, 所取出的最大的数都是孤独的, 所以至少有一个孤独数. 我们来看, 最多可能有多少个数孤独. 显然, 如果 $2k\leqslant n$, 则有可能取出的每个数都是孤独的; 而如果 $2k>n$, 则当未被取出的 $n-k$ 个数两两不邻, 且都小于 n 时, 孤独数最多, 可达到 $n-k+1$ 个. 这是因为, 此时取出的数被未取出的数隔成 $n-k+1$ 段, 每一段中都有一个孤独数.

所以 X 的取值集合为 $S=\{1,2,\cdots,k\wedge(n-k+1)\}$, 其中 $x\wedge y=\min\{x,y\}$.

对 $j\in S$, 当 $(X=j)$ 发生时, 所取出的数被分隔为 j 个相连段, 担任分隔任务的是未被取出的 $n-k$ 个数. 这 j 个相连段被它们所隔开, 所以这 j 个相连段的相对位置有 $\begin{pmatrix}n-k+1\\j\end{pmatrix}$ 种不同的选择方式 (从 $n-k-1$ 个间隔和两端, 共 $n-k+1$ 个位置中选择 j 个). 每个位置上至少有一个被取出的数, 其余 $k-j$ 个被取出的数分布在这 j 个位置上, 有 $\begin{pmatrix}(k-j)+j-1\\j-1\end{pmatrix}=\begin{pmatrix}k-1\\k-j\end{pmatrix}$ 种不同的分布方式 (允许出现空盒, 参阅附录 A.1.3). 所以

$$\mathbf{P}(X=j)=\frac{\begin{pmatrix}k-1\\k-j\end{pmatrix}\begin{pmatrix}n-k+1\\j\end{pmatrix}}{\begin{pmatrix}n\\k\end{pmatrix}},\quad j=1,2,\cdots,k\wedge(n-k+1). \tag{3.1.2}$$

注意到当 $k\wedge(n-k+1)=n-k+1$ 时, 有 $k>n-k+1$, 即 $2k-n-1>0$; 又因 $k<n$, 所以 $2k-n-1<k-1$. 而当 $j=0$ 时, 有 $\begin{pmatrix}k-1\\k-j\end{pmatrix}=\begin{pmatrix}k-1\\k\end{pmatrix}=0$. 所以

$$\sum_{j=1}^{k\wedge(n-k+1)}\begin{pmatrix}k-1\\k-j\end{pmatrix}\begin{pmatrix}n-k+1\\j\end{pmatrix}=\begin{pmatrix}n\\k\end{pmatrix}.$$

这说明我们对 X 的分布律的计算无误.

以上两个例子中的随机变量的取值集合都是有限集. 下面的随机变量的取值集合则是可列集.

例 3.1.3　盒中有 n 个白球和 1 个黑球. 每次从盒中取出一个球, 并放入一个白球, 直到取出黑球为止, 考察所需的取球次数.

解　用 X 表示所需的取球次数, 显然 X 的取值集合是可列集 $\{1,2,\cdots\}$. 尽管如此, 对于每个 $k\in\{1,2,\cdots\}$, $(X=k)$ 依然还是随机事件, 它的概率能够求出.

事实上, 若在所考察的随机试验中, 以 A_k 表示直到第 k 次取球时, 才取到黑球的事件, 那么事件 $(X=k)$ 就是 A_k.

以 Ω 表示 k 次取球的所有可能结果, 则有 $|\Omega|=(n+1)^k$, $|A_k|=n^{k-1}$, 从而

$$\mathbf{P}(A_k)=\frac{|A_k|}{|\Omega|}=\frac{n^{k-1}}{(n+1)^k}=\frac{1}{n+1}\left(1-\frac{1}{n+1}\right)^{k-1}.$$

以上解答对任何 k 都适用, 故得

$$\mathbf{P}(X=k)=\frac{1}{n+1}\left(1-\frac{1}{n+1}\right)^{k-1},\quad k=1,2,\cdots, \tag{3.1.3}$$

这就是所需的取球次数 X 的分布律. 显然也有

$$\sum_{k=1}^{\infty}\mathbf{P}(X=k)=\frac{1}{n+1}\sum_{k=0}^{\infty}\left(1-\frac{1}{n+1}\right)^{k}=1.$$

如同前两个例子, 我们也将 “随机变量” X 对应于一个随机试验, 尽管 X 的取值集合是一个可列集, 对于该集合中的每个值 a_k, 仍然可以把 $(X=a_k)$ 转化为随机试验中的事件, 求出概率 $\mathbf{P}(X=a_k)$ 的值来, 得到如式 (3.1.3) 所示的分布律, 其间与只取有限个值的随机变量并无什么不同之处.

例 3.1.4 向区间 $[0,1]$ 中随机抛掷一个质点, 考察质点所落位置的坐标.

解 用 X 表示质点所落位置的坐标. 显然 X 的值还是随机遇而定的, 它可能取得区间 $[0,1]$ 中的任何一个值 (有不可列无穷多个可能值), 不过, 对于任何 $x\in[0,1]$, 都有 $\mathbf{P}(X=x)=0$.

为了研究这一类随机变量的取值规律 (分布情况), 我们来考察概率 $\mathbf{P}(X\leqslant x)$.

当 $0\leqslant x\leqslant 1$ 时, $(X\leqslant x)$ 表示质点落在区间 $[0,x]$ 中的事件, 故可用几何概型算出

$$\mathbf{P}(X\leqslant x)=\frac{\mathbf{L}([0,x])}{\mathbf{L}([0,1])}=x,\quad x\in[0,1].$$

当 $x<0$ 时, $(X\leqslant x)$ 表示质点落在坐标原点以左, 这在我们的问题中是一个不可能事件, 所以

$$\mathbf{P}(X\leqslant x)=0,\quad x\leqslant 0.$$

而若 $x>1$, 则由于质点所落位置的坐标一定不大于 1, 所以 $(X\leqslant x)$ 一定会实现, 故为必然事件, 即有

$$\mathbf{P}(X\leqslant x)=1,\quad x\geqslant 1.$$

如此一来, 便对所有 $x\in\mathbb{R}$, 都求出了概率 $\mathbf{P}(X\leqslant x)$ 的值, 得到 (图 3.1)

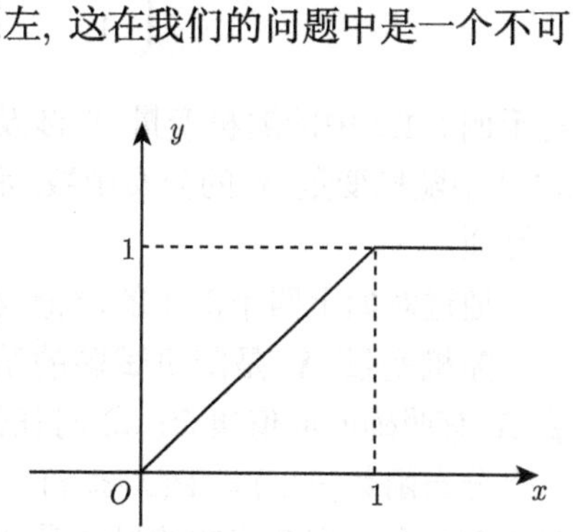

图 3.1 $y=\mathbf{P}(X\leqslant x)$

$$\mathbf{P}(X \leqslant x) = \begin{cases} 0, & x < 0, \\ x, & 0 \leqslant x < 1, \\ 1, & x \geqslant 1. \end{cases} \tag{3.1.4}$$

很明显, 式 (3.1.4) 不仅给出了 X 这个随机遇而定的量的取值集合, 而且给出了它取各种不同值的概率. 我们记

$$F(x) = \mathbf{P}(X \leqslant x), \quad x \in \mathbb{R}, \tag{3.1.5}$$

且把函数 $F(x)$ 称为随机变量 X 的**累积分布函数**(cumulative distribution function), 也可简称为分布函数.

通过分布函数 $F(x)$, 不仅能知道概率 $\mathbf{P}(X \leqslant x)$ 的值, 还可求出 X 落在其他各种区间中的概率值. 例如,

$$\mathbf{P}(a < x \leqslant b) = \mathbf{P}(X \leqslant b) - \mathbf{P}(X \leqslant a) = b - a, \quad 0 \leqslant a < b \leqslant 1,$$

$$\mathbf{P}(X > a) = 1 - \mathbf{P}(X \leqslant a) = 1 - a, \quad 0 \leqslant a \leqslant 1,$$

等等. 所以, 分布函数是一个可以用来刻画随机变量分布规律的函数.

前面几个例子中的随机变量, 也都有它们的分布函数 $F(x)$. 对于例 3.1.1 中的随机变量 X, 有

$$F(x) = \mathbf{P}(X \leqslant x) = \begin{cases} 0, & x < 0, \\ 1 - \dfrac{\dbinom{9-k}{3}}{\dbinom{10}{3}}, & k \leqslant x < k+1, \quad k = 0, 1, 2, \cdots, 7, \\ 1, & x \geqslant 7. \end{cases}$$

对于例 3.1.2 中的随机变量 X 涉及较多的组合数求和, 故略. 读者不难自己写出例 3.1.3 中随机变量 X 的分布函数. 我们将在 3.3 节中讨论一般随机变量的分布函数的性质.

通过对如上四个例子的讨论, 我们温习了随机变量的直观概念:

随机变量 X 是随机试验的结果, 它具有三个特征: ① X 的值随机遇而定; ② X 有明确的取值集合; ③ 对任何实数 x, $(X \leqslant x)$ 都是随机事件, 从而 X 具有一个分布函数 $F(x) = \mathbf{P}(X \leqslant x)$, $x \in \mathbb{R}$, 分布函数刻画了 X 取各种不同值的概率. 对于取至多可列个值的随机变量 X, 可以通过分布律来刻画取值规律, 分布律与分布函数可以相互推出.

我们可以举出许许多多随机变量的例子来, 例如: 110 报警台在一天中所接到的报警次数, 某人打靶 10 发所打中的环数, 掷骰子一次所掷出的点数, 一只母兔一次所生出的小兔只数, 一个人的寿命, 一个小孩成人后的身高, 一亩地的产量, 股票的价格, 一天中股市的交易量, 一天中某个城市的出生人口数, 一个国家的国民经济一年的增长值, 等等. 这些随机变量中, 有些随机变量只取至多可列个值, 有些随机变量则在某个区间之中取值.

随机变量对于人类的经济社会活动, 甚至对于人类认识自己, 都具有重要意义. 为了从学术上研究它们, 需要建立精确严密的理论和方法. 首先要弄清随机变量的确切概念, 给出它们的特征性质的数学描述. 把它们定义到概率空间上面, 成为某种意义上的可测函数.

3.1.2 随机事件的示性函数是随机变量

示性函数是一种最简单的函数, 大家在以往的学习过程中曾经有所接触. 设 $\mathbb{X}$ 为某个集合 (或称为某个空间), $A \subset \mathbb{X}$. 如果令

$$I_A(x) = \begin{cases} 1, & x \in A, \\ 0, & x \in A^c, \end{cases}$$

则 $I_A(x)$ 就叫做集合 A 的示性函数, 可将集合 A 的示性函数简记为 I_A.

现在设 $(\Omega, \mathscr{F}, \mathbf{P})$ 是任意一个概率空间, $A \in \mathscr{F}$(即 A 是一个随机事件), 那么 $X = I_A$ 就是一个定义在 Ω 上的只取 0 和 1 两个值的函数. 并且 $X = I_A$ 的值究竟是 1 还是 0, 取决于事件 A 是否发生 (即自变量 ω 是否属于 A), 因而其值随机遇而定, 事实上, 有

$$X(\omega) = I_A(\omega) = \begin{cases} 1, & \omega \in A, \\ 0, & \omega \in A^c, \end{cases}$$

即有 $(X = 1) = \{\omega | X(\omega) = 1\} = A$, $(X = 0) = \{\omega | X(\omega) = 0\} = A^c$, 它们都是随机事件. 如果 $\mathbf{P}(A) = p$, $0 < p < 1$, 那么

$$\mathbf{P}(X = 1) = \mathbf{P}(A) = p, \quad \mathbf{P}(X = 0) = \mathbf{P}(A^c) = 1 - p := q,$$

即 $X = I_A$ 具有分布律:

X	0	1
$\mathbf{P}$	q	p

或写为 $\begin{pmatrix} 0 & 1 \\ q & p \end{pmatrix}$ (3.1.6)

由此看来 $X = I_A$ 具备随机变量的一切特征, 所以它是一个随机变量. 我们把这种具有分布律 (3.1.6) 的随机变量称为 Bernoulli 随机变量, 将 p 称为其参数.

注意到对任何事件 A, 都有 $A + A^{c} = \Omega$, 因此

$$I_A + I_{A^{c}} = 1. \tag{3.1.7}$$

这是因为每个 ω 都只能属于 A 和 A^{c} 之一, 并且一定属于二者之一. 当 $\omega \in A$ 时, 有 $I_A(\omega) = 1$, $I_{A^{c}}(\omega) = 0$; 而当 $\omega \in A^{c}$ 时, 有 $I_{A^{c}}(\omega) = 1$, $I_A(\omega) = 0$. 所以对任何 ω, 都有 $I_A(\omega) + I_{A^{c}}(\omega) = 1$, 故知式 (3.1.7) 成立.

设 a 和 b 是任意两个实数, 如果令 $X = aI_A + bI_{A^{c}}$, 则 X 也是一个随机变量, 它只取 a 和 b 两个值, 当事件 A 发生时, 它的值是 a, 当事件 A 不发生时, 它的值是 b, 即有

$$X(\omega) = I_A(\omega) = \begin{cases} a, & \omega \in A, \\ b, & \omega \in A^{c}. \end{cases}$$

不仅如此, 还可求出 X 的分布律. 事实上, 若 $\mathbf{P}(A) = p$, $0 < p < 1$, 则 X 的分布律就是

X	a	b
$\mathbf{P}$	p	q

或写为 $\begin{pmatrix} a & b \\ p & q \end{pmatrix}$.　　(3.1.8)

如 (3.1.8) 式所示的分布律称为两点分布. Bernoulli 随机变量是服从特殊的 0,1 两点分布的随机变量.

还可以把上述概念一般化: 如果在某个概率空间 $(\Omega, \mathscr{F}, \mathbf{P})$ 中存在一个有限的分划 (即完备事件组)$\{A_1, \cdots, A_n\}$, 分别具有概率 $\mathbf{P}(A_k) = p_k$, $k = 1, \cdots, n$, 又如果 $a_1, \cdots, a_n$ 是 n 个实数,

$$X = a_1 I_{A_1} + \cdots + a_n I_{A_n} = \sum_{k=1}^{n} a_k I_{A_k},$$

则 X 是一个定义在该概率空间上的可以取 $a_1, \cdots, a_n$ 这 n 个不同值的随机变量. 事实上,当 $\omega \in A_k$ 时, 有 $X(\omega) = a_k$, $k = 1, \cdots, n$. X 的分布律是

X	a_1	a_2	$\cdots$	a_n
$\mathbf{P}$	p_1	p_2	$\cdots$	p_n

或写为

$$\mathbf{P}(X = a_k) = p_k, \quad k = 1, \cdots, n.$$

如果进一步, 假设在某个概率空间 $(\Omega, \mathscr{F}, \mathbf{P})$ 中存在一个可列的分划 (可列完备事件组)$\{A_1, A_2, \cdots\}$, 即有

$$A_i \cap A_j = \varnothing, \quad i \neq j; \quad \bigcup_{k=1}^{\infty} A_k = \Omega,$$

分别具有概率 $\mathbf{P}(A_k)=p_k,\ k=1,2,\cdots$, 又如果 $a_1,a_2,\cdots$ 是可列个实数, 那么

$$X=\sum_{k=1}^{\infty}a_kI_{A_k}$$

就是一个定义在该概率空间上的可以取 $a_1,a_2,\cdots$ 这可列个不同值的随机变量. 事实上, 当 $\omega\in A_k$ 时, 有 $X(\omega)=a_k,\ k=1,2,\cdots$. 故 X 的分布律是

$$\mathbf{P}(X=a_k)=p_k,\quad k=1,2,\cdots.$$

特别地, 如果某个概率空间 $(\Omega,\mathscr{F},\mathbf{P})$ 中存在一个有限的分划 $\{A_0,A_1,\cdots,A_7\}$, 它们分别具有概率 $\mathbf{P}(A_k)=\dfrac{(9-k)(8-k)}{240},\ k=0,1,\cdots,7$, 那么随机变量 $X=\sum\limits_{k=0}^{7}kI_{A_k}$ 就具有如 (3.1.1) 所示的分布律. 而如果在某个概率空间 $(\Omega,\mathscr{F},\mathbf{P})$ 中存在一个可列的分划 $\{A_1,A_2,\cdots\}$, 它们分别具有概率 $\mathbf{P}(A_k)=\dfrac{1}{n+1}\left(1-\dfrac{1}{n+1}\right)^{k-1}$, $k=1,2,\cdots$, 那么随机变量 $X=\sum\limits_{k=1}^{\infty}kI_{A_k}$ 就具有如 (3.1.3) 所示的分布律. 类似地, 我们也可以在某个恰当的概率空间上造出一个随机变量使之具有如 (3.1.2) 所示的分布律.

或许大家已经注意到, 这里所取的概率空间 $(\Omega,\mathscr{F},\mathbf{P})$ 已经与以往有所不同. 以往我们始终把概率空间与随机试验联系在一起, 一直强调 Ω 应当包括随机试验的一切可能的结果, 并且在很多场合下, Ω 就是由随机试验的一切可能的结果所构成; 而现在, 则强调 $(\Omega,\mathscr{F},\mathbf{P})$ 是一个**恰当的**概率空间, 具体地说, 在上面的讨论中我们只是要求在相应的概率空间中存在满足要求的分划即可. 这不能不说是我们在对概率空间的认识方面所发生的一个本质的变化. 既然任何随机试验的结果都可以通过随机变量来反映, 而我们研究随机变量的关键就是首先弄清楚它们的分布规律, 而只要概率空间选取得恰当就可以达到这个目的, 所以今后就一概按照现在的标准来选取概率空间, 即只要在该概率空间上可以定义出随机变量, 使之具有我们所需要的分布律即可.

这种观念上的变化所带来的好处是深远的, 其中一点就是它可以帮助我们走出等可能性的框框. 大家将从后面的讨论中认识到这种好处.

3.1.3 Bernoulli 随机变量

设 A_1 和 A_2 是同一个概率空间 $(\Omega,\mathscr{F},\mathbf{P})$ 中的两个相互独立的随机事件, 那么 $X_1=I_{A_1}$ 与 $X_2=I_{A_2}$ 就是定义在同一个概率空间上的两个不同的 Bernoulli 随机变量, 将它们称为两个相互独立的 Bernoulli 随机变量.

设 $X_1 = I_{A_1}$ 与 $X_2 = I_{A_2}$ 是两个相互独立的 Bernoulli 随机变量, 下面来考察它们的和 $X = X_1 + X_2$. 利用定义, 不难看出:

$$X(\omega) = X_1(\omega) + X_2(\omega) = \begin{cases} 0, & \omega \in A_1^c A_2^c, \\ 1, & \omega \in A_1 A_2^c \cup A_1^c A_2, \\ 2, & \omega \in A_1 A_2. \end{cases} \tag{3.1.9}$$

若 $\mathbf{P}(A_j) = p_j$, $j = 1, 2$, 且记 $q_j = 1 - p_j$, 则不难算出 $X = X_1 + X_2$ 的分布律为

$$\begin{pmatrix} 0 & 1 & 2 \\ q_1 q_2 & p_1 q_2 + q_1 p_2 & p_1 p_2 \end{pmatrix}. \tag{3.1.10}$$

相互独立的 Bernoulli 随机变量的和是一个重要的概念, 简称为 Bernoulli 变量的*独立和*. 今后我们将会看到, 利用 Bernoulli 变量的独立和可以构造出适合需要的各种随机变量. 先看一个简单例子.

例 3.1.5 抛掷一枚硬币 3 次, 以 X 表示其中的正面的出现次数.

在以往, 我们必须将 Ω 选择为

$$\begin{aligned} \Omega = \{ &(\text{正}, \text{正}, \text{正}), (\text{正}, \text{正}, \text{反}), (\text{正}, \text{反}, \text{正}), (\text{反}, \text{正}, \text{正}), \\ &(\text{正}, \text{反}, \text{反}), (\text{反}, \text{正}, \text{反}), (\text{反}, \text{反}, \text{正}), (\text{反}, \text{反}, \text{反})\}, \end{aligned}$$

可将其简记为

$$\Omega := \{\omega_j \mid j = 1, 2, \cdots, 8\}.$$

显然, X 在各个不同样本点上的值分别为

$$X(\omega_1) = 3; \quad X(\omega_2) = X(\omega_3) = X(\omega_4) = 2;$$

$$X(\omega_5) = X(\omega_6) = X(\omega_7) = 1; \quad X(\omega_8) = 0.$$

若硬币是均匀的, 则该例中的概率空间 $\{\Omega, \mathscr{F}, \mathbf{P}\}$ 是古典型的, 故易算得

$$\mathbf{P}(X = 3) = \mathbf{P}(\{\omega_1\}) = \frac{1}{8};$$

$$\mathbf{P}(X = 2) = \mathbf{P}(\{\omega \mid X(\omega) = 2\}) = \mathbf{P}(\{\omega_2, \omega_3, \omega_4\}) = \frac{3}{8};$$

$$\mathbf{P}(X = 1) = \mathbf{P}(\{\omega \mid X(\omega) = 1\}) = \mathbf{P}(\{\omega_5, \omega_6, \omega_7\}) = \frac{3}{8};$$

$$\mathbf{P}(X = 0) = \mathbf{P}(\{\omega_8\}) = \frac{1}{8}.$$

但如果硬币不是均匀的, 那么由上述概率空间就不容易求出 X 的分布律了. 然而, 无论硬币是否均匀, 都可以用现在的办法解决.

设抛出正面的概率是 p $(0<p<1)$. 选取一个概率空间 $\{\Omega,\mathscr{F},\mathbf{P}\}$, 使得其中存在三个相互独立的随机事件 A_1,A_2,A_3, 它们的发生概率都是 p (例如, 可以按照例 2.5.12 中的办法选取). 然后令

$$X_k=I_{A_k},\quad X=\sum_{k=1}^{3}X_k,$$

于是就有

$$X(\omega)=\sum_{k=1}^{3}X_k(\omega)=\begin{cases}0, & \omega\in A_1^{\mathrm{c}}A_2^{\mathrm{c}}A_3^{\mathrm{c}},\\ 1, & \omega\in A_1A_2^{\mathrm{c}}A_3^{\mathrm{c}}\cup A_1^{\mathrm{c}}A_2A_3^{\mathrm{c}}\cup A_1^{\mathrm{c}}A_2^{\mathrm{c}}A_3,\\ 2, & \omega\in A_1A_2A_3^{\mathrm{c}}\cup A_1^{\mathrm{c}}A_2A_3\cup A_1A_2^{\mathrm{c}}A_3,\\ 3, & \omega\in A_1A_2A_3.\end{cases}\tag{3.1.11}$$

并可算得 X 的分布律为 (记 $q=1-p$):

$$\begin{pmatrix}0 & 1 & 2 & 3\\ q^3 & 3pq^2 & 3p^2q & p^3\end{pmatrix}.\tag{3.1.12}$$

现在讨论 Bernoulli 随机变量的期望与方差.

大家已经知道, 随机变量 X 的数学期望和方差分别用 $\mathbf{E}X$ 和 $\mathbf{D}X$ 表示, 在这里, $\mathbf{E}$ 是 expectation (期望) 的第一个字母, 而 $\mathbf{D}$ 是 divergence (离散度) 的第一个字母. 事实上, 现代概率论中还习惯以 $\mathbf{Var}X$ 表示随机变量 X 的方差, **Var** 是 variance (变差) 的前三个字母.

设 X 是某个参数为 p 的 Bernoulli 随机变量 $(0<p<1)$, 则存在某个恰当的概率空间 $(\Omega,\mathscr{F},\mathbf{P})$ 和其中的某个随机事件 A, 有 $\mathbf{P}(A)=p$, 使得 $X=I_A$, 即 X 是 A 的示性函数.

容易求得

$$\mathbf{E}X=q\cdot 0+p\cdot 1=p=\mathbf{P}(A),\tag{3.1.13}$$

$$\mathbf{Var}X=\mathbf{E}(X-\mathbf{E}X)^2=p\cdot(1-p)^2+q\cdot(0-p)^2=pq.\tag{3.1.14}$$

为了讨论的需要, 下面初步考察随机变量之和的期望与方差.

如果 $X_1,\cdots,X_n$ 是 n 个随机变量, $S_n=X_1+\cdots+X_n$, 如果各个随机变量的期望都存在, 则利用数学期望的线性性质, 可得

$$\mathbf{E}S_n=\mathbf{E}X_1+\cdots+\mathbf{E}X_n.\tag{3.1.15}$$

下面讨论和的方差, 假设参与求和的各个随机变量的方差都存在. 为方便计, 令 $n=2$. 设 $S_2=X_1+X_2$, 利用数学期望的线性性质可得

$$\begin{aligned}\mathbf{Var}S_2 &= \mathbf{E}(S_2-\mathbf{E}S_2)^2=\mathbf{E}\Big((X_1+X_2)-\mathbf{E}(X_1+X_2)\Big)^2\\ &= \mathbf{E}\Big((X_1-\mathbf{E}X_1)+(X_2-\mathbf{E}X_2)\Big)^2\\ &= \mathbf{E}\Big((X_1-\mathbf{E}X_1)^2+(X_2-\mathbf{E}X_2)^2+2(X_1-\mathbf{E}X_1)(X_2-\mathbf{E}X_2)\Big)\\ &= \mathbf{Var}X_1+\mathbf{Var}X_2+2\mathbf{E}(X_1-\mathbf{E}X_1)(X_2-\mathbf{E}X_2). \end{aligned} \tag{3.1.16}$$

由此看出, 随机变量之和的方差不一定等于随机变量的方差之和, 其中所多出的项 $\mathbf{E}(X_1-\mathbf{E}X_1)(X_2-\mathbf{E}X_2)$ 称为随机变量 X_1 与 X_2 的*协方差*. 利用多项式的运算, 可将方差和协方差公式分别化为

$$\begin{aligned}\mathbf{Var}X &= \mathbf{E}(X-\mathbf{E}X)^2=\mathbf{E}\Big(X^2-2X\mathbf{E}X+(\mathbf{E}X)^2\Big)\\ &= \mathbf{E}X^2-(\mathbf{E}X)^2,\end{aligned} \tag{3.1.17}$$

$$\mathbf{E}(X_1-\mathbf{E}X_1)(X_2-\mathbf{E}X_2)=\mathbf{E}X_1X_2-\mathbf{E}X_1\mathbf{E}X_2. \tag{3.1.18}$$

对于一般随机变量的数学期望、方差和协方差性质的讨论, 将在后面章节中进行. 现在只对 Bernoulli 变量的独立和讨论之.

设 X_1 和 X_2 是相互独立的参数分别为 p_1 和 p_2 的 Bernoulli 随机变量, 其中 $0<p_1,p_2<2$, $S_2=X_1+X_2$. 我们可以选取一个概率空间 $(\Omega,\mathscr{F},\mathbf{P})$, 其中存在两个相互独立的随机事件 A_1 和 A_2, 有 $\mathbf{P}(A_1)=p_1$, $\mathbf{P}(A_2)=p_2$, 使得 $X_1=I_{A_1}$, $X_2=I_{A_2}$. 于是 X_1 与 X_2 的协方差为

$$\begin{aligned}\mathbf{E}(X_1-\mathbf{E}X_1)(X_2-\mathbf{E}X_2) &= \mathbf{E}X_1X_2-\mathbf{E}X_1\mathbf{E}X_2\\ &= \mathbf{E}I_{A_1}I_{A_2}-p_1p_2=\mathbf{E}I_{A_1A_2}-p_1p_2=\mathbf{P}(A_1A_2)-p_1p_2\\ &= \mathbf{P}(A_1)\mathbf{P}(A_2)-p_1p_2=p_1p_2-p_1p_2=0.\end{aligned}$$

由此并结合 (3.1.16), 即知, 如果 $X_1,\cdots,X_n$ 是相互独立的参数分别为 $p_1,\cdots,p_n$ 的 Bernoulli 随机变量, $S_n=X_1+\cdots+X_n$, 则

$$\mathbf{Var}S_n=\mathbf{Var}X_1+\cdots+\mathbf{Var}X_n=p_1q_1+\cdots+p_nq_n. \tag{3.1.19}$$

3.1.4 Bernoulli 随机变量应用举例

Bernoulli 随机变量在概率论中起着极其重要的基础性作用, 可以毫不夸张地说, Bernoulli 随机变量是整个概率论的基础. 我们将会证明, 任何分布的实值随机变量都可以通过 Bernoulli 随机变量构造出来.

下面举例说明 Bernoulli 随机变量及其数学期望 (即公式 (3.1.13)) 的若干用途.

考察由 0 和 1 所构成的序列. 设有 m 个 0 和 n 个 1 随机地排成一行, 把其中相连排列的 0 和相连排列的 1 都称为*游程*(又称为*序贯*). 例如, 如下的序列由 15 个 0 和 15 个 1 构成:

$$000\underbrace{11111}_{5}01\underbrace{0000}_{4}1101110010011001,$$

其中, 由 0 所构成的游程有 7 个 (这 7 个游程是: 000, 0, 0000, 0, 00, 00, 00), 其中最大 0 游程的长度是 4; 由 1 所构成的游程也有 7 个 (11111, 1, 11, 111, 1, 11, 1), 其中最大 1 游程的长度是 5.

在该序列中, 第 1 项为 0, 我们就说, 0 首次出现的时刻是 1; 其中, 前 3 项都是 0, 第 4 项才是 1, 于是我们说, 1 首次出现的时刻是 4.

在第 1.6 节中, 我们已经见识过 01 序列及其中的游程的作用. 现在来讨论几个与游程有关的问题.

例 3.1.6 m 个 0 和 n 个 1 随机地排成一行, 求其中游程的平均个数.

解 将 m 个 0 和 n 个 1 随机排成的序列记作 $a_1, a_2, \cdots, a_{m+n}$.

先来考察 1 游程. 记

$$A_1 = \{a_1 = 1\}, \qquad A_k = \{a_{k-1} = 0, a_k = 1\}, \quad k = 2, \cdots, m+n.$$

易知, 当随机事件 A_k 发生时, a_k 就是一个 1 游程的开始, 故若令 $X_k = I_{A_k}$, $k = 1, 2, \cdots, m+n$, 则

$$X := \sum_{k=1}^{m+n} X_k$$

就是随机序列 $a_1, a_2, \cdots, a_{m+n}$ 中的 1 游程的个数. 采用不尽相异元素的排列模式, 易知

$$\mathbf{P}(A_1) = \frac{\binom{m+n-1}{n-1}}{\binom{m+n}{n}} = \frac{n}{m+n},$$

$$\mathbf{P}(A_k) = \frac{\binom{m+n-2}{n-1}}{\binom{m+n}{n}} = \frac{mn}{(m+n)(m+n-1)}, \quad k = 2, \cdots, m+n.$$

于是, 利用数学期望的线性性质和式 (3.1.13), 即得 1 游程的平均个数为

$$\mathbf{E}X = \sum_{k=1}^{m+n} \mathbf{E}X_k = \sum_{k=1}^{m+n} \mathbf{P}(A_k) = \frac{n+mn}{m+n}. \tag{3.1.20}$$

类似可得 0 游程的个数 Y 的均值为

$$\mathbf{E}Y = \frac{m+mn}{m+n}.$$

因此, 两类游程数目的数学期望为

$$\mathbf{E}(X+Y) = \frac{m+n+2mn}{m+n} = 1 + \frac{2mn}{m+n}.$$

例 3.1.7　m 个 0 和 n 个 1 随机地排成一行, 求其中 1 首次出现的时刻的分布及其均值.

解　仍然将 m 个 0 和 n 个 1 随机排成的序列记作 $a_1, a_2, \cdots, a_{m+n}$. 以 W 表示 1 首次出现的时刻. 于是, 事件 $(W=1)$ 表示 $a_1 = 1$, 而对 $k \geqslant 2$, 事件 $(W=k)$ 表示 $a_1 = \cdots = a_{k-1} = 0$, $a_k = 1$. 采用不尽相异元素的排列模式, 容易求得

$$\mathbf{P}(W=1) = \frac{\dbinom{m+n-1}{m}}{\dbinom{m+n}{m}} = \frac{n}{m+n},$$

$$\mathbf{P}(W=k) = \frac{\dbinom{m+n-k}{m-k+1}}{\dbinom{m+n}{m}} = \frac{(m+n-k)!m!n}{(m+n)!(m+1-k)!}, \quad k=2,\cdots,m+1,$$

$$\mathbf{P}(W=k) = 0, \quad k = m+2, \cdots, m+n.$$

但是, 若要用这个分布律来求 $\mathbf{E}W$ 却不是一件容易的事情. 我们还是来求助于 Bernoulli 随机变量. 将 m 个 0 分别记作 $0_1, \cdots, 0_m$. 以 B_k 表示 0_k 出现在所有的 1 之前的事件, 记 $W_k = I_{B_k}$, 则 $\sum\limits_{k=1}^{m} W_k$ 就是第 1 个出现的 1 前面的 0 的个数, 因此, 1 首次出现的时刻就是

$$W = 1 + \sum_{k=1}^{m} W_k.$$

我们来求 $\mathbf{E}W_k$ 即 $\mathbf{P}(B_k)$. 由于 0_k 等可能地出现在 n 个 1 所形成的 $n-1$ 个间隔和头尾两个位置上, 所以它出现在任何一个位置上的概率都是 $\dfrac{1}{n+1}$. 故得

$$\mathbf{E}W_k = \mathbf{P}(B_k) = \frac{1}{n+1}, \quad k = 1, \cdots, m.$$

再由数学期望的线性性质和式 (3.1.13), 得

$$\mathbf{E}W = 1 + \sum_{k=1}^{m} \mathbf{E}W_k = 1 + \frac{m}{n+1} = \frac{m+n+1}{n+1}. \tag{3.1.21}$$

式 (3.1.21) 有很多用处. 例如: 一副洗匀的扑克 (包括大小王牌, 共 54 张), 其中 13 张黑桃, 41 张非黑桃. 在式 (3.1.21) 中令 $m=42$, $n=13$ 可知, 平均需要翻动 $\dfrac{55}{14}\approx 3.93$, 即差不多 4 张牌, 才能翻到一张黑桃. 若令 $m=50$, $n=4$, 则可知, 平均需要翻动 $\dfrac{55}{5}=11$ 张牌, 才能翻到一张 A.

例 3.1.8 从数集 $\{1,2,\cdots,n\}$ 中有放回地相继取出 n 个数, 记下各次所取出的数 $a_1,a_2,\cdots,a_n$. 以 X 表示 $a_1,a_2,\cdots,a_n$ 中的不同的数的个数, 试求 X 的分布与数学期望.

解 显然, X 的取值集合是 $\{1,2,\cdots,n\}$, 对于每个 $k\in\{1,2,\cdots,n\}$, 可将事件 $(X=k)$ 视为将 n 个小球分别放入 n 个盒子, 其中恰有 k 个盒子非空的事件, 因此, 利用例 2.2.4 (无空盒问题) 的结果, 容易得出

$$\mathbf{P}(X=k)=\binom{n}{k}\sum_{i=0}^{k-1}(-1)^i\binom{k}{i}\left(\frac{k-i}{n}\right)^n,\quad k=1,2,\cdots,n.$$

但是由该分布律不易求得 X 的期望值. 我们来换一个角度计算 $\mathbf{E}X$. 定义

$$X_j=\begin{cases}1, & j\in\{a_1,a_2,\cdots,a_n\},\\ 0, & j\notin\{a_1,a_2,\cdots,a_n\},\end{cases}\qquad k=1,2,\cdots,n.$$

于是, $X_j=1$ 就意味着在所选出的数中有 j, 所以 $X=X_1+X_2+\cdots+X_n$ 就是 $a_1,a_2,\cdots,a_n$ 中的互不相同的数的个数. 容易看出,

$$\mathbf{P}(X_j=0)=\left(\frac{n-1}{n}\right)^n,\quad \mathbf{P}(X_j=1)=1-\left(\frac{n-1}{n}\right)^n,\quad k=1,2,\cdots,n.$$

因此 $\mathbf{E}X_j=1-\left(\dfrac{n-1}{n}\right)^n$,

$$\mathbf{E}X=\mathbf{E}X_1+\mathbf{E}X_2+\cdots+\mathbf{E}X_n=n\left(1-\left(\frac{n-1}{n}\right)^n\right).$$

关于数学期望的更多讨论, 我们将在第 5 章中进行.

习 题 3.1

1. 设 A 和 B 是同一个概率空间中的两个随机事件, 证明: (1) $I_{A\triangle B}=(I_A-I_B)^2$; (2) $I_{A\triangle B}=|I_A-I_B|$; (3) $I_{A\cup B}=\max\{I_A,I_B\}$; (4) $I_{A\cap B}=\min\{I_A,I_B\}$; (5) $I_{A\cap B}=I_A\cdot I_B$.

2. C 应取何值才能使下列函数成为概率分布:

(1) $f(k)=\dfrac{C}{N},\ k=1,2,\cdots,N$; (2) $f(k)=C\dfrac{\lambda^k}{k!},\ k=1,2,\cdots,\ \lambda>0$.

3. 袋中有 a 个黑球和 b 个白球, 随机从中取球一次, 若取出的球为黑色, 则记为 1, 否则记为 0. 写出对应的随机变量及其分布律. 若袋中的球全为黑色呢?

4. 设随机事件 A, B 互不相容, 常数 $a < b$, 证明 $X = aI_A + bI_B$ 为随机变量, 并求 X 的分布函数.

5. 若对每个 $n \geqslant 1$, X_n 都是随机变量, 证明

$$\sup_{n\geqslant 1} X_n, \quad \inf_{n\geqslant 1} X_n, \quad \limsup_{n\to\infty} X_n, \quad \liminf_{n\to\infty} X_n$$

均为随机变量.

6. 袋中有 5 个同型号的小球, 编号为 $1,2,3,4,5$, 从袋中任取三个球, 用 X 表示取出的球中的最大编号, 求 X 的分布律.

7. 把一颗均匀骰子抛掷两次, 以 X 表示两次点数之和, 以 Y 表示两次中小的点数, 分别求 X 和 Y 的分布律.

8. 15 件同型号的零件中恰有两件次品. 做不放回抽取, 取三次, 每次取一件, 以 X 表示取出次品的件数, 求 X 的分布律.

9. 从 $1,2,\cdots,10$ 十个数中无放回随机地取出五个数字, 将这五个数按由小到大的顺序排成一行: $X_1 < X_2 < X_3 < X_4 < X_5$. 求 X_1 和 X_3 的分布律. 如果取数是有放回的 (这时 $X_1 \leqslant X_2 \leqslant X_3 \leqslant X_4 \leqslant X_5$), X_1, X_3 和 X_5 的分布律又各为什么?

3.2 与 Bernoulli 试验有关的随机变量

如果做一项试验, 只观测其中的某一个特定的现象是否出现, 那么就把这种试验叫做 Bernoulli 试验. 如果某次试验的结果恰好就是我们所关心的现象, 就称该次试验是成功的. 如果多次重复地进行这种试验, 并且各次试验相互独立地进行, 就称这种试验为多重 Bernoulli 试验. 如果把一种 Bernoulli 试验无限次地独立重复地进行下去, 那么就是可列重 Bernoulli 试验. Bernoulli 试验的例子很多, 例如, 反复抛掷一枚硬币, 观测正面的出现情况; 反复向一个目标射击, 观测命中情况; 等等.

刻画 Bernoulli 试验的最好工具就是 Bernoulli 随机变量.

3.2.1 多重 Bernoulli 试验中的成功次数

假定我们独立重复地做 n 次 Bernoulli 试验, 并且每次试验成功 (即出现所关心的现象) 的概率都是 p, $0 < p < 1$. 如果以 X 表示 n 次试验中的成功次数, 那么 X 当然就是一个随机变量. 现在就来研究 X 的分布律.

其实这个问题就是例 3.1.5 中的问题的一般化. 选取一个概率空间 $\{\Omega, \mathscr{F}, \mathbf{P}\}$, 使得其中存在 n 个相互独立的随机事件 $A_1, \cdots, A_n$, 它们的发生概率都是 p (例如, 可以按照例 2.5.12 中的办法选取). 然后令

$$X_k = I_{A_k}, \quad X = \sum_{k=1}^{n} X_k, \tag{3.2.1}$$

那么按照例 3.1.5 中的办法就不难算出 X 的分布律了.

为什么这样定义的 X 就刚好是 n 次 Bernoulli 试验中获得成功的总次数呢? 原来, 这里的随机事件 A_k 可以理解为第 k 次试验获得成功的事件, 即

如果第 k 次试验成功, 则试验结果 $\omega \in A_k$, 故有 $X_k = I_{A_k} = 1$; 如果第 k 次试验未成功, 则试验结果 $\omega \notin A_k$, 故有 $X_k = I_{A_k} = 0$. 换句话说, 就是

$$X_k(\omega) = I_{A_k}(\omega) = \begin{cases} 1, & \omega \in A, \\ 0, & \omega \in A^c. \end{cases}$$

因此, X 作为这 n 个随机变量的和, 就表示了 n 次试验中的总次数.

显然, X 的取值集合为 $\{0,1,2,\cdots,n\}$. 而且对于每个 $k \in \{0,1,2,\cdots,n\}$, 都有

$$(X = k) = (\text{在 } X_1, X_2, \cdots, X_n \text{ 中, 有 } k \text{ 个等于 } 1, \text{其余等于 } 0),$$

记 $q = 1-p$, 由于 $A_1, \cdots, A_n$ 是 n 个相互独立的随机事件, 所以对任何 $1 \leqslant j_1 < j_2 < \cdots < j_k \leqslant n$, 都有

$$\mathbf{P}\left(\bigcap_{i=1}^{k}(X_{j_i} = 1) \bigcap_{i \notin \{j_1, j_2, \cdots, j_k\}} (X_i = 0)\right) = \mathbf{P}\left(\bigcap_{i=1}^{k} A_{j_i} \bigcap_{i \notin \{j_1, j_2, \cdots, j_k\}} A_i^c\right) = p^k q^{n-k}.$$

数组 $1 \leqslant j_1 < j_2 < \cdots < j_k \leqslant n$ 的取法有 $\binom{n}{k}$ 种, 所以

$$\mathbf{P}(X = k) = \mathbf{P}\left(\sum_{i=1}^{n} X_i = k\right) = \binom{n}{k} p^k q^{n-k}, \quad k = 0,1,2,\cdots,n.$$

这样, 我们便求得了 X 的分布律.

在该离散型分布中, 概率 $\mathbf{P}(X = k)$ 的形式恰为二项展开式中的一般项, 故称之为**二项分布**, 即有如下定义.

定义 3.2.1 设 $0 < p < 1, n \in \mathbb{N}$, 记 $q = 1-p$, 称

$$b(k;\ n,p) = \binom{n}{k} p^k q^{n-k}, \quad k = 0,1,2,\cdots,n \tag{3.2.2}$$

为二项分布, 记作 $B(n,p)$. 如果一个随机变量 X 的取值集合为 $\{0,1,2,\cdots,n\}$, 并且有

$$\mathbf{P}(X = k) = b(k; n,p) = \binom{n}{k} p^k q^{n-k}, \quad k = 0,1,2,\cdots,n,$$

则称 X 服从参数为 p 的二项分布, 记作 $X \sim B(n,p)$.

由上述讨论可知, 二项分布就是 n 重 Bernoulli 试验中成功次数的分布.

不难求出二项分布随机变量的数学期望与方差: 设 $X \sim B(n,p)$, 则

$$
\begin{aligned}
\mathbf{E}X &= \sum_{k=0}^{n} k\binom{n}{k}p^k q^{n-k} = \sum_{k=1}^{n} \frac{n!}{(k-1)!(n-k)!}p^k q^{n-k} \\
&= np\sum_{k=1}^{n} \frac{(n-1)!}{(k-1)!(n-k)!}p^{k-1}q^{n-k} = np\sum_{k=1}^{n}\binom{n-1}{k-1}p^{k-1}q^{n-k} \\
&= np\sum_{m=0}^{n-1}\binom{n-1}{m}p^m q^{n-1-m} = np, \\
\mathbf{Var}X &= \sum_{k=0}^{n}\binom{n}{k}p^k q^{n-k}(k-np)^2 = \sum_{k=0}^{n}k^2\binom{n}{k}p^k q^{n-k} - (np)^2 \\
&= \sum_{k=0}^{n}(k^2-k)\binom{n}{k}p^k q^{n-k} + np - (np)^2 = n(n-1)p^2 + np - (np)^2 \\
&= np - np^2 = npq.
\end{aligned}
$$

Bernoulli 变量就是随机事件的示性函数, 该变量只取 0 和 1 两个值, 它的值为 1, 就表明该事件发生, 它的值为 0, 就表明该事件不发生. 那么当两个事件 A 和 B 相互独立时, 作为它们的示性函数的 Bernoulli 变量 X 和 Y 自然就满足如下关系式:

$$
\begin{aligned}
&\mathbf{P}(X=1,Y=1) = \mathbf{P}(AB) = \mathbf{P}(A)\mathbf{P}(B) = \mathbf{P}(X=1)\mathbf{P}(Y=1); \\
&\mathbf{P}(X=1,Y=0) = \mathbf{P}(AB^c) = \mathbf{P}(A)\mathbf{P}(B^c) = \mathbf{P}(X=1)\mathbf{P}(Y=0); \\
&\mathbf{P}(X=0,Y=1) = \mathbf{P}(A^cB) = \mathbf{P}(A^c)\mathbf{P}(B) = \mathbf{P}(X=0)\mathbf{P}(Y=1); \\
&\mathbf{P}(X=0,Y=0) = \mathbf{P}(A^cB^c) = \mathbf{P}(A^c)\mathbf{P}(B^c) = \mathbf{P}(X=0)\mathbf{P}(Y=0).
\end{aligned}
$$

这时候, 我们就把 X 与 Y 称为相互独立的 Bernoulli 变量. 意即当随机事件相互独立时, 作为它们的示性函数的 Bernoulli 变量就是相互独立的. 反之, 当我们说到两个 Bernoulli 变量相互独立时, 就是指被它们所示性的两个随机事件相互独立.

这个概念容易推广到多个乃至可列个 Bernoulli 变量的情形. 意即 **Bernoulli 变量的独立性等价于被它们所示性的随机事件的独立性**.

如此一来, 二项分布就是 n 个相互独立的参数相同的 Bernoulli 变量的和的分布.

看一个二项分布的应用例子.

例 3.2.1　各台电视监控器独立运行, 每台监控器监视一个重要路口的交通状况. 每一路口在每一时刻需要重点监控的概率都是 $p = 0.01$. 如果 (1) 每个监控人

员分别看管 20 台监控器, (2) 3 个监控人员共同看管 80 台监控器, 试求有路口不能及时重点实施监控的概率.

解 对于每台监控器, 都用一个随机事件来表示它是否需要重点实施监控, 当它需要重点监控时, 该事件发生, 否则就不发生. 这些事件的概率都是 $p=0.01$, 由于各台监控器独立运行, 所以这些随机事件相互独立. 对于每个这样的随机事件, 都考察它的示性函数, 即 Bernoulli 随机变量: 当它发生时, Bernoulli 变量的值为 1, 当它不发生时, Bernoulli 变量的值为 0.

在问题 (1) 中, 同时需要重点实施监控的监控器台数 X_1 是 20 个这样的 Bernoulli 随机变量的和, 所以 X_1 服从二项分布 $B(20,\ 0.01)$. 当同时需要重点实施监控的监控器台数大于 1 时, 便会有路口不能及时被重点监控, 所以其概率为

$$\begin{aligned}\mathbf{P}(X_1>1)&=\sum_{k=2}^{20}b(k;\ 20,\ 0.01)=1-b(0;\ 20,\ 0.01)-b(1;\ 20,\ 0.01)\\&=1-0.99^{20}-20\times0.01\times0.99^{19}\approx0.0169.\end{aligned}$$

在问题 (2) 中, 同时需要重点实施监控的监控器台数 X_2 是 80 个这样的 Bernoulli 随机变量的和, 所以 X_2 服从二项分布 $B(80,\ 0.01)$. 当同时需要重点实施监控的监控器台数大于 3 时, 便会有路口不能及时被重点监控, 所以其概率为

$$\mathbf{P}(X_2>3)=\sum_{k=4}^{80}b(k;\ 80,\ 0.01)=1-\sum_{k=0}^{3}b(k;\ 80,\ 0.01)\approx0.0087.$$

本题的计算结果表明, "3 个人共同看管 80 台监控器" 比起 "每个人看管 20 台监控器" 来, 不仅增加了看管的台数, 而且降低了路口不能及时被重点监控的概率, 因此提高了工作效率, 是更为合理的工作安排方案. 这是将概率统计理论用于管理工作的一个小小的例子. 我们说它是一个小小的例子, 是因为这种计算没有考虑重点监控所需的时间, 因此只适用于瞬间可以排除的事故. 如果要把重点监控的时间考虑在内, 则需采用更为复杂的概率模型, 运用更多的概率统计知识.

为了进一步了解二项分布 $B(n,p)$, 我们来考察其中的概率 $b(k;\ n,p)$ 如何随着 k 的变化而变化的规律. 写 $q=1-p$, 对 $k\geqslant1$, 有

$$\frac{b(k;\ n,p)}{b(k-1;\ n,p)}=\frac{(n-k+1)p}{kq}=1+\frac{(n+1)p-k}{kq},$$

所以, 当 $k<(n+1)p$ 时, 有 $b(k;\ n,p)>b(k-1;\ n,p)$; 而当 $k>(n+1)p$ 时, 则有 $b(k;\ n,p)<b(k-1;\ n,p)$. 这就是说, 在分布律 $B(n,p)$ 中, 概率 $b(k;\ n,p)$ 的值先随着 k 的增大而增大, 而当 $k>(n+1)p$ 后, 则随着 k 的增大而减小. 因此 $b(k;\ n,p)$ 必可达到其最大值. 易见, 如果 $m=(n+1)p$ 为整数, 则 $b(m;\ n,p)=b(m-1;\ n,p)$

同为其最大值; 而如果 $(n+1)p$ 不是整数, 则 $b(k;\ n,p)$ 在 $k=[(n+1)p]$ 处取得最大值. 其中 $[x]$ 表示不超过实数 x 的最大整数. 我们称使得 $b(k;\ n,p)$ 达到最大值的正整数 m 为服从二项分布 $B(n,p)$ 的随机变量的**最大可能值**(图 3.2).

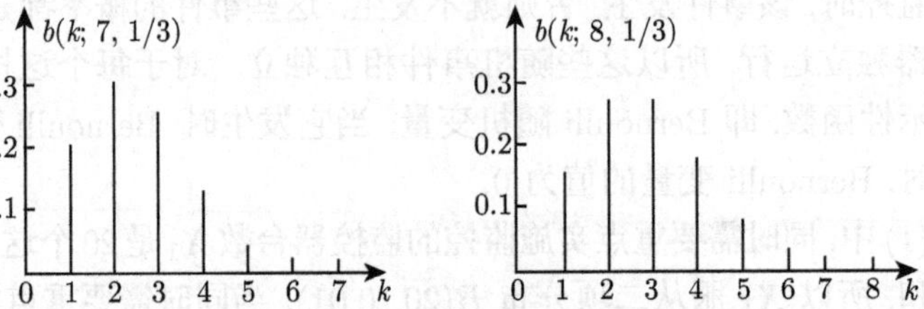

图 3.2 二项分布的最大可能值

利用关于最大可能值的讨论结果, 可以得出许多有用的结论.

例 3.2.2 一射手射击活动目标的命中率为 $p=0.8$, 共射击 10 次. 求他的最大可能的命中次数.

解 每一次射击都对应一个参数为 $p=0.8$ 的 Bernoulli 随机变量, 假定各次射击独立进行, 则他命中目标的次数 X 就是 10 个相互独立的参数同为 $p=0.8$ 的 Bernoulli 随机变量的和, 所以 X 服从二项分布 $B(10,\ 0.8)$. 由于 $(n+1)p=8.8$ 不是整数, 故知他命中目标的最大可能次数为 $m=[8.8]=8$.

例 3.2.3 连续抛掷一枚均匀的硬币 $2n$ 次, 求抛出的正面的最大可能次数.

解 假定各次抛掷相互独立进行, 则易知所抛出的正面次数 X 服从二项分布 $B(2n,\ 0.5)$. 注意到 $(2n+1)p=\dfrac{2n+1}{2}$ 不是整数, 故知抛出正面的最大可能次数为

$$m=[(2n+1)p]=\left[\frac{2n+1}{2}\right]=n.$$

这就是说, 在 $2n$ 次抛掷中, 抛出正反面次数各半的可能性最大. 但是, 这个可能性究竟有多大呢? 我们不妨利用 Stirling 公式 $n!\ \approx\sqrt{2\pi}\ n^{n+\frac{1}{2}}\ \mathrm{e}^{-n}$ 来估计一下其发生概率, 知有

$$b(n;\ 2n,\ 0.5)=\binom{2n}{n}\left(\frac{1}{2}\right)^{2n}=\frac{(2n)!}{(n!)^2\ 2^{2n}}\approx\frac{1}{\sqrt{\pi\, n}}.$$

显然, 这个概率值随着 n 的无限增大而趋向于 0, 从而可以变得任意小. 这就告诉我们, "最大可能次数" 的出现概率可能会很小很小. 也就是说, 所谓 "最大可能次数" 只是表明它的出现概率比起其他次数的出现概率都大, 是相对而言的, 绝不意味着它有很大的发生概率.

3.2.2 Bernoulli 试验中等待成功所需的试验次数

如果反复地做 Bernoulli 试验, 一直做到所关心的事件发生, 以 X 表示所需的

试验次数, 那么 X 就是 Bernoulli 试验中等待成功所需的试验次数. 显然, X 是一个随机变量, 我们要来讨论 X 的分布律.

先看一个例子.

例 3.2.4 一次接一次地向一个目标射击, 各次射击独立进行, 每一次射击的命中率都是 p, $0<p<1$, 直到首次命中目标为止. 以 X 表示所做的射击次数, 试求 X 的分布律.

解 显然 X 的取值集合为 $\mathbb{N}=\{1,2,\cdots\}$. 选取一个概率空间 $\{\Omega,\mathscr{F},\mathbf{P}\}$, 使得其中存在一列相互独立的事件 $\{A_k,\ k\in\mathbb{N}\}$, 并且有 $\mathbf{P}(A_k)=p,\ k=1,2,\cdots$. 如果以 A_k 表示第 k 次射击命中目标的事件, 并且令

$$X_k=I_{A_k},\quad k=1,2,\cdots,$$

那么 $\{X_k,\ k\in\mathbb{N}\}$ 就是一列相互独立的同以 p 为参数的 Bernoulli 随机变量, 而且

$$(X=n)=(X_1=0,\ \cdots,\ X_{n-1}=0,\ X_n=1),\quad n=1,2,\cdots.$$

记 $q=1-p$, 由于

$$(X_k=1)=\{\omega|X_k(\omega)=1\}=A_k,\quad (X_k=0)=\{\omega|X_k(\omega)=0\}=A_k^{\mathrm{c}},\ k\in\mathbb{N}\},$$

故由事件序列的 $\{A_k,\ k\in\mathbb{N}\}$ 的相互独立性立即得到

$$\begin{aligned}\mathbf{P}(X=n)&=\mathbf{P}(X_1=0,\ \cdots,\ X_{n-1}=0,\ X_n=1)\\&=\mathbf{P}(A_1^{\mathrm{c}}\cdots A_{n-1}^{\mathrm{c}}A_n)=q^{n-1}p,\quad n=1,2,\cdots.\end{aligned}$$

这个分布中的 $\mathbf{P}(X=n)$ 恰好形成以 $q=1-p$ 为公比的几何数列, 故称之为几何分布. 即有如下定义.

定义 3.2.2 设 $0<p<1,n\in\mathbb{N}$, 记 $q=1-p$, 称

$$g(p;\ n)=p\,q^{n-1},\quad n=1,2,\cdots \tag{3.2.3}$$

为几何分布, 记作 Geo(p). 如果一个随机变量 X 的取值集合为 $\mathbb{N}$, 并且有

$$\mathbf{P}(X=n)=g(p;\ n)=p\,q^{n-1},\quad n=1,2,\cdots,$$

则称 X 服从参数为 p 的几何分布, 记作 $X\sim$ Geo(p).

由上述讨论可知, 几何分布就是可列重 Bernoulli 试验中等待首次成功出现所需的试验次数的分布. 我们来求几何分布的期望与方差. 设 $X\sim$ Geo(p), 则

$$\mathbf{E}X=\sum_{n=1}^{\infty}n\mathbf{P}(X=n)=\sum_{n=1}^{\infty}np\,q^{n-1}.$$

这是一个正项无穷级数, 为了求出其值, 需要运用一些幂级数知识. 我们知道,

$$g(x) = \sum_{n=1}^{\infty} x^n = \frac{x}{1-x}$$

对一切 $0 < x_0 < 1$, 都在区间 $[0, x_0]$ 中一致收敛, 因而在 $[0, x_0)$ 中逐项可导, 利用这一性质, 立即得到

$$\begin{aligned}\mathbf{E}X &= \sum_{n=1}^{\infty} np\,q^{n-1} = p\sum_{n=1}^{\infty} \frac{\mathrm{d}x^n}{\mathrm{d}x}\bigg|_{x=q} \\ &= p\frac{\mathrm{d}}{\mathrm{d}x}\left(\frac{x}{1-x}\right)\bigg|_{x=q} = \frac{p}{(1-q)^2} = \frac{1}{p}.\end{aligned}$$

既然当 $X \sim \mathrm{Geo}(p)$ 时, X 就是等待首次成功出现所需的试验次数, 那么 $\mathbf{E}X$ 就是等待的平均次数. 由于每次试验的成功概率是 p, 所以为了等来一次成功, 平均起来需要等待 $\dfrac{1}{p}$ 次, 好比说, 如果一个射手在每一次射击中命中 10 环的概率是 $\dfrac{1}{5}$, 他要想射中一次 10 环, 那么平均来说需要射击 5 次. 这个例子形象地刻画了 "数学期望" 的含义. 为了求出几何分布的方差, 我们利用方差的计算公式 (3.1.17). 只需先解决 $\mathbf{E}X^2 = p\sum\limits_{n=1}^{\infty} n^2q^{n-1}$ 的计算问题. 我们有

$$\begin{aligned}p\sum_{n=1}^{\infty} n^2q^{n-1} &= pq\sum_{n=1}^{\infty} n(n-1)q^{n-2} + p\sum_{n=1}^{\infty} nq^{n-1} \\ &= pq\frac{\mathrm{d}^2}{\mathrm{d}x^2}\left(\frac{x}{1-x}\right)\bigg|_{x=q} + \mathbf{E}X \\ &= \frac{2pq}{p^3} + \frac{1}{p} = \frac{2q+p}{p^2} = \frac{q+1}{p^2}.\end{aligned}$$

所以

$$\mathbf{Var}X = \mathbf{E}X^2 - (\mathbf{E}X)^2 = \frac{q+1}{p^2} - \frac{1}{p^2} = \frac{q}{p^2}.$$

我们来看一些与几何分布有关的例子.

例 3.2.5　每批炮弹的数目很大, 验收方法为: 从中随机地逐个抽取炮弹试射. 如果试射到一定的数目时, 试射的炮弹都是正品, 则接受此批产品; 否则就拒收. 假设某批炮弹的次品率为 p, 试射的发数为 n (n 比该批炮弹的总数目小得多), 试求该批炮弹被拒收的概率.

解　由于试射的炮弹是从一批数目很大的炮弹中逐个地随机抽取出来的很小一部分, 所以, 每一发试射的炮弹都可以用一个参数为 p 的 Bernoulli 随机变量来

表示: 当它为次品时, 令该 Bernoulli 变量的值为 1, 当它为正品时, 令其为 0, 并且可以近似地认为它们是 n 个相互独立的随机变量. 以 Z 表示首次发现次品时的射击次数, 则可近似地认为 Z 服从几何分布 Geo(p), 记 $q=1-p$. 于是, 该批炮弹被拒收, 当且仅当 $Z \leqslant n$, 所以被拒收的概率为

$$\mathbf{P}(Z \leqslant n)=\sum_{k=1}^{n} g(p;k)=p\sum_{k=0}^{n-1} q^k=1-q^n.$$

显然, 这个问题也可以用二项分布来解答. 为此, 我们用 Y 表示 n 个相互独立的 Bernoulli 随机变量的和, 由于它们的参数都是 p, 所以 Y 服从二项分布 $B(n,p)$. 易知, 该批产品被接受, 当且仅当 $Y=0$, 所以被拒收的概率为

$$\mathbf{P}(Y \neq 0)=1-\mathbf{P}(Y=0)=1-q^n.$$

例 3.2.6 试说明 "在重复独立试验中, 小概率事件迟早会发生" 的确切含义.

解 将该小概率事件在一次试验中的发生概率记作 p, 对每次试验结果都用一个 Bernoulli 随机变量来表示: 如果该事件发生, 该 Bernoulli 变量的值为 1, 如果该事件不发生, 就令其为 0. 由于试验是独立重复进行的, 所以历次试验结果形成一个定义在同一概率空间上的相互独立的参数为 p 的 Bernoulli 随机变量序列. 将该事件首次发生时的试验次数记作 Y, 于是 Y 服从几何分布 Geo(p). 所谓该事件会发生, 就是指 Y 等于某个正整数 n, 也就是有 $Y<\infty$. 记 $q=1-p$. 显然

$$\mathbf{P}(Y<\infty)=\sum_{n=1}^{\infty}\mathbf{P}(Y=n)=\sum_{n=1}^{\infty} pq^{n-1}=1.$$

这就表明, 不论 p 为多么小的正数, 事件 $(Y<\infty)$ 发生的概率都等于 1. 这就是 "在重复独立试验中, 小概率事件迟早会发生" 的确切含义.

下面来揭示几何分布的一个特有性质.

定理 3.2.1 以所有正整数为取值集合的随机变量 X 服从几何分布 Geo(p), 当且仅当对任何正整数 m 和 n, 都有

$$\mathbf{P}(X>m+n \mid X>m)=\mathbf{P}(X>n). \tag{3.2.4}$$

这个性质称为几何分布的无记忆性.

证明 设随机变量 X 服从几何分布 Geo(p), 记 $q=1-p$, 那么对任何非负整数 k, 都有

$$\mathbf{P}(X>k)=\sum_{j=k+1}^{\infty}\mathbf{P}(X=j)=p\sum_{j=k+1}^{\infty} q^{j-1}=q^k.$$

所以对任何正整数 m 和 n, 都有

$$\mathbf{P}(X > m+n \mid X > m) = \frac{\mathbf{P}(X > m+n,\ X > m)}{\mathbf{P}(X > m)}$$
$$= \frac{\mathbf{P}(X > m+n)}{\mathbf{P}(X > m)} = \frac{q^{m+n}}{q^m} = q^n = \mathbf{P}(X > n).$$

故知 (3.2.4) 式成立.

反之, 设对任何正整数 m 和 n, 都有 (3.2.4) 式成立. 对非负整数 k, 记 $p_k = \mathbf{P}(X > k)$. 于是由 (3.2.4) 式知, 对任何正整数 k, 都有 $p_k > 0$, 并且对任何正整数 m 和 n, 都有 $p_{m+n} = p_m \cdot p_n$. 由此等式立知, 对任何正整数 m, 都有 $p_m = p_1^m$. 由于 $p_1 > 0$, 而若 $p_1 = 1$, 则必导致对一切正整数 m, 都有 $p_m = 1$, 此为不可能, 所以对某个小于 1 的正数 q, 有 $p_1 = q$. 由此不难得, 对任何正整数 m, 都有

$$\mathbf{P}(X = m) = \mathbf{P}(X > m-1) - \mathbf{P}(X > m) = p_{m-1} - p_m = q^{m-1} - q^m = p\,q^{m-1},$$

其中 $p = 1 - q$, 所以 X 服从几何分布 Geo(p).

还可以证明几何分布是唯一的具有无记忆性的取值集合为正整数集的离散型分布. 以后将会看到, 几何分布在应用概率领域有很多运用.

我们来看一道体现解题方法多样性的题目.

例 3.2.7 100 张签中有 5 张可以中奖. 3 人参加抽签, 每人抽取一张. 试分别对: (1) 有放回; (2) 无放回两种方式, 计算有人中奖的概率.

解 有放回抽取相当于做独立重复的 Bernoulli 试验.

如果以 X 表示等待第一张有奖签出现所需要的抽取次数, 则 X 服从几何分布 Geo(0.05). 易知, 当 $X \leqslant 3$ 时, 有人中奖. 所以有人中奖的概率为

$$\mathbf{P}(X \leqslant 3) = 1 - \mathbf{P}(X > 3) = 1 - 0.95^3.$$

如果以 Y 表示所取出的 3 张签中 "有奖签" 的张数, 则 Y 服从二项分布 $B(3,\ 0.05)$. 易知, 当 $Y \neq 0$ 时, 有人中奖. 所以有人中奖的概率为

$$\mathbf{P}(Y \neq 0) = 1 - \mathbf{P}(Y = 0) = 1 - 0.95^3.$$

以上两种解法的结果一致.

对无放回方式, 我们以 Z 表示所取出的 3 张签中 "有奖签" 的张数, 则 Z 服从超几何分布. 当 $Z \neq 0$ 时, 有人中奖. 所以有人中奖的概率为

$$\mathbf{P}(Z \neq 0) = 1 - \mathbf{P}(Z = 0) = 1 - \frac{\binom{95}{3}}{\binom{100}{3}} = 1 - \frac{95 \cdot 94 \cdot 93}{100 \cdot 99 \cdot 98}.$$

*3.2.3 Pascal 分布 (负二项分布)

在几何分布中, 解决了独立重复的 Bernoulli 试验中首次成功时的等待时间 (即所需的试验次数) 的分布问题. 现在来讨论第 r 次成功到来时的试验次数的分布问题. 仍然假设每次试验的成功概率都为 p, $0 < p < 1$. 将取得第 r 次成功所需的试验次数记作 X, 我们来讨论 X 的分布. 显然, X 的值只能为不小于 r 的正整数.

如前所做, 在一个恰当的概率空间 $\{\Omega, \mathscr{F}, \mathbf{P}\}$ 上定义出一列相互独立的同以 p 为参数的 Bernoulli 随机变量 $\{X_k,\ k \in \mathbb{N}\}$.

记 $q = 1 - p$. 显然, 对每个正整数 $n \geqslant r$, 当且仅当 "在随机变量 $X_1, \cdots, X_{n-1}$ 中有 $r-1$ 个等于 1, 其余为 0, 并且 X_n 等于 1" 时, 有 $X = n$. 从而事件 $(X = n)$ 等价于 "在事件 $A_1, \cdots, A_{n-1}$ 中恰有 $r-1$ 个发生, 并且事件 A_n 发生", 由于事件 $A_1, \cdots, A_n$ 相互独立, 所以

$$
\begin{aligned}
&\mathbf{P}(X = n) \\
&= \mathbf{P}\Big(\text{在 } X_1, \cdots, X_{n-1} \text{ 中有 } r-1 \text{ 个等于 } 1, \text{其余为 } 0, \text{并且 } X_n = 1\Big) \\
&= \mathbf{P}\Big(\text{在 } A_1, \cdots, A_{n-1} \text{ 中恰有 } r-1 \text{ 个发生, 且 } A_n \text{ 发生}\Big) \\
&= \binom{n-1}{r-1} p^r q^{n-r}.
\end{aligned}
$$

如果记

$$
p_n = \binom{n-1}{r-1} p^r q^{n-r}, \quad n = r, r+1, \cdots, \tag{3.2.5}
$$

那么显然有

$$
\sum_{n=r}^{\infty} p_n = \sum_{n=r}^{\infty} \binom{n-1}{r-1} p^{\,r} q^{n-r} = p^{\,r} \sum_{k=0}^{\infty} \binom{r+k-1}{r-1} q^{\,k} = p^{\,r}(1-q)^{-r} = 1,
$$

所以式 (3.2.5) 的确是一个离散型随机变量的分布律. 我们将其称为参数为 p 和 r 的 Pascal 分布. 又因为上式表明, 它可以用负二项展开式中的各项表示, 所以又称为负二项分布.

易见, 参数为 p 和 1 的 Pascal 分布就是几何分布. 这不仅是由于几何分布就是第一次取得成功时的试验次数的分布, 而且可通过在式 (3.2.5) 中令 $r = 1$ 得到几何分布 $\mathrm{Geo}(p)$ 的分布律.

如果以 Z_1 表示出现第 1 次成功时的试验次数, 以 Z_2 表示自第 1 次成功之后到出现第 2 次成功之间的试验次数, $\cdots$, 以 Z_r 表示自第 $r-1$ 次成功之后到出现第 r 次成功之间的试验次数, 那么它们就都是表示取得一次成功所需的试验次数, 所以都服从几何分布 $\mathrm{Geo}(p)$. 又由于各次试验是相互独立进行的, 所以

$Z_j,\ j=1,2,\cdots,r$ 是定义在同一概率空间上的既相互独立又服从相同分布的 (简记为 i.i.d.) 随机变量. 因此, 对于表示取得第 r 次成功时的总试验次数的随机变量 X 来说, 就应该有

$$X=Z_1+Z_2+\cdots+Z_r,$$

所以, 对每个正整数 $n\geqslant r$, 有

$$(X=n)=(Z_1+Z_2+\cdots+Z_r=n),$$

注意, Z_j 都是只取正整数值的随机变量, 因此

$$(X=n)=\bigcup_{(n_1,n_2,\cdots,n_r)}(Z_1=n_1,\ Z_2=n_2,\ \cdots,\ Z_r=n_r), \tag{3.2.6}$$

上式右端系对满足关系式 $n_1+n_2+\cdots+n_r=n$ 的所有有序正整数组 $(n_1,n_2,\cdots,n_r)$ 求并.

由附录 A.1.3 所介绍的关于分球入盒的计数知识知, 可以用 "把 n 个相同的小球分入 r 个不同的盒子, 且无空盒出现" 的 "分球入盒" 计数模式计算这种数组的个数, 知其共有 $\binom{n-1}{r-1}$ 组. 而对于每一个这样的有序正整数组 $(n_1,n_2,\cdots,n_r)$, 都有

$$\mathbf{P}(Z_1=n_1,\ Z_2=n_2,\ \cdots,\ Z_r=n_r)=\prod_{j=1}^{r}\mathbf{P}(Z_j=n_j)=p^r(1-p)^{n-r}=p^rq^{n-r}.$$

注意到式 (3.2.6) 右端的事件两两不交, 故由上述讨论结果, 再次得到

$$\mathbf{P}(X=n)=\binom{n-1}{r-1}p^rq^{n-r}.$$

这个结果与式 (3.2.5) 完全一致. 这样, 我们便从两个不同角度推出了 Pascal 分布.

后一种角度可以帮助我们方便地求出 Pascal 分布的期望与方差. 其中需要用到期望和方差的一些性质, 这些性质我们将会在后面有关章节中介绍.

设 X 服从参数为 p 和 r 的 Pascal 分布, 则存在 r 个相互独立的都服从几何分布 Geo(p) 的随机变量 $Z_1,\cdots,Z_r$, 使得 $X=Z_1+\cdots+Z_r$. 由于对于服从几何分布 Geo(p) 的随机变量 Z, 有 $\mathbf{E}Z=\dfrac{1}{p}$ 和 $\mathbf{Var}Z=\dfrac{q}{p^2}$, 利用独立随机变量之和的期望和方差的性质, 立即得知

$$\mathbf{E}X=\mathbf{E}Z_1+\cdots+\mathbf{E}Z_r=\frac{r}{p},$$

$$\mathbf{Var}X=\mathbf{Var}Z_1+\cdots+\mathbf{Var}Z_r=\frac{rq}{p^2}.$$

这种计算方法较之用分布律来求 Pascal 分布的期望和方差要方便许多.

下面来看两个与 Pascal 分布有关的著名问题.

例 3.2.8 (Banach 火柴问题) 某人口袋里放有两盒火柴, 每盒装有火柴 n 根. 他每次随机取出一盒, 并从中拿出一根火柴使用. 试求他取出一盒, 发现已空, 而此时另一盒中尚余 r 根火柴的概率.

解 以 A 表示甲盒已空、乙盒中尚余 r 根火柴的事件. 由对称性知, 所求的概率等于 $2\mathbf{P}(A)$. 将每取出甲盒一次视为取得一次成功, 以 X 表示取得第 $n+1$ 次成功时的取盒次数, 则 X 服从参数为 0.5 和 $n+1$ 的 Pascal 分布 (因为每次取出甲盒的概率是 0.5). 易知, 事件 A 发生, 当且仅当 X 等于 $2n-r+1$. 故所求的概率等于

$$2\mathbf{P}(A) = 2\mathbf{P}(X = 2n-r+1) = \binom{2n-r}{n} 2^{r-2n}.$$

例 3.2.9 试求在独立重复的 Bernoulli 试验中, 第 n 次成功发生在第 m 次失败之前的概率.

解 以 X 表示取得第 n 次成功时的试验次数, 则 X 服从参数为 p 和 n 的 Pascal 分布, 其中 p 是每次 Bernoulli 试验中取得成功的概率. 以 A 表示 "第 n 次成功在第 m 次失败之前发生" 的随机事件. 显然, A 等价于 "在少于 $n+m$ 次试验中取得了 n 次成功", 所以所求的概率就是

$$\mathbf{P}(A) = \mathbf{P}(X < n+m) = \sum_{k=n}^{n+m-1} \mathbf{P}(X = k) = \sum_{k=n}^{n+m-1} \binom{k-1}{n-1} p^n q^{k-n}. \tag{3.2.7}$$

我们来看对这个例子的两个应用.

例 3.2.10 乒乓球比赛无平局, 且实行 5 局 3 胜制. 甲、乙二人对阵, 甲每局取胜的概率为 p, $0 < p < 1$, 试求甲可赢得乙的概率.

解 把甲每取胜一局视为取得一次成功, 以 X 表示甲取得 3 次成功所需的局数, 则 X 服从参数为 p 和 3 的 Pascal 分布. 于是, "甲赢得乙" 的事件就是 "第 3 次成功发生在第 3 次失败之前" 的事件, 也就是 $X < 6$, 所以利用例 3.2.9 的结果, 知 "甲赢得乙" 的概率就是

$$\mathbf{P}(X < 6) = \sum_{k=3}^{5} \binom{k-1}{2} p^3 q^{k-3} = p^3 + 3p^3 q + 6p^3 q^2.$$

特别地, 当 $p = 0.5$ 时, 不难算出上述概率就是 0.5.

例 3.2.11 甲、乙二人乒乓球艺相当, 约定 5 局 3 胜, 胜者得奖金 800 元. 现因故在甲胜了第一局后终止比赛. 试问应当如何分配奖金?

解 合理的方案应当是按照 "若把球打完, 甲、乙二人各自取胜的概率" 的比例来分配奖金. 由于甲已先胜一局, 所以, 甲取胜的事件就是 "在接下来的比赛中,

第 3 次失败之前获得两次成功" 的事件. 以 X 表示甲取得两次成功所需的局数, 则 X 服从参数为 $p = 0.5$ 和 2 的 Pascal 分布. 于是, 甲赢得乙的概率就是

$$\mathbf{P}(X < 5) = p^2 + 2p^2q + 3p^2q^2.$$

将 $p = 0.5$ 代入上式, 知甲赢得乙的概率为 $\dfrac{11}{16}$. 由于甲赢得乙的对立事件就是乙赢得甲, 所以, 乙赢得甲的概率为 $\dfrac{5}{16}$. 所以应当按 11 : 5 的比例分配奖金, 故甲得 550 元, 乙得 250 元.

上述问题起源于概率论发展史上的一个著名的所谓 "分赌注问题". 1654 年, 一个职业赌徒向法国大数学家 Pascal 提出如下问题: 甲、乙二人各下赌注 d 元, 约定先胜 3 局者赢得全部赌金. 假定在每一局中两人获胜机会相等, 且各局输赢相互独立. 如果甲获胜一局而乙尚未获胜时赌博被迫终止, 应当如何分配赌金? Pascal 给出的就是例 3.2.11 中的分配方案.

3.2.4　区间 $[0,1]$ 上的均匀分布

在例 3.1.4 中所讨论过的随机变量 X 所服从的分布就是区间 $[0,1]$ 上的均匀分布, 我们已经知道, 对任何 $0 \leqslant a < b \leqslant 1$, 都有

$$\mathbf{P}(a < X \leqslant b) = \mathbf{P}(X \leqslant b) - \mathbf{P}(X \leqslant a) = b - a,$$

即 X 的值落在 $[0,1]$ 的任何一个子区间 $[a,b)$ 中的概率就等于该子区间的长度, 这就是均匀分布的含义. 简而言之, 有如下定义.

定义 3.2.3　具有形如式 (3.1.4) 的分布函数 $F(x)$ 的分布叫做区间 $[0,1]$ 上的均匀分布, 记为 $U[0,1]$. 如果一个随机变量 X 的取值集合为区间 $[0,1]$, 并且具有该形式的分布函数 $F(x)$, 就称 X 服从区间 $[0,1]$ 上的均匀分布, 简记为 $X \sim U[0,1]$, 并将 X 称为 $U[0,1]$ 随机变量.

对于 $U[0,1]$ 分布的期望和方差, 将在以后介绍. 首先要来指出, 有趣的是, $U[0,1]$ 随机变量也可以通过 i.i.d. 的 Bernoulli 随机变量序列来构造.

设 $\{X_n,\ n \in \mathbb{N}\}$ 是某个概率空间 $(\Omega, \mathscr{F}, \mathbf{P})$ 中的一列相互独立的同以 $p = \dfrac{1}{2}$ 为参数的 Bernoulli 随机变量, 令

$$Z = \sum_{n=1}^{\infty} \frac{X_n}{2^n}. \tag{3.2.8}$$

下面证明 Z 就是一个 $U[0,1]$ 随机变量.

首先, 对每个 $\omega\in\Omega$, 级数 $\sum\limits_{n=1}^{\infty}\dfrac{X_n(\omega)}{2^n}$ 都为非负级数, 并且有

$$\sum_{n=1}^{\infty}\frac{X_n(\omega)}{2^n}\leqslant\sum_{n=1}^{\infty}\frac{1}{2^n}=1<\infty, \tag{3.2.9}$$

所以 (3.2.8) 中的级数在 Ω 中处处收敛, 即对每个 $\omega\in\Omega$, $Z(\omega)=\sum\limits_{n=1}^{\infty}\dfrac{X_n(\omega)}{2^n}$ 都有定义, 而且 $0\leqslant Z(\omega)\leqslant 1$.

现在, 我们记 $Z_m=\sum\limits_{n=1}^{m}\dfrac{X_n}{2^n}$, 那么式 (3.2.9) 还表明

$$Z_m(\omega)=\sum_{n=1}^{m}\frac{X_n(\omega)}{2^n}\uparrow Z(\omega),\quad m\to\infty,\quad \forall\,\omega\in\Omega,$$

对此, 记作

$$Z_m=\sum_{n=1}^{m}\frac{X_n}{2^n}\uparrow Z,\quad m\to\infty.$$

于是对任何实数 x, 都有 $(Z_m\leqslant x)\supset(Z_{m+1}\leqslant x)$, $m=1,2,\cdots$. 从而

$$(Z\leqslant x)=\lim_{m\to\infty}(Z_m\leqslant x)=\bigcap_{m=1}^{\infty}(Z_m\leqslant x), \tag{3.2.10}$$

由概率的上连续性可知

$$\mathbf{P}(Z\leqslant x)=\mathbf{P}\left\{\lim_{m\to\infty}(Z_m\leqslant x)\right\}=\lim_{m\to\infty}\mathbf{P}(Z_m\leqslant x).$$

我们来求该极限. 容易看出, Z_m 是一个取 2^m 个不同值 $\left\{0,\dfrac{1}{2^m},\dfrac{2}{2^m},\cdots,\dfrac{2^m-1}{2^m}\right\}$ 的离散型随机变量, 并且它取其中每个值的概率都是 2^{-m}, 因此, 对任何 $0\leqslant x\leqslant 1$, 都有

$$\mathbf{P}(Z_m\leqslant x)=\sum_{k\leqslant 2^m x}\mathbf{P}(2^m Z_m=k)=\frac{[2^m x]+1}{2^m},$$

其中, $[2^m x]$ 是不大于 $2^m x$ 的最大整数, 所以 $\lim\limits_{m\to\infty}\dfrac{[2^m x]+1}{2^m}=x$, 因而

$$\mathbf{P}(Z\leqslant x)=\lim_{m\to\infty}\mathbf{P}(Z_m\leqslant x)=\lim_{m\to\infty}\frac{[2^m x]+1}{2^m}=x,\quad 0\leqslant x\leqslant 1.$$

所以 $Z=\sum\limits_{n=1}^{\infty}\dfrac{X_n}{2^n}$ 是一个 $U[0,1]$ 随机变量. 并且式 (3.2.9) 还告诉我们, $(Z\leqslant x)$ 是可列个事件 $\{(Z_m\leqslant x),\ m\in\mathbb{N}\}$ 的交集, 从而也是一个随机事件.

习 题 3.2

1. 同时掷两枚骰子, 直到某个骰子出现 6 点为止. 求恰好掷 n 次的概率.

2. 求 n 次独立重复的 Bernoulli 试验中成功奇数次的概率 p_n.

3. 向目标进行 20 次的独立射击, 假设每次射击的命中率均为 0.2, 以 X 记命中次数. 求: (1) $\mathbf{P}(X \geqslant 1)$; (2) $\mathbf{P}(X \leqslant 2)$; (3) X 的最可能值.

4. 掷一枚硬币, 正面出现的概率为 $p\ (0<p<1)$, 设 X 为直至掷到正面出现为止所需抛掷的次数, 求 X 的分布律.

5. 将 $[0,1]$ 上的均匀分布推广到有限区间 $[a,b]$ 上, 写出其分布函数.

6. 设 X 服从区间 $[0,5]$ 上的均匀分布, 求方程 $4x^2+4Xx+X+2=0$ 有实根的概率.

7. 假定一硬币抛出正面的概率是 $p\ (0<p<1)$, 反复抛这枚硬币直至正面与反面都出现过为止, 求: (1) 抛掷次数恰为 k 的概率 p_k; (2) 恰好抛偶数次的概率.

8. 在独立重复的 Bernoulli 试验中, 以 X_i 表示第 i 次成功的等待时间. 证明: X_2-X_1 与 X_1 同分布.

9. 甲、乙两队比赛篮球. 假定每一场甲、乙队获胜的概率分别为 0.6 与 0.4, 且各场胜负独立. 如果规定先胜 4 场者为冠军, 求甲队经 i 场 $(i=4,5,6,7)$ 比赛而成为冠军的概率 p_i. 再问与 “三场两胜” 制比较, 采用哪种赛制甲队最终夺得冠军的概率较小?

10. 两名篮球队员轮流投篮, 直至某人投中为止, 如果甲投中的概率为 0.4, 乙投中的概率为 0.6, 现在让甲先投, 求两球员投篮次数的分布律.

11. 设事件 A 在一次试验中出现的概率是 0.3, 当 A 出现的次数不少于 3 时, 指示灯发出信号. (1) 在 5 次独立重复试验中, 指示灯发出信号的概率是多少? (2) 在 7 次独立试验中呢?

12. 设某汽车站在一天的某段时间中有 1000 辆汽车通过, 每辆汽车在该段时间出事故的概率是 0.0001, 求该段时间出事故的汽车数不小于 2 的概率.

13. 某公司经理拟将一提案交董事代表会批准, 规定如提案获多数代表赞成则通过. 经理估计各代表对此提案投赞成票的概率是 0.6, 且各代表投票情况独立. 为以较大概率通过提案, 试问经理请三名董事代表好还是五名好?

14. 有甲、乙两种酒各 4 杯, 如果从 8 杯中挑 4 杯, 能将甲种酒挑出来, 叫做试验成功一次. (1) 某人随机地去挑, 求试验成功一次的概率; (2) 某人独立试验 10 次, 成功了 3 次, 问: 他是猜对的, 还是他确有鉴别能力?

15. 在 Banach 火柴问题中, 求当从某盒中取出最后一根时, 另一盒尚余 r 根的概率.

16. 连续抛掷一枚均匀的骰子, 直到六个面全都出现为止. 以 X 记所需的抛掷次数, 试求 $\mathbf{E}X$.

17. **广义 Bernoulli 试验** 假设一试验有 r 个可能结果 $A_1,\cdots,A_r$, 并且

$$\mathbf{P}(A_i)=p_i,\quad p_1+\cdots+p_r=1.$$

将此试验独立地重复 n 次. 求 A_i 恰出现 k_i 次的概率, 其中 $k_i\geqslant 0$, $\sum\limits_{i=1}^{r}k_i=n$.

18. 在独立重复的广义 Bernoulli 试验中, 求 A_i 在 A_j 之前出现的概率, 其中 $i\neq j$.

3.3 随机变量与分布函数

3.3.1 随机变量及其分布函数

通过上面的讨论, 已经对随机变量的概念有了比较明确的了解. 现在可以给出随机变量的严格定义了.

定义 3.3.1 如果 X 是定义在某个概率空间 $(\Omega, \mathscr{F}, \mathbf{P})$ 上的实值函数, 即对每个 $\omega \in \Omega$, 都有 $X(\omega) \in \mathbb{R}$, 并且对任何 $x \in \mathbb{R}$, $(X \leqslant x)$ 都是随机事件, 亦即

$$(X \leqslant x) = \Big\{\omega \mid X(\omega) \leqslant x\Big\} \in \mathscr{F}, \tag{3.3.1}$$

那么, 就称 X 是一个随机变量.

定义 3.3.1 对于离散型随机变量比较易于理解. 事实上, 当 X 是一个离散型的随机变量时, 它一共只可能取至多可列个值. 如果它一共只能取有限个可能值 $\{a_1, a_2, \cdots, a_n\}$, 那么, 对于其中的每一个 a_j, $(X = a_j) = \{\omega \mid X(\omega) = a_j\}$ 都是事件. 显然, 此时 $(X = a_1)$, $(X = a_2)$, $\cdots$, $(X = a_n)$ 构成了一个对 Ω 的分划, 即有

$$(X = a_i) \cap (X = a_j) = \varnothing, \quad i \neq j; \quad \bigcup_{j=1}^{n}(X = a_j) = \Omega.$$

并且, 对任何 $x \in \mathbb{R}$, 有

$$(X \leqslant x) = \bigcup_{j:\ a_j \leqslant x} (X = a_j). \tag{3.3.2}$$

当 X 可以取可列个值 $\{a_n,\ n \in \mathbb{N}\}$ 时, 亦有相应的结果, 即 $\{(X = a_n),\ n \in \mathbb{N}\}$ 构成了一个对 Ω 的分划, 并且有式 (3.3.2) 成立. 所以对于离散型随机变量 X, 式 (3.3.1) 等价于: 对 X 的任何一个可能值 a, 都有 $(X = a) = \{\omega \mid X(\omega) = a\} \in \mathscr{F}$.

对于非离散型随机变量, 上述定义无非说明了随机变量就是定义在概率空间上的 Borel 可测函数. 事实上, 利用实变函数知识可以证明, 对于任何随机变量 X, 式 (3.3.1) 等价于: 对任何 $B \in \mathscr{B}^1$, 都有

$$(X \in B) = \Big\{\omega \mid X(\omega) \in B\Big\} \in \mathscr{F},$$

其中 $\mathscr{B}^1$ 表示一维 Borel 域.

由此, 还可以进一步得到如下结论.

命题 3.3.1 如果 X 是定义在某个概率空间上的随机变量, 而 $g : \mathbb{R} \mapsto \mathbb{R}$ 为 Borel 可测函数, 则 $Y = g(X)$ 也是定义在同一个概率空间上的随机变量.

具备实变函数论知识的读者, 不难利用测度论的知识证明这个结论. 没有学过实变函数论的读者, 只需记住这个结论. 后面还要多次用到这个结论.

从以上讨论中已经知道, 对于任何一个随机变量 X 和任何实数 x, $(X \leqslant x)$ 都是随机事件, 于是可以对随机变量定义它的分布函数如下.

定义 3.3.2 如果 X 是定义在某个概率空间 $(\Omega, \mathscr{F}, \mathbf{P})$ 上的随机变量, 则称

$$F_X(x) = \mathbf{P}(X \leqslant x) = \mathbf{P}\Big\{\omega \mid X(\omega) \leqslant x\Big\}, \quad x \in \mathbb{R} \tag{3.3.3}$$

为 X 的累积分布函数 (cumulative distribution function), 简称分布函数, 英文略写为 c.d.f.. 在不至于引起混淆时, 可以将 $F_X(x)$ 略写为 $F(x)$.

下面来讨论分布函数的性质. 显然, 任何随机变量的分布函数 $F(x)$ 是定义在实数域 $\mathbb{R}$ 上的函数. 此外还有:

定理 3.3.1 任何随机变量的分布函数 $F(x)$ 都具有如下 3 条性质:

(1) **非降性** 即对任何 $x_1 < x_2$, 都有 $F(x_1) \leqslant F(x_2)$;

(2) **右连续性** 即对任何 $x \in \mathbb{R}$, 都有 $\lim\limits_{t \downarrow x} F(t) = F(x)$;

(3) **规范性** 即都有

$$F(-\infty) = \lim_{x \to -\infty} F(x) = 0, \quad F(\infty) = \lim_{x \to \infty} F(x) = 1.$$

证明 设 $F(x)$ 是随机变量 X 的分布函数, 即 $F(x) = \mathbf{P}(X \leqslant x)$, $x \in \mathbb{R}$.

当 $x_1 < x_2$ 时, 有 $(X \leqslant x_1) \subset (X \leqslant x_2)$, 由概率的非降性立得 $F(x)$ 的非降性.

对任何 $x \in \mathbb{R}$, 事件列 $\left\{X \leqslant x + \dfrac{1}{n}, n \in \mathbb{N}\right\}$ 为非升的集合列, 其极限集合为 $(X \leqslant x)$, 于是由概率的上连续性即得 $F(x) = \lim\limits_{n \to \infty} F\left(x + \dfrac{1}{n}\right)$. 而对于充分接近于 x 的 $t > x$, 存在 $n \in \mathbb{N}$, 使得 $x + \dfrac{1}{n+1} < t \leqslant x + \dfrac{1}{n}$, 故知

$$\begin{aligned} F(x) &= \lim_{n \to \infty} F\left(x + \frac{1}{n+1}\right) \\ &\leqslant \liminf_{t \downarrow x} F(t) \leqslant \limsup_{t \downarrow x} F(t) \leqslant \lim_{n \to \infty} F\left(x + \frac{1}{n}\right) = F(x), \end{aligned}$$

即有 $\lim\limits_{t \downarrow x} F(t) = F(x)$, 右连续性得证.

最后, 注意到 $\lim\limits_{x \to -\infty} (X \leqslant x) = \varnothing$, $\lim\limits_{x \to \infty} (X \leqslant x) = \Omega$, 由此即可利用概率的上下连续性得证规范性.

注 3.3.1 与定义 3.3.2 不同, 也可将随机变量 X 的分布函数定义为

$$F_X(x) = \mathbf{P}(X < x), \quad x \in \mathbb{R},$$

在本书的前两版中, 就采用了此种定义. 按这种方式定义的分布函数是左连续的. 应当注意, 本书第三版中的分布函数都是按照定义 3.3.2 的方式定义的, 因而都是右连续的.

分布函数是描述随机变量的分布规律的重要工具, 通过它可以求出随机变量取各种不同值的概率. 例如: 如果 $F(x)$ 是随机变量 X 的分布函数, 则对任何实数 $a<b$, 有

$$\mathbf{P}(a<X\leqslant b)=\mathbf{P}(X\leqslant b)-\mathbf{P}(X\leqslant a)=F(b)-F(a); \tag{3.3.4}$$

又如对任何实数 a, 都有

$$\begin{aligned}\mathbf{P}(X=a)&=\lim_{n\to\infty}\mathbf{P}\left(a-\frac{1}{n}<X\leqslant a\right)\\&=F(a)-\lim_{n\to\infty}F\left(a-\frac{1}{n}\right)=F(a)-F(a-0).\end{aligned} \tag{3.3.5}$$

这一事实表明, 当 $x=a$ 是分布函数 $F(x)$ 的间断点时, 随机变量 X 取 a 为值的概率就是 $F(x)$ 在该点处的跳跃高度; 而当 $x=a$ 是分布函数 $F(x)$ 的连续点时, 随机变量 X 取 a 值的概率为 0; 如果分布函数 $F(x)$ 处处连续, 则随机变量 X 取任何单点值的概率都为 0. 利用 (3.3.4) 和 (3.3.5) 不难类似地求出随机变量 X 的值属于任何有限的或无限的区间中的概率.

应当指出, 分布函数只是对随机变量分布规律的一种描述工具, 每一个随机变量都有一个分布函数, 但是不同的随机变量可能具有相同的分布函数 (或者说服从相同的分布). 我们在 3.1.1 节中就曾经在同一个概率空间中构造出一列互不相同的 Bernoulli 随机变量, 它们都服从同样的分布. 又如:

例 3.3.1 设 $\{X_n,\ n\in\mathbb{N}\}$ 是某个概率空间 $(\Omega,\mathscr{F},\mathbf{P})$ 中的一列独立同分布的以 $p=\dfrac{1}{2}$ 为参数的 Bernoulli 随机变量, 令

$$Y_1=\sum_{n=1}^{\infty}\frac{X_{2n-1}}{2^n},\quad Y_2=\sum_{n=1}^{\infty}\frac{X_{2n}}{2^n},$$

那么 Y_1 与 Y_2 就是两个不同的随机变量, 它们都服从 $U[0,1]$ 分布, 并且还相互独立, 因而是独立同分布的随机变量.

3.3.2 分布函数与随机变量

下面来进一步弄清楚分布函数与随机变量之间的关系.

我们已经知道, 任何随机变量的分布函数都是定义在实数域 $\mathbb{R}$ 上满足非降性、右连续性和规范性的函数. 现在反过来问: 如果 $F(x)$ 是定义在实数域 $\mathbb{R}$ 上满足非降性、右连续性和规范性的函数, 那么它是否一定是某个随机变量的分布函数? 说

确切一点, 是否存在一个恰当的概率空间 $(\Omega, \mathscr{F}, \mathbf{P})$, 可以在它上面定义一个随机变量 X, 使得 X 以 $F(x)$ 作为自己的分布函数?

对于某些特殊的情况, 我们已经回答了这个问题, 例如在 3.2.4 节中, 对于形如式 (3.1.4) 的函数 $F(x)$, 将概率空间 $(\Omega, \mathscr{F}, \mathbf{P})$ 选择为区间 $(0,1)$ 上的几何型概率空间, 在它上面定义出了一个随机变量 X, 该 X 就是以 $F(x)$ 作为自己的分布函数的. 该种分布称为区间 $(0,1)$ 上的均匀分布, 记作 $U(0,1)$; 服从这种分布的随机变量称为 $U(0,1)$ 随机变量.

为了解决一般情况下的问题, 先来引入一个概念.

定义 3.3.3　设 $F(x)$ 是定义在实数域 $\mathbb{R}$ 上的满足非降性、右连续性和规范性的函数, 称

$$F^{-1}(u) = \inf\{x \mid F(x) \geqslant u\}, \quad u \in (0,1) \tag{3.3.6}$$

为 $F(x)$ 的反函数.

易知, 如此定义的反函数是通常的反函数概念的推广. 通常定义反函数时, 要求原来的函数严格单调. 然而分布函数未必都是严格上升的, 所以只能采用变通的方式定义其反函数. 不难证明, 由式 (3.3.6) 所定义的 $F^{-1}(u)$ 是定义在区间 $(0,1)$ 上的非降的左连续函数. 当 $F(x)$ 是严格上升的连续函数时, $F^{-1}(u)$ 就是 $F(x)$ 在通常意义下的反函数.

利用 $U(0,1)$ 随机变量和反函数的概念, 就可以证明如下结论了.

定理 3.3.2　任何定义在实数域 $\mathbb{R}$ 上满足非降性、右连续性和规范性的函数 $F(x)$ 都是某个随机变量的分布函数.

证明　将概率空间 $(\Omega, \mathscr{F}, \mathbf{P})$ 选为区间 $(0,1)$ 上的几何型概率空间, 先在它上面定义一个 $U(0,1)$ 随机变量 Y, 再令 $X = F^{-1}(Y)$. 则可证明 X 就是以 $F(x)$ 作为自己的分布函数的随机变量.

事实上, 首先, 由式 (3.3.6) 易知

$$F(x) \geqslant u \Longleftrightarrow x \geqslant F^{-1}(u).$$

而对任何 $x \in \mathbb{R}$, 都有 $F(x) \in \mathbb{R}$, 故由 Y 为随机变量知

$$(X \leqslant x) = (F^{-1}(Y) \leqslant x) = (Y \leqslant F(x)) \in \mathscr{F},$$

所以 $X = F^{-1}(Y)$ 是一个随机变量. 再注意到 Y 为 $U(0,1)$ 随机变量, 便可由上式得

$$\mathbf{P}(X \leqslant x) = \mathbf{P}(F^{-1}(Y) \leqslant x) = \mathbf{P}(Y \leqslant F(x)) = F(x), \quad x \in \mathbb{R}.$$

所以 $F(x)$ 就是随机变量 X 的分布函数.

综合定理 3.3.1 和定理 3.3.2, 得到如下定理.

定理 3.3.3 定义在实数域 $\mathbb{R}$ 上的函数 $F(x)$ 是一个分布函数, 当且仅当它具有非降性、右连续性和规范性 3 条性质.

为便于今后应用, 把定理 3.3.2 证明过程中所证得的结果写成推论的形式.

推论 3.3.1 若随机变量 Y 服从分布 $U(0,1)$, 则对任何一元分布函数 $F(x)$, 随机变量 $X=F^{-1}(Y)$ 的分布函数也是$F(x)$, 其中$F^{-1}(u)$ $(u\in(0,1))$是 $F(x)$ 的反函数.

注 3.3.2 对于定义在实数域 $\mathbb{R}$ 上的满足非降性、右连续性和规范性的函数 $F(x)$, 可以有多种不同的方式定义其反函数, 除了我们所采用的定义方式 (即定义 3.3.3, 记为 "方式一") 外, 至少还有如下 3 种定义方式.

方式二:

$$F^{-1}(u)=\sup\{x|F(x)\leqslant u\},\quad u\in(0,1);$$

方式三:

$$F^{-1}(u)=\inf\{x|F(x)>u\},\quad u\in(0,1);$$

方式四:

$$F^{-1}(u)=\sup\{x|F(x)<u\},\quad u\in(0,1).$$

易知, 当 $F(x)$ 是严格上升的连续函数时, 这些不同方式定义下的 $F^{-1}(u)$ 也是 $F(x)$ 在通常意义下的反函数. 此外, 对一般的分布函数 $F(x)$, 我们还可以证明方式二和方式三实际上是等价的, 且按它们定义出来的 $F^{-1}(u)$ 是右连续的, 而方式四则跟方式一等价. 为使讨论便于进行, 我们仅采用方式一，即采用定义 3.3.3. 现在来讨论分布函数的凸组合.

定义 3.3.4 设 $\{F_n(x),\ n\in\mathbb{N}\}$ 是一列分布函数, $\{a_n,\ n\in\mathbb{N}\}$ 是一列非负实数, 如果 $\sum\limits_{n=1}^{\infty}a_n=1$, 则将

$$F(x)=\sum_{n=1}^{\infty}a_nF_n(x)\tag{3.3.7}$$

称为分布函数的凸组合.

定理 3.3.4 分布函数的凸组合还是分布函数.

证明 由每个 $F_n(x)$ 非降, 易证如式 (3.3.7) 所示的 $F(x)$ 具有非降性. 当该式中只有有限项时, 容易验证 $F(x)$ 具有右连续性和规范性.

下面考虑可列和的情形. 设 $F(x)$ 如 (3.3.7) 所示. 任给 $0<\varepsilon<1$. 由于 $\sum\limits_{n=1}^{\infty}a_n=1$, 故可取 m 充分大, 使得 $\sum\limits_{n=1}^{m}a_n>1-\dfrac{1}{2}\varepsilon$, 即 $\sum\limits_{n=m+1}^{\infty}a_n<\dfrac{1}{2}\varepsilon$. 任给 $x_0\in\mathbb{R}$, 由于 $F_1(x),\ F_2(x),\ \cdots,F_m(x)$ 都在 $x=x_0$ 处右连续, 所以只要 $x>x_0$ 充

分接近 x_0, 便有 $F_n(x_0) \leqslant F_n(x) < F_n(x_0) + \frac{1}{2}\varepsilon$, $n = 1, 2, \cdots, m$, 从而就有

$$\begin{aligned} F(x) &\leqslant \sum_{n=1}^{m} a_n F_n(x) + \frac{1}{2}\varepsilon \leqslant \sum_{n=1}^{m} a_n \left(F_n(x_0) + \frac{1}{2}\varepsilon \right) + \frac{1}{2}\varepsilon \\ &\leqslant \sum_{n=1}^{m} a_n F_n(x_0) + \varepsilon \leqslant \sum_{n=1}^{\infty} a_n F_n(x_0) + \varepsilon = F(x_0) + \varepsilon, \end{aligned}$$

所以 $F(x)$ 具有右连续性. 仿此可证 $F(x)$ 的规范性.

3.3.3 分布函数的类型

我们已经知道, 随机变量有离散型和非离散型之分.

对于离散型随机变量 X, 有

$$F_X(x) = \mathbf{P}(X \leqslant x) = \sum_{j:\ a_j \leqslant x} \mathbf{P}(X = a_j), \tag{3.3.8}$$

所以 $F_X(x)$ 是一个右连续的非降阶梯函数. 我们把这种类型的分布称为离散型分布.

在实际应用中, 通常不把离散型分布写成分布函数的形式, 而是以分布律的形式表示它. 正如我们在前面所做的那样, 记

$$p_j = F(a_j) - F(a_j - 0), \quad j = 1, 2, \cdots, \tag{3.3.9}$$

其中

$$p_j \geqslant 0, \quad \sum_j p_j = 1. \tag{3.3.10}$$

当 X 为离散型随机变量时, 以

$$\mathbf{P}(X = a_j) = p_j, \quad j = 1, 2, \cdots \tag{3.3.11}$$

表示其分布律, 其中 $\{p_j,\ j = 1, 2, \cdots\}$ 满足式 (3.3.10), $\{a_j,\ j = 1, 2, \cdots\}$ 是 X 的取值集合. 或者将式 (3.3.11) 写成矩阵的形式

$$\begin{pmatrix} a_1 & a_2 & \cdots \\ p_1 & p_2 & \cdots \end{pmatrix}.$$

有时我们也把离散型随机变量的分布律称为它的概率质量函数 (probability mass function).

对于非离散型分布, 则需要进一步加以区分. 首先给出如下定义.

定义 3.3.5 设 $F(x)$ 为分布函数, 如果存在某个定义在 $\mathbb{R}$ 上的非负 Lebesgue 可积函数 $p(x)$, 使得

$$F(x)=\int_{-\infty}^{x}p(u)\mathrm{d}u,\quad x\in\mathbb{R},\tag{3.3.12}$$

则称 $F(x)$ 为连续型分布. 服从连续型分布的随机变量 X 称为连续型随机变量. $p(x)$ 称为 $F(x)$ 的概率密度函数 (probability density function), 也称为服从该分布的随机变量 X 的概率密度函数. 通常把概率密度函数简称为密度函数, 可采用英文略写 p.d.f. 表示概率密度函数.

随机变量 X 的概率密度函数 $p(x)$ 在 $x=x_0$ 处的值 $p(x_0)$ 反映了该随机变量在 x_0 附近取值的概率大小. 事实上, 由 (3.3.12) 可知

$$\mathbf{P}(x_0<X\leqslant x_0+\Delta x)=F(x_0+\Delta x)-F(x_0)=\int_{x_0}^{x_0+\Delta x}p(u)\mathrm{d}u\approx p(x_0)\Delta x.$$

从这一点来说, 概率密度函数有点类似于离散随机变量的概率质量函数, 所以有些书上把概率密度函数和概率质量函数统称为概率函数.

易知, 定义在 $\mathbb{R}$ 上的 Lebesgue 可积函数 $p(x)$ 是密度函数, 当且仅当

$$p(x)\geqslant 0,\quad \forall x\in\mathbb{R};\qquad \int_{-\infty}^{\infty}p(x)\mathrm{d}x=1.\tag{3.3.13}$$

式 (3.3.12) 表明, 对几乎所有的 $x\in\mathbb{R}$(即至多除了一个 Lebesgue 零测集外), 都有

$$p(x)=\frac{\mathrm{d}}{\mathrm{d}x}F(x).\tag{3.3.14}$$

按照实变函数论中的叫法, 所谓连续型分布函数其实就是绝对连续的分布函数. 在我们已经介绍过的分布中, 两点分布、几何分布、二项分布等属于离散型分布; $U[0,1]$ 分布属于连续型分布, 它的密度函数为

$$p(x)=\begin{cases}0, & x<0,\\ 1, & 0\leqslant x\leqslant 1,\\ 0, & x>1.\end{cases}$$

为方便起见, 以后我们一般只写出 $p(x)$ 的非 0 部分. $U[0,1]$ 分布是均匀分布的特例. 很容易把它推广到一般的有限区间 $[a,b]$ 上.

定义 3.3.6 设 $a<b$, 如果分布函数 $F(x)$ 具有密度函数

$$p(x)=\frac{1}{b-a},\quad a\leqslant x\leqslant b,\tag{3.3.15}$$

则称该分布为区间 $[a,b]$ 上的均匀分布, 记作 $U[a,b]$.

容易算出 $U[a,b]$ 的分布函数 (图 3.3):

$$F(x)=\begin{cases}0, & x<a,\\ \dfrac{x-a}{b-a}, & a\leqslant x<b,\\ 1, & x\geqslant b.\end{cases}$$

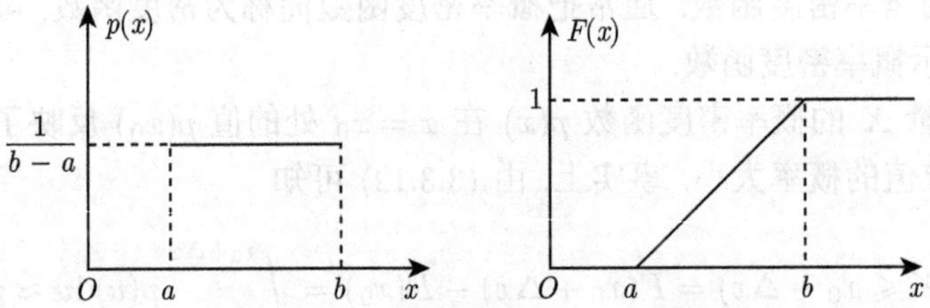

图 3.3　均匀分布的密度与分布函数

由于 $U[a,b]$ 的分布函数 $F(x)$ 连续, 所以在式 (3.3.15) 中无论怎样改变自变量 x 在区间 $[a,b]$ 的端点 a 和 b 处的开闭情况, 所得到的 $F(x)$ 都是一样的, 因此, 无须在区间的开闭问题上多做考虑.

对于 $U[a,b]$ 随机变量 X, 有

$$\mathbf{E}X=\frac{1}{b-a}\int_a^b x\mathrm{d}x=\frac{a+b}{2};$$

$$\mathbf{Var}X=\mathbf{E}X^2-(\mathbf{E}X)^2=\frac{1}{b-a}\int_a^b x^2\mathrm{d}x-\left(\frac{a+b}{2}\right)^2=\frac{(b-a)^2}{12}.$$

均匀分布在估计计算误差中有所应用, 例如, 如果假定运算中的数据只保留到小数点后面 5 位, 第 6 位四舍五入, 那么每次运算的误差量 X 就服从 $U(-5\times10^{-5},5\times10^{-5})$. 在日常生活中, 均匀分布也有用武之地, 例如, 假定班车每隔 a 分钟发出一辆, 而乘客不了解发车时刻表, 他可能在任意时刻来到车站, 此时即可假定候车时间 X 服从区间 $(0,a)$ 上的均匀分布 $U(0,a)$.

根据实变函数论知识, 大家知道, 定义在 $\mathbb{R}$ 上的有界非降函数除了阶梯函数、绝对连续函数之外, 还有一类所谓奇异连续函数. 我们来给出一个例子, 说明确实存在奇异连续的分布函数.

例 3.3.2 (奇异连续分布函数之例)　设函数 $F(x)$ 的定义方式如下: 首先令

$$F(x)=0,\ \ x<0;\qquad F(x)=1,\ \ x\geqslant 1.$$

再令

$$F(x)=\frac{1}{2},\ \frac{1}{3}<x<\frac{2}{3}.$$

然后令

$$F(x)=\begin{cases}\dfrac{1}{4}, & \dfrac{1}{9}<x<\dfrac{2}{9},\\ \dfrac{3}{4}, & \dfrac{7}{9}<x<\dfrac{8}{9}.\end{cases}$$

接着再令

$$F(x)=\begin{cases}\dfrac{1}{8}, & \dfrac{1}{27}<x<\dfrac{2}{27},\\ \dfrac{3}{8}, & \dfrac{7}{27}<x<\dfrac{8}{27},\\ \dfrac{5}{8}, & \dfrac{19}{27}<x<\dfrac{20}{27},\\ \dfrac{7}{8}, & \dfrac{25}{27}<x<\dfrac{26}{27}.\end{cases}$$

并如此一直下去. 每次都把 $(0,1)$ 区间中未曾定义的每个小区间 3 等分, 在中间一个开区间上按递增原则将 $F(x)$ 定义为一个常数 (在第 n 次等分后, 定义为分母为 2^n、分子为奇数的分数). 于是, 在区间 $(0,1)$ 中的 Cantor 的开集中的每一点上, $F(x)$ 都有了定义. 最后, 再按右连续原则, 定义出其余点上的 $F(x)$ 的值.

如此定义的 $F(x)$ 显然具有分布函数的 3 条性质, 所以是一个分布函数. 此外, 可以证明, $F(x)$ 还是一个连续函数.

然而, 当 $x<0$, $x>1$, 以及当 x 属于 $(0,1)$ 中的 Cantor 的开集时, $F(x)$ 都可导, 并且导数都为 0. 由于 $(0,1)$ 中的 Cantor 的开集的 Lebesgue 测度等于 1, 所以 $F(x)$ 的导数几乎处处为 0, 从而 $F(x)$ 不能由它的导函数积分得到, 所以是一个奇异连续的分布函数.

奇异连续的分布函数在实用中并不常见, 仅具有理论上的意义.

根据实变函数论中的 Lebesgue 分解理论, 任何一个 (一元) 分布函数 $F(x)$ 都具有如下形式的分解式:

$$F(x)=a_1F_1(x)+a_2F_2(x)+a_3F_3(x), \quad x\in\mathbb{R}, \tag{3.3.16}$$

其中 $F_1(x),F_2(x),F_3(x)$ 分别为离散型、绝对连续型和奇异连续型分布函数, $a_j\geqslant 0$, 并且 $a_1+a_2+a_3=1$.

当 a_1,a_2,a_3 中至少有两者不为 0 时, $F(x)$ 称为混合型的分布函数; 当其中仅有一者不为 0(从而一定为 1) 时, $F(x)$ 称为纯净型的分布函数, 纯净型中多见的是离散型与绝对连续型的分布函数. 以后我们将会看到混合型的分布函数的重要地位.

3.3.4 Riemann-Stieltjes 积分与期望方差

大家在中学学过随机变量的期望与方差, 现在我们要来进一步明确这些概念. 期望和方差都属于随机变量的数字特征, 它们在一定意义上反映了随机变量的性质. 下面来讨论它们与随机变量的分布函数之间的关系.

随机变量的分布函数是定义在实轴上的规范的非降的右连续的函数. 随机变量的数字特征通常是幂函数对分布函数在实轴上的积分. 这种积分就是 Riemann-Stieltjes 积分.

设 $f(x)$ 和 $g(x)$ 是定义在 $\mathbb{R}$ 上的实值函数, $a<b$. 从实变函数论中知道, 如果对区间 $[a,b]$ 作任意分割

$$\pi:\quad a=x_0<x_1<\cdots<x_n=b,$$

任意取点 $t_j\in[x_{j-1},x_j]$, $j=1,2,\cdots,n$, 并令

$$S_\pi[a,b]=\sum_{j=1}^{n}g(t_j)\Big\{f(x_j)-f(x_{j-1})\Big\},$$

则称 S_π 为 g 对 f 在区间 $[a,b]$ 上的 Riemann-Stieltjes 和.

如果不论如何分割, 如何取点, 当$\|\pi\|:=\max\limits_{1\leqslant j\leqslant n}(x_j-x_{j-1})\to 0$ 时, 该 Riemann-Stieltjes 和存在唯一确定的极限 $I\in\mathbb{R}$, 则称 $g(x)$ 关于 $f(x)$ 在区间 $[a,b]$ 上 R-S (Riemann-Stieltjes) 可积, 并且把该极限 I 称为 $g(x)$ 关于 $f(x)$ 的在区间 $[a,b]$ 上的 R-S 积分, 记为

$$I=\int_a^b g(x)\mathrm{d}f(x). \tag{3.3.17}$$

如果 $a\to-\infty$, $b\to\infty$, 积分 $\displaystyle\int_a^b g(x)\mathrm{d}\,f(x)$ 的极限存在且唯一, 则将其记为 $\displaystyle\int_{-\infty}^{\infty}g(x)\mathrm{d}\,f(x)$.

如果令 $g(x)=x$, 并将 $f(x)$ 取为分布函数 $F(x)$, 即存在随机变量 X, 使得 $F(x)=\mathbf{P}(X\leqslant x)$, 则易看出, "当 $a\to-\infty$, $b\to\infty$ 时, 积分 $\displaystyle\int_a^b x\mathrm{d}\,F(x)$ 的极限存在且唯一" 等价于如下两个极限存在有限:

$$\lim_{a\to-\infty}\int_a^0 x\mathrm{d}F(x),\quad \lim_{b\to\infty}\int_0^b x\mathrm{d}F(x),$$

从而等价于

$$\lim_{a\to-\infty,\ b\to\infty}\int_a^b |x|\mathrm{d}F(x)<\infty,$$

即

$$\int_{-\infty}^{\infty}|x|\mathrm{d}F(x)<\infty. \tag{3.3.18}$$

这就告诉我们: 积分 $\int_{-\infty}^{\infty}x\mathrm{d}F(x)$ 存在, 当且仅当 (3.3.18) 成立.

定义 3.3.7 若 $F(x)$ 是随机变量 X 的分布函数, 则当 (3.3.18) 成立时, 称 X 是一次可积的, 也称 X 的数学期望存在, 并记

$$\mathbf{E}X=\int_{-\infty}^{\infty}x\mathrm{d}F(x),\quad \mathbf{E}|X|=\int_{-\infty}^{\infty}|x|\mathrm{d}F(x), \tag{3.3.19}$$

其中 $\mathbf{E}X$ 称为随机变量 X 的**数学期望**, 也称为**均值**或简称为**期望**, $\mathbf{E}|X|$ 则称为 X 的**一阶绝对矩**.

由于随机变量的数学期望由其分布唯一决定, 即同分布的随机变量必有相同的数学期望. 所以, 我们也可以对分布来定义数学期望, 即服从该分布的随机变量的数学期望.

如果分布函数 $F(x)$ 是绝对连续的, 即具有密度函数 $p(x)$, 那么就有

$$\int_{-\infty}^{\infty}|x|\mathrm{d}F(x)=\int_{-\infty}^{\infty}|x|p(x)\mathrm{d}x,$$

故若 $\int_{-\infty}^{\infty}|x|p(x)\mathrm{d}x<\infty$, 则密度函数 $p(x)$ 对应的连续型分布的数学期望存在, 且其期望为 $\int_{-\infty}^{\infty}xp(x)\mathrm{d}x$, 而对于以 $p(x)$ 为密度函数的连续型随机变量 X, 则有

$$\mathbf{E}X=\int_{-\infty}^{\infty}xp(x)\mathrm{d}x,\quad \mathbf{E}|X|=\int_{-\infty}^{\infty}|x|p(x)\mathrm{d}x. \tag{3.3.20}$$

我们来看离散型随机变量的数学期望. 对任一离散型随机变量 X, 其分布函数 $F(x)$ 为阶梯函数, 不妨设它的跳跃点集合为 $\{a_n,\ n\in\mathbb{N}\}$, 相应的跳跃高度集合为 $\{p_n,\ n\in\mathbb{N}\}$, 则有

$$\mathbf{P}(X=a_n)=p_n=F(a_n)-F(a_n-0),\quad n\in\mathbb{N}. \tag{3.3.21}$$

回顾 R-S 积分定义中的 "分割—取点—求和—取极限" 的过程, 不难看出, 此时

$$\int_{-\infty}^{\infty}|x|\mathrm{d}F(x)=\sum_{n=1}^{\infty}|a_n|\Big(F(a_n)-F(a_n-0)\Big)=\sum_{n=1}^{\infty}|a_n|p_n.$$

所以, 当 $\sum\limits_{n=1}^{\infty}|a_n|p_n<\infty$ 时, 称相应的离散型分布的数学期望存在, 其值等于 $\sum\limits_{n=1}^{\infty}a_np_n$, 而对于服从该分布的随机变量 X, 则有

$$\mathbf{E}X=\sum_{n=1}^{\infty}a_np_n,\quad \mathbf{E}|X|=\sum_{n=1}^{\infty}|a_n|p_n. \tag{3.3.22}$$

对于随机变量 X 的方差, 有 $\mathbf{Var}X=\mathbf{E}(X-\mathbf{E}X)^2$, 所以, 欲方差存在, 首先必须期望存在, 为书写方便, 当随机变量的期望存在时, 记 $\mathbf{E}X=a$. 这样一来, 如果 X 的分布函数是 $F(x)$, 则有

$$\mathbf{Var}X=\mathbf{E}(X-a)^2=\int_{-\infty}^{\infty}(x-a)^2\mathrm{d}F(x), \tag{3.3.23}$$

这是一个非负函数对非降函数的 R-S 积分. 所以, 只要 $\int_{-\infty}^{\infty}(x-a)^2\mathrm{d}F(x)<\infty$, 随机变量 X 的方差就存在 $\left(这时也把 \int_{-\infty}^{\infty}(x-a)^2\mathrm{d}F(x) 称为其分布的方差\right)$. 由前面的讨论, 我们已经知道 (参阅 (3.1.17) 式)

$$\mathbf{Var}X=\mathbf{E}X^2-a^2=\int_{-\infty}^{\infty}x^2\mathrm{d}F(x)-a^2,$$

所以, 只要 $\int_{-\infty}^{\infty}x^2\mathrm{d}F(x)<\infty$, 随机变量 X 的方差就存在. 相应地, 若随机变量 X 的方差存在, 就有 $\mathbf{E}X^2=\int_{-\infty}^{\infty}x^2\mathrm{d}F(x)<\infty$, 此时我们说, X 的二阶矩存在, 或称 X 是二次可积的. 所以, 随机变量 X 的方差存在, 当且仅当 X 的二阶矩存在.

对于绝对连续的分布函数的方差以及离散型分布函数的方差, 均有它们各自的表达式.

习　题　3.3

1. 设 A 为曲线 $y=2x-x^2$ 与 x 轴所围成的区域, 在 A 中任取一点, 求该点到 y 轴的距离 X 的分布函数及密度函数.

2. 在半径为 R 的圆内任取一点, 求此点到圆心之距离 X 的分布函数及概率 $\mathbf{P}(X>2R/3)$.

3. 分子运动速度的绝对值 X 服从 Maxwell 分布, 有概率密度函数

$$p(x)=ax^2\exp\left\{-\frac{x^2}{b}\right\},\quad x>0,$$

其中 $b>0$ 是已知常数, a 是待定常数. 求 a.

4. 已知随机变量 X 的密度函数为

$$p(x)=\begin{cases} x, & 0<x\leqslant 1,\\ 2-x, & 1<x\leqslant 2,\end{cases}$$

试求: (1) X 的分布函数; (2) 概率 $\mathbf{P}(0.2<X<1.3)$.

5. 设连续型随机变量 X 有概率密度函数 $p(x)=a\cos x,\ -\dfrac{\pi}{2}\leqslant x\leqslant\dfrac{\pi}{2}$, 其中 a 是待定常数. (1) 求 a 及 X 的分布函数 $F(x)$; (2) 画出 $p(x)$ 及 $F(x)$ 的图形.

6. 设 $p(x)=\mathrm{e}^{-\mathrm{e}(x-a)},\ x>0$. (1) 求 a 使 $p(x)$ 为密度函数; (2) 若随机变量 X 以此 $p(x)$ 为密度, 求 b 使 $\mathbf{P}(X>b)=b$.

7. 设连续型随机变量 X 的分布函数在区间 $[0,1]$ 中严格单调, $\mathbf{P}(X\leqslant 0.29)=0.75$, $Y=1-X$, 求实数 x, 使 $\mathbf{P}(Y\leqslant x)=0.25$.

8. 设 $F(x)$ 为分布函数, 试证明:

(1) $\lim\limits_{x\to+\infty} x\displaystyle\int_x^{+\infty}\frac{1}{y}\mathrm{d}F(y)=0$;　　(2) $\lim\limits_{x\to-\infty} x\displaystyle\int_{-\infty}^{x}\frac{1}{y}\mathrm{d}F(y)=0$;

(3) $\lim\limits_{x\to0+} x\displaystyle\int_x^{+\infty}\frac{1}{y}\mathrm{d}F(y)=0$;　　(4) $\lim\limits_{x\to0+} x\displaystyle\int_{-\infty}^{x}\frac{1}{y}\mathrm{d}F(y)=0$.

9. 设

$$F(x)=\begin{cases} 0, & x<0,\\ \dfrac{1}{3}(1+2x), & 0\leqslant x<1,\\ 1, & x\geqslant 1.\end{cases}$$

证明: (1) $F(x)$ 是一个分布函数; (2) $F(x)$ 既不是离散型的也不是连续型的, 但它可以写为这两种类型分布函数的线性组合.

3.4 Poisson 分布与指数分布

Poisson 分布是概率论中的一种重要的离散型分布, 在理论上和在实践中都有广泛的应用. 与上面所介绍的各种分布不同的是, 它是一种通过理论推导推出的分布. 我们要从两个方面来介绍这种分布的产生背景, 并讨论它的性质和一些应用. 指数分布则是一种连续型分布, 其重要性不亚于 Poisson 分布, 且与 Poisson 分布关系密切, 故我们放在一起介绍. 先从 Poisson 分布谈起.

3.4.1 Poisson 定理

从前面已经了解到, 二项分布 $B(n,\ p)$ 的分布律为

$$b(k;\ n,p)=\binom{n}{k}p^{\,k}q^{n-k},\quad k=0,1,\cdots,n.$$

由于其中带有组合数符号, 所以当 n 与 k 都较大时, 对 $b(k;\ n,p)$ 的计算十分不便. 如下的 Poisson 定理则提供了一种在一定的条件下近似计算二项分布概率的简便方法.

定理 3.4.1 (Poisson 定理)　设 $B(n,\ p_n)$ 为一列二项分布, 其中的参数满足条件

$$\lim_{n\to\infty} np_n = \lambda > 0, \tag{3.4.1}$$

则对任何非负整数 k 都有

$$\lim_{n\to\infty} b(k;\ n,p_n) = \lim_{n\to\infty}\binom{n}{k}p_n^k(1-p_n)^{n-k} = \mathrm{e}^{-\lambda}\frac{\lambda^k}{k!}. \tag{3.4.2}$$

证明　易知, 对每个固定的非负整数 k, 有

$$\begin{aligned} b(k;\ n,p_n) &= \frac{n!}{k!\,(n-k)!}p_n^k(1-p_n)^{n-k} \\ &= \frac{1}{k!}\left(1-\frac{1}{n}\right)\left(1-\frac{2}{n}\right)\cdots\left(1-\frac{k-1}{n}\right)(1-p_n)^{-k}(np_n)^k(1-p_n)^n. \end{aligned}$$

在条件 (3.4.1) 之下, 对固定的非负整数 k, 显然有

$$\lim_{n\to\infty}\left(1-\frac{1}{n}\right)\left(1-\frac{2}{n}\right)\cdots\left(1-\frac{k-1}{n}\right)(1-p_n)^{-k} = 1$$

和 $\lim\limits_{n\to\infty}(np_n)^k = \lambda^k$. 因此为证结论, 只需证明

$$\lim_{n\to\infty}(1-p_n)^n = \mathrm{e}^{-\lambda}. \tag{3.4.3}$$

众所周知, 有 $\lim\limits_{n\to\infty}\left(1-\dfrac{\lambda}{n}\right)^n = \mathrm{e}^{-\lambda}$. 因此若要证明 (3.4.3), 就只要证明

$$\lim_{n\to\infty}(1-p_n)^n = \lim_{n\to\infty}\left(1-\frac{\lambda}{n}\right)^n.$$

显然有 $|1-p_n|<1$, 而当 n 充分大时, 也有 $\left|1-\dfrac{\lambda}{n}\right|<1$. 我们知道, 对 $|a|\leqslant 1$, $|b|\leqslant 1$, 有初等不等式 $|a^n-b^n|\leqslant n|a-b|$ 成立, 结合条件 (3.4.1), 便知当 $n\to\infty$ 时, 有

$$\left|(1-p_n)^n-\left(1-\frac{\lambda}{n}\right)^n\right| \leqslant n\left|p_n-\frac{\lambda}{n}\right| = |np_n-\lambda|\to 0.$$

所以 (3.4.3) 式成立, 定理证毕.

对参数 $\lambda>0$, 若记

$$p(k;\ \lambda) = \mathrm{e}^{-\lambda}\frac{\lambda^k}{k!},\quad k=0,1,2,\cdots, \tag{3.4.4}$$

则易见有 $p(k;\lambda)>0$, 并且我们在例 2.1.4 中已经验证过 $\sum\limits_{k=0}^{\infty}p(k;\lambda)=1$. 所以, 正数数列 $\{p(k;\lambda);\ k=0,1,2,\cdots\}$ 可以作为一个离散型分布的分布律, 这个分布便称为参数为 λ 的 Poisson 分布, 简记为 $\mathrm{Poi}(\lambda)$. 而 $p(k;\lambda)$ 的值可以有现成的表查阅.

下面来计算 Poisson 分布的期望与方差. 设随机变量 X 服从参数为 $\lambda>0$ 的 Poisson 分布,

$$\begin{aligned}\mathbf{E}X&=\sum_{n=0}^{\infty}n\mathbf{P}(X=n)=\mathrm{e}^{-\lambda}\sum_{n=0}^{\infty}\frac{n\lambda^n}{n!}\\&=\mathrm{e}^{-\lambda}\sum_{n=1}^{\infty}\frac{\lambda^n}{(n-1)!}=\lambda\mathrm{e}^{-\lambda}\sum_{n=0}^{\infty}\frac{\lambda^n}{n!}=\lambda,\\\mathbf{E}X^2&=\sum_{n=0}^{\infty}n^2\mathbf{P}(X=n)=\sum_{n=1}^{\infty}n^2\mathrm{e}^{-\lambda}\frac{\lambda^n}{n!}=\mathrm{e}^{-\lambda}\sum_{n=1}^{\infty}n^2\frac{\lambda^n}{n!}\\&=\mathrm{e}^{-\lambda}\sum_{n=2}^{\infty}n(n-1)\frac{\lambda^n}{n!}+\mathrm{e}^{-\lambda}\sum_{n=1}^{\infty}n\frac{\lambda^n}{n!}\\&=\lambda^2\mathrm{e}^{-\lambda}\sum_{n=2}^{\infty}\frac{\lambda^{n-2}}{(n-2)!}+\lambda=\lambda^2+\lambda,\end{aligned}$$

即对服从 Poisson 分布 $\mathrm{Poi}(\lambda)$ 的随机变量 X, 有 $\mathbf{E}X=\lambda$, 而且

$$\mathbf{Var}X=\mathbf{E}X^2-(\mathbf{E}X)^2=(\lambda^2+\lambda)-\lambda^2=\lambda.$$

由 Poisson 定理可知, 当 n 很大, 而 p 很小时, 可以近似地成立关系式

$$b(k;\ n,p)\approx\mathrm{e}^{-np}\frac{(np)^k}{k!}.\tag{3.4.5}$$

显然, n 越大则误差越小. 而为了适应条件 (3.4.1), 我们要求 p 很小, 以保证 np 的大小适度. 正是由于式 (3.4.5), 人们可以利用 Poisson 分布来计算与二项分布有关的问题.

Poisson 分布有着极为广泛的应用, 如: 110 报警台 24 小时内接到的报警次数, 一定时间内发生的意外事故次数或灾害次数, 布匹上的疵点数目, 放射性物质放射出的粒子数目, 等等, 都可以用 Poisson 分布作为其概率模型. 我们将在后面说明这些数目的分布适用于 Poisson 分布的原因. 历史上曾有大量的统计数据显示 Poisson 分布的广泛适用性, 例如: 对于 "放射粒子数目", 就有著名的 Rutherford 实验室的统计数字为证.

Rutherford 等近代物理学家曾利用云雾实验室观察镭所发射出的 α 粒子数目. 他们以每 7.5 秒为一个时间段, 共观察了 $n=2608$ 个时间段, 记录下了每个时间段

中所观察到的 α 粒子的数目. 在这 2608 个时间段中, 共观察到 10097 个 α 粒子, 平均每个时间段为 3.87 个 α 粒子. 接着, 对统计到的数据作如下处理: 一方面, 将时间段按所观察到的 α 粒子的数目分类, 将 α 粒子的数目为 k 的时间段的个数记作 ν_k. 另一方面, 以 3.87 作为 Poisson 分布中的参数 λ, 意即假定一个时间段中所观察到的 α 粒子的数目 X 服从参数为 λ 的 Poisson 分布, 从而 $\mathbf{P}(X=k)=p(k;\ 3.87)$, 并逐一算出 $n\cdot p(k;\ 3.87)$ 之值, 列表对照如表 3.1 所示. 表中的第三列称为理论值, 可以看出它们与实际观察值 ν_k 吻合得相当好. 这就表明以 Poisson 分布作为放射粒子数的分布是合适的.

表 3.1

k	ν_k	$n\cdot p(k;\ 3.87)$
0	57	54.399
1	203	210.523
2	383	407.361
3	525	525.496
4	532	508.418
5	408	393.515
6	273	253.817
7	139	140.325
8	45	67.882
9	27	29.189
$\geqslant 10$	16	17.016
总计	2608	2608.001

我们来看一个与例 3.2.1 有关的问题.

例 3.4.1 各台监控器独立运行, 每台监控器监控一个路口的交通状况. 每个路口在每一时刻需要重点监控的概率都是 $p=0.01$. 如果监控中心设有监控器 200 台, 为使 "有路口不能及时实施重点监控" 的概率不大于 0.02, 试问至少应当安排多少名监控人员看管?

解 以 Y 表示同一时刻需要重点监控的监控器台数, 我们知 Y 服从二项分布 $B(200,\ 0.01)$, 而相应的问题就是要求出使得下式成立的最小正整数 r:

$$\mathbf{P}(Y>r)=\sum_{k=r+1}^{200} b(k;\ 200, 0.01)\leqslant 0.02.$$

显然其值很难求出. 我们注意到这里有 $np=200\times 0.01=2$, 该值不大, 于是按式 (3.4.5), 可以近似认为 Y 服从参数为 2 的 Poisson 分布. 经查表知, 当 $r=5$ 时就已经有

$$\mathbf{P}(Y>5)=\sum_{k=6}^{\infty} p(k;\ 2)\approx 0.0166<0.02.$$

所以只要安排 5 名人员看管, 就足以使得 “有路口不能及时实施重点监控” 的概率小于 0.02. 如果直接按二项分布 $B(200,\ 0.01)$ 计算, 则有

$$\mathbf{P}(Y>5)=1-\sum_{k=0}^{5} b(k;\ 200,0.01)\approx 0.0160,$$

因此结论也是只需 5 名人员看管.

3.4.2 Poisson 分布的性质, 随机和

先来讨论 Poisson 分布的分布律 $p(k;\lambda)$ 如何随 k 的变化而变化. 与二项分布的做法类似, 观察比值

$$\frac{p(k;\ \lambda)}{p(k-1;\ \lambda)}=\frac{\lambda^k\ (k-1)!\ \mathrm{e}^{-\lambda}}{\lambda^{k-1}\ k!\ \mathrm{e}^{-\lambda}}=\frac{\lambda}{k},\quad k\geqslant 1. \tag{3.4.6}$$

由此立知, 当 $k<\lambda$ 时, $p(k;\lambda)$ 的值随 k 的增大而增大; 当 $k>\lambda$ 时, $p(k;\ \lambda)$ 的值则随 k 的增大而减小. 因此, $p(k;\ \lambda)$ 的值在 $k=[\lambda]$ 处达到最大, 故而当 λ 为整数时, 在 $k=\lambda$ 和 $\lambda-1$ 处达到其最大值. 它们称为 Poisson 分布的最大可能值.

值得指出的是, 式 (3.4.6) 也是 Poisson 分布的特有性质. 这也就是说, 如果一个具有参数 $\lambda>0$ 的可以取所有非负整数值的离散型分布, 只要其满足式 (3.4.6), 那么该离散型分布就一定是 Poisson 分布. 该断言的证明作为练习留给读者. 现在来讨论另一个问题.

例 3.4.2 假设要记录一块放射性物质一段时间内所放射出的粒子数目. 已知它在单位时间内放射出的粒子数目 ν 服从参数为 $\lambda>0$ 的 Poisson 分布. 但是由于仪器原因, 并非每一粒放射出的粒子都可被记录下来, 现知每粒粒子可被记录下来的概率都是 p, $0<p<1$, 并且各粒子能否被记录下来的事件相互独立. 试求单位时间内被记录下来的粒子数目 X 的分布.

解 显然, 对每一粒放射出的粒子都可以用一个参数为 p 的 Bernoulli 随机变量来表示它是否被记录下来: 如果被记录下来, 就令该 Bernoulli 变量的值为 1; 而若未被记录下来, 就令其为 0. 由于各粒子能否被记录下来的事件相互独立, 所以它们是 i.i.d. 的 Bernoulli 随机变量. 从而当单位时间内放射出的粒子数目已知时, 例如为 n 时, 被记录下来的粒子数目自然就服从二项分布 $B(n,p)$. 但是现在, 单位时间内放射出的粒子数目也是一个随机变量 ν. 那么我们就只能在 ν 值给定的条件下考虑被记录下来的粒子数目 X 的分布, 这就是说, 当 $\nu=n$ 时, X 服从二项分布 $B(n,p)$. 对此, 写作

$$\mathbf{P}(X=k\mid \nu=n)=b(k;\ n,p)=\binom{n}{k}p^k(1-p)^{n-k},\quad k=0,1,\cdots,n. \tag{3.4.7}$$

在这里, $(\nu = n)$ 是一个随机事件. 由于 ν 服从 Poisson 分布, 所以 ν 可能为任何非负整数. 这样一来, 如果记 $q = 1 - p$, 就可以利用全概率公式, 得到

$$\begin{aligned}\mathbf{P}(X = k) &= \sum_{n=0}^{\infty} \mathbf{P}(\nu = n)\mathbf{P}(X = k \mid \nu = n) = \sum_{n=k}^{\infty} \frac{\lambda^n}{n!}\mathrm{e}^{-\lambda} b(k;\ n, p) \\ &= \mathrm{e}^{-\lambda} \sum_{n=k}^{\infty} \frac{(\lambda q)^{n-k}}{(n-k)!} \cdot \frac{1}{k!} \cdot (\lambda p)^k = \frac{1}{k!}(\lambda p)^k \mathrm{e}^{-\lambda p}, \quad k = 0, 1, 2, \cdots.\end{aligned}$$

这是一个很有趣的现象, 它表明在对 Poisson 变量 (即服从 Poisson 分布的随机变量) ν 作了随机选择之后仍然服从 Poisson 分布. 这个性质称为 Poisson 分布在随机选择之下的不变性.

从这个例子我们还可以引出一个 “随机足标和” 的概念来. 前面已经谈到, 可以用一列独立同分布的以 p 为参数的 Bernoulli 随机变量 $Y_1, Y_2, \cdots$ 表示各个粒子是否被记录下来. 从而对每个自然数 n, $S_n = Y_1 + Y_2 + \cdots + Y_n$ 就是前 n 个放射出的粒子中被记录下来的粒子数目, 我们知道 S_n 服从二项分布 $B(n, p)$. 现在要考虑的是单位时间内被记录下来的粒子数目 X. 而单位时间内放射出的粒子数目为 ν 个, 从而其中被记录下来的粒子数目就应当为

$$S_\nu = Y_1 + Y_2 + \cdots + Y_\nu, \tag{3.4.8}$$

即有 $X = S_\nu$. 由于 ν 本身是一个随机变量, 所以 S_ν 是随机个随机变量的和, 又由于在表达式 (3.4.8) 中, ν 处于足标的位置, 所以将 S_ν 称为**随机足标和**, 简称为随机和. 由上面的讨论知, 如果此时 ν 服从参数为 λ 的 Poisson 分布, 则 S_ν 也服从 Poisson 分布, 只不过参数变为 λp, 即多了一个 “折扣因子” p. 折扣因子 p 的出现是很自然的, 因为每个粒子能够被记录下来的概率为 p.

随机足标和在许多领域有广泛的应用. 例如, 如果 $Y_1, Y_2, \cdots$ 表示各笔存款的数目, 而 ν 是一天中银行接到的存款笔数, 那么式 (3.4.8) 中的 S_ν 就是该银行一天中接到的存款数目; 如果 $Y_1, Y_2, \cdots$ 表示保险公司支付的各笔赔款数目, 而 ν 是一个月中所支付的赔款笔数, 则式 (3.4.8) 中的 S_ν 就是该保险公司一个月中所支付的赔款数目; 等等. 不过应当注意的是, 这里的随机变量序列 $Y_1, Y_2, \cdots$ 不一定是 Bernoulli 变量序列, ν 也未必就是 Poisson 变量, 所以 S_ν 的分布也会随之而异. 例如, 在对保险业的破产概率的研究中, ν 通常服从几何分布, 相应的随机足标和 S_ν 则被称为 “几何和”.

3.4.3 指数分布

指数分布也是一种主要的连续型分布. 设 $\lambda > 0$, 令

$$p(x) = \lambda \mathrm{e}^{-\lambda x}, \quad x > 0. \tag{3.4.9}$$

则不难验证 $p(x)$ 是一个概率密度函数.

定义 3.4.1 以式 (3.4.9) 中的 $p(x)$ 为密度的分布称为参数为 λ 的指数分布, 简记为 $\mathrm{Exp}(\lambda)$.

不难算出 $\mathrm{Exp}(\lambda)$ 的分布函数为

$$F(x)=\begin{cases}0, & -\infty<x\leqslant 0,\\ 1-\mathrm{e}^{-\lambda x}, & 0<x<\infty.\end{cases}$$

而指数分布 $\mathrm{Exp}(\lambda)$ 的随机变量 X 的期望与方差则可计算如下:

$$\mathbf{E}X=\int_{-\infty}^{\infty}xp(x)\mathrm{d}x=\lambda\int_0^{\infty}x\mathrm{e}^{-\lambda x}\mathrm{d}x=\frac{1}{\lambda}\int_0^{\infty}t\mathrm{e}^{-t}\mathrm{d}t,$$
$$\mathbf{E}X^2=\int_{-\infty}^{\infty}x^2p(x)\mathrm{d}x=\lambda\int_0^{\infty}x^2\mathrm{e}^{-\lambda x}\mathrm{d}x=\frac{1}{\lambda^2}\int_0^{\infty}t^2\mathrm{e}^{-t}\mathrm{d}t,$$

其中作了变量替换 $t=\lambda x$. 利用 Γ 函数知识知, 对正整数 n, 有

$$\int_0^{\infty}t^n\mathrm{e}^{-t}\mathrm{d}t=\Gamma(n+1)=n!,$$

所以 $\mathbf{E}X=\dfrac{1}{\lambda}$, 恰好是 $\mathrm{Exp}(\lambda)$ 中参数 λ 的倒数; 而 $\mathbf{Var}X=\mathbf{E}X^2-\dfrac{1}{\lambda^2}=\dfrac{1}{\lambda^2}$.

显然, 服从指数分布的随机变量 X 只能取非负实数值. 非负值随机变量在与金融风险有关的概率问题中经常出现. 指数分布随机变量就是其中的一种经常使用的随机变量类型. 在应用概率的许多领域内, 指数随机变量往往被用来表示电子元件的寿命, 以及排队模型中的服务时间等. 在研究纪录值问题时, 指数随机变量更是一种不可缺少的工具.

与几何分布类似, 指数分布也是一种 "无记忆分布", 并且是唯一的无记忆的非负连续型分布, 对此, 有如下定理.

定理 3.4.2 若 X 为取非负实数值的随机变量, 则 X 服从指数分布, 当且仅当, 对任何 $s>0$ 与 $t>0$, 都有

$$\mathbf{P}(X>s+t\mid X>s)=\mathbf{P}(X>t). \tag{3.4.10}$$

这个定理的证明不难, 留作习题让读者自己证明.

式 (3.4.10) 就称为指数分布的无记忆性. 当把 X 解释为电子元件的寿命时, 该式的含义就是, 在寿命大于 s 的条件下, 再使用多于时间 t 的概率与从头使用时使用时间大于 t 的概率相等. 因此 "风姿不减当年", 所以指数分布被称为忘记了年龄的 "永远年轻" 的分布, 故而说其无记忆. 并且从这一点上说, 利用指数分布刻画元件的寿命有一定的局限性.

在应用概率中, 人们习惯采用记号

$$\overline{F}(x) = 1 - F(x) = \mathbf{P}(X > x), \quad x > 0. \tag{3.4.11}$$

并将 $\overline{F}(x)$ 称为 "残存函数", 意为 X 在不小于 x 之后继续生存的概率.

由上计算知, 对于指数分布 $\mathrm{Exp}(\lambda)$ 及其服从该分布的随机变量 X, 其 "残存函数" 为

$$\overline{F}(x) = \mathbf{P}(X > x) = \mathrm{e}^{-\lambda x}, \quad x > 0.$$

由于指数分布为连续分布, 所以不用区分 $\overline{F}(x)$ 定义中的不等号 $(X > x)$ 是否严格成立, 可以写成 $(X \geqslant x)$.

例 3.4.3　自动取款机对每位顾客的服务时间 (以分钟计算) 服从参数为 $\lambda = \dfrac{1}{3}$ 的指数分布. (1) 如果你与另一位顾客几乎同时到达一部空闲的取款机前接受服务, 但是你稍后一步. 试计算你至少等待 3 分钟的概率, 等待时间在 $3 \sim 6$ 分钟的概率; (2) 如果你到达时, 已有一位顾客在取款, 此外再无别人在等候, 再求上述两事件的概率.

解　以 Y 表示你前面一位顾客接受服务所需要的时间, 由题意知 Y 服从参数为 $\lambda = \dfrac{1}{3}$ 的指数分布.

在问题 (1) 中, 两位顾客几乎同时到达空闲的取款机, 所以后一位顾客的等待时间就是前一位顾客接受服务的时间, 故所求两事件的概率就分别是

$$p_1 = \mathbf{P}(Y > 3) = \mathrm{e}^{-1} = 0.368,$$

$$p_2 = \mathbf{P}(3 < Y \leqslant 6) = \overline{F}(3) - \overline{F}(6) = \mathrm{e}^{-1} - \mathrm{e}^{-2} = 0.233.$$

在问题 (2) 中, 后一位顾客的等待时间是前一位顾客继续接受服务的时间, 由指数分布的无记忆性知, 不论前一位顾客已接受多长时间的服务, 他继续接受服务的时间的分布都与从头开始接受服务的时间的分布相同, 所以所求两事件的概率仍然分别等于上述两值.

3.4.4　指数分布与 Poisson 过程的关系

在 3.4.1 节中, 我们出于近似计算二项分布概率的需要, 引入了 Poisson 分布. 但是, Poisson 分布的产生也有其自身的机制. 为了说明 Poisson 分布的产生机制, 需要了解 Poisson 过程.

向 110 台的报警是一次次到来的; 自然灾害是一次次发生的; 放射性粒子是一个个放射出的; 等等. 它们都可以看成一种于随机时刻到来的 "质点流". 在这里, "质点" 和 "流" 都是一种形象的说法, 并且 "点" 到来的时间间隔都是随机变量. 如

果对 $t \geqslant 0$, 以 X_t 表示在时刻 t 以前到来的质点数目, 亦即表示在时间区间 $[0,t)$ 中到来的质点数目, 可以证明, 在一定的条件下, 对任何 $t \geqslant 0$, 随机变量 X_t 都服从 Poisson 分布, 并且其参数与 t 有关. 显然, 对不同的 t, X_t 是不同的随机变量, 从而 $\{X_t,\ t \geqslant 0\}$ 是一族以 t 为参数的随机变量, 称为随机过程. 在这里, t 是一个时间参数, 所以称 $\{X_t,\ t \geqslant 0\}$ 为 "随机过程" 是非常形象的. 在概率论中, 也会遇到 t 不是时间参数的场合, 此时也沿用随机过程的名称.

可以证明, 在一定的条件下, "随机质点流" 的数目形成 Poisson 过程, 对此, 附录 A.2.1 中有一些粗浅的介绍. 除了 Poisson 分布之外, 下面再介绍两种与 Poisson 过程有关的分布.

首先来看指数分布与 Poisson 过程的关系.

设随机质点流的计数过程 $\{X_t,\ t \geqslant 0\}$ 是强度为 λ 的 Poisson 过程, 以 Z_1 表示第一个质点的到来时刻, 下面来讨论它的分布.

易知, 对 $t > 0$, 事件 $(Z_1 > t)$ 表示第一个质点在时刻 t 以后到来, 而事件 $(X_t = 0)$ 表示到时刻 t 为止, 到来的质点数目为 0, 所以上述两个事件相等, 从而就有

$$\mathbf{P}(Z_1 > t) = \mathbf{P}(X_t = 0) = \mathrm{e}^{-\lambda t}, \qquad t > 0. \tag{3.4.12}$$

其形式与参数为 λ 的指数分布的 "残存函数" 完全一致, 所以 Z_1 的分布就是参数为 λ 的指数分布.

自然地, 我们还可以考虑第 r 个质点到来时刻的分布.

如果在强度为 λ 的 Poisson 过程 $\{X_t,\ t \geqslant 0\}$ 中, 以 Z_r 表示第 r 个质点的到来时刻, 那么, 对 $t > 0$, 事件 $(Z_r \leqslant t)$ 表示第 r 个质点的到来不迟于时刻 t, 而事件 $(X_t \geqslant r)$ 表示到时刻 t 为止, 到来的质点数目不少于 r 个, 所以这两个事件相等, 从而就有

$$F_r(t) = \mathbf{P}(Z_r \leqslant t) = \mathbf{P}(X_t \geqslant r) = \mathrm{e}^{-\lambda t} \sum_{k=r}^{\infty} \frac{(\lambda t)^k}{k!}, \qquad t > 0. \tag{3.4.13}$$

上式右端是 t 的可导函数, 并可逐项求导. 对其求导, 得

$$\begin{aligned} p_r(t) &= \frac{\mathrm{d}}{\mathrm{d}t} F_r(t) = \mathrm{e}^{-\lambda t} \sum_{k=r}^{\infty} \frac{\lambda^k t^{k-1}}{(k-1)!} - \mathrm{e}^{-\lambda t} \sum_{k=r}^{\infty} \frac{\lambda^{k+1} t^k}{k!} \\ &= \mathrm{e}^{-\lambda t} \frac{\lambda^r}{(r-1)!} t^{r-1}, \qquad t > 0. \end{aligned} \tag{3.4.14}$$

大家知道, Γ 函数的定义是

$$\Gamma(r) = \int_0^{\infty} x^{r-1} \mathrm{e}^{-x} \mathrm{d}x,$$

该积分对一切 $r>0$ 收敛. 特别地, 对正整数 n, 有 $\Gamma(n+1)=n!$, 由此立知, 式 (3.4.14) 中的 $p_r(t)$ 是一个概率密度函数. 并且可以将其写为

$$p(x)=\frac{\lambda^r}{\Gamma(r)}x^{r-1}\mathrm{e}^{-\lambda x},\quad x>0. \tag{3.4.15}$$

如果把式 (3.4.15) 中的参数 r 由正整数推广到任何正数, 该式中的 $p(x)$ 仍然是一个概率密度函数. 对此, 给出如下定义.

定义 3.4.2 以式 (3.4.15) 中的 $p(x)$ 作为密度函数的连续型分布称为以 $\lambda>0$ 和 $r>0$ 为参数的 Γ 分布, 记作 $\Gamma(\lambda,r)$.

应当注意, 上述定义中的参数 λ 和 r 可为**任意正数**. $\Gamma(1,r)$ 的密度曲线如图 3.4 所示.

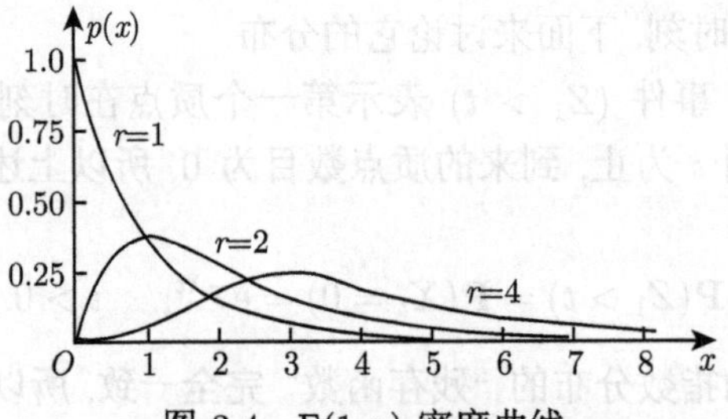

图 3.4 $\Gamma(1,r)$ 密度曲线

特别地, $\lambda=\dfrac{1}{2}$, $r=\dfrac{n}{2}$ 的 Γ 分布在数理统计中具有重要意义, 并且具有专门的名称, 即自由度为 n 的 χ^2 分布.

对于参数 r 为正整数的 $\Gamma(\lambda,r)$ 分布, 我们已经知道它的产生背景, 即: 在计数过程 $\{X_t,\ t\geqslant 0\}$ 是强度为 λ 的 Poisson 过程时, 第 r 个质点到来的时间 Z_r 服从分布 $\Gamma(\lambda,r)$.

如果以 Y_1 表示上述质点流中第一个质点的到来时刻, 以 Y_k 表示第 k 个质点与第 $k-1$ 个质点到来的时间间隔, 那么显然

$$Z_r=Y_1+\cdots+Y_r,\qquad r\in\mathbb{N}.$$

利用计数过程 $\{X_t,\ t\geqslant 0\}$ 的平稳增量性和独立增量性 (参阅附录 A.2.1), 可以证明, $\{Y_k,\ k\in\mathbb{N}\}$ 是独立同分布的随机变量序列, 从而它们都与 Y_1 同分布, 即服从指数分布 $\mathrm{Exp}(\lambda)$.

这样一来, 参数 r 为正整数时的 Γ 分布 $\Gamma(\lambda,r)$ 就是 r 个独立同分布的 $\mathrm{Exp}(\lambda)$ 随机变量之和的分布. 我们已经知道, 参数为 p 和 r 的 Pascal 分布是 r 个独立同分布的同时服从几何分布 $\mathrm{Geo}(p)$ 的随机变量之和的分布, 从这一点上说, 两者的关系完全相似. 事实上, 它们都是等待成功的时间的分布.

习 题 3.4

1. 某电话交换台每分钟收到的呼唤次数服从参数为 4 的 Poisson 分布. (1) 求每分钟恰有 8 次呼唤的概率; (2) 求每分钟的呼唤次数大于 10 的概率.

2. 某急救站在长度为 t 的时间间隔内收到的紧急呼救次数服从参数为 $\frac{t}{2}$ 的 Poisson 分布 (时间以小时计). (1) 求某日中午 12 时至下午 3 时, 该站没有收到紧急呼救的概率; (2) 求某日中午 12 时至下午 5 时, 该站至少收到一次紧急呼救的概率.

3. 设某种数字传输系统每秒传送 512×10^3 个 0 或 1, 由于干扰, 传送中会出现误码, 即将 0 误为 1, 或将 1 误为 0, 设误码率为 10^{-7}, 求在 10 秒钟内出现一个误码的概率.

4. 在某 63 年中, 某地的夏季 ($5\sim9$ 月) 共有 180 天下暴雨, 求一个夏季中下暴雨不超过 4 天的概率.

5. 某校有 730 名学生, 每个学生的生日在一年 365 天中的任一天是等可能的, 求至少有一天恰好为 4 名学生生日的概率.

6. 假定一本 500 页的书总共有 500 个错字, 每个错字等可能地出现在每一页上. 求指定的一页上至少有 3 个错字的概率.

7. 保险公司的资料表明, 持某种人寿保险单的人在保险期内死亡的概率为 0.005. 现售出这种保单 1200 份, 求保险公司至多赔付 10 份的概率.

8. 设 X_1 与 X_2 相互独立, 且 X_i 服从参数为 $\lambda>0$ 的 Poisson 分布, $i=1,2$, 试求 $Y_1=\max\{X_1,X_2\}$, $Y_2=\min\{X_1,X_2\}$ 的分布律.

9. 设在某段时间间隔进入某商店的顾客数 X 服从参数为 $\lambda>0$ 的 Poisson 分布, 进入商店的每个顾客买东西的概率是 p, 且各个顾客买不买东西是相互独立的, 在该段时间内买东西的顾客数 Y 服从什么分布?

10. 试证: 如果非负整数值离散型分布的分布律 $\{p_k,\ k=0,1,\cdots,\}$ 满足条件

$$\frac{p_k}{p_{k-1}}=\frac{\lambda}{k},\quad k\geqslant 1,$$

其中常数 $\lambda>0$, 则此分布是以 λ 为参数的 Poisson 分布.

11. 设人工交换台每小时收到的电话呼唤是强度 $\lambda=60$ 的 Poisson 过程. 求接线员离开 30 秒而未耽误工作的概率.

12. 通过一交叉路口的汽车流可以看作一个 Poisson 过程. 如果 1 分钟内没有汽车通过的概率是 0.02, 求 2 分钟内有多于 1 辆汽车通过的概率.

13. 假定一机器的检修时间 (单位: 小时) 服从以 $\lambda=\frac{1}{2}$ 为参数的指数分布. 试求: (1) 检修时间超过 2 小时的概率; (2) 若已经修理 4 个小时, 求总共要至少 5 个小时才会修好的概率.

14. 设 X 服从参数为 $\lambda>0$ 的指数分布, 求 $Y=[X]$ 的分布 (其中 $[x]$ 表示 x 的整数部分).

15. 证明非负值随机变量 X 服从指数分布的充分必要条件是它是无记忆性的, 即

$$\mathbf{P}\{X>s+t|X>s\}=\mathbf{P}\{X>t\},\quad \forall\, s,t>0.$$

3.5 正态分布

正态分布是一种最重要的连续型分布, 它在数学、物理、工程技术等领域都是一个非常重要的概率分布, 在概率论中具有极其重要的地位, 在统计学的许多方面都有着重大的影响. 下面先介绍它的数学性质.

3.5.1 正态分布的定义与性质

设 a 为任意实数, 而 $\sigma > 0$, 令

$$p(x) = \frac{1}{\sqrt{2\pi}\sigma} \exp\left\{-\frac{(x-a)^2}{2\sigma^2}\right\}, \quad x \in \mathbb{R}. \tag{3.5.1}$$

易见, $p(x)$ 非负, 我们来证明 $\int_{-\infty}^{\infty} p(x)\mathrm{d}x = 1$. 记

$$I = \int_{-\infty}^{\infty} p(x)\mathrm{d}x.$$

由于 $p(x)$ 的原函数不是初等函数, 转而考虑 I^2. 易知

$$\begin{aligned} I^2 &= \frac{1}{2\pi\sigma^2} \int_{-\infty}^{\infty} \exp\left\{-\frac{(x-a)^2}{2\sigma^2}\right\}\mathrm{d}x \cdot \int_{-\infty}^{\infty} \exp\left\{-\frac{(y-a)^2}{2\sigma^2}\right\}\mathrm{d}y \\ &= \frac{1}{2\pi}\int_{-\infty}^{\infty}\int_{-\infty}^{\infty} \exp\left\{-\frac{u^2+v^2}{2}\right\}\mathrm{d}u\mathrm{d}v = \frac{1}{2\pi}\int_0^{2\pi}\mathrm{d}\theta\int_0^{\infty}\exp\left\{-\frac{r^2}{2}\right\}r\mathrm{d}r = 1, \end{aligned}$$

在上式中, 先作了坐标变换 $u = \dfrac{x-a}{\sigma}$, $v = \dfrac{y-a}{\sigma}$, 再作极坐标变换. 结合 $I > 0$, 即得 $I = 1$. 所以式 (3.5.1) 中的 $p(x)$ 确实是一个密度函数.

定义 3.5.1　如果连续型分布以式 (3.5.1) 中的 $p(x)$ 作为密度函数, 则称该分布为以 a 和 σ^2 为参数的正态分布 (normal distribution), 记作 $\mathcal{N}(a, \sigma^2)$. 正态分布也称为 Gauss 分布.

由于正态分布极为常用, 所以特别地将正态 $\mathcal{N}(a, \sigma^2)$ 的分布函数和密度函数分别记作 $\Phi_{a,\sigma}(x)$ 和 $\varphi_{a,\sigma}(x)$. 图 3.5 给出了正态 $\mathcal{N}(a, \sigma^2)$ 的密度函数 $\varphi_{a,\sigma}(x)$ 的图形.

在正态分布中, $a = 0$, $\sigma = 1$ 的情形具有特别重要的意义, 称为标准正态分布. 标准正态 $\mathcal{N}(0, 1)$ 的分布函数和密度函数分别用 $\Phi(x)$ 和 $\varphi(x)$ 表示.

通过观察图 3.5 中的各条曲线, 我们可以初步了解 $\varphi_{a,\sigma}(x)$ 中两个参数 a 和 σ^2 的意义:

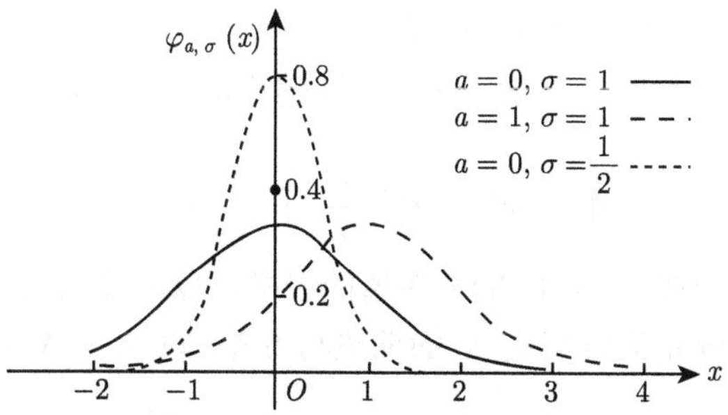

图 3.5 正态分布的密度曲线

1° $\varphi_{a,\sigma}(x)$ 关于 $x=a$ 对称, 即有

$$\varphi_{a,\sigma}(a-x)=\varphi_{a,\sigma}(a+x), \quad x\in\mathbb{R}.$$

特别地, 标准正态 $\mathcal{N}(0, 1)$ 的密度函数

$$\varphi(x)=\frac{1}{\sqrt{2\pi}}\,\mathrm{e}^{-\frac{x^2}{2}}, \quad x\in\mathbb{R}$$

关于 $x=0$ 对称, 即为偶函数. 一般将 a 称为位置参数.

2° $\varphi_{a,\sigma}(x)$ 在 $x=a$ 处达到最大值 $\dfrac{1}{\sqrt{2\pi}\sigma}$. 并且 σ 的值越小, $\varphi_{a,\sigma}(x)$ 的峰越陡峭; 反之, σ 的值越大, $\varphi_{a,\sigma}(x)$ 的峰越平缓.

我们知道, 如果 X 是服从正态分布 $\mathcal{N}(a, \sigma^2)$ 的随机变量, 那么对任何 $x_1<a<x_2$, 就有

$$\mathbf{P}(x_1<X<x_2)=\int_{x_1}^{x_2}\varphi_{a,\sigma}(u)\mathrm{d}u,$$

因此, σ 的值越小, 概率 $\mathbf{P}(x_1<X<x_2)$ 的值就越大; 反之, σ 的值越大, 概率 $\mathbf{P}(x_1<X<x_2)$ 的值就越小. 因此 σ 的值反映了 X 在 $x=a$ 附近取值的集中程度. 通常将 σ 称为正态 $\mathcal{N}(a, \sigma^2)$ 的形状参数.

正态分布 $\mathcal{N}(a, \sigma^2)$ 的分布函数为

$$\Phi_{a,\sigma}(x)=\frac{1}{\sqrt{2\pi}\sigma}\int_{-\infty}^{x}\exp\left\{-\frac{(u-a)^2}{2\sigma^2}\right\}\mathrm{d}u, \quad x\in\mathbb{R}, \tag{3.5.2}$$

其值不易积出. 对于标准正态分布 $\mathcal{N}(0, 1)$ 的分布函数

$$\Phi(x)=\frac{1}{\sqrt{2\pi}}\int_{-\infty}^{x}\exp\left\{-\frac{u^2}{2}\right\}\mathrm{d}u, \quad x\in\mathbb{R},$$

有专门的表格可以查阅其分布值 (见附表III). 利用 $\varphi(x)$ 的偶函数性质, 可知

$$\Phi(-x)=1-\Phi(x), \quad x\geqslant 0, \tag{3.5.3}$$

所以表中仅对 $x \geqslant 0$ 列出了 $\Phi(x)$ 的值.

对于一般的正态分布 $\mathcal{N}(a, \sigma^2)$ 的分布函数, 通过在 (3.5.2) 中作变量替换, 可见

$$\Phi_{a,\sigma}(x) = \Phi\Big(\frac{x-a}{\sigma}\Big), \quad x \in \mathbb{R}, \tag{3.5.4}$$

因此利用标准正态分布 $\mathcal{N}(0, 1)$ 的分布值的表格可以换算出 $\Phi_{a,\sigma}(x)$ 的值.

下面来求正态分布随机变量 X 的期望与方差. 设 $X \sim \mathcal{N}(a, \sigma^2)$, 有

$$\begin{aligned}
\mathbf{E}X &= \int_{-\infty}^{\infty} x\varphi_{a,\sigma}(x)\mathrm{d}x = \frac{1}{\sqrt{2\pi}\sigma}\int_{-\infty}^{\infty} x\exp\left\{-\frac{(x-a)^2}{2\sigma^2}\right\}\mathrm{d}x \\
&= \frac{1}{\sqrt{2\pi}\sigma}\int_{-\infty}^{\infty}(x-a)\exp\left\{-\frac{(x-a)^2}{2\sigma^2}\right\}\mathrm{d}x + a\frac{1}{\sqrt{2\pi}\sigma}\int_{-\infty}^{\infty}\exp\left\{-\frac{(x-a)^2}{2\sigma^2}\right\}\mathrm{d}x \\
&:= I_1 + aI_2.
\end{aligned}$$

之所以可将其表示为两个积分之和, 是由于这两个无穷积分都绝对收敛. 并且易知, 如果令 $t = x - a$, 则有

$$I_1 = \frac{1}{\sqrt{2\pi}\sigma}\int_{-\infty}^{\infty} t\exp\left\{-\frac{t^2}{2\sigma^2}\right\}\mathrm{d}t = 0,$$

这是因为被积函数是奇函数; 另一方面, 易见

$$I_2 = \frac{1}{\sqrt{2\pi}\sigma}\int_{-\infty}^{\infty}\exp\left\{-\frac{(x-a)^2}{2\sigma^2}\right\}\mathrm{d}x = \int_{-\infty}^{\infty}\varphi_{a,\sigma}(x)\mathrm{d}x = 1.$$

综合上述, 即得 $\mathbf{E}X = a$, 恰好是 $\mathcal{N}(a, \sigma^2)$ 中的第一个参数.

直接利用方差的定义, 有

$$\begin{aligned}
\mathbf{Var}X &= \mathbf{E}(X-\mathbf{E}X)^2 = \frac{1}{\sqrt{2\pi}\sigma}\int_{-\infty}^{\infty}(x-a)^2\exp\left\{-\frac{(x-a)^2}{\sigma^2}\right\}\mathrm{d}x \\
&= \sigma^2\frac{1}{\sqrt{2\pi}}\int_{-\infty}^{\infty}u^2\mathrm{e}^{-\frac{u^2}{2}}\mathrm{d}u = \sigma^2\frac{2}{\sqrt{2\pi}}\int_0^{\infty}2t\mathrm{e}^{-t}\mathrm{d}\sqrt{2t} \\
&= \frac{2\sigma^2}{\sqrt{\pi}}\int_0^{\infty}t^{1/2}\mathrm{e}^{-t}\mathrm{d}t = \frac{2\sigma^2}{\sqrt{\pi}}\Gamma\left(\frac{3}{2}\right) = \sigma^2,
\end{aligned}$$

其中利用了 Γ 函数的知识: $\displaystyle\int_0^{\infty}t^{1/2}\mathrm{e}^{-t}\mathrm{d}t = \Gamma\left(\frac{3}{2}\right) = \frac{1}{2}\Gamma\left(\frac{1}{2}\right) = \frac{\sqrt{\pi}}{2}$.

到此为止, 我们对正态分布 $\mathcal{N}(a, \sigma^2)$ 中的两个参数都找到了解释: a 是它的期望, σ^2 是它的方差.

我们来看一个如何利用标准正态分布计算一般情形下的正态分布的概率的例子.

例 3.5.1 由学校到飞机场有两条路线, 所需时间随交通堵塞状况有所变化, 若以分钟计算, 第一条路线所需时间 X_1 服从正态分布 $\mathcal{N}(50,100)$; 第二条路线所需时间 X_2 服从正态分布 $\mathcal{N}(60,16)$. 如果要求: (1) 在 70 分钟内赶到机场; (2) 在 65 分钟内赶到机场. 试问: 各应选择哪条路线?

解 利用式 (3.5.4), 分别出计算如下概率:

$$\mathbf{P}(X_1 \leqslant 70) = \Phi\left(\frac{70-50}{10}\right) = \Phi(2) = 0.9772;$$

$$\mathbf{P}(X_2 \leqslant 70) = \Phi\left(\frac{70-60}{4}\right) = \Phi(2.5) = 0.9938;$$

$$\mathbf{P}(X_1 \leqslant 65) = \Phi\left(\frac{65-50}{10}\right) = \Phi(1.5) = 0.9332;$$

$$\mathbf{P}(X_2 \leqslant 65) = \Phi\left(\frac{65-60}{4}\right) = \Phi(1.35) = 0.8944.$$

通过比较知: 如果要求在 70 分钟内赶到机场, 则宜选择第二条路线; 而如果要求在 65 分钟内赶到机场, 则应选择第一条路线.

正态分布密度函数的形式很特别, 其原函数不存在, 这就使其积分难于处理, 对它的性质研究造成许多困难. 在求具体范围内的概率数值时, 尚可化为标准正态利用表格查出, 如例 3.5.1 所示. 然而正态分布有着其他任何分布都无法替代的重要地位, 而且其他任何分布在一定条件下都可以用正态分布来逼近, 这就需要我们讨论正态分布的极限性质. 例 3.5.2 就是一个这样的问题, 它给出对标准正态随机变量 X 的尾分布的阶的一种估计.

例 3.5.2 对于标准正态随机变量 X, 有

$$\mathbf{P}(|X| \geqslant x) \sim \sqrt{\frac{2}{\pi}}\frac{1}{x}\exp\left\{-\frac{x^2}{2}\right\}, \quad x \to \infty,$$

其中, $a(x) \sim b(x)$, $x \to \infty$ 表示

$$\lim_{x\to\infty}\frac{a(x)}{b(x)} = 1. \tag{3.5.5}$$

证明 由于对任何 $x > 0$, 都有

$$\mathbf{P}(|X| \geqslant x) = \sqrt{\frac{2}{\pi}}\int_x^{\infty}\exp\left\{-\frac{u^2}{2}\right\}\mathrm{d}u,$$

所以只需证明

$$\int_x^{\infty}\exp\left\{-\frac{u^2}{2}\right\}\mathrm{d}u \sim \frac{1}{x}\exp\left\{-\frac{x^2}{2}\right\}, \quad x \to \infty.$$

易知,

$$\int_x^\infty \exp\left\{-\frac{u^2}{2}\right\}\mathrm{d}u=\int_x^\infty \frac{1}{u}\cdot u\exp\left\{-\frac{u^2}{2}\right\}\mathrm{d}u=-\int_x^\infty \frac{1}{u}\mathrm{d}\exp\left\{-\frac{u^2}{2}\right\}.$$

利用分部积分, 可得

$$\begin{aligned}&\int_x^\infty \exp\left\{-\frac{u^2}{2}\right\}\mathrm{d}u=-\int_x^\infty \frac{1}{u}\mathrm{d}\exp\left\{-\frac{u^2}{2}\right\}\\&=\frac{1}{x}\exp\left\{-\frac{x^2}{2}\right\}+\int_x^\infty \exp\left\{-\frac{u^2}{2}\right\}\mathrm{d}\frac{u^2}{2}\\&=\frac{1}{x}\exp\left\{-\frac{x^2}{2}\right\}-\int_x^\infty \frac{1}{u^2}\exp\left\{-\frac{u^2}{2}\right\}\mathrm{d}u\leqslant\frac{1}{x}\exp\left\{-\frac{x^2}{2}\right\}.\end{aligned}$$

如果将上面的倒数第二步继续算下去, 则又可得

$$\begin{aligned}\int_x^\infty \exp\left\{-\frac{u^2}{2}\right\}\mathrm{d}u&=\frac{1}{x}\exp\left\{-\frac{x^2}{2}\right\}-\int_x^\infty \frac{u^2}{2}\exp\left\{-\frac{u^2}{2}\right\}\mathrm{d}u\\&=\frac{1}{x}\exp\left\{-\frac{x^2}{2}\right\}-\int_x^\infty \frac{1}{u^3}\exp\left\{-\frac{u^2}{2}\right\}\mathrm{d}\frac{u^2}{2}\\&=\frac{1}{x}\exp\left\{-\frac{x^2}{2}\right\}+\int_x^\infty \frac{1}{u^3}\mathrm{d}\exp\left\{-\frac{u^2}{2}\right\}\\&=\left(\frac{1}{x}-\frac{1}{x^3}\right)\exp\left\{-\frac{x^2}{2}\right\}+3\int_x^\infty \frac{1}{u^4}\exp\left\{-\frac{u^2}{2}\right\}\mathrm{d}u\\&\geqslant\left(\frac{1}{x}-\frac{1}{x^3}\right)\exp\left\{-\frac{u^2}{2}\right\}.\end{aligned}$$

综合上述两方面, 得

$$\left(\frac{1}{x}-\frac{1}{x^3}\right)\exp\left\{-\frac{x^2}{2}\right\}\leqslant\int_x^\infty \exp\left\{-\frac{u^2}{2}\right\}\mathrm{d}u\leqslant\frac{1}{x}\exp\left\{-\frac{x^2}{2}\right\}.$$

由此即可得到所要证明的结论.

3.5.2　正态分布的高度集中性

从数学上说, 正态分布是一种展布在整个实轴上的分布, 这就意味着正态随机变量可取任何实数值, 特别地, 它既可取正数值, 又可取负数值, 而且在这两个方向上都可以取绝对值很大很大的值.

可是另一方面, 人们心理上的正态分布恰恰是一种常态分布, 它的分布展布于 "峰值" 的两侧, 基本对称, 越往两头越小, 这些基本特性都与自然界、人类社会、心理学、教育学中的许多数量的分布规律相吻合. 例如, 同族人群的身高、体重, 同一班学生的成绩, 同一台机床加工出的产品尺寸, 等等, 皆是如此. 然而, 这些量基本上都是有界量, 并且都是正值量.

那么, 这些数量的分布能否用数学上的正态分布来刻画呢? 我们说, 可以, 其原因就在于正态分布的高度集中性. 工业产品的生产过程受到众多随机因素的影响, 所以产品的各项指标都与设计数值存在一定的误差, 这些误差只会随机地在一定的范围内波动, 不可能是无界的随机变量. 人们之所以可用正态分布来描述误差的分布, 除了实际中所绘制出的分布曲线很接近于正态曲线之外, 还由于正态随机变量在分布上的高度集中性, 这使得可以用这个本是无界的随机变量的分布来刻画有界的误差分布.

观察一下标准正态分布 $\mathcal{N}(0, 1)$ 的分布值的表格中, 可以发现那里只列到 $\Phi(6)$ 为止, 并且只有 $\Phi(4)$ 以下列得比较详细. 这是因为 $\Phi(6)$ 已经等于 0.9999999990, 再列下去已经没有意义了. 这表明标准正态分布 $\mathcal{N}(0, 1)$ 变量 Y 取更大值的概率微乎其微. 这个性质就是正态分布的高度集中性. 正是由于这一性质, 正态分布有着极为广泛的用途.

如下几个值特别需要关注. 例如, $\Phi(3) = 0.9987$, 因此

$$\mathbf{P}(|Y| \leqslant 3) = \Phi(3) - \Phi(-3) = 2\Phi(3) - 1 = 0.9974,$$

这个概率值足够大. 并且任何正态变量都有相应的性质, 事实上, 利用关系式 (3.5.4), 不难得知

$$\begin{aligned}&\mathbf{P}(|X - a| \leqslant 3\sigma) = \mathbf{P}(a - 3\sigma \leqslant X \leqslant a + 3\sigma)\\&= \Phi_{a,\sigma}(a + 3\sigma) - \Phi_{a,\sigma}(a - 3\sigma) = \Phi(3) - \Phi(-3) = 0.9974.\end{aligned}$$

这正是正态随机变量分布上的高度集中性的表现.

此外, 经过类似的计算, 还可知:

如果随机变量 X 服从正态分布 $\mathcal{N}(a, \sigma^2)$, 则有

$$\mathbf{P}(|X - a| \leqslant \sigma) = \Phi(1) - \Phi(-1) = 0.6827,$$
$$\mathbf{P}(|X - a| \leqslant 2\sigma) = \Phi(2) - \Phi(-2) = 0.9545.$$

这些关系式对于我们处理实际问题具有重要参考价值.

下面来看几个例子.

例 3.5.3 某地抽样调查了 100 名男性大学生的身高. 算得其平均值为 $\overline{X} = 172.2\text{cm}$, 标准差为 $s = 4.01\text{cm}$. 那么我们就可以利用这些数据做一系列的统计推断, 例如

为了估计该地男性大学生中 168cm 以下人数在总数中所占的比例, 我们用 $\overline{X}$ 代替 $\mathcal{N}(a, \sigma^2)$ 中的参数 a, 用 s 代替 σ, 算得

$$u = \frac{168 - 172.2}{4.01} = -1.17.$$

再利用标准正态分布 $\mathcal{N}(0, 1)$ 的分布值的表格, 查得

$$\Phi(-1.17) = 1 - \Phi(1.17) = 1 - 0.8790 = 0.1210 = 12.1\%.$$

而实际上这 100 名大学生身高在 168cm 以下的恰恰有 12 人, 可见吻合得很好.

为了估计 168cm 到 176cm 之间的人数所占的比例, 注意到

$$168 = 172.2 - 4.2 \approx \overline{X} - s; \qquad 176 = 172.2 + 3.8 \approx \overline{X} + s.$$

我们近似地将这个比例估计为

$$\Phi(1) - \Phi(-1) = 2\Phi(1) - 1 = 0.6827 = 68.27\%.$$

而实际上这 100 个人中身高属于这一区间的有 67 人, 也吻合得较好.

这仅仅是一个很普通的例子. 正态分布的应用已经渗透到许多领域. 例如, 高考是一件牵动全国亿万民众的大事. 高考中出现的大批数据是一笔宝贵财富. 通过对这些数据的分析可以获得许多信息. 诸如, 当年试题的难易程度, 是否切合学生的实际水平, 是否有偏难或偏易情况; 各省教育水平之间存在怎样的差异, 学生对各科知识的掌握方面是否存在差异, 同一学科内部不同章节之间是否存在差异, 等等, 都是可以通过高考成绩分析出来的. 高考考生在一个省有数十万人, 在全国可达千万之巨. 这么庞大的数据, 之所以可对它们进行分析, 就是因为这些数据的分布是非常接近正态分布的.

正态分布在医学上也大有用武之地. 除了同质群体中的人们的身高、体重之外, 人们的红细胞数目、血红蛋白含量等各种生理、生化指标也都服从正态分布. 在体检报告单上有一栏, 叫做 "正常值范围". 如果你的相应指标落在该范围内, 就认为你正常. 那么这些正常值范围是如何确定出来的呢? 它首先要采集一大批数据, 这些数据的量要足够大, 被采集者要属于正常人, 正常人不一定是健康人, 而是在该项指标上没有受到有关疾病或特殊环境因素的影响的人群. 由这些数据的直方图得到分布曲线基本上吻合于正态分布的密度曲线. 通常把位于样本均值 $\pm 2s$ 的范围确定为正常值范围, 因为这个区间里集中了大约 95% 的正常人. 当然, 也有按照需要, 把界限确定为 80%, 90% 甚至为 99% 的. 比如, 白细胞计数过高或过低均属不正常, 就可以这样来确定双侧界限值. 也有些指标, 例如肝功能中转氨酶过高属于不正常, 而肺活量过低属于不正常, 那么就确定相应的单侧界限.

习　题　3.5

1. 若 X 的分布函数为 $\mathcal{N}(10, 4)$, 求 X 落在下列区间的概率:
(1) (6, 9); (2) (7, 12); (3) (13, 15).

2. 若 X 的分布函数为 $\mathcal{N}(60,9)$, 求分点 x_1,x_2,x_3,x_4 使 X 落在区间

$$(-\infty,x_1),\ (x_1,x_2),\ (x_2,x_3),\ (x_3,x_4),\ (x_4,\infty)$$

中的概率之比为 $7:24:38:24:7$.

3. 在 $\triangle ABC$ 内任取一点 M, 连接 AM 并延长, 与边 BC 相交于 N, 证明: 点 N 的坐标在线段 BC 构成的区间上均匀分布.

4. 假定随机变量 X 只取区间 $(0,1)$ 中的值, 且对任何 $0<x<y<1$, X 落在子区间 (x,y) 内的概率仅与 $y-x$ 有关. 证明: X 服从 $U(0,1)$ (即区间 $(0,1)$ 上的均匀分布).

5. 在 $(0,a)$ 线段上任取两点 (两点的位置相互独立地服从 $U(0,a)$). 试求两点间的距离的分布函数.

6. 设随机变量 $X\sim\mathcal{N}(3,2^2)$.

(1) 求 $\mathbf{P}(2<X\leqslant 5)$, $\mathbf{P}(-4<X\leqslant 10)$, $\mathbf{P}(|X|>2)$, $\mathbf{P}(X>3)$;

(2) 确定常数 c, 使 $\mathbf{P}(X>c)=\mathbf{P}(X\leqslant c)$.

7. 设随机变量 X 服从正态分布 $\mathcal{N}(110,\ 12^2)$, 确定最小的实数 x, 使

$$\mathbf{P}(X>x)\leqslant 0.05.$$

8. 某工厂生产的电子管的寿命 X(以小时计) 服从正态分布 $\mathcal{N}(160,\sigma^2)$, 为了达到要求 $\mathbf{P}(120<X\leqslant 200)\geqslant 0.80$, 试问, σ 的最大可能值是多少?

9. 设随机变量 X 服从 $\mathcal{N}(0,1)$, $Y=X$ 或 $-X$, 视 $|X|\leqslant 1$ 或 $|X|>1$ 而定. 求 Y 的分布.

3.6 随机变量的若干变换及其分布

对随机变量作某种变换是理论上和实践中经常遇到的问题. 只要这种变换是 Borel 可测的, 那么变换的结果就仍然是一个随机变量. 现在的问题是, 如何由原来的随机变量的分布函数去求出变换后的随机变量的分布函数? 下面就一些具体的变换形式讨论这个问题.

*3.6.1 随机变量的截尾

先来看一个例子.

例 3.6.1 用记录仪记录一天内到来的 α 粒子数目 X, 记录仪的最大显示数目为 $10^{10}-1$, 因此, 当 $X\leqslant 10^{10}-1$ 时, 记录仪可以显示其真实记录到的粒子数目 X; 而当 $X>10^{10}-1$ 时, 记录仪显示的数目就是 $10^{10}-1$. 所以当记录仪上的显示数目为 $10^{10}-1$ 时, 我们只能知道, 这一天内到来的 α 粒子数目不少于 $10^{10}-1$, 而不知道其实际数目.

如果用 Y 表示所显示的数目, 那么它与 X 之间就有如下关系:

$$Y=\begin{cases} X, & X \leqslant 10^{10}-1, \\ 10^{10}-1, & X > 10^{10}-1. \end{cases}$$

此时, 把 Y 称为对 X 的截尾, 或更确切地, 称为对 X 的**限尾**, 亦即限制其尾部变化. 由于此例中的随机变量是非负的, 所以采用单边截尾. 显然, 限尾只会对无界的随机变量进行.

定义 3.6.1 设 X 为随机变量, 如果对任何 $M>0$, 都有 $\mathbf{P}(X>M)>0$, 则称 X 上方无界; 如果对任何 $M>0$, 都有 $\mathbf{P}(X<-M)>0$, 则称 X 下方无界.

一般地, 对于上下方均无界的随机变量, 有如下定义.

定义 3.6.2 设 X 为随机变量, $a<b$, 如果

$$Y=\begin{cases} a, & X<a, \\ X, & a \leqslant X \leqslant b, \\ b, & X>b, \end{cases}$$

则称 Y 为 X 的限尾随机变量.

可以用示性函数将 X 的限尾随机变量 Y 表示为

$$Y=aI(X<a)+XI(a \leqslant X \leqslant b)+bI(X>b); \tag{3.6.1}$$

通常采用对称的限尾方式, 即对某个 $c>0$, 取 $a=-c,\ b=c$, 此时有

$$\begin{aligned} Y &= -cI(X<-c)+XI(-c \leqslant X \leqslant c)+cI(X>c) \\ &= -cI(X<-c)+XI(|X| \leqslant c)+cI(X>c). \end{aligned} \tag{3.6.2}$$

如果设 X 的分布函数为 $F_X(x)$, 我们来看按照 (3.6.1) 方式限尾的随机变量 Y 的分布函数 $F_Y(x)$. 易见,

$$F_Y(x)=\begin{cases} 0, & x<a, \\ F_X(x), & a \leqslant x<b, \\ 1, & x \geqslant b. \end{cases}$$

不难看出, 可以用示性函数将 $F_Y(x)$ 表示为

$$F_Y(x)=F_X(x)I(x \geqslant a)+(1-F_X(x))I(x \geqslant b), \quad x \in \mathbb{R}. \tag{3.6.3}$$

由 (3.6.3) 式易知, $F_Y(x)$ 在 $x=a$ 和 $x=b$ 处分别有跳跃高度

$$F_Y(a)-F_Y(a-0)=F_X(a), \quad F_Y(b)-F_Y(b-0)=1-F_X(b-0).$$

因此, 如果 $F_X(x)$ 原来是连续型分布, 那么 $F_Y(x)$ 便成为混合型分布.

当对随机变量 X 按式 (3.6.2) 作对称限尾时, 易见

$$F_Y(x) = F_X(x)I(x \geqslant -c) + (1 - F_X(x))I(x \geqslant c), \quad x \in \mathbb{R}. \tag{3.6.4}$$

对随机变量还有另一种截尾方式, 试看下例.

例 3.6.2 汇市中, 将每笔交易的最大数额限定为 10^6 美元. 如果客户申请的交易额 X 不超过该数额, 则如数成交; 如果超过了, 则拒绝该笔交易.

如果将每笔交易的数额记作 Y, 那么显然就有

$$Y = \begin{cases} X, & |X| \leqslant 10^6, \\ 0, & |X| > 10^6, \end{cases}$$

或者写成

$$Y = XI(|X| \leqslant 10^6).$$

此时, 将 Y 称为 X 的切尾随机变量, 意即 X 的尾部被切去. 一般地, 有如下定义.

定义 3.6.3 设 X 为无界随机变量, $a < b$, 如果

$$Y = XI(a \leqslant X \leqslant b), \tag{3.6.5}$$

则将 Y 称为 X 的切尾随机变量. 通常对某个 $c > 0$, 取 $a = -c$, $b = c$.

对 $c > 0$, 将随机变量 X 在 $\pm c$ 处切尾后, 所得的随机变量 Y 的分布函数 $F_Y(x)$ 与 X 的分布函数 $F_X(x)$ 之间有如下关系:

$$F_Y(x) = \begin{cases} 0, & x < -c, \\ F_X(x) - F_X(-c-0), & -c \leqslant x < 0, \\ F_X(x) + 1 - F_X(c), & 0 \leqslant x < c, \\ 1, & x \geqslant c. \end{cases} \tag{3.6.6}$$

因此, 通常 $F_Y(x)$ 在 $x = 0$ 处有一个跳跃, 跳跃高度为

$$F_Y(0) - F_Y(0-0) = F_X(0) - F_X(0-0) + F_X(-c-0) + 1 - F_X(c).$$

通常把对随机变量的限尾和切尾都称为 “截尾”. 截尾技术在概率论的研究和应用中经常运用.

*3.6.2 与连续型随机变量有关的两种变换

如果随机变量的分布函数连续, 就将其称为连续的随机变量. 应当注意, 连续的分布函数不一定就是连续型分布, 从 Lebesgue 分解的角度看, 连续的分布函数中可能含有奇异连续成分. 对于连续的随机变量 X, 有

$$F_X(x) = \mathbf{P}(X \leqslant x) = \mathbf{P}(X < x), \quad x \in \mathbb{R}.$$

在对连续随机变量所作的变换中, 有两种常用的形式在理论上和应用中都具有特殊的意义. 它们都与随机变量的分布函数有关.

一种形式如下.

例 3.6.3　设 X 为随机变量, 其分布函数为 $F_X(x)$, 令

$$Y = F_X(X). \tag{3.6.7}$$

对此有如下定理.

定理 3.6.1　如果随机变量 X 的分布函数 $F_X(x)$ 连续, 则随机变量 $Y = F_X(X)$ 服从分布 $U(0,1)$.

我们曾经在式 (3.3.6) 中给出过分布函数 $F(x)$ 的反函数 $F^{-1}(u)$ 的定义, 并且在定理 3.3.2 的证明过程中证明了: 对于任何服从分布 $U(0,1)$ 的随机变量 X, 随机变量 $Z = F^{-1}(X)$ 服从分布 $F(x)$ (见推论 3.3.1). 现在的定理 3.6.1 则从另一个方面指出了分布 $U(0,1)$ 在概率论中的特殊地位.

定理 3.6.1 的证明　显然, 有

$$0 \leqslant Y = F_X(X) \leqslant 1.$$

由于 $F_X(x)$ 连续, 所以 $Y = F_X(X)$ 是连续的随机变量, 且由 (3.3.6) 式知: 对 $t \in (0,1)$, 有

$$F_X^{-1}(t) = \inf\{x \mid F_X(x) \geqslant t\} \geqslant y \Longleftrightarrow F_X(y) \leqslant t; \tag{3.6.8}$$

$$F_X\left(F_X^{-1}(t)\right) = \inf\{F_X(x) \mid F_X(x) \geqslant t\} = t. \tag{3.6.9}$$

所以就有

$$\begin{aligned}\mathbf{P}(Y \leqslant t) &= \mathbf{P}\left(F_X(X) \leqslant t\right) = \mathbf{P}\left(F_X^{-1}(t) \geqslant X\right)\\ &= \mathbf{P}\left(X \leqslant F_X^{-1}(t)\right) = F_X(F_X^{-1}(t)) = t,\end{aligned}$$

因此 $Y = F_X(X)$ 服从分布 $U(0,1)$.

另一种变换形式则揭示了标准指数分布在概率论中的特殊地位.

例 3.6.4　如果分布函数 $F(x)$ 满足条件:

$$F(x) < 1, \quad \forall x \in \mathbb{R}, \tag{3.6.10}$$

那么就可以定义

$$R(x) = -\ln\left(\overline{F}(x)\right) = \ln\frac{1}{\overline{F}(x)}, \quad x \in \mathbb{R}, \tag{3.6.11}$$

其中 $\overline{F}(x)=1-F(x)$. 易知 $R(x)$ 非降, 非负, 右连续, $R(-\infty)=0$, $R(\infty)=\infty$. $R(x)$ 在可靠性理论和金融保险等应用概率领域都有应用. 现在, 我们来证明与 $R(x)$ 有关的一种变换的有趣性质.

定理 3.6.2 如果随机变量 X 的分布函数 $F_X(x)$ 连续, 满足条件 (3.6.10), 而

$$Y=R(X), \tag{3.6.12}$$

其中 $R(x)$ 如 (3.6.11) 式所定义, 则随机变量 Y 服从标准指数分布 Exp(1).

证明 由于 $F_X(x)$ 连续, 所以 $R(x)$ 为非降非负的连续函数, 从而 $Y=R(X)\geqslant 0$. 又易知, 对任何 $x>0$, 有

$$\mathbf{P}(Y\leqslant x)=\mathbf{P}(R(X)\leqslant x)=\mathbf{P}\Big(-\ln\left(1-F_X(X)\right)\leqslant x\Big)=\mathbf{P}\Big(F_X(X)\leqslant 1-\mathrm{e}^{-x}\Big).$$

由定理 3.6.1 知, 随机变量 $F_X(X)$ 服从分布 $U(0,1)$, 所以由上式立得

$$\mathbf{P}(Y\leqslant x)=\mathbf{P}\Big(F_X(X)\leqslant 1-\mathrm{e}^{-x}\Big)=1-\mathrm{e}^{-x},\quad x>0,$$

此即表明 $Y=R(X)$ 服从标准指数分布 Exp(1).

正由于如此, 标准指数分布 Exp(1) 在金融保险等相关领域有重要应用.

3.6.3 随机变量的初等函数

以上所说到的都是一些常用的具有特殊形式的变换. 现在来讨论随机变量的初等函数.

设 X 为随机变量, 而 $g(x)$ 是定义在实直线上的实值初等函数, 记 $Y=g(X)$, 那么 Y 就称为 X 的初等函数. 由于初等函数都是连续函数, 所以一定为 Borel 可测的, 从而 $Y=g(X)$ 为随机变量. 下面来讨论 Y 的分布律.

如果 X 服从离散型分布, 那么 $Y=g(X)$ 的分布律很易表出. 设 X 的分布律为

$$\begin{pmatrix} a_1 & a_2 & \cdots \\ p_1 & p_2 & \cdots \end{pmatrix},$$

那么, 当 $g(x)$ 满足条件

$$g(x_1)\neq g(x_2),\quad \forall x_1\neq x_2 \tag{3.6.13}$$

时, $Y=g(X)$ 的分布律就相应地是

$$\begin{pmatrix} g(a_1) & g(a_2) & \cdots \\ p_1 & p_2 & \cdots \end{pmatrix}.$$

当条件 (3.6.13) 不满足时, 则需要作一些调整, 即应把相应的概率值累加. 例如, $g(x)=x^2$, 而 X 的分布律为

$$\begin{pmatrix} -2 & -1 & 1 & 2 \\ p_1 & p_2 & p_3 & p_4 \end{pmatrix},$$

那么, $Y=X^2$ 的分布律为

$$\begin{pmatrix} 1 & 4 \\ p_2+p_3 & p_1+p_4 \end{pmatrix}.$$

一般地, 离散型随机变量的函数 $Y=g(X)$ 分布律可通过如下和式, 对 Y 所可能取的各个值 y 逐一求出:

$$\mathbf{P}(Y=y)=\mathbf{P}(g(X)=y)=\sum_{x:\,g(x)=y}\mathbf{P}(X=x).$$

以下着重讨论连续型分布的情形. 先从一些具体例子看起.

例 3.6.5 设随机变量 X 服从分布 $U\left(-\dfrac{\pi}{2},\dfrac{\pi}{2}\right)$, $Y=\tan X$, 试求 Y 的分布函数和密度函数.

解 易知, 对任何实数 x, 有

$$\begin{aligned} F_Y(x) &= \mathbf{P}(Y\leqslant x)=\mathbf{P}(\tan X\leqslant x)=\mathbf{P}(X\leqslant \arctan x)\\ &=\int_{-\frac{\pi}{2}}^{\arctan x}\frac{1}{\pi}\,\mathrm{d}t=\frac{1}{\pi}\arctan x+\frac{1}{2}, \end{aligned}$$

这就是 Y 的分布函数. 由此求得 Y 的密度函数为

$$p_Y(x)=\frac{\mathrm{d}}{\mathrm{d}x}F_Y(x)=\frac{1}{\pi\cdot(1+x^2)},\quad x\in\mathbb{R}.$$

这是 Cauchy 分布的特殊情形. 一般地, 将密度函数为

$$p(x)=\frac{1}{\pi}\,\frac{\lambda}{\lambda^2+(x-\mu)^2} \tag{3.6.14}$$

的连续型分布称为 Cauchy 分布, 其中 $\lambda>0$, $\mu\in\mathbb{R}$. 所以例 3.6.5 中的 Y 服从的是参数 $\lambda=1$, $\mu=0$ 的 Cauchy 分布. Cauchy 分布是概率论中的一种具有代表性的分布.

在上述推导中, 条件 $X\in\left(-\dfrac{\pi}{2},\dfrac{\pi}{2}\right)$ 起了重要作用. 因为当 $t\in\left(-\dfrac{\pi}{2},\dfrac{\pi}{2}\right)$ 时, 函数 $u=\tan t$ 严格上升, 从而它存在唯一的反函数 $t=\arctan u$, 此时有 $(\tan X\leqslant x)=(X\leqslant \arctan x)$ 的关系式成立. 针对这种场合, 给出如下定理.

定理 3.6.3 设随机变量 X 服从连续型分布 $F_X(x)$, 相应的密度函数为 $p_X(x)$, $a < x < b$. 而函数 $u = g(t)$ 是区间 (a, b) 上的严格单调的连续函数, 它的反函数 $h(u) = g^{-1}(u)$ 是某个区间 (α, β) 上的可导函数, 则 $Y = g(X)$ 是连续型随机变量, 其密度函数为

$$p_Y(x) = p_X(h(x))|h'(x)|, \quad x \in (\alpha, \beta). \tag{3.6.15}$$

证明 事实上, 当 g 严格上升时, 有

$$\begin{aligned} F_Y(x) &= \mathbf{P}(Y \leqslant x) = \mathbf{P}(g(X) \leqslant x) = \mathbf{P}(X \leqslant g^{-1}(x)) \\ &= \mathbf{P}(X \leqslant h(x)) = F_X(h(x)), \end{aligned}$$

当 g 严格下降时, 有

$$\begin{aligned} F_Y(x) &= \mathbf{P}(Y \leqslant x) = \mathbf{P}(g(X) \leqslant x) = \mathbf{P}(X \geqslant g^{-1}(x)) \\ &= \mathbf{P}(X \geqslant h(x)) = 1 - F_X(h(x)). \end{aligned}$$

再利用关系式 $p_Y(x) = \dfrac{\mathrm{d}}{\mathrm{d}x} F_Y(x)$, 即可在上述两种情况下分别求得

$$p_Y(x) = \frac{\mathrm{d}}{\mathrm{d}x} F_X(h(x)) = p_X(h(x))h'(x) = p_X(h(x))|h'(x)|, \quad x \in (\alpha, \beta)$$

和

$$p_Y(x) = \frac{\mathrm{d}}{\mathrm{d}x}\{-F_X(h(x))\} = -p_X(h(x))h'(x) = p_X(h(x))|h'(x)|, \quad x \in (\alpha, \beta).$$

例 3.6.6 设 $g(x) = a + bx$, $x \in \mathbb{R}$, $b \neq 0$. X 为随机变量, $Y = g(X)$. 试分别对: (1) X 服从 $U(0,1)$; (2) X 服从 $\mathcal{N}(0,1)$, 求出 Y 的密度函数.

解 由定理 3.6.3 易知: 当 X 服从 $U(0,1)$ 时, Y 仍为连续型随机变量. 如果 $b > 0$, 则密度函数为

$$p_Y(x) = p_X\left(\frac{x-a}{b}\right)\frac{1}{b} = \frac{1}{b}, \quad x \in (a, a+b),$$

即 Y 服从均匀分布 $U(a, a+b)$. 如果 $b < 0$, 则密度函数为

$$p_Y(x) = p_X\left(\frac{x-a}{b}\right)\frac{1}{|b|} = \frac{1}{|b|}, \quad x \in (a+b, a),$$

即 Y 服从均匀分布 $U(a+b, a)$.

当 X 服从 $\mathcal{N}(0,1)$ 时, Y 仍为连续型随机变量, 且密度函数为

$$p_Y(x)=p_X\left(\frac{x-a}{b}\right)\frac{1}{|b|}=\frac{1}{\sqrt{2\pi}|b|}\exp\left\{-\frac{(x-a)^2}{2b^2}\right\},\quad x\in\mathbb{R}.$$

总之, 不论 $b>0$ 还是 $b<0$, 都有 Y 服从正态分布 $\mathcal{N}(a,b^2)$.

现在, 我们来讨论较为一般的情形. 仍然先看例子.

例 3.6.7　设随机变量 X 服从标准正态分布 $\mathcal{N}(0,1)$, $Y=X^2$, 试求 Y 的分布.

解　显然 Y 为非负随机变量, 所以有 $F_Y(x)=0,\ x\leqslant 0$. 当 $x>0$ 时, 有

$$F_Y(x)=\mathbf{P}(Y\leqslant x)=\mathbf{P}(X^2\leqslant x)=\mathbf{P}(-\sqrt{x}\leqslant X\leqslant\sqrt{x})=\Phi(\sqrt{x})-\Phi(-\sqrt{x}).$$

所以 Y 的密度函数为

$$p_Y(x)=\frac{\mathrm{d}}{\mathrm{d}x}F_Y(x)=\frac{\mathrm{d}}{\mathrm{d}x}\Phi(\sqrt{x})-\frac{\mathrm{d}}{\mathrm{d}x}\Phi(-\sqrt{x})=\frac{1}{\sqrt{2\pi x}}\exp\left\{-\frac{x}{2}\right\},\quad x>0.$$

例 3.6.8　设随机变量 X 服从连续型分布 $F_X(x)$, 相应的密度函数为 $p_X(x)$. 而 $Y=\sin X$, 我们来求 Y 的分布函数和密度函数.

解　易知, $-1\leqslant Y\leqslant 1$, 所以只需对 $x\in[-1,1]$, 考察 $F_Y(x)$ 和 $p_Y(x)$ 的值. 设 $-1<x<1$, 有

$$\begin{aligned}F_Y(x)&=\mathbf{P}(Y\leqslant x)=\mathbf{P}(-1\leqslant\sin X\leqslant x)\\&=\sum_{k=-\infty}^{\infty}\mathbf{P}\Big((2k-1)\pi-\arcsin x\leqslant X\leqslant 2k\pi+\arcsin x\Big)\\&=\sum_{k=-\infty}^{\infty}\Big\{F_X(2k\pi+\arcsin x)-F_X((2k-1)\pi-\arcsin x)\Big\}.\end{aligned}$$

因此, 相应的密度函数为

$$\begin{aligned}p_Y(x)&=\frac{\mathrm{d}}{\mathrm{d}x}F_Y(x)=\sum_{k=-\infty}^{\infty}\left(\frac{\mathrm{d}}{\mathrm{d}x}F_X(2k\pi+\arcsin x)-\frac{\mathrm{d}}{\mathrm{d}x}F_X((2k-1)\pi-\arcsin x)\right)\\&=\sum_{k=-\infty}^{\infty}\frac{1}{\sqrt{1-x^2}}\Big\{p_X(2k\pi+\arcsin x)+p_X((2k-1)\pi-\arcsin x)\Big\}.\end{aligned}$$

在上述两例解答过程中, 我们事实上都利用了函数 $g(x)$ 的反函数的逐段唯一性和可微性, 对此不加证明地总结如下.

定理 3.6.4 设随机变量 X 服从连续型分布 $F_X(x)$, 相应的密度函数为 $p_X(x)$, $a<x<b$. 如果可以把 (a,b) 分割为一些 (有限个或可列个) 子区间 $(a,b)=\bigcup\limits_j I_j$, 使得函数 $u=g(t)$, $t\in(a,b)$ 在每个子区间上有唯一的反函数 $h_j(u)$, 并且 $h_j'(u)$ 存在连续, 则 $Y=g(X)$ 是连续型随机变量, 其密度函数为

$$p_Y(x)=\sum_j p_X(h_j(x))|h_j'(x)|. \tag{3.6.16}$$

习 题 3.6

1. 设离散型随机变量 X 的分布律为

$$\mathbf{P}(X=0)=\frac{1}{4},\quad \mathbf{P}\left(X=\frac{\pi}{2}\right)=\frac{1}{2},\quad \mathbf{P}(X=\pi)=\frac{1}{4}.$$

求 $\frac{2}{3}X+2$ 及 $\cos X$ 的分布律.

2. 设 $X\sim U(0,\pi)$, 求 $Y=\sin X$ 的分布函数.

3. 设 $X\sim U\left[-\frac{\pi}{2},\frac{\pi}{2}\right]$, 求 $Y=\cos X$ 的分布函数.

4. 设 $X\sim U(-1,1)$, 求 $Y=\frac{1}{X^2}$ 的分布函数.

5. 设 $X\sim U(-2,3)$,

$$Y=\begin{cases}-1, & X\leqslant -1,\\ X, & -1<X<1,\\ 1, & X\geqslant 1,\end{cases}$$

分别求 Y 和 Y^{-2} 的分布函数.

6. 设 $X\sim U(0,1)$, 分别求 e^X 和 $-2\ln X$ 的概率密度函数.

7. 设 $X\sim\mathcal{N}(0,1)$, 分别求 e^X, $1/X^2$, $2X^2+1$ 和 $|X|$ 的概率密度函数.

8. 设 X 服从参数为 1 的指数分布, 求 $Y=X^2$ 的概率密度函数.

9. 设连续型随机变量 X 的密度函数为

$$p_X(x)=2x,\quad 0<x\leqslant 1,$$

分别求 $Y_1=\frac{1}{X}$, $Y_2=|X|$ 和 $Y_3=\mathrm{e}^{-X}$ 的密度函数.

10. 设随机变量 X 具有密度函数 $p_X(x)$, 并设

(1) $g_1(x)=\begin{cases}1, & x>0,\\ -1, & x\leqslant 0;\end{cases}$ (2) $g_2(x)=\begin{cases}x, & |x|\geqslant b,\\ 0, & |x|<b;\end{cases}$

(3) $g_3(x)=\begin{cases}b, & x\geqslant b,\\ x, & |x|<b,\\ -b, & x\leqslant -b.\end{cases}$

求 $Y = g_i(X)$ 的分布, $i = 1, 2, 3$.

11. 设电流值 I 服从 $9 \sim 11$ 安培之间的均匀分布, 当此电流通过 2 欧姆的电阻时, 消耗的功率为 $W = 2I^2$, 求 W 的概率密度函数.

*3.7 絮话正态分布

在各种概率分布中, 正态分布是一个另类. 它很常见, 应用非常普遍, 按理说它的面目应当为大家所熟知, 然而恰恰相反, 它的密度函数形式复杂, 连原函数都不存在, 就像一个带着面纱的幽灵, 多少带有一些神秘. 所以, 我们再花点笔墨, 对它做点介绍.

3.7.1 正态分布的来历

正态分布的密度曲线像一个漂亮的钟形, 非常优美. 正态分布的密度函数却具有较为复杂的形式

$$\varphi_{a,\sigma}(x) = \frac{1}{\sqrt{2\pi}\sigma} \exp\left\{-\frac{(x-a)^2}{2\sigma^2}\right\}, \quad x \in \mathbb{R},$$

其中 a 为实数, $\sigma > 0$, 它具有数学上的美感, 两个重要的无理数 π 和 e 都出现在里面, 尤其是标准正态的密度函数

$$\varphi(x) = \frac{1}{\sqrt{2\pi}} \exp\left\{-\frac{x^2}{2}\right\}, \quad x \in \mathbb{R}$$

更是简洁漂亮. 然而, 它不存在原函数, 无法利用 Newton-Leibniz 公式积分, 不能直接求出概率值. 可是, 它无处不在, 渗透在人类生活的方方面面, 像是一个幽灵, 主宰着世界. 为了对付这一情况, 人们只能通过数值计算, 求出概率的近似值, 再编制成表格, 供人查阅.

那么, 这么一种神秘而又奇特的分布究竟是如何被发现的呢?

大家知道, 概率论最初产生于赌场, 源于赌徒分配赌资的需求. 它最初讨论的课题几乎都与赌博有关.

有一个人, 向 De Moivre 提过一个关于赌场获利的问题, 这个问题可以用概率语言陈述为: 甲、乙二人在赌场里赌博, 在每一局中, 他们各自获胜的概率分别为 p 和 $1-p$, 赌 n 局. 如果甲赢的场数 $X > np$, 则甲付给赌场 $X - np$ 元, 否则乙付给赌场 $np - X$ 元. 问赌场挣钱的期望值是多少?

问题并不复杂, 最后求出来的结果是 $2np(1-p)b(np; n, p)$, 正如大家所知的, 其中

$$b(i;n,p)=\binom{n}{i}p^i(1-p)^{n-i}.$$

但是赌徒需要的是具体值, 这个结果中含有组合数符号, 很难对具体的 n 求出其具体值. 于是 De Moivre 只能开动脑筋寻找近似计算的办法.

从概率论角度来看, 这个问题可以归结为: 如果随机变量 X 服从二项分布 $B(n,p)$, 那么对 $d>0$, 概率 $\mathbf{P}(|X-np|\leqslant d)$ 是多少? De Moivre 对 $p=0.5$ 的情形, 尝试算出来一些结果, 但是并不能令人满意.

幸好 De Moivre 与 Stirling 生活在同一时代, 而且还有着一些联系. Stirling 改进了 De Moivre 在计算 $n!$ 时的近似公式, 把它表示为

$$n!\sim\sqrt{2\pi}n^{n+\frac{1}{2}}\mathrm{e}^{-n},\qquad n\to\infty,\tag{3.7.1}$$

其中符号 $\sim$ 的含义见 (3.5.5) 式.

在 n 为偶数, $p=0.5$ 时, 记

$$b(i)=b\left(i;n,\frac{1}{2}\right)=\binom{n}{i}\left(\frac{1}{2}\right)^n,$$

利用 Stirling 的表达式, De Moivre 做了一些简单计算, 得到

$$b\left(\frac{n}{2}\right)\sim\sqrt{\frac{2}{\pi n}}\quad 与 \quad\frac{b\left(\frac{n}{2}+d\right)}{b\left(\frac{n}{2}\right)}\sim\exp\left\{-\frac{2d^2}{n}\right\}.$$

由此立得

$$b\left(\frac{n}{2}+d\right)\sim\frac{2}{\sqrt{2\pi n}}\exp\left\{-\frac{2d^2}{n}\right\}.$$

利用这一近似表达式, 并在对二项分布的概率累加的过程中用定积分代替求和, 得到

$$\begin{aligned}\mathbf{P}\left(\left|\frac{X}{n}-\frac{1}{2}\right|\leqslant\frac{c}{\sqrt{n}}\right)&=\sum_{-c\sqrt{n}\leqslant i\leqslant c\sqrt{n}}b\left(\frac{n}{2}+i\right)\\&\sim\sum_{-c\sqrt{n}\leqslant i\leqslant c\sqrt{n}}\frac{2}{\sqrt{2\pi n}}\exp\left\{-\frac{2i^2}{n}\right\}\\&=\sum_{-2c\leqslant\frac{2i}{\sqrt{n}}\leqslant 2c}\frac{1}{\sqrt{2\pi}}\exp\left\{-\frac{1}{2}\left(\frac{2i}{\sqrt{n}}\right)^2\right\}\frac{2}{\sqrt{n}}\\&\sim\frac{1}{\sqrt{2\pi}}\int_{-2c}^{2c}\exp\left\{-\frac{x^2}{2}\right\}\mathrm{d}x.\end{aligned}$$

这就使得我们眼前一亮, 正态分布的密度函数竟然就这样作为被积函数出现在我们眼前! 这就是说, 正态分布的密度函数最早是在 De Moivre 的计算过程中出现的.

大家知道, 正态分布又叫做 Gauss 分布. 既然正态分布是 De Moivre 最先发现的, 为何不把它叫做 De Moivre 分布呢? 原因在于 De Moivre 只是出于狭窄的目的发现了它的近似形式, 尽管他开始时只是对二项分布中的 $p = 0.5$ 做了讨论, 后来又计算了一些 $p \neq 0.5$ 的情况, 却没有更深一步的工作. 后来 Laplace 对 $p \neq 0.5$ 的情况做了更多的讨论, 并把它推广到任意的 p 的情形. 在此基础上, Laplace 还进一步得到了二项分布收敛于正态分布的结论, 被称为 De Moivre-Laplace 中心极限定理, 其内容是

随机变量 X_n 服从参数为 n 和 p 的二项分布 $B(n,p)$, $n = 1,2,\cdots$, 则对任意实数 x 都有

$$\lim_{n\to\infty} \mathbf{P}\left(\frac{X_n - np}{\sqrt{np(1-p)}} \leqslant x\right) = \frac{1}{\sqrt{2\pi}}\int_{-\infty}^{x} \mathrm{e}^{-\frac{t^2}{2}}\mathrm{d}t.$$

这一结论是 Laplace 在 De Moivre 的最初成果公布之后四十余年得到的, 后人怀念 De Moivre 的功劳, 将之称为 De Moivre-Laplace 中心极限定理. 我们将会在第 6 章中介绍关于中心极限定理的一系列研究成果, 从中可以品出正态分布在概率论中的中心地位. 然而他们的工作本身还不足以奠定正态分布在概率论中的中心地位.

真正使得正态分布进入人们眼界, 成为一颗耀眼明星的是数学大家 Gauss. 他首先把正态分布应用于随机误差的刻画. 其中一段寻找谷神星的历程不仅使人感觉神奇, 而且使得正态分布进入科学的殿堂. 为此, 还得从天文观察说起. 大家知道, 天文学有着久远的历史, 却始终被测量误差所困扰. 为了处理测量数据中的误差, 许多天文学家和数学家从十八世纪开始寻找误差分布的曲线, 其中 Laplace 做了许多有意义的工作. Gauss 介入这一工作是在十九世纪初, 当时他久已声名远扬, 是数学界声望极高的泰斗级人物. 1801 年 1 月, 一位天文学家发现了一颗从未见过的光度 8 等的星在移动, 这颗星就是现在被称为谷神星的小行星, 它当时在夜空中出现了 6 个星期, 旋转过 8 度角以后就消失在了太阳的光芒之下, 无处寻找. 由于留下的观察数据有限, 不足以计算出它的运行轨道, 甚至都无法确定它究竟是行星还是彗星. 正当天文学家们茫无头绪, 束手无策之际, Gauss 闻知了此事, 并产生了浓厚兴趣. 他以高超的数学才能, 创造了一种崭新的计算行星轨道的方法. 在利用这种方法, 代入观察数据后不过一个小时, 就算出了这颗新星的运行轨道, 预言了它在天空再次出现的时间与位置.

1801 年 12 月 31 日, 一位德国天文爱好者在 Gauss 预言的时间, 用天文望远镜对准了那片天空. 果然不出所料, 那颗新星出现在他的镜头中!

这件事进一步提升了 Gauss 的声望. 但是他当时却拒绝透露计算轨道的方法. 原因可能是他认为自己方法的理论基础还不够成熟. 直到 1809 年, 他才公布了他的方法. 他的方法就是以正态分布为基础的最小二乘法. 他的这一成就是十九世纪统计学中的最重要的成就. 正态分布也随着他的这一成就而被人们称为了 Gauss 分布.

3.7.2 6σ 原则

6σ 原则是一种基于加工工件的误差分布是正态分布这一假定之上的企业质量管理模式.

近来, 在企业的质量管理上, 广泛采用一种 6σ 管理原则. 这一原则为采用它的企业带来了巨大的经济利益. 二十世纪七八十年代, 美国的摩托罗拉公司在与日本公司的竞争中遭受一系列挫折, 丢掉了许多市场. 而它的一个在七十年代被日本并购的电视机生产公司, 却在日本人的管理下起死回生, 在人员、技术和设计都没有变化的情况下, 奇迹般地将产品的缺陷率降低到并购前的 $\dfrac{1}{20}$, 这使摩托罗拉看到了日本企业所推行的全面质量管理和 “田口方法” 非常有效. 他们痛定思痛, 狠下决心抓质量管理, 在企业内部开展以 “零缺陷” 为目标的质量改进运动. 他们提出: 减小误差方差 σ^2, 并把误差控制在 $\pm 3\sigma$ 的范围内! 我们可以知道, 对于服从 $\mathcal{N}(a, \sigma^2)$ 的正态随机变量 X, 其值在 $(a-3\sigma, a+3\sigma)$ 中的概率为 0.9974, 这就意味着 “缺陷率” 被降低到了千分之 2.6. 正是这一措施, 使得摩托罗拉浴火重生, 不仅摆脱了濒临破产的境地, 而且一撅而成为质量与利润都领先的世界著名公司. 他们在此过程中形成了一整套基于概率统计学的系统化管理方法, 被人们称为 6σ 管理原则. 后来, 这一管理原则被许多企业采用, 并逐步演变为一个强有力的管理系统 [12,13].

在有关现代工业统计与质量管理的书籍中对 6σ 原则有较详细的介绍.

对某件产品上的某个数据的设计要求是 M, 但是由于各种随机因素的影响, 不可能每件产品都能达到这个设计要求, 因此又根据实际情况规定了该数据的允许上限 T_U 和允许下限 T_L, 凡是该数据落在范围 (T_L, T_U) 中的都认为是合格的. 通常, M 就是区间 (T_L, T_U) 的中点, 而 $T =: T_U - T_L$ 称为 “容差”. 提高产品的合格率的关键是控制产品加工中的误差方差 σ^2, 而 6σ 原则就是利用 T 来确定 σ 的值. 它们引入了一个量 C_p, 叫做 “能力指数”, 其定义是

$$C_p = \frac{T}{6\sigma} \approx \frac{T}{6s},$$

其中 σ 就是该数据分布作为正态来看的均方差, 而 s 是通过实际数据求出的样本均方差.

如果 $C_p = 1$, 那就意味着 $6\sigma = T$, 从理论上说, 只要能保证加工出来的工件在

该数据上的均方差为 $\sigma = \dfrac{T}{6}$, 那么该项产品在该数据上的合格率就可达到 99.74%. 这当然就是非常好的合格率. 但是由于实际加工出来的产品的该项数据的均值 μ 未必就是 M, 即存在 "漂移", 必须考虑漂移的值 $|M-\mu|$ 所带来的影响. 因为落在区间 $(\mu-3s, \mu+3s)$ 中跟落在 $(M-3\sigma, M+3\sigma)=(T_L,\ T_U)$ 内可能就会相差很远. 为了避免这一点, 有的企业就在进一步缩小加工产品的均方差 σ 上下工夫, 例如, 规定 $C_p=1.5$, 即 $\sigma=\dfrac{T}{9}$, 那么就变为

$$9\sigma = T, \qquad (T_L,\ T_U) = (M-4.5\sigma, M+4.5\sigma).$$

这时, 即使漂移量达到 $\mu - M = 1.5\sigma$ 或 $\mu - M = -1.5\sigma$, 那么亦有可能为

$$(\mu-3\sigma, \mu+3\sigma) \subset (M-4.5\sigma, M+4.5\sigma) = (T_L,\ T_U).$$

这就是 C_p 称为企业的能力指数的原因. 事实上, C_p 越大, 工件加工时所允许的均方差越小, 从而产品尺寸落在可允许区间中的可能性就越大, 以至于保证 99.74% 的合格率.

所以, 从统计学的观点来看, 工业管理的核心问题就是减小加工工件在数据上的均方差.

3.7.3 高考中的标准分

除了部分特招生外, 大家都参加过高考. 尽管已经是过来人了, 回想起来, 对于那种每年全国都有近千万人参加的选拔性考试, 多少都还带有一份好奇心. 令人感觉好奇的一个问题便是高考成绩是如何计算的?

目前, 很多省份是按照原始分累加, 得出高考总分. 所谓原始分就是卷面成绩, 考多少就是多少. 使用原始分, 看起来很合理. 但是, 它不能解决各科试题难度上的差异所造成的不公平. 比如, 某一年语文卷子出得容易, 大家得分都比较高, 数学出得很难, 150 分的卷子, 考到 130 分以上的寥寥无几. 于是, 数学成绩在总分里所占的比重就比较小, 语文占的比重大, 造成文科成绩好的考生占优势, 不利于高科技研究型大学的选拔.

标准分正是为了解决这类问题而产生的. 当把某一科的原始分转化为标准分之后, 它反映的是考生在该科成绩中的排名情况, 即相对位置, 因而不会受到试题难易的影响. 其原理如下:

由于高考人数众多, 所以成绩分布近似于正态. 假定某科满分为 150 分. 我们首先算出所有人的平均成绩 a 和样本方差 s^2. 再根据各个考生的成绩 x 算出

$$y = \frac{x-a}{s}. \tag{3.7.2}$$

由标准正态分布表查出 $\Phi(y)$, 那么 $x' = \lceil 150\Phi(y) \rceil$ 就是标准分的一种形式.

这种计算成绩的方式的合理性是: $\Phi(y)$ 的值就是那些成绩不超过你的人所占的比例. 好比说, $\Phi(y) = 0.8$, 那就意味着有 80% 的考生成绩不比你好, 于是就评给你总分的 80% 即 $x' = \lceil 150 \times 0.8 \rceil = 120$ 分作为你的标准分; 如果你的原始分跟平均值 a 相等, 那么就有 $y = 0$, 而 $\Phi(0) = 0.5$, 从而你的标准分就是 $x' = \lceil 150 \times 0.5 \rceil = 75$ 分. 这意思就是说, 有百分之多少的考生的原始分不比你高, 你的标准分就是总分的百分之多少. 这里, $\lceil c \rceil$ 表示不小于实数 c 的最小整数. 如此看来, 这是一种公平合理的评分办法.

但是按照这种方式计算出的标准分也有其缺陷. 其中一个较大的缺陷就是高分段的区分度不够, 其原因归咎于正态分布的高度集中性. 例如, 当你的 $y = 3$ 时, 由于 $\Phi(3) = 0.9987$, 所以现在你的标准分是 $x' = \lceil 150 \times 0.9987 \rceil = \lceil 149.805 \rceil = 150$; 而如果你的 $y = 2.48$, 由于 $\Phi(2.48) = 0.9934$, 你现在的标准分还是 $x' = \lceil 150 \times 0.9934 \rceil = \lceil 149.22 \rceil = 150$. 在多达四五十万考生中, 由 0.9987 到 0.9934, 这里面所越过的考生人数会超过两千, 结果把第一名和第两千名的成绩评为相同, 那当然是极不合理的. 正由于这样, 人们在计算标准分时引入了一些变换方式, 目的都是为了保证区分度, 保证公平性.

现在比较流行的办法是直接对 (3.7.2) 作线性变换, 即令

$$x' = \alpha + \beta y = \alpha + \beta \frac{x - a}{s}.$$

例如, 取 $\alpha = 75$, $\beta = 15$, 那么当你的原始分等于平均值 a 时, 由于此时 $y = 0$, 所以你的标准分就是 75; 当你的 $\Phi(y) = 0.8$, 即有 80% 的考生成绩不比你好时, 你的 $y = 0.85$, 你的标准分是 $x' = 75 + 0.85 \times 15 = 87.75$; 而当你的 $y = 3$ 时, 你的标准分是 $x' = 75 + 3 \times 15 = 120$; 当你的 $y = 2.4$ 时, 你的标准分是 $x' = 75 + 2.4 \times 15 = 111$. 区分度是有了, 但是分数都很低. 这就涉及如何合理地选择参数 α 与 β. 一般来说, α 好选, β 难定, 它需要考虑众多因素. 这里把 β 选为 α 的 $\frac{1}{5}$, 未免有些过于谨慎了, 以至于造成分数过低. 但无论如何, 这种方法都能体现出分数变换中的公平性, 并具有较好的区分度. 所以, 这是一种被切实采用的计算方法.

第4章 随机向量

4.1 随机向量的概念

我们已经知道, 可以在同一个概率空间 $(\Omega, \mathscr{F}, \mathbf{P})$ 上定义多个 (有限个或可列个) 随机变量. 对于这些随机变量, 除了可以逐个研究它们的性质和分布之外, 有时还需要把它们作为向量来研究联合性质.

无论是从现实生活中, 还是从概率论本身, 都可以给出许多需要把它们作为向量来研究联合性质的例子. 例如, 如果以 X_1 表示一个人的身高, 以 X_2 表示他的体重, 显然需要研究 X_1 与 X_2 之间的相互关系; 如果以 X_1 与 X_2 分别表示父亲和儿子的身高, 那么从遗传学的角度来说, 也需要研究 X_1 与 X_2 之间的影响关系. 而如果在区间 $(0,1)$ 的几何概率空间上定义一个服从均匀分布 $U(0,1)$ 的随机变量 Y, 再任取两个分布函数 $F_1(x)$ 和 $F_2(x)$, 分别以 $F_1^{-1}(x)$ 和 $F_2^{-1}(x)$ 表示它们的反函数, 再令 $X_1 = F_1^{-1}(Y)$, $X_2 = F_2^{-1}(Y)$, 那么在 X_1 与 X_2 之间存在何种关系, 也是人们所关心的. 特别地, 如果 A_1 和 A_2 是同一概率空间中的任意两个事件, 作为它们的示性函数的两个随机变量 $X_1 = I_{A_1}$ 与 $X_2 = I_{A_2}$ 所形成的关系也值得研究. 在人们的经济活动和社会活动中, 更是会遇到许多各种不同性质的、具有相互依存关系的随机变量. 例如, 如果一个经济实体从事多项投资, 那么这些投资的风险 $X_1, \cdots, X_n$ 之间一般都具有某种相互依存关系, 需要把它们看成一个向量来加以研究. 凡此种种, 便都与随机向量的概念有关.

4.1.1 随机向量的定义

首先来明确随机向量的概念.

如果 $X_1, \cdots, X_n$ 是定义在同一个概率空间 $(\Omega, \mathscr{F}, \mathbf{P})$ 上的 n 个随机变量, 就把 $(X_1, \cdots, X_n)$ 称为一个 n 维随机向量. 换言之, $(X_1, \cdots, X_n)$ 是一个 n 维随机向量, 当且仅当, $X_1, \cdots, X_n$ 是定义在同一个概率空间 $(\Omega, \mathscr{F}, \mathbf{P})$ 上的 n 个随机变量.

由此看来, 如果 $(X_1, \cdots, X_n)$ 是一个 n 维随机向量, 那么对任何不超过 n 的正整数 k 和 $1 \leqslant j_1 < \cdots < j_k \leqslant n$, $(X_{j_1}, \cdots, X_{j_k})$ 都是一个 k 维随机向量. 特别地, 当 $k=1$ 时, 就是随机变量. 所以, 随机向量的维数是一个重要概念.

为了能够研究随机向量的性质, 还需要从另外一个角度来刻画随机向量.

定理 4.1.1 $(X_1, \cdots, X_n)$ 是定义在某个概率空间 $(\Omega, \mathscr{F}, \mathbf{P})$ 上的 n 维随机

向量, 当且仅当

$$\Big\{\omega \mid X_1(\omega) \leqslant x_1, \cdots, X_n(\omega) \leqslant x_n\Big\} = (X_1 \leqslant x_1, \cdots, X_n \leqslant x_n) \in \mathscr{F},$$
$$\forall\ (x_1, \cdots, x_n) \in \mathbb{R}^n. \tag{4.1.1}$$

证明 如果 $(X_1, \cdots, X_n)$ 是一个概率空间 $(\Omega, \mathscr{F}, \mathbf{P})$ 上的 n 维随机向量, 那么 $X_1, \cdots, X_n$ 就是定义在同一个概率空间上的 n 个随机变量, 所以

$$(X_1 \leqslant x_1, \cdots, X_n \leqslant x_n) = \bigcap_{j=1}^{n} (X_j \leqslant x_j) \in \mathscr{F}.$$

反之, 假设对任何 n 维实向量 $(x_1, \cdots, x_n)$, 都有式 (4.1.1) 成立. 那么对任何 k 和任意给定的实数 x, 以及任何 $M > 0$, 都有

$$\begin{aligned}&(X_1 \leqslant M,\ \cdots,\ X_{k-1} \leqslant M,\ X_k \leqslant x,\ X_{k+1} \leqslant M,\ \cdots,\ X_n \leqslant M)\\ =&(X_k \leqslant x) \bigcap_{j \neq k} (X_j \leqslant M) \in \mathscr{F}.\end{aligned}$$

如果令 $M \uparrow \infty$, 则有

$$\bigcap_{j \neq k} (X_j \leqslant M) \uparrow \Omega,$$

于是前一式中的事件趋于 $(X_k \leqslant x)$, 因此得到 $(X_k \leqslant x) \in \mathscr{F}$, 即 X_k 是随机变量.

利用测度论知识可以证明: 式 (4.1.1) 等价于对任何 n 维 Borel 集合 B, 都有

$$\Big((X_1, \cdots, X_n) \in B\Big) = \Big\{\omega \mid (X_1(\omega), \cdots, X_n(\omega)) \in B\Big\} \in \mathscr{F}.$$

4.1.2 多维分布

与随机变量一样, 需要研究随机向量的取值规律. 为此, 首先给出 n 维随机向量 $(X_1, \cdots, X_n)$ 的分布函数的定义.

定义 4.1.1 设 $(X_1, \cdots, X_n)$ 是定义在某个概率空间 $(\Omega, \mathscr{F}, \mathbf{P})$ 上的 n 维随机向量, 称

$$F(x_1, \cdots, x_n) = \mathbf{P}(X_1 \leqslant x_1, \cdots, X_n \leqslant x_n), \quad (x_1, \cdots, x_n) \in \mathbb{R}^n \tag{4.1.2}$$

为其分布函数, 也将 $F(x_1, \cdots, x_n)$ 称为随机变量 $X_1, \cdots, X_n$ 的联合分布函数.

定义 4.1.1 表明, n 维随机向量的分布函数是一个定义在 $\mathbb{R}^n$ 中的 n 元函数. 反之, 称一个 n 元函数 $F(x_1, \cdots, x_n)$ 为 n 维分布函数, 如果存在某个随机向量以它作为分布函数. 与一维分布函数相类似, n 维分布函数具有下述性质.

定理 4.1.2 n 维分布函数 $F(x_1,\cdots,x_n)$ 具有下述性质:

1° $F(x_1,\cdots,x_n)$ 对每个变元非降;

2° $F(x_1,\cdots,x_n)$ 对每个变元右连续;

3° $\lim\limits_{x_j\to-\infty} F(x_1,\cdots,x_n)=0, \forall\, 1\leqslant j\leqslant n,$

$\lim\limits_{x_1\to\infty,\cdots,x_n\to\infty} F(x_1,\cdots,x_n)=1;$

4° $F(x_1,\cdots,x_n)$ 具有下述意义上的增量非负性: 对任何 $a_j\leqslant b_j,\ j=1,\cdots,n,$ 都有

$$\Delta_{(a_1,\cdots,a_n)}^{(b_1,\cdots,b_n)}F=\sum \operatorname{sgn}(\boldsymbol{x})\,F(\boldsymbol{x})\geqslant 0, \tag{4.1.3}$$

其中共有 2^n 个加项, $\boldsymbol{x}=(x_1,\cdots,x_n)$, 有 $x_j=a_j$ 或 b_j, $j=1,\cdots,n$, 并且当 $\sharp\{j\,|\,x_j=a_j\}$ 为偶数时, $\operatorname{sgn}(\boldsymbol{x})$ 为 $+$ 号, 当 $\sharp\{j\,|\,x_j=a_j\}$ 为奇数时, $\operatorname{sgn}(\boldsymbol{x})$ 为 $-$ 号, 其中 $\sharp\{\cdot\}$ 表示集合 $\{\cdot\}$ 中的元素个数.

为帮助读者了解式 (4.1.3), 给出 $n=2$ 和 3 时 $\Delta_{(a_1,\cdots,a_n)}^{(b_1,\cdots,b_n)}F$ 的具体形式:

$$\begin{aligned}\Delta_{(a_1,a_2)}^{(b_1,b_2)}F=&F(b_1,b_2)-F(a_1,b_2)-F(b_1,a_2)+F(a_1,a_2);\\ \Delta_{(a_1,a_2,a_3)}^{(b_1,b_2,b_3)}F=&F(b_1,b_2,b_3)-F(a_1,b_2,b_3)-F(b_1,a_2,b_3)-F(b_1,b_2,a_3)\\ &+F(a_1,a_2,b_3)+F(a_1,b_2,a_3)+F(b_1,a_2,a_3)-F(a_1,a_2,a_3).\end{aligned}$$

证明 性质 1° 和性质 2° 易证. 性质 3° 中的第一个极限等式成立的原因是: 对任何 j, $1\leqslant j\leqslant n$, 当 $x_j\to-\infty$ 时, 都有

$$(X_1\leqslant x_1,\ \cdots,\ X_n\leqslant x_n)=(X_j\leqslant x_j)\bigcap_{k\neq j}(X_k\leqslant x_k)\to\varnothing.$$

第二个极限等式成立的原因则是: 当且仅当对所有的 j, $1\leqslant j\leqslant n$, 都有 $x_j\to\infty$ 时, 才有

$$(X_1\leqslant x_1,\ \cdots,\ X_n\leqslant x_n)=\bigcap_{j=1}^{n}(X_j\leqslant x_j)\to\Omega.$$

性质 4° 成立的原因是

$$\Delta_{(a_1,\cdots,a_n)}^{(b_1,\cdots,b_n)}F=\mathbf{P}(a_1<X_1\leqslant b_1,\cdots,\ a_n<X_n\leqslant b_n)\geqslant 0.$$

同一维情况一样, 对于任何一个具有上述 4 条性质的 n 元函数 $F(x_1,\cdots,x_n)$, 都可以找到一个恰当的概率空间 $(\Omega,\mathscr{F},\mathbf{P})$, 在其上定义一个 n 维随机向量, 使得该随机向量的分布函数就是 $F(x_1,\cdots,x_n)$.

与一维情况类似, n 维分布也有离散型分布和连续型分布. 为方便起见, 以下仅以 $n=2$ 为例.

定义 4.1.2 如果一列 (有限个或可列个) 实数满足条件:

$$p_{ij} \geqslant 0, \qquad \sum_{i=1}^{\infty}\sum_{j=1}^{\infty} p_{ij} = 1, \tag{4.1.4}$$

就称 $\{p_{ij}\}$ 为一个二维离散型分布. 如果一个二维随机向量 (X_1, X_2) 服从离散型分布, 即 (X_1, X_2) 的取值集合为有限集合或可列集合 $\{(a_i, b_j)\}$, 并且

$$\mathbf{P}(X_1 = a_i,\ X_2 = b_j) = p_{ij}, \quad i, j = 1, 2, \cdots,$$

其中 $\{p_{ij}\}$ 为满足 (4.1.4) 式的实数列, 就称 (X_1, X_2) 为 (二维) 离散型随机向量, 并将 $\{p_{ij}\}$ 称为随机向量 (X_1, X_2) 的分布律.

定义 4.1.3 如果 $F(x, y)$ 是一个二维分布函数, 并且存在一个 Lebesgue 可积的非负函数 $p(x, y)$, 使得

$$F(x, y) = \int_{-\infty}^{x} \mathrm{d}u \int_{-\infty}^{y} p(u, v)\mathrm{d}v, \quad \forall\ (x, y) \in \mathbb{R}^2, \tag{4.1.5}$$

就称 $F(x, y)$ 是一个二维连续型分布, 称 $p(x, y)$ 为 $F(x, y)$ 的密度函数. 如果一个二维随机向量 (X_1, X_2) 服从连续型分布 $F(x, y)$, 那么就称 (X_1, X_2) 为 (二维) 连续型随机向量, 并将 $F(x, y)$ 的密度函数 $p(x, y)$ 称为 (X_1, X_2) 的密度函数.

由式 (4.1.5) 可知: 一个二元函数 $p(x, y)$ 是密度函数, 当且仅当

$$p(x, y) \geqslant 0, \quad \forall (x, y) \in \mathbb{R}^2, \qquad \int_{-\infty}^{\infty} \mathrm{d}u \int_{-\infty}^{\infty} p(u, v)\mathrm{d}v = 1. \tag{4.1.6}$$

下面来看一些具体例子.

例 4.1.1 从分别写有 $1, 2, \cdots, 9$ 的 9 张卡片中无放回地相继抽取两张, 分别以 X 和 Y 表示第一张和第二张卡片上的数, 那么易知, (X, Y) 的取值集合为

$$\Big\{(i, j) \mid i \neq j,\ \ 1 \leqslant i, j \leqslant 9\Big\},$$

并且其联合分布律为

$$p_{ij} = \mathbf{P}(X = i,\ Y = j) = \frac{1}{72}, \quad i \neq j, \quad 1 \leqslant i, j \leqslant 9.$$

例 4.1.2 将两个不同的小球随机地放入 3 个带有编号 1, 2, 3 的盒子. 以 X 表示空盒的个数, 以 Y 表示放有小球的盒子的最小编号, 求 (X, Y) 的联合分布律.

解 易知 X 的取值集合为 $\{1, 2\}$, Y 的取值集合为 $\{1, 2, 3\}$.

容易看出, 当 $X = 2$ 时, 两个小球放在同一个盒中, 并且该盒子的编号 j 就是放有小球的盒子的最小编号, 即 Y 的值. 由于每个小球等可能地放入每个盒子, 所以

$$p_{2j} = \mathbf{P}(X = 2,\ Y = j) = \frac{1}{9}, \quad j = 1, 2, 3.$$

当 $X=1$ 时, 两个小球放在两个不同盒中, 此时放有小球的盒子的最小编号只能为 1 或 2, 所以

$$p_{13}=\mathbf{P}(X=1,\ Y=3)=0;$$

而当放有小球的盒子的最小编号为 1 时, 有一个球放在 1 号盒中, 另一个球可以放在 2 号或 3 号盒中, 不难算出

$$p_{11}=\mathbf{P}(X=1,\ Y=1)=\frac{4}{9};$$

当放有小球的盒子的最小编号为 2 时, 两个球分别放在 2 号和 3 号盒中, 所以

$$p_{12}=\mathbf{P}(X=1,\ Y=2)=\frac{2}{9}.$$

我们可以列一个矩阵表示上述结果:

$$\begin{pmatrix} (1,1) & (1,2) & (2,1) & (2,2) & (2,3) \\ 4/9 & 2/9 & 1/9 & 1/9 & 1/9 \end{pmatrix}.$$

也可以列一张表 (表 4.1) 来表示 $(X,\ Y)$ 的联合分布律.

表 4.1

X \ Y	1	2	3
1	4/9	2/9	0
2	1/9	1/9	1/9

例 4.1.3 试问: 如下的函数是否为某个二维随机向量的联合密度函数:

$$p(x,y)=x+y,\quad 0<x,y<1? \tag{4.1.7}$$

解 易见 $p(x,y)\geqslant 0$, 并且

$$\int_{-\infty}^{\infty}\mathrm{d}u\int_{-\infty}^{\infty}p(u,v)\,\mathrm{d}v=\int_0^1\mathrm{d}u\int_0^1(u+v)\,\mathrm{d}v=1,$$

所以 $p(x,y)$ 满足 (4.1.6) 中的两个条件, 故为二维密度函数.

例 4.1.4 试问: 如下的函数是否为某个二维随机向量的联合分布函数:

$$F(x,y)=I_{(x+y\geqslant 1)},\quad (x,y)\in\mathbb{R}^2? \tag{4.1.8}$$

解 由定理 4.1.2 知, 二维随机向量的联合分布函数必须满足四条性质, 而对该函数却有

$$\Delta_{(0,0)}^{(1,1)}F=F(1,1)-F(1,0)-F(0,1)+F(0,0)=-1,$$

即不满足增量非负性 (4.1.3), 所以它不是二维分布函数.

习 题 4.1

1. 若随机向量 (X,Y) 的分布函数为

$$F(x,y)=1-\mathrm{e}^{-ax}-\mathrm{e}^{-by}+\mathrm{e}^{-(ax+by)},\quad x\geqslant 0,\ y\geqslant 0,$$

其中 $a>0$, $b>0$. 试验证 $F(x,y)$ 满足定理 4.1.2 的性质 1° ∼ 性质 4°.

2. 甲从 1, 2, 3, 4 中任取一数 X, 乙再从 $1,\cdots,X$ 中任取一数 Y. 试求 (X,Y) 的联合分布.

3. 甲、乙二人轮流投篮, 假定每次甲的命中率为 0.4, 乙的命中率为 0.6, 且各次投篮相互独立. 甲先投, 乙再投, 直至有人命中为止. 求甲、乙投篮次数 X 与 Y 的联合分布.

4. 试问: 函数

$$p(x_1,x_2,x_3)=x_1^2+6x_3^2+\frac{x_1x_2}{3},\quad 0<x_1<1,\ 0<x_2<2,\ 0<x_3<\frac{1}{2}$$

是否为一随机向量的密度函数?

5. 设 $f(x)$ 是某非负值随机变量的密度函数, 试证

$$p(x,y)=\frac{f(x+y)}{x+y},\quad x,y>0$$

是二维密度函数.

6. 设随机向量 (X,Y) 的密度函数为

$$p(x,y)=c\mathrm{e}^{-(3x+4y)},\quad x>0,\ y>0.$$

试求: (1) 常数 c; (2) 联合分布函数 $F(x,y)$; (3) $\mathbf{P}\{0<X\leqslant 1,\ 0<Y\leqslant 2\}$.

7. 试证明: $p(x,y)=d\mathrm{e}^{-(ax^2+2bxy+cy^2)}$ 为密度函数的充要条件为

$$a>0,\quad c>0,\quad b^2-ac<0,\quad d=\frac{1}{\pi}\sqrt{ac-b^2}.$$

8. 设 $(X,\ Y)$ 的联合密度函数为

$$p(x,y)=cxy^2,\quad 0<x<2,\quad 0<y<1.$$

试求: (1) 常数 c; (2) X,Y 至少有一个小于 $\frac{1}{2}$ 的概率.

4.2 边缘分布与条件分布

我们已经知道, n 维随机向量 $(X_1,\cdots,X_n)$ 就是定义在同一个概率空间 $(\Omega,\mathscr{F},\mathbf{P})$ 上的 n 个随机变量 $X_1,\cdots,X_n$ 构成的向量. 那么, 它们之中任意 k 个随机变量当然也构成 k 维随机向量, 其中 $k\in\{1,2,\cdots,n-1\}$. 当 $k=1$ 时, 就是随机变量.

我们把这样的 k 维随机向量称为 n 维随机向量 $(X_1,\cdots,X_n)$ 的 (k 维) 边缘随机向量. 由于 k 个随机变量可以有 $\binom{n}{k}$ 种不同选取方式, 所以 n 维随机向量有 $\binom{n}{k}$ 个不同的 k 维边缘随机向量.

4.2.1 边缘分布与条件分布的概念

每个 k 维边缘随机向量都有自己的分布函数, 这种分布函数, 对于这个 k 维随机向量来说, 当然就是它的联合分布. 但为了强调它与原来的 n 维随机向量的关系, 又把它称为 (原来 n 维随机向量的)k 维**边缘分布**. 因此, n 维随机向量有 $\binom{n}{k}$ 个不同的 k 维边缘分布. 我们还把一维边缘分布简单地称为边缘分布. n 维随机向量有 n 个不同的 (一维) 边缘分布. 这里所说的 "不同", 是指它们是不同的随机向量的分布, 不是说它们一定为互不相同的函数.

可以由 n 维随机向量 $(X_1,\cdots,X_n)$ 的联合分布 $F(x_1,\cdots,x_n)$ 方便地推出它的任何一个 k 维边缘分布. 以 $(X_1,\cdots,X_k)$ 为例:

$$\begin{aligned}
F_{1,\cdots,k}(x_1,\cdots,x_k) &= \mathbf{P}(X_1\leqslant x_1,\cdots,X_k\leqslant x_k)=\mathbf{P}\left(\bigcap_{j=1}^{k}(X_j\leqslant x_j)\right)\\
&=\mathbf{P}\left(\bigcap_{j=1}^{k}(X_j\leqslant x_j)\ \bigcap_{j=k+1}^{n}(X_j<\infty)\right)\\
&=F(x_1,\cdots,x_k,\infty,\cdots,\infty)\\
&=\lim_{x_{k+1}\to\infty,\cdots,\ x_n\to\infty}F(x_1,\cdots,x_k,x_{k+1},\cdots,x_n).
\end{aligned}\tag{4.2.1}$$

这一事实告诉我们: *边缘分布可以由联合分布唯一决定*.

利用边缘分布, 容易建立**条件分布**的概念. 为便于看清楚, 仅以二维情况为例. 假设二维随机向量 (X,Y) 的联合分布为 $F(x,y)$, 则 X 和 Y 的边缘分布就分别为

$$F_1(x)=F(x,\infty),\quad F_2(y)=F(\infty,y).$$

如果 $a<b$, 那么就有

$$\mathbf{P}(a<X\leqslant b)=F_1(b)-F_1(a)=F(b,\infty)-F(a,\infty),$$

$$\mathbf{P}(a<Y\leqslant b)=F_2(b)-F_2(a)=F(\infty,b)-F(\infty,a).$$

如果 $\mathbf{P}(a<Y\leqslant b)>0$, 就可以对一切 $x\in\mathbb{R}$, 计算条件概率

$$\mathbf{P}(X\leqslant x|a<Y\leqslant b)=\frac{\mathbf{P}(X\leqslant x,\ a<Y\leqslant b)}{\mathbf{P}(a<Y\leqslant b)},\tag{4.2.2}$$

不难证明, 由此得到的 x 的函数 $\mathbf{P}(X \leqslant x|a < Y \leqslant b)$ 具有非降性、规范性和右连续性, 因此是一个一元分布函数, 称之为随机变量 X 在条件 $a < Y \leqslant b$ 之下的条件分布函数, 记为 $F_1(x|a < Y \leqslant b)$. 特别地, 还可以定义诸如

$$F_1(x|Y \leqslant b), \quad F_1(x|Y > a)$$

形式的条件分布函数, 只要作为条件的事件的概率大于 0. 对于 Y 的条件分布函数可以类似地给出定义.

4.2.2 离散型场合

由于离散型随机向量的分布通常是以分布律的形式给出的, 所以如何理解式 (4.2.1) 所给出的方法, 仍有一些需要注意之处. 先看一些例子.

例 4.2.1 设二维离散型随机向量 (X,Y) 的联合分布律如表 4.2 所示, 试分别求 X 和 Y 的边缘分布律.

表 4.2

X \ Y	0	1
0	9/25	6/25
1	6/25	4/25

解 表 4.2 表明 (X,Y) 的取值集合为 $\{(i,j)|i,j = 0,1\}$, 从而 X 和 Y 的取值集合都是两点集合 $\{0,1\}$. 我们的目标是分别求出 X 和 Y 取 0 和取 1 的概率.

以求 $\mathbf{P}(X = 0)$ 为例. 在我们的问题中, 有 $(X = 0) = (X = 0,\ Y = 0) \cup (X = 0,\ Y = 1)$, 而 $(X = 0,\ Y = 0) \cap (X = 0,\ Y = 1) = \varnothing$, 所以

$$\mathbf{P}(X = 0) = \mathbf{P}(X = 0,\ Y = 0) + \mathbf{P}(X = 0,\ Y = 1) = \frac{9}{25} + \frac{6}{25} = \frac{3}{5}.$$

为方便起见, 记 $p_{0\cdot} = \mathbf{P}(X = 0)$, 其中 $p_{0\cdot}$ 的第一个下标 “0” 表示 $X_1 = 0$, 第二个下标 “$\cdot$” 表示 $p_{0\cdot}$ 不是 Y 的取值概率. 对于其他的 $p_{i\cdot}$ 和 $p_{\cdot j}$ 可以仿此求出.

命题 4.2.1 如果 (X,Y) 的联合分布律是

$$p_{ij} = \mathbf{P}(X = a_i,\ Y = b_j), \quad i,j = 1,2,\cdots,$$

那么, X 与 Y 的边缘分布律就分别是

$$p_{i\cdot} = \sum_{j=1}^{\infty} \mathbf{P}(X = a_i,\ Y = b_j), \quad p_{\cdot j} = \sum_{i=1}^{\infty} \mathbf{P}(X = a_i,\ Y = b_j). \tag{4.2.3}$$

如果将式 (4.2.3) 与表 4.2 结合起来 (表 4.3), 可以看出: $p_{i\cdot}$ 其实就是表中第 i 行的所有概率值的和, $p_{\cdot j}$ 就是表中第 j 列的所有概率值的和. 于是可以利用联合分布律表方便地表示出 $p_{i\cdot}$ 和 $p_{\cdot j}$:

表 4.3

X \ Y	0	1	$p_{i\cdot}$
0	9/25	6/25	3/5
1	6/25	4/25	2/5
$p_{\cdot j}$	3/5	2/5	1

上表清楚地表明: 该例中的 X_1 和 X_2 的边缘分布律都是

$$\begin{pmatrix} 0 & 1 \\ 3/5 & 2/5 \end{pmatrix},$$

亦即它们同分布.

例 4.2.2 设二维离散型随机向量 (X, Y) 的联合分布律如表 4.4 所示, 试分别求 X 和 Y 的边缘分布律.

表 4.4

X \ Y	0	1
0	3/10	3/10
1	3/10	1/10

解 利用联合分布律表, 立得表 4.5.

表 4.5

X \ Y	0	1	$p_{i\cdot}$
0	3/10	3/10	3/5
1	3/10	1/10	2/5
$p_{\cdot j}$	3/5	2/5	1

可见 X 和 Y 的边缘分布律与例 4.2.1 中的 X 和 Y 的边缘分布律相同.

上述两例中 (X, Y) 的联合分布律并不相同, 但是 X 和 Y 的边缘分布律却相同, 这是一个值得注意的现象, 它表明: 不同的联合分布律可以有相同的边缘分布律. 所以, 尽管边缘分布律可以由联合分布律唯一决定, 但是**联合分布律不能由边缘分布律所决定**.

现在来看条件分布.

设 (X, Y) 为二维离散型随机向量, 如果 $p_{\cdot j} = \mathbf{P}(Y = b_j) > 0$, 那么结合式 (4.2.3), 就可以求出 X 在条件 $Y = b_j$ 下的条件分布律. 相应地, 也可以求出 Y 在条件 $X = a_i$ 下的条件分布律.

命题 4.2.2 如果 (X,Y) 的联合分布律是

$$p_{ij} = \mathbf{P}(X = a_i,\ Y = b_j),\quad i,j = 1,2,\cdots,$$

那么, X 在条件 $Y = b_j$ 下的条件分布律是

$$\mathbf{P}(X = a_i|Y = b_j) = \frac{\mathbf{P}(X = a_i, Y = b_j)}{\mathbf{P}(Y = b_j)} = \frac{p_{ij}}{p_{\cdot j}},\quad i = 1,2,\cdots. \tag{4.2.4}$$

而 Y 在条件 $X = a_i$ 下的条件分布律是

$$\mathbf{P}(Y = b_j|X = a_i) = \frac{\mathbf{P}(X = a_i, Y = b_j)}{\mathbf{P}(X = a_i)} = \frac{p_{ij}}{p_{i\cdot}},\quad j = 1,2,\cdots. \tag{4.2.5}$$

一般来说, 对于二维随机向量 (X,Y), 如果存在某个一维 Borel 集合 B, 使得 $\mathbf{P}(Y \in B) > 0$, 那么就可以定义 X 在条件 $Y \in B$ 下的条件分布为

$$\mathbf{P}(X \leqslant x\ |Y \in B) = \frac{\mathbf{P}(X \leqslant x, Y \in B)}{\mathbf{P}(Y \in B)}. \tag{4.2.6}$$

这种情况将在后面的连续型场合下作进一步的讨论.

例 4.2.3 试对例 4.2.1 和例 4.2.2 中的随机向量 (X,Y), 分别求出 X 在条件 $Y = 0$ 和 $Y = 1$ 下的条件分布律.

解 在例 4.2.1 中, X 在条件 $Y = 0$ 下的条件分布律为

$$\mathbf{P}(X = 0|Y = 0) = \frac{\mathbf{P}(X = 0, Y = 0)}{\mathbf{P}(Y = 0)} = \frac{9/25}{3/5} = \frac{3}{5},$$

$$\mathbf{P}(X = 1|Y = 0) = \frac{\mathbf{P}(X = 1, Y = 0)}{\mathbf{P}(Y = 0)} = \frac{6/25}{3/5} = \frac{2}{5}.$$

X 在条件 $Y = 1$ 下的条件分布律为

$$\mathbf{P}(X = 0|Y = 1) = \frac{6/25}{2/5} = \frac{3}{5},\quad \mathbf{P}(X = 1|Y = 1) = \frac{4/25}{2/5} = \frac{2}{5}.$$

在例 4.2.2 中, X 在条件 $Y = 0$ 下的条件分布律为

$$\mathbf{P}(X = 0|Y = 0) = \frac{\mathbf{P}(X = 0, Y = 0)}{\mathbf{P}(Y = 0)} = \frac{3/10}{3/5} = \frac{1}{2},$$

$$\mathbf{P}(X = 1|Y = 0) = \frac{\mathbf{P}(X = 1, Y = 0)}{\mathbf{P}(Y = 0)} = \frac{3/10}{3/5} = \frac{1}{2}.$$

X 在条件 $Y = 1$ 下的条件分布律为

$$\mathbf{P}(X = 0|Y = 1) = \frac{3/10}{2/5} = \frac{3}{4},\quad \mathbf{P}(X = 1|Y = 1) = \frac{1/10}{2/5} = \frac{1}{4}.$$

这里有一个很有趣的现象: 尽管在上述两例中, X 的边缘分布律相同, 但是它们在给定 Y 的条件下的条件分布律却不相同. 因此可以说, 条件分布更加深刻地揭示出随机向量的内部规律. 值得指出的是, 例 4.2.1 中的 X 在条件 $Y=0$ 和 $Y=1$ 下的条件分布律都与它自己的边缘分布律相同, 而例 4.2.2 中的 X 则不然.

以上所说的虽然只是二维随机向量, 其方法可推广到任何 n 维随机向量. 下面来看一个 n 维离散型随机向量的例子.

例 4.2.4　设有 n 个编有号码 $1,2,\cdots,n$ 的盒子 $(n\geqslant 4)$ 和 m 个不同的小球, 每个小球落入第 k 号盒子的概率为 p_k, $k=1,2,\cdots,n$ $\left(p_k\geqslant 0,\sum\limits_{k=1}^{n}p_k=1\right)$. 各个小球落入各个盒子的事件相互独立. 分别以 $X_1,X_2,\cdots,X_n$ 表示落入各个盒子的球数. 试求:

(1) 随机向量 $(X_1,X_2,\cdots,X_n)$ 的联合分布律;

(2) X_k 的边缘分布律, 其中 $k=1,2,\cdots,n$;

(3) (X_1,X_2) 的边缘分布律;

(4) $(X_1,X_2,\cdots,X_k)$ 的边缘分布律, 其中 $3\leqslant k<n$;

(5) 在条件 $X_1=m_1$ 下随机向量 $(X_2,\cdots,X_n)$ 的条件分布律.

解　显然, $(X_1,X_2,\cdots,X_n)$ 的取值集合为

$$\Big\{(m_1,m_2,\cdots,m_n)\mid m_1+m_2+\cdots+m_n=m,\ m_k\in\overline{\mathbb{N}},\ k=1,2,\cdots,n\Big\},\tag{4.2.7}$$

其中 $\overline{\mathbb{N}}$ 表示非负整数集.

(1) 利用多组组合模式, 结合题中的独立性假设, 不难求得: 对于任何属于集合 (4.2.7) 的有序非负整数组 $(m_1,m_2,\cdots,m_n)$, 都有

$$\mathbf{P}(X_1=m_1,X_2=m_2,\cdots,X_n=m_n)=\frac{m!}{m_1!m_2!\cdots m_n!}p_1^{m_1}p_2^{m_2}\cdots p_n^{m_n}.\tag{4.2.8}$$

形如 (4.2.8) 的 n 维离散型分布称为多项分布, 记作 $M_n(m;\ p_1,p_2,\cdots,p_n)$.

(2) 由前所述, 对任何 $m_1\in\{0,1,\cdots,n\}$, $\mathbf{P}(X_1=m_1)$ 等于所有满足条件 $m_2+\cdots+m_n=m-m_1$ 的概率值 $\mathbf{P}(X_1=m_1,X_2=m_2,\cdots,X_n=m_n)$ 的和. 所以

$$\begin{aligned}\mathbf{P}(X_1=m_1)&=\sum_{(m_2,\cdots,m_n):\ m_2+\cdots+m_n=m-m_1}\mathbf{P}(X_1=m_1,X_2=m_2,\cdots,X_n=m_n)\\&=\sum_{(m_2,\cdots,m_n):\ m_2+\cdots+m_n=m-m_1}\frac{m!}{m_1!m_2!\cdots m_n!}p_1^{m_1}p_2^{m_2}\cdots p_n^{m_n}\\&=\frac{m!}{m_1!(m-m_1)!}p_1^{m_1}(1-p_1)^{m-m_1}\end{aligned}$$

$$\times \sum_{m_2+\cdots+m_n=m-m_1} \frac{(m-m_1)!}{m_2!\cdots m_n!}\left(\frac{p_2}{1-p_1}\right)^{m_2}\cdots\left(\frac{p_n}{1-p_1}\right)^{m_n}$$
$$=\binom{m}{m_1}p_1^{m_1}(1-p_1)^{m-m_1}.$$

这是因为上式倒数第二步中乘号之后的和式恰好是等式

$$\left(\frac{p_2}{1-p_1}+\cdots+\frac{p_n}{1-p_1}\right)^{m-m_1}=\left(\frac{1-p_1}{1-p_1}\right)^{m-m_1}=1$$

左端的展开式. 可以类似地求出其他的 $\mathbf{P}(X_k=m_k)$, 从而

$$\mathbf{P}(X_k=j)=\binom{m}{j}p_k^j(1-p_k)^{m-j},\quad j=0,1,\cdots,n,\quad k=1,\cdots,n. \tag{4.2.9}$$

所以多项分布 $M_n(m;\ p_1,p_2,\cdots,p_n)$ 的一维边缘分布是二项分布, 其中第 k 个一维边缘分布是二项分布 $B(m;\ p_k)$.

(3) 类似地, 对任何满足 $m_1+m_2\leqslant m$ 的非负整数 m_1,m_2, 概率 $\mathbf{P}(X_1=m_1, X_2=m_2)$ 的值为

$$\begin{aligned}&\mathbf{P}(X_1=m_1,X_2=m_2)\\&=\sum_{(m_3,\cdots,m_n):\ m_3+\cdots+m_n=m-m_1-m_2}\mathbf{P}(X_1=m_1,X_2=m_2,\cdots,X_n=m_n)\\&=\sum_{(m_3,\cdots,m_n):\ m_3+\cdots+m_n=m-m_1-m_2}\frac{m!}{m_1!m_2!\cdots m_n!}p_1^{m_1}p_2^{m_2}\cdots p_n^{m_n}\\&=\frac{m!}{m_1!m_2!(m-m_1-m_2)!}p_1^{m_1}p_2^{m_2}(1-p_1-p_2)^{m-m_1-m_2}.\end{aligned}$$

而且, 其余的二维边缘分布 $\mathbf{P}(X_i=m_i,\ X_j=m_j)$ 也可以类似求得.

由此可见, **多项分布 $M_n(m;\ p_1,p_2,\cdots,p_n)$的二维边缘分布是 $n=3$ 的多项分布, 其中 (X_1,X_2) 的边缘分布是 $M_3(m;\ p_1,\ p_2,\ 1-p_1-p_2)$.**

问题 (4) 的解答留给读者.

不难看出, **多项分布 $M_n(m;\ p_1,p_2,\cdots,p_n)$的 k 维边缘分布是 $n=k+1$ 的多项分布. 而二项分布 $B(m;\ p)$ 就是 $M_2(m;\ p,1-p)$.**

问题 (5) 的解答没有什么原则性的困难, 事实上, 对任何满足 $m_2+\cdots+m_n=m-m_1$ 的非负有序整数组 $(m_2,\cdots,m_n)$, 有

$$\mathbf{P}(X_2=m_2,\cdots,X_n=m_n|X_1=m_1)=\frac{\mathbf{P}(X_1=m_1,X_2=m_2,\cdots,X_n=m_n)}{\mathbf{P}(X_1=m_1)}$$
$$=\frac{\dfrac{m!}{m_1!m_2!\cdots m_n!}p_1^{m_1}p_2^{m_2}\cdots p_n^{m_n}}{\dfrac{m!}{m_1!(m-m_1)!}p_1^{m_1}(1-p_1)^{m-m_1}}$$

$$= \frac{(m-m_1)!}{m_2!\cdots m_n!}\left(\frac{p_2}{1-p_1}\right)^{m_2}\cdots\left(\frac{p_n}{1-p_1}\right)^{m_n},$$

而这恰好就是问题 (2) 解答中倒数第二步乘号之后和式中的加项.

4.2.3 连续型场合: 边缘分布与边缘密度

为便于看清问题, 先看二维情况.

设随机向量 (X,Y) 的联合密度函数为 $p(x,y)$, 于是

$$F(x,y)=\mathbf{P}(X\leqslant x,Y\leqslant y)=\int_{-\infty}^{x}\mathrm{d}u\int_{-\infty}^{y}p(u,v)\mathrm{d}v,\quad (x,y)\in\mathbb{R}^2.$$

因此, X 和 Y 的边缘分布分别为

$$F_1(x)=\int_{-\infty}^{x}\mathrm{d}u\int_{-\infty}^{\infty}p(u,v)\mathrm{d}v,\quad x\in\mathbb{R},\tag{4.2.10}$$

$$F_2(y)=\int_{-\infty}^{\infty}\mathrm{d}u\int_{-\infty}^{y}p(u,v)\mathrm{d}v,\quad y\in\mathbb{R}.\tag{4.2.11}$$

如果记

$$p_1(x)=\int_{-\infty}^{\infty}p(x,v)\mathrm{d}v,\quad x\in\mathbb{R};\quad p_2(y)=\int_{-\infty}^{\infty}p(u,y)\mathrm{d}u,\quad y\in\mathbb{R},\tag{4.2.12}$$

那么, $p_1(x)\geqslant 0$, $p_2(y)\geqslant 0$, 并且式 (4.2.10) 就是

$$F_1(x)=\int_{-\infty}^{x}p_1(u)\mathrm{d}u,\quad x\in\mathbb{R}.$$

因此, 如式 (4.2.12) 所定义的函数 $p_1(x)$ 就是 X 的密度函数; 同理, $p_2(y)$ 就是 Y 的密度函数. 它们分别称为 X 和 Y 的边缘密度.

上述结论容易推广到 n 维场合: 如果 n 维随机向量 $(X_1,\cdots,X_n)$ 的联合密度函数为 $p(x_1,\cdots,x_n)$, 那么对任何 $1\leqslant k<n$, k 维随机向量 $(X_1,\cdots,X_k)$ 的边缘密度函数为

$$p_{1,\cdots,k}(x_1,\cdots,x_k)=\int_{-\infty}^{\infty}\cdots\int_{-\infty}^{\infty}p(x_1,\cdots,x_k,u_{k+1},\cdots,u_n)\mathrm{d}u_{k+1}\cdots\mathrm{d}u_n,\tag{4.2.13}$$

其中 $(x_1,\cdots,x_k)\in\mathbb{R}^k$. 可类似写出其他的 k 维边缘密度函数. 利用 k 维边缘密度函数可以写出 k 维边缘分布函数.

例 4.2.5 设二维随机向量 (X,Y) 的联合密度函数 $p(x,y)$ 如式 (4.1.7) 所示, 试分别求出 X 和 Y 的边缘密度函数和边缘分布函数.

解 由式 (4.2.12) 知

$$p_1(x)=\int_{-\infty}^{\infty}p(x,v)\mathrm{d}v=\int_0^1(x+v)\mathrm{d}v=x+\frac{1}{2},\quad x\in(0,1);\tag{4.2.14}$$

$$p_2(y)=\int_{-\infty}^{\infty}p(u,y)\mathrm{d}u=\int_0^1(u+y)\mathrm{d}u=y+\frac{1}{2},\quad y\in(0,1).\tag{4.2.15}$$

利用边缘密度函数易得

$$F_1(x)=\int_{-\infty}^{x}p_1(u)\mathrm{d}u=\int_0^x\left(u+\frac{1}{2}\right)\mathrm{d}u=\frac{1}{2}(x^2+x),\quad 0<x\leqslant 1;$$

$$F_2(y)=\int_{-\infty}^{y}p_2(v)\mathrm{d}v=\int_0^y\left(v+\frac{1}{2}\right)\mathrm{d}v=\frac{1}{2}(y^2+y),\quad 0<y\leqslant 1.$$

式 (4.2.12) 和 (4.2.13) 表明, 边缘密度函数可以由联合密度函数唯一确定. 但是其逆不真.

例 4.2.6 试问: 如下的函数 $q(x,y)$ 是否为某个二维随机向量 (X,Y) 的联合密度:

$$q(x,y)=\left(x+\frac{1}{2}\right)\left(y+\frac{1}{2}\right),\quad 0<x,y<1\ ?$$

解 容易验证 $q(x,y)$ 是某个二维随机向量 (X,Y) 的联合密度函数. 而且不难求出 X 和 Y 的边缘密度函数如式 (4.2.14) 和式 (4.2.15) 所示.

例 4.2.5 和例 4.2.6 中的随机向量 (X,Y) 的联合密度函数并不相同, 但是 X 和 Y 的边缘密度函数相同. 这就表明: *联合密度函数不能由边缘密度函数所确定*.

由上面的讨论知, 如果 $(X_1,\cdots,X_n)$ 是 n 维连续型随机向量, 那么其中任意 k 个随机变量都形成 k 维连续型随机向量, 并且其密度可以由 $(X_1,\cdots,X_n)$ 的联合密度唯一确定. 但是反过来, 即使随机变量 $X_1,\cdots,X_n$ 是定义在同一个概率空间上的 n 个连续型随机变量, 随机向量 $(X_1,\cdots,X_n)$ 也未必就是连续型的. 一个典型的例子如下.

例 4.2.7 设 $\{\Omega,\mathscr{F},\mathbf{P}\}$ 为区间 $(0,1)$ 上的几何型概率空间, 令

$$X(\omega)=Y(\omega)=\omega,\quad \forall\,\omega\in(0,1),$$

则 X 与 Y 都服从均匀分布 $U(0,1)$, 当然为连续型随机变量, 但是二维随机向量 (X,Y) 却不具有密度函数, 它们的取值集合只是平面上的一条线段.

4.2.4 连续型场合: 条件分布与条件密度

利用边缘密度, 不难计算 n 维连续型随机向量的条件分布, 仍以二维情况为例.

连续型随机向量的每一维边缘随机变量都是连续型的, 所以在讨论它们的值属于某一区间 I 的概率时, 用不着计较区间的开闭.

设二维连续型随机向量 (X,Y) 的联合密度为 $p(x,y)$, 如果对 $a<b$, 有 $\mathbf{P}(a\leqslant Y\leqslant b)>0$, 那么利用式 (4.2.12), 即可根据式 (4.2.6) 计算出 X 在条件 $a\leqslant Y\leqslant b$ 下的条件分布:

$$\begin{aligned}\mathbf{P}(X\leqslant x\,|a\leqslant Y\leqslant b)&=\frac{\mathbf{P}(X\leqslant x,a\leqslant Y\leqslant b)}{\mathbf{P}(a\leqslant Y\leqslant b)}\\&=\frac{\displaystyle\int_{-\infty}^{x}\mathrm{d}u\int_{a}^{b}p(u,v)\mathrm{d}v}{\displaystyle\int_{a}^{b}p_2(v)\mathrm{d}v}=\int_{-\infty}^{x}\frac{\displaystyle\int_{a}^{b}p(u,v)\mathrm{d}v}{\displaystyle\int_{a}^{b}p_2(v)\mathrm{d}v}\mathrm{d}u.\end{aligned}\tag{4.2.16}$$

如果记

$$p_1(x|[a,b])=\frac{\displaystyle\int_{a}^{b}p(x,v)\mathrm{d}v}{\displaystyle\int_{a}^{b}p_2(v)\mathrm{d}v},\quad x\in\mathbb{R},$$

那么式 (4.2.16) 表明 $p_1(x|[a,b])$ 就是 X 在条件 $a\leqslant Y\leqslant b$ 下的条件密度函数.

比较有趣的是: 区间 $[a,b]$ 的长度趋于 0 的情况. 现在设 $a=y,b=y+\Delta y$, 其中 $\Delta y>0$, 并设 $p_2(y)>0$, 我们来看 $\Delta y\to 0$ 的情况. 由式 (4.2.16) 知

$$\begin{aligned}\mathbf{P}(X\leqslant x\,|y\leqslant Y\leqslant y+\Delta y)&=\frac{\displaystyle\int_{-\infty}^{x}\left\{\int_{y}^{y+\Delta y}p(u,v)\mathrm{d}v\right\}\mathrm{d}u}{\displaystyle\int_{y}^{y+\Delta y}p_2(v)\mathrm{d}v}\\&=\frac{\displaystyle\int_{-\infty}^{x}\left\{\frac{1}{\Delta y}\int_{y}^{y+\Delta y}p(u,v)\mathrm{d}v\right\}\mathrm{d}u}{\displaystyle\frac{1}{\Delta y}\int_{y}^{y+\Delta y}p_2(v)\mathrm{d}v}.\end{aligned}\tag{4.2.17}$$

我们有

$$\lim_{\Delta y\to 0}\frac{1}{\Delta y}\int_{y}^{y+\Delta y}p_2(v)\mathrm{d}v=p_2(y).$$

而如果对任何 $u\in\mathbb{R}$, 都有极限 $\displaystyle\lim_{\Delta y\to 0}\frac{1}{\Delta y}\int_{y}^{y+\Delta y}p(u,v)\mathrm{d}v$ 存在, 那么就应该有

$$\lim_{\Delta y\to 0}\frac{1}{\Delta y}\int_{y}^{y+\Delta y}p(u,v)\mathrm{d}v=p(u,y).$$

于是式 (4.2.17) 变为

$$\mathbf{P}(X \leqslant x \mid Y=y)=\int_{-\infty}^{x} \frac{p(u,y)}{p_2(y)}\mathrm{d}u, \quad x\in\mathbb{R}. \tag{4.2.18}$$

通过上述推导, 我们事实上证得了如下定理.

定理 4.2.1 如果二维连续型随机向量 (X,Y) 的联合密度为 $p(x,y)$, 则当 $p_2(y)>0$ 时, 函数

$$p_1(x\,|\,y)=\frac{p(x,y)}{p_2(y)}, \quad x\in\mathbb{R} \tag{4.2.19}$$

就是 X 在条件 $Y=y$ 下的条件密度函数; 而如果 $p_1(x)>0$, 则函数

$$p_2(y\,|\,x)=\frac{p(x,y)}{p_1(x)}, \quad x\in\mathbb{R} \tag{4.2.20}$$

就是 Y 在条件 $X=x$ 下的条件密度函数.

证明 事实上, 由式 (4.2.18) 知, $p_1(x\,|\,y)$ 是一个密度函数, 并且对任何 $x\in\mathbb{R}$, $p_1(u\,|\,y)$ 在区间 $(-\infty,x]$ 上对 u 的积分就是条件分布 $\mathbf{P}(X\leqslant x \mid Y=y)$.

注意: 条件密度函数也是密度函数, 所以它们应当满足密度函数的两条性质.

例 4.2.8 设随机向量 (X,Y) 的联合密度为

$$p(x,y)=24y(1-x-y), \quad x,y>0, \quad x+y<1.$$

求: (1) Y 在 $X=\dfrac{1}{2}$ 时的条件密度函数; (2) X 在 $Y=\dfrac{1}{2}$ 时的条件密度函数.

解 首先根据式 (4.2.12), 求出 $p_1\left(\dfrac{1}{2}\right)$ 和 $p_2\left(\dfrac{1}{2}\right)$:

$$p_1\left(\frac{1}{2}\right)=\int_{-\infty}^{\infty} p\left(\frac{1}{2},v\right)\mathrm{d}v=24\int_0^{\frac{1}{2}} v\left(\frac{1}{2}-v\right)\mathrm{d}v=\frac{1}{2},$$

$$p_2\left(\frac{1}{2}\right)=\int_{-\infty}^{\infty} p\left(u,\frac{1}{2}\right)\mathrm{d}u=12\int_0^{\frac{1}{2}} \left(\frac{1}{2}-u\right)\mathrm{d}u=\frac{3}{2}.$$

再分别由式 (4.2.20) 和 (4.2.19) 知

$$p_2\left(y\,\middle|\,\frac{1}{2}\right)=\frac{p(x,y)}{p_1\left(\dfrac{1}{2}\right)}=2p\left(\frac{1}{2},y\right)=48y\left(\frac{1}{2}-y\right), \quad 0<y<\frac{1}{2},$$

$$p_1\left(x\,\middle|\,\frac{1}{2}\right)=\frac{p(x,y)}{p_2\left(\dfrac{1}{2}\right)}=\frac{2}{3}p\left(x,\frac{1}{2}\right)=8\left(\frac{1}{2}-x\right), \quad 0<x<\frac{1}{2}.$$

不难验证

$$\int_0^{\frac{1}{2}} p_2\left(y \,\Big|\, \frac{1}{2}\right)\mathrm{d}y = \int_0^{\frac{1}{2}} p_1\left(x \,\Big|\, \frac{1}{2}\right)\mathrm{d}x = 1,$$

所以, 它们都是密度函数.

式 (4.2.19) 和 (4.2.20) 沟通了联合密度与边缘密度和条件密度之间的联系. 这种联系有时也可以用来求联合密度. 看一个例子.

例 4.2.9　设 $\lambda > 0$, 随机变量 X 的密度函数为

$$p_1(x) = \lambda^2 x \mathrm{e}^{-\lambda x}, \quad x > 0,$$

而随机变量 Y 服从区间 $(0, X)$ 上的均匀分布, 求: (1) 随机向量 (X, Y) 的联合密度; (2) 随机变量 Y 的密度函数.

解　由题意知, 在给定 $X = x$ 的条件下, Y 具有条件密度 $p_2(y|x) = \dfrac{1}{x}$, $0 < y < x$, 所以 (X, Y) 的联合密度函数为

$$p(x, y) = p_1(x) p_2(y|x) = \lambda^2 \mathrm{e}^{-\lambda x}, \quad 0 < y < x.$$

而 Y 的密度函数为

$$p_2(y) = \int_{-\infty}^{\infty} p(u, y)\mathrm{d}u = \int_y^{\infty} \lambda^2 \mathrm{e}^{-\lambda u}\mathrm{d}u = \lambda \mathrm{e}^{-\lambda y}, \quad y > 0,$$

即 Y 服从参数为 λ 的指数分布.

4.2.5　随机变量的独立性

随机变量的独立性概念是概率论中的最重要的基本概念之一, 同随机事件的独立性概念一样, 随机变量的独立性概念起着十分重要的作用. 首先给出随机变量相互独立的定义.

定义 4.2.1　设 $X_1, \cdots, X_n$ 是定义在同一个概率空间上的 n 个随机变量, 如果它们的联合分布函数等于它们的边缘分布函数的乘积, 即

$$F(x_1, \cdots, x_n) = \prod_{k=1}^{n} F_k(x_k), \quad \forall\ (x_1, \cdots, x_n) \in \mathbb{R}^n, \tag{4.2.21}$$

那么就称它们相互独立.

我们知道, 式 (4.2.21) 的左端等于

$$\mathbf{P}(X_1 \leqslant x_1, \cdots, X_n \leqslant x_n) = \mathbf{P}\left(\bigcap_{k=1}^{n} (X_k \leqslant x_k)\right),$$

而其右端等于 $\prod_{k=1}^{n}\mathbf{P}(X_k \leqslant x_k)$, 所以式 (4.2.21) 等价于: 对任何 $(x_1,\cdots,x_n)\in\mathbb{R}^n$, 事件 $(X_1\leqslant x_1),\cdots,(X_n\leqslant x_n)$ 都相互独立. 再由实变函数论知识知, 这一事实等价于对任何 n 个 Borel 集合 $B_1,\cdots,B_n$, 事件 $(X_1\in B_1),\cdots,(X_n\in B_n)$ 都相互独立.

利用上述事实, 立即得到如下定理.

定理 4.2.2 如果 $(X_1,\cdots,X_n)$ 是 n 维离散型随机向量, 则随机变量 $X_1,\cdots,X_n$ 相互独立当且仅当它们的联合分布律等于各自的边缘分布律的乘积, 即

$$\mathbf{P}(X_1=a_1,X_2=a_2,\cdots,X_n=a_n)=\prod_{i=1}^{n}\mathbf{P}(X_i=a_i), \tag{4.2.22}$$

其中, $(a_1,a_2,\cdots,a_n)$ 是 $(X_1,\cdots,X_n)$ 值域中的任意一点.

而对于连续型随机向量, 结论如下.

定理 4.2.3 如果 $(X_1,\cdots,X_n)$ 是 n 维连续型随机向量, 则随机变量 $X_1,\cdots,X_n$ 相互独立的充要条件是它们的联合密度函数等于各自一维边缘密度函数的乘积.

证明 仅以证明 $n=2$ 情形为例. 由定义 4.2.1 知, 两个随机变量 X 与 Y 相互独立, 当且仅当它们的联合分布等于它们的边缘分布的乘积, 即

$$F(x,y)=F_1(x)F_2(y). \tag{4.2.23}$$

如果它们的联合密度等于它的两个边缘密度的乘积, 即

$$p(x,y)=p_1(x)p_2(y), \tag{4.2.24}$$

那么显然对一切 $(x,y)\in\mathbb{R}^2$, 都有

$$\begin{aligned}F(x,y)&=\int_{-\infty}^{x}\mathrm{d}u\int_{-\infty}^{y}p(u,v)\mathrm{d}v=\int_{-\infty}^{x}\mathrm{d}u\int_{-\infty}^{y}p_1(u)p_2(v)\mathrm{d}v\\&=\int_{-\infty}^{x}p_1(u)\mathrm{d}u\int_{-\infty}^{y}p_2(v)\mathrm{d}v=F_1(x)F_2(y),\end{aligned}$$

故知 X 与 Y 相互独立. 反之, 如果 (X,Y) 是二维连续型随机向量, 并且满足式 (4.2.23), 那么对一切 $(x,y)\in\mathbb{R}^2$, 都有

$$\begin{aligned}&\int_{-\infty}^{x}\mathrm{d}u\int_{-\infty}^{y}p(u,v)\mathrm{d}v=F(x,y)=F_1(x)F_2(y)\\=&\int_{-\infty}^{x}p_1(u)\mathrm{d}u\int_{-\infty}^{y}p_2(v)\mathrm{d}v=\int_{-\infty}^{x}\mathrm{d}u\int_{-\infty}^{y}p_1(u)p_2(v)\mathrm{d}v,\end{aligned}$$

比较上式两端, 即得式 (4.2.24). 上述证明不难推广到 n 维场合.

在前面的一些例题中, 我们已经看到独立随机变量的例子. 例如, 例 4.2.1 中的 X 与 Y 就是相互独立的, 这不难通过逐一验证等式 $p_{ij} = p_{i\cdot}p_{\cdot j}$ 看出. 并且在那里, 通过计算条件分布, 又得到另一个验证办法: 如果 X 在给定 Y 的任何值的条件下的条件分布都与它自己的边缘分布相同, 那么 X 与 Y 相互独立. 这两个例子中的随机向量 (X,Y) 实际上产生于这样一个随机试验问题: 在盒子中放有 5 个同样大小的球, 其中 3 个球上写着数字 0, 另外两个球上写着数字 1. 从中随机抽取两个球, 分别用 X 和 Y 表示两个球上所写的数字. 那么, 当有放回抽取时, 它们的联合分布律恰如例 4.2.1 所示, 而无放回抽取时, 它们的联合分布律则如例 4.2.2 所示. 所以, 例 4.2.1 中的 X 与 Y 是相互独立的, 而例 4.2.2 中的 X 与 Y 则不然. 我们还注意到, 例 4.2.6 中的联合密度就等于它的两个边缘密度的乘积, 所以那里的两个随机变量相互独立.

由定义 4.2.1 不难推知, 如果 n 个随机变量 $X_1, \cdots, X_n$ 相互独立, 那么它们中的任何 k $(2 \leqslant k < n)$ 个随机变量也相互独立. 这个结论的证明留给读者.

与事件的独立性一样, 随机变量**相互独立**也是一个很强的概念. 对于 n 个随机变量, 即使其中任何 k 个随机变量相互独立, 其中 $2 \leqslant k \leqslant n-1$, 也未必能保证 n 个随机变量相互独立.

事实上, n 个事件相互独立, 当且仅当它们的示性变量相互独立.

下面是两个例子.

例 4.2.10　设 $(\Omega, \mathscr{F}, \mathbf{P})$ 为古典概率空间, 其中 $|\Omega| = 4$, Bernoulli 随机变量 X_1, X_2, X_3 定义如表 4.6.

表 4.6

	ω_1	ω_2	ω_3	ω_4
X_1	1	1	0	0
X_2	1	0	1	0
X_3	1	0	0	1

不难验证, X_1, X_2, X_3 中的每两个都相互独立, 但是 X_1, X_2, X_3 并不相互独立.

相应地, 如果 $(\Omega, \mathscr{F}, \mathbf{P})$ 为古典概率空间, 其中 $|\Omega| = 8$, Bernoulli 随机变量 Y_1, Y_2, Y_3, Y_4 定义如表 4.7.

表 4.7

	ω_1	ω_2	ω_3	ω_4	ω_5	ω_6	ω_7	ω_8
Y_1	1	1	1	1	0	0	0	0
Y_2	1	1	0	0	1	1	0	0
Y_3	1	0	1	0	1	0	1	0
Y_4	1	0	0	1	0	1	1	0

不难验证, Y_1, Y_2, Y_3, Y_4 中的每三个都相互独立, 但是 Y_1, Y_2, Y_3, Y_4 并不相互独立.

例 4.2.11 设 X 与 Y 是相互独立的 $U[0,1)$ 随机变量, $Z = \{X+Y\}$, 其中 $\{u\}$ 表示实数 u 的小数部分. 则 Z 也是 $U[0,1)$ 随机变量, 且 X, Y, Z 两两独立, 但不相互独立.

证明 先证 Z 是 $U[0,1)$ 随机变量. 显然 $0 \leqslant Z < 1$, 而对于 $z \in [0,1)$, 要求出概率 $\mathbf{P}(Z \leqslant z)$. 由于 Z 是 $X+Y$ 的小数部分, 而 X 与 Y 是相互独立的 $U[0,1)$ 随机变量, 容易求出它们的联合密度, 并可看出随机向量 (X,Y) 服从正方形 $[0,1)\times[0,1)$ 上的均匀分布.

由几何直观看出, 事件 $(Z \leqslant z)$ 由两部分构成: 一部分是 $(X+Y \leqslant z)$, 它是直线 $x+y=z$, $x=0$ 和 $y=0$ 所围成的三角形; 另一部分是 $(1 < X+Y \leqslant 1+z)$, 因为这时 $X+Y$ 大于 1(小于 2), 所以在减去整数部分 1 之后刚好介于 0 和 z 之间, 从几何直观上看, 它是一个梯形, 上下底分别在直线 $x+y=1+z$ 和直线 $x+y=1$ 上, 两腰分别在直线 $x=1$ 和 $y=1$ 上. 所以概率 $\mathbf{P}(Z \leqslant z)$ 就是该三角形的面积与梯形面积的和. 有鉴于此, 得到

$$\begin{aligned}F_Z(z) &= \mathbf{P}(Z \leqslant z) = \mathbf{P}(X+Y \leqslant z) + \mathbf{P}(1 < X+Y \leqslant 1+z)\\ &= \frac{1}{2}z^2 + \frac{1}{2}\left(1-(1-z)^2\right) = z,\end{aligned}$$

这就表明, $F_Z(x)$ 确如式 (3.1.4) 所示, 所以 Z 也是 $U[0,1)$ 随机变量.

再证 X, Y, Z 两两独立. 对 $0 \leqslant x < z < 1$, 再次利用几何概型, 我们有

$$\begin{aligned}\mathbf{P}(X \leqslant x, Z \leqslant z) &= \mathbf{P}(X \leqslant x, X+Y \leqslant z) + \mathbf{P}(X \leqslant x, 1 < X+Y \leqslant 1+z)\\ &= \frac{1}{2}z^2 - \frac{1}{2}(z-x)^2 + \frac{1}{2}x^2 = xz;\end{aligned}$$

对 $0 \leqslant z \leqslant x < 1$, 有

$$\begin{aligned}\mathbf{P}(X \leqslant x, Z \leqslant z) &= \mathbf{P}(X \leqslant x, X+Y \leqslant z) + \mathbf{P}(X \leqslant x, 1 < X+Y \leqslant 1+z)\\ &= \frac{1}{2}z^2 + \frac{1}{2}x^2 - \frac{1}{2}(x-z)^2 = xz.\end{aligned}$$

这就表明, X 与 Z 相互独立, 同理可证 Y 与 Z 相互独立, 但是

$$\mathbf{P}\left(X \leqslant \frac{1}{4}, Y \leqslant \frac{1}{4}, Z > \frac{1}{2}\right) = 0 \neq \frac{1}{4}\cdot\frac{1}{4}\cdot\frac{1}{2}.$$

所以 X, Y, Z 两两独立, 但不相互独立.

例 4.2.12 以 $\lceil x \rceil$ 表示不小于实数 x 的最小整数 (称为 x 的天花板函数). 设 X 服从参数为 λ 的指数分布 $(\lambda > 0)$. (i) 求 $Y = \lceil X \rceil$ 的分布律; (ii) 求 $Z = \lceil X \rceil - X$ 的分布密度; (iii) Y 与 Z 是否独立? 说明理由.

解　(i) 显然 Y 是离散型随机变量, 它的取值集合是全体正整数. 对任一正整数 n, 有

$$\mathbf{P}(Y=n)=\mathbf{P}(n-1<X\leqslant n)=\lambda\int_{n-1}^{n}\mathrm{e}^{-\lambda x}\mathrm{d}x=\mathrm{e}^{-\lambda(n-1)}(1-\mathrm{e}^{-\lambda}),$$

可见 Y 服从参数 $p=1-\mathrm{e}^{-\lambda}$ 的几何分布.

(ii) Z 的取值集合是左闭右开区间 $[0,1)$, 对任一 $z\in[0,1)$, 有

$$\mathbf{P}(Z\leqslant z)=\sum_{n=1}^{\infty}\mathbf{P}(n-z\leqslant X\leqslant n)=(\mathrm{e}^{\lambda z}-1)\sum_{n=1}^{\infty}\mathrm{e}^{-\lambda n}=\frac{\mathrm{e}^{-\lambda}(\mathrm{e}^{\lambda z}-1)}{1-\mathrm{e}^{-\lambda}}.$$

所以, Z 的密度函数是

$$p_Z(z)=\frac{\mathrm{e}^{-\lambda}}{1-\mathrm{e}^{-\lambda}}\frac{\mathrm{d}}{\mathrm{d}z}(\mathrm{e}^{\lambda z}-1)=\frac{\lambda\mathrm{e}^{\lambda(z-1)}}{1-\mathrm{e}^{-\lambda}},\quad 0\leqslant z<1.$$

(iii) 先求 Z 在给定 $Y=n$ 时的条件分布:

$$\mathbf{P}(Z\leqslant z|Y=n)=\frac{\mathbf{P}(Z\leqslant z,\ Y=n)}{\mathbf{P}(Y=n)}=\mathrm{e}^{\lambda(n-1)}\frac{\mathbf{P}(n-z\leqslant X\leqslant n)}{1-\mathrm{e}^{-\lambda}}=\frac{\mathrm{e}^{-\lambda}(\mathrm{e}^{\lambda z}-1)}{1-\mathrm{e}^{-\lambda}}.$$

该条件分布与 Y 的值无关, 更有甚者, 条件密度

$$p_Z(z|Y=n)=\frac{\lambda\mathrm{e}^{\lambda(z-1)}}{1-\mathrm{e}^{-\lambda}}=p_Z(z),\quad 0\leqslant z<1.$$

由此可见, Y 与 Z 独立.

本例中的 (i) 是把连续型随机变量离散化, 它已经出现在习题 3.4 第 14 题中, 不过略有不同, 那里是取随机变量值的整数部分; (ii) 是把无界随机变量局限化. 这些变换都是应科研中的某种需要产生出来的. 本例中的 (iii) 则通过条件密度与无条件密度相等来证明两个随机变量的独立性, 体现了独立性证明方法的多样性.

最后, 不加证明地给出如下结论.

定理 4.2.4　如果 $X_1,\cdots,X_n$ 是 n 个相互独立的随机变量, A_1 和 A_2 是集合 $\{1,\cdots,n\}$ 的两个互不相交的非空子集, 其中分别含有 k_1 和 k_2 个元素, 则对任何两个分别为 k_1 元和 k_2 元的 Borel 可测函数 f 和 g 而言, $Y_1=f(X_i,\ i\in A_1)$ 和 $Y_2=g(X_j,\ j\in A_2)$ 是两个相互独立的随机变量.

习　题　4.2

1. 证明多项分布的边缘分布仍为多项分布.
2. 设随机向量 (X_1,X_2) 的分布律如表 4.8.

表 4.8

X_1 \ X_2	0	1	2	3	4	5
0	0	0.01	0.03	0.05	0.07	0.09
1	0.01	0.02	0.04	0.05	0.06	0.08
2	0.01	0.03	0.05	0.05	0.05	0.06
3	0.01	0.02	0.04	0.06	0.06	0.05

试求: (1) $\mathbf{P}\{X_2=2|X_1=2\}$, $\mathbf{P}\{X_1=3|X_2=0\}$; (2) $Y_1=\max\{X_1,X_2\}$ 的分布律; (3) $Y_2=\min\{X_1,X_2\}$ 的分布律; (4) $Z=Y_1+Y_2$ 的分布律.

3. 设随机向量 (X,Y) 的联合密度为

$$p(x,y)=\frac{1}{\Gamma(k_1)\Gamma(k_2)}x^{k_1-1}(y-x)^{k_2-1}\mathrm{e}^{-y},$$

其中 $k_1>0$, $k_2>0$, $0<x\leqslant y<\infty$. 试求 X 与 Y 的边缘分布密度.

4. 若 (X,Y) 的密度函数为

$$p(x,y)=A\mathrm{e}^{-(2x+y)},\quad x>0,\ y>0.$$

试求: (1) 常数 A; (2) $\mathbf{P}\{X<2,Y<1\}$; (3) X 的边缘分布; (4) $\mathbf{P}\{X+Y<2\}$; (5) $p(x|y)$; (6) $\mathbf{P}\{X<2|Y<1\}$.

5. 设 $F(x,y)$ 和 $G(x,y)$ 分别是二维随机向量 (X_1,Y_1) 和 (X_2,Y_2) 的联合分布函数. 记

$$\bar{F}(x,y)=\mathbf{P}(X_1>x,Y_1>y),\ \bar{G}(x,y)=\mathbf{P}(X_2>x,Y_2>y).$$

若 (X_1,Y_1) 和 (X_2,Y_2) 具有相同的边缘分布, 试证明 $F(x,y)\leqslant G(x,y)$ 当且仅当 $\bar{F}(x,y)\leqslant\bar{G}(x,y)$.

6. 设随机变量 (X,Y) 的联合密度函数为

$$p(x,y)=\frac{1+xy}{4},\quad |x|<1 \text{ 且 } |y|<1.$$

证明: X 与 Y 不独立, 但 X^2 与 Y^2 是独立的.

7. 若 X,Y 独立, 都服从 -1 与 1 这两点上的等可能分布, 而 $Z=XY$. 证明: X,Y,Z 两两独立但不相互独立.

8. 设 X 为退化的随机变量, 证明: X 与任何随机变量独立, 特别地, X 与自己独立.

9. 设 X 为退化于 c 的随机变量, Y 服从分布 F_Y, 试写出 (X,Y) 的联合分布.

10. 设随机变量 Y 服从分布 F_Y, 则 $F_Y(x)$ 连续的充分必要条件是: 对任何 $x\in\mathbb{R}$, 都有 $\mathbf{P}(Y=x)=0$. 但是对于 n $(n\geqslant 2)$ 维随机向量来说, 这一结论不真. 即: 即使对任何 $(x_1,\cdots,x_n)\in\mathbb{R}^n$, 都有 $\mathbf{P}(X_1=x_1,\cdots,X_n=x_n)=0$, 随机向量 $(X_1,\cdots,X_n)$ 的联合分布函数也未必连续 (提示: 考察上一题中的例子).

11. 令

$$p(x_1,\cdots,x_s)=1+\prod_{i=1}^{s}x_i,\quad -\frac{1}{2}\leqslant x_i\leqslant\frac{1}{2},\quad i=1,2,\cdots,s.$$

a) 证明: $p(x_1,\cdots,x_s)$ 是一个 s 元密度函数;

b) 假设 s 维随机向量 $(X_1,\cdots,X_s)$ 以 $p(x_1,\cdots,x_s)$ 为密度函数, 试证明:

(1) $X_j \sim U\left(-\dfrac{1}{2},\dfrac{1}{2}\right),\ \ j=1,\cdots,s;$

(2) 对任何 $2\leqslant q<s$, $X_1,\cdots,X_s$ 中任何 q 个随机变量均相互独立;

(3) $X_1,\cdots,X_s$ 不相互独立;

(4) 若 $\boldsymbol{X}^{(1)}=(X_1,\cdots,X_q),\boldsymbol{X}^{(2)}=(X_{q+1},\cdots,X_s),1\leqslant q<s$, 则在条件 $\boldsymbol{X}^{(2)}=(x_{q+1},\cdots,x_s)$ 下, $\boldsymbol{X}^{(1)}$ 的条件密度函数为 $p(x_1,\cdots,x_q|x_{q+1},\cdots,x_s)=p(x_1,\cdots,x_s)$, 即与原来的联合密度函数具有相同的表达式.

12. 令 $F(x,y)$ 是随机向量 (X,Y) 的分布函数, $G(x)$ 和 $H(y)$ 分别是 X 和 Y 的边缘分布函数. 若 $G(x)$ 和 $H(y)$ 是连续函数, 试证 $F(x,y)$ 也是连续的.

4.3　常见的多维连续型分布

介绍几种常见的多维连续型分布, 主要介绍二维分布.

4.3.1　多维均匀分布

众所周知, 描述 n 维场合下几何概型的随机向量 $(X_1,\cdots,X_n)$ 就是服从 n 维均匀分布的.

定义 4.3.1　设 D 为 n 维 Borel 集, 且 $0<\mathbf{L}(D)<\infty$, 称以

$$p(x_1,\cdots,x_n)=\frac{1}{\mathbf{L}(D)},\quad (x_1,\cdots,x_n)\in D \tag{4.3.1}$$

为密度函数的 n 维连续型分布为 D 上的均匀分布, 记为 $U(D)$.

由这一定义可知, 如果 n 维随机向量 $(X_1,\cdots,X_n)$ 服从分布 $U(D)$, 则对于 n 维 Borel 集 $B\subset D$, 有

$$\mathbf{P}\Big((X_1,\cdots,X_n)\in B\Big)=\frac{\mathbf{L}(B)}{\mathbf{L}(D)}.$$

事实上, 例 4.2.11 中的二维随机向量 (x,y) 服从的就是单位正方形 $D=[0,1)\times[0,1)$ 中的均匀分布, 由于 $\mathbf{L}(D)=1$, 所以概率 $\mathbf{P}(X+Y\leqslant u)$ 和 $\mathbf{P}(1<X+Y\leqslant 1+u)$ 就是相应的三角形和梯形的面积.

例 4.3.1　设 $D=\big\{(x,y)\,\big|\,x^2+y^2<1\big\}$ 是单位圆, 而随机向量 (X,Y) 服从分布 $U(D)$, 试求: (1) X 与 Y 的边缘密度; (2) 在给定 $Y=y$ 的条件下 $(-1<y<1)$, X 的条件密度.

解 易知 (X,Y) 的联合密度函数为

$$p(x,y)=\frac{1}{\pi},\quad x^2+y^2<1.$$

因此, (1) 当 $|x|\geqslant 1$ 时, $p_1(x)=0$; 而当 $|x|<1$ 时, 有

$$p_1(x)=\int_{-\infty}^{\infty}p(x,v)\mathrm{d}v=\int_{-\sqrt{1-x^2}}^{\sqrt{1-x^2}}\frac{1}{\pi}\mathrm{d}v=\frac{2}{\pi}\sqrt{1-x^2}.$$

利用对称性可知

$$p_2(y)=\frac{2}{\pi}\sqrt{1-y^2},\quad |y|<1.$$

上述事实告诉我们: 单位圆上的均匀分布的边缘分布不是一维均匀分布.

(2) 在给定 $Y=y\ (-1<y<1)$ 的条件下, X 的条件密度为

$$p_1(x|y)=\frac{p(x,y)}{p_2(y)}=\frac{1}{2\sqrt{1-y^2}},\quad |x|<\sqrt{1-y^2},$$

所以此时 X 服从区间 $(-\sqrt{1-y^2},\sqrt{1-y^2})$ 上的均匀分布.

4.3.2 二维正态分布

先在这里介绍二维正态分布, 并在后面介绍多维正态分布. 二维正态分布的密度函数中一共有 5 个参数, 我们将逐步明确它们的概率意义.

定义 4.3.2 设 a_1, a_2 为实数, $\sigma_1>0$, $\sigma_2>0$, 而 $|r|<1$, 称以

$$p(x,y)=\frac{1}{2\pi\sigma_1\sigma_2\sqrt{1-r^2}}\times\exp\left\{\frac{-1}{2(1-r^2)}\left(\frac{(x-a_1)^2}{\sigma_1^2}-\frac{2r(x-a_1)(y-a_2)}{\sigma_1\sigma_2}+\frac{(y-a_2)^2}{\sigma_2^2}\right)\right\}\quad(4.3.2)$$

为密度函数的二维连续型分布为二维正态分布, 记为 $\mathcal{N}(a_1,\ a_2;\ \sigma_1^2,\ \sigma_2^2;\ r)$, 其中 $(x,y)\in\mathbb{R}^2$.

显然, $p(x,y)>0$, 我们将验证

$$\int_{-\infty}^{\infty}\int_{-\infty}^{\infty}p(x,y)\mathrm{d}x\mathrm{d}y=1.$$

函数 $p(x,y)$ 的图形是一个钟形曲面, 图 4.1 给出了它的部分示意图.

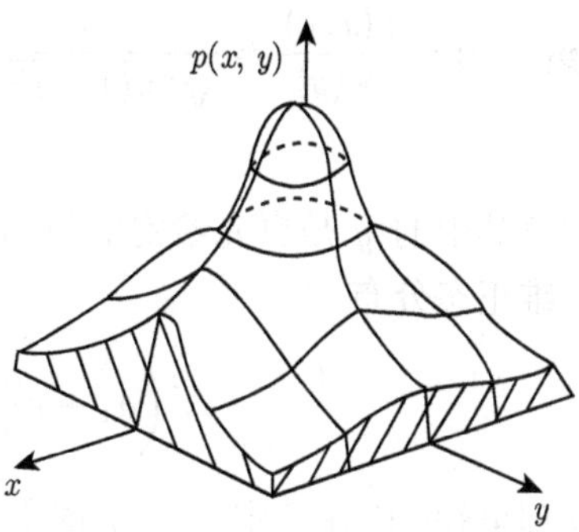

图 4.1 二维正态密度曲面

先来计算二维正态分布 $\mathcal{N}(a_1,a_2;\sigma_1^2,\sigma_2^2;r)$ 的边缘密度. 在关于正态分布的计算中往往离不开配方、换元等手法. 先令

$$u=\frac{x-a_1}{\sigma_1},\quad v=\frac{y-a_2}{\sigma_2},$$

得到

$$p_1(x)=\int_{-\infty}^{\infty}p(x,y)\mathrm{d}y=\frac{1}{2\pi\sigma_1\sqrt{1-r^2}}\int_{-\infty}^{\infty}\exp\left\{-\frac{u^2-2ruv+v^2}{2(1-r^2)}\right\}\mathrm{d}v,$$

再作配方, 并令 $t=\dfrac{v-ru}{\sqrt{1-r^2}}$, 得

$$\begin{aligned}p_1(x)&=\frac{1}{2\pi\sigma_1\sqrt{1-r^2}}\int_{-\infty}^{\infty}\exp\left\{-\frac{1}{2}\left[\left(\frac{v-ru}{\sqrt{1-r^2}}\right)^2+u^2\right]\right\}\mathrm{d}v\\&=\frac{1}{\sqrt{2\pi}\sigma_1}\mathrm{e}^{-\frac{u^2}{2}}\cdot\frac{1}{\sqrt{2\pi}}\int_{-\infty}^{\infty}\mathrm{e}^{-\frac{t^2}{2}}\mathrm{d}t=\frac{1}{\sqrt{2\pi}\sigma_1}\mathrm{e}^{-\frac{u^2}{2}}=\frac{1}{\sqrt{2\pi}\sigma_1}\mathrm{e}^{-\frac{(x-a_1)^2}{2\sigma_1^2}}.\end{aligned}$$

这表明, 随机变量 X 的边缘分布是一维正态分布 $\mathcal{N}(a_1,\sigma_1^2)$. 同理可得, Y 的边缘分布是一维正态分布 $\mathcal{N}(a_2,\sigma_2^2)$. 这个事实告诉我们: 二维正态分布的两个边缘分布都是一维正态分布.

注意到在联合密度 $p(x,y)$ 中含有参数 r, 而两个边缘密度中都没有参数 r, 所以联合密度 $p(x,y)$ 不能由它的两个边缘密度所确定. 后面将要明确参数 r 的意义. 我们将会看到, 参数 r 反映了 X 与 Y 的相依程度.

利用上面的计算结果, 不难求出函数 $p(x,y)$ 在全平面上的积分值. 事实上, 我们有

$$\int_{-\infty}^{\infty}\mathrm{d}x\int_{-\infty}^{\infty}p(x,y)\mathrm{d}y=\int_{-\infty}^{\infty}\left\{\int_{-\infty}^{\infty}p(x,y)\mathrm{d}y\right\}\mathrm{d}x=\int_{-\infty}^{\infty}p_1(x)\mathrm{d}x=1.$$

这就证明了式 (4.3.2) 所给出的函数 $p(x,y)$ 的确是一个密度函数.

利用上面的计算结果, 容易算出条件密度. 由于两个边缘密度 $p_1(x)$ 和 $p_2(y)$ 处处大于 0, 故对任何 $y\in\mathbb{R}$, 都有

$$p_1(x|y)=\frac{p(x,y)}{p_2(y)}=\frac{1}{\sqrt{2\pi(1-r^2)}\sigma_1}\exp\left\{-\frac{\left(x-a_1-r\dfrac{\sigma_1}{\sigma_2}(y-a_2)\right)^2}{2\sigma_1^2(1-r^2)}\right\},\quad x\in\mathbb{R}.$$

注意其中的 y 是事先给定的值, 所以上式表明: X 在给定 $Y=y$ 时的条件分布是一维正态分布

$$\mathcal{N}\left(a_1+r\frac{\sigma_1}{\sigma_2}(y-a_2),\ \sigma_1^2(1-r^2)\right).\tag{4.3.3}$$

同理可知: Y 在给定 $X=x$ 时的条件分布是一维正态分布

$$\mathcal{N}\left(a_2+r\frac{\sigma_2}{\sigma_1}(x-a_1),\ \sigma_2^2(1-r^2)\right).\tag{4.3.4}$$

如果 $r=0$, 则如上两式分别化为 $\mathcal{N}(a_1,\sigma_1^2)$ 和 $\mathcal{N}(a_2,\sigma_2^2)$, 即分别与 X 和 Y 的边缘分布相同. 此时联合密度等于两边缘密度的乘积, 从而 X 与 Y 相互独立. 这就在一定意义上说明了参数 r 的含义. 进一步的含义将在第 5 章中介绍.

二维正态分布在统计学上有许多用处.

习 题 4.3

1. 设随机向量 (X,Y,Z) 服从单位球 $D=\left\{(x,y,z):x^2+y^2+z^2<1\right\}$ 上的均匀分布, (1) 试求 X 的边缘分布; (2) 试求 X 在给定 Y,Z 的条件密度函数.

2. 设随机向量 (X,Y) 有密度

$$p(x,y)=\frac{1}{2\pi}\exp\left\{-\frac{x^2+y^2}{2}\right\}\left(1-\frac{xy}{(1+x^2)(1+y^2)}\right),\quad -\infty<x,\ y<\infty.$$

证明: X,Y 的边缘密度皆为正态. 此例说明了什么问题?

3. 若 (X,Y) 服从二维正态分布 $\mathcal{N}(a,b;\sigma_1^2,\sigma_2^2;r)$, 以 $D(\lambda)$ 记下面椭圆的内部

$$\frac{(x-a)^2}{\sigma_1^2}-\frac{2r(x-a)(y-b)}{\sigma_1\sigma_2}+\frac{(y-b)^2}{\sigma_2^2}=\lambda^2,$$

试求概率 $\mathbf{P}\{(X,Y)\in D(\lambda)\}$.

4. 用概率思想证明: 对任意 $a>0$ 有

$$\frac{1}{\sqrt{2\pi}}\int_{-a}^{a}\mathrm{e}^{-\frac{x^2}{2}}\mathrm{d}x\leqslant\sqrt{1-\mathrm{e}^{-a^2}}.$$

4.4 随机向量的函数

前面曾经讨论过随机变量的函数, 现在来讨论随机向量的函数. 如果 $X_1,\cdots,X_n$ 是定义在同一个概率空间上的 n 个随机变量, 那么 $(X_1,\cdots,X_n)$ 就是一个 n 维随机向量. 如果 $g(x_1,\cdots,x_n)$ 是 n 维 Borel 可测函数, 那么 $Z=:g(X_1,\cdots,X_n)$ 就是定义在该概率空间上的随机变量. 把 Z 称为这 n 个随机变量的函数, 也叫做 n 维随机向量 $(X_1,\cdots,X_n)$ 的函数. 我们的任务是由 $(X_1,\cdots,X_n)$ 的联合分布求出其函数的分布.

在实际生活中, 经常要考虑多个随机变量的各种形式的函数, 例如: 如果 $X_1,\cdots,X_n$ 是 n 项投资中的风险值, 那么 $Z=X_1+\cdots+X_n$ 就是 n 项投资中的总风险值; 而 $Z=\max\{X_1,\cdots,X_n\}$ 就是最大风险值, 至于

$$Z_k=\frac{X_k}{X_1+\cdots+X_n},\quad k=1,\cdots,n,$$

则是各项投资中的风险在总风险中所占的比例. 射击时, 如果以 (X,Y) 表示弹着点的直角坐标, 那么

$$\rho=\sqrt{X^2+Y^2},\quad \theta=\arctan\frac{Y}{X}$$

就分别是弹着点到坐标原点的距离和极角的值, 于是 (ρ,θ) 就是弹着点的极坐标.

于是我们不仅需要分别考察 ρ 和 θ, 而且需要考察二维随机向量 (ρ,θ), 并且需要由 (X,Y) 的联合分布求出 (ρ,θ) 的联合分布. 这样的例子还可以举出很多.

4.4.1　随机变量的和

我们先从最简单的情况看起.

设 (X,Y) 是二维离散型随机向量, 它的取值集合为 $\{(i,j)\mid i,j=0,1,\cdots\}$, 并且 $\mathbf{P}(X=i,\ Y=j)=p_{i,j}$, 如果 $Z=X+Y$, 那么 Z 的取值集合当然是非负整数集合, 并且有

$$\begin{aligned}\mathbf{P}(Z=k)&=\mathbf{P}(X+Y=k)=\sum_{i=0}^{k}\mathbf{P}(X=i,Y=k-i)\\&=\sum_{i=0}^{k}p_{i,k-i},\quad k=0,1,\cdots.\end{aligned}\tag{4.4.1}$$

特别地, 如果 X 与 Y 是相互独立的只取非负整数值的随机变量, 并且 $\mathbf{P}(X=i)=p_i$, $\mathbf{P}(Y=j)=q_j$, 那么式 (4.4.1) 变为

$$\mathbf{P}(Z=k)=\sum_{i=0}^{k}p_iq_{k-i},\quad k=0,1,\cdots.\tag{4.4.2}$$

定义 4.4.1　把相互独立的随机变量的和的分布称为参与求和的随机变量的分布的卷积, 而把公式 (4.4.2) 称为离散卷积公式. 特别地, 如果参与求和的随机变量的分布相同, 那么就把它们的和的分布称为该种分布的自卷积.

例 4.4.1　设 $0<p<1$, 随机变量 X 与 Y 相互独立, 并且 X 服从二项分布 $B(n,p)$, Y 服从二项分布 $B(m,p)$, 试求 $Z=X+Y$ 的分布律.

解　记 $q=1-p$, 由离散卷积公式 (4.4.2) 知

$$\begin{aligned}\mathbf{P}(Z=k)&=\mathbf{P}(X+Y=k)=\sum_{i=0}^{k}\binom{n}{i}p^iq^{n-i}\cdot\binom{m}{k-i}p^{k-i}q^{m-k+i}\\&=p^kq^{m+n-k}\sum_{i=0}^{k}\binom{n}{i}\binom{m}{k-i}\\&=\binom{m+n}{k}p^kq^{m+n-k},\quad k=0,1,\cdots,m+n.\end{aligned}\tag{4.4.3}$$

上述结果非常有趣, 它表明 $Z=X+Y$ 服从二项分布 $B(m+n,p)$. 这个性质叫做二项分布的卷积封闭性. 应当注意, 这里的参数 p 是同一个. 从直观上很容易理解上述结果. 因为 X 表示 n 次独立重复的 Bernoulli 试验中的成功次数, Y 表示 m 次独立重复的 Bernoulli 试验中的成功次数, 如果前后一共 $m+n$ 次试验独立, 那么 $Z=X+Y$ 就是这 $m+n$ 次独立重复的 Bernoulli 试验中的成功次数, 当然应当服从二项分布 $B(m+n,p)$.

不难证明 Pascal 分布与 Poisson 分布也具有卷积封闭性, 并且容易理解它们的意义.

对于二维连续型随机向量, 有如下定理.

定理 4.4.1 如果 (X,Y) 是二维连续型随机向量, 它们的联合密度为 $p(x,y)$, 则它们的和 $X+Y$ 是连续型随机变量, 具有密度函数

$$p_{X+Y}(x)=\int_{-\infty}^{\infty}p(x-t,t)\mathrm{d}t=\int_{-\infty}^{\infty}p(u,x-u)\mathrm{d}u,\quad \forall x\in\mathbb{R}. \tag{4.4.4}$$

证明 先求 $X+Y$ 的分布函数 $F(x)$. 我们有

$$\begin{aligned}F(x)&=\mathbf{P}(X+Y\leqslant x)=\iint_{u+v\leqslant x}p(u,v)\mathrm{d}u\mathrm{d}v=\int_{-\infty}^{\infty}\mathrm{d}u\int_{-\infty}^{x-u}p(u,v)\mathrm{d}v\\&=\int_{-\infty}^{\infty}\mathrm{d}u\int_{-\infty}^{x}p(u,t-u)\mathrm{d}t=\int_{-\infty}^{x}\left\{\int_{-\infty}^{\infty}p(u,t-u)\mathrm{d}u\right\}\mathrm{d}t.\end{aligned}$$

这就说明, $X+Y$ 的分布函数 $F(x)$ 是其中的花括弧中的函数在区间 $(-\infty,x]$ 上的积分, 所以 $X+Y$ 是连续型随机变量, 其密度函数具有 (4.4.4) 中的第二个等号后面的形式; 改变积分顺序, 可得 (4.4.4) 中的第一式.

特别地, 如果 X 与 Y 相互独立, 则式 (4.4.4) 变为

$$p_{X+Y}(x)=\int_{-\infty}^{\infty}p_X(x-t)p_Y(t)\mathrm{d}t=\int_{-\infty}^{\infty}p_X(u)p_Y(x-u)\mathrm{d}u,\quad \forall x\in\mathbb{R}. \tag{4.4.5}$$

定义 4.4.2 我们把式 (4.4.5) 称为密度函数 $p_X(x)$ 与 $p_Y(y)$ 的卷积公式.

例 4.4.2 设随机变量 X_1,X_2 相互独立, 同服从参数 $\lambda>0$ 的指数分布. 试求 X_1-X_2 的密度函数.

解 记 $X=X_1$, $Y=-X_2$, 则有

$$p_X(x)=\lambda\mathrm{e}^{-\lambda x},\quad x>0;\quad p_Y(y)=\lambda\mathrm{e}^{\lambda y},\quad y<0.$$

由式 (4.4.5), 得

$$\begin{aligned}p_{X_1-X_2}(x)&=p_{X+Y}(x)=\int_{-\infty}^{\infty}p_X(u)p_Y(x-u)\mathrm{d}u\\&=\begin{cases}\lambda^2\displaystyle\int_0^{\infty}\mathrm{e}^{\lambda(x-2u)}\mathrm{d}u=\frac{\lambda}{2}\mathrm{e}^{\lambda x}, & x<0,\\ \lambda^2\displaystyle\int_x^{\infty}\mathrm{e}^{\lambda(x-2u)}\mathrm{d}u=\frac{\lambda}{2}\mathrm{e}^{-\lambda x}. & x\geqslant 0.\end{cases}\end{aligned}$$

这就告诉我们, X_1-X_2 的密度函数是

$$p_{X_1-X_2}(x)=\frac{\lambda}{2}\mathrm{e}^{-\lambda|x|},\qquad -\infty<x<\infty.$$

利用式 (4.4.5), 容易写出 $X+Y$ 的分布函数 $F(x)$:

$$\begin{aligned}F(x)&=\mathbf{P}(X+Y\leqslant x)=\int_{-\infty}^{x}p_{X+Y}(s)\mathrm{d}s\\&=\int_{-\infty}^{x}\mathrm{d}s\int_{-\infty}^{\infty}p_X(s-t)p_Y(t)\mathrm{d}t=\int_{-\infty}^{\infty}\left\{\int_{-\infty}^{x}p_X(s-t)\mathrm{d}s\right\}p_Y(t)\mathrm{d}t\\&=\int_{-\infty}^{\infty}F_X(x-t)p_Y(t)\mathrm{d}t=\int_{-\infty}^{\infty}F_X(x-t)\mathrm{d}F_Y(t).\end{aligned}$$

同理可得

$$F(x)=\mathbf{P}(X+Y\leqslant x)=\int_{-\infty}^{\infty}F_Y(x-t)\mathrm{d}F_X(t).$$

不仅如此, 利用 R-S 积分 (见 3.3.4 节), 还可以把离散情形下的卷积公式也表示为这种形式.

定义 4.4.3　把

$$F_{X+Y}(x)=\int_{-\infty}^{\infty}F_Y(x-t)\mathrm{d}F_X(t)=\int_{-\infty}^{\infty}F_X(x-t)\mathrm{d}F_Y(t),\quad x\in\mathbb{R}\tag{4.4.6}$$

称为分布函数 $F_X(x)$ 与 $F_Y(y)$ 的卷积, 记作 $F_{X+Y}=F_X*F_Y$; 特别地, 在 $F_X=F_Y=F$ 时, 记作 $F^{*2}=F*F$, 称之为 F 的二重自卷积.

显然可以进行分布函数的多重卷积运算, 得到如下结论.

定理 4.4.2　如果 $X_1,\cdots,X_n$ 是定义在同一个概率空间上的 n 个相互独立的随机变量, 则它们的和 $X_1+\cdots+X_n$ 的分布 $F_{X_1+\cdots+X_n}$ 是分布函数 $F_{X_1},\cdots,F_{X_n}$ 的卷积:

$$F_{X_1+\cdots+X_n}=F_{X_1}*\cdots*F_{X_n};$$

特别地, 当 $X_1,\cdots,X_n$ 相互独立, 并且服从同一分布 F 时, 有

$$F_{X_1+\cdots+X_n}=F*\cdots*F=F^{*n},$$

其中 F^{*n} 称为 F 的 n 重自卷积.

例 4.4.3　设随机变量 $X_1,X_2,\cdots,X_n$ 相互独立 ($n\geqslant 2$), 同服从参数 $\lambda>0$ 的指数分布. 证明: $X_1+X_2+\cdots+X_n$ 服从 $\Gamma(\lambda,n)$ 分布, 即其密度函数是

$$p_n(x)=\frac{\lambda^n}{\Gamma(n)}x^{n-1}\mathrm{e}^{-\lambda x},\quad x>0.\tag{4.4.7}$$

解　先来利用式 (4.4.5) 求 $p_2(x)$. 注意

$$p_1(u)=\lambda\mathrm{e}^{-\lambda u},\quad u>0;\qquad p_1(x-u)=\lambda\mathrm{e}^{-\lambda(x-u)},\quad x-u>0,$$

所以, 当且仅当 $0<u<x$ 时, 有 $p_1(u)p_1(x-u)>0$, 从而

$$p_2(x)=\lambda^2\int_0^x \mathrm{e}^{-\lambda u}\mathrm{e}^{-\lambda(x-u)}\mathrm{d}u=\lambda^2 x\mathrm{e}^{-\lambda x},\quad x>0.$$

上述结果表明式 (4.4.7) 在 $n=2$ 时成立, 并且告诉我们: 两个指数分布的卷积不再是指数分布, 而是 $\Gamma(\lambda,2)$ 分布, 它正好是参数 $\lambda>0$ 的 Poisson 分布中第 2 个质点到达时间的分布. 假设 k 个指数分布的卷积是 $\Gamma(\lambda,k)$ 分布, 即有

$$p_k(x)=\frac{\lambda^k}{\Gamma(k)}x^{k-1}\mathrm{e}^{-\lambda x},\quad x>0.$$

再次利用式 (4.4.5), 分别将 $p_k(u)$ 和 $p_1(x-u)>0$ 代入其中, 即可得知式 (4.4.7) 在 $n=k+1$ 时也成立.

例 4.4.4 设随机变量 X 与 Y 相互独立, 有 $X\sim\mathcal{N}(a_1,\sigma_1^2)$, $Y\sim\mathcal{N}(a_2,\sigma_2^2)$, 试求 $X+Y$ 的密度函数.

解 由于 X 与 Y 相互独立, 所以

$$\begin{aligned}p(x-t,t)&=\frac{1}{2\pi\sigma_1\sigma_2}\exp\left\{-\frac{(x-t-a_1)^2}{2\sigma_1^2}-\frac{(t-a_2)^2}{2\sigma_2^2}\right\}\\&=\frac{1}{\sqrt{2\pi(\sigma_1^2+\sigma_2^2)}}\exp\left\{-\frac{(x-a_1-a_2)^2}{2(\sigma_1^2+\sigma_2^2)}\right\}\\&\quad\cdot\frac{\sqrt{\sigma_1^2+\sigma_2^2}}{\sqrt{2\pi}\sigma_1\sigma_2}\exp\left\{-\frac{\sigma_1^2+\sigma_2^2}{2\sigma_1^2\sigma_2^2}\left(t-a_2-\frac{x-a_1-a_2}{\sigma_1^2+\sigma_2^2}\right)^2\right\}\\&=:h(x)\cdot\tilde{p}(x,t).\end{aligned}$$

对任何固定的实数 x,

$$\tilde{p}(x,t)=\frac{\sqrt{\sigma_1^2+\sigma_2^2}}{\sqrt{2\pi}\sigma_1\sigma_2}\exp\left\{-\frac{\sigma_1^2+\sigma_2^2}{2\sigma_1^2\sigma_2^2}\left(t-a_2-\frac{x-a_1-a_2}{\sigma_1^2+\sigma_2^2}\right)^2\right\}$$

都是一个以 $a_2+\dfrac{x-a_1-a_2}{\sigma_1^2+\sigma_2^2}$ 为期望、以 $\dfrac{\sigma_1^2\sigma_2^2}{\sigma_1^2+\sigma_2^2}$ 为方差的正态密度函数, 所以

$$\int_{-\infty}^{\infty}\tilde{p}(x,t)\mathrm{d}t=\frac{\sqrt{\sigma_1^2+\sigma_2^2}}{\sqrt{2\pi}\sigma_1\sigma_2}\int_{-\infty}^{\infty}\exp\left\{-\frac{\sigma_1^2+\sigma_2^2}{2\sigma_1^2\sigma_2^2}\left(t-a_2-\frac{x-a_1-a_2}{\sigma_1^2+\sigma_2^2}\right)^2\right\}\mathrm{d}t=1,$$

因此

$$\begin{aligned}p_{X+Y}(x)&=\int_{-\infty}^{\infty}p(x-t,t)\mathrm{d}t=\int_{-\infty}^{\infty}h(x)\cdot\tilde{p}(x,t)\mathrm{d}t=h(x)\cdot\int_{-\infty}^{\infty}\tilde{p}(x,t)\mathrm{d}t\\&=h(x)=\frac{1}{\sqrt{2\pi(\sigma_1^2+\sigma_2^2)}}\exp\left\{-\frac{(x-a_1-a_2)^2}{2(\sigma_1^2+\sigma_2^2)}\right\}.\end{aligned}$$

这表明, $X+Y$ 服从正态分布 $\mathcal{N}(a_1+a_2,\sigma_1^2+\sigma_2^2)$.

由此并结合归纳法, 可得如下结论.

命题 4.4.1　若正态随机变量 $X_1,X_2,\cdots,X_n$ 相互独立 $(n\geqslant 2)$, 其中 $X_k\sim\mathcal{N}(a_k,\sigma_k^2),k=1,2,\cdots,n$, 则有 $X_1+X_2+\cdots+X_n\sim\mathcal{N}\left(\sum\limits_{k=1}^n a_k,\ \sum\limits_{k=1}^n\sigma_k^2\right)$.

这个性质叫做正态分布的卷积封闭性, 又叫做正态分布的再生性. 后面将会利用特征函数给出这个性质的一个极为简洁的证明.

4.4.2 两个随机变量的商

对于二维连续型随机向量, 有如下定理.

定理 4.4.3　如果 (X,Y) 是二维连续型随机向量, 它们的联合密度为 $p(x,y)$, 则它们的商 $\dfrac{X}{Y}$ 是连续型随机变量, 具有密度函数

$$p_{\frac{X}{Y}}(x)=\int_{-\infty}^{\infty}|t|p(xt,\,t)\mathrm{d}t,\quad\forall\,x\in\mathbb{R}.\tag{4.4.8}$$

证明　先求 $\dfrac{X}{Y}$ 的分布函数 $F(x)$, 则有

$$\begin{aligned}F(x)&=\mathbf{P}\left(\frac{X}{Y}\leqslant x\right)=\iint_{\frac{u}{v}\leqslant x}p(u,v)\mathrm{d}u\mathrm{d}v\\&=\iint_{u\leqslant xv,\ v>0}p(u,v)\mathrm{d}u\mathrm{d}v+\iint_{u\geqslant xv,\ v<0}p(u,v)\mathrm{d}u\mathrm{d}v\\&=\int_0^{\infty}\mathrm{d}v\int_{-\infty}^{xv}p(u,v)\mathrm{d}u+\int_{-\infty}^{0}\mathrm{d}v\int_{xv}^{\infty}p(u,v)\mathrm{d}u\\&=\int_0^{\infty}\mathrm{d}v\int_{-\infty}^{x}vp(tv,v)\mathrm{d}t+\int_{-\infty}^{0}\mathrm{d}v\int_{x}^{-\infty}vp(tv,v)\mathrm{d}t\\&=\int_{-\infty}^{x}\left\{\int_{-\infty}^{\infty}|v|p(tv,v)\mathrm{d}v\right\}\mathrm{d}t.\end{aligned}$$

这就说明, $\dfrac{X}{Y}$ 的分布函数 $F(x)$ 是其中的花括弧中的函数在区间 $(-\infty,x]$ 上的积分, 所以 $\dfrac{X}{Y}$ 是连续型随机变量, 其密度函数如式 (4.4.8) 所示.

例 4.4.5　设随机变量 X 与 Y 相互独立, 同服从参数 $\lambda=1$ 的指数分布, 试求 $\dfrac{X}{Y}$ 的密度函数.

解　利用式 (4.4.8) 求 $p_{\frac{X}{Y}}(x)$. 由于 (X,Y) 的联合密度为

$$p(u,v)=\mathrm{e}^{-u-v},\quad u>0,\ v>0,$$

所以要使式 (4.4.8) 中的被积函数 $|t|p(xt,t)\neq 0$, 当且仅当, $t>0$ 和 $xt>0$, 从而

$$p_{\frac{X}{Y}}(x)=\int_0^{\infty} t\,\mathrm{e}^{-xt-t}\mathrm{d}t=\frac{1}{(1+x)^2},\quad x>0.$$

4.4.3 多维连续型随机向量函数的一般情形

上面讨论的是两类特殊形式的函数, 现在来讨论一般情形. 为便于讨论, 我们仅考察连续型情形. 所面临的问题是:

设 $(X_1,\cdots,X_n)$ 是 n 维连续型随机向量, 具有联合密度函数 $p(x_1,\cdots,x_n)$. 假设

$$Y_j=f_j(X_1,\cdots,X_n),\quad j=1,\cdots,m, \tag{4.4.9}$$

那么 $(Y_1,\cdots,Y_m)$ 具有怎样的联合分布?

为了上述问题有意义, 首先, 对每个 j, Y_j 必须为随机变量, 这就要求 $f_j(x_1,\cdots,x_n)$ 是 Borel 可测函数. 其次, 我们要求能够从方程组

$$y_j=f_j(x_1,\cdots,x_n),\quad j=1,\cdots,m$$

中唯一解出连续可微的反函数组

$$x_i=h_i(y_1,\cdots,y_m),\quad i=1,\cdots,n.$$

众所周知, 当 $m>n$ 时, 即使对线性函数 f_j 也不能保证方程组有解, 所以只讨论 $m=n$ 的情形. 当 $m<n$ 时, 可以通过补设

$$Y_j=X_j,\quad j=m+1,\cdots,n$$

化为 $m=n$ 的情形.

在如上假定下, 给出一个一般性的随机向量变换公式, 其中还需增加进一步的假设条件.

定理 4.4.4 如果 $(X_1,\cdots,X_n)$ 是 n 维连续型随机向量, 具有联合密度函数 $p(x_1,\cdots,x_n)$. 假设存在 n 个 Borel 可测的函数

$$y_j=f_j(x_1,\cdots,x_n),\quad j=1,\cdots,n,$$

使得

$$Y_j=f_j(X_1,\cdots,X_n),\quad j=1,\cdots,n,$$

并且对于 $(Y_1,\cdots,Y_n)$ 的每一组可能值 $(y_1,\cdots,y_n)$, 方程组

$$\begin{cases} y_1=f_1(x_1,\cdots,x_n),\\ \qquad\cdots\cdots\\ y_n=f_n(x_1,\cdots,x_n)\end{cases} \tag{4.4.10}$$

都有唯一解

$$\begin{cases} x_1 = h_1(y_1, \cdots, y_n), \\ \quad\cdots\cdots \\ x_n = h_n(y_1, \cdots, y_n), \end{cases} \tag{4.4.11}$$

其中每个 $h_j(y_1, \cdots, y_n)$ 都有一阶连续偏导数, 那么随机向量 $(Y_1, \cdots, Y_n)$ 是连续型的, 具有联合密度函数

$$q(y_1, \cdots, y_n) = p\left(h_1(y_1, \cdots, y_n), \cdots, h_n(y_1, \cdots, y_n)\right)|J|, \quad (y_1, \cdots, y_n) \in D, \tag{4.4.12}$$

其中 D 是随机向量 $(Y_1, \cdots, Y_n)$ 的所有可能值的集合, J 是变换的 Jacobi 行列式, $|J|$ 是 J 的绝对值, 其中

$$J = \frac{\partial(x_1, \cdots, x_n)}{\partial(y_1, \cdots, y_n)} = \begin{vmatrix} \dfrac{\partial x_1}{\partial y_1} & \cdots & \dfrac{\partial x_1}{\partial y_n} \\ \vdots & & \vdots \\ \dfrac{\partial x_n}{\partial y_1} & \cdots & \dfrac{\partial x_n}{\partial y_n} \end{vmatrix}.$$

证明　由于随机向量 $(Y_1, \cdots, Y_n)$ 的联合分布为

$$\begin{aligned} F(y_1, \cdots, y_n) &= \mathbf{P}\left(Y_1 \leqslant y_1, \cdots, Y_n \leqslant y_n\right) \\ &= \int_{f_n(x_1, \cdots, x_n) \leqslant y_n} \cdots \int_{f_1(x_1, \cdots, x_n) \leqslant y_1} p(x_1, \cdots, x_n) \mathrm{d}x_1 \cdots \mathrm{d}x_n \\ &= \int_{-\infty}^{y_n} \cdots \int_{-\infty}^{y_1} p\Big(h_1(u_1, \cdots, u_n), \cdots, h_n(u_1, \cdots, u_n)\Big)|J| \mathrm{d}u_1 \cdots \mathrm{d}u_n, \end{aligned}$$

其中最后一步得积分的变量替换 (4.4.11), 所以随机向量 $(Y_1, \cdots, Y_n)$ 的联合密度函数恰如式 (4.4.12) 所示.

例 4.4.6　在直角坐标平面上随机选取一点, 分别以随机变量 X 与 Y 表示其横坐标和纵坐标, 可以认为 X 与 Y 相互独立. 如果 X 与 Y 同服从正态分布 $\mathcal{N}(0,1)$, 试求其极坐标 (ρ, θ) 的分布.

解　易知

$$\begin{cases} x = r\cos t, \\ y = r\sin t \end{cases}$$

是 $(0, \infty) \times [0, 2\pi)$ 与 $\mathbb{R}^2$(原点除外) 之间的一一变换, 变换的 Jacobi 行列式

$$J = \begin{vmatrix} \dfrac{\partial x}{\partial r} & \dfrac{\partial x}{\partial t} \\ \dfrac{\partial y}{\partial r} & \dfrac{\partial y}{\partial t} \end{vmatrix} = \begin{vmatrix} \cos t & -r\sin t \\ \sin t & r\cos t \end{vmatrix} = r.$$

由于 (X,Y) 的联合密度为

$$p(x,y)=\frac{1}{2\pi}\exp\left\{-\frac{x^2+y^2}{2}\right\},$$

所以由式 (4.4.12) 得知, (ρ,θ) 的联合密度为

$$q(r,t)=\frac{1}{2\pi}r\exp\left\{-\frac{r^2}{2}\right\},\quad r>0,\quad t\in[0,2\pi). \tag{4.4.13}$$

这一结果表明: θ 与 ρ 相互独立, 其中 θ 服从 $[0,2\pi)$ 上的均匀分布; 而 ρ 的边缘密度函数为

$$q_1(r)=r\exp\left\{-\frac{r^2}{2}\right\},\quad r>0.$$

ρ 所服从的是参数为 1 的 Rayleigh 分布.

例 4.4.7 设随机变量 X 和 Y 相互独立, 分别服从参数为 λ 和 μ 的指数分布 $(\lambda\neq\mu)$, 记 $U=X+Y$, $V=X-Y$.

(i) 求 U 和 V 的联合密度; (ii) 求 U 的密度函数.

解 (i) 易知

$$\begin{cases} x=\dfrac{1}{2}(u+v),\\ y=\dfrac{1}{2}(u-v). \end{cases}$$

变换的 Jacobi 行列式

$$J=\begin{vmatrix} \dfrac{\partial x}{\partial u} & \dfrac{\partial x}{\partial v}\\ \dfrac{\partial y}{\partial u} & \dfrac{\partial y}{\partial v} \end{vmatrix}=\frac{1}{4}\begin{vmatrix} 1 & 1\\ 1 & -1 \end{vmatrix}=-\frac{1}{2}.$$

由于 (X,Y) 的联合密度是

$$p(x,y)=\lambda\mu\mathrm{e}^{-\lambda x-\mu y},\quad x>0,\ y>0,$$

所以由式 (4.4.12) 得知, (U,V) 的联合密度为

$$q(u,v)=\frac{\lambda\mu}{2}\mathrm{e}^{-\frac{\lambda+\mu}{2}u-\frac{\lambda-\mu}{2}v},\quad u>0,\ -u<v<u.$$

(ii) 可以有三种方法求 U 的密度函数. 第一种方法是利用密度的卷积公式 (4.4.5):

$$q_U(u)=\int_{-\infty}^{+\infty}p_X(u-t)p_Y(t)\mathrm{d}t=\lambda\mu\int_0^u \mathrm{e}^{-\lambda(u-t)-\mu t}\mathrm{d}t$$

$$= \frac{\lambda\mu}{\lambda-\mu}(\mathrm{e}^{-\mu u}-\mathrm{e}^{-\lambda u}), \quad u>0.$$

第二种方法是利用 (U,V) 联合密度求 U 的边缘密度, 即利用公式 (4.2.12):

$$\begin{aligned} q_U(u) &= \int_{-\infty}^{+\infty} q(u,v)\mathrm{d}v = \frac{\lambda\mu}{2}\int_{-u}^{u} \mathrm{e}^{-\frac{\lambda+\mu}{2}u-\frac{\lambda-\mu}{2}v}\mathrm{d}v \\ &= \frac{\lambda\mu}{\lambda-\mu}\mathrm{e}^{-\frac{\lambda+\mu}{2}u}\left(\mathrm{e}^{\frac{\lambda-\mu}{2}u}-\mathrm{e}^{-\frac{\lambda-\mu}{2}u}\right) = \frac{\lambda\mu}{\lambda-\mu}(\mathrm{e}^{-\mu u}-\mathrm{e}^{-\lambda u}), \quad u>0. \end{aligned}$$

第三种方法是直接利用定理 4.4.4. 令 $U=X+Y$, $W=Y$, 于是 $x=u-w$, $y=w$, $|J|=1$, 从而根据式 (4.4.12), 由 (X,Y) 的联合密度得到 (U,W) 的联合密度

$$\widetilde{q}(u,w)=\lambda\mu\mathrm{e}^{-\lambda u}\mathrm{e}^{(\lambda-\mu)w}, \ \ u>w>0.$$

再得 U 的边缘密度为

$$\begin{aligned} q_U(u) &= \int_{-\infty}^{\infty}\widetilde{q}(u,w)\mathrm{d}w = \lambda\mu\mathrm{e}^{-\lambda u}\int_0^u \mathrm{e}^{(\lambda-\mu)w}\mathrm{d}w \\ &= \frac{\lambda\mu}{\lambda-\mu}(\mathrm{e}^{-\mu u}-\mathrm{e}^{-\lambda u}), \quad u>0. \end{aligned}$$

以上三种方法各有千秋. 其中第三种方法运用了 (4.4.9) 中 $m<n$ 时增补函数变量的手法, 即补入函数变量 $W=Y$. 这是一种值得注意的方法.

还应指出的是, 尽管 $q_U(u)$ 的表达式里出现了减号, 但是由于 $\lambda-\mu$ 与 $\mathrm{e}^{-\mu u}-\mathrm{e}^{-\lambda u}$ 的符号始终相同, 所以对一切 $u>0$ 都有 $q_U(u)>0$. 这是作为密度函数一定要满足的必要条件.

例 4.4.8　设随机变量 X 与 Y 的联合密度函数是

$$p(x,y)=8xy, \quad 0<x<y<1.$$

记 $U=\dfrac{X}{Y}$, 求 U 的密度函数.

解　可以用公式 (4.4.8) 直接计算, 也可以采用补设变量并利用定理 4.4.4 来解答. 后一方法的好处是不用记公式. 现在就来采用后一种方法. 补设 $V=Y$. 于是 $x=uv$, $y=v$, 变换的 Jacobi 行列式为 $|J|=v$, 从而 (U, V) 的联合密度为

$$q(u,v)=8uv^3, \ \ 0<u,v<1.$$

所以 U 的密度函数是

$$q_1(u)=\int_{-\infty}^{\infty}q(u,v)\mathrm{d}v = 8u\int_0^1 v^3\mathrm{d}v=2u, \quad 0<u<1.$$

如果运用公式 (4.4.8), 也是计算这个积分.

例 4.4.9 设随机变量 U 与 V 相互独立, 都服从区间 $(0,1)$ 上的均匀分布. 记 $X=\sqrt{-2\ln U}\cos(2\pi V)$, $Y=\sqrt{-2\ln U}\sin(2\pi V)$. 试求 (X,Y) 的联合密度, 并证明 X 与 Y 相互独立.

解 记 (X,Y) 的联合密度为 $p(x,y)$. 再记 $f_1(u,v)=\sqrt{-2\ln u}\cos(2\pi v)$, $f_2(u,v)=\sqrt{-2\ln u}\sin(2\pi v)$. 则由 $x=f_1(u,v)$, $y=f_2(u,v)$, 易求得

$$\begin{vmatrix} \dfrac{\partial x}{\partial u} & \dfrac{\partial x}{\partial v} \\ \dfrac{\partial y}{\partial u} & \dfrac{\partial y}{\partial v} \end{vmatrix} = \begin{vmatrix} \dfrac{-1}{u\sqrt{-2\ln u}}\cos(2\pi v) & -2\pi\sqrt{-2\ln u}\sin(2\pi v) \\ \dfrac{-1}{u\sqrt{-2\ln u}}\sin(2\pi v) & 2\pi\sqrt{-2\ln u}\cos(2\pi v) \end{vmatrix} = -\frac{2\pi}{u}.$$

再记 $\mathcal{D}=(0,1)\times(0,1)$, 由 (4.4.12), 可得

$$p(f_1(u,v),\ f_2(u,v))\frac{2\pi}{u}=\begin{cases} 1, & (u,v)\in\mathcal{D}, \\ 0, & (u,v)\notin\mathcal{D}. \end{cases}$$

反解原方程组, 求出 $u=h_1(x,y)$, $v=h_2(x,y)$, 可得 $u=\mathrm{e}^{-\frac{x^2+y^2}{2}}$. 代入上式, 得到

$$p(x,y)=\frac{1}{2\pi}\mathrm{e}^{-\frac{x^2+y^2}{2}}=\frac{1}{\sqrt{2\pi}}\mathrm{e}^{-\frac{x^2}{2}}\cdot\frac{1}{\sqrt{2\pi}}\mathrm{e}^{-\frac{y^2}{2}}, \quad (x,y)\in\mathbb{R}^2.$$

由此立知, X 与 Y 是相互独立的标准正态随机变量.

本题的有趣之处在于, 两个相互独立的单位区间中的均匀分布随机变量在适当的变换之下, 竟然变为整个二维实平面上的相互独立的正态分布随机变量.

例 4.4.10 设随机变量 X 服从参数为 λ, $\alpha>0$ 的 Gamma 分布, 即具有密度函数

$$p_X(x)=\frac{\lambda^\alpha}{\Gamma(\alpha)}x^{\alpha-1}\mathrm{e}^{-\lambda x}, \quad x>0,$$

其中, $\Gamma(\cdot)$ 为 Gamma 函数; 而随机变量 Y 服从参数为 $\lambda,\beta>0$ 的 Gamma 分布, 且与 X 独立. 记

$$U=X+Y, \qquad V=\frac{X}{X+Y}.$$

试证明: U 与 V 相互独立, 且 V 服从参数为 $\alpha,\beta>0$ 的 Beta 分布, 其密度函数为

$$p_V(v)=\frac{\Gamma(\alpha+\beta)}{\Gamma(\alpha)\Gamma(\beta)}v^{\alpha-1}(1-v)^{\beta-1}, \quad 0<v<1. \tag{4.4.14}$$

证明 由 $U=X+Y$, $V=\dfrac{X}{X+Y}$ 知 $U>0$, $0<V<1$, 且易知

$$X=UV, \quad Y=U(1-V).$$

所以

$$J=\begin{vmatrix}\dfrac{\partial x}{\partial u} & \dfrac{\partial x}{\partial v}\\ \dfrac{\partial y}{\partial u} & \dfrac{\partial y}{\partial v}\end{vmatrix}=\begin{vmatrix} v & u\\ 1-v & -u\end{vmatrix}=u,\qquad |J|=u.$$

故知 (U,V) 的联合密度函数为

$$\begin{aligned}q(u,v)&=u\cdot\frac{\lambda^{\alpha}}{\Gamma(\alpha)}(uv)^{\alpha-1}\mathrm{e}^{-\lambda uv}\cdot\frac{\lambda^{\beta}}{\Gamma(\beta)}(u(1-v))^{\beta-1}\mathrm{e}^{-\lambda u(1-v)}\\&=\frac{\lambda^{\alpha+\beta}}{\Gamma(\alpha+\beta)}u^{\alpha+\beta-1}\mathrm{e}^{-\lambda u}\cdot\frac{\Gamma(\alpha+\beta)}{\Gamma(\alpha)\Gamma(\beta)}v^{\alpha-1}(1-v)^{\beta-1}\\&=p_1(u)\cdot p_2(v),\quad u>0,\ 0<v<1,\end{aligned}$$

其中 $p_1(u)$ 和 $p_2(v)$ 是两个密度函数. 这一结果表明, 随机变量 U 与 V 相互独立, 且 V 服从参数为 $\alpha,\beta>0$ 的 Beta 分布, 其密度函数恰如式 (4.4.14) 所示.

在数理统计中所采用的许多分布, 大多与随机变量的函数有关. 例如, 最著名的 χ^2 分布、t 分布和 F 分布都是独立标准正态随机变量函数的分布, 它们在统计推断中都有主要应用. 限于篇幅, 这里就不再涉及, 而把对它们的简单介绍放到附录里.

*4.4.4　最大值和最小值

对于定义在同一个概率空间 $(\Omega,\mathscr{F},\mathbf{P})$ 上的 n 个随机变量 $X_1,\cdots,X_n$, 我们可以考察它们的最小值和最大值:

$$Y_1=\min\{X_1,\cdots,X_n\},$$
$$Y_2=\max\{X_1,\cdots,X_n\}.$$

其含义是

$$Y_1(\omega)=\min\{X_1(\omega),\cdots,X_n(\omega)\},\quad \omega\in\Omega,$$
$$Y_2(\omega)=\max\{X_1(\omega),\cdots,X_n(\omega)\},\quad \omega\in\Omega.$$

如此定义的 Y_1 与 Y_2 当然也是随机变量. 事实上, 有

$$(Y_1\leqslant x)=(\min\{X_1,\cdots,X_n\}\leqslant x)=\bigcup_{k=1}^{n}(X_k\leqslant x)\in\mathscr{F},\tag{4.4.15}$$

$$\begin{aligned}(Y_2\leqslant x)&=(\max\{X_1,\cdots,X_n\}\leqslant x)\\&=(X_1\leqslant x,\cdots,X_n\leqslant x)=\bigcap_{k=1}^{n}(X_k\leqslant x)\in\mathscr{F}.\end{aligned}\tag{4.4.16}$$

当 $X_1, \cdots, X_n$ 相互独立时, 不难利用它们的分布函数 $F_1(x), \cdots, F_n(x)$ 求出 Y_1 与 Y_2 的分布函数 $F_{Y_1}(x)$ 和 $F_{Y_2}(x)$.

事实上, 利用关系式

$$(Y_1 > x) = (X_1 > x, \ \cdots, \ X_n > x) = \bigcap_{k=1}^{n}(X_k > x)$$

可得

$$\begin{aligned} F_{Y_1}(x) &= \mathbf{P}(Y_1 \leqslant x) = 1 - \mathbf{P}(Y_1 > x) = 1 - \mathbf{P}\left(\bigcap_{k=1}^{n}(X_k > x)\right) \\ &= 1 - \prod_{k=1}^{n}\mathbf{P}(X_k > x) = 1 - \prod_{k=1}^{n}(1 - F_k(x)). \end{aligned} \tag{4.4.17}$$

而由 (4.4.15), 则可立即得到

$$F_{Y_2}(x) = \mathbf{P}(Y_2 \leqslant x) = \mathbf{P}\left(\bigcap_{k=1}^{n}(X_k \leqslant x)\right) = \prod_{k=1}^{n}\mathbf{P}(X_k \leqslant x) = \prod_{k=1}^{n}F_k(x). \tag{4.4.18}$$

比较常用的是独立同分布场合下的结果.

例 4.4.11 如果 $X_1, \cdots, X_n$ 是独立同分布的随机变量, 它们的共同分布为 $F(x)$. 试求它们的最小值 Y_1 与最大值 Y_2 的联合分布. 如果进一步, 假设 $F(x)$ 为连续型分布, 具有密度函数 $p(x)$, 试求 (Y_1, Y_2) 的联合密度, 以及 Y_1 与 Y_2 各自的边缘密度函数.

解 可以直接由 (4.4.17) 和 (4.4.18) 求出 Y_1 与 Y_2 各自的密度函数. 由于此时 Y_1 与 Y_2 的分布函数分别为

$$F_{Y_1}(x) = 1 - (1 - F(x))^n \quad 与 \quad F_{Y_2}(x) = F^n(x),$$

所以, 它们的密度函数分别为

$$p_{Y_1}(x) = n(1 - F(x))^{n-1}p(x) \quad 与 \quad p_{Y_2}(x) = nF^{n-1}(x)p(x).$$

以 $G(x, y)$ 表示 (Y_1, Y_2) 的联合分布. 由式 (4.4.15) 和 (4.4.16), 容易看出: 当 $x \geqslant y$ 时, 有

$$G(x, y) = \mathbf{P}(Y_1 \leqslant x, \ Y_2 \leqslant y) = \mathbf{P}(Y_2 \leqslant y) = \mathbf{P}\left(\bigcap_{k=1}^{n}(X_k < y)\right) = F^n(y);$$

当 $x < y$ 时, 有

$$G(x, y) = \mathbf{P}(Y_1 \leqslant x, \ Y_2 \leqslant y) = \mathbf{P}(Y_2 \leqslant y) - \mathbf{P}(Y_1 > x, \ Y_2 \leqslant y)$$

$$= \mathbf{P}\left(\bigcap_{k=1}^{n}(X_k \leqslant y)\right) - \mathbf{P}\left(\bigcap_{k=1}^{n}(x < X_k \leqslant y)\right)$$
$$= F^n(y) - \Big\{F(y) - F(x)\Big\}^n.$$

所以 (Y_1, Y_2) 的联合分布为

$$G(x,y) = \begin{cases} F^n(y) - \Big\{F(y) - F(x)\Big\}^n, & x < y, \\ F^n(y), & x \geqslant y. \end{cases} \tag{4.4.19}$$

当 $F(x)$ 为连续型分布, 具有密度函数 $p(x)$ 时, 以 $q(x,y)$ 表示 (Y_1, Y_2) 的联合密度, 由式 (4.4.19), 知

$$q(x,y) = \frac{\partial^2}{\partial x \partial y} G(x,y) = n(n-1)\Big\{F(y) - F(x)\Big\}^{n-2} p(x)p(y), \quad x < y. \tag{4.4.20}$$

利用联合密度函数也可求出 Y_1 与 Y_2 各自的边缘密度函数, 这里不再赘述, 留给读者作为练习.

例 4.4.12　设随机变量 X 与 Y 相互独立且都服从参数为 $\lambda > 0$ 的指数分布, 记

$$U = \min\{X, Y\}, \quad V = \max\{X, Y\}.$$

(1) 试求 U 与 V 的联合密度函数; (2) 试问 U 与 $V - U$ 是否独立?

解　(1) 由 $n = 2$ 和式 (4.4.20) 知, U 与 V 的联合密度函数是

$$q(u,v) = 2\lambda^2 \exp\{-\lambda(u+v)\}, \qquad u < v. \tag{4.4.21}$$

(2) 由 $z_1 = u,\ z_2 = v - u$ 解得 $u = z_1,\ v = z_1 + z_2$, 算得 Jacobi 行列式为

$$J = \begin{vmatrix} \dfrac{\partial u}{\partial z_1} & \dfrac{\partial u}{\partial z_2} \\ \dfrac{\partial v}{\partial z_1} & \dfrac{\partial v}{\partial z_2} \end{vmatrix} = \begin{vmatrix} 1 & 0 \\ 1 & 1 \end{vmatrix} = 1.$$

所以由式 (4.4.12) 知, U 与 $V - U$ 的联合密度函数为

$$\begin{aligned} p(z_1, z_2) &= q(z_1, z_1 + z_2) = 2\lambda^2 \exp\{-\lambda(2z_1 + z_2)\} \\ &= 2\lambda \exp\{-2\lambda z_1\} \cdot \lambda \exp\{-\lambda z_2\}, \quad z_1 > 0,\ z_2 > 0. \end{aligned}$$

联合密度函数的形式表明, U 与 $V - U$ 是相互独立的指数分布随机变量, 参数分别为 2λ 和 λ.

例 4.4.13 设 $X_1, \cdots, X_n$ 为独立同分布的随机变量, 它们的最大值 Y_2 与最小值 Y_1 的差 $R = Y_2 - Y_1$ 称为 $(X_1, \cdots, X_n)$ 的**极差**. 如果 $X_1, \cdots, X_n$ 的共同分布 $F(x)$ 具有密度函数 $p(x)$. 试求极差 $R = Y_2 - Y_1$ 的分布.

解 利用式 (4.4.20), 可得

$$\begin{aligned}\mathbf{P}(R \leqslant t) &= \iint_{0<y-x<t} q(x,y)\mathrm{d}x\mathrm{d}y \\ &= n(n-1)\int_{-\infty}^{\infty} p(x)\mathrm{d}x \int_x^{x+t} \Big\{F(y)-F(x)\Big\}^{n-2} p(y)\mathrm{d}y \\ &= n(n-1)\int_{-\infty}^{\infty} p(x)\mathrm{d}x \int_0^{F(x+t)-F(x)} u^{n-2}\mathrm{d}u \\ &= n\int_{-\infty}^{\infty} \Big(F(x+t)-F(x)\Big)^{n-1} p(x)\mathrm{d}x. \qquad (4.4.22)\end{aligned}$$

只有在少数特殊情况下, 才可以求出上式中的积分. 例如, 如果 $X_1, \cdots, X_n$ 的共同分布 $F(x)$ 为区间 $(0,1)$ 上的均匀分布, 则有

$$\begin{aligned}\mathbf{P}(R \leqslant t) &= n\int_0^1 \Big(F(x+t)-F(x)\Big)^{n-1} p(x)\mathrm{d}x \\ &= n\int_0^{1-t} t^{n-1}\mathrm{d}x + n\int_{1-t}^1 (1-x)^{n-1}\mathrm{d}x = n(1-t)t^{n-1} + t^n.\end{aligned}$$

通过对上式求导, 可得此时的极差 R 的密度函数

$$p_R(t) = n(n-1)(1-t)\,t^{n-2}, \quad 0<t<1.$$

*4.4.5 随机变量的随机加权平均

加权平均是大家所熟悉的概念. 现在要来考察随机变量之间的随机加权平均. 为简单起见, 只考察两个随机变量之间的随机加权平均.

设 X_1, X_2 和 ν 是定义在同一个概率空间 $(\Omega, \mathscr{F}, \mathbf{P})$ 上的三个相互独立的随机变量, 其中 X_1 与 X_2 的分布函数分别为 $F_1(x)$ 和 $F_2(x)$, 而 ν 是参数为 p 的 Bernoulli 随机变量 ($0<p<1$). 令

$$Z = \nu\, X_1 + (1-\nu)\, X_2, \qquad (4.4.23)$$

此时的 Z 可以称为 X_1 与 X_2 的随机加权平均. 其含义是

$$Z(\omega) = \nu(\omega)\, X_1(\omega) + (1-\nu(\omega))\, X_2(\omega), \quad \omega \in \Omega.$$

现在来求 Z 的分布. 由于 ν 只取 1 和 0 两个值, 所以由全概率公式得

$$\begin{aligned}F_Z(x) =& \mathbf{P}(\nu\ X_1 + (1-\nu)\ X_2 \leqslant x|\nu=1)\mathbf{P}(\nu=1)\\&+\mathbf{P}(\nu\ X_1 + (1-\nu)\ X_2 \leqslant x|\nu=0)\mathbf{P}(\nu=0)\\=&\mathbf{P}(X_1 \leqslant x|\nu=1)\mathbf{P}(\nu=1)+\mathbf{P}(X_2 \leqslant x|\nu=0)\mathbf{P}(\nu=0)\\=&\mathbf{P}(X_1 \leqslant x)\mathbf{P}(\nu=1)+\mathbf{P}(X_2 \leqslant x)\mathbf{P}(\nu=0)\\=&p\ F_1(x)+(1-p)\ F_2(x).\end{aligned}\tag{4.4.24}$$

式 (4.4.24) 表明, 形如 (4.4.23) 的随机变量的随机加权和的分布函数就是分布函数的加权和.

我们还可以考虑进一步的问题.

设 X_1, X_2 和 ν 是定义在同一个概率空间 $(\Omega, \mathscr{F}, \mathbf{P})$ 上的 3 个相互独立的随机变量, 其中 X_1 与 X_2 的分布函数分别为 $F_1(x)$ 和 $F_2(x)$, 而 ν 为参数为 p 的 Bernoulli 随机变量 ($0 < p < 1$). 令

$$Y_1 = \min\{X_1, X_2\}, \quad Y_2 = \max\{X_1, X_2\},$$

$$Z = (1-\nu)\ Y_1 + \nu\ Y_2.$$

可以求得此时的 Z 的分布函数 $F_Z(x)$:

$$\begin{aligned}F_Z(x) &= pF_{Y_2}(x) + (1-p)F_{Y_1}(x)\\&= (1-p)\{1-(1-F_1(x))(1-F_2(x))\} + pF_1(x)F_2(x)\\&= (1-p)\{F_1(x)+F_2(x)-F_1(x)F_2(x)\} + pF_1(x)F_2(x)\\&= (1-p)F_1(x) + (1-p)F_2(x) + (2p-1)F_1(x)F_2(x).\end{aligned}$$

我们注意到, 上式中的 $F_Z(x)$ 虽然是 3 个分布函数 $F_1(x)$, $F_2(x)$ 和 $F_1(x)F_2(x)$ 的加权和, 但是当 $0 < p < \dfrac{1}{2}$ 时, 却有 $F_1(x)F_2(x)$ 的加权系数 $2p-1 < 0$, 所以此时 $F_Z(x)$ 不是 3 个分布函数的 "凸组合". 但是可以证明此时 $F_Z(x)$ 满足分布函数的 3 条性质.

上述两个例子虽然简单, 却能够帮助我们进一步理解分布函数的概念, 也能帮助我们学会一些计算独立随机变量函数分布的方法.

*4.4.6　顺序统计量

设 $X_1, \cdots, X_n$ 是定义在同一个概率空间 $(\Omega, \mathscr{F}, \mathbf{P})$ 上的 n 个随机变量, 显然, 对于每个 $\omega \in \Omega$, $X_1(\omega), \cdots, X_n(\omega)$ 都是 n 个实数, 因此可以比较它们的大小, 我

们不仅可以考察它们之中的最大值和最小值, 而且可以把它们按从小到大的顺序自左至右依次列出. 如果其中有某两个数相等, 则约定以足标小的列在前面, 即如果 $X_i(\omega)=X_j(\omega)$, 而 $i<j$, 则把 $X_i(\omega)$ 列在 $X_j(\omega)$ 之前 (之左). 在每个 ω 上都如此排定顺序之后, 将排在第 k 个位置上的数记作 $X_{(k)}(\omega)$. 于是 $X_{(k)}$ 就是一个定义在 Ω 上的实值函数, $k=1,2,\cdots,n$. 并且显然有

$$X_{(1)}\leqslant X_{(2)}\leqslant\cdots\leqslant X_{(n)}. \tag{4.4.25}$$

上式的含义是

$$X_{(1)}(\omega)\leqslant X_{(2)}(\omega)\leqslant\cdots\leqslant X_{(n)}(\omega),\quad \forall\omega\in\Omega.$$

把如此定义的 $\{X_{(1)},X_{(2)},\cdots,X_{(n)}\}$ 称为 $\{X_1,\cdots,X_n\}$ 的顺序统计量, 也称为对 $\{X_1,\cdots,X_n\}$ 的重排. 顺序统计量在概率论的许多应用领域和非参数统计中有重要意义.

特别地,

$$X_{(n)}=\max\{X_1,\cdots,X_n\},\quad X_{(1)}=\min\{X_1,\cdots,X_n\}.$$

在 $X_1,\cdots,X_n$ 相互独立时, 我们已经对 $X_{(n)}$ 和 $X_{(1)}$ 进行过讨论.

假设随机变量 $X_1,\cdots,X_n$ 独立同分布 (i.i.d.), 服从共同的分布函数 $F(x)$, 现在来讨论 $X_{(k)}$ 的分布, 其中 $1<k<n$.

注意到

$$(X_{(k)}\leqslant x)\iff \text{在 } X_1,\cdots,X_n \text{ 中至少有 } k \text{ 个不大于 } x.$$

以 A_m 表示事件 (在 $X_1,\cdots,X_n$ 中恰有 m 个不大 x), 于是事件 $A_1,\cdots,A_n$ 两两不交, 并且有

$$(X_{(k)}\leqslant x)=\bigcup_{m=k}^{n}A_m,\quad \mathbf{P}(X_{(k)}\leqslant x)=\sum_{m=k}^{n}\mathbf{P}(A_m). \tag{4.4.26}$$

容易算得

$$\mathbf{P}(A_m)=\binom{n}{m}F^m(x)(1-F(x))^{n-m},\quad m=1,2,\cdots,n.$$

从而就有

$$\mathbf{P}(X_{(k)}\leqslant x)=\sum_{m=k}^{n}\binom{n}{m}F^m(x)(1-F(x))^{n-m},\quad k=1,2,\cdots,n. \tag{4.4.27}$$

特别地, 有

$$\mathbf{P}(X_{(n-1)}\leqslant x)=nF^{n-1}(x)(1-F(x))+F^n(x)=F^{n-1}(x)\Big(n-(n-1)F(x)\Big).$$

注意到 $\sum_{m=0}^{n}\binom{n}{m}F^m(x)(1-F(x))^{n-m}=1$, 还可以算得

$$\begin{aligned}\mathbf{P}(X_{(2)}\leqslant x)&=\sum_{m=2}^{n}\binom{n}{m}F^m(x)(1-F(x))^{n-m}\\&=1-\Big(1-F(x)\Big)^n-n\,F(x)\Big(1-F(x)\Big)^{n-1}\\&=1-\Big(1-F(x)\Big)^{n-1}\Big(1+(n-1)F(x)\Big).\end{aligned}$$

其余情形留给读者作为练习.

现在假定 $F(x)$ 是连续型分布, 具有密度函数 $p(x)$. 那么由 (4.4.27) 可知, 对 $k=1,2,\cdots,n$, 第 k 个顺序统计量 $X_{(k)}$ 具有密度函数

$$\begin{aligned}&p_{X_{(k)}}(x)=\frac{d\mathbf{P}(X_{(k)}\leqslant x)}{\mathrm{d}x}\\&=\sum_{m=k}^{n}\binom{n}{m}\Big(mF^{m-1}(x)(1-F(x))^{n-m}-(n-m)F^m(x)(1-F(x))^{n-m-1}\Big)p(x)\\&=\frac{n!}{(n-k)!(k-1)!}F^{k-1}(x)(1-F(x))^{n-k}p(x).\end{aligned}\tag{4.4.28}$$

仍设 $F(x)$ 是连续型分布, 具有密度函数 $p(x)$. 而 $X_1,X_2,\cdots,X_n$ 相互独立, 都服从分布 $F(x)$. 假设 $\{X_{(1)},X_{(2)},\cdots,X_{(n)}\}$ 是 $\{X_1,\cdots,X_n\}$ 的顺序统计量, 我们要来求 $(X_{(1)},X_{(2)},\cdots,X_{(n)})$ 的联合密度.

易知, 顺序统计量 $X_{(1)},X_{(2)},\cdots,X_{(n)}$ 取值为 $x_1<x_2<\cdots<x_n$, 当且仅当, 对 $(1,2,\cdots,n)$ 的某个排列 $(i_1,i_2,\cdots,i_n)$, 有

$$X_1=x_{i_1},\ X_2=x_{i_2},\ \cdots,\ X_n=x_{i_n}.$$

而对于 $(1,2,\cdots,n)$ 的任意一个排列 $(i_1,i_2,\cdots,i_n)$, 都有

$$\begin{aligned}&\mathbf{P}\Big(x_{i_1}-\frac{\varepsilon}{2}<X_1<x_{i_1}+\frac{\varepsilon}{2},\ x_{i_2}-\frac{\varepsilon}{2}<X_2<x_{i_2}+\frac{\varepsilon}{2},\cdots,\ x_{i_n}-\frac{\varepsilon}{2}<X_n<x_{i_n}+\frac{\varepsilon}{2}\Big)\\&\sim\varepsilon^n p(x_1)p(x_2)\cdots p(x_n).\end{aligned}$$

因此, 对 $x_1<x_2<\cdots<x_n$, 有

$$\begin{aligned}&\mathbf{P}\Big(x_1-\frac{\varepsilon}{2}<X_{(1)}<x_1+\frac{\varepsilon}{2},\ x_2-\frac{\varepsilon}{2}<X_{(2)}<x_2+\frac{\varepsilon}{2},\cdots,\ x_n-\frac{\varepsilon}{2}<X_{(n)}<x_n+\frac{\varepsilon}{2}\Big)\\&\sim n!\varepsilon^n p(x_1)p(x_2)\cdots p(x_n).\end{aligned}$$

在上式两端同除以 ε^n, 并令 $\varepsilon\to 0$, 即知对 $x_1<x_2<\cdots<x_n$, 有

$$p_{(X_{(1)},X_{(2)},\cdots,X_{(n)})}(x_1,x_2,\cdots,x_n)=n!p(x_1)p(x_2)\cdots p(x_n).\tag{4.4.29}$$

由于 $x_1 \leqslant x_2 \leqslant \cdots \leqslant x_n$ 中出现等号的概率为 0, 所以, 对于 $x_1 \leqslant x_2 \leqslant \cdots \leqslant x_n$, 亦认为 $(X_{(1)}, X_{(2)}, \cdots, X_{(n)})$ 的联合密度 $p_{(X_{(1)}, X_{(2)}, \cdots, X_{(n)})}(x_1, x_2, \cdots, x_n)$ 满足式 (4.4.29). 这样一来, 式 (4.4.29) 就是 $(X_{(1)}, X_{(2)}, \cdots, X_{(n)})$ 的联合密度

$$p_{(X_{(1)}, X_{(2)}, \cdots, X_{(n)})}(x_1, x_2, \cdots, x_n),$$

其中 $x_1 \leqslant x_2 \leqslant \cdots \leqslant x_n$.

通过对式 (4.4.29) 的积分, 可以求得部分顺序统计量的联合密度. 以 $1 \leqslant i < j \leqslant n$ 为例, 我们来求 $(X_{(i)}, X_{(j)})$ 的联合密度 $p_{(X_{(i)}, X_{(j)})}(x_i, x_j)$. 若 $x_i < x_j$, 则有

$$\begin{aligned} -\infty < X_{(1)}, \cdots, X_{(i-1)} &\leqslant x_i, \\ x_i \leqslant X_{(i+1)}, \cdots, X_{(j-1)} &\leqslant x_j, \\ x_j \leqslant X_{(j+1)}, \cdots, X_{(n)} &< \infty. \end{aligned}$$

因此,

$$\begin{aligned} & p_{(X_{(i)}, X_{(j)})}(x_i, x_j) \\ = & \frac{n!}{(i-1)!(j-i-1)!(n-j)!} \left(\int_{-\infty}^{x_i} p(t) \mathrm{d}t \right)^{i-1} \left(\int_{x_i}^{x_j} p(t) \mathrm{d}t \right)^{j-i-1} \left(\int_{x_j}^{\infty} p(t) \mathrm{d}t \right)^{n-j} \\ = & \frac{n!}{(i-1)!(j-i-1)!(n-j)!} F^{i-1}(x_i) \Big(F(x_j) - F(x_i) \Big)^{j-i-1} \Big(1 - F(x_j) \Big)^{n-j} p(x_i) p(x_j). \end{aligned} \tag{4.4.30}$$

例 4.4.14 设 $0 < d < \dfrac{1}{2}$. 往区间 $[0, 1]$ 中随机抛掷 3 个质点, 求其中任何两点的距离都不小于 d 的概率.

解 设所抛 3 点落地后的坐标分别为 X_1, X_2, X_3, 则 X_1, X_2, X_3, i.i.d. $\sim U[0, 1]$. 以 $X_{(1)} \leqslant X_{(2)} \leqslant X_{(3)}$ 表示 X_1, X_2, X_3 的顺序统计量. 由式 (4.4.29) 知 $(X_{(1)}, X_{(2)}, X_{(3)})$ 的联合密度为

$$p_{(X_{(1)}, X_{(2)}, X_{(3)})}(x_1, x_2, x_3) = 3!, \quad 0 \leqslant x_1 \leqslant x_2 \leqslant x_3 \leqslant 1.$$

所求的概率为

$$\begin{aligned} & \mathbf{P}\Big(X_{(2)} - X_{(1)} \geqslant d,\ X_{(3)} - X_{(2)} \geqslant d \Big) = 3! \int_{2d}^{1} \mathrm{d}x_3 \int_{d}^{x_3 - d} \mathrm{d}x_2 \int_{0}^{x_2 - d} \mathrm{d}x_1 \\ = & 6 \int_{2d}^{1} \mathrm{d}x_3 \int_{d}^{x_3 - d} (x_2 - d) \mathrm{d}x_2 = 3 \int_{2d}^{1} (x_3 - 2d)^2 \mathrm{d}x_3 \\ = & (1 - 2d)^3. \end{aligned}$$

注 4.4.1　一般地, 若 $0 < d < \dfrac{1}{n-1}$, 往区间 $[0,1]$ 中随机抛掷 n 个质点, 则其中任何两点的距离都不小于 d 的概率为 $\Big(1-(n-1)d\Big)^n$.

例 4.4.15　如果随机变量 $X_1, X_2, \cdots, X_{2n+1}$ 独立同分布, 则在数理统计中将它们称为一个大小为 $2n+1$ 的简单随机样本, 它们的共同分布 F 称为总体. 如果 $X_1, X_2, \cdots, X_{2n+1}$ 的顺序统计量为 $X_{(1)} \leqslant X_{(2)} \leqslant \cdots \leqslant X_{(2n+1)}$, 则第 $n+1$ 个顺序统计量 $X_{(n+1)}$ 称为样本中位数.

现设 $X_1, X_2, \cdots, X_{2n+1}$ 是总体为 $U(0,1)$ 的、大小为 $2n+1$ 的简单随机样本, 求样本中位数 $X_{(n+1)}$ 落在区间 $\left(\dfrac{1}{4}, \dfrac{3}{4}\right)$ 中的概率.

解　由式 (4.4.28) 知, $X_{(n+1)}$ 的密度函数为

$$p_{X_{(n+1)}}(x) = \frac{(2n+1)!}{n!n!} x^n (1-x)^n, \quad 0 < x < 1,$$

即服从参数为 $n+1$和 $n+1$ 的 Beta 分布. 因此 $X_{(n+1)}$ 落在区间 $\left(\dfrac{1}{4}, \dfrac{3}{4}\right)$ 中的概率为

$$\mathbf{P}\Big(\frac{1}{4} < X_{(n+1)} < \frac{3}{4}\Big) = \frac{(2n+1)!}{n!n!} \int_{\frac{1}{4}}^{\frac{3}{4}} x^n (1-x)^n \mathrm{d}x.$$

特别地, 如果 $n = 1$, 则有

$$\mathbf{P}\left(\frac{1}{4} < X_{(2)} < \frac{3}{4}\right) = 6 \int_{\frac{1}{4}}^{\frac{3}{4}} x(1-x)\mathrm{d}x = \frac{11}{16}.$$

4.4.7 纪录值

与顺序统计量有联系的一个量是纪录值. 在金融保险等实际应用领域中, 对于一列独立同分布的随机变量 $X_1, X_2, \cdots$, 把足标视为它们出现的先后顺序, 人们需要观察其中的变化规律, 包括上下波动的规律, 对何时达到最高峰、峰值是多少之类的问题尤为关注, 其中一个标志性的量就是所谓 “纪录值”.

X_1 肯定是一个纪录值, 如果 X_2 超过 X_1, 那么它就是一个新的纪录值, 一般地, 如果 X_n 超过它前面的所有变量的值, 即 $X_n = \max\{X_1, X_2, \cdots, X_n\}$, 那么 X_n 就是一个纪录值. 除了纪录值本身的值外, 通常人们还会关心一段时间内纪录值被刷新的次数. 对于这类问题, 我们通常用示性函数来表示 X_j 是不是纪录值, 即

$$I_j = \begin{cases} 1, & X_j \text{是一个纪录值}, \\ 0, & X_j \text{不是纪录值}. \end{cases} \tag{4.4.31}$$

记 $Z_n = \sum\limits_{j=1}^{n} I_j$, 那么 Z_n 就是前 n 个随机变量中的纪录值出现的次数. 讨论序列

$\{Z_n\}$ 的变化规律和极限性状无疑具有重要意义.

在独立同分布且共同的分布连续的情况下, 容易求得 I_j 的分布. 事实上, 当 $I_j=1$ 时, X_j 是一个纪录值, 意即 $X_j=\max\{X_1,X_2,\cdots,X_j\}$. 由于 $X_1,X_2,\cdots,X_j$ 独立且服从共同的分布, 所以根据对称性立知

$$\mathbf{P}(X_\ell=\max\{X_1,X_2,\cdots,X_j\})=\frac{1}{j},\quad \ell=1,2,\cdots,j.$$

这就说明 I_j 的分布为

$$\mathbf{P}(I_j=1)=\frac{1}{j},\quad \mathbf{P}(I_j=0)=1-\frac{1}{j},\quad j\in\mathbb{N}. \tag{4.4.32}$$

下面来讨论 I_j 的独立性问题. 先引入一个随机变量 R_n. 设 $X_1,X_2,\cdots,X_n$ 是独立同分布且服从共同的连续分布 F 的随机变量, 令

$$R_n=\sum_{k=1}^{n}I(X_k\geqslant X_n),$$

它表示的是随机变量 X_n 在 $X_1,X_2,\cdots,X_n$ 中处于第几大的位置. 具体来说, $R_n=1$ 就意味着 X_n 最大, 因为在求和的各个加项中只有 $I(X_n\geqslant X_n)=1$ (这一项永远等于 1); 而 $R_n=2$ 意味着除了 X_n 自身之外, 还有一个变量比 X_n 大 (由于 F 连续, 所以不用考虑变量相等), 所以 X_n 是第二大; 如此等等.

引入变量 R_n 的目的, 是为了将纪录值的讨论与顺序统计量联系起来. 我们知道, R_n 的取值集合是 $\{1,2,\cdots,n\}$. 我们指出, $(R_1,R_2,\cdots,R_n)$ 的每一组取值唯一对应着随机向量 $X_1,X_2,\cdots,X_n$ 按大小排列的唯一顺序. 为便于理解, 以 $n=3$ 为例. 以 $(X_{(1)},X_{(2)},X_{(3)})$ 记 (X_1,X_2,X_3) 的顺序统计量, 那么

$$(R_1=1,R_2=1,R_3=1)=(X_1<X_2<X_3)=(X_1=X_{(1)},X_2=X_{(2)},X_3=X_{(3)}),$$

$$(R_1=1,R_2=2,R_3=3)=(X_1>X_2>X_3)=(X_1=X_{(3)},X_2=X_{(2)},X_3=X_{(1)}),$$

$$(R_1=1,R_2=2,R_3=2)=(X_2<X_3<X_1)=(X_1=X_{(3)},X_2=X_{(1)},X_3=X_{(2)}),$$

$$(R_1=1,R_2=2,R_3=1)=(X_2<X_1<X_3)=(X_1=X_{(2)},X_2=X_{(1)},X_3=X_{(3)}),$$

如此等等.

定理 4.4.5 (Renyi 定理) 如果 $\{X_n\}$ 是独立同分布且服从共同的连续分布 F 的随机变量序列, 则

(1) $\{R_n\}$ 是独立随机变量序列, 且

$$\mathbf{P}(R_n=k)=\frac{1}{n},\quad k=1,2,\cdots,n. \tag{4.4.33}$$

(2) $\{I_n\}$ 是独立的 Bernoulli 随机变量序列, 其分布如式 (4.4.32) 所示.

证明 (2) 由 (1) 立即推出, 因为 $(I_j = 1)$ 就是 $(R_j = 1)$.

下面来证明 (1). 由于 $X_1, X_2, \cdots, X_n$ 独立同分布且服从共同的连续分布 F, 所以对于它们按照大小排出的任意一种顺序, 都有相同的可能性, 意即对于足标 $1, 2, \cdots, n$ 的任何一种排列 $i_1, i_2, \cdots, i_n$, 都有

$$\mathbf{P}(X_1 = X_{(i_1)}, X_2 = X_{(i_2)}, \cdots, X_n = X_{(i_n)}) = \frac{1}{n!},$$

其中 $X_{(1)}, X_{(2)}, \cdots, X_{(n)}$ 是 $X_1, X_2, \cdots, X_n$ 的顺序统计量. 由于 $(R_1, R_2, \cdots, R_n)$ 的每一组取值都唯一对应着随机向量 $X_1, X_2, \cdots, X_n$ 按大小排列的唯一顺序, 所以对于任何 $r_j \in \{1, \cdots, j\}$, $j = 1, 2, \cdots, n$, 都有

$$\mathbf{P}(R_1 = r_1, \cdots, R_n = r_n) = \frac{1}{n!}.$$

另一方面, 对任何 $n \in \mathbb{N}$, 都有

$$\mathbf{P}(R_n = r_n) = \sum_{r_1, \cdots, r_{n-1}} \mathbf{P}(R_1 = r_1, \cdots, R_n = r_n) = \sum_{r_1, \cdots, r_{n-1}} \frac{1}{n!} = \frac{1}{n},$$

其中的求和号 $\sum\limits_{r_1, \cdots, r_{n-1}}$ 表示对 $(r_1, \cdots, r_{n-1})$ 的所有可能的不同取值求和. 联立上述两式, 即知对任何 $r_i \in \{1, \cdots, j\}$, $j = 1, 2, \cdots, n$, 都有

$$\mathbf{P}(R_1 = r_1, \cdots, R_n = r_n) = \frac{1}{n!} = \prod_{i=1}^{n} \mathbf{P}(R_i = r_i).$$

这就表明, 对任何 $n \in \mathbb{N}$, 随机变量 $R_1, \cdots, R_n$ 都相互独立, 所以 $\{R_n\}$ 是独立随机变量序列.

我们将在第 6 章中讨论前 n 个随机变量中纪录值出现的次数 Z_n 的中心极限定理和增长的阶等极限性状.

习 题 4.4

1. 设 X, Y 为相互独立的均服从区间 $[0, 1]$ 上均匀分布的随机变量, 试求 $Z = X + Y$ 的分布函数密度.

2. 设随机变量 X, Y 相互独立, 密度函数均为 $p(x) = \mathrm{e}^{-x}$, $x > 0$, 试问: $X + Y$ 与 $\dfrac{X}{X+Y}$ 是否相互独立?

3. 设 $\lambda > 0$, $q = \mathrm{e}^{-\lambda}$, $p = 1 - q$. 随机变量 X 与 Y 独立, 其中 X 服从参数为 p 的几何分布, Y 具有密度函数

$$p_Y(y) = \frac{\lambda \mathrm{e}^{-\lambda y}}{1 - \mathrm{e}^{-\lambda}}, \quad 0 < y < 1.$$

试求 $Z = X + Y$ 的密度函数.

4. 设 X_1, X_2 相互独立, 均服从 $\mathcal{N}(0, 1)$, 试求: (1) $Y_1 = X_1 + X_2$, $Y_2 = X_1 - X_2$ 的联合密度函数; (2) $Z = \dfrac{X_1}{X_2}$ 的密度函数.

5. 设 X_1 与 X_2 为随机变量, 记 $Z_1 = X_1 + X_2$, $Z_2 = X_1 - X_2$. 证明: 如果 Z_1, Z_2 为相互独立的正态随机变量, 则 X_1 与 X_2 也为正态随机变量.

6. 若 (X, Y) 服从二维正态分布 (4.3.2), 试找出 $X + Y$ 与 $X - Y$ 相互独立的充要条件.

7. 设 X 与 Y 是独立同分布的随机变量, 其密度函数不等于 0 且有二阶导数. 证明: 如果 $X + Y$ 与 $X - Y$ 相互独立, 则随机变量 X, Y, $X + Y$, $X - Y$ 均服从正态分布.

8. 设 (X, Y) 服从区域 $D = \{(x, y) : 0 < |x| < y < 1\}$ 上的均匀分布, 试求 X^2 的密度函数.

9. 设 (X_1, X_2, X_3) 为随机向量, 且 X_1, X_2, X_3 相互独立均服从标准正态分布, 试求 $Y = \sqrt{X_1^2 + X_2^2 + X_3^2}$ 的密度函数.

10. 设随机变量 X_1 与 X_2 相互独立, 且都服从 $(0,1)$ 上的均匀分布, 试求如下各随机变量的密度函数: (1) $Z_1 = \max\{X_1, X_2\}$; (2) $Z_2 = \min\{X_1, X_2\}$.

11. 对某种电子装置的输出测量了 5 次, 得到的观察值 $X_1, \cdots, X_5$ 是相互独立的随机变量, 且都服从 $\sigma^2 = 4$ 的 Rayleigh 分布, 即有概率密度 $p(x) = \dfrac{x}{4}\mathrm{e}^{-\frac{x^2}{8}}$, $x > 0$, 试求: (1) $Y = \max\{X_1, X_2, \cdots, X_5\}$ 的分布函数; (2) 概率 $\mathbf{P}(Y > 4)$.

12. 设 (X_1, X_2, X_3, X_4) 服从超立方体 $[0, 1]^4$ 上的均匀分布, 试求如下概率: (1) $\mathbf{P}(X_1 = \max\{X_1, X_2, X_3, X_4\})$; (2) $\mathbf{P}(X_4 > X_1 | X_1 = \max\{X_1, X_2, X_3\})$; (3) $\mathbf{P}(X_4 > X_2 | X_1 = \max\{X_1, X_2, X_3\})$.

13. 设随机变量 X_1, X_2, X_3 相互独立, 都服从 Exp(1) 分布. 记

$$Y_1 = \frac{X_1}{X_1 + X_2}, \quad Y_2 = \frac{X_1 + X_2}{X_1 + X_2 + X_3}, \quad Y_3 = X_1 + X_2 + X_3.$$

试求 Y_1, Y_2, Y_3 的联合密度函数, 并证明它们也相互独立.

14. 设随机变量 $X_1, X_2, \cdots, X_n$ 相互独立, 都服从 Exp(1) 分布. 与上题类似地定义出随机变量 $Y_1, Y_2, \cdots, Y_n$, 再讨论相应的问题.

15. 设 $X_1, \cdots, X_n$ 相互独立且服从相同的分布 $F(x)$, 试证顺序统计量 $X_{(i)}$ 的分布函数为

$$F_i(x) = \frac{n!}{(i-1)!(n-i)!}\int_0^{F(x)} t^{i-1}(1-t)^{n-i}\mathrm{d}t, \quad i = 1, \cdots, n.$$

第 5 章 数字特征与特征函数

分布函数是研究随机变量和随机向量的一个重要工具. 但是除了这个工具之外, 还有一些其他工具. 现在来介绍其中的一些, 并利用它们来介绍多维正态分布.

5.1 矩与分位数

随机变量的数字特征是一个总称, 它们是反映随机变量性质的一类重要载体, 也是人们研究随机变量时的一类重要的考察对象. 随机变量的矩与分位数都是重要的数字特征.

5.1.1 对于数学期望的进一步认识

数学期望就是一种矩, 它不仅是随机变量 (或分布函数) 的一种最重要的数字特征, 也是研究其他数字特征的基础, 需要从不同角度来认识它.

从第 3 章中已经了解了, 如果 X 是以 $F(x)$ 为分布函数的随机变量, 则当

$$\mathbf{E}|X| := \int_{-\infty}^{\infty} |x| \mathrm{d}F(x) < \infty, \tag{5.1.1}$$

即 $|x|$ 在实轴上关于 $F(x)$ R-S 可积时, 称 X 的数学期望 $\mathbf{E}X$ 存在, 且有

$$\mathbf{E}X := \int_{-\infty}^{\infty} x \mathrm{d}F(x). \tag{5.1.2}$$

现在要来进一步讨论这个概念. 我们先回答条件 (5.1.1) 的必要性, 再讨论式 (5.1.2) 的意义.

看两个数学期望不存在的例子.

例 5.1.1 (Cauchy 分布) 设

$$p(x) = \frac{1}{\pi} \frac{\lambda}{\lambda^2 + (x-\mu)^2}, \quad x \in \mathbb{R},$$

其中 $\lambda > 0$, $\mu \in \mathbb{R}$. 证明: 该分布的期望不存在.

证明 由题意有

$$\begin{aligned}\int_{-\infty}^{\infty} |x| p(x) \mathrm{d}x &= \frac{1}{\pi} \int_{-\infty}^{\infty} \frac{\left|\frac{x}{\lambda}\right|}{1+\left(\frac{x-\mu}{\lambda}\right)^2} \mathrm{d}x = \frac{1}{\pi} \int_{\frac{\mu}{\lambda}}^{\infty} \frac{\lambda y - \mu}{1+y^2} \mathrm{d}y + \frac{1}{\pi} \int_{-\frac{\mu}{\lambda}}^{\infty} \frac{\lambda y + \mu}{1+y^2} \mathrm{d}y \\ &= \frac{2\lambda}{\pi} \int_0^{\infty} \frac{y}{1+y^2} \mathrm{d}y + C,\end{aligned}$$

其中 C 为一个有限的常数. 由于

$$\int_0^{\infty} \frac{y}{1+y^2}\mathrm{d}y = \lim_{A\to\infty}\int_0^{A} \frac{y}{1+y^2}\mathrm{d}y = \frac{1}{2}\lim_{A\to\infty}\ln(1+A^2) = \infty,$$

所以

$$\int_{-\infty}^{\infty} |x|p(x)\mathrm{d}x = \infty,$$

故 Cauchy 分布的期望不存在.

Cauchy 分布是概率论中的一个重要分布, 期望不存在是它的一个重要特性. 我们在后面章节中还会再次接触到这个分布. 下面再看一个离散型随机变量的例子.

例 5.1.2 (Peter 和 Paul 分布)　令一个人连续抛掷一枚均匀的硬币, 直到抛出反面为止. 如果此前他抛出了 n 次正面, 则发给他 2^n 元奖金. 以 X 表示他所得到的奖金数目, 试求 X 的数学期望.

解　容易看出, X 的分布律为

$$\mathbf{P}(X = 2^{n-1}) = \frac{1}{2^n}, \quad n \in \mathbb{N},$$

由于

$$\sum_{n=1}^{\infty} a_n p_n = \sum_{n=1}^{\infty} \frac{2^{n-1}}{2^n} = \sum_{n=1}^{\infty} \frac{1}{2} = \infty,$$

所以 X 的数学期望不存在.

本例中所涉及的 Peter 和 Paul 分布是概率论中一个著名的分布, 是重尾分布中的一个富有启发性的例子, 有些书中把它叫做 "圣彼得堡游戏"(St Petersburg game). 如果赌场开设这么一种游戏, 那么虽然从期望的角度来说, 赌徒的平均收益是无限, 看起来无论出多少钱去玩都是划算的. 但事实上, 据说很少有人愿意花 20 元以上去玩一次这样的游戏, 这是因为能够赢回这 20 元的概率还是很小的:

$$\mathbf{P}(X \geqslant 20) = \mathbf{P}(X \geqslant 2^5) = \sum_{n=6}^{\infty} \frac{1}{2^n} = \frac{1}{2^5} = \frac{1}{32} = 0.03125.$$

在下一节的例 5.2.9, 即飞镖问题中, 我们还会看到一个期望不存在的具体例子. 正是由于存在着这样一些随机变量, 它们不满足条件 (5.1.1), 所以在给出数学期望的定义时, 要把它们排除出去. 也就是说, 条件 (5.1.1) 是必要的. 不过应当再说一句, 对于只取非负值的随机变量, 如果它的期望不存在, 那么很明确地就有

$$\int_{-\infty}^{\infty} x\mathrm{d}F(x) = \int_0^{\infty} x\mathrm{d}F(x) = \infty,$$

所以此时我们也说, 它的期望是无穷. 对于既取正值又取负值的随机变量则不然, 在条件 (5.1.1) 不成立时, 积分 $\int_{-\infty}^{\infty} x\mathrm{d}F(x)$ 可能变得无意义. 类似的讨论读者可以从数学分析中了解.

下面来看式 (5.1.2) 的内在含义.

如果 X 是离散型随机变量, 且有 $\mathbf{P}(X=a_n)=p_n, n=1,2,\cdots$, 其中 $p_n>0$, $\sum\limits_{n=1}^{\infty} p_n=1$, 则 (5.1.2) 所表示的 R-S 积分就是

$$\mathbf{E}X=\sum_{n=1}^{\infty} a_n\mathbf{P}(X=a_n)=\sum_{n=1}^{\infty} a_n\mathbf{P}\{\omega \mid X(\omega)=a_n\}.$$

事实上, 我们在计算离散型随机变量的期望时就是这么做的.

现在, 要来重新认识这一事实. 记

$$A_n=\{\omega \mid X(\omega)=a_n\}, \quad n\in\mathbb{N},$$

则 $\{A_n,\ n\in\mathbb{N}\}$ 是一列事件, 它们恰好构成对 Ω 的一个分划, 即

$$A_iA_j=\varnothing, \quad \bigcup_{n=1}^{\infty} A_n=\Omega.$$

因此, 从积分论的观点来看, 式 (5.1.2) 恰好表明, 对于离散型随机变量 X, 有

$$\mathbf{E}X=\sum_{n=1}^{\infty} a_n\mathbf{P}(A_n)=\sum_{n=1}^{\infty}\int_{A_n} X\mathrm{d}\mathbf{P}=\int_{\Omega} X\mathrm{d}\mathbf{P},$$

即有

$$\mathbf{E}X=\int_{\Omega} X\mathrm{d}\mathbf{P}. \tag{5.1.3}$$

这就是说, 离散型随机变量 X 的数学期望就是 X 在 Ω 上关于概率测度 $\mathbf{P}$ 的 Lebesgue 积分. 这一结论, 使我们对数学期望的概念获得了一个全新的认识.

下面说明, 对于连续型随机变量, 也有同样的结论.

对于随机变量 X, 记

$$X^+=\max\{X,0\}, \quad X^-=\max\{-X,0\},$$

则 X^+ 和 X^- 都是非负随机变量, 分别称为 X 的正部和负部. 容易看出

$$X=X^+-X^-, \quad |X|=X^++X^-.$$

所以由数学期望的定义可知: $\mathbf{E}X$ 存在, 等价于

$$\mathbf{E}X^+<\infty \quad 且 \quad \mathbf{E}X^-<\infty.$$

于是只需分别证明 $\mathbf{E}X^+$ 和 $\mathbf{E}X^-$ 具有表达式 (5.1.3). 故不妨设 X 就是非负随机变量.

对于非负随机变量 X, 令

$$X_n=\sum_{m=1}^{\infty}\frac{m-1}{2^n}I\left(\frac{m-1}{2^n}\leqslant X<\frac{m}{2^n}\right),\quad n\in\mathbb{N}.$$

该式的含义是: 当 $\dfrac{m-1}{2^n}\leqslant X(\omega)<\dfrac{m}{2^n}$ 时, 有 $X_n(\omega)=\dfrac{m-1}{2^n}$, 因此, 对任何 $\omega\in\Omega$, 都有 $X_n(\omega)\leqslant X(\omega)$, 并且

$$X_n(\omega)\uparrow X(\omega),\quad n\to\infty.$$

因此, 当 $\mathbf{E}X$ 存在时, 有 $\mathbf{E}X_n$ 存在, 且 $\mathbf{E}X_n\leqslant\mathbf{E}X$. 由单调收敛定理 (见 6.1.2 节) 可知

$$\mathbf{E}X_n\uparrow\mathbf{E}X,\quad n\to\infty.$$

由于 X_n 为离散型随机变量, 具有表达式 (5.1.3), 所以

$$\mathbf{E}X_n=\int_\Omega X_n\mathrm{d}\mathbf{P}\uparrow\int_\Omega X\mathrm{d}\mathbf{P}=\mathbf{E}X.$$

这样便证得了对非离散型随机变量, 也有式 (5.1.3) 成立.

利用关于积分的知识, 还可证得如下定理.

定理 5.1.1 (积分变换定理) 如果 X 是定义在概率空间 $(\Omega,\mathscr{F},\mathbf{P})$ 上的随机变量, $F(x)$ 为其分布函数, 则对任何 Borel 可测函数 $g(x)$, 都有

$$\int_{\mathbb{R}}g(x)\mathrm{d}F(x)=\int_\Omega g(X)\mathrm{d}\mathbf{P}.\tag{5.1.4}$$

该等式的意义是: 如果一端存在, 则另一端也存在, 并且相等.

这个定理为我们提供了利用 X 的分布函数在实轴上计算它的函数的数学期望的理论依据.

5.1.2 数学期望的性质

如果存在某个常数 c, 使得随机变量 X 满足条件 $\mathbf{P}(X=c)=1$, 就说随机变量 X 为退化 (于 c) 的随机变量, 此时有 $X=c$, a.s. (almost surely, 即几乎必然). 通常把退化于 c 的随机变量就记作 c.

大家在中学里已经接触过数学期望, 因此本书也就直接使用了这一概念. 现在要来更加系统地讨论数学期望性质, 以期更进一步地认识它. 利用表达式 (5.1.3), 可以推出随机变量数学期望的如下一系列性质.

定理 5.1.2 设 c 为常数, 并设所涉及的随机变量的数学期望都存在, 则有

1° $\mathbf{E}c = c$;

2° $\mathbf{E}(cX) = c\mathbf{E}X$;

3° $\mathbf{E}(X+Y) = \mathbf{E}X + \mathbf{E}Y$;

4° 若 $X \geqslant 0$, 则 $\mathbf{E}X \geqslant 0$;

5° 若 $X \geqslant Y$, 则 $\mathbf{E}X \geqslant \mathbf{E}Y$.

需要指出的是, 上述性质 3° 中没有对于 X 与 Y 的独立性要求, 从式 (5.1.3) 看出, 它对任意两个随机变量都是成立的, 只要它们是定义在同一个概率空间上.

而利用定理 5.1.1, 可以得到如下定理.

定理 5.1.3 如果随机变量 X 具有分布函数 $F(x)$, 则对任何 Borel 可测函数 $g(x)$ 都有

$$\mathbf{E}g(X) = \int_{-\infty}^{\infty} g(x)\mathrm{d}F(x). \tag{5.1.5}$$

该等式的意义是: 如果一端存在, 则另一端也存在, 并且相等.

我们知道, 如果 X 是随机变量, 则对任何 Borel 可测函数 $g(x)$, $Y := g(X)$ 也是随机变量. 本来按照数学期望 $\mathbf{E}Y$ 的定义, 应当先求出 Y 的分布函数 $G(x)$, 再按照公式

$$\mathbf{E}g(X) = \mathbf{E}Y = \int_{-\infty}^{\infty} x\mathrm{d}G(x)$$

求 Y 的数学期望. 定理 5.1.3 的好处是: 可以按照式 (5.1.5) 直接利用 X 的分布函数 $F(x)$ 计算 Y 的数学期望, 省去很多麻烦. 特别地, 当 $g(x) = x$ 时, 就可以按照式 (5.1.5) 计算随机变量的数学期望. 由此可知, 如果随机变量 X 与 Y 同分布, 则有 $\mathbf{E}X = \mathbf{E}Y$.

利用 R-S 积分, 读者不难写出式 (5.1.5) 在连续型场合和离散型场合的具体形式.

应当指出, 式 (5.1.5) 在多维情形下也是成立的: 如果 n 维随机向量 $(X_1, \cdots, X_n)$ 具有联合分布函数 $F(x_1, \cdots, x_n)$, 则对任何 n 元 Borel 可测函数 $g(x)$ 都有

$$\mathbf{E}\, g(X_1, \cdots, X_n) = \int_{-\infty}^{\infty} \cdots \int_{-\infty}^{\infty} g(x_1, \cdots, x_n)\mathrm{d}F(x_1, \cdots, x_n). \tag{5.1.6}$$

对于相互独立的随机变量的乘积, 有如下定理.

定理 5.1.4 如果 X 和 Y 是定义在同一个概率空间上的相互独立的随机变量, 它们的数学期望都存在, 则它们的乘积 XY 的数学期望也存在, 并且有

$$\mathbf{E}XY = \mathbf{E}X\,\mathbf{E}Y.$$

证明 假设 X 和 Y 分别具有分布函数 $F_1(x)$ 和 $F_2(y)$, 于是 (X,Y) 的联合分布函数为 $F(x,y)=F_1(x)F_2(y)$, 从而

$$\begin{aligned}\mathbf{E}XY&=\int_{-\infty}^{\infty}\int_{-\infty}^{\infty}xy\mathrm{d}F(x,y)=\int_{-\infty}^{\infty}\int_{-\infty}^{\infty}xy\mathrm{d}F_1(x)\mathrm{d}F_2(y)\\&=\int_{-\infty}^{\infty}x\mathrm{d}F_1(x)\int_{-\infty}^{\infty}y\mathrm{d}F_2(y)=\mathbf{E}X\,\mathbf{E}Y.\end{aligned}$$

下面看几道应用定理 5.1.2 和定理 5.1.3 的例题.

例 5.1.3 设随机变量 X 服从参数为 λ 的指数分布, $Y=[X]$, $Z=\{X\}$ 分别是 X 的整数部分和小数部分, 试求 $\mathbf{E}Y$ 和 $\mathbf{E}Z$.

我们在例 4.2.12 中讨论过与本题有关的问题, 但是那里 Y 的定义与本题有差别. 习题 3.4 的第 11 题中, 计算过 Y 的分布, 有

$$\mathbf{P}(Y=n)=\mathrm{e}^{-\lambda n}(1-\mathrm{e}^{-\lambda}),\quad n=0,1,2,\cdots,$$

所以

$$\mathbf{E}Y=(1-\mathrm{e}^{-\lambda})\sum_{n=0}^{\infty}n\mathrm{e}^{-\lambda n}=\frac{1}{\mathrm{e}^{\lambda}-1}.$$

另一方面, 我们知道 $\mathbf{E}X=\dfrac{1}{\lambda}$, 于是, 不需要求出 Z 的分布, 而直接利用

$$X=Y+Z\Longrightarrow\mathbf{E}X=\mathbf{E}Y+\mathbf{E}Z$$

求得

$$\mathbf{E}Z=\mathbf{E}X-\mathbf{E}Y=\frac{1}{\lambda}-\frac{1}{\mathrm{e}^{\lambda}-1}=\frac{\mathrm{e}^{\lambda}-1-\lambda}{\lambda(\mathrm{e}^{\lambda}-1)}.$$

在这里, 正是通过性质 3° 简化了数学期望的计算, 该性质对于加项 Y 与 Z 没有独立性要求.

例 5.1.4 设随机变量 X 服从参数为 n 与 p 的二项分布 $B(n,p)$, 试求 $\mathbf{E}X$.

前面曾经用 X 的分布律按照数学期望的定义计算过 $\mathbf{E}X$. 现在来换一种办法计算 $\mathbf{E}X$. 设 $X_1,X_2,\cdots,X_n$ 是相互独立的参数为 p 的 Bernoulli 随机变量, 则有 $\mathbf{E}X_k=p,\ k=1,2,\cdots,n$. 若记 $S_n=X_1+X_2+\cdots+X_n$, 则如我们所知, S_n 也服从参数为 n 与 p 的二项分布 $B(n,p)$, 所以 $\mathbf{E}X=\mathbf{E}S_n$. 利用性质 3°, 即得

$$\mathbf{E}X=\mathbf{E}S_n=\mathbf{E}X_1+\mathbf{E}X_2+\cdots+\mathbf{E}X_n=np.$$

例 5.1.5 设罐子里放有 n 个相同大小的球, 其中有 m 个白球 $(1\leqslant m<n)$, 其余 $n-m$ 个为黑球. 从罐中任意取出 k 个球, 其中 $1\leqslant k\leqslant m$, 以 X 表示所取出的球中的白球个数. 试求 $\mathbf{E}X$.

我们知道, X 服从超几何分布, 它的分布律是

$$\mathbf{P}(X=j)=\frac{\dbinom{m}{j}\dbinom{n-m}{k-j}}{\dbinom{n}{k}},\quad j=0,1,\cdots,k.$$

如果按照定义来求 $\mathbf{E}X$, 则需涉及组合数的计算. 我们换一个角度来求 $\mathbf{E}X$.

把 m 个白球任意编为 $1\sim m$ 号, 再令

$$X_j=\begin{cases}1, & \text{第 } j \text{ 号球被取出},\\ 0, & \text{第 } j \text{ 号球未被取出}.\end{cases}$$

则显然有

$$X=X_1+X_2+\cdots+X_m$$

和

$$\mathbf{E}X_j=\mathbf{P}(X_j=1)=\frac{k}{n},\quad j=1,2,\cdots,m.$$

所以

$$\mathbf{E}X=\mathbf{E}X_1+\mathbf{E}X_2+\cdots+\mathbf{E}X_m=\frac{mk}{n}.$$

比起通过定义求期望, 计算量要小得多.

这些例题告诉我们, 在概率论的各种计算问题中, 包括求数学期望, 都应当注意方式方法. 再看一个例子.

例 5.1.6　袋中有编号 $1\sim n$ 的 n 张卡片, 现从中不放回地任取出 m 张 $(m\leqslant n)$. 试求 m 张卡片上编号之和的数学期望.

解法 1 (随机变量之和)　以 X_k 表示第 k 张取出的卡片上的编号, 记 $S_n=X_1+X_2+\cdots+X_m$, 我们就是要求 $\mathbf{E}S_n$. 由抽签的公平性知, 对每个 $k\in\{1,2,\cdots,m\}$, 随机变量 X_k 都服从集合 $\{1,2,\cdots,n\}$ 中的等可能分布, 所以 $\mathbf{E}X_k=\dfrac{1+2+\cdots+n}{n}=\dfrac{n+1}{2}$, 从而由数学期望的性质 3° 可知

$$\mathbf{E}S_n=\mathbf{E}X_1+\mathbf{E}X_2+\cdots+\mathbf{E}X_m=\frac{m(n+1)}{2}.$$

在这里, 随机变量 $X_1,X_2,\cdots,X_m$ 是不相互独立的. 作为对比, 我们再给出求解本题的一个初等方法, 由此可以体现方法的多样性, 借此也可说明深入学习所带来的好处, 不仅仅是学到了新的知识, 而且带来了新的视野, 可以让我们从新的高度去理解问题, 解答问题, 简化原来的方法.

解法 2 (初等方法) 以 X 表示 m 张卡片上的编号之和. 但是 X 的分布不易求得. 我们注意到, 一共有 $\binom{n}{m}$ 种自集合 $\{1,2,\cdots,n\}$ 中选取无序数组 $\{a_1,\cdots,a_m\}$ 的方式, 各种取法的概率相等. 为求 X 的期望, 只需对所有这些数组中的数的和作平均即可, 因此

$$\mathbf{E}X=\frac{1}{\binom{n}{m}}\sum_{1\leqslant a_1<\cdots<a_m\leqslant n}(a_1+\cdots+a_m),$$

我们又注意到, 上式右端的和式中, 每个 $k\in\{1,2,\cdots,n\}$ 都出现了 $\binom{n-1}{m-1}$ 次, 所以得到

$$\mathbf{E}X=\frac{\binom{n-1}{m-1}}{\binom{n}{m}}\sum_{k=1}^{n}k=\frac{\binom{n-1}{m-1}\binom{n+1}{2}}{\binom{n}{m}}=\frac{m(n+1)}{2}.$$

这是一种完全基于初等组合知识的求解方法, 不算复杂, 也还算巧妙, 但终究比不上纯粹利用概率论知识的解法 1 来得干脆利落.

例 5.1.7 在单位圆盘上随机取两点, 以 X 记它们之间的距离, 试求 $\mathbf{E}X^2$.

解 分别以 R_1 和 R_2 表示两个点离圆盘中心的距离, 以 Θ 表示中心与这两个点连线间的夹角, 则由余弦定理知

$$X^2=R_1^2+R_2^2-2R_1R_2\cos\Theta.$$

易知, R_1,R_2,Θ 相互独立, 其中 Θ 服从 $[0,\pi]$ 上的一个对称分布 (即其密度函数 $p_\Theta(\theta)$ 关于 $\theta=\frac{\pi}{2}$ 对称), R_1,R_2 都与 R 分布相同, 其中

$$\mathbf{P}(R\leqslant r)=\frac{\pi r^2}{\pi}=r^2,\quad 0\leqslant r\leqslant 1.$$

其分布密度为 $p_R(r)=2r,\ 0\leqslant r\leqslant 1$. 所以

$$\mathbf{E}R^2=\int_0^1 2r^3\mathrm{d}r=\frac{1}{2},\qquad \mathbf{E}\cos\Theta=0.$$

故知

$$\mathbf{E}X^2=2\mathbf{E}R^2-2\mathbf{E}R_1\cdot\mathbf{E}R_2\cdot\mathbf{E}\cos\Theta=1.$$

5.1.3 随机变量的矩

设 X 为随机变量, $r>0$, 下面来考察随机变量 $|X|^r$ 的数学期望. 如前所述, 如果 X 的分布函数为 $F(x)$, 那么就可以直接利用该分布函数按下式计算:

$$\mathbf{E}|X|^r=\int_{-\infty}^{\infty}|x|^r\mathrm{d}F(x).\tag{5.1.7}$$

当该式右端的积分有限时, 将 $\mathbf{E}|X|^r$ 称为随机变量 X 的 r 阶 (绝对) 矩, 也称为 r 阶原点 (绝对) 矩. 此时就说随机变量 X 是 r 次可积的, 记为 $X \in L_r$.

当 r 为正整数, 并且 $X \in L_r$ 时, 当然就有 $\mathbf{E}X^r$ 存在. 将 $\mathbf{E}X^r$ 称为随机变量 X 的 r 阶矩 (原点矩). 所以, 当随机变量 X 的数学期望存在时, X 是一次可积的, 并且数学期望就是随机变量 X 的一阶矩. 矩的概念是数学期望概念的自然推广.

设 a 为实数, 当随机变量 X 为 r 次可积时, 还可以讨论形如

$$\mathbf{E}|X-a|^r = \int_{-\infty}^{\infty} |x-a|^r \mathrm{d}F(x) \tag{5.1.8}$$

的数字特征. 如果上式中的积分有限, 并且 r 为正整数, 那么 $\mathbf{E}(X-a)^r$ 也就存在.

特别地, 如果随机变量 X 为 $r \geqslant 1$ 次可积, 那么 $\mathbf{E}X$ 存在, 从而可以把 a 取为 $\mathbf{E}X$, 考察随机变量 X 的形如 $\mathbf{E}|X-\mathbf{E}X|^r$ 的数字特征. 如果 r 为正整数, 那么就还可以考察 $\mathbf{E}(X-\mathbf{E}X)^r$. 把 $\mathbf{E}|X-\mathbf{E}X|^r$ 称为随机变量 X 的 r 阶中心 (绝对) 矩, 当 r 为正整数时, 把 $\mathbf{E}(X-\mathbf{E}X)^r$ 称为随机变量 X 的 r 阶中心矩.

我们先来看标准正态分布的各阶正整数阶原点矩.

例 5.1.8　设随机变量 X 服从 $\mathcal{N}(0,1)$, 试讨论 X 的正整数阶原点矩.

解　由于对任何 $r>0$, 都有

$$\mathbf{E}|X|^r = \frac{1}{\sqrt{2\pi}}\int_{-\infty}^{\infty} |x|^r \mathrm{e}^{-\frac{x^2}{2}}\mathrm{d}x = \sqrt{\frac{2}{\pi}}\int_0^{\infty} x^r \mathrm{e}^{-\frac{x^2}{2}}\mathrm{d}x < \infty,$$

所以 X 的任意阶矩都存在.

设 n 为正整数. 当 $r=2n-1$ 时, 易见

$$\begin{aligned}
\mathbf{E}X^{2n-1} &= 0, \quad \forall n \in \mathbb{N}; \\
\mathbf{E}|X|^{2n-1} &= \sqrt{\frac{2}{\pi}}\int_0^{\infty} x^{2n-1}\mathrm{e}^{-\frac{x^2}{2}}\mathrm{d}x = \sqrt{\frac{2}{\pi}}\int_0^{\infty} 2^{n-1}t^{n-1}\mathrm{e}^{-t}\mathrm{d}t \\
&= \sqrt{\frac{2}{\pi}}2^{n-1}\Gamma(n) = \sqrt{\frac{2}{\pi}}(2n-2)!!, \quad \forall\, n \in \mathbb{N}.
\end{aligned} \tag{5.1.9}$$

当 $r=2n$ 时, 有

$$\begin{aligned}
\mathbf{E}X^{2n} = \mathbf{E}|X|^{2n} &= \sqrt{\frac{2}{\pi}}\int_0^{\infty} x^{2n}\mathrm{e}^{-\frac{x^2}{2}}\mathrm{d}x = \frac{2^n}{\sqrt{\pi}}\int_0^{\infty} t^{n-\frac{1}{2}}\mathrm{e}^{-t}\mathrm{d}t \\
&= \frac{2^n}{\sqrt{\pi}}\Gamma\left(n+\frac{1}{2}\right) = (2n-1)!!, \quad \forall\, n \in \mathbb{N}.
\end{aligned} \tag{5.1.10}$$

在关于矩的研究中, 定义在 $(-\infty,\infty)$ 上的凸函数是一个重要的工具.

定义 5.1.1　称定义在区间 I 上的实值函数 $g(x)$ 是一个凸函数, 如果

$$g\left(\frac{x_1+x_2}{2}\right) \leqslant \frac{g(x_1)+g(x_2)}{2}, \quad \forall\, x_1, x_2 \in I. \tag{5.1.11}$$

在具体使用凸函数时, 可以根据需要选择区间 I, 通常将 I 选为 $[0,\infty)$ 或 $(-\infty,\infty)$.

下面利用上述概念证明两个重要不等式.

定理 5.1.5 (C_r 不等式) 设 $r>0$, 如果随机变量 X_1, $X_2\in L_r$, 则有

$$\mathbf{E}|X_1+X_2|^r\leqslant C_r\left(\mathbf{E}|X_1|^r+\mathbf{E}|X_2|^r\right), \tag{5.1.12}$$

其中, 当 $r\geqslant 1$ 时, $C_r=2^{r-1}$; 当 $0<r<1$ 时, $C_r=1$.

证明 当 $r\geqslant 1$ 时, $g(x)=x^r$ 是 $[0,\infty)$ 上的凸函数, 所以

$$\left|\frac{X_1+X_2}{2}\right|^r\leqslant\left(\frac{|X_1|+|X_2|}{2}\right)^r\leqslant\frac{|X_1|^r+|X_2|^r}{2},$$

在上式两端乘以 2^r, 再取期望, 即得

$$\mathbf{E}|X_1+X_2|^r\leqslant 2^{r-1}\left(\mathbf{E}|X_1|^r+\mathbf{E}|X_2|^r\right).$$

当 $0<r<1$ 时, 如果 $|X_1|+|X_2|\neq 0$, 有

$$\begin{aligned}|X_1+X_2|^r\leqslant(|X_1|+|X_2|)^r&=\frac{|X_1|+|X_2|}{(|X_1|+|X_2|)^{1-r}}\\&=\frac{|X_1|}{(|X_1|+|X_2|)^{1-r}}+\frac{|X_2|}{(|X_1|+|X_2|)^{1-r}}\\&\leqslant|X_1|^r+|X_2|^r,\end{aligned}$$

如果 $|X_1|+|X_2|=0$, 上式自然成立. 在上式两端取期望, 即得

$$\mathbf{E}|X_1+X_2|^r\leqslant\mathbf{E}|X_1|^r+\mathbf{E}|X_2|^r.$$

定理 5.1.6 (Jensen 不等式) 设 X 为随机变量, $g(x)$ 是定义在 $(-\infty,\infty)$ 上的 Borel 可测的凸函数, 如果 $\mathbf{E}X$ 存在, 则有

$$g(\mathbf{E}X)\leqslant\mathbf{E}g(X). \tag{5.1.13}$$

证法 1 如果 X 退化于 0, 则式 (5.1.13) 的左右两端都是 $g(0)$, 当然成立. 如果 X 不退化于 0, 则必有 $-\infty<\mathbf{E}X<\infty$, 此时由凸函数的性质知, 存在实数 α 使得

$$g(x)\geqslant\alpha(x-\mathbf{E}X)+g(\mathbf{E}X),\quad x\in(-\infty,\infty),$$

于是就有

$$g(X)\geqslant\alpha(X-\mathbf{E}X)+g(\mathbf{E}X),$$

在上式两端同取期望, 即得式 (5.1.13).

证法 2 由 $g(x)$ 的 Borel 可测性知 $g(X)$ 为随机变量. 仅考虑 $\mathbf{E}g(X)$ 存在的情况. 设 X 的分布函数为 $F(x)$, 再设 Y 是 $U[0,1)$ 随机变量, 于是 $F^{-1}(Y)$ 也是服从分布 $F(x)$ 的随机变量, 其中 F^{-1} 是 F 的反函数. 易知

$$\mathbf{E}X = \mathbf{E}F^{-1}(Y) = \int_0^1 F^{-1}(x)\mathrm{d}x, \tag{5.1.14}$$

$$\mathbf{E}g(X) = \mathbf{E}g(F^{-1}(Y)) = \int_0^1 g(F^{-1}(x))\mathrm{d}x. \tag{5.1.15}$$

由凸函数的定义可以推知, 对任何正整数 $n \geqslant 2$, 都有

$$g\left(\frac{1}{n}\sum_{k=0}^{n-1} F^{-1}\left(\frac{k}{n}\right)\right) \leqslant \frac{1}{n}\sum_{k=0}^{n-1} g\left(F^{-1}\left(\frac{k}{n}\right)\right).$$

如果 $g(x)$ 为连续函数, 则在上式两端令 $n \to \infty$, 就有

$$g\left(\int_0^1 F^{-1}(x)\mathrm{d}x\right) \leqslant \int_0^1 g(F^{-1}(x))\mathrm{d}x,$$

而式 (5.1.14) 和 (5.1.15) 表明这就是式 (5.1.13). 由于 Lebesgue 可测的凸函数都是连续函数, 所以定理的断言成立.

利用 Jensen 不等式, 立可得到如下定理.

定理 5.1.7 设 X 为随机变量, $0 < s < r$, 则当 $X \in L_r$ 时, 有 $X \in L_s$, 且有

$$(\mathbf{E}|X|^s)^{\frac{1}{s}} \leqslant (\mathbf{E}|X|^r)^{\frac{1}{r}}. \tag{5.1.16}$$

证明 令 $g(x) = x^{\frac{r}{s}}$, 由于 $\dfrac{r}{s} > 1$, 所以 $g(x)$ 是定义在 $[0,\infty)$ 上的连续凸函数. 注意到 $Y = |X|^s$ 为非负随机变量, $X \in L_r$, 所以由定理 5.1.6 得

$$(\mathbf{E}|X|^s)^{\frac{r}{s}} = g(\mathbf{E}Y) \leqslant \mathbf{E}g(Y) = \mathbf{E}Y^{\frac{r}{s}} = \mathbf{E}(|X|^s)^{\frac{r}{s}} = \mathbf{E}|X|^r < \infty.$$

整理后即得式 (5.1.16).

下面再看 Jensen 不等式的一些应用.

例 5.1.9 如果 $a_1, a_2, \cdots, a_n$ 与 $p_1, p_2, \cdots, p_n$ 都是正实数, $p_1+p_2+\cdots+p_n = 1$, 则有

$$\sum_{i=1}^n p_i a_i \geqslant \prod_{i=1}^n a_i^{p_i}. \tag{5.1.17}$$

证明 引入随机变量 X, 其分布为 $\mathbf{P}(X=\ln a_i)=p_i,\ i=1,2,\cdots,n$. 取 $g(x)=\mathrm{e}^x$, 易知 $g(x)$ 是凸函数, 故由 Jensen 不等式知 $\mathbf{E}g(X)\geqslant g(\mathbf{E}X)$, 而

$$\mathbf{E}g(X)=\sum_{i=1}^{n}\mathrm{e}^{\ln a_i}p_i=\sum_{i=1}^{n}p_ia_i,$$

$$g(\mathbf{E}X)=\exp\left\{\sum_{i=1}^{n}p_i\ln a_i\right\}=\exp\left\{\sum_{i=1}^{n}\ln a_i^{p_i}\right\}=\exp\left\{\ln\prod_{i=1}^{n}a_i^{p_i}\right\}=\prod_{i=1}^{n}a_i^{p_i}.$$

代入式 (5.1.13), 即得式 (5.1.17).

式 (5.1.17) 的左端叫做正实数的加权算术平均, 右端是加权幂平均. 如果 $p_1=p_2=\cdots=p_n=\dfrac{1}{n}$, 则式 (5.1.17) 就是通常所说的"平均不等式".

例 5.1.10 (熵) 如果离散型随机变量 X 的分布律为 $\mathbf{P}(X=k)=p_k,\ k=1,2,\cdots,n$, 其中 $\sum\limits_{k=1}^{n}p_k=1$, 那么它的熵就是 $H(X)=-\sum\limits_{k=1}^{n}p_k\ln p_k$. 而随机变量 U 服从 $\{1,2,\cdots,n\}$ 上的均匀分布. 试用 Jensen 不等式证明 $H(X)\leqslant H(U)$.

证明 令 $f(x)=x\ln x,\ x>0$. 则有 $f'(x)=\ln x+1,\ f''(x)=\dfrac{1}{x}>0$. 因此 $f(x)$ 是定义在 $(0,\infty)$ 上的凸函数, 由 Jensen 不等式知

$$\frac{1}{n}\sum_{k=1}^{n}f(p_k)\geqslant f\left(\frac{\sum\limits_{k=1}^{n}p_k}{n}\right)=f\left(\frac{1}{n}\right),$$

即

$$\frac{1}{n}\sum_{k=1}^{n}p_k\ln p_k\geqslant\frac{1}{n}\ln\frac{1}{n},$$

亦即

$$H(X)=-\sum_{k=1}^{n}p_k\ln p_k\leqslant-\ln\frac{1}{n}=\ln n=H(U).$$

熵是信息论中的一个重要概念, 这里证得的是关于熵的一个重要不等式.

5.1.4 方差

大家已经知道, 当随机变量 $X\in L_1$ 时, 数学期望 $\mathbf{E}X$ 就是 X 的平均值. 人们除了关心随机变量的平均值之外, 还关心它偏离数学期望的散布程度. 为此, 人们可以考察一阶中心矩, 即 $\mu_1=\mathbf{E}|X-\mathbf{E}X|$, 也可更一般地, 考虑 r 阶中心矩 $\mu_r=\mathbf{E}|X-\mathbf{E}X|^r\ (r>0)$. 但当 $r\neq2$ 时, μ_r 未必容易计算, 所以在随机变量 $X\in L_2$ 时, 人们习惯地考察二阶中心矩

$$\mathbf{Var}X=\mathbf{E}(X-\mathbf{E}X)^2,\tag{5.1.18}$$

并把它称为随机变量 X 的方差, 记为 $\mathbf{Var}X$ 或 $\mathbf{D}X$, 其中 $\mathbf{Var}$ 是英文单词 variance 的缩写. 其含义是随机变量 X 与它自己的数学期望 $\mathbf{E}X$ 之差的平方的平均值. 人们还习惯地把 $\sqrt{\mathbf{Var}X}$ 称为 X 的标准差或均方差.

为了介绍方差的性质, 先来证明一个引理.

引理 5.1.1 如果 X 为退化于 0 的随机变量, 则有 $\mathbf{E}X^2=0$; 反之, 如果随机变量 $X\in L_2$, 并且 $\mathbf{E}X^2=0$, 则 X 必为退化于 0 的随机变量.

证明 如果 X 为退化于 0 的随机变量, 则有 $\mathbf{P}(X=0)=1$, 故有 $\mathbf{E}X^2=0$. 反之, 如果随机变量 $X\in L_2$, 并且 $\mathbf{E}X^2=0$, 但是 X 不退化于 0, 则有 $\mathbf{P}(X=0)<1$. 那么就存在 $\delta>0$ 和 $0<\varepsilon<1$, 使得 $\mathbf{P}(|X|>\delta)>\varepsilon$, 于是 $\mathbf{E}X^2>\delta^2\varepsilon>0$, 导致矛盾. 所以此时 X 必为退化于 0.

由式 (5.1.18) 容易推出如下定理.

定理 5.1.8 随机变量的方差具有如下性质:

1° 当 $X\in L_2$ 时, 有

$$\mathbf{Var}X=\mathbf{E}X^2-(\mathbf{E}X)^2; \tag{5.1.19}$$

2° $\mathbf{Var}X=0$, 当且仅当 X 几乎必然为常数, 即存在常数 c, 使得 $\mathbf{P}(X=c)=1$;

3° 对 $X\in L_2$ 和常数 c, 有

$$\mathbf{Var}(cX)=c^2\mathbf{Var}X; \tag{5.1.20}$$

4° 对 $X\in L_2$ 和任何常数 c, 都有

$$\mathbf{Var}X\leqslant\mathbf{E}(X-c)^2.$$

证明 1° 公式 (5.1.19) 已经为我们所熟悉, 利用它有时会给方差的计算带来方便.

2° 由引理 5.1.1 知, $\mathbf{Var}X=\mathbf{E}(X-\mathbf{E}X)^2=0$ 等价于 $X-\mathbf{E}X$ 是退化于 0 的随机变量, 即等价于 $\mathbf{P}(X=\mathbf{E}X)=1$, 故得结论.

3° 由方差的定义立得.

4° 我们有

$$\begin{aligned}\mathbf{E}(X-c)^2&=\mathbf{E}((X-\mathbf{E}X)-(c-\mathbf{E}X))^2\\&=\mathbf{E}(X-\mathbf{E}X)^2-2\mathbf{E}(X-\mathbf{E}X)(c-\mathbf{E}X)+(c-\mathbf{E}X)^2\\&=\mathbf{Var}X+(c-\mathbf{E}X)^2\geqslant\mathbf{Var}X.\end{aligned}$$

如下的例题在例 5.1.7 中曾经给出过一种解答, 现在给出另一种解法.

例 5.1.11 在单位圆盘上随机取两点, 以 X 记它们之间的距离, 试求 $\mathbf{E}X^2$.

解 在单位圆盘上随机取两点 (X_1, Y_1) 和 (X_2, Y_2), 则有

$$X^2 = (X_1 - X_2)^2 + (Y_1 - Y_2)^2.$$

显然 (X_1, Y_1) 与 (X_2, Y_2) 是两个独立同分布的二维随机向量. 又由例 4.3.1 知, X_1, X_2, Y_1, Y_2 的分布相同, 都具有如下形式的密度函数:

$$p(x) = \frac{2}{\pi}\sqrt{1 - x^2}, \quad |x| < 1.$$

由此可知 $\mathbf{E}X_1 = 0$, 再由独立同分布性可知

$$\begin{aligned}\mathbf{E}X^2 &= \mathbf{E}(X_1 - X_2)^2 + \mathbf{E}(Y_1 - Y_2)^2 = 4\mathbf{Var}X_1 = 4\mathbf{E}X_1^2\\ &= \frac{8}{\pi}\int_{-1}^{1} x^2\sqrt{1 - x^2}\mathrm{d}x = \frac{16}{\pi}\int_0^1 x^2\sqrt{1 - x^2}\mathrm{d}x = 1.\end{aligned}$$

对于方差的计算, 已经多有领教, 这里不再举例了. 下面仅给出两个利用方差的非负性, 以及非退化随机变量的方差必大于 0 的事实来证明代数不等式的例子.

说实在的, 利用概率知识证明代数不等式, 是一件有趣的事情, 有时能够起到意想不到的效果. 看下面两个例题.

例 5.1.12 设 x, y, z 为正数, 有 $x + y + z = 1$. 证明

$$\frac{1}{x} + \frac{4}{y} + \frac{9}{z} \geqslant 36.$$

证明 设随机变量 X 的分布为

$$\mathbf{P}\left(X = \frac{1}{x}\right) = x, \quad \mathbf{P}\left(X = \frac{2}{y}\right) = y, \quad \mathbf{P}\left(X = \frac{3}{z}\right) = z.$$

则有

$$\begin{aligned}\mathbf{E}X &= x \cdot \frac{1}{x} + y \cdot \frac{2}{y} + z \cdot \frac{3}{z} = 6,\\ \mathbf{E}X^2 &= x \cdot \frac{1}{x^2} + y \cdot \frac{4}{y^2} + z \cdot \frac{9}{z^2} = \frac{1}{x} + \frac{4}{y} + \frac{9}{z}.\end{aligned}$$

由于随机变量 X 的方差 $\mathbf{Var}X = \mathbf{E}X^2 - (\mathbf{E}X)^2 \geqslant 0$, 故得所证的不等式.

例 5.1.13 设 $0 < \alpha, \beta, \gamma < \dfrac{\pi}{2}$ 且 $\sin^2\alpha + \sin^2\beta + \sin^2\gamma = 1$, 证明

$$\frac{\sin^3\alpha}{\sin\beta} + \frac{\sin^3\beta}{\sin\gamma} + \frac{\sin^3\gamma}{\sin\alpha} \geqslant 1.$$

证明　由于 $0 < \alpha,\beta,\gamma < \dfrac{\pi}{2}$, 所以 $0 < \sin\alpha,\sin\beta,\sin\gamma < 1$, 而由 $\sin^2\alpha + \sin^2\beta + \sin^2\gamma = 1$ 和不等式 $2ab \leqslant a^2+b^2$ 知 $0 < \sin\alpha\sin\beta + \sin\beta\sin\gamma + \sin\gamma\sin\alpha \leqslant 1$. 由此知, 可以构造随机变量 X, 使之服从如下分布律:

$$\mathbf{P}\Big(X = \frac{\sin\alpha}{\sin\beta}\Big) = \sin\alpha\sin\beta,$$

$$\mathbf{P}\Big(X = \frac{\sin\beta}{\sin\gamma}\Big) = \sin\beta\sin\gamma,$$

$$\mathbf{P}\Big(X = \frac{\sin\gamma}{\sin\alpha}\Big) = \sin\gamma\sin\alpha,$$

$$\mathbf{P}(X = 0) = 1 - \sin\alpha\sin\beta - \sin\beta\sin\gamma - \sin\gamma\sin\alpha.$$

于是

$$\mathbf{E}X = \sin^2\alpha + \sin^2\beta + \sin^2\gamma = 1,$$

$$\mathbf{E}X^2 = \frac{\sin^3\alpha}{\sin\beta} + \frac{\sin^3\beta}{\sin\gamma} + \frac{\sin^3\gamma}{\sin\alpha}.$$

由于随机变量 X 的方差 $\mathbf{Var}X = \mathbf{E}X^2 - (\mathbf{E}X)^2 \geqslant 0$, 故结论成立.

这两个证明贵在从概率角度看待不等式, 证明过程中的运算都是很简单的. 下面讨论随机变量的标准化问题.

定义 5.1.2　设非退化的随机变量 $X \in L_2$, 称

$$X^* = \frac{X - \mathbf{E}X}{\sqrt{\mathbf{Var}X}} \tag{5.1.21}$$

为 X 的标准化随机变量.

在这里, 标准化有两层含义: 其一是将随机变量减去它的期望, 通常把这一步叫做中心化; 其二是除以均方差, 通常把这一步叫做正则化. 中心化与正则化合在一起, 称为标准化. 标准化后的随机变量期望为 0, 方差为 1. 这也许正是 “标准化” 的含义吧!

Poisson 分布 $\mathrm{Poi}(\lambda)$ 随机变量 X 的标准化随机变量为 $X^* = \dfrac{X-\lambda}{\sqrt{\lambda}}$; 正态分布 $\mathcal{N}(a,\sigma^2)$ 随机变量 X 的标准化随机变量为 $X^* = \dfrac{X-a}{\sigma}$, 在第 3 章中我们已经知道, X^* 服从标准正态分布 $\mathcal{N}(0,1)$; 等等.

第 3 章引入正态分布的标准化随机变量是为了便于查表. 其实引入标准化随机变量还有一个原因, 就是消除量纲的影响. 例如, 考察人的身高, 可以以米为单位,

得到 X_1, 也可以以厘米为单位, 得到 X_2. 于是得到 $X_2 = 100X_1$. 那么这样一来, X_2 与 X_1 的分布就有所不同. 这当然是一个不合理的现象. 但是通过标准化, 就可以消除两者之间的差别, 因为有 $X_2^* = X_1^*$.

5.1.5 中位数和 p 分位数

随机变量 X 的数学期望 $\mathbf{E}X$ 就是它的平均值, 因此从一定意义上说, 数学期望刻画了随机变量所取之值的 "中心位置". 但是, 我们也可以用别的数字特征来刻画随机变量的 "中心位置". 中位数就是这样一种数字特征. 对于不存在数学期望的随机变量, 这种刻画工具显得尤为重要, 即使对于存在数学期望的随机变量, 中位数也是一种相当有用的数字特征.

定义 5.1.3 称 μ 是随机变量 X 的中位数, 如果

$$\mathbf{P}(X \leqslant \mu) \geqslant \frac{1}{2}, \qquad \mathbf{P}(X \geqslant \mu) \geqslant \frac{1}{2}. \tag{5.1.22}$$

当 μ 是随机变量 X 的中位数时, 可以记作 $\mu(X) = \mu$.

我们可以用一个例子来说明, 中位数与平均值这两个概念在日常的数据分析中, 作用和效果其实是各有千秋.

例 5.1.14 某单位共有 6 人, 领导月薪两万元, 5 名员工都是月薪两千元. 领导对外宣称自己单位平均月薪五千元, 员工们则说单位里月薪的中位数不过两千元而已. 他们说的都是实话, 但是哪种说法更有利于反映实际?

由定义 5.1.3 看出, 所谓随机变量的中位数, 就是随机变量所取之值的 "中间位置". 中位数只与随机变量的分布有关, 所以也把中位数称为相应的分布的中位数. 应当注意, 上述定义中的不等号都是带等号的.

下面来看一些例子.

例 5.1.15 正态分布 $\mathcal{N}(a, \sigma^2)$ 的中位数.

解 设随机变量 $X \sim \mathcal{N}(a, \sigma^2)$. 由于正态分布 $\mathcal{N}(a, \sigma^2)$ 是连续型分布, 所以

$$\mathbf{P}(X \leqslant a) = \Phi\left(\frac{a-a}{\sigma}\right) = \Phi(0) = \frac{1}{2},$$

$$\mathbf{P}(X \geqslant a) = 1 - \mathbf{P}(X < a) = 1 - \Phi(0) = \frac{1}{2}.$$

因此正态分布 $\mathcal{N}(a, \sigma^2)$ 的中位数为 a, 与期望值相同.

例 5.1.16 设随机变量 X 的取值集合为 $\{-1, 0, 1\}$, 并且 X 取其中每个值的概率都是 $\frac{1}{3}$, 求 X 的中位数.

解 容易知道

$$\mathbf{P}(X \leqslant 0) = \mathbf{P}(X = -1) + \mathbf{P}(X = 0) = \frac{2}{3} > \frac{1}{2},$$

$$\mathbf{P}(X \geqslant 0) = \mathbf{P}(X = 1) + \mathbf{P}(X = 0) = \frac{2}{3} > \frac{1}{2},$$

所以根据定义 5.1.3, X 的中位数是 0.

例 5.1.17 设随机变量 X 的分布律为

$$\mathbf{P}(X=0)=\mathbf{P}(X=1)=\frac{1}{2},$$

求 X 的中位数.

解 X 就是参数为 $\frac{1}{2}$ 的 Bernoulli 随机变量, 它的分布函数为

$$F(x)=\begin{cases}0, & x\leqslant 0,\\ \dfrac{1}{2}, & 0<x\leqslant 1,\\ 1, & x>1.\end{cases}$$

不难看出, 对于任何 $0<a<1$, 都有

$$\mathbf{P}(X\leqslant a)=\mathbf{P}(X=0)=\frac{1}{2},\quad \mathbf{P}(X\geqslant a)=\mathbf{P}(X=1)=\frac{1}{2}.$$

不仅如此, 还有

$$\mathbf{P}(X\leqslant 0)=\mathbf{P}(X=0)=\frac{1}{2},\quad \mathbf{P}(X\geqslant 0)=1>\frac{1}{2},$$
$$\mathbf{P}(X\leqslant 1)=1>\frac{1}{2},\quad \mathbf{P}(X\geqslant 1)=\mathbf{P}(X=1)=\frac{1}{2}.$$

所以, 闭区间 $[0,1]$ 中的每个实数 a 都是 X 的中位数.

以上几个例子表明: ① 随机变量的中位数不一定唯一, 并且可以证明, 当中位数不唯一时, 一定存在一个区间, 该区间中的任何实数都是中位数; ② 即使随机变量 X 有唯一的中位数 μ, 也不一定就有

$$\mathbf{P}(X\leqslant \mu)=\frac{1}{2},\quad \mathbf{P}(X\geqslant \mu)=\frac{1}{2}.$$

可以类似地定义 p 分位数如下.

定义 5.1.4 设 $0<p<1$, 称 μ_p 是随机变量 X 的 p **分位数**, 如果

$$\mathbf{P}(X\leqslant \mu_p)\geqslant p,\quad \mathbf{P}(X\geqslant \mu_p)\geqslant 1-p. \tag{5.1.23}$$

当 μ_p 是随机变量 X 的 p 分位数时, 记作 $\mu_p(X)=\mu_p$. 中位数就是 $\frac{1}{2}$ 分位数.

有时也将如上所定义的 μ_p 称为随机变量 X 的下 p **分位数**, 而把满足如下条件的 μ_p' 称为 X 的**上** p **分位数**:

$$\mathbf{P}(X\leqslant \mu_p')\geqslant 1-p,\quad \mathbf{P}(X\geqslant \mu_p')\geqslant p. \tag{5.1.24}$$

因此, 上 p 分位数就是下 q 分位数 $(q=1-p)$.

在数理统计中, 分位数在区间估计和假设检验中都扮演了非常重要的角色. 此外, 分位数回归也是一类非常重要的回归模型, 最早由 Koenker 和 Bassett 于 1978 年提出, 在计量经济学中得到了广泛的应用. 它的指导思想就是基于自变量与因变量的分位数之间的关系进行建模.

习 题 5.1

1. 甲、乙两队进行篮球比赛, 若有一队胜 4 场比赛就结束, 假设甲、乙两队在每场比赛中获胜的概率都是 $\frac{1}{2}$, 求所需比赛的场数的数学期望.

2. 某人用 n 把外形相似的钥匙去开门, 只有一把能打开. 今逐个任取一把试开, 直至打开门为止. 分别考虑: 每次试毕 (1) 不放回; (2) 放回两种情形. 求试开次数 X 的数学期望.

3. 假设公共汽车起点站于每时的 10 分、30 分、50 分发车, 某乘客不知发车的时间, 在每一小时内任一时刻到达车站是随机的, 求乘客到车站等车时间的数学期望.

4. (1) 在下述句子中随机取一单词, 以 X 表示取到的单词所包含的字母数, 写出 X 的概率分布, 并求 $\mathbf{E}X$ 及 $\mathbf{Var}X$:

"THE GIRL PUT ON HER BEAUTIFUL RED HAT."

(2) 在上述句子中的 30 个字母中随机取一个, 以 Y 表示取到字母所在单词包含的字母数, 试写出 Y 的概率分布, 并求出 $\mathbf{E}Y$ 及 $\mathbf{Var}Y$.

5. 对圆的直径作近似测量, 设其值均匀地分布在区间 $[a,b]$ 内, 求圆面积的数学期望.

6. 设随机变量 X 有 Laplace 分布, 求 $\mathbf{E}X$, 其密度函数为

$$p(x)=\frac{1}{2\lambda}\mathrm{e}^{-\frac{1}{\lambda}|x-\mu|},\quad \lambda>0.$$

7. 若分子速度的分布密度函数由 Maxwell 分布给出, 其密度函数为

$$p(x)=\frac{4x^2}{\alpha^3\sqrt{\pi}}\mathrm{e}^{-x^2/\alpha^2},\quad x>0,$$

其中 $\alpha>0$ 是常数, 求分子的平均速度和平均动能 (假定分子的质量等于 m).

8. 设 $X_1,\cdots,X_n$ 为独立同分布的 $U(0,1)$ 随机变量, 求

$$\mathbf{E}\min\{X_1,\cdots,X_n\}\quad 和 \quad \mathbf{E}\max\{X_1,\cdots,X_n\}.$$

9. 设 X_1,X_2 相互独立, 均服从 $\mathcal{N}(a,\ \sigma^2)$, 试证:

$$\mathbf{E}\max\{X_1,X_2\}=a+\frac{\sigma}{\sqrt{\pi}}.$$

10. 若 $X_1,X_2,\cdots,X_n$ 为正的独立随机变量, 服从相同分布, 试证:

$$\mathbf{E}\left(\frac{X_1+X_2+\cdots+X_k}{X_1+X_2+\cdots+X_n}\right)=\frac{k}{n},\quad k=1,\cdots,n.$$

11. 设 X 服从 $\mathcal{N}(a,\ \sigma^2)$ 分布, 求 $Y=\mathrm{e}^{\frac{a^2-2aX}{2\sigma^2}}$ 的数学期望.

12. 设随机变量 X,Y 相互独立, 同服从几何分布 $\mathrm{Geo}(p)$, 试求 $\mathbf{E}\max\{X,Y\}$.

13. 设随机变量 X 取任意正整数的概率依几何级数减少. 试选择级数的首项 a 及公比 q, 使随机变量的期望等于 10, 并在此条件下, 计算 X 不大于 10 的概率.

14. 在长为 a 的线段上相互独立地选取 n 个点, 求相距最远的两点间距离的期望.

15. 袋中有 N 个球, 其中白球数 τ 为随机变量, $\mathbf{E}(\tau)=n$. 现从袋中有放回地任取 m 个球, 求取出白球个数 X 的数学期望.

16. 设 X 为非负整值随机变量, 其数学期望存在, 证明:

$$\mathbf{E}X=\sum_{n=1}^{\infty}\mathbf{P}\{X\geqslant n\}.$$

17. 设 $\{X_n\}$ 为独立同分布的连续型随机变量序列, 令

$$\tau:=\min\{n:\ X_1\geqslant X_2\geqslant\cdots\geqslant X_{n-1}<X_n\},$$

其中 $\tau\geqslant 2$, 表示序列中首次出现上升的时刻. 证明 $\mathbf{E}\tau=\mathrm{e}$. (提示: 先求概率 $\mathbf{P}(\tau\geqslant n)$, 再利用上一题中的结果.)

18. 设 $F(x)$ 为分布函数, $a>0$, 证明

$$\int_{-\infty}^{+\infty}[F(x+a)-F(x)]\mathrm{d}x=a.$$

19. 设 $F(x)$ 为某非负随机变量的分布函数, 试证: 对任 $s>0$ 有

$$\int_0^{+\infty}x^s\mathrm{d}F(x)=s\int_0^{+\infty}x^{s-1}(1-F(x))\mathrm{d}x.$$

20. 设随机变量 X 的分布函数为 $F(x)$, 且 X 的期望存在. 证明:

$$\mathbf{E}X=\int_0^{+\infty}(1-F(x))\mathrm{d}x-\int_{-\infty}^{0}F(x)\mathrm{d}x.$$

21. 设随机变量 X 只能取有限个正值 $x_1,x_2,\cdots,x_k$, 证明:

$$\lim_{n\to\infty}\frac{\mathbf{E}X^{n+1}}{\mathbf{E}X^n}=\max_{1\leqslant j\leqslant k}x_j.$$

22. 设离散随机变量 $X_1,X_2,\cdots,X_n$ 独立同分布, 且 $\mathbf{P}(X_1=i)=p_i\ (i=1,2,\cdots)$, 证明:

$$\mathbf{E}\left(\min_{1\leqslant k\leqslant n}X_k\right)=\sum_{m=1}^{\infty}\left(\sum_{i=m}^{\infty}p_i\right)^n.$$

23. 无线电台发出的呼唤信号被另一电台接收并收到对方回答的概率为 0.2, 信号每隔 5 秒钟拍发一次, 直到收到对方回答信号为止, 发出信号和接收信号之间需要经过 16 秒的时间. 试求在双方建立起联系以前拍发的呼唤信号的平均次数.

24. 参加集会的 n 个人将他们的帽子混放在一起, 会后每人任取一顶帽子戴上, 以 X 表示他们中戴对自己帽子的人的个数, 求 $\mathbf{E}X$.

25. 设袋中有 2^n 个球, 其中编号为 $k(k=0,1,\cdots,n)$ 的球为 $\binom{n}{k}$ 个. 现不放回地从袋中任取 $m(m<2^n)$ 个, 求这些球上编号之和的数学期望.

26. 现有 n 个袋子, 各装有 a 个白球 b 个黑球, 先从第一个袋子中摸出一球, 记下颜色后把它放入第二个袋子中, 再从第二个袋子中摸出一球, 记下颜色后把它放入第三个袋子中, 照这样办法一直摸下去, 最后从第 n 个袋子摸出一球并记下颜色, 若在这 n 次摸球中所摸得的白球的总数为 S_n, 试求 $\mathbf{E}S_n$.

27. n 个小球依次随机地落入 n 个不同的盒子, 每个小球落入每个盒子的概率都是 $\dfrac{1}{n}$. 以 X 表示空盒的数目, 求 $\mathbf{E}X$.

28. 将一枚硬币连续抛掷 n 次, 假设各次抛掷相互独立进行, 每次抛出正面的概率都是 $p\ (0<p<1)$. 如果相继抛掷的两次所抛出的面不相同, 则称出现一次转换. 例如: 对 $n=5$, 若抛掷的结果为 "正正反正反", 则称其中出现 3 次转换. 以 X 表示 n 次抛掷中所出现的转换次数, 求 $\mathbf{E}X$. (提示: 将 X 表示为 $n-1$ 个 Bernoulli 随机变量的和.)

29. 设随机变量 X 的密度函数为

$$p(x)=\begin{cases}\dfrac{1}{2}\mathrm{e}^{x}, & x\leqslant 0,\\[2mm] \dfrac{1}{2}\mathrm{e}^{-x}, & x>0,\end{cases}$$

求 $|X|$ 的数学期望及方差.

30. 设随机变量 X 的密度函数为

$$p_X(x)=2(x-1),\quad 1<x<2.$$

求 $Y=\mathrm{e}^X$ 与 $Z=\dfrac{1}{X}$ 的数学期望及方差.

31. 若 X 的密度函数为

$$p(x)=\frac{1}{2|x|(\ln|x|)^2},\quad |x|>\mathrm{e}.$$

试证对于任何 $a>0$, $\mathbf{E}|X|^a=\infty$.

32. Pareto 分布的密度函数为

$$p(x)=rA^r\frac{1}{x^{r+1}},\quad x\geqslant A,$$

这里 $r>0$, $A>0$. 试指出该分布有 p 阶矩, 当且仅当 $p<r$.

33. 设随机向量 $(X,\ Y)$ 具有概率密度

$$p(x,y)=2\mathrm{e}^{-(x+2y)},\quad x>0,y>0.$$

试求 $\mathbf{E}X^k$, $\mathbf{E}(X^kY^l)$ (k, l为正整数) 及 $\mathbf{E}(X-\mathbf{E}X)^3$.

34. 若随机变量 $X_1, X_2, \cdots, X_n$ 是独立随机变量, $\mathbf{Var}X_i=\sigma_i^2$, 试找 "权" $a_1, a_2, \cdots, a_n$ $\left(\text{即满足} \sum\limits_{i=1}^n a_i=1 \text{的} n \text{个非负实数}\right)$, 使 $\sum\limits_{i=1}^n a_iX_i$ 的方差最小.

*5.2 条件期望与条件方差

大家已经接触过条件分布的概念, 利用条件分布计算出的期望和方差就是条件期望和条件方差. 现在要来对条件期望和条件方差作些进一步的讨论. 讨论和研究条件期望, 可以给我们带来意外的惊喜. 计算条件期望, 其意义往往超出其自身, 这是因为通过它有时可以获得计算概率、期望和方差的更加便捷的途径.

5.2.1 条件数学期望及其应用

对于随机向量, 我们可以在给定其中某些维变量的情况下, 计算其余随机变量的数学期望. 特别是对于二维随机向量 (X, Y), 可以在给定其中一维变量的条件下, 计算另一维变量的数学期望, 这样算出来的数学期望就叫做**条件数学期望**. 例如, 分别以 X 和 Y 表示儿子和父亲的身高, 那么 X 与 Y 一般是不相互独立的, 于是在给定父亲身高 $Y=y$ 的条件下, 计算儿子的平均身高就具有遗传学上的意义.

设 (X, Y) 是二维连续型随机向量, 具有联合密度 $p(x, y)$. 我们可以算出在 $Y=y$ 的条件下的 X 的条件密度 $p_1(x|y)$, 又如果

$$\int_{-\infty}^{\infty}|x|p_1(x|y)\mathrm{d}x<\infty,$$

就说在 $Y=y$ 的条件下的 X 的条件数学期望存在, 并记

$$\mathbf{E}(X|y)=\int_{-\infty}^{\infty}xp_1(x|y)\mathrm{d}x, \tag{5.2.1}$$

称为在 $Y=y$ 的条件下的 X 的条件数学期望.

对于二维离散型随机向量 (X, Y), 也可以建立类似的概念:

$$\mathbf{E}(X|b_j)=\sum_{i=1}^{\infty}a_i\mathbf{P}(X=a_i|Y=b_j). \tag{5.2.2}$$

式 (5.2.1) 中的条件期望 $\mathbf{E}(X|y)$ 依赖于 y 的值, 即随着 y 的变化而变化, 故可记作 $g(y)=\mathbf{E}(X|y)$. 式 (5.2.2) 中的条件期望 $\mathbf{E}(X|b_j)$ 亦有类似性质, 仅以连续型情形为例. 当 y 取遍 Y 的一切可能值时, $g(y)$ 就是一个定义在 Ω 上的 Borel 函数 (此时应当写为 $g(Y)$). 换言之, $g(Y)=\mathbf{E}(X|Y)$ 是一个随机变量.

我们感兴趣于 $g(Y)=\mathbf{E}(X|Y)$ 的数学期望. 在连续型情况下, 由式 (5.1.5) 和 (5.2.1), 得

$$\begin{aligned}\mathbf{E}\Big(\mathbf{E}(X|Y)\Big)&=\mathbf{E}g(Y)=\int_{-\infty}^{\infty}g(y)\mathrm{d}F_Y(y)=\int_{-\infty}^{\infty}g(y)p_2(y)\mathrm{d}y\\&=\int_{-\infty}^{\infty}\Big(\int_{-\infty}^{\infty}xp_1(x|y)\mathrm{d}x\Big)p_2(y)\mathrm{d}y=\int_{-\infty}^{\infty}\Big(\int_{-\infty}^{\infty}p_1(x|y)p_2(y)\mathrm{d}y\Big)x\mathrm{d}x\\&=\int_{-\infty}^{\infty}\Big(\int_{-\infty}^{\infty}p(x,y)\mathrm{d}y\Big)x\mathrm{d}x=\int_{-\infty}^{\infty}xp_1(x)\mathrm{d}x=\mathbf{E}X.\end{aligned}$$

对于离散型随机向量亦有类似结果. 这就告诉我们: 条件期望的期望是无条件期望. 为了应用的需要, 我们把这一结论写成定理的形式.

定理 5.2.1 设 (X,Y) 是二维随机向量, $\mathbf{E}|X|<\infty$, $\mathbf{E}|Y|<\infty$, 如果在任何条件 $(Y=y)$ 之下都有条件期望 $g(y)=\mathbf{E}(X|y)$ 存在, 则随机变量 $g(Y)=\mathbf{E}(X|Y)$ 的数学期望存在, 且有

$$\mathbf{E}\Big(\mathbf{E}(X|Y)\Big)=\int_{-\infty}^{\infty}g(y)\mathrm{d}F_Y(y)=\mathbf{E}X. \tag{5.2.3}$$

公式 (5.2.3) 通常称为全期望公式 (law of total expectation).

这就为我们计算数学期望提供了一条道路. 实际上, 利用条件期望计算期望, 可以使得期望的计算方法更加多样化, 手段更加灵活, 往往带来方便.

除了上述类型的条件期望外, 人们还会考察多种不同类型的条件之下的条件期望, 例如, 以某个给定的随机事件作为条件. 具体来说, X 是某个具有数学期望的随机变量, A 是某个随机事件, 要求 $\mathbf{E}(X|A)$. 对此, 我们有

$$\mathbf{E}(X|A)=\frac{\mathbf{E}(XI(A))}{\mathbf{P}(A)}. \tag{5.2.4}$$

下面看两个具体例子.

例 5.2.1 设随机变量 X 服从参数为 $\lambda>0$ 的指数分布, 试对任意 $x>0$, 求条件期望 $\mathbf{E}(X-x|X>x)$.

解 根据公式 (5.2.4), 有

$$\mathbf{E}(X-x|X>x)=\frac{\lambda\displaystyle\int_x^{\infty}(u-x)\mathrm{e}^{-\lambda u}\mathrm{d}u}{\lambda\displaystyle\int_x^{\infty}\mathrm{e}^{-\lambda u}\mathrm{d}u}=\frac{\lambda\mathrm{e}^{-\lambda x}\displaystyle\int_0^{\infty}y\mathrm{e}^{-\lambda y}\mathrm{d}y}{\lambda\displaystyle\int_x^{\infty}\mathrm{e}^{-\lambda u}\mathrm{d}u}=\frac{1}{\lambda}.$$

这个结果太有趣了. 我们曾经说过, 指数分布是一种 "无记忆的分布", 并介绍过, 当它的参数为 $\lambda>0$ 时, 它的期望等于 $\dfrac{1}{\lambda}$. 本题的结果再一次表明了这种分布

的无记忆性. 如果把 X 视为寿命, 本题结果无疑是说, 不论已经活了多久, 剩余寿命的均值都跟初出生时的平均寿命相等.

例 5.2.2 设随机变量 X 与 Y 相互独立, 都服从参数为 n 和 p 的二项分布 $B(n,p)$. 试求在条件 $X+Y=m$ 下, X 的条件期望 $\mathbf{E}(X|X+Y=m)$.

解 先求在条件 $X+Y=m$ 之下, X 的条件分布. 易知, $X+Y$ 服从参数为 $2n$ 和 p 的二项分布 $B(2n,p)$, 而此时 X 的取值集合是不超过 $\min\{m,n\}$ 的所有非负整数. 对于每个这样的非负整数 k, 有

$$\mathbf{P}(X=k|X+Y=m)=\frac{\mathbf{P}(X=k,X+Y=m)}{\mathbf{P}(X+Y=m)}=\frac{\mathbf{P}(X=k,Y=m-k)}{\mathbf{P}(X+Y=m)}$$

$$=\frac{\mathbf{P}(X=k)\mathbf{P}(Y=m-k)}{\mathbf{P}(X+Y=m)}=\frac{\binom{n}{k}p^k(1-p)^{n-k}\binom{n}{m-k}p^{m-k}(1-p)^{n+k-m}}{\binom{2n}{m}p^m(1-p)^{2n-m}}$$

$$=\frac{\binom{n}{k}\binom{n}{m-k}}{\binom{2n}{m}}.$$

这表明, 在条件 $X+Y=m$ 之下, X 的条件分布是超几何分布.

利用前面例 5.1.5 的结果, 即得

$$\mathbf{E}(X|X+Y=m)=\frac{nm}{2n}=\frac{m}{2}.$$

例 5.2.3 设随机变量 X 服从标准 Cauchy 分布, 即具有如下形式的密度函数:

$$p(x)=\frac{1}{\pi(1+x^2)},\quad -\infty<x<\infty,$$

试求期望 $\mathbf{E}(\min\{|X|,1\})$.

解 由例 5.1.1, 我们已经知道随机变量 X 的期望不存在, 但是在现在的限制条件之下, 却可以求出其数学期望. 记 $Y=\min\{|X|,1\}$, 则可注意到

$$Y=\begin{cases}|X|, & |X|\leqslant 1,\\ 1, & |X|>1.\end{cases}$$

利用式 (5.2.4) 及对称性, 有

$$\begin{aligned}\mathbf{E}(\min\{|X|,1\}) &= \mathbf{E}\big[Y\big(I(|X|\leqslant 1)+I(|X|>1)\big)\big]\\ &= \mathbf{E}[YI(|X|\leqslant 1)]+\mathbf{E}\big(Y\big||X|>1\big)\mathbf{P}(|X|>1)\\ &= \mathbf{E}[|X|I(|X|\leqslant 1)]+\mathbf{P}(|X|>1)\\ &= 2\int_0^1 \frac{x}{\pi(1+x^2)}\mathrm{d}x+2\int_1^\infty \frac{1}{\pi(1+x^2)}\mathrm{d}x\\ &= \frac{\ln 2}{\pi}+\frac{1}{2}.\end{aligned}$$

下面介绍定理 5.2.1 的一些应用, 即利用条件期望来求随机变量的数学期望. 用好条件期望的前提是恰当选择作为条件的随机变量. 下面将通过几个例题来说明.

例 5.2.4 罐中放有 a 个白球和 b 个黑球. 从中将球逐个取出, 直到取到一个白球为止. 求所取出的黑球个数的期望值.

解 前面曾经讨论过这个问题, 现在要来利用条件期望解这个问题. 以 X 表示所取出的黑球个数, 并令

$$Y=\begin{cases}1, & \text{取出的第一个球是白球},\\ 0, & \text{取出的第一个球是黑球}.\end{cases}$$

为突出罐中的白球和黑球个数, 记 $M_{a,b}=\mathbf{E}X$. 以给定 Y 的值作为条件, 由式 (5.2.3), 得

$$M_{a,b}=\mathbf{E}X=\mathbf{E}(X|Y=0)\mathbf{P}(Y=0)+\mathbf{E}(X|Y=1)\mathbf{P}(Y=1).$$

易知, $\mathbf{E}(X|Y=1)=0$, 这是因为取出的第一个球就已经是白球, 不用再取了, 故取出的黑球个数为 0. 而 $\mathbf{E}(X|Y=0)=1+M_{a,b-1}$, 因为取出的第一个球是黑球, 所以还要从放有 a 个白球和 $b-1$ 个黑球的罐中继续取球, 直到取到一个白球为止, 除了已经取出的黑球之外, 平均还要再取出 $M_{a,b-1}$ 个黑球. 又显然

$$\mathbf{P}(Y=0)=\frac{b}{a+b},\quad \mathbf{P}(Y=1)=\frac{a}{a+b},$$

综合上述, 得到

$$M_{a,b}=\frac{b}{a+b}(1+M_{a,b-1}).$$

这是 $M_{a,b}$ 的一个关于参数 b 的递推式. 易知 $M_{a,0}=0$, 故可依次得到

$$\begin{aligned}M_{a,1}&=\frac{1}{a+1}(1+M_{a,0})=\frac{1}{a+1},\\ M_{a,2}&=\frac{2}{a+2}(1+M_{a,1})=\frac{2}{a+2}\left(1+\frac{1}{a+1}\right)=\frac{2}{a+1},\\ M_{a,3}&=\frac{3}{a+3}(1+M_{a,2})=\frac{3}{a+3}\left(1+\frac{2}{a+1}\right)=\frac{3}{a+1}.\end{aligned}$$

再由归纳法即得

$$M_{a,b} = \frac{b}{a+1}.$$

例 5.2.5 (几何分布的方差)　设随机变量 X 服从几何分布 Geo(p), 其中 $0 < p < 1$. 假设已经求得 $\mathbf{E}X = \frac{1}{p}$, 试求 X 的方差.

解　若按定义直接计算方差, 需涉及无穷级数求和. 而若利用条件期望, 则可避免之. 我们知道, X 是独立重复的 Bernoulli 试验 (每次试验的成功概率都是 p) 中获得首次成功所需的试验次数. 令

$$Y = \begin{cases} 1, & \text{第一次试验即获成功}, \\ 0, & \text{第一次试验未获成功}. \end{cases}$$

以给定 Y 的值作为条件, 先来计算 $\mathbf{E}X^2$, 由式 (5.2.3), 得

$$\mathbf{E}X^2 = \mathbf{E}(X^2|Y=0)\mathbf{P}(Y=0) + \mathbf{E}(X^2|Y=1)\mathbf{P}(Y=1).$$

显然 $\mathbf{E}(X^2|Y = 1) = 1$, 因为第一次试验即获成功, 就不用再试验下去了; 而 $\mathbf{E}(X^2|Y = 0) = \mathbf{E}(1+X)^2$, 因为第一次试验未获成功, 所以还要从头再做, 总试验次数为 $1+X$. 又有 $\mathbf{P}(Y=1) = p$, $\mathbf{P}(Y=0) = 1-p := q$, 故有

$$\mathbf{E}X^2 = p + q\mathbf{E}(1+X)^2 = p + q\mathbf{E}(1+2X+X^2),$$

以 $\mathbf{E}X = \frac{1}{p}$ 代入上式, 解得 $\mathbf{E}X^2 = \frac{1+q}{p^2}$, 再由 $\mathbf{E}X = \frac{1}{p}$, 即知

$$\mathbf{Var}X = \mathbf{E}X^2 - (\mathbf{E}X)^2 = \frac{q}{p^2}.$$

例 5.2.6　连续抛掷一枚均匀的骰子, 直到接连抛出两个 1 点为止. 以 X 表示所需的抛掷次数. 试求 $\mathbf{E}X$.

解　如果先求 X 的分布律, 再求期望, 则需花费较大工夫. 现在, 以 Y 表示第一次抛掷时所掷出的点数, 以给定 Y 的值作为条件来表示 X 的条件期望. 并记

$$\mathbf{E}_k = \mathbf{E}(X|Y=k), \quad k = 1, 2, \cdots, 6.$$

则易见

$$\mathbf{E}_1 = \mathbf{E}(X|Y=1) = \frac{1}{6}\cdot 2 + \frac{1}{6}\sum_{k=2}^{6}(1+\mathbf{E}_k).$$

这是因为, 在第一次抛出 1 点的情况下, 如果第二次也抛出 1 点, 那么游戏即告结束, 一共就只需要抛掷两次; 而若第二次抛出的点数 $k \geqslant 2$, 那么第一次白抛, 从第二次抛掷开始所需的平均抛掷次数与 $Y = k$ 时相同. 又易见

$$\mathbf{E}_2 = \cdots = \mathbf{E}_6 = 1 + \mathbf{E}X.$$

这是因为, 在第一次抛出 $2\sim 6$ 点的情况下, 第一次白抛, 从第二次开始作为新的起点, 接下来所需的平均次数与 $\mathbf{E}X$ 相同. 结合上述两式, 可得

$$\mathbf{E}_1 = 2+\frac{5}{6}\mathbf{E}X.$$

把所得到的 $\mathbf{E}_k$ 与 $\mathbf{E}X$ 的关系式代入下式:

$$\mathbf{E}X=\sum_{k=1}^{6}\mathbf{E}(X|Y=k)\mathbf{P}(Y=k)=\frac{1}{6}\sum_{k=1}^{6}\mathbf{E}_k,$$

化简后, 得到 $\mathbf{E}X=42$.

例 5.2.7 (巴格达窃贼问题) 一个窃贼被关在地牢里, 地牢有三扇门. 其中一号门通向自由, 出这扇门后 3 小时便到达地面; 二号门通向一条地道, 沿着这条地道行走 5 个小时后将回到地牢; 三号门通向一条更长的地道, 沿着这条地道行走 7 个小时后也回到地牢. 由于地牢里光线很暗, 无可辨清方向, 窃贼每次都是等可能地选这三扇门之一. 试求他为获得自由而奔走的平均时间.

解 以 X 表示窃贼为获自由而奔走的时间, 以 Y 表示窃贼第一次所选择的门的号码. 根据题意, 有

$$\mathbf{E}(X|Y=1)=3,\quad \mathbf{E}(X|Y=2)=5+\mathbf{E}X,\quad \mathbf{E}(X|Y=3)=7+\mathbf{E}X,$$

这是因为窃贼若第一次选择的是二号或三号门, 则在经过 5 或 7 个小时后回到原处, 一切重新开始. 所以

$$\mathbf{E}X=\sum_{k=1}^{3}\mathbf{P}(Y=k)\mathbf{E}(X|Y=k)=\frac{1}{3}\cdot 3+\frac{1}{3}\cdot(5+\mathbf{E}X)+\frac{1}{3}\cdot(7+\mathbf{E}X).$$

故知 $\mathbf{E}X=15$.

这里的平均时间等于 15, 它是有限的, 是否说明这个窃贼迟早会走出地牢?

例 5.2.8 在数学家纪念活动期间, 每块巧克力中都包有一位卓越数学家的头像. 一共有 n 位数学家, 每位数学家头像的出现概率都是 $\frac{1}{n}$. 为了能收齐 n 位数学家的头像, 平均需要购买多少块巧克力?

分析 头像是一位一位地收集起来的. 显然为收集第一位数学家的头像, 只需购买一块巧克力. 而如果已经收集到 k 位不同的数学家的头像, 再多收集一位, 那么所需购买的巧克力的块数就是一个随机变量 X_k, 从而所要的总块数就是

$$S_n=1+X_1+\cdots+X_{n-1}.$$

我们要求的是 S_n 的数学期望 $\mathbf{E}S_n$.

S_n 的分布不易求得, 所以要另想办法. 由数学期望运算的可加性, 可得

$$\mathbf{E}S_n = 1 + \mathbf{E}X_1 + \cdots + \mathbf{E}X_{n-1}. \tag{5.2.5}$$

如要利用这一办法求出 $\mathbf{E}S_n$, 那就需要一个一个地求出 $\mathbf{E}X_k$.

解法 1 可以看出, 这些 X_k 相互独立, 但不同分布. 它们都是等待成功所需的试验次数, 因而都服从几何分布. X_k 是已经取到 k 位数学家的头像之后, 再取得一张新的头像所需的试验次数, 每次试验能够取到新的头像的概率是 $\dfrac{n-k}{n}$, 所以 X_k 服从的是参数为 $p_k = \dfrac{n-k}{n}$ 的几何分布. 由该分布的性质知 $\mathbf{E}X_k = \dfrac{1}{p_k} = \dfrac{n}{n-k}$. 代入 (5.2.5), 即得

$$\mathbf{E}S_n = 1 + \sum_{k=1}^{n-1} \frac{n}{n-k} = n\left(1 + \frac{1}{2} + \cdots + \frac{1}{n-1} + \frac{1}{n}\right).$$

也可以走另一条路, 即通过条件期望来求期望.

解法 2 记 $M_k = \mathbf{E}X_k$, 即以 M_k 表示在已经收集到 k 位不同的数学家的头像的情形下, 再收集到一张新的头像平均所要购买的巧克力的块数. 我们来设法建立关于 M_k 的关系式.

易知, 只有当新买的巧克力中的头像是没有出现过的, 那么, 收集到的头像数目才会增加 1. 我们把这种巧克力叫做*有效的*, 把其余的巧克力叫做*无效的*.

根据题意, 在现在的情况下, 买到一块有效的巧克力的概率为 $\dfrac{n-k}{n}$. 如果买到一块有效的巧克力, 那么 X_k 的值等于 1, 如果买到的是无效的巧克力, 那么还要重新再买, 所需购买的平均块数与现在相同, 从而一共平均需要购买 $1 + M_k$ 块, 意即 X_k 在该事件发生情况下的条件期望是 $1 + M_k$. 故而有

$$M_k = \frac{n-k}{n} + \frac{k}{n}(1 + M_k).$$

该等式的左端是随机变量 X_k 的期望, 右端则是其条件期望的期望. 由该式解得 $M_k = \dfrac{n}{n-k}$. 代入式 (5.2.5), 即得

$$\mathbf{E}S_n = 1 + \sum_{k=1}^{n-1} \frac{n}{n-k} = n\left(1 + \frac{1}{2} + \cdots + \frac{1}{n-1} + \frac{1}{n}\right).$$

注意, M_k 表示在已经收集到 k 位不同的数学家的头像的情形下, 再收集到一张新的头像平均所要购买的巧克力的块数. $M_1 = \dfrac{n}{n-1} = 1 + \dfrac{1}{n-1}$ 反映的是收集到第二位头像所平均需要购买的巧克力的块数. 而若以 X_0 表示收集到第一位数学家所需购买的巧克力的块数, 则显然 $X_0 \equiv 1$, 即 $M_0 = 1$, 因为不管买来的头像是谁, 都是没有出现过的.

例 5.2.9 (飞镖问题) 往一个圆盘上投掷飞镖, 飞镖会随机落在圆盘上的任意一点. 一次接一次地投掷, 直到比第一次投掷时的落点离圆心更近时为止. 求平均所需的投掷次数 (不含第一次).

解 可认为圆盘的半径是 1, 并认为落点的位置服从圆盘中的均匀分布. 以 X 表示第一次投掷时落点离圆心的距离, 则

$$\mathbf{P}(X \leqslant r) = \frac{\pi r^2}{\pi} = r^2, \quad 0 \leqslant r \leqslant 1,$$

其密度函数为 $p(r) = 2r,\ 0 \leqslant r \leqslant 1$.

以 N 表示所需的投掷次数, 则在 $(X = r)$ 的条件下, N 服从参数为 r^2 的几何分布, 所以 $\mathbf{E}(N|X = r) = r^{-2}$. 因此

$$\mathbf{E}N = \mathbf{E}(\mathbf{E}(N|X)) = \int_0^1 r^{-2} \cdot 2r\mathrm{d}r = \int_0^1 2r^{-1}\mathrm{d}r = \infty.$$

由于 N 是正整数值随机变量, 它的期望等于无穷的含义是清楚的. 但要注意, 虽然所需的平均投掷次数是无穷, 但这并不意味着每一回的投掷都永无结束, 而且从直觉看, 要实现结束投掷似乎并不难. 但是计算的结果却告诉我们, 所需的平均投掷次数为无穷.

再看一个更具启发性的例子.

例 5.2.10 设 $X_1, X_2, \cdots$ 为相互独立的 $U(0,1)$ 随机变量,

$$Y = \min\left\{n:\ \sum_{k=1}^{n} X_k > 1\right\},$$

试求 $\mathbf{E}Y$.

解 我们来解决更一般性的问题. 设 $x > 0$, 令 $Y(x) = \min\left\{n:\ \sum_{k=1}^{n} X_k > x\right\}$, 记 $m(x) = \mathbf{E}Y(x)$. 以给定 X_1 的值作为条件, 有

$$m(x) = \mathbf{E}Y(x) = \int_0^1 \mathbf{E}(Y(x)|X_1 = y)\mathrm{d}y.$$

容易推知

$$\mathbf{E}(Y(x)|X_1 = y) = \begin{cases} 1, & y > x, \\ 1 + m(x-y), & y \leqslant x. \end{cases}$$

事实上, 当 $y > x$ 时, 仅 X_1 的值就已经大于 x; 而若 $y \leqslant x$, 则除了 X_1 以外, 还需要接下来的若干个随机变量值的和大于 $x - y$. 所以

$$m(x) = 1 + \int_0^x m(x-y)\mathrm{d}y \xlongequal{令\ x-y=u} 1 + \int_0^x m(u)\mathrm{d}u.$$

对上式两端求导, 得

$$\frac{\mathrm{d}m(x)}{\mathrm{d}x}=m(x)\Longrightarrow\frac{\mathrm{d}m(x)}{m(x)}=\mathrm{d}x.$$

解得

$$m(x)=c\mathrm{e}^x.$$

由 $m(0)=1$ 得 $c=1$, 所以

$$m(x)=\mathrm{e}^x,\quad m(1)=\mathrm{e}.$$

5.2.2　连续情形下的全概率公式

设 A 为随机事件, $X=I(A)$ 为 A 的示性函数, 即

$$X=I(A)=\begin{cases}1, & \text{事件 } A \text{ 发生},\\ 0, & \text{事件 } A \text{ 不发生},\end{cases}$$

则 $\mathbf{P}(A)=\mathbf{E}X$. 所以事件的概率是数学期望的特殊情形. 因此, 就像能够通过条件期望计算期望一样, 也可以通过条件概率求概率.

其实, 利用全概率公式计算概率, 就是一种通过条件概率求概率的方法. 我们现在所说的不过就是全概率公式的推广而已. 如果选择一个随机变量 Y, 以给定 Y 的值作为条件, 通常写

$$\mathbf{E}(I(A)|Y=y)=\mathbf{P}(A|Y=y).$$

因此, 若 Y 是取值集合为 $\{a_n\}$ 的离散型随机变量, 有

$$\mathbf{P}(A)=\sum_{n=1}^{\infty}\mathbf{P}(A|Y=a_n)\mathbf{P}(Y=a_n);$$

若 Y 是密度函数为 $p_Y(y)$ 的连续型随机变量, 有

$$\mathbf{P}(A)=\int_{-\infty}^{\infty}\mathbf{P}(A|Y=y)p_Y(y)\mathrm{d}y.$$

上述两式可统一写为

$$\mathbf{P}(A)=\mathbf{E}(\mathbf{P}(A|Y)),$$

其中的数学期望对 Y 的分布而取.

我们来看几个例子.

例 5.2.11 设随机变量 Y 服从均匀分布 $U(0,1)$, 当 $Y=p$ 时, X 服从二项分布 $B(n;p)$, 其中 $0<p<1$. 求 X 的分布.

解 显然, X 的取值集合为 $\{0,1,\cdots,n\}$, 对 $k\in\{0,1,\cdots,n\}$, 有

$$\begin{aligned}\mathbf{P}(X=k)&=\int_0^1\mathbf{P}(X=k|Y=p)\mathrm{d}p=\binom{n}{k}\int_0^1 p^k(1-p)^{n-k}\mathrm{d}p\\&=\frac{n!}{k!(n-k)!}\cdot\frac{\Gamma(k+1)\Gamma(n-k+1)}{\Gamma(n+2)}=\frac{1}{n+1}.\end{aligned}$$

这是一个令人吃惊的结果: X 服从集合 $\{0,1,\cdots,n\}$ 上的等概分布.

例 5.2.12 在单位线段上任取两点, 可得 3 段长度和为 1 的小线段. 试求它们可围成一个三角形的概率.

解 我们曾经在几何概型一节中讨论过这个问题 (见例 1.5.1), 现在用连续情况下的全概率公式来解答它.

将 A 表示可以围成一个三角形的事件. 将所取的两个点的位置记作 X 和 Y, 则它们相互独立且服从 $U(0,1)$ 分布. 我们先考虑条件概率 $\mathbf{P}(A|X=x)$, 其中 $0<x<1$ 为任一给定的实数. 注意到若事件 A 发生当且仅当 3 段小线段的长度均小于 $\frac{1}{2}$. 所以, 要使事件 A 发生, 当 $0<x\leqslant\frac{1}{2}$ 时, Y 只能在区间 $\left(\frac{1}{2},x+\frac{1}{2}\right)$ 内取值; 而当 $\frac{1}{2}<x<1$ 时, Y 只能在区间 $\left(x-\frac{1}{2},\frac{1}{2}\right)$ 内取值. 从而,

$$\mathbf{P}(A|X=x)=\begin{cases}x, & 0<x\leqslant\frac{1}{2},\\ 1-x, & \frac{1}{2}<x<1.\end{cases}$$

由此可知

$$\mathbf{P}(A)=\int_0^1\mathbf{P}(A|X=x)\mathrm{d}x=\int_0^{\frac{1}{2}}x\mathrm{d}x+\int_{\frac{1}{2}}^1(1-x)\mathrm{d}x=\frac{1}{4}.$$

例 5.2.13 在圆周上任取三点连成三角形, 试求该三角形: (1) 为钝角三角形的概率; (2) 为锐角三角形的概率; (3) 为直角三角形的概率.

解 在例 1.5.3 中我们部分地讨论过这个问题, 那里是作为几何概型问题解答的. 现在的方法更利于全面解答它.

不妨设圆的半径为 1, 以圆心 O 为原点, 以点 A 作为点 $(1,0)$.

如果点 B 与点 A 对径, 或点 C 与点 A、点 B 之一对径, $\triangle ABC$ 为直角三角形, 易知此概率为 0.

下设点 B 不与点 A 对径, 以 Θ 记 OA 与 OB 夹成的小于 π 的角. 于是 Θ 服从分布 $U(0,\pi)$. 将 A 与 B 的对径点分别记作 A' 与 B'. 以 $\overset{\frown}{A'B'}$ 表示以 A' 与 B' 为端点的大小为 Θ 的弧.

易知, 当点 C 落在 $\overset{\frown}{A'B'}$ 以外时, $\triangle ABC$ 为钝角三角形; 当点 C 落在 $\overset{\frown}{A'B'}$ 内部时, $\triangle ABC$ 为锐角三角形.

分别以 E_1 和 E_2 表示 $\triangle ABC$ 为钝角三角形和锐角三角形的事件, 则有

$$\mathbf{P}(E_1|\Theta=\theta)=\frac{2\pi-\theta}{2\pi},\quad \mathbf{P}(E_2|\Theta=\theta)=\frac{\theta}{2\pi}.$$

从而

$$\mathbf{P}(E_1)=\mathbf{E}(\mathbf{P}(E_1|\Theta))=\frac{1}{\pi}\int_0^{\pi}\frac{2\pi-\theta}{2\pi}\mathrm{d}\theta=1-\frac{1}{2\pi^2}\int_0^{\pi}\theta\mathrm{d}\theta=\frac{3}{4}.$$

类似地, 有

$$\mathbf{P}(E_2)=\frac{1}{4}.$$

由此可见, 形成钝角三角形的概率较之形成锐角三角形的概率大许多.

例 5.2.14　假设甲、乙两种电器的使用寿命 X 与 Y 分别服从参数为 λ 和 μ $(\lambda\neq\mu)$ 的指数分布, 且相互独立. 试求概率 $\mathbf{P}(X<Y)$.

解法 1　本题的传统做法是先写出随机向量 (X,Y) 的联合密度:

$$p(x,y)=\lambda\mu\mathrm{e}^{-(\lambda x+\mu y)},\quad x\geqslant 0,\quad y\geqslant 0.$$

再计算二重积分

$$\begin{aligned}\mathbf{P}(X<Y)&=\iint\limits_{x<y}p(x,y)\mathrm{d}x\mathrm{d}y=\lambda\mu\iint\limits_{x<y}\mathrm{e}^{-(\lambda x+\mu y)}\mathrm{d}x\mathrm{d}y\\&=\mu\int_0^{\infty}\left(\lambda\int_0^{y}\mathrm{e}^{-\lambda x}\mathrm{d}x\right)\mathrm{e}^{-\mu y}\mathrm{d}y=\mu\int_0^{\infty}\left(1-\mathrm{e}^{-\lambda y}\right)\mathrm{e}^{-\mu y}\mathrm{d}y\\&=\frac{\lambda}{\lambda+\mu}.\end{aligned}$$

解法 2　我们也可以以 Y 的取值作为条件, 通过此种情况下的全概率公式来计算:

$$\begin{aligned}\mathbf{P}(X<Y)&=\mathbf{E}(\mathbf{P}(X<Y|Y))=\int_0^{\infty}\mathbf{P}(X<y|Y=y)p_Y(y)\mathrm{d}y\\&=\int_0^{\infty}\mathbf{P}(X<y)p_Y(y)\mathrm{d}y=\int_0^{\infty}F_X(y)p_Y(y)\mathrm{d}y\\&=\mu\int_0^{\infty}\left(1-\mathrm{e}^{-\lambda y}\right)\mathrm{e}^{-\mu y}\mathrm{d}y=\frac{\lambda}{\lambda+\mu}.\end{aligned}$$

解法 2 的好处是不用求联合密度, 不用将二重积分转化为累次积分, 直接通过一重积分来完成计算.

本题的结论是易于理解的, 指数分布中的参数 λ 与电器的平均寿命成反比, 这可由 $\mathbf{E}X=\dfrac{1}{\lambda}$ 看出. 因此, 两个寿命参数不同 $(\lambda\neq\mu)$ 的电器, 一者比另一者寿命短的概率就变为与它们的参数成正比了. 特别地, 在 $\lambda=\mu$ 时, 这个概率是 $\dfrac{1}{2}$, 机会均等.

例 5.2.15 设随机变量 $X_1,X_2,\cdots,X_n,Y_1,Y_2,\cdots,Y_n$ 相互独立, 都服从标准正态分布 $N(0,1)$, $n\geqslant 2$, 而

$$Z=\frac{X_1Y_1+X_2Y_2+\cdots+X_nY_n}{\sqrt{Y_1^2+Y_2^2+\cdots+Y_n^2}}.$$

证明: 随机变量 Z 也服从标准正态分布 $N(0,1)$.

解 根据命题 4.4.1 (即正态分布的卷积封闭性), 易证, 对任何固定的实数 x 和 $y_1,y_2,\cdots,y_n$, 都有

$$\mathbf{P}(Z\leqslant x|Y_1=y_1,Y_2=y_2,\cdots,Y_n=y_n)=\Phi(x),$$

其中 $\Phi(x)$ 是标准正态分布函数. 所以

$$\mathbf{P}(Z\leqslant x)=\mathbf{EP}(Z\leqslant x|Y_1,Y_2,\cdots,Y_n)=\Phi(x).$$

5.2.3 数学期望的一些其他应用

数学期望除了可以用来表示随机变量的均值、反映它的性质之外, 有时还可以用来解决一些其他类型的问题. 下面是一些例子.

例 5.2.16 (Waring 公式) 设 $A_1,A_2,\cdots,A_n$ 为同一概率空间中的任意 n 个事件, 而事件 B_m 表示事件 $A_1,A_2,\cdots,A_n$ 中恰有 m 个事件发生. 证明:

$$\mathbf{P}(B_m)=\sum_{k=0}^{n-m}(-1)^k\binom{m+k}{m}S_{m+k},$$

其中 $S_k=\displaystyle\sum_{1\leqslant i_1<i_2<\cdots<i_k\leqslant n}\mathbf{P}(A_{i_1}A_{i_2}\cdots A_{i_k})$.

该公式可以采用组合方法, 通过容斥公式 (概率加法公式) 来证明. 但如果利用示性函数定义 Bernoulli 随机变量, 并通过计算数学期望来证明, 则可收到事半功倍之效. 具体证法如下.

证明 令 $X_j=I(A_j)$, $j=1,2,\cdots,n$, 定义

$$Y=\sum X_{j_1}\cdots X_{j_m}(1-X_{i_1})\cdots(1-X_{i_{n-m}}),$$

其中求和对一切 $1\leqslant j_1<\cdots<j_m\leqslant n$ 进行, $\{i_1,\cdots,i_{n-m}\}=\{1,2,\cdots,n\}\setminus\{j_1,\cdots,j_m\}$.

由于 $I(A_{i_1}A_{i_2}\cdots A_{i_k})=I(A_{i_1})I(A_{i_2})\cdots I(A_{i_k})=X_{i_1}X_{i_2}\cdots X_{i_k}$, 故不难看出 $Y=I(B_m)$. 所以

$$\begin{aligned}\mathbf{P}(B_m)&=\mathbf{E}Y=\mathbf{E}\Big\{\sum X_{j_1}\cdots X_{j_m}(1-X_{i_1})\cdots(1-X_{i_{n-m}})\Big\}\\&=\mathbf{E}\left\{\sum_{k=m}^{n}(-1)^{k-m}\binom{k}{m}\sum_{1\leqslant i_1<i_2<\cdots<i_k\leqslant n}X_{i_1}X_{i_2}\cdots X_{i_k}\right\}\\&=\sum_{k=m}^{n}(-1)^{k-m}\binom{k}{m}\sum_{1\leqslant i_1<i_2<\cdots<i_k\leqslant n}\mathbf{E}\Big\{X_{i_1}X_{i_2}\cdots X_{i_k}\Big\}\\&=\sum_{k=m}^{n}(-1)^{k-m}\binom{k}{m}\sum_{1\leqslant i_1<i_2<\cdots<i_k\leqslant n}\mathbf{P}(A_{i_1}A_{i_2}\cdots A_{i_k})\\&=\sum_{k=m}^{n}(-1)^{k-m}\binom{k}{m}S_k=\sum_{k=0}^{n-m}(-1)^{k}\binom{m+k}{m}S_{m+k}.\end{aligned}$$

不言而喻, 这种证明简洁而微妙. 再看一个概率不等式的证明.

例 5.2.17　设 $A_1,A_2,\cdots,A_n$ 为同一概率空间中的任意 n 个事件, 使得 $\mathbf{P}\left(\bigcup\limits_{k=1}^{n}A_k\right)>0$. 证明:

$$\mathbf{P}\left(\bigcup_{k=1}^{n}A_k\right)\geqslant\frac{\left(\sum\limits_{i=1}^{n}\mathbf{P}(A_i)\right)^2}{\sum\limits_{i=1}^{n}\mathbf{P}(A_i)+2\sum\limits_{1\leqslant i<j\leqslant n}\mathbf{P}(A_iA_j)}.$$

证明　令 $X_j=I(A_j),\ j=1,2,\cdots,n$. 由示性函数的性质和 Schwarz 不等式, 知

$$\begin{aligned}\left(\sum_{i=1}^{n}\mathbf{P}(A_i)\right)^2&=\left(\mathbf{E}\sum_{i=1}^{n}X_i\right)^2=\left\{\mathbf{E}\left(I\left(\sum_{i=1}^{n}X_i>0\right)\sum_{i=1}^{n}X_i\right)\right\}^2\\&\leqslant\mathbf{P}\left(\sum_{i=1}^{n}X_i>0\right)\cdot\mathbf{E}\left(\sum_{i=1}^{n}X_i\right)^2=\mathbf{P}\left(\bigcup_{k=1}^{n}A_k\right)\cdot\mathbf{E}\left(\sum_{i=1}^{n}X_i\right)^2.\end{aligned}$$

而

$$\begin{aligned}\mathbf{E}\left(\sum_{i=1}^{n}X_i\right)^2&=\left(\sum_{i=1}^{n}\mathbf{E}X_i^2\right)+2\sum_{1\leqslant i<j\leqslant n}\mathbf{E}X_iX_j\\&=\sum_{i=1}^{n}\mathbf{P}(A_i)+2\sum_{1\leqslant i<j\leqslant n}\mathbf{P}(A_iA_j).\end{aligned}$$

将后一式代入前一式, 整理后即得所证.

在这些概率关系式的证明中, 数学期望的作用微妙, 甚至是意想不到的. 下面的两个例题, 则更为有趣. 一些看似与概率无关的问题, 竟然可以通过适当定义随机变量, 巧妙地通过取数学期望来解决.

例 5.2.18 n 个篮球队参加一次比赛, 比赛采用单循环制, 即每两个球队都比赛一场. 将这些球队编号为 $1,2,\cdots,n$. 如果在比赛结果中, 对某种排列 $(i_1,i_2,\cdots,i_n)$, 有 i_1 赢了 i_2, i_2 赢了 $i_3,\cdots,i_{n-1}$ 赢了 i_n, 那么就将排列 $(i_1,i_2,\cdots,i_n)$ 称为一个 Hamilton 链. 我们要来确定 Hamilton 链数目最大值的下界.

显然, 一共有 $2^{\binom{n}{2}}$ 种可能的不同比赛结果. 对于不同的比赛结果, 其中的 Hamilton 链的数目有可能不同. 这就是说, 如果以 Ω 表示所有的 $2^{\binom{n}{2}}$ 种可能的不同比赛结果的集合, 那么对于不同的 $\omega\in\Omega$, Hamilton 链的数目 $f_n(\omega)$ 可能是不同的. 例如, 对于 $n=3$, 一共比赛 $\dbinom{3}{2}=3$ 场. 如果比赛结果是: 1 号球队赢了两场, 2 号球队赢了 1 场, 3 号球队全输, 那么其中就只有一条 Hamilton 链 $(1,2,3)$. 但是, 如果比赛的结果是: 1 号球队赢了 2 号球队, 2 号球队赢了 3 号球队, 3 号球队赢了 1 号球队, 那么, 其中就有 3 条 Hamilton 链: $(1,2,3)$, $(2,3,1)$ 和 $(3,1,2)$. 这就是说,

$$\max_{\omega\in\Omega} f_3(\omega)=3.$$

现在考虑一般情形, 假定 $\dbinom{n}{2}$ 场比赛相互独立进行, 并且每场比赛的双方均势均力敌, 各以 $\dfrac{1}{2}$ 的概率取胜. 我们要来证明,

$$\max_{\omega\in\Omega} f_n(\omega)\geqslant\frac{n!}{2^{n-1}}. \tag{5.2.6}$$

证明 在我们的假定之下, f_n 是一个随机变量. 如果将 $1,2,\cdots,n$ 的一共 $n!$ 种不同排列进行编号, 并定义

$$X_j=\begin{cases}1, & \text{第 } j \text{ 号排列是一条 Hamilton 链},\\ 0, & \text{第 } j \text{ 号排列不是 Hamilton 链},\end{cases}\qquad j=1,2,\cdots,n!,$$

那么就有

$$f_n=\sum_{j=1}^{n!}X_j.$$

易知,

$$\mathbf{P}(X_j=1)=\frac{1}{2^{n-1}},\qquad j=1,2,\cdots,n!,$$

这是因为在排列 $(i_1, i_2, \cdots, i_n)$ 中, 对每个 $2 \leqslant k \leqslant n$, i_{k-1} 战胜 i_k 的概率都是 $\dfrac{1}{2}$, 而各场比赛相互独立进行. 于是,

$$\mathbf{E}X_j = \frac{1}{2^{n-1}}, \qquad j = 1, 2, \cdots, n!,$$

从而

$$\max_{\omega\in\Omega} f_n(\omega) \geqslant \mathbf{E}f_n = \sum_{j=1}^{n!} \mathbf{E}X_j = \frac{n!}{2^{n-1}}.$$

再来看一个有趣的例题.

例 5.2.19 沿着一个圆周等间距地分布着 52 棵松树, 有 15 只松鼠生活在这些松树上. 证明: 有某相连的 7 棵松树上至少生活着 3 只松鼠.

这是一个看似数学竞赛题的问题, 似乎与概率没有什么关系. 但是却可以通过定义随机变量, 运用数学期望来解答它.

证明 将 15 只松鼠编号为 $1, 2, \cdots, 15$. 随机选取某相连的 7 棵松树, 定义

$$X_i = \begin{cases} 1, & 第\ i\ 号松鼠生活在所选取的\ 7\ 棵松树之一上, \\ 0, & 第\ i\ 号松鼠不生活在这\ 7\ 棵松树上, \end{cases} \qquad i = 1, 2, \cdots, 15,$$

于是, 这 7 棵松树上一共生活着

$$X = \sum_{i=1}^{15} X_i$$

只松鼠. 易知

$$\mathbf{P}(X_i = 1) = \frac{7}{52}, \qquad j = 1, 2, \cdots, 15,$$

这是因为每只松鼠生活在每棵松树上的概率都是 $\dfrac{1}{52}$. 从而

$$\mathbf{E}X = \sum_{i=1}^{15} \mathbf{E}X_i = \frac{7 \cdot 15}{52} = \frac{105}{52} > 2,$$

根据抽屉原理, 此结果表明, 在某相连的 7 棵松树上至少生活着 3 只松鼠.

*5.2.4 条件方差及其应用

条件二阶矩 $\mathbf{E}(X^2|Y)$ 就是随机变量 X^2 的条件期望, 由此容易建立条件方差的概念, 事实上条件方差就是条件二阶矩与条件期望之平方的差, 即

$$\mathbf{Var}(X|Y) = \mathbf{E}(X^2|Y) - \Big(\mathbf{E}(X|Y)\Big)^2.$$

利用 $\mathbf{E}\Big(\mathbf{E}(X^2|Y)\Big)=\mathbf{E}X^2$, 可以求得

$$\mathbf{E}\Big(\mathbf{Var}(X|Y)\Big)=\mathbf{E}X^2-\mathbf{E}\Big(\mathbf{E}(X|Y)\Big)^2. \tag{5.2.7}$$

另一方面, 利用 $\mathbf{E}\Big(\mathbf{E}(X|Y)\Big)=\mathbf{E}X$, 可以求得

$$\begin{aligned}\mathbf{Var}\Big(\mathbf{E}(X|Y)\Big)&=\mathbf{E}\Big(\mathbf{E}(X|Y)\Big)^2-\Big\{\mathbf{E}\Big(\mathbf{E}(X|Y)\Big)\Big\}^2\\&=\mathbf{E}\Big(\mathbf{E}(X|Y)\Big)^2-(\mathbf{E}X)^2.\end{aligned} \tag{5.2.8}$$

将式 (5.2.7) 与式 (5.2.8) 相加, 得计算方差的**条件方差公式**:

$$\mathbf{Var}X=\mathbf{Var}\Big(\mathbf{E}(X|Y)\Big)+\mathbf{E}\Big(\mathbf{Var}(X|Y)\Big). \tag{5.2.9}$$

例 5.2.20 假设时刻 t 到达车站的乘客人数服从参数为 $\lambda t(\lambda>0)$ 的 Poisson 分布. 旅游车到站的时刻与乘客到达的时刻相互独立, 并服从均匀分布 $U(0,T)$, 其中 $T>0$ 为常数. 求旅游车到站时车站上的乘客人数的期望与方差.

解 以 $N(t)$ 表示到时刻 t 为止, 车站上的乘客人数; 以 Y 表示旅游车到站的时刻. 于是我们所要考察的就是随机变量 $N(Y)$. 以 Y 的值作为条件, 得到

$$\mathbf{E}\Big(N(Y)|Y=t\Big)=\mathbf{E}\Big(N(t)|Y=t\Big)=\mathbf{E}N(t)=\lambda t,$$

上式中的第二个等号是因为 Y 与 $N(t)$ 独立, 第三个等号是因为 $N(t)$ 服从参数为 λt 的 Poisson 分布, 由此得知

$$\mathbf{E}\Big(N(Y)|Y\Big)=\lambda Y,$$

故有

$$\mathbf{E}N(Y)=\mathbf{E}\Big\{\mathbf{E}\Big(N(Y)|Y\Big)\Big\}=\lambda\mathbf{E}Y=\frac{\lambda T}{2}.$$

再求 $\mathbf{Var}N(Y)$. 以 Y 的值作为条件, 得到

$$\mathbf{Var}\Big(N(Y)|Y=t\Big)=\mathbf{Var}\Big(N(t)|Y=t\Big)=\mathbf{Var}N(t)=\lambda t,$$

上式中的第二个等号也是因为 Y 与 $N(t)$ 独立, 第三个等号也是因为 $N(t)$ 服从参数为 λt 的 Poisson 分布, 由此知

$$\mathbf{Var}\Big(N(Y)|Y\Big)=\lambda Y.$$

利用条件方差公式 (5.2.9), 得

$$\begin{aligned}\mathbf{Var}N(Y)&=\mathbf{Var}\Big(\mathbf{E}(N(Y)|Y)\Big)+\mathbf{E}\Big(\mathbf{Var}(N(Y)|Y)\Big)\\&=\mathbf{Var}(\lambda Y)+\mathbf{E}(\lambda Y)=\frac{\lambda^2T^2}{12}+\frac{\lambda T}{2}.\end{aligned}$$

*5.2.5 随机足标和的期望和方差

设 $X_1, X_2, \cdots$ 是定义在同一个概率空间上的随机变量序列, 记

$$S_0 = 0, \quad S_n = \sum_{k=1}^{n} X_k, \quad n \in \mathbb{N},$$

称 $\{S_n\}$ 为该随机变量序列的部分和序列, 也称 S_n 是其第 n 个部分和, 或简称为部分和.

如果 $X, X_1, X_2, \cdots$ 是定义在同一个概率空间上的相互独立的随机变量, 服从同一个分布 $F(x)$, 则称 $\{X, X_n,\ n \in \mathbb{N}\}$ 是独立同分布的随机变量序列, 简记为 $X, X_1, X_2, \cdots$ i.i.d. $\sim F$. 此时, S_0 的分布函数为 $I(x > 0)$; 而 S_n 的分布函数为 $F^{*n}(x)$, 其中 $F^{*n}(x)$ 是分布 $F(x)$ 的 n 重自卷积. 为方便起见, 记 $F^{*0}(x) = I(x > 0)$, 并称其为 $F(x)$ 的 0 重自卷积.

如果 $X \in L_1$, 并且 $\mathbf{E}X = a$, 则有

$$\mathbf{E}S_0 = 0, \quad \mathbf{E}S_n = \sum_{k=1}^{n} \mathbf{E}X_k = na, \quad n \in \mathbb{N}.$$

如果进一步有 $X \in L_2$, 并且 $\mathbf{Var}X = \sigma^2$, 那么容易算得

$$\mathbf{Var}S_0 = 0, \quad \mathbf{Var}S_n = \sum_{k=1}^{n} \mathbf{Var}X_k = n\sigma^2, \quad n \in \mathbb{N}.$$

现在再设 ν 是与随机变量序列 $\{X_n,\ n \in \mathbb{N}\}$ 定义在同一个概率空间上的只取非负整数值的随机变量, 并且 ν 与随机变量序列 $\{X_n,\ n \in \mathbb{N}\}$ 相互独立. 称

$$S_\nu = \sum_{k=1}^{\nu} X_k = \sum_{n=0}^{\infty} S_n I(\nu = n) \tag{5.2.10}$$

为 i.i.d. 随机变量序列 $\{X_n,\ n \in \mathbb{N}\}$ 的随机足标和, 简称为随机和.

在前面的有关章节中, 曾经接触过随机和的概念. 例如, 若 $\{X_n,\ n \in \mathbb{N}\}$ 表示各笔存款的数目, 则可认为这是一个独立同分布的随机变量序列. 若以 ν 表示银行在一个月内收到的存款笔数, 则 ν 是一个只取非负整数值的随机变量, 并且可以合理地认为 ν 与随机变量序列 $\{X_n,\ n \in \mathbb{N}\}$ 独立. 于是, 银行在一个月内收到的存款数目就是如式 (5.2.10) 所示的随机和 S_ν.

首先来求 S_ν 的分布函数. 我们指出

$$\mathbf{P}(S_\nu \leqslant x | \nu = n) = \mathbf{P}(S_n \leqslant x | \nu = n) = \mathbf{P}(S_n \leqslant x),$$

其中后一个等号得自 S_n 与 ν 之间的独立性. 由全概率公式, 得

$$F_{S_\nu}(x)=\mathbf{P}(S_\nu\leqslant x)=\sum_{n=0}^{\infty}\mathbf{P}(S_\nu\leqslant x|\nu=n)\mathbf{P}(\nu=n)$$
$$=\sum_{n=0}^{\infty}\mathbf{P}(S_n\leqslant x)\mathbf{P}(\nu=n)=\sum_{n=0}^{\infty}\mathbf{P}(\nu=n)F^{*n}(x). \tag{5.2.11}$$

下面假设 $X,\nu\in L_1$, 并且 $\mathbf{E}X=a,\ \mathbf{E}\nu=v$, 则有

$$\mathbf{E}S_n=\mathbf{E}\sum_{k=1}^{n}X_k=na=\int_{-\infty}^{\infty}x\mathrm{d}F^{*n}(x).$$

我们来计算 $\mathbf{E}S_\nu$.

可以利用 S_ν 的分布函数, 通过数学期望的定义来计算:

$$\mathbf{E}S_\nu=\int_{-\infty}^{\infty}x\mathrm{d}F_{S_\nu}(x)=\int_{-\infty}^{\infty}x\mathrm{d}\left(\sum_{n=0}^{\infty}\mathbf{P}(\nu=n)F^{*n}(x)\right)$$
$$=\sum_{n=0}^{\infty}\mathbf{P}(\nu=n)\int_{-\infty}^{\infty}x\mathrm{d}F^{*n}(x)=\sum_{n=0}^{\infty}\mathbf{P}(\nu=n)\mathbf{E}S_n$$
$$=\sum_{n=0}^{\infty}\mathbf{P}(\nu=n)na=a\mathbf{E}\nu=av. \tag{5.2.12}$$

也可以利用表达式 (5.2.10) 和数学期望的性质来计算 $\mathbf{E}S_\nu$:

$$\mathbf{E}S_\nu=\sum_{n=0}^{\infty}\mathbf{E}\left(S_nI(\nu=n)\right)=\sum_{n=0}^{\infty}\mathbf{E}S_n\mathbf{E}I(\nu=n)$$
$$=\sum_{n=0}^{\infty}na\mathbf{P}(\nu=n)=a\sum_{n=0}^{\infty}n\mathbf{P}(\nu=n)=a\mathbf{E}\nu=av.$$

还可以从条件期望的角度认识 $\mathbf{E}S_\nu$:

$$\mathbf{E}S_\nu=\mathbf{E}\Big\{\mathbf{E}(S_\nu|\nu)\Big\}=\sum_{n=0}^{\infty}\mathbf{E}(S_\nu|\nu=n)\mathbf{P}(\nu=n)$$
$$=\sum_{n=0}^{\infty}\mathbf{E}S_n\mathbf{P}(\nu=n)=\sum_{n=0}^{\infty}na\mathbf{P}(\nu=n)$$
$$=a\sum_{n=0}^{\infty}n\mathbf{P}(\nu=n)=a\mathbf{E}\nu=av.$$

现在假设 $X,\nu\in L_2$, 并且 $\mathbf{E}X=a,\ \mathbf{E}\nu=v,\ \mathbf{Var}X=\sigma^2,\ \mathbf{E}\nu^2=\tau^2$, 我们来计算 $\mathbf{Var}S_\nu$. 注意

$$\mathbf{E}S_n^2=\mathbf{Var}S_n+(\mathbf{E}S_n)^2=n\sigma^2+(na)^2.$$

另一方面, 由表达式 (5.2.10) 可得

$$S_\nu^2 = \left(\sum_{k=1}^{\nu} X_k\right)^2 = \left(\sum_{n=0}^{\infty} S_n I(\nu = n)\right)^2 = \sum_{n=0}^{\infty} S_n^2 I(\nu = n),$$

这是因为当 $n_1 \neq n_2$ 时, $(\nu = n_1)$ 与 $(\nu = n_2)$ 是互不相交的事件, 所以 $I(\nu = n_1)I(\nu = n_2) = 0$. 利用上述结果, 立即求得

$$\begin{aligned}\mathbf{E}S_\nu^2 &= \mathbf{E}\left(\sum_{n=0}^{\infty} S_n^2 I(\nu = n)\right) = \sum_{n=0}^{\infty} \mathbf{E}S_n^2 \mathbf{P}(\nu = n) = \sum_{n=0}^{\infty} \left(n\sigma^2 + (na)^2\right) \mathbf{P}(\nu = n) \\ &= \sigma^2 \sum_{n=0}^{\infty} n\mathbf{P}(\nu = n) + a^2 \sum_{n=0}^{\infty} n^2 \mathbf{P}(\nu = n) = v\sigma^2 + a^2\tau^2.\end{aligned}$$

综合上述, 即得

$$\mathbf{Var}S_\nu = \mathbf{E}S_\nu^2 - (\mathbf{E}S_\nu)^2 = v\sigma^2 + a^2\tau^2 - a^2v^2 = v\sigma^2 + a^2\mathbf{Var}\,\nu. \tag{5.2.13}$$

也可以通过条件方差来计算 $\mathbf{Var}S_\nu$. 利用 ν 与随机变量序列 $\{X_n,\ n \in \mathbb{N}\}$ 之间的独立性, 可得

$$\mathbf{E}(S_\nu|\nu) = \nu\mathbf{E}X_1, \quad \mathbf{Var}(S_\nu|\nu) = \nu\mathbf{Var}X_1.$$

再由条件方差公式 (5.2.9), 即得

$$\begin{aligned}\mathbf{Var}S_\nu &= \mathbf{Var}\Big(\mathbf{E}(S_\nu|\nu)\Big) + \mathbf{E}\Big(\mathbf{Var}(S_\nu|\nu)\Big) \\ &= \mathbf{Var}(\nu\mathbf{E}X_1) + \mathbf{E}(\nu\mathbf{Var}X_1) = a^2\mathbf{Var}\nu + v\sigma^2.\end{aligned}$$

习 题 5.2

1. 某人同时抛掷一枚均匀的硬币和一枚均匀的骰子. 如果硬币正面朝上, 则以骰子所抛出点数的两倍作为他的得分; 如果硬币反面朝上, 则以骰子所抛出点数的一半作为他的得分. 试求该人得分的数学期望.

2. 设 X 与 Y 为相互独立的 $U(0,1)$ 随机变量, 证明: 对任何 $a > 0$, 都有

$$\mathbf{E}|X - Y|^a = \frac{2}{(a+1)(a+2)}.$$

3. 设 X 与 Y 相互独立, 都服从集合 $\{1, 2, \cdots, m\}$ 上的等概分布, 证明:

$$\mathbf{E}|X - Y| = \frac{(m-1)(m+1)}{3m}.$$

4. 罐中有一个黑球, 每次从中取出一个球, 并随机放入一个新球, 新球为黑球的概率为 $p\ (0 < p < 1)$, 为白球的概率为 $1 - p$, 一直到罐中没有黑球为止. 将所进行的取球次数记为 X, 求 $\mathbf{E}X$.

5. 从某一时刻开始, 小球源源不断地逐个随机落入 n 个不同的盒子, 每个小球落入第 j 个盒子的概率都是 $0 < p_j < 1$, 且 $\sum\limits_{j=1}^{n} p_j = 1$.

(i) 求 1 号盒有球落入之前, 已经落下的球的数目的数学期望;

(ii) 求 1 号盒有球落入之前, 已经有球落入的盒子的个数的数学期望.

6. 连续抛掷一枚均匀的骰子. 以 ν 表示直到 6 个面都至少出现一次为止所抛掷的次数. 求 $\mathbf{E}\nu$ 和 $\mathbf{Var}\,\nu$.

7. 10 个班, 每个班派一男一女两名代表参加某项活动. 如果随机地将 20 名代表分为 10 个小组, 每组 2 人. 以 X 表示男女同组的小组数目, 以 Y 表示同班二人同组的小组数目. 分别求 X 与 Y 的期望和方差.

8. 设随机变量 X 服从参数为 $\lambda > 0$ 的指数分布. 如果对任意实数 $x > 0$, 在条件 $X = x$ 下 Y 服从参数为 x 的 Poisson 分布, 试求 Y 的无条件分布.

9. 设 $g(x)$ 为任一可测函数, 证明: 若下列期望均存在, 则

$$\mathbf{E}[\mathbf{E}(Y|X)g(X)] = \mathbf{E}[Yg(X)].$$

10. 设随机向量 (X, Y) 的密度函数为 $p(x, y) = cx(y-x)\mathrm{e}^{-y}$, $0 < x < y < \infty$. 试求常数 c, 及条件期望 $\mathbf{E}(X|Y)$ 和 $\mathbf{E}(Y|X)$.

11. 设随机变量 X, Y 和 Z 相互独立, 且分别服从参数为 λ, μ 和 ν 的指数分布, 试求 $\mathbf{P}(X < Y < Z)$.

12. 连续投掷一枚均匀的硬币, 直到有一面出现的次数比另外一面多两次就停止. 试求总抛掷次数的数学期望.

13. 甲乙二人进行比赛, 假设每局甲赢的概率为 $p(0 < p < 1)$, 乙赢的概率为 $1 - p$. 若比赛直到甲连胜 $n(n \geqslant 2)$ 局才停止, 试求比赛总局数的数学期望.

14. 设随机变量 X 和 Y 独立同分布, 求 $\mathbf{E}[X|X+Y]$;

15. 设随机变量 X 与 $-X$ 同分布, 求 $\mathbf{E}[X^2|X]$ 和 $\mathbf{E}[X|X^2]$.

16. 设 $X_1, \cdots, X_n$ 为独立同分布随机变量, 服从未知的连续型分布 F; $Y_1, \cdots, Y_m$ 为独立同分布随机变量, 服从未知的连续型分布 G. 现对这 $n+m$ 个随机变量按大小排序, 令

$$I_j = \begin{cases} 1, & n+m \text{ 个变量中第 } j \text{ 个最小的变量服从分布 } F, \\ 0, & n+m \text{ 个变量中第 } j \text{ 个最小的变量服从分布 } G. \end{cases}$$

随机变量 $R := \sum\limits_{j=1}^{n+m} jI_j$ 称为来自分布 F 的样本的秩和. R 称为 Wilcoxon 秩和检验统计量, 是检验 F 与 G 是否为同一分布的一种标准统计方法的基础. 在 R 的值既不很大也不很小的情况下, 接受假设 H_0 : $F = G$. 试在假设 H_0 之下, 求 R 的均值与方差.

5.3 协方差和相关系数

协方差和相关系数是刻画不同随机变量之间关系的一类数字特征.

5.3.1　协方差

如果 X 和 Y 是定义在同一个概率空间上的两个随机变量, 有 $X,Y\in L_2$, 那么就可以求 $X+Y$ 的方差 (详细推导过程可参阅式 (3.1.16)):

$$\mathbf{Var}(X+Y)=\mathbf{Var}X+2\mathbf{E}(X-\mathbf{E}X)(Y-\mathbf{E}Y)+\mathbf{Var}Y. \tag{5.3.1}$$

在上式中出现了加项 $2\mathbf{E}(X-\mathbf{E}X)(Y-\mathbf{E}Y)$. 由于对任何实数 x,y, 都有 $|xy|\leqslant\frac{1}{2}(x^2+y^2)$, 所以

$$|\mathbf{E}(X-\mathbf{E}X)(Y-\mathbf{E}Y)|\leqslant\mathbf{E}|X-\mathbf{E}X||Y-\mathbf{E}Y|\leqslant\frac{1}{2}(\mathbf{Var}X+\mathbf{Var}Y),$$

故知, 只要 $X,Y\in L_2$, 就有 $\mathbf{E}(X-\mathbf{E}X)(Y-\mathbf{E}Y)$ 存在.

定义 5.3.1　设随机变量 $X,Y\in L_2$, 称

$$\mathbf{Cov}(X,Y)=\mathbf{E}(X-\mathbf{E}X)(Y-\mathbf{E}Y) \tag{5.3.2}$$

为 X 与 Y 的协方差, 其中 **Cov** 是英文单词 covariance 的缩写.

由协方差的定义立即可以推出如下定理.

定理 5.3.1　协方差具有如下性质:

1° $\mathbf{Cov}(X,Y)=\mathbf{Cov}(Y,X)$;

2° $\mathbf{Var}(X+Y)=\mathbf{Var}X+2\mathbf{Cov}(X,Y)+\mathbf{Var}Y$;

3° $\mathbf{Cov}(X,Y)=\mathbf{E}XY-\mathbf{E}X\mathbf{E}Y$;

4° $\mathbf{Cov}(X,Y)=\mathbf{E}X(Y-\mathbf{E}Y)$;

5° 对任何实数 a_1,a_2,b_1,b_2, 有

$$\mathbf{Cov}(a_1X_1+a_2X_2,\ b_1Y_1+b_2Y_2)=\sum_{i=1}^{2}\sum_{j=1}^{2}a_ib_j\mathbf{Cov}(X_i,\ Y_j).$$

证明　仅证 5°. 我们有

$$\begin{aligned}&\mathbf{Cov}(a_1X_1+a_2X_2,\ b_1Y_1+b_2Y_2)\\=&\mathbf{E}\Big(a_1X_1+a_2X_2-\mathbf{E}(a_1X_1+a_2X_2)\Big)\Big(b_1Y_1+b_2Y_2-\mathbf{E}(b_1Y_1+b_2Y_2)\Big)\\=&\mathbf{E}\Big(a_1(X_1-\mathbf{E}X_1)+a_2(X_2-\mathbf{E}X_2)\Big)\Big(b_1(Y_1-\mathbf{E}Y_1)+b_2(Y_2-\mathbf{E}Y_2)\Big)\\=&\mathbf{E}\sum_{i=1}^{2}\sum_{j=1}^{2}a_ib_j(X_i-\mathbf{E}X_i)(Y_j-\mathbf{E}Y_j)\\=&\sum_{i=1}^{2}\sum_{j=1}^{2}a_ib_j\mathbf{Cov}(X_i,\ Y_j).\end{aligned}$$

例 5.3.1 分别对例 4.2.1 和例 4.2.2 中的随机向量 (X,Y) 计算协方差.

解 由于两例中的两个边缘分布都是 Bernoulli 分布

$$\begin{pmatrix} 0 & 1 \\ 3/5 & 2/5 \end{pmatrix},$$

所以

$$\mathbf{E}X = \mathbf{E}Y = \frac{2}{5}, \qquad \mathbf{Var}X = \mathbf{Var}Y = \frac{6}{25}.$$

下面计算 $\mathbf{Cov}(X,Y)$. 在例 4.2.1 中, 有

$$\mathbf{E}XY = 0\cdot 0\cdot \frac{9}{25} + 0\cdot 1\cdot \frac{6}{25} + 1\cdot 0\cdot \frac{6}{25} + 1\cdot 1\cdot \frac{4}{25} = \frac{4}{25}.$$

故得

$$\mathbf{Cov}(X,Y) = \mathbf{E}XY - \mathbf{E}X\mathbf{E}Y = 0.$$

在例 4.2.2 中, 有

$$\mathbf{E}XY = 0\cdot 0\cdot \frac{3}{10} + 0\cdot 1\cdot \frac{3}{10} + 1\cdot 0\cdot \frac{3}{10} + 1\cdot 1\cdot \frac{1}{10} = \frac{1}{10}.$$

故得

$$\mathbf{Cov}(X,Y) = \mathbf{E}XY - \mathbf{E}X\mathbf{E}Y = \frac{1}{10} - \frac{4}{25} = -\frac{3}{50}.$$

5.3.2 相关系数

为了介绍相关系数的概念, 先来证明一个引理.

引理 5.3.1 设随机变量 $X, Y \in L_2$, 则有

$$(\mathbf{E}XY)^2 \leqslant \mathbf{E}X^2\,\mathbf{E}Y^2, \tag{5.3.3}$$

并且等号成立, 当且仅当存在 $t_0 \in \mathbb{R}$, 使得 $X = t_0 Y$, a.s..

证明 易知, 对任何 $t \in \mathbb{R}$, 都有

$$g(t) := \mathbf{E}Y^2 \cdot t^2 - 2\mathbf{E}XY \cdot t + \mathbf{E}X^2 = \mathbf{E}(X - tY)^2 \geqslant 0,$$

所以二次函数 $g(t)$ 的判别式

$$\Delta = 4(\mathbf{E}XY)^2 - 4\mathbf{E}X^2 \cdot \mathbf{E}Y^2 \leqslant 0,$$

此即不等式 (5.3.3).

如果存在 $t_0 \in \mathbb{R}$, 使得 $X = t_0 Y$, a.s. , 显然就有

$$(\mathbf{E}XY)^2 = \mathbf{E}X^2\,\mathbf{E}Y^2. \tag{5.3.4}$$

反之, 如果式 (5.3.4) 成立, 那么方程 $g(t)=0$ 有唯一的实根 t_0, 即有

$$\mathbf{E}(X-t_0Y)^2=g(t_0)=0,$$

于是由引理 5.1.1 知 $X-t_0Y$ 是退化于 0 的随机变量, 即有 $X=t_0Y$, a.s. .

由引理 5.3.1 可得如下推论.

推论 5.3.1 设随机变量 $X,Y\in L_2$, 则有

$$|\mathbf{Cov}(X,Y)|\leqslant\sqrt{\mathbf{Var}X}\cdot\sqrt{\mathbf{Var}Y}, \tag{5.3.5}$$

并且等号成立, 当且仅当存在 $t_0\in\mathbb{R}$, 使得 $X-\mathbf{E}X=t_0(Y-\mathbf{E}Y)$, a.s..

现在给出相关系数的定义.

定义 5.3.2 设随机变量 $X,Y\in L_2$, 称

$$r_{X,Y}=\frac{\mathbf{Cov}(X,Y)}{\sqrt{\mathbf{Var}X}\cdot\sqrt{\mathbf{Var}Y}} \tag{5.3.6}$$

为 X 与 Y 的相关系数. 如果 $r_{X,Y}=0$, 则称 X 与 Y 不相关. 相应地, 如果 $r_{X,Y}>0$, 则称 X 与 Y 正相关; 如果 $r_{X,Y}<0$, 则称 X 与 Y 负相关.

由定义立知

$$r_{X,Y}=\mathbf{E}\left(\frac{X-\mathbf{E}X}{\sqrt{\mathbf{Var}X}}\cdot\frac{Y-\mathbf{E}Y}{\sqrt{\mathbf{Var}Y}}\right)=\mathbf{E}(X^*Y^*)=\mathrm{Cov}(X^*,Y^*), \tag{5.3.7}$$

所以相关系数就是标准化的随机变量的协方差. 正如前面所说, 通过标准化消除了由于计量单位的不同而给随机变量带来的影响. 所以相关系数更加准确地刻画了两个随机变量之间的相关关系.

利用引理 5.1.1 和引理 5.3.1, 容易由相关系数的定义推出如下定理.

定理 5.3.2 对任何随机变量 $X,Y\in L_2$, 都有 $|r_{X,Y}|\leqslant 1$. 而 $|r_{X,Y}|=1$ 当且仅当存在 $a,b\in\mathbb{R}$, 使得 $X=aY+b$, a.s. 且当 $r_{X,Y}=1$ 时, $a>0$; 当 $r_{X,Y}=-1$ 时, $a<0$.

定理 5.3.3 对任何随机变量 $X,Y\in L_2$, 如下四个命题均相互等价:

(1) X 与 Y 不相关;　　(2) $\mathbf{Cov}(X,Y)=0$;

(3) $\mathbf{E}XY=\mathbf{E}X\mathbf{E}Y$;　　(4) $\mathbf{Var}(X+Y)=\mathbf{Var}X+\mathbf{Var}Y$.

下面来讨论不相关与独立性之间的关系.

定理 5.3.4 设 $X,Y\in L_2$ 为非退化的随机变量. 如果 X 与 Y 独立, 则它们不相关; 但如果它们不相关, 却未必相互独立.

证明 若非退化随机变量 $X,Y\in L_2$, 且相互独立, 则显然有

$$\mathbf{Cov}(X,Y)=\mathbf{E}(X-\mathbf{E}X)(Y-\mathbf{E}Y)=\mathbf{E}(X-\mathbf{E}X)\cdot\mathbf{E}(Y-\mathbf{E}Y)=0,$$

所以它们不相关. 反之, 则有反例如下.

例 5.3.2 设随机变量 X 和 Y 的分布律分别为

$$X \sim \begin{pmatrix} -1 & 0 & 1 \\ \frac{1}{4} & \frac{1}{2} & \frac{1}{4} \end{pmatrix}, \quad Y \sim \begin{pmatrix} 0 & 1 \\ \frac{1}{2} & \frac{1}{2} \end{pmatrix} \tag{5.3.8}$$

并且 $\mathbf{P}(XY=0)=1$. 则 X 与 Y 不独立, 也不相关.

解 由 X 和 Y 的分布律知, $\mathbf{E}X=0$. 又因为 $\mathbf{P}(XY=0)=1$, 所以 $\mathbf{E}(XY)=0$. 因此 $\mathbf{Cov}(X,Y)=\mathbf{E}(XY)-\mathbf{E}X\cdot\mathbf{E}Y=0$, 故知 X 与 Y 不相关. 但是

$$\mathbf{P}(X=1)=\frac{1}{4}, \quad \mathbf{P}(Y=1)=\frac{1}{2},$$

$$\mathbf{P}(X=1,\ Y=1)\leqslant \mathbf{P}(XY=1)\leqslant \mathbf{P}(XY\neq 0)=0,$$

所以

$$\mathbf{P}(X=1)\mathbf{P}(Y=1)=\frac{1}{8}\neq 0=\mathbf{P}(X=1,\ Y=1),$$

可见 X 与 Y 不独立.

事实上, 利用 X 与 Y 的边缘分布和条件 $\mathbf{P}(XY=0)=1$, 不难求出 (X,Y) 的联合分布律 (表 5.1).

表 5.1

Y \ X	-1	0	1	$p_{i\cdot}$
0	1/4	0	1/4	1/2
1	0	1/2	0	1/2
$p_{\cdot j}$	1/4	1/2	1/4	1

这是一个利用条件 $\mathbf{P}(XY=0)=1$, 由边缘分布律反推联合分布律的例子. 其具体做法是: 先在表中填入 $p_{i\cdot}$ 和 $p_{\cdot j}$, 再在两个随机变量的乘积不等于 0 的位置上填上概率 0, 然后利用第 i 行概率之和等于 $p_{i\cdot}$, 第 j 列概率之和等于 $p_{\cdot j}$, 推断出其余各处的概率值.

例 5.3.3 设二维随机向量 (X,Y) 的联合密度函数为

$$p(x,y)=8xy, \quad 0<x\leqslant y<1,$$

试求 $\mathbf{Cov}(X,Y)$,

我们有

$$\mathbf{E}XY=\iint\limits_{\mathbb{R}^2} xyp(x,y)\mathrm{d}x\mathrm{d}y=8\int_0^1 y^2\Big(\int_0^y x^2\mathrm{d}x\Big)\mathrm{d}y=\frac{4}{9}.$$

$$p_X(x)=\int_{-\infty}^{\infty} p(x,y)\mathrm{d}y=8x\int_x^1 y\mathrm{d}y=4x(1-x^2),\quad 0<x<1;$$

$$p_Y(y)=\int_{-\infty}^{\infty} p(x,y)\mathrm{d}x=8y\int_0^y x\mathrm{d}x=4y^3,\quad 0<y<1.$$

$$\mathbf{E}X=\int_0^1 xp_X(x)\mathrm{d}x=\int_0^1 4x^2(1-x^2)\mathrm{d}x=\frac{8}{15},$$

$$\mathbf{E}Y=\int_0^1 yp_Y(y)\mathrm{d}y=\int_0^1 4y^4\mathrm{d}y=\frac{4}{5}.$$

故知

$$\mathbf{Cov}(X,Y)=\mathbf{E}XY-\mathbf{E}X\cdot\mathbf{E}Y=\frac{4}{9}-\frac{32}{75}=\frac{4}{225}.$$

由于 $\mathbf{Cov}(X,Y)>0$, 所以 X 与 Y(正) 相关, 当然不独立.

例 5.3.4　设二维随机向量 (X,Y) 服从单位圆盘 $\Big\{(x,y)\Big|x^2+y^2\leqslant 1\Big\}$ 上的均匀分布. 试证明 X 与 Y 不独立, 也不相关.

由例 4.3.1 的结论知, X 与 Y 的边缘密度函数分别为

$$p_X(x)=\frac{2}{\pi}\sqrt{1-x^2},\quad |x|\leqslant 1;\quad p_Y(x)=\frac{2}{\pi}\sqrt{1-y^2},\quad |y|\leqslant 1.$$

它们的乘积不等于联合密度 $p(x,y)=\dfrac{1}{\pi}$, $x^2+y^2\leqslant 1$. 所以 X 与 Y 不独立.

另一方面, 由对称性可知

$$\mathbf{E}XY=0,\quad \mathbf{E}X=0,\quad \mathbf{E}Y=0,$$

因而

$$\mathbf{Cov}(X,Y)=\mathbf{E}XY-\mathbf{E}X\cdot\mathbf{E}Y=0,$$

表明 X 与 Y 不相关.

例 5.3.5　设随机变量 θ 服从均匀分布 $U(0,2\pi)$, 而

$$X=\cos\theta,\quad Y=\cos(\theta+a),$$

其中 a 为常数, 待定.

不难算出

$$\mathbf{E}X=\mathbf{E}Y=0;\quad \mathbf{Var}X=\mathbf{Var}Y=\frac{1}{2}.$$

$$\mathbf{E}XY=\frac{1}{2\pi}\int_0^{2\pi}\cos x\cos(x+a)\mathrm{d}x=\frac{1}{2}\cos a,\quad r_{X,Y}=\cos a.$$

所以,

1° 如果 $a=0$, 则 $r_{X,Y}=1$, 此时 $X=Y=\cos\theta$, 它们为同一个随机变量.

2° 如果 $a=\pi$, 则 $r_{X,Y}=-1$, 此时 $Y=\cos(\theta+\pi)=-X$, 它们之间有明确的线性关系.

3° 如果 $a=\frac{\pi}{2}$, 则 $r_{X,Y}=0$, 此时它们不相关. 但是有: $X=\cos\theta$, $Y=-\sin\theta$, 我们来证明它们不相互独立.

众所周知, 如果它们相互独立, 则在给定 X 的条件下, Y 的条件分布与它的无条件分布相同, 特别地, $Y=-\sin\theta$ 是一个连续型随机变量. 但事实上, 它们之间存在着非线性关系 $X^2+Y^2=\cos^2\theta+\sin^2\theta=1$. 一旦 $X=\cos\theta$ 的值给定, 就必然有 $Y=\pm\sqrt{1-X^2}$, 最多只有两个不同值, 不再是连续型随机变量. 所以它们不独立.

这一事实再次表明, **不相关的随机变量不一定就相互独立.**

综合上述讨论可知, 相关系数 $r_{X,Y}$ 是对随机变量 X 与 Y 的线性相关关系的一种刻画, 当 $|r_{X,Y}|$ 达到最大值 1 时, X 与 Y 之间几乎必然存在线性关系; 当 $|r_{X,Y}|$ 达到最小值 0 时, X 与 Y 不相关, 即在它们之间不存在线性关系, 但是它们之间仍然可能存在其他相依关系, 所以并不一定相互独立.

现在来看二维正态分布随机向量.

例 5.3.6 设 (X,Y) 服从二维正态分布 $\mathcal{N}(a,b;\sigma_1^2,\sigma_2^2;r)$, 求 $\mathbf{Cov}(X,Y)$.

解 我们用两种不同方法计算 $\mathbf{Cov}(X,Y)$.

第一种方法: 直接利用协方差的定义式 (5.3.2), 并作变量替换

$$u=\frac{x-a}{\sigma_1},\quad v=\frac{y-b}{\sigma_2},$$

即得

$$\mathbf{Cov}(X,Y)=\frac{\sigma_1\sigma_2}{2\pi\sqrt{1-r^2}}\int_{-\infty}^{\infty}\int_{-\infty}^{\infty}uv\exp\left\{-\frac{1}{2(1-r^2)}(u^2-2ruv+v^2)\right\}\mathrm{d}u\mathrm{d}v.$$

配方后再令

$$s=\frac{u-rv}{\sqrt{1-r^2}},\quad t=v,$$

即可推出

$$\begin{aligned}\mathbf{Cov}(X,Y)&=\frac{\sigma_1\sigma_2}{2\pi}\int_{-\infty}^{\infty}\int_{-\infty}^{\infty}(\sqrt{1-r^2}st+rt^2)\exp\left\{-\frac{1}{2}(s^2+t^2)\right\}\mathrm{d}s\mathrm{d}t\\&=\sigma_1\sigma_2\left(0+r\int_{-\infty}^{\infty}\frac{1}{\sqrt{2\pi}}\mathrm{e}^{-\frac{s^2}{2}}\mathrm{d}s\int_{-\infty}^{\infty}\frac{t^2}{\sqrt{2\pi}}\mathrm{e}^{-\frac{t^2}{2}}\mathrm{d}t\right)=r\sigma_1\sigma_2.\end{aligned}$$

第二种方法: 利用条件密度 $p_2(y|x)$ 计算 $\mathbf{E}(Y|x)$, 由 (4.3.4) 立知 $\mathbf{E}(Y|x) = a_2 + r\dfrac{\sigma_2}{\sigma_1}(x-a_1)$, 从而

$$\begin{aligned}\mathbf{E}XY &= \mathbf{E}(X\mathbf{E}(Y|X)) = \mathbf{E}\Big[X\Big(a_2 + r\frac{\sigma_2}{\sigma_1}(X-a_1)\Big)\Big]\\ &= r\frac{\sigma_2}{\sigma_1}\mathbf{E}X^2 + \Big(a_2 - ra_1\frac{\sigma_2}{\sigma_1}\Big)\mathbf{E}X\\ &= r\frac{\sigma_2}{\sigma_1}(a_1^2+\sigma_1^2) + a_1a_2 - ra_1^2\frac{\sigma_2}{\sigma_1} = a_1a_2 + r\sigma_1\sigma_2.\end{aligned}$$

注意到 $\mathbf{E}X = a_1$, $\mathbf{E}Y = a_2$, 即知

$$\mathbf{Cov}(X,Y) = \mathbf{E}XY - \mathbf{E}X\mathbf{E}Y = r\sigma_1\sigma_2.$$

第二种方法的好处就是可以直接利用一维正态的各个参数的含义, 从而不必真正计算积分.

对于二维正态分布, 有如下定理.

定理 5.3.5　如果随机向量 (X,Y) 的联合分布是二维正态分布 $\mathcal{N}(a,b;\sigma_1^2,\sigma_2^2;r)$, 则如下三个命题相互等价:

1° X 与 Y 相互独立;

2° X 与 Y 不相关;

3° $r=0$.

证明　由于独立一定不相关, 所以 $1^\circ \Longrightarrow 2^\circ$. 由例 5.3.6 的计算结果知

$$r_{X,Y} = \frac{\mathbf{Cov}(X,Y)}{\sqrt{\mathbf{Var}X\mathbf{Var}Y}} = \frac{r\sigma_1\sigma_2}{\sigma_1\sigma_2} = r,$$

所以 X 与 Y 不相关, 即 $r_{X,Y}=0$ 等价于 $r=0$. 故得 2° 与 3° 等价. 而当 $r=0$ 时, (X,Y) 的联合密度等于两个边缘密度的乘积, 此时 X 与 Y 相互独立, 故有 $3^\circ \Longrightarrow 1^\circ$.

到目前为止, 我们已经弄清楚了二维正态分布 $\mathcal{N}(a,b;\sigma_1^2,\sigma_2^2;r)$ 中所有 5 个参数的意义. 在此, 要特别提请读者注意本定理的成立条件是二维随机向量 (X,Y) 的联合分布是二维正态. 此时, 只有此时, 才能断言: X 与 Y 不相关就是独立.

例 5.3.7　设随机变量 $X\sim\mathcal{N}(0,1)$, 随机变量 $Y\sim\begin{pmatrix}-1 & 1\\ \frac{1}{2} & \frac{1}{2}\end{pmatrix}$, 它们相互独立. 若记 $Z=XY$, 则 Z 也服从标准正态分布, 且与 X 不独立, 也不相关.

首先证明 Z 也服从标准正态分布:

$$
\begin{aligned}
F_Z(x) &= \mathbf{P}(Z \leqslant x) = \mathbf{P}(XY \leqslant x) \\
&= \mathbf{P}(XY \leqslant x|Y=1)\mathbf{P}(Y=1) + \mathbf{P}(XY \leqslant x|Y=-1)\mathbf{P}(Y=-1) \\
&= \mathbf{P}(X \leqslant x|Y=1) \cdot \frac{1}{2} + \mathbf{P}(-X \leqslant x|Y=-1) \cdot \frac{1}{2} \\
&= \frac{1}{2}\Big(\mathbf{P}(X \leqslant x) + \mathbf{P}(X \geqslant -x)\Big) = \Phi(x), \quad x \in \mathbb{R},
\end{aligned}
$$

其中 $\mathbf{P}(X \geqslant -x) = \Phi(x)$ 得自标准正态分布函数的对称性.

这就表明 $Z = XY$ 也服从标准正态分布, 因此 $\mathbf{E}Z = 0$. 同时

$$
\mathbf{E}XZ = \mathbf{E}X^2Y = \mathbf{E}X^2\mathbf{E}Y = 0.
$$

因此

$$
\mathbf{Cov}(X, Z) = \mathbf{E}XZ - \mathbf{E}X\mathbf{E}Z = 0.
$$

这表明 X 与 Z 不相关.

X 与 Z 显然不独立, 这是因为在给定 X 的情况下, Z 亦随之给定, 它只能等于 X 或 $-X$. 当然, 我们也可以从以下角度来证明:

$$
\begin{aligned}
\mathbf{P}(X > 1) &= \mathbf{P}(Z > 1) = 1 - \Phi(1); \\
\mathbf{P}(X > 1, Z > 1) &= \mathbf{P}(X > 1, XY > 1) \\
&= \mathbf{P}(X > 1, XY > 1, Y = 1) + \mathbf{P}(X > 1, XY > 1, Y = -1) \\
&= \mathbf{P}(X > 1, Y = 1) + \mathbf{P}(X > 1, X < -1, Y = -1) \\
&= \mathbf{P}(X > 1, Y = 1) = \mathbf{P}(X > 1)\mathbf{P}(Y = 1) \\
&= \frac{1 - \Phi(1)}{2} \neq (1 - \Phi(1))^2.
\end{aligned}
$$

这意味着

$$
\mathbf{P}(X > 1, Z > 1) \neq \mathbf{P}(X > 1) \cdot \mathbf{P}(Z > 1).
$$

所以, X 与 Z 不独立.

例 5.3.8 设随机向量 (X, Y) 的联合密度函数为

$$
p(x, y) = \varphi(x)\varphi(y) + \frac{\mathrm{e}^{-\pi^2}}{2\pi} g(x)g(y), \quad -\infty < x, y < \infty,
$$

其中 $\varphi(x)$ 表示标准正态分布的密度函数, 而

$$
g(x) = \cos x, \quad |x| \leqslant \pi.
$$

经过简单的计算, 即可知道 X 与 Y 都服从标准正态分布, 且它们不相关, 不独立. 而且这一结论可以推广到 $n(n \geqslant 2)$ 维的情形:

$$p(x_1, x_2, \cdots, x_n) = \prod_{j=1}^{n} \varphi(x_j) + \frac{\mathrm{e}^{-\frac{n\pi^2}{2}}}{(2\pi)^{\frac{n}{2}}} \prod_{j=1}^{n} g(x_j), \quad -\infty < x_1, x_2, \cdots, x_n < \infty.$$

这个问题的证明留给读者.

5.3.3　随机向量的数字特征

如果 $X_1, \cdots, X_n$ 是定义在同一个概率空间上的 n 个随机变量, 那么我们就可以把它们作为一个随机向量来研究, 通常记为列向量. 相应地, 数值向量也记为列向量. 例如

$$\boldsymbol{X} = \begin{pmatrix} X_1 \\ X_2 \\ \vdots \\ X_n \end{pmatrix}, \quad \boldsymbol{a} = \begin{pmatrix} a_1 \\ a_2 \\ \vdots \\ a_n \end{pmatrix},$$

等等, 并且以 $\mathbf{0}$ 表示零向量, 即各维分量都是 0 的向量. 为了节省篇幅, 我们通常写成向量的转置形式: $\boldsymbol{X}^{\mathrm{T}} = (X_1, X_2, \cdots, X_n), \boldsymbol{a}^{\mathrm{T}} = (a_1, a_2, \cdots, a_n)$, 等等.

如果一个矩阵 $\boldsymbol{A}$ 的各个元素都是随机变量, 那么就称其为随机矩阵. 如果一个随机向量或随机矩阵的各个元素的数学期望都存在, 那么就记

$$\mathbf{E}\boldsymbol{X} = \begin{pmatrix} \mathbf{E}X_1 \\ \mathbf{E}X_2 \\ \vdots \\ \mathbf{E}X_n \end{pmatrix} = \begin{pmatrix} a_1 \\ a_2 \\ \vdots \\ a_n \end{pmatrix} = \boldsymbol{a}, \quad \text{其中 } a_j = \mathbf{E}X_j,\ j = 1, 2, \cdots, n.$$

$$\mathbf{E}\boldsymbol{A} = \begin{pmatrix} \mathbf{E}X_{11} & \cdots & \mathbf{E}X_{1n} \\ \vdots & & \vdots \\ \mathbf{E}X_{m1} & \cdots & \mathbf{E}X_{mn} \end{pmatrix} = \begin{pmatrix} a_{11} & \cdots & a_{1n} \\ \vdots & & \vdots \\ a_{m1} & \cdots & a_{mn} \end{pmatrix}, \quad \text{其中 } a_{ij} = \mathbf{E}X_{ij},$$

即当各个元素的期望都存在时, 用 $\mathbf{E}\boldsymbol{A}$ 表示对 $\boldsymbol{A}$ 的各个元素都取期望, 或言 $\mathbf{E}\boldsymbol{A}$ 是由 $\boldsymbol{A}$ 的各个元素的数学期望构成的矩阵. 对于随机向量亦作同样的理解.

如果 n 维随机向量 $\boldsymbol{X}^{\mathrm{T}} = (X_1, X_2, \cdots, X_n)$ 中的每一维随机变量都平方可积 (即属于 L_2), 那么我们就可以考察其中各个随机变量的方差和其中任何两个随机变量的协方差:

$$b_{ij} = \mathbf{Cov}(X_i, X_j).$$

定义 5.3.3 如果 n 维随机向量 $\boldsymbol{X}^{\mathrm{T}}=(X_1,\cdots,X_n)$ 的每个分量都属于 L_2, 则将 $n\times n$ 方阵 $\boldsymbol{B}=(b_{ij})$ 称为该随机向量的协方差阵.

显然随机向量 $\boldsymbol{X}$ 的协方差阵就是随机矩阵 $(\boldsymbol{X}-\mathbf{E}\boldsymbol{X})(\boldsymbol{X}-\mathbf{E}\boldsymbol{X})^{\mathrm{T}}$ 的期望阵. 协方差阵具有如下性质.

定理 5.3.6 如果 n 维随机向量 $\boldsymbol{X}^{\mathrm{T}}=(X_1,\cdots,X_n)$ 的每个分量都属于 L_2, 则它的协方差阵 $\boldsymbol{B}=(b_{ij})$ 是半正定阵.

证明 以 $\boldsymbol{x}$ 表示 n 维列向量, 以 $\boldsymbol{x}^{\mathrm{T}}$ 表示它的转置. 任取 n 维实向量 $\boldsymbol{x}^{\mathrm{T}}=(x_1,\cdots,x_n)$, 都有

$$\boldsymbol{x}^{\mathrm{T}}\boldsymbol{B}\boldsymbol{x}=\sum_{i=1}^{n}\sum_{j=1}^{n}x_ix_jb_{ij}=\sum_{i=1}^{n}\sum_{j=1}^{n}x_ix_j\mathbf{Cov}(X_i,X_j)=\mathbf{Var}\left(\sum_{i=1}^{n}x_iX_i\right)\geqslant 0,$$

所以 $\boldsymbol{B}=(b_{ij})$ 是半正定阵.

例 5.3.9 (二维正态分布的协方差阵) 设 (X,Y) 服从二维正态分布 $\mathcal{N}(a,b;\sigma_1^2,\sigma_2^2;r)$, 求 (X,Y) 的协方差阵.

解 我们已经陆续知道 $\mathbf{E}X=a$, $\mathbf{E}Y=b$, $b_{11}=\mathbf{Var}X=\sigma_1^2$, $b_{22}=\mathbf{Var}Y=\sigma_2^2$, 而在例 5.3.6 中又已求得 $b_{12}=r\sigma_1\sigma_2$. 所以二维正态分布 $\mathcal{N}(a,b;\sigma_1^2,\sigma_2^2;r)$ 的协方差阵为

$$\boldsymbol{B}=\begin{pmatrix}\sigma_1^2 & r\sigma_1\sigma_2\\ r\sigma_1\sigma_2 & \sigma_2^2\end{pmatrix}.$$

习 题 5.3

1. 设随机变量 $X_1,X_2,\cdots,X_{m+n}(n>m)$ 是独立的, 有相同的分布并且有有限的方差, 试求 $S=X_1+\cdots+X_n$ 与 $T=X_{m+1}+X_{m+2}+\cdots+X_{m+n}$ 两和之间的相关系数.

2. 若 X 的密度函数是偶函数, 且 $\mathbf{E}X^2<\infty$, 试证 $|X|$ 与 X 不相关, 但它们不相互独立.

3. 若 X 与 Y 都是只取两个值的随机变量, 试证如果它们不相关, 则独立.

4. 设 A, B 是两个随机事件, 且 $\mathbf{P}(A)>0,\mathbf{P}(B)>0$, 并定义随机变量 X, Y 如下:

$$X=\begin{cases}1, & A\text{ 发生},\\ 0, & A\text{ 不发生},\end{cases}\qquad Y=\begin{cases}1, & B\text{ 发生},\\ 0, & B\text{ 不发生},\end{cases}$$

试证明: 若 $\rho_{XY}=0$, 则 X 与 Y 必定相互独立.

5. 设 $Y_1=aX_1+b$, $Y_2=cX_2+d$, 其中 $ac>0$. 证明 Y_1, Y_2 的相关系数等于 X_1,X_2 的相关系数.

6. 若 X_1,X_2,X_3 是随机变量, 试讨论如下三者之间的关系:

(1) X_1,X_2,X_3 两两不相关;

(2) $\mathbf{Var}(X_1+X_2+X_3)=\mathbf{Var}X_1+\mathbf{Var}X_2+\mathbf{Var}X_3$;

(3) $\mathbf{E}X_1X_2X_3=\mathbf{E}X_1\,\mathbf{E}X_2\,\mathbf{E}X_3$.

7. 若 X, Y 服从二维正态分布, $\mathbf{E}X=a$, $\mathbf{Var}X=1$, $\mathbf{E}Y=b$, $\mathbf{Var}Y=1$, 证明: X 与 Y 的相关系数 r 等于 $\cos q\pi$, 其中 $q=\mathbf{P}((X-a)(Y-b)<0)$.

8. 设 (X,Y) 服从二维正态分布, $\mathbf{E}X=\mathbf{E}Y=0$, $\mathbf{Var}X=\mathbf{Var}Y=1$, $r_{XY}=r$, 试证明:

$$\mathbf{E}\max(X,Y)=\sqrt{\frac{1-r}{\pi}}.$$

9. 袋中有编号 1 至 n 的 n 张卡片, 现从中任取出 $m(m\leqslant n)$ 张. 试对 (1) 有放回; (2) 不放回两情形求 m 张卡片上编号之和的方差.

10. 求习题 5.1 的第 24 题中戴对自己帽子的人数 X 的方差.

11. 已知平面上有 $n(n\geqslant 3)$ 个点, 任意三点不共线. 设任意两点之间独立地以概率 $p(0<p<1)$ 连一条边或以概率 $1-p$ 不连边, 若记 X_n 表示以这些点为顶点的三角形个数, 试求 X_n 的期望和方差.

12. 设随机向量 $(X,\ Y,\ Z)$ 有联合密度

$$p(x,y,z)=(x+y)z\mathrm{e}^{-z},\quad 0<x,y<1,\ \ z>0.$$

求此随机向量的协方差阵.

13. 设 $\mathbf{E}X^2<\infty$, a 是实数, 令

$$Y=\begin{cases}X, & X\leqslant a,\\ a, & X>a,\end{cases}$$

证明: $\mathbf{Var}Y\leqslant\mathbf{Var}X$.

14. 设 $p_1(x)$, $p_2(x)$ 为一维密度函数, $p(x,y)=p_1(x)\cdot p_2(y)+h(x,y)$.

(1) 为使 $p(x,y)$ 成为二维密度函数, $h(x,y)$ 必须且只需满足什么条件?

(2) 为使二维密度函数 $p(x,y)$ 的两个一维边缘密度分别为 $p_1(x)$ 和 $p_2(y)$, $h(x,y)$ 必须且只需满足什么条件?

(3) 如果随机向量 (X,Y) 以 $p(x,y)$ 作为联合密度, 为使 X 与 Y 相互独立, $h(x,y)$ 必须且只需满足什么条件?

(4) 如果随机向量 (X,Y) 以 $p(x,y)$ 作为联合密度, 为使 X 与 Y 不相关, $h(x,y)$ 必须且只需满足什么条件?

15. 设随机变量X与Y独立同分布, 且其分布函数 $F(x)$ 为连续函数. 若 $\mathbf{E}X$ 存在, 试证明:

$$\mathbf{E}|X-Y|=4\mathbf{Cov}(X,F(X)).$$

5.4 特征函数

特征函数是概率论中研究极限定理的重要工具, 虽然它不像分布函数那样具有明显的概率意义, 但是却具有很好的分析性质, 特别是在处理与独立随机变量之和有关的问题中, 显得非常方便, 对于我们学习概率论具有极为重要的意义.

特征函数最早是由 Lyapunov 引入的. 关于特征函数的引入, 在 Lyapunov 和 Markov 之间还有一段有趣的往事.

5.4.1 特征函数的定义

首先引入复值随机变量的概念. 设 X 与 Y 是两个定义在同一个概率空间 $(\Omega,\mathscr{F},\mathbf{P})$ 上的实值随机变量, 令 $\mathrm{i}=\sqrt{-1}$, 那么

$$Z:=X+\mathrm{i}Y$$

就是一个定义在概率空间 $(\Omega,\mathscr{F},\mathbf{P})$ 上的复值随机变量. 特别地, 对于任何实数 t,

$$\mathrm{e}^{\mathrm{i}tX}=\cos tX+\mathrm{i}\sin tX \tag{5.4.1}$$

是一个复值随机变量.

可以把复值随机变量 $Z=X+\mathrm{i}Y$ 作为随机向量 (X,Y) 来处理. 例如, 如果 X 与 Y 的数学期望都存在, 那么就可以按照线性关系将 $\mathbf{E}Z$ 定义为

$$\mathbf{E}Z=\mathbf{E}X+\mathrm{i}\mathbf{E}Y.$$

又如果复值随机变量 $Z_1=X_1+\mathrm{i}Y_1$ 与 $Z_2=X_2+\mathrm{i}Y_2$ 相互独立, 当且仅当对任何 Borel 可测函数 g_1 和 g_2 都有

$$\mathbf{E}\left(g_1(Z_1)g_2(Z_2)\right)=\mathbf{E}g_1(Z_1)\mathbf{E}g_2(Z_2). \tag{5.4.2}$$

所谓特征函数, 就是对复值随机变量 $\mathrm{e}^{\mathrm{i}tX}$ 所取的期望.

定义 5.4.1 设 $F(x)$ 为一维分布函数, 我们将

$$f(t)=\int_{-\infty}^{\infty}\mathrm{e}^{\mathrm{i}tx}\mathrm{d}F(x),\quad t\in\mathbb{R} \tag{5.4.3}$$

称为 $F(x)$ 的特征函数. 如果 $F(x)$ 是随机变量 X 的分布函数, 则该 $f(t)$ 也称为 X 的特征函数, 此时有

$$f(t)=\mathbf{E}\mathrm{e}^{\mathrm{i}tX}.$$

事实上, 特征函数就是分布函数的 Fourier 变换.

由于对任何实数 t 都有 $|\mathrm{e}^{\mathrm{i}tX}|=1$, 所以任何分布函数的特征函数都存在. 由特征函数的定义可知: 如果离散型随机变量 X 的分布律为 $\mathbf{P}(X=a_n)=p_n,\ n\in\mathbb{N}$, 那么它的特征函数就是

$$f(t)=\mathbf{E}\mathrm{e}^{\mathrm{i}tX}=\sum_{n=1}^{\infty}\mathrm{e}^{\mathrm{i}ta_n}p_n. \tag{5.4.4}$$

如果连续型随机变量 X 的密度函数为 $p(x)$, 那么就有

$$f(t)=\mathbf{E}\mathrm{e}^{\mathrm{i}tX}=\int_{-\infty}^{\infty}\mathrm{e}^{\mathrm{i}tx}p(x)\mathrm{d}x. \tag{5.4.5}$$

有时可以分别对特征函数的实部和虚部进行计算, 此时有

$$f(t) = \mathbf{E}\mathrm{e}^{\mathrm{i}tX} = \mathbf{E}\cos tX + \mathrm{i}\mathbf{E}\sin tX.$$

下面来计算一些常见分布的特征函数.

例 5.4.1　常见离散型分布的特征函数.

利用公式 (5.4.4), 可以立即算得: 退化于 a 的随机变量的特征函数为

$$f(t) = \mathrm{e}^{ita}.$$

特别地, 退化于 0 的随机变量的特征函数为 $f(t) = 1$; 参数为 $0 < p < 1$ 的 Bernoulli 分布的特征函数为

$$f(t) = q + p\mathrm{e}^{\mathrm{i}t}.$$

一般两点分布 (即分布 $\mathbf{P}(X = a) = p,\ \mathbf{P}(X = b) = q,\ p + q = 1$) 的特征函数为

$$f(t) = p\mathrm{e}^{ita} + q\mathrm{e}^{itb}.$$

特别地, 如果 $\mathbf{P}(X = 1) = \mathbf{P}(X = -1) = \dfrac{1}{2}$, 则有

$$f(t) = \frac{\mathrm{e}^{\mathrm{i}t} + \mathrm{e}^{-\mathrm{i}t}}{2} = \cos t.$$

Poisson 分布 $\mathrm{Poi}(\lambda)$ 的特征函数为

$$f(t) = \mathrm{e}^{-\lambda} \sum_{n=0}^{\infty} \frac{(\mathrm{e}^{\mathrm{i}t}\lambda)^n}{n!} = \mathrm{e}^{\lambda(\mathrm{e}^{\mathrm{i}t} - 1)}.$$

而几何分布 $\mathrm{Geo}(p)$ 的特征函数为

$$f(t) = \sum_{n=1}^{\infty} \mathrm{e}^{itn} pq^{n-1} = \frac{p\mathrm{e}^{\mathrm{i}t}}{1 - q\mathrm{e}^{\mathrm{i}t}}.$$

例 5.4.2　试求指数分布 $\mathrm{Exp}(\lambda)$ 的特征函数.

利用公式 (5.4.5), 并且分别对特征函数的实部和虚部进行计算, 可知

$$\begin{aligned} f(t) &= \lambda \int_0^{\infty} \mathrm{e}^{-\lambda x} \cos tx \mathrm{d}x + \lambda \mathrm{i} \int_0^{\infty} \mathrm{e}^{-\lambda x} \sin tx \mathrm{d}x \\ &:= \lambda \left(J_1(t) + \mathrm{i} J_2(t) \right). \end{aligned}$$

利用分部积分, 得到

$$J_1(t) = \frac{\lambda}{t} J_2(t), \quad J_2(t) = \frac{1 - \lambda J_1(t)}{t}.$$

解此方程组, 得出

$$J_1(t)=\frac{\lambda}{\lambda^2+t^2},\quad J_2(t)=\frac{t}{\lambda^2+t^2}.$$

所以指数分布 $\mathrm{Exp}(\lambda)$ 的特征函数为

$$f(t)=\lambda\left(J_1(t)+\mathrm{i}J_2(t)\right)=\frac{\lambda(\lambda+\mathrm{i}t)}{\lambda^2+t^2}=\frac{\lambda}{\lambda-\mathrm{i}t}=\left(1-\frac{\mathrm{i}t}{\lambda}\right)^{-1}.$$

5.4.2 特征函数的性质

定理 5.4.1 任何分布函数的特征函数 $f(t)$ 都具有如下性质:

1° $|f(t)|\leqslant f(0)=1,\ \ \forall t\in\mathbb{R}$;

2° $f(-t)=\overline{f(t)},\ \ \forall t\in\mathbb{R}$, 其中 $\overline{f(t)}$ 是 $f(t)$ 的复共轭;

3° $f(t)$ 在 $\mathbb{R}$ 上一致连续;

4° $f(t)$ 具有半正定性, 意即对任何 $n\in\mathbb{N}$, 任意 n 个实数 $t_1,\cdots,t_n$ 和任意 n 个复数 $z_1,\cdots,z_n$, 都有

$$\sum_{j=1}^{n}\sum_{k=1}^{n}z_j\overline{z_k}f(t_j-t_k)\geqslant 0. \tag{5.4.6}$$

证明 1° 和 2° 可由定义直接推出. 现证 3°. 任取实数 t 和 Δt, 有

$$\begin{aligned}|f(t+\Delta t)-f(t)|&\leqslant\int_{-\infty}^{\infty}\left|\mathrm{e}^{\mathrm{i}(t+\Delta t)x}-\mathrm{e}^{\mathrm{i}tx}\right|\mathrm{d}F(x)\\&=\int_{-\infty}^{\infty}\left|\mathrm{e}^{\mathrm{i}(t+\frac{1}{2}\Delta t)x}\right|\left|\mathrm{e}^{\mathrm{i}\frac{\Delta t}{2}x}-\mathrm{e}^{-\mathrm{i}\frac{\Delta t}{2}x}\right|\mathrm{d}F(x)\\&=\int_{-\infty}^{\infty}2\left|\sin\frac{\Delta t}{2}x\right|\mathrm{d}F(x).\end{aligned}$$

对于任意给定的 $\varepsilon>0$, 可取充分大的 $A>0$, 使得

$$\int_{|x|>A}2\left|\sin\frac{\Delta t}{2}x\right|\mathrm{d}F(x)\leqslant 2\int_{|x|>A}\mathrm{d}F(x)<\frac{\varepsilon}{2}.$$

利用不等式 $|\sin u|\leqslant|u|$ 知, 对取定的 $A>0$, 可以取足够小的 $|\Delta t|$, 使得

$$\int_{|x|\leqslant A}2\left|\sin\frac{\Delta t}{2}x\right|\mathrm{d}F(x)\leqslant|\Delta t|\int_{|x|\leqslant A}|x|\mathrm{d}F(x)<\frac{\varepsilon}{2}.$$

综合上述, 即知 $f(t)$ 在 $\mathbb{R}$ 上一致连续.

往证 4°. 设 $f(t)=\mathbf{E}\mathrm{e}^{\mathrm{i}tX}$, 立得

$$\sum_{j=1}^{n}\sum_{k=1}^{n}z_j\overline{z_k}f(t_j-t_k)=\mathbf{E}\left|\sum_{j=1}^{n}z_j\mathrm{e}^{\mathrm{i}t_jX}\right|^2\geqslant 0.$$

定理 5.4.2　随机变量线性函数的特征函数满足如下关系式:

$$f_{a+bX}(t)=\mathrm{e}^{\mathrm{i}ta}f_X(bt).$$

证明　事实上, 有

$$f_{a+bX}(t)=\mathbf{E}\mathrm{e}^{\mathrm{i}t(a+bX)}=\mathrm{e}^{\mathrm{i}ta}\mathbf{E}\mathrm{e}^{\mathrm{i}tbX}=\mathrm{e}^{\mathrm{i}ta}f_X(bt).$$

利用定理 5.4.2 可以方便地计算任何均匀分布的特征函数.

例 5.4.3　均匀分布 $U(a,b)$ 的特征函数.

解　假设随机变量 X 服从均匀分布 $U(a,b)$, 写

$$Y=\frac{2}{b-a}\left(X-\frac{a+b}{2}\right),$$

易知 Y 服从均匀分布 $U(-1,1)$. 容易求得

$$f_Y(t)=\frac{1}{2}\int_{-1}^{1}\mathrm{e}^{\mathrm{i}tx}\mathrm{d}x=\frac{\mathrm{e}^{\mathrm{i}t}-\mathrm{e}^{-\mathrm{i}t}}{2\mathrm{i}t}=\frac{\sin t}{t}.$$

由于

$$X=\frac{a+b}{2}+\frac{b-a}{2}Y,$$

所以由定理 5.4.2 立知

$$f_X(t)=\mathrm{e}^{\mathrm{i}\frac{a+b}{2}t}f_Y\left(\frac{b-a}{2}t\right)=\frac{\mathrm{e}^{\mathrm{i}bt}-\mathrm{e}^{\mathrm{i}at}}{\mathrm{i}t(b-a)}.$$

下面来讨论特征函数的 Taylor 展开式, 为此先做些准备.

引理 5.4.1　对一切 $x\in\mathbb{R}$ 和非负整数 n, 都有

$$\left|\mathrm{e}^{\mathrm{i}x}-\sum_{k=0}^{n}\frac{(\mathrm{i}x)^k}{k!}\right|\leqslant\left(\frac{|x|^{n+1}}{(n+1)!}\right)\wedge\left(\frac{2|x|^n}{n!}\right),\tag{5.4.7}$$

其中, $a\wedge b=\min\{a,b\}$.

证明　当 $n=0$ 时, 一方面, 显然有

$$|\mathrm{e}^{\mathrm{i}x}-1|\leqslant 2;$$

另一方面, 则又易见

$$|\mathrm{e}^{\mathrm{i}x}-1|=\left|\mathrm{i}\int_0^x\mathrm{e}^{\mathrm{i}u}\mathrm{d}u\right|\leqslant\int_0^{|x|}\mathrm{d}u=|x|.$$

所以 (5.4.7) 在 $n=0$ 时成立. 假设该式在 $n=m$ 时已经成立, 我们来看 $n=m+1$ 的情形. 注意此时已经有

$$\left|\mathrm{e}^{\mathrm{i}x}-\sum_{k=0}^{m}\frac{(\mathrm{i}x)^k}{k!}\right|\leqslant\frac{|x|^{m+1}}{(m+1)!}. \tag{5.4.8}$$

所以, 立即得

$$\left|\mathrm{e}^{\mathrm{i}x}-\sum_{k=0}^{m+1}\frac{(\mathrm{i}x)^k}{k!}\right|\leqslant\left|\mathrm{e}^{\mathrm{i}x}-\sum_{k=0}^{m}\frac{(\mathrm{i}x)^k}{k!}\right|+\frac{|x|^{m+1}}{(m+1)!}\leqslant\frac{2|x|^{m+1}}{(m+1)!}.$$

另一方面, 注意到

$$\mathrm{e}^{\mathrm{i}x}-1=\mathrm{i}\int_0^x\mathrm{e}^{\mathrm{i}u}\mathrm{d}u,\quad \frac{(\mathrm{i}x)^{k+1}}{(k+1)!}=\mathrm{i}\int_0^x\frac{(\mathrm{i}u)^k}{k!}\mathrm{d}u$$

和式 (5.4.8), 又可得知

$$\begin{aligned}\left|\mathrm{e}^{\mathrm{i}x}-\sum_{k=0}^{m+1}\frac{(\mathrm{i}x)^k}{k!}\right|&=\left|\mathrm{i}\int_0^x\left(\mathrm{e}^{\mathrm{i}u}-\sum_{k=0}^{m}\frac{(\mathrm{i}u)^k}{k!}\right)\mathrm{d}u\right|\leqslant\int_0^{|x|}\left|\mathrm{e}^{\mathrm{i}u}-\sum_{k=0}^{m}\frac{(\mathrm{i}u)^k}{k!}\right|\mathrm{d}u\\&\leqslant\int_0^{|x|}\frac{u^{m+1}}{(m+1)!}\mathrm{d}u=\frac{|x|^{m+2}}{(m+2)!}.\end{aligned}$$

综合上述两结果, 即知式 (5.4.7) 在 $n=m+1$ 时成立.

式 (5.4.7) 在 $n=0,1,2$ 时的情形尤为常用, 所以我们具体写出它们:

$$\left|\mathrm{e}^{\mathrm{i}x}-1\right|\leqslant|x|\wedge 2; \tag{5.4.9}$$

$$\left|\mathrm{e}^{\mathrm{i}x}-1-\mathrm{i}x\right|\leqslant\frac{x^2}{2}\wedge(2|x|); \tag{5.4.10}$$

$$\left|\mathrm{e}^{\mathrm{i}x}-1-\mathrm{i}x+\frac{x^2}{2}\right|\leqslant\frac{|x|^3}{6}\wedge x^2. \tag{5.4.11}$$

由于对任何 $x\in\mathbb{R}$, 式 (5.4.7) 的右端在 $n\to\infty$ 时都趋于 0, 所以得到如下推论.

推论 5.4.1

$$\mathrm{e}^{\mathrm{i}tx}=\sum_{k=0}^{\infty}\frac{(\mathrm{i}tx)^k}{k!},\quad \forall t,x\in\mathbb{R}. \tag{5.4.12}$$

式 (5.4.7) 和 (5.4.12) 为我们讨论特征函数的 Taylor 展开提供了方便.

定理 5.4.3 如果随机变量 X 的任意阶矩都存在, 并且存在 $t_0>0$, 使得

$$\lim_{n\to\infty}\frac{|t|^n\mathbf{E}|X|^n}{n!}=0,\qquad |t|\leqslant t_0, \tag{5.4.13}$$

则 X 的特征函数具有展开式

$$f(t)=\sum_{k=0}^{\infty}\frac{(\mathrm{i}t)^k}{k!}\mathbf{E}X^k,\quad |t|\leqslant t_0. \tag{5.4.14}$$

证明　此因在条件 (5.4.13) 之下, 对任何 $|t|\leqslant t_0$, 利用估计式 (5.4.7), 均可得

$$\begin{aligned}\left|f(t)-\sum_{k=0}^{n}\frac{(\mathrm{i}t)^k}{k!}\mathbf{E}X^k\right|&=\left|\mathbf{E}\left(\mathrm{e}^{\mathrm{i}tX}-\sum_{k=0}^{n}\frac{(\mathrm{i}tX)^k}{k!}\right)\right|\leqslant\mathbf{E}\left|\mathrm{e}^{\mathrm{i}tX}-\sum_{k=0}^{n}\frac{(\mathrm{i}tX)^k}{k!}\right|\\&\leqslant\frac{|t|^{n+1}\mathbf{E}|X|^{n+1}}{(n+1)!}\to 0,\quad n\to\infty.\end{aligned}$$

所以有式 (5.4.14) 成立.

下面来计算正态分布的特征函数.

例 5.4.4　标准正态分布 $\mathcal{N}(0,1)$ 的特征函数为

$$f(t)=\mathrm{e}^{-\frac{t^2}{2}}. \tag{5.4.15}$$

而正态分布 $\mathcal{N}(a,\sigma^2)$ 的特征函数为

$$f(t)=\mathrm{e}^{\mathrm{i}ta-\frac{\sigma^2t^2}{2}}. \tag{5.4.16}$$

解　首先求标准正态分布 $\mathcal{N}(0,1)$ 的特征函数. 由特征函数的定义知

$$f(t)=\frac{1}{\sqrt{2\pi}}\int_{-\infty}^{\infty}\exp\left\{\mathrm{i}tx-\frac{x^2}{2}\right\}\mathrm{d}x,$$

如果直接计算, 则需计算围道积分. 下面来介绍一种利用定理 5.4.3 中的展开式求特征函数的解法.

由例 5.1.8 可知, 标准正态随机变量 X 的任意正整数阶矩都存在, 且对任意正整数 n,

$$\mathbf{E}X^{2n-1}=0,\quad \mathbf{E}|X|^{2n-1}=\sqrt{\frac{2}{\pi}}(2n-2)!!,\quad \mathbf{E}X^{2n}=(2n-1)!!,$$

所以对任何 $t\in\mathbb{R}$, 条件 (5.4.13) 都满足, 因此由定理 5.4.3 立知

$$f(t)=\sum_{k=0}^{\infty}\frac{(\mathrm{i}t)^k}{k!}\mathbf{E}X^k=\sum_{k=0}^{\infty}\frac{(\mathrm{i}t)^{2k}}{(2k)!}(2k-1)!!=\sum_{k=0}^{\infty}\frac{1}{k!}\left(-\frac{t^2}{2}\right)^k=\mathrm{e}^{-\frac{t^2}{2}}.$$

当随机变量 Y 服从正态分布 $\mathcal{N}(a,\sigma^2)$ 时, 其标准化随机变量 Y^* 服从标准正态分布 $\mathcal{N}(0,1)$, 而且 $Y=a+\sigma Y^*$, 所以

$$f_Y(t)=\mathrm{e}^{\mathrm{i}ta}f_{Y^*}(\sigma t)=\exp\left\{\mathrm{i}ta-\frac{\sigma^2t^2}{2}\right\}.$$

下面来讨论特征函数的可微性条件.

定理 5.4.4 设 X 为随机变量, 如果对 $k\in\mathbb{N}$, 有 $\mathbf{E}|X|^k<\infty$, 则 X 的特征函数 $f(t)$ 为 k 阶可微, 并且有

$$f^{(k)}(0)=\mathrm{i}^k\mathbf{E}X^k. \tag{5.4.17}$$

证明 先考虑一阶导数. 我们有

$$\frac{f(t+\Delta t)-f(t)}{\Delta t}-\mathbf{E}(\mathrm{i}X\mathrm{e}^{\mathrm{i}tX})=\mathbf{E}\left(\mathrm{e}^{\mathrm{i}tX}\frac{\mathrm{e}^{\mathrm{i}\Delta tX}-1-\mathrm{i}\Delta tX}{\Delta t}\right).$$

由 (5.4.10) 知

$$\left|\mathrm{e}^{\mathrm{i}tX}\frac{\mathrm{e}^{\mathrm{i}\Delta tX}-1-\mathrm{i}\Delta tX}{\Delta t}\right|=\left|\frac{\mathrm{e}^{\mathrm{i}\Delta tX}-1-\mathrm{i}\Delta tX}{\Delta t}\right|\leqslant 2|X|\wedge\frac{|\Delta t|X^2}{2}.$$

一方面, $2|X|\wedge\dfrac{|\Delta t|X^2}{2}\leqslant 2|X|$, 而 $\mathbf{E}|X|<\infty$; 另一方面,

$$2|X|\wedge\frac{|\Delta t|X^2}{2}\leqslant\frac{|\Delta t|X^2}{2}\to 0,\quad \Delta t\to 0,$$

故由 Lebesgue 控制收敛定理 (参阅 6.1.3 节) 得知 $f'(t)$ 存在, 并且有

$$f'(t)=\mathbf{E}(\mathrm{i}X\mathrm{e}^{\mathrm{i}tX}).$$

由此并利用归纳法, 即得式 (5.4.17).

应当注意, 该定理的逆不成立. 事实上, 如果 $f(t)$ 的 $2k$ 阶导数存在, 则可以推出 X 的 $2k$ 阶矩存在; 但是当 $f(t)$ 的 $2k+1$ 阶导数存在时, 只能推出 X 的 $2k$ 阶矩存在. 这里不再细论.

由上述定理, 可以立即得到特征函数在 $t=0$ 处的 Taylor 展开式.

推论 5.4.2 设 X 为随机变量, 如果对 $n\in\mathbb{N}$, 有 $\mathbf{E}|X|^n<\infty$, 则 X 的特征函数 $f(t)$ 在 $t=0$ 处可以展开为

$$f(t)=1+\sum_{k=1}^{n}\frac{(\mathrm{i}t)^k}{k!}\mathbf{E}X^k+o(t^n),\quad t\to 0. \tag{5.4.18}$$

证明 因为当 $\mathbf{E}|X|^n<\infty$ 时, 有 $\mathbf{E}|X|^k<\infty$, $k=1,\cdots,n$, 再利用式 (5.4.17) 和 Taylor 展开定理即得式 (5.4.18).

5.4.3 关于特征函数的一些讨论

我们已经在定理 5.4.1 中讨论过特征函数的基本性质, 有时利用这些性质可以方便地否定一个函数是特征函数. 例如, $f(t)=\sin t$ 不是特征函数, 因为 $f(0)=\sin 0=0\neq 1$. 但是, 有时并不方便. 例如, "对于 $g(t)=|\cos t|$ 是否是特征函数?"

这个问题回答起来就很不容易. 易知 $g(t)=|\cos t|$ 一致连续, $|g(t)|=|\cos t|\leqslant 1=g(0)$, 但是却不容易验证它是否具有非负定性. 当然, 如果能说明它不具有非负定性, 那么自然可以否定它是特征函数; 可是如果证明了它具有非负定性, 却难以肯定它是特征函数. 因为我们并没有证明该定理中的几条性质也是一个函数 $f(t)$ 是特征函数的充分条件, 所以经常需要回到特征函数的定义, 看看是否存在一个分布函数 $F(x)$, 使得式 (5.4.3) 成立 (或者存在一个随机变量 X, 使得 $f(t)=\mathbf{E}\mathrm{e}^{\mathrm{i}tX}$).

例 5.4.5　证明: 函数 $g(t)=|\cos t|$ 不是特征函数.

证明　假设 $g(t)=|\cos t|$ 是特征函数, 那么就存在分布函数 $G(x)$, 使得

$$g(t)=\int_{-\infty}^{\infty}\mathrm{e}^{\mathrm{i}tx}\mathrm{d}G(x)=|\cos t|,\quad \forall t\in\mathbb{R}. \tag{5.4.19}$$

当 $t=\pi$ 时, 我们得到

$$g(\pi)=\int_{-\infty}^{\infty}\mathrm{e}^{\mathrm{i}\pi x}\mathrm{d}G(x)=|\cos\pi|=1,$$

这说明其实部为 1, 即

$$\int_{-\infty}^{\infty}\cos\pi x\mathrm{d}G(x)=1. \tag{5.4.20}$$

由于 $\cos\pi x\leqslant 1$, 且当 x 不是偶数时, 有 $\cos\pi x<1$, 而 $\int_{-\infty}^{\infty}\mathrm{d}G(x)=1$, 所以式 (5.4.20) 成立, 当且仅当 $G(x)$ 为离散型分布, 并且其跳跃点集包含于偶数集合之中. 设随机变量 X 服从分布 $G(x)$, 若记 $p_{2n}=\mathbf{P}(X=2n)$, 其中 n 为整数, 那么就有

$$\sum_{n=-\infty}^{\infty}p_{2n}=1\ ; \tag{5.4.21}$$

而式 (5.4.19) 就是

$$g(t)=\sum_{n=-\infty}^{\infty}\mathrm{e}^{\mathrm{i}2nt}p_{2n}=|\cos t|,\quad \forall t\in\mathbb{R}. \tag{5.4.22}$$

特别地, 有

$$g\left(\frac{\pi}{2}\right)=\sum_{n=-\infty}^{\infty}\mathrm{e}^{\mathrm{i}n\pi}p_{2n}=\left|\cos\frac{\pi}{2}\right|=0.$$

上式即为

$$\sum_{k=-\infty}^{\infty}p_{4k}-\sum_{k=-\infty}^{\infty}p_{4k+2}=0.$$

将该式与式 (5.4.21) 结合, 得到

$$\sum_{k=-\infty}^{\infty} p_{4k} = \sum_{k=-\infty}^{\infty} p_{4k+2} = \frac{1}{2}. \tag{5.4.23}$$

另一方面, 又由式 (5.4.22) 得知

$$g\left(\frac{\pi}{4}\right) = \sum_{n=-\infty}^{\infty} \mathrm{e}^{\frac{\mathrm{i}n\pi}{2}} p_{2n} = \left|\cos\frac{\pi}{4}\right| = \frac{\sqrt{2}}{2},$$

该式即为

$$\sum_{k=-\infty}^{\infty} p_{8k} - \sum_{k=-\infty}^{\infty} p_{8k+4} = \frac{\sqrt{2}}{2}.$$

从而就有

$$\sum_{k=-\infty}^{\infty} p_{4k} = \sum_{k=-\infty}^{\infty} p_{8k} + \sum_{k=-\infty}^{\infty} p_{8k+4} \geqslant \frac{\sqrt{2}}{2} > \frac{1}{2}.$$

此与式 (5.4.23) 相矛盾. 所以 $g(t) = |\cos t|$ 不是特征函数.

这个例子表明, 需要寻找方便的途径来判别特征函数. 为此, 先来讨论相互独立的随机变量之和的特征函数.

定理 5.4.5 如果随机变量 X_1 与 X_2 相互独立, 则有

$$f_{X_1+X_2}(t) = f_{X_1}(t) f_{X_2}(t). \tag{5.4.24}$$

证明 利用特征函数的定义和数学期望的性质, 即得

$$f_{X_1+X_2}(t) = \mathbf{E}\mathrm{e}^{\mathrm{i}t(X_1+X_2)} = \mathbf{E}\mathrm{e}^{\mathrm{i}tX_1}\mathbf{E}\mathrm{e}^{\mathrm{i}tX_2} = f_{X_1}(t) f_{X_2}(t).$$

由上述定理立即得到如下推论.

推论 5.4.3 如果 $f(t)$ 是特征函数, 那么对于任何 $n \in \mathbb{N}$, $f^n(t)$ 都是特征函数.

证明 由于 $f(t)$ 是特征函数, 所以存在随机变量 X, 使得 $f(t) = \mathbf{E}\mathrm{e}^{\mathrm{i}tX}$. 现在假设随机变量 $X_1, \cdots, X_n$ 相互独立, 并且都与 X 同分布, 那么就有 $f_{X_k}(t) = \mathbf{E}\mathrm{e}^{\mathrm{i}tX_k} = f(t)$, $k = 1, \cdots, n$, 并且

$$\mathbf{E}\exp\left\{\mathrm{i}t\sum_{k=1}^{n} X_k\right\} = \prod_{k=1}^{n} f_{X_k}(t) = f^n(t).$$

例 5.4.6 证明: 函数 $g(t) = \cos^2 t$ 是特征函数.

解 由于 $f(t) := \cos t = \dfrac{\mathrm{e}^{\mathrm{i}t} + \mathrm{e}^{-\mathrm{i}t}}{2}$ 是服从两点分布 $\mathbf{P}(X = 1) = \mathbf{P}(X = -1) = \dfrac{1}{2}$ 的随机变量 X 的特征函数, 而 $g(t) = f^2(t)$, 所以 $g(t)$ 是特征函数.

例 5.4.7　试求二项分布 $B(n,p)$ 的特征函数.

解　设随机变量 X 服从二项分布 $B(n,p)$. 那么就存在 n 个相互独立的同服从参数为 p 的 Bernoulli 随机变量 $X_1,\cdots,X_n$, 使得 $X=X_1+\cdots+X_n$. 由于 $X_1,\cdots,X_n$ 的特征函数都是 $f(t)=q+p\mathrm{e}^{\mathrm{i}t}$, 其中 $q=1-p$, 所以 X 的特征函数是 $g(t)=f^n(t)=\left(q+p\mathrm{e}^{\mathrm{i}t}\right)^n$.

推论 5.4.4　如果 $f(t)$ 是特征函数, 那么 $|f(t)|^2$ 也是特征函数.

证明　由于 $f(t)$ 是特征函数, 所以存在随机变量 X, 使得 $f(t)=\mathbf{E}\mathrm{e}^{itX}$. 现在设 Y 与 X 独立同分布, 令

$$\widetilde{X}=X-Y, \tag{5.4.25}$$

那么就有

$$f_{\widetilde{X}}(t)=\mathbf{E}\mathrm{e}^{\mathrm{i}t(X-Y)}=\mathbf{E}\mathrm{e}^{\mathrm{i}tX}\mathbf{E}\mathrm{e}^{-\mathrm{i}tY}=f(t)f(-t)=f(t)\overline{f(t)}=|f(t)|^2,$$

所以 $|f(t)|^2$ 也是特征函数. 由式 (5.4.25) 所定义的随机变量称为 X 的对称化随机变量, 对于这个名词的来历, 将在 5.4.4 节中介绍, 特别地, 可参阅例 5.4.9.

定义 5.4.2　如果 $\{f_n(t),\ n\in\mathbb{N}\}$ 是一列特征函数, $\{p_n,\ n\in\mathbb{N}\}$ 是一个离散分布律, 即有

$$p_n\geqslant 0,\quad \sum_{n=1}^{\infty}p_n=1,$$

则称

$$f(t):=\sum_{n=1}^{\infty}p_nf_n(t)$$

是特征函数的凸组合.

定理 5.4.6　特征函数的凸组合还是特征函数.

证明　由于 $\{f_n(t),\ n\in\mathbb{N}\}$ 是一列特征函数, 所以存在一列分布函数 $\{F_n(x),\ n\in\mathbb{N}\}$, 使得

$$f_n(t)=\int_{-\infty}^{\infty}\mathrm{e}^{\mathrm{i}tx}\mathrm{d}F_n(x),\quad \forall n\in\mathbb{N}.$$

由于分布函数的凸组合还是分布函数, 所以

$$F(x):=\sum_{n=1}^{\infty}p_nF_n(x)$$

是一个分布函数. 我们有

$$f(t)=\sum_{n=1}^{\infty} p_n f_n(t)=\sum_{n=1}^{\infty} p_n \int_{-\infty}^{\infty} \mathrm{e}^{\mathrm{i}tx} \mathrm{d}F_n(x)$$
$$=\int_{-\infty}^{\infty} \mathrm{e}^{\mathrm{i}tx} \mathrm{d}\left(\sum_{n=1}^{\infty} p_n F_n(x)\right)=\int_{-\infty}^{\infty} \mathrm{e}^{\mathrm{i}tx} \mathrm{d}F(x),$$

所以 $f(t)=\sum\limits_{n=1}^{\infty} p_n f_n(t)$ 是特征函数.

命题 5.4.1 随机足标和的特征函数是特征函数的凸组合.

证明 设 $X, X_1, X_2, \cdots$ 是定义在同一个概率空间上的相互独立的随机变量, 服从同一个分布 $F(x)$. 再设 ν 是与随机变量序列 $\{X_n,\ n\in\mathbb{N}\}$ 定义在同一个概率空间上的只取非负整数值的随机变量, 并且 ν 与随机变量序列 $\{X_n,\ n\in\mathbb{N}\}$ 相互独立. 那么

$$S_\nu=\sum_{k=1}^{\nu} X_k=\sum_{n=0}^{\infty} S_n I(\nu=n)$$

就是 i.i.d. 随机变量序列 $\{X_n,\ n\in\mathbb{N}\}$ 的随机足标和, 简称为随机和. 前面已经介绍过, S_ν 的分布函数是

$$F_{S_\nu}(x)=\sum_{n=0}^{\infty} \mathbf{P}(\nu=n) F^{*n}(x).$$

如果分别记 $F_{S_\nu}(x)$ 的特征函数为 $g(t)$, $F(x)$ 的特征函数为 $f(t)$, 那么对 $n\in\mathbb{N}$, $F^{*n}(x)$ 的特征函数就是 $X_1+\cdots+X_n$ 的特征函数, 即为 $f^n(t)$, 而 $F^{*0}(x)$ 是退化于 0 的随机变量的分布函数, 所以它的特征函数是 $f^0(t)\equiv 1$. 于是由定理 5.4.6 立知

$$g(t)=\sum_{n=0}^{\infty} \mathbf{P}(\nu=n) f^n(t). \tag{5.4.26}$$

例 5.4.8 如果 $f(t)$ 是特征函数, 证明如下函数也是特征函数:

1° $g_1(t)=\dfrac{1}{2-f(t)}$;

2° $g_2(t)=\mathrm{e}^{\lambda(f(t)-1)}$, 其中 $\lambda>0$.

解 1° 有

$$g_1(t)=\frac{1}{2-f(t)}=\frac{1}{2}\sum_{n=0}^{\infty} \frac{1}{2^n} f^n(t),$$

由于 $\frac{1}{2}\sum\limits_{n=0}^{\infty}\frac{1}{2^n}=1$, 所以 $g_1(t)$ 是特征函数的凸组合, 所以还是特征函数.

2° 有

$$g_2(t)=\mathrm{e}^{\lambda(f(t)-1)}=\mathrm{e}^{-\lambda}\sum_{n=0}^{\infty}\frac{\lambda^n}{n!}f^n(t),$$

由于 $\mathrm{e}^{-\lambda}\sum\limits_{n=0}^{\infty}\frac{\lambda^n}{n!}=1$, 所以 $g_2(t)$ 是特征函数的凸组合, 所以也是特征函数.

事实上, 由命题 5.4.1 可知, $g_1(t)$ 和 $g_2(t)$ 都是随机足标和 S_ν 的特征函数, 在 1° 中 ν 服从几何分布 Geo $\left(\frac{1}{2}\right)$; 在 2° 中 ν 服从 Poisson 分布 Poi(λ).

人们在概率论的研究中之所以引入特征函数, 一个重要原因是: 它不仅提供了一种重要的研究工具, 在许多问题的研究中较之研究分布函数的性质更为方便, 而且它是与分布函数一一对应的. 对此有如下定理.

定理 5.4.7　分布函数与特征函数一一对应.

由特征函数的定义容易知道, 特征函数可以由分布函数唯一确定; 反之, 也可证明, 分布函数亦可由特征函数唯一确定. 详细的证明可见附录 A.2.2. 这样一来, 一些关于分布函数的性质研究就可以通过研究其相应的特征函数来完成.

5.4.4　特征函数的几个初步应用

如前所述, 特征函数在很多方面较之分布函数来得方便. 既然分布函数与特征函数一一对应, 很多研究工作就可以通过特征函数来完成. 下面仅就两个方面的应用给出例子.

1. 对称分布与对称化

先来进一步讨论对称分布和对称化的问题.

定义 5.4.3　称随机变量 X 是对称的, 如果 X 与 $-X$ 同分布. 称一个分布函数 $F(x)$ 是对称的, 如果它是某个对称的随机变量 X 的分布函数, 亦即

$$1-F(x)=F(-x-0),\quad \forall x\in\mathbb{R}. \tag{5.4.27}$$

定理 5.4.8　分布函数 $F(x)$ 是对称的充分必要条件是它的特征函数 $f(t)$ 为实值函数.

证明　如果分布函数 $F(x)$ 是对称的, 那么由式 (5.4.27) 立即推知

$$\int_{-\infty}^{\infty}\sin tx\mathrm{d}F(x)=0,\quad \forall t\in\mathbb{R},$$

从而得知

$$f(t)=\int_{-\infty}^{\infty}\cos tx\mathrm{d}F(x),\quad \forall t\in\mathbb{R}$$

是实值函数. 反之, 如果特征函数 $f(t)$ 为实值函数, 假设它是随机变量 X 的特征函数, 那么就有

$$\mathbf{E}e^{\mathrm{i}tX} = f(t) = \overline{f(-t)} = f(-t) = \mathbf{E}e^{-\mathrm{i}tX} = \mathbf{E}e^{\mathrm{i}t(-X)},$$

这就说明 X 与 $-X$ 有相同的特征函数, 因此有相同的分布函数, 亦即 X 的分布函数 $F(x)$ 是对称的.

例 5.4.9 由式 (5.4.25) 所定义的对称化随机变量 $\widetilde{X} = X - Y$ 是对称的.

解 由推论 5.4.4 的证明过程知 $\widetilde{X}$ 的特征函数是 $|f(t)|^2$ 为实值函数.

2. **分布的再生性**

设 X_1 与 X_2 为随机变量, 它们的分布函数分别为 $F_1(x)$ 和 $F_2(x)$, 它们的特征函数分别为 $f_1(t)$ 和 $f_2(t)$. 我们已经知道, 如果 X_1 与 X_2 相互独立, 那么 X_1+X_2 的分布函数为 $F_1(x)$ 与 $F_2(x)$ 的卷积 $F_1 * F_2(x)$, 而 X_1+X_2 的特征函数为 $f_1(t)$ 与 $f_2(t)$ 的乘积 $f_1(t)\cdot f_2(t)$. 计算乘积显然要比计算卷积容易得多, 而特征函数与分布函数相互唯一确定. 因此人们在研究独立随机变量之和的分布时, 多以特征函数作为工具.

我们曾经通过研究分布函数的卷积证明过一些分布的再生性. 如果现在再从特征函数的角度来看, 那么这些问题就显得非常简单.

例 5.4.10 (正态分布的再生性) 如果随机变量 X_1 与 X_2 相互独立, 分别服从正态分布 $\mathcal{N}(a_j, \sigma_j^2)$, $j=1,2$, 则 X_1+X_2 服从正态分布 $\mathcal{N}(a_1+a_2,\ \sigma_1^2+\sigma_2^2)$.

解 我们知道随机变量 X 服从正态分布 $\mathcal{N}(a,\sigma^2)$ 当且仅当 X 的特征函数为 $f(t) = e^{\mathrm{i}at-\frac{\sigma^2t^2}{2}}$. 因此, 如果随机变量 X_1 与 X_2 相互独立, 分别服从正态分布 $\mathcal{N}(a_j,\sigma_j^2)$, $j=1,2$, 则 X_1+X_2 的特征函数为

$$\begin{aligned} f(t) &= f_1(t)\cdot f_2(t) = \exp\left\{\mathrm{i}a_1t - \frac{\sigma_1^2t^2}{2}\right\}\exp\left\{\mathrm{i}a_2t - \frac{\sigma_2^2t^2}{2}\right\} \\ &= \exp\left\{\mathrm{i}(a_1+a_2)t - \frac{(\sigma_1^2+\sigma_2^2)t^2}{2}\right\}, \end{aligned}$$

所以 X_1+X_2 服从正态分布 $\mathcal{N}(a_1+a_2,\ \sigma_1^2+\sigma_2^2)$.

例 5.4.11 (Poisson 分布的再生性) 如果随机变量 X_1 与 X_2 相互独立, 分别服从 Poisson 分布 $\mathrm{Poi}(\lambda_1)$ 和 $\mathrm{Poi}(\lambda_2)$, 则 X_1+X_2 服从 Poisson 分布 $\mathrm{Poi}(\lambda_1+\lambda_2)$.

解 由于随机变量 X 服从 Poisson 分布 $\mathrm{Poi}(\lambda)$ 当且仅当 X 的特征函数为 $f(t) = \exp\left\{\lambda(e^{\mathrm{i}t}-1)\right\}$. 因此, 如果随机变量 X_1 与 X_2 相互独立, 分别服从 Poisson 分布 $\mathrm{Poi}(\lambda_1)$ 和 $\mathrm{Poi}(\lambda_2)$, 则 X_1+X_2 的特征函数为

$$\begin{aligned} f(t) &= f_1(t)\cdot f_2(t) = \exp\left\{\lambda_1(e^{\mathrm{i}t}-1)\right\}\exp\left\{\lambda_2(e^{\mathrm{i}t}-1)\right\} \\ &= \exp\left\{(\lambda_1+\lambda_2)(e^{\mathrm{i}t}-1)\right\}, \end{aligned}$$

所以 X_1+X_2 服从 Poisson 分布 $\mathrm{Poi}(\lambda_1+\lambda_2)$.

例 5.4.12 (二项分布的再生性)　如果随机变量 X_1 与 X_2 相互独立, 分别服从二项分布 $B(n;p)$ 和 $B(m;p)$, 则 X_1+X_2 服从二项分布 $B(n+m;p)$.

解　由于随机变量 X 服从二项分布 $B(k;p)$ 当且仅当 X 的特征函数为 $f(t)=(q+p\mathrm{e}^{\mathrm{i}t})^k$. 因此, 如果随机变量 X_1 与 X_2 相互独立, 分别服从二项分布 $B(n;p)$ 和 $B(m;p)$, 则 X_1+X_2 的特征函数为

$$f(t)=f_1(t)\cdot f_2(t)=(q+p\mathrm{e}^{\mathrm{i}t})^n\cdot(q+p\mathrm{e}^{\mathrm{i}t})^m=(q+p\mathrm{e}^{\mathrm{i}t})^{n+m},$$

所以 X_1+X_2 服从二项分布 $B(n+m;p)$.

例 5.4.13　一般 Cauchy 分布的密度函数为 $p(x)=\dfrac{1}{\pi}\dfrac{\lambda}{\lambda^2+(x-\mu)^2}$, 其中 $\lambda>0$. 试证它的特征函数为 $\mathrm{e}^{\mathrm{i}\mu t-\lambda|t|}$, 并利用这个结果证明**Cauchy 分布的再生性**.

这里, 我们利用定理 A.2.4: 如果某个分布的特征函数 $f(t)$ 绝对可积, 即 $\displaystyle\int_{-\infty}^{\infty}|f(t)|\,\mathrm{d}t<\infty$, 则对应的分布函数 $F(x)$ 为连续型, 其密度函数为

$$p(x)=\frac{1}{2\pi}\int_{-\infty}^{\infty}f(t)\mathrm{e}^{-\mathrm{i}tx}\mathrm{d}t. \tag{5.4.28}$$

先看标准 Cauchy 分布, 即 $\lambda=1$, $\mu=0$ 的情形.

在例 4.4.2 中, 我们证明了: 如果 X_1 与 X_2 相互独立, 都服从标准指数分布, 则 $X=X_1-X_2$ 具有密度函数 $p(x)=\dfrac{1}{2}\mathrm{e}^{-|x|}$, $-\infty<x<\infty$. 另一方面, 在例 5.4.2 中, 求得 X_1 的特征函数为 $f_1(t)=\dfrac{1}{1-\mathrm{i}t}$, 从而 $X=X_1-X_2$ 的特征函数为 $f(t)=f_1(t)\overline{f_1(t)}=\dfrac{1}{1+t^2}$. 这里的 $f(t)$ 显然是绝对可积的, 因此, 由式 (5.4.28) 可得

$$\frac{1}{2\pi}\int_{-\infty}^{\infty}\frac{1}{1+t^2}\mathrm{e}^{-\mathrm{i}tx}\mathrm{d}t=\frac{1}{2}\mathrm{e}^{-|x|}.$$

由于 $f(t)=\overline{f(t)}$, 所以如果在上式两端取共轭, 即得

$$\frac{1}{2\pi}\int_{-\infty}^{\infty}\frac{1}{1+t^2}\mathrm{e}^{\mathrm{i}tx}\mathrm{d}t=\frac{1}{2}\mathrm{e}^{-|x|}.$$

将字母 t 与 x 互换, 并消去两端的 $\dfrac{1}{2}$, 即得

$$\int_{-\infty}^{\infty}\frac{1}{\pi}\frac{1}{1+x^2}\mathrm{e}^{\mathrm{i}tx}\mathrm{d}x=\mathrm{e}^{-|t|}.$$

由此经过变量代换, 得

$$\int_{-\infty}^{\infty}\frac{1}{\pi}\frac{\lambda}{\lambda^2+(x-\mu)^2}\mathrm{e}^{\mathrm{i}tx}\mathrm{d}x=\mathrm{e}^{\mathrm{i}\mu t-\lambda|t|}.$$

这就证明了, 参数为 $\lambda > 0$ 和 μ 的 Cauchy 分布的特征函数是 $e^{i\mu t-\lambda|t|}$.

如果随机变量 Y_1 服从参数为 $\lambda_1 > 0$ 和 μ_1 的 Cauchy 分布, Y_2 服从参数为 $\lambda_2 > 0$ 和 μ_2 的 Cauchy 分布, 且它们相互独立, 那么 $Y_1 + Y_2$ 的特征函数为

$$e^{i\mu_1 t-\lambda_1|t|} \cdot e^{i\mu_2 t-\lambda_2|t|} = e^{i(\mu_1+\mu_2)t-(\lambda_1+\lambda_2)|t|}.$$

这表明 $Y_1 + Y_2$ 服从参数为 $\lambda_1 + \lambda_2$ 和 $\mu_1 + \mu_2$ 的 Cauchy 分布, 所以 Cauchy 分布具有再生性.

5.4.5 多元特征函数

n 元分布函数 $F(x_1, \cdots, x_n)$ 的特征函数的定义是

$$f(t_1, \cdots, t_n) = \int_{-\infty}^{\infty} \cdots \int_{-\infty}^{\infty} \exp\left\{i\sum_{k=1}^{n} t_k x_k\right\} dF(x_1, \cdots, x_n). \tag{5.4.29}$$

如果 n 维随机向量 $(X_1, \cdots, X_n)$ 的联合分布函数是 $F(x_1, \cdots, x_n)$, 则有

$$f(t_1, \cdots, t_n) = \mathbf{E}\exp\left\{i\sum_{k=1}^{n} t_k X_k\right\}, \tag{5.4.30}$$

此时将 $f(t_1, \cdots, t_n)$ 称为 n 维随机向量 $(X_1, \cdots, X_n)$ 的联合特征函数.

易知, 可以由 $X_1, \cdots, X_n$ 的联合特征函数 $f(t_1, \cdots, t_n)$ 求出它的各个边缘特征函数. 例如, X_1 的 (边缘) 特征函数就是

$$f_1(t) = f(t, 0, \cdots, 0) = \int_{-\infty}^{\infty} \cdots \int_{-\infty}^{\infty} \exp\{itx_1\} dF(x_1, \cdots, x_n).$$

显然 $f(t_1, \cdots, t_n)$ 是 n 维实向量 $(x_1, \cdots, x_n)$ 的复值函数, 具有如下性质:

$$|f(t_1, \cdots, t_n)| \leqslant f(0, \cdots, 0) = 1,$$
$$f(-t_1, \cdots, -t_n) = \overline{f(t_1, \cdots, t_n)},$$

并且 $f(t_1, \cdots, t_n)$ 在 $\mathbb{R}^n$ 上一致连续. 又如果对于非负整数 $k_1, \cdots, k_n$, 有

$$\mathbf{E}\left|X_1^{k_1} \cdots X_n^{k_n}\right| < \infty,$$

则有

$$\mathbf{E}X_1^{k_1} \cdots X_n^{k_n} = i^{-\sum\limits_{j=1}^{n} k_j} \left.\frac{\partial^{k_1+\cdots+k_n} f(t_1, \cdots, t_n)}{\partial t_1^{k_1} \cdots \partial t_n^{k_n}}\right|_{t_1=0, \cdots, t_n=0}. \tag{5.4.31}$$

对于 n 元特征函数, 也有类似的反演公式

$$\begin{aligned}&\mathbf{P}(a_1 \leqslant X_1 \leqslant b_1, \cdots, a_n \leqslant X_n \leqslant b_n)\\ =&\lim_{c_j\to\infty,\ j=1,\cdots,n} \frac{1}{(2\pi)^n}\int_{-c_1}^{c_1}\cdots\int_{-c_n}^{c_n}\prod_{j=1}^{n}\frac{\mathrm{e}^{-\mathrm{i}t_ja_j}-\mathrm{e}^{-\mathrm{i}t_jb_j}}{\mathrm{i}t_j}f(t_1,\cdots,t_n)\mathrm{d}t_1\cdots\mathrm{d}t_n.\end{aligned}$$

利用本节的知识, 不难证明如下定理.

定理 5.4.9 随机变量 X 与 Y 相互独立, 当且仅当

$$\mathbf{E}\mathrm{e}^{\mathrm{i}(t_1X+t_2Y)} = \mathbf{E}\mathrm{e}^{\mathrm{i}t_1X}\mathbf{E}\mathrm{e}^{\mathrm{i}t_2Y}, \quad \forall t_1, t_2 \in \mathbb{R}. \tag{5.4.32}$$

证明 事实上, 当随机变量 X 与 Y 相互独立时, 显然有式 (5.4.32) 成立. 反之, 当式 (5.4.32) 成立时, 不难用反演公式证明随机向量 (X,Y) 的联合分布等于它们的边缘分布的乘积.

我们曾经在定理 5.4.5 中证明了: 当随机变量 X_1 与 X_2 相互独立时, 有

$$\mathbf{E}\mathrm{e}^{\mathrm{i}t(X_1+X_2)} = f_{X_1+X_2}(t) = f_{X_1}(t)f_{X_2}(t) = \mathbf{E}\mathrm{e}^{\mathrm{i}tX_1}\mathbf{E}\mathrm{e}^{\mathrm{i}tX_2}, \quad \forall t \in \mathbb{R}.$$

但是要注意, 这个结论的逆是不成立的. 提请读者注意这个等式与式 (5.4.32) 的区别, 并请读者自行研究下面的反例.

例 5.4.14 设随机向量 (X_1, X_2) 的联合密度为

$$p(x,y) = \frac{1+xy(x^2-y^2)}{4}, \quad |x| \leqslant 1, |y| \leqslant 1.$$

显然 X_1 与 X_2 不相互独立, 但是却有 $f_{X_1+X_2}(t) = f_{X_1}(t)f_{X_2}(t)$.

习 题 5.4

1. 求 Pascal 分布 $f(k;r,p)$ 的特征函数, 并用特征函数求其期望.
2. 求 Gamma 分布 $\Gamma(\lambda, r)$ 的特征函数, 并用特征函数求其 k 阶原点矩 m_k.
3. 设分布函数 $F(x)$ 对应的特征函数为 $f(t)$, 试证对任何 x, 都有

$$F(x) - F(x-0) = \lim_{c\to+\infty}\frac{1}{2c}\int_{-c}^{c} f(t)\mathrm{e}^{-\mathrm{i}tx}\mathrm{d}t.$$

4. 判断下列函数哪些是特征函数, 并指出其相应的概率分布:

(1) $\cos t - \mathrm{i}\sin t$; (2) $\dfrac{1-t}{1+t^2}$; (3) $\dfrac{1}{1+\mathrm{i}t}$; (4) $(2\mathrm{e}^{-\mathrm{i}t}-1)^{-1}$.

5. 设 $g(u) = 1 - |u|,\ |u| < 1$.

(1) 求以 $g(x)$ 为密度函数的分布的特征函数;

(2) 用反演公式求以 $g(t)$ 为特征函数的分布的密度函数.

6. Laplace 分布的密度函数为 $p(x)=\frac{1}{2}\mathrm{e}^{-|x|}$, 试求此分布的特征函数.

7. 若随机变量 X 服从 Cauchy 分布, $\mu=0,\lambda=1$, 而 $Y=X$, 试证关于特征函数成立着

$$f_{X+Y}(t)=f_X(t)\cdot f_Y(t).$$

但是 X 与 Y 并不独立.

8. 设 $X_1,\cdots,X_n$ 为相互独立的随机变量, 同服从 Cauchy 分布, 且 $\mu=0,\lambda=1$, 求 $\bar{X}=\frac{1}{n}\sum\limits_{k=1}^{n}X_k$ 的分布.

9. 试求指数分布与 Gamma 分布的特征函数, 并证明对于具有相同 λ 值的 Gamma 分布关于参数 r 有再生性.

10. 证明随机变量 $X_1,\cdots,X_n$ 相互独立的充分必要条件是它们的联合特征函数等于各自边缘特征函数的乘积.

11. 设 $-1<c<1$, 随机变量 (X,Y) 的联合密度函数为

$$p(x,y)=\frac{1+cxy(x^2-y^2)}{4},\quad |x|<1 \text{ 且 } |y|<1,$$

试求: (1) 联合特征函数 $f(s,t)$; (2) 边缘特征函数 $f_1(s)$ 与 $f_2(t)$; (3) $X+Y$ 的特征函数.

12. 证明: 对任何实值特征函数 $f(t)$, 以下两个不等式成立:

$$1-f(2t)\leqslant 4(1-f(t));\quad 1+f(2t)\geqslant 2(f(t))^2.$$

13. 设随机变量 X 具有对称的概率密度函数, 即对任何 $x\in\mathbb{R}$, 都有 $p(x)=p(-x)$. 证明: 对任何实数 $a>b$ 有

(1) $F(-a)=1-F(a)=\frac{1}{2}-\int_0^a p(x)\mathrm{d}x$;

(2) $\mathbf{P}(|X|\leqslant a)=2F(a)-1$;

(3) $\mathbf{P}(|X|\geqslant a)=2[1-F(a)]$.

14. 设 $f(t)$ 是随机变量 X 的特征函数, 如果 $f''(0)=0$, 那么 X 必是退化的. 利用这一结论证明 $a>2$ 时 $g(t)=\exp\{-|t|^a\}$ 不是特征函数.

5.5 多维正态分布

我们来研究多维正态分布. 本节中的向量一律为列向量, 以 $\mathbf{0}$ 表示零向量, 即各维分量都是 0 的向量. 为了节省篇幅, 我们通常写成列向量的转置形式: $\boldsymbol{X}^{\mathrm{T}}=(X_1,X_2,\cdots,X_m)$, 等等.

对于二维正态, 前面已经介绍过其密度函数. 现在我们写 $\boldsymbol{a}=(a_1,a_2)^{\mathrm{T}}$,

$$\boldsymbol{B}=\begin{pmatrix}\sigma_1^2 & r\sigma_1\sigma_2\\ r\sigma_1\sigma_2 & \sigma_2^2\end{pmatrix},$$

那么 $\boldsymbol{a}$ 是二维随机向量 $\boldsymbol{X}$ 的数学期望向量; $\boldsymbol{B}$ 是它的协方差阵, 其中 $\boldsymbol{B}$ 是一个正定矩阵, 并且二维正态密度函数中的所有参数都反映在它的数学期望向量和协方差阵 $\boldsymbol{B}$ 中. 事实上, $\boldsymbol{B}$ 具有逆矩阵

$$\boldsymbol{B}^{-1}=\frac{1}{(1-r^2)\sigma_1^2\sigma_2^2}\begin{pmatrix}\sigma_2^2 & -r\sigma_1\sigma_2\\ -r\sigma_1\sigma_2 & \sigma_1^2\end{pmatrix}.$$

不难看出, 可以利用它们把二维正态 $\mathcal{N}(a_1,a_2;\sigma_1^2,\sigma_2^2;r)$ 的密度函数写为

$$p(\boldsymbol{x})=\frac{1}{2\pi|\boldsymbol{B}|^{\frac{1}{2}}}\exp\left\{-\frac{1}{2}(\boldsymbol{x}-\boldsymbol{a})^{\mathrm{T}}\boldsymbol{B}^{-1}(\boldsymbol{x}-\boldsymbol{a})\right\},$$

其中 $|\boldsymbol{B}|$ 是矩阵 $\boldsymbol{B}$ 的行列式. 二维正态密度函数的这种表示形式可以方便地推广到多维场合.

5.5.1 多维正态分布的定义

先从最简单的情况看起. 假设 $X_1,X_2,\cdots,X_m$ 是定义在同一概率空间上的相互独立的正态 $\mathcal{N}(0,1)$ 随机变量, 那么 m 维随机向量 $\boldsymbol{X}=(X_1,X_2,\cdots,X_m)^{\mathrm{T}}$ 的联合密度函数就是 m 个一维正态密度函数的乘积, 即有

$$p(\boldsymbol{x})=\frac{1}{(2\pi)^{\frac{m}{2}}}\exp\left\{-\frac{1}{2}\left(x_1^2+x_2^2+\cdots+x_m^2\right)\right\},\quad \boldsymbol{x}=(x_1,x_2,\cdots,x_m)\in\mathbb{R}^m.$$

此时 $\mathbf{E}\boldsymbol{X}=\mathbf{0}$, 协方差阵为

$$\boldsymbol{I}=\begin{pmatrix}1 & 0 & \cdots & 0\\ 0 & 1 & \cdots & 0\\ \vdots & \vdots & & \vdots\\ 0 & 0 & \cdots & 1\end{pmatrix},$$

且可将密度函数写为

$$p(\boldsymbol{x})=\frac{1}{(2\pi)^{\frac{m}{2}}}\exp\left\{-\frac{1}{2}\boldsymbol{x}^{\mathrm{T}}\boldsymbol{x}\right\}=\frac{1}{(2\pi)^{\frac{m}{2}}}\exp\left\{-\frac{1}{2}\boldsymbol{x}^{\mathrm{T}}\boldsymbol{I}^{-1}\boldsymbol{x}\right\},\quad \boldsymbol{x}\in\mathbb{R}^m. \tag{5.5.1}$$

我们将该分布称为标准 m 维正态分布, 记作 $\mathcal{N}(\mathbf{0},\boldsymbol{I})$.

一般地, 有如下定义.

定义 5.5.1 如果 $\boldsymbol{A}$ 为 $m\times m$ 非异方阵, $\boldsymbol{a}$ 为 m 维实向量, 而随机向量 $\boldsymbol{X}$ 服从标准 m 维正态分布 $\mathcal{N}(\mathbf{0},\boldsymbol{I})$, 则将随机向量

$$\boldsymbol{Y}=\boldsymbol{A}\boldsymbol{X}+\boldsymbol{a} \tag{5.5.2}$$

的分布称为 m 维正态分布.

易见, 对于如上定义的 $\boldsymbol{Y}$, 有

$$\mathbf{E}\boldsymbol{Y}=\boldsymbol{A}\mathbf{E}\boldsymbol{X}+\mathbf{E}\boldsymbol{a}=\boldsymbol{a},$$

而 $\boldsymbol{Y}$ 的协方差阵为

$$\boldsymbol{B}:=\mathbf{E}(\boldsymbol{Y}-\boldsymbol{a})(\boldsymbol{Y}-\boldsymbol{a})^{\mathrm{T}}=\mathbf{E}(\boldsymbol{A}\boldsymbol{X})(\boldsymbol{A}\boldsymbol{X})^{\mathrm{T}}=\boldsymbol{A}(\mathbf{E}\boldsymbol{X}\boldsymbol{X}^{\mathrm{T}})\boldsymbol{A}^{\mathrm{T}}=\boldsymbol{A}\boldsymbol{A}^{\mathrm{T}}.$$

显然, $\boldsymbol{A}\boldsymbol{A}^{\mathrm{T}}$ 是一个 m 阶正定方阵. 我们将形如 (5.5.2) 的随机向量的分布记为 m 维正态 $\mathcal{N}(\boldsymbol{a},\boldsymbol{B})$, 其中 $\boldsymbol{B}=\boldsymbol{A}\boldsymbol{A}^{\mathrm{T}}$.

由于如 (5.5.2) 所定义的随机向量 $\boldsymbol{Y}$ 是随机向量 $\boldsymbol{X}$ 的线性变换, 故可以由第 4 章中的有关知识, 立即求得随机向量 $\boldsymbol{Y}$ 的密度函数.

定理 5.5.1 m 维正态分布 $\mathcal{N}(\boldsymbol{a},\boldsymbol{B})$ 的密度函数是

$$p(\boldsymbol{x})=\frac{1}{(2\pi)^{\frac{m}{2}}|\boldsymbol{B}|^{\frac{1}{2}}}\exp\left\{-\frac{1}{2}(\boldsymbol{x}-\boldsymbol{a})^{\mathrm{T}}\boldsymbol{B}^{-1}(\boldsymbol{x}-\boldsymbol{a})\right\}. \tag{5.5.3}$$

证明 设随机向量 $\boldsymbol{Y}$ 服从 m 维正态分布 $\mathcal{N}(\boldsymbol{a},\boldsymbol{B})$, 则存在服从标准 m 维正态分布 $\mathcal{N}(\mathbf{0},\boldsymbol{I})$ 的随机向量 $\boldsymbol{X}$, 使得式 (5.5.2) 成立, 其中 $\boldsymbol{B}=\boldsymbol{A}\boldsymbol{A}^{\mathrm{T}}$, 而线性方程组

$$\boldsymbol{x}=\boldsymbol{A}\boldsymbol{s}+\boldsymbol{a}$$

的解为

$$\boldsymbol{s}=\boldsymbol{A}^{-1}(\boldsymbol{x}-\boldsymbol{a}), \tag{5.5.4}$$

该变换的 Jacobi 行列式为 $|\boldsymbol{A}^{-1}|=|\boldsymbol{B}|^{-\frac{1}{2}}$. 由于标准 m 维正态分布 $\mathcal{N}(\mathbf{0},\boldsymbol{I})$ 的密度函数为

$$q(\boldsymbol{s})=\frac{1}{(2\pi)^{\frac{m}{2}}}\exp\left\{-\frac{\boldsymbol{s}^{\mathrm{T}}\boldsymbol{s}}{2}\right\},$$

故将式 (5.5.4) 代入其中, 并乘以变换的 Jacobi 行列式, 即知 m 维正态分布 $\mathcal{N}(\boldsymbol{a},\boldsymbol{B})$ 的密度函数是

$$\begin{aligned}p(\boldsymbol{x})&=\frac{1}{(2\pi)^{\frac{m}{2}}|\boldsymbol{B}|^{\frac{1}{2}}}\exp\left\{-\frac{1}{2}\left(\boldsymbol{A}^{-1}(\boldsymbol{x}-\boldsymbol{a})\right)^{\mathrm{T}}\boldsymbol{A}^{-1}(\boldsymbol{x}-\boldsymbol{a})\right\}\\&=\frac{1}{(2\pi)^{\frac{m}{2}}|\boldsymbol{B}|^{\frac{1}{2}}}\exp\left\{-\frac{1}{2}(\boldsymbol{x}-\boldsymbol{a})^{\mathrm{T}}\boldsymbol{B}^{-1}(\boldsymbol{x}-\boldsymbol{a})\right\}.\end{aligned}$$

除了密度函数之外, 由定义 5.5.1 还容易推出如下的一系列结论.

定理 5.5.2 m 维正态分布 $\mathcal{N}(\boldsymbol{a},\boldsymbol{B})$ 的特征函数是

$$f(\boldsymbol{t})=\exp\left\{\mathrm{i}\boldsymbol{a}^{\mathrm{T}}\boldsymbol{t}-\frac{1}{2}\boldsymbol{t}^{\mathrm{T}}\boldsymbol{B}\boldsymbol{t}\right\},\quad \forall\boldsymbol{t}\in\mathbb{R}^m. \tag{5.5.5}$$

证明　首先, 对于服从标准 m 维正态分布的随机向量 $\boldsymbol{X}$, 有

$$f_{\boldsymbol{X}}(\boldsymbol{t}) = \mathbf{E}\exp\left\{\mathrm{i}\boldsymbol{t}^{\mathrm{T}}\boldsymbol{X}\right\} = \exp\left\{-\frac{1}{2}\sum_{j=1}^{m} t_j^2\right\} = \exp\left\{-\frac{1}{2}\boldsymbol{t}^{\mathrm{T}}\boldsymbol{t}\right\},$$

从而由关系式 (5.5.2) 和 $\boldsymbol{B} = \boldsymbol{A}\boldsymbol{A}^{\mathrm{T}}$, 即得

$$\begin{aligned} f(\boldsymbol{t}) &= \mathbf{E}\exp\left\{\mathrm{i}\boldsymbol{t}^{\mathrm{T}}\boldsymbol{Y}\right\} = \mathbf{E}\exp\left\{\mathrm{i}\boldsymbol{t}^{\mathrm{T}}\left(\boldsymbol{A}\boldsymbol{X}+\boldsymbol{a}\right)\right\} \\ &= \exp\left\{\mathrm{i}\boldsymbol{t}^{\mathrm{T}}\boldsymbol{a}\right\}\cdot\mathbf{E}\exp\left\{\mathrm{i}(\boldsymbol{A}^{\mathrm{T}}\boldsymbol{t})^{\mathrm{T}}\boldsymbol{X}\right\} = \exp\left\{\mathrm{i}\boldsymbol{a}^{\mathrm{T}}\boldsymbol{t}\right\}\cdot f_{\boldsymbol{X}}(\boldsymbol{A}^{\mathrm{T}}\boldsymbol{t}) \\ &= \exp\left\{\mathrm{i}\boldsymbol{a}^{\mathrm{T}}\boldsymbol{t}\right\}\cdot\exp\left\{-\frac{1}{2}(\boldsymbol{A}^{\mathrm{T}}\boldsymbol{t})^{\mathrm{T}}\boldsymbol{A}^{\mathrm{T}}\boldsymbol{t}\right\} \\ &= \exp\left\{\mathrm{i}\boldsymbol{a}^{\mathrm{T}}\boldsymbol{t} - \frac{1}{2}\boldsymbol{t}^{\mathrm{T}}\boldsymbol{B}\boldsymbol{t}\right\}. \end{aligned}$$

定理 5.5.3　m 维正态分布 $\mathcal{N}(\boldsymbol{a},\boldsymbol{B})$ 的任一 k 维边缘分布是 k 维正态分布, 其中 $1 \leqslant k < m$.

证明　设随机向量 $\boldsymbol{Y}$ 服从 m 维正态分布 $\mathcal{N}(\boldsymbol{a},\boldsymbol{B})$, 对 $1 \leqslant k < m$, 任取 $1 \leqslant j_1 < \cdots < j_k \leqslant m$. 于是 k 维随机向量 $(Y_{j_1},\cdots,Y_{j_k})$ 的特征函数可以通过在 $\boldsymbol{Y}$ 的特征函数中对所有 $t_j \notin \{j_1,\cdots,j_k\}$, 令 $t_j = 0$ 得到. 如果记

$$\boldsymbol{t}_k = (t_{j_1},\cdots,t_{j_k})^{\mathrm{T}}, \quad \boldsymbol{a}_k = (a_{j_1},\cdots,a_{j_k})^{\mathrm{T}},$$

并以 $\boldsymbol{B}_k$ 表示由 $\boldsymbol{B}$ 中的第 $j_1,\cdots,j_k$ 行元素和 $j_1,\cdots,j_k$ 列元素所构成的 $k\times k$ 子矩阵, 那么 $(Y_{j_1},\cdots,Y_{j_k})$ 的特征函数就是

$$f(\boldsymbol{t})\Big|_{t_j=0,\ t_j\notin\{j_1,\cdots,j_k\}} = \exp\left\{\mathrm{i}\boldsymbol{a}_k^{\mathrm{T}}\boldsymbol{t}_k - \frac{1}{2}\boldsymbol{t}_k^{\mathrm{T}}\boldsymbol{B}_k\boldsymbol{t}_k\right\},$$

由此即知 $(Y_{j_1},\cdots,Y_{j_k})$ 的分布是 k 维正态分布 $\mathcal{N}(\boldsymbol{a}_k,\boldsymbol{B}_k)$.

根据特征函数与分布函数的一一对应性, 不难比照式 (5.5.3) 写出 k 维随机向量 $(Y_{j_1},\cdots,Y_{j_k})$ 的密度函数. 由此还可以证明 m 维正态分布的各种形式的条件分布都是正态分布. 我们把这些工作留给读者作为作业.

5.5.2　多维正态分布定义的推广

注意到定义 5.5.1 中的 $\boldsymbol{A}$ 为非异的 $m\times m$ 的方阵, 即有 $|\boldsymbol{A}| \neq 0$. 现在, 要来把这一限制解除, 即把 m 维正态分布的概念作一推广.

定义 5.5.2　设 $\boldsymbol{A}$ 为任何 $m\times m$ 方阵, $\boldsymbol{a}$ 为 m 维实向量, 而随机向量 $\boldsymbol{X}$ 服从标准 m 维正态分布 $\mathcal{N}(\boldsymbol{0},\boldsymbol{I})$, 令

$$\boldsymbol{Y} = \boldsymbol{A}\boldsymbol{X} + \boldsymbol{a}. \tag{5.5.6}$$

则当方阵 $\boldsymbol{A}$ 非异时, 将 $\boldsymbol{Y}$ 的分布称为 m 维正态分布; 当方阵 $\boldsymbol{A}$ 奇异时 (即当 $|\boldsymbol{A}|=0$ 时), 将 $\boldsymbol{Y}$ 的分布称为退化的 m 维正态分布.

只需讨论退化情形. 容易知道, 此时仍有 $\mathbf{E}\boldsymbol{Y}=\boldsymbol{a}$, 并且仍以 $\boldsymbol{B}=\boldsymbol{A}\boldsymbol{A}^{\mathrm{T}}$ 为协方差阵, 只不过 $\boldsymbol{B}$ 是一个 $m\times m$ 的非负定矩阵. 由于定理 5.5.2 的证明过程中并不涉及方阵 $\boldsymbol{A}$ 的非异性 ($\boldsymbol{B}$ 的正定性), 那里的推导仍然有效. 因此退化的 m 维正态分布 $\mathcal{N}(\boldsymbol{a},\boldsymbol{B})$ 的特征函数同样具有表达式 (5.5.5).

应当注意的是: 当矩阵 $\boldsymbol{B}$ 正定 (即 $|\boldsymbol{B}|>0$) 时, $\mathcal{N}(\boldsymbol{a},\boldsymbol{B})$ 是 $\mathbb{R}^m$ 中的一个连续型分布, 其密度函数由式 (5.5.3) 给出. 而当 $|\boldsymbol{B}|=0$ 时, $\mathcal{N}(\boldsymbol{a},\boldsymbol{B})$ 不是 $\mathbb{R}^m$ 中的连续型分布, 此时必须考察矩阵 $\boldsymbol{B}$ 的 "秩"r $(r<m)$. 当 $\boldsymbol{B}$ 的 "秩" 为 r 时, $\mathcal{N}(\boldsymbol{a},\boldsymbol{B})$ 退化到 $\mathbb{R}^m$ 的一个 r 维子空间中. 例如: 当 $m=1$ 时, 如果 $|\boldsymbol{B}|=\sigma^2=0$, 那么分布 $\mathcal{N}(a,0)$ 就是单点 a 上的退化分布. 对于 $m=2$ 维正态分布, 如果 $|\boldsymbol{B}|=0$, 则视 $\boldsymbol{B}$ 的 "秩" r 而定: 如果 $r=0$, 则是单点 $\boldsymbol{a}=(a_1,\ a_2)$ 上的退化分布; 如果 $r=1$, 则是 $\mathbb{R}^2$ 中的某条曲线上的退化分布. 这就是定义 5.5.2 中所说的退化正态分布的含义.

事实上, m 维正态分布的任何 $1\leqslant k<m$ 维的边缘分布都是退化的 m 维正态分布, 因为对于 k 维子随机向量 $(Y_{j_1},\cdots,Y_{j_k})$ 来说, 如果将它的特征函数的表达式中的 k 阶正定方阵 $\boldsymbol{B}_k$ 按照如下方式扩充为一个 m 阶非负定方阵 $\boldsymbol{B}$: 把 $\boldsymbol{B}_k$ 的各行依次作为 $\boldsymbol{B}$ 的第 $j_1,\cdots,j_k$ 行, 把 $\boldsymbol{B}_k$ 的各列依次作为 $\boldsymbol{B}$ 的第 $j_1,\cdots,j_k$ 列, 再将其余元素全部补充为 0, 对向量 $\boldsymbol{a}$ 亦做同样处理, 那么 $(Y_{j_1},\cdots,Y_{j_k})$ 的特征函数就可以写为 (5.5.5) 的形式.

5.5.3 多维正态分布的性质

设随机向量 $\boldsymbol{X}$ 服从 m 维正态分布 $\mathcal{N}(\boldsymbol{a},\boldsymbol{B})$.

定理 5.5.4 m 维正态向量的各个分量相互独立, 当且仅当它们两两不相关.

证明 若 m 维正态向量 $\boldsymbol{X}$ 的各个分量 $X_1,\cdots,X_m$ 相互独立, 则它们当然两两不相关. 反之, 如果 $X_1,\cdots,X_m$ 两两不相关, 那么就有 $\mathbf{Cov}\,(X_k,\ X_j)=0, k\neq j$, 于是 $\boldsymbol{X}$ 的协方差阵 $\boldsymbol{B}$ 是对角阵, 从而式 (5.5.5) 中的特征函数化为

$$f\left(t_1,\cdots,t_m\right)=\prod_{k=1}^{m}\exp\left\{\mathrm{i}a_kt_k-\frac{1}{2}b_{kk}t_k^2\right\}=\prod_{k=1}^{m}f_k(t_k),$$

由定理 5.5.3 中的最后一个断言知 $f_k(t_k)=\exp\left\{\mathrm{i}a_kt_k-\dfrac{1}{2}b_{kk}t_k^2\right\}$ 是 X_k 的边缘特征函数, 所以上式表明 $X_1,\cdots,X_m$ 相互独立.

定理 5.5.5 对于 m 维正态向量 $\boldsymbol{X}$ 的任一分块

$$\boldsymbol{X}=\begin{pmatrix}\boldsymbol{X}_1\\ \boldsymbol{X}_2\end{pmatrix},$$

其中 $\boldsymbol{X}_1$ 与 $\boldsymbol{X}_2$ 分别为 m_1 维和 $m_2(m_1+m_2=m)$ 维随机列向量, 可以对 $\boldsymbol{a}$ 和 $\boldsymbol{B}$ 作相应的分块

$$\boldsymbol{a}=\begin{pmatrix}\boldsymbol{a}_1\\ \boldsymbol{a}_2\end{pmatrix},\quad \boldsymbol{B}=\begin{pmatrix}\boldsymbol{B}_{11} & \boldsymbol{B}_{12}\\ \boldsymbol{B}_{21} & \boldsymbol{B}_{22}\end{pmatrix}. \tag{5.5.7}$$

并且 $\boldsymbol{X}_1$ 与 $\boldsymbol{X}_2$ 独立的充分必要条件是 $\boldsymbol{B}_{12}=\boldsymbol{O}$ (此时亦有 $\boldsymbol{B}_{21}=\boldsymbol{O}$).

证明　可以对 $\boldsymbol{a}$ 和 $\boldsymbol{B}$ 作相应的分块 (5.5.7) 是显然的. 如果 $\boldsymbol{X}_1$ 与 $\boldsymbol{X}_2$ 独立, 那么前者的任何一个分量 $\boldsymbol{X}_k$ 都与后者的任何一个分量 $\boldsymbol{X}_j$ 独立, 从而 $b_{kj}=b_{jk}=0$, 于是 $\boldsymbol{B}_{12}=\boldsymbol{O}$ 和 $\boldsymbol{B}_{21}=\boldsymbol{O}$. 反之, 如果 $\boldsymbol{B}_{12}=\boldsymbol{O}$(因而 $\boldsymbol{B}_{21}=\boldsymbol{O}$), 则 $\boldsymbol{X}=(\boldsymbol{X}_1,\boldsymbol{X}_2)^{\mathrm{T}}$ 的联合特征函数为

$$\begin{aligned}f(\boldsymbol{t})&=\mathbf{E}\exp\left\{\mathrm{i}\left(\boldsymbol{t}_1^{\mathrm{T}}\boldsymbol{X}_1+\boldsymbol{t}_2^{\mathrm{T}}\boldsymbol{X}_2\right)\right\}\\&=\exp\left\{\mathrm{i}\boldsymbol{a}_1^{\mathrm{T}}\boldsymbol{t}_1-\frac{1}{2}\boldsymbol{t}_1^{\mathrm{T}}\boldsymbol{B}_{11}\boldsymbol{t}_1\right\}\cdot\exp\left\{\mathrm{i}\boldsymbol{a}_2^{\mathrm{T}}\boldsymbol{t}_2-\frac{1}{2}\boldsymbol{t}_2^{\mathrm{T}}\boldsymbol{B}_{22}\boldsymbol{t}_2\right\},\end{aligned}$$

恰好是 $\boldsymbol{X}_1$ 与 $\boldsymbol{X}_2$ 的边缘特征函数的乘积, 所以 $\boldsymbol{X}_1$ 与 $\boldsymbol{X}_2$ 相互独立.

在对正态随机向量的研究中, 经常需要考察它的线性变换. 设随机向量 $\boldsymbol{X}$ 服从 m 维正态分布 $\mathcal{N}(\boldsymbol{a},\boldsymbol{B})$, 而 $\boldsymbol{C}=(c_{j\ell})$ 为 $k\times m$ 实矩阵, 其中 $k\leqslant m$, 那么

$$\boldsymbol{Y}=\boldsymbol{C}\boldsymbol{X} \tag{5.5.8}$$

就是 $\boldsymbol{X}$ 的一个线性变换. 显然, $\boldsymbol{Y}$ 是一个 k 维的随机向量. 由 m 维正态分布的特征函数容易得出如下结论.

定理 5.5.6 (正态分布在线性变换下保持不变)　(5.5.8) 中的随机向量 $\boldsymbol{Y}$ 服从 k 维正态分布 $\mathcal{N}(\boldsymbol{C}\boldsymbol{a},\boldsymbol{C}\boldsymbol{B}\boldsymbol{C}^{\mathrm{T}})$.

证明　以 $f(\boldsymbol{t})$ 表示 $\boldsymbol{X}$ 的特征函数, 那么 $\boldsymbol{Y}$ 的特征函数为

$$\begin{aligned}g(\boldsymbol{s})&=\mathbf{E}\exp\left\{\mathrm{i}\boldsymbol{s}^{\mathrm{T}}\boldsymbol{Y}\right\}=\mathbf{E}\exp\left\{\mathrm{i}\boldsymbol{s}^{\mathrm{T}}\boldsymbol{C}\boldsymbol{X}\right\}=\mathbf{E}\exp\left\{\mathrm{i}\left(\boldsymbol{C}^{\mathrm{T}}\boldsymbol{s}\right)^{\mathrm{T}}\boldsymbol{X}\right\}\\&=f(\boldsymbol{C}^{\mathrm{T}}\boldsymbol{s})=\exp\left\{\mathrm{i}\,(\boldsymbol{C}\boldsymbol{a})^{\mathrm{T}}\boldsymbol{s}-\frac{1}{2}\boldsymbol{s}^{\mathrm{T}}\left(\boldsymbol{C}\boldsymbol{B}\boldsymbol{C}^{\mathrm{T}}\right)\boldsymbol{s}\right\},\end{aligned}$$

这正是 k 维正态分布 $\mathcal{N}(\boldsymbol{C}\boldsymbol{a},\boldsymbol{C}\boldsymbol{B}\boldsymbol{C}^{\mathrm{T}})$ 的特征函数.

以下的两个推论对于研究 m 维正态分布十分重要.

推论 5.5.1　如果随机向量 $\boldsymbol{X}$ 服从 m 维正态分布 $\mathcal{N}(\boldsymbol{a},\boldsymbol{B})$, 则存在 m 维正交矩阵 $\boldsymbol{C}$, 使得 $\boldsymbol{Y}=\boldsymbol{C}\boldsymbol{X}$ 的各个分量相互独立.

证明　因为对于任何 m 维非负定矩阵 $\boldsymbol{B}$, 总存在 m 维正交矩阵 $\boldsymbol{C}$, 使得 $\boldsymbol{C}\boldsymbol{B}\boldsymbol{C}^{\mathrm{T}}$ 为对角阵.

推论 5.5.2 如果随机向量 $\boldsymbol{X}$ 服从 m 维正态分布 $\mathcal{N}(\boldsymbol{a},\boldsymbol{B})$, 并且 $\boldsymbol{X}$ 的各个分量独立同方差, 则对任何 m 维正交矩阵 $\boldsymbol{C}$, $\boldsymbol{Y}=\boldsymbol{C}\boldsymbol{X}$ 的各个分量独立同方差.

证明 由于 $\boldsymbol{X}$ 的各个分量独立同方差, 当且仅当它的协方差阵 $\boldsymbol{B}=\sigma^2\boldsymbol{I}$. 而对于任何 m 维正交矩阵 $\boldsymbol{C}$, 有 $\boldsymbol{C}\boldsymbol{B}\boldsymbol{C}^{\mathrm{T}}=\boldsymbol{C}\sigma^2\boldsymbol{I}\boldsymbol{C}^{\mathrm{T}}=\sigma^2\boldsymbol{I}$.

下面的定理提供了判断一个 m 维随机向量服从 m 维正态分布的有力工具.

定理 5.5.7 m 维随机向量 $\boldsymbol{X}$ 服从 m 维正态分布 $\mathcal{N}(\boldsymbol{a},\boldsymbol{B})$, 当且仅当对任何 m 维实向量 $\boldsymbol{s}$, 都有 $\boldsymbol{Y}=\boldsymbol{s}^{\mathrm{T}}\boldsymbol{X}$ 服从一维正态分布 $\mathcal{N}(\boldsymbol{s}^{\mathrm{T}}\boldsymbol{a},\ \boldsymbol{s}^{\mathrm{T}}\boldsymbol{B}\boldsymbol{s})$.

证明 在定理 5.5.6 中令 $\boldsymbol{C}=\boldsymbol{s}^{\mathrm{T}}$ 即得必要性. 反之, 如果对任何 m 维实向量 $\boldsymbol{s}$, 随机变量 $\boldsymbol{Y}=\boldsymbol{s}^{\mathrm{T}}\boldsymbol{X}$ 都服从一维正态分布 $\mathcal{N}(\boldsymbol{s}^{\mathrm{T}}\boldsymbol{a},\ \boldsymbol{s}^{\mathrm{T}}\boldsymbol{B}\boldsymbol{s})$, 那么 $\boldsymbol{Y}$ 的特征函数为

$$g(t)=\mathbf{E}\exp\left\{\mathrm{i}t\boldsymbol{s}^{\mathrm{T}}\boldsymbol{X}\right\}=\exp\left\{\mathrm{i}t\left(\boldsymbol{s}^{\mathrm{T}}\boldsymbol{a}\right)-\frac{1}{2}t^2\boldsymbol{s}^{\mathrm{T}}\boldsymbol{B}\boldsymbol{s}\right\}.$$

取 $t=1$, 即得

$$\mathbf{E}\exp\left\{\mathrm{i}\boldsymbol{s}^{\mathrm{T}}\boldsymbol{X}\right\}=\exp\left\{\mathrm{i}\left(\boldsymbol{s}^{\mathrm{T}}\boldsymbol{a}\right)-\frac{1}{2}\boldsymbol{s}^{\mathrm{T}}\boldsymbol{B}\boldsymbol{s}\right\}:=f(\boldsymbol{s}),$$

其中 $f(\boldsymbol{s})$ 符合表达式 (5.5.5), 所以随机向量 $\boldsymbol{X}$ 服从 m 维正态分布 $\mathcal{N}(\boldsymbol{a},\boldsymbol{B})$.

注 5.5.1 应当注意, 定理 5.5.7 告诉我们: m 维随机向量 $\boldsymbol{X}$ 服从 m 维正态分布, 当且仅当它的各个分量 $X_1,\cdots,X_m$ 的任意线性组合服从一维正态分布. 这绝不意味着: 如果 m 维随机向量 $\boldsymbol{X}$ 的各个分量 $X_1,\cdots,X_m$ 都服从一维正态分布, 就可以保证 $\boldsymbol{X}$ 服从 m 维正态分布. 例 5.3.8 中就有一个反例, 今再举两个反例如下.

例 5.5.1 设

$$\begin{aligned}p(x,y)=&\frac{1}{2\pi}\mathrm{e}^{-\frac{x^2+y^2}{2}}+\frac{1}{2\pi}\mathrm{e}^{-1}I\left(|x|<1,\ |y|<1,\ xy>0\right)\\&-\frac{1}{2\pi}\mathrm{e}^{-1}I\left(|x|<1,\ |y|<1,\ xy<0\right),\quad(x,y)\in\mathbb{R}^2.\end{aligned}\tag{5.5.9}$$

证明: $p(x,y)$ 是某个随机向量 $(X,\ Y)$ 的密度函数, 并且随机变量 X 与 Y 都服从标准正态分布 $\mathcal{N}(0,\,1)$.

证明 记

$$\begin{aligned}q(x,y)=&\frac{1}{2\pi}\mathrm{e}^{-1}I\left(|x|<1,\ |y|<1,\ xy>0\right)-\frac{1}{2\pi}\mathrm{e}^{-1}I\left(|x|<1,\ |y|<1,\ xy<0\right),\\&(x,y)\in\mathbb{R}^2.\end{aligned}\tag{5.5.10}$$

则易见: 当 $|x|<1,\ |y|<1$ 时, 有

$$-\frac{1}{2\pi}\mathrm{e}^{-1}<q(x,y)<\frac{1}{2\pi}\mathrm{e}^{-1}.$$

对于其他的 (x,y), 都有 $q(x,y)=0$. 而当 $|x|<1$, $|y|<1$ 时, 有

$$\frac{1}{2\pi}\mathrm{e}^{-\frac{x^2+y^2}{2}}>\frac{1}{2\pi}\mathrm{e}^{-1}.$$

所以, 对任何 $(x,y)\in\mathbb{R}^2$, 都有

$$p(x,y)=\frac{1}{2\pi}\mathrm{e}^{-\frac{x^2+y^2}{2}}+q(x,y)>0.$$

又因为对任何固定的 y, 函数 $q(x,y)$ 都是 x 的奇函数; 对任何固定的 x, 函数 $q(x,y)$ 都是 y 的奇函数, 所以

$$\int_{-\infty}^{\infty}q(x,y)\mathrm{d}x=0,\quad\forall y\in\mathbb{R};\quad\int_{-\infty}^{\infty}q(x,y)\mathrm{d}y=0,\quad\forall x\in\mathbb{R};\tag{5.5.11}$$

$$\int_{-\infty}^{\infty}\int_{-\infty}^{\infty}q(x,y)\mathrm{d}x\mathrm{d}y=0.$$

所以

$$\int_{-\infty}^{\infty}\int_{-\infty}^{\infty}p(x,y)\mathrm{d}x\mathrm{d}y=\int_{-\infty}^{\infty}\int_{-\infty}^{\infty}\frac{1}{2\pi}\mathrm{e}^{-\frac{x^2+y^2}{2}}\mathrm{d}x\mathrm{d}y=1,$$

可见 $p(x,y)$ 是某个随机向量 $(X,\ Y)$ 的密度函数; 并且由式 (5.5.11) 知

$$p_X(x)=\int_{-\infty}^{\infty}p(x,y)\mathrm{d}y=\frac{1}{2\pi}\int_{-\infty}^{\infty}\exp\left\{-\frac{x^2+y^2}{2}\right\}\mathrm{d}y=\frac{1}{\sqrt{2\pi}}\mathrm{e}^{-\frac{x^2}{2}},\quad\forall x\in\mathbb{R};$$

$$p_Y(y)=\int_{-\infty}^{\infty}p(x,y)\mathrm{d}x=\frac{1}{2\pi}\int_{-\infty}^{\infty}\exp\left\{-\frac{x^2+y^2}{2}\right\}\mathrm{d}x=\frac{1}{\sqrt{2\pi}}\mathrm{e}^{-\frac{y^2}{2}},\quad\forall y\in\mathbb{R}.$$

所以随机变量 X 与 Y 都服从标准正态分布 $\mathcal{N}(0,1)$.

但是, 由式 (5.5.9) 知, 随机向量 $(X,\ Y)$ 并不服从二维正态分布.

下面再看一个例子.

例 5.5.2 设随机变量 X 与 Y 相互独立, 同服从标准正态分布 $\mathcal{N}(0,1)$, 令

$$Z=\begin{cases}|Y|, & X\geqslant 0,\\ -|Y|, & X<0,\end{cases}\tag{5.5.12}$$

则 Z 也服从标准正态分布 $\mathcal{N}(0,1)$, 但是随机向量 $(Y,\ Z)$ 不服从二维正态分布.

解 由 Z 的定义, 得

$$\mathbf{P}(Z\leqslant x)=\mathbf{P}(|Y|\leqslant x)\mathbf{P}(X\geqslant 0)+\mathbf{P}(-|Y|\leqslant x)\mathbf{P}(X<0).$$

故当 $x\geqslant 0$ 时, 有

$$\begin{aligned}\mathbf{P}(Z\leqslant x)&=\frac{1}{2}\mathbf{P}(|Y|\leqslant x)+\frac{1}{2}=\frac{1}{2}\frac{1}{\sqrt{2\pi}}\int_{-x}^{x}\mathrm{e}^{-\frac{u^2}{2}}\mathrm{d}u+\frac{1}{2}\\&=\frac{1}{\sqrt{2\pi}}\int_{0}^{x}\mathrm{e}^{-\frac{u^2}{2}}\mathrm{d}u+\frac{1}{2}=\frac{1}{\sqrt{2\pi}}\int_{-\infty}^{x}\mathrm{e}^{-\frac{u^2}{2}}\mathrm{d}u=\Phi(x);\end{aligned}$$

当 $x<0$ 时, 有

$$\mathbf{P}(Z \leqslant x)=\frac{1}{2}\mathbf{P}(-|Y| \leqslant x)=\frac{1}{2}(\mathbf{P}(Y \leqslant x)+\mathbf{P}(Y \geqslant -x))=\mathbf{P}(Y \leqslant x)=\Phi(x).$$

所以随机变量 Z 服从标准正态分布 $\mathcal{N}(0,\ 1)$.

但是, 有

$$\begin{aligned}\mathbf{P}(Y+Z=0)&=\mathbf{P}(Y+|Y|=0)\mathbf{P}(X>0)+\mathbf{P}(Y-|Y|=0)\mathbf{P}(X \leqslant 0)\\&=\mathbf{P}(Y \leqslant 0)\mathbf{P}(X>0)+\mathbf{P}(Y \geqslant 0)\mathbf{P}(X \leqslant 0)=\frac{1}{2},\end{aligned}$$

由此可见 $Y+Z$ 不服从一维正态分布, 所以由定理 5.5.7 知, 随机向量 $(Y,\ Z)$ 不服从二维正态分布.

在例 5.5.2 中, 由于随机变量 X 与 Y 相互独立, 同服从标准正态分布 $\mathcal{N}(0,\ 1)$, 所以随机向量 $(X,\ Y)$ 的联合密度等于它们的边缘密度的乘积, 故 $(X,\ Y)$ 服从二维正态分布. 另外, 可以证明随机向量 $(X,\ Z)$ 不服从二维正态分布.

最后, 我们给出一个应用定理 5.5.6 的例子.

例 5.5.3 设 X_1, X_2, X_3 为相互独立的 $\mathcal{N}(a, \sigma^2)$ 随机变量, 而

$$Y_1=\frac{1}{\sqrt{3}}(X_1+X_2+X_3), \quad Y_2=\frac{1}{\sqrt{2}}(X_1-X_2).$$

试求 $\mathbf{Var}(Y_1Y_2)$.

解 记 $\boldsymbol{X}=(X_1, X_2, X_3)^{\mathrm{T}}$, 则 $\boldsymbol{X}$ 服从三维正态分布, 其期望和协方差阵分别为

$$\boldsymbol{a}=(a, a, a)^{\mathrm{T}}, \quad \boldsymbol{B}=\sigma^2\boldsymbol{I}.$$

再记 $\boldsymbol{Y}=(Y_1, Y_2)^{\mathrm{T}}$ 和

$$\boldsymbol{C}=\begin{pmatrix}\dfrac{1}{\sqrt{3}} & \dfrac{1}{\sqrt{3}} & \dfrac{1}{\sqrt{3}}\\ \dfrac{1}{\sqrt{2}} & -\dfrac{1}{\sqrt{2}} & 0\end{pmatrix},$$

则有 $\boldsymbol{Y}=\boldsymbol{C}\boldsymbol{X}$, 因此由定理 5.5.6 知 $\boldsymbol{Y}$ 服从二维正态 $\mathcal{N}(\boldsymbol{C}\boldsymbol{a}, \boldsymbol{C}\boldsymbol{B}\boldsymbol{C}^{\mathrm{T}})$. 由于

$$\boldsymbol{C}\boldsymbol{a}=\boldsymbol{C}\begin{pmatrix}a\\a\\a\end{pmatrix}=\begin{pmatrix}\sqrt{3}a\\0\end{pmatrix}, \quad \boldsymbol{C}\boldsymbol{B}\boldsymbol{C}^{\mathrm{T}}=\begin{pmatrix}\sigma^2 & 0\\0 & \sigma^2\end{pmatrix}=\sigma^2\boldsymbol{I},$$

所以 Y_1 与 Y_2 相互独立, 并且 Y_1 服从正态分布 $\mathcal{N}(\sqrt{3}a,\ \sigma^2)$, Y_2 服从正态分布 $\mathcal{N}(0,\ \sigma^2)$. 由此易得

$$\begin{aligned}\mathbf{Var}(Y_1Y_2)&=\mathbf{E}(Y_1^2Y_2^2)-(\mathbf{E}Y_1\mathbf{E}Y_2)^2=\mathbf{E}Y_1^2\mathbf{E}Y_2^2\\&=\left(\mathbf{Var}Y_1+(\mathbf{E}Y_1)^2\right)\mathbf{Var}Y_2=\left(\sigma^2+3a^2\right)\sigma^2.\end{aligned}$$

习　题　5.5

1. 设 (X, Y) 服从二维正态分布, 期望向量与协方差阵为

$$\boldsymbol{a}=\begin{pmatrix}0\\1\end{pmatrix},\quad \boldsymbol{B}=\begin{pmatrix}4&3\\3&9\end{pmatrix}.$$

试求它的: (1) 密度函数; (2) 特征函数.

2. 若 (X, Y) 服从二维正态分布, 试找出 $X+Y$ 与 $X-Y$ 相互独立的充要条件.

3. 若 $\boldsymbol{X}=(X_1,\cdots,X_m)^{\mathrm{T}}$ 为 m 维正态分布的随机向量. 证明: 对任何常数 $b_0, b_1, \cdots, b_m$, 都有

$$\mathbf{P}\left(b_1X_1+\cdots+b_mX_m=b_0\right)=0 \text{ 或 } 1.$$

4. 设 (X_1, X_2) 是二维正态分布的随机向量, 且对 $k, j=1,2$ 有 $\mathbf{E}(X_k)=0$ 与 $\mathbf{E}(X_kX_j)=\sigma^2>0$. 求 $Y=\dfrac{1}{\sigma^2}X_1X_2$ 的密度函数.

5. 试求例 5.5.2 中随机向量 (Z, X) 的协方差阵, 并证明它不服从二维正态分布.

6. 设 X 与 Y 为相互独立的 $\mathcal{N}(0,\sigma^2)$ 分布随机变量, 试求 $aX+bY$ 与 $cX+dY$ 的相关系数, 其中 $\sigma^2>0$ 且 $ab\neq 0$, $cd\neq 0$.

7. 设随机变量 $X_1,\cdots,X_m$ 相互独立, 都服从标准正态分布, 试对 $k<m$ 求

$$Y_1=\sum_{j=1}^{m}X_j \quad 与 \quad Y_2=\sum_{j=1}^{k}X_j$$

的联合分布.

8. 设 X 与 Y 是相互独立相同分布的随机变量, 其密度函数不等于 0 且有二阶导数, 试证: 若 $X+Y$ 与 $X-Y$ 相互独立, 则随机变量 $X, Y, X+Y, X-Y$ 均服从正态分布.

9. 设随机变量 $X_1,\cdots,X_n$ 相互独立, 都服从 $\mathcal{N}(0,\sigma^2)$ 分布. 令 $\overline{X}=\dfrac{1}{n}\sum\limits_{k=1}^{n}X_k$. (1) 试求 $\overline{X}$ 的分布; (2) 求 $\overline{X}$ 与 X_1 的相关系数.

第6章 极限定理

极限理论是概率论的重要组成部分, 内容十分丰富. 我们仅能在此作一粗浅介绍. 本章中恒设 X 和 $\{X_n,\ n\in\mathbb{N}\}$ 是定义在同一个概率空间 $(\Omega,\mathscr{F},\mathbf{P})$ 上的随机变量, 并将讨论 $\{X_n,\ n\in\mathbb{N}\}$ 与 X 之间的各种收敛性.

6.1 依概率收敛与平均收敛

6.1.1 依概率收敛

依概率收敛是随机变量序列 $\{X_n,\ n\in\mathbb{N}\}$ 与随机变量 X 之间的一种较为易于研究的收敛性.

定义 6.1.1 如果对任何 $\varepsilon>0$, 都有

$$\lim_{n\to\infty}\mathbf{P}(|X_n-X|\geqslant\varepsilon)=0, \tag{6.1.1}$$

就称随机变量序列 $\{X_n,\ n\in\mathbb{N}\}$ 依概率收敛到随机变量 X, 记为 $X_n\xrightarrow{p}X$.

为研究这种收敛性, 需要估计概率 $\mathbf{P}(|X_n-X|\geqslant\varepsilon)$. 首先来建立必要的概率不等式. 以 $I(A)$ 表示事件 A 的示性函数, 即

$$I(A)=\begin{cases}1, & \omega\in A,\\ 0, & \omega\in A^{\mathrm{c}}.\end{cases}$$

当 $A\subset B$ 时, 显然有 $I(A)\leqslant I(B)$. 易知 $\mathbf{P}(A)=\mathbf{E}I(A)$.

定理 6.1.1 (Chebyshev 不等式) 设 $g(x)$ 是定义在 $[0,\infty)$ 上的非降的非负值函数, 如果对随机变量 Y, 有 $\mathbf{E}g(|Y|)<\infty$, 则对任何使得 $g(a)>0$ 的 $a>0$, 都有

$$\mathbf{P}(|Y|\geqslant a)\leqslant\frac{\mathbf{E}g(|Y|)}{g(a)}. \tag{6.1.2}$$

证明 首先, 由 $g(x)$ 的非降性知

$$(|Y|\geqslant a)\subset\Big(g(|Y|)\geqslant g(a)\Big).$$

因此

$$I(|Y|\geqslant a)\leqslant I\Big(g(|Y|)\geqslant g(a)\Big)\leqslant\frac{g(|Y|)}{g(a)}I\Big(g(|Y|)\geqslant g(a)\Big),$$

其中的第二个不等号是由于在事件 $(g(|Y|) \geqslant g(a))$ 上面有 $\dfrac{g(|Y|)}{g(a)} \geqslant 1$. 由此立得

$$\begin{aligned}\mathbf{P}(|Y| \geqslant a) &= \mathbf{E}I(|Y| \geqslant a) \leqslant \mathbf{E}I\Big(g(|Y|) \geqslant g(a)\Big) \\ &\leqslant \mathbf{E}\left\{\frac{g(|Y|)}{g(a)} I\Big(g(|Y|) \geqslant g(a)\Big)\right\} \leqslant \frac{\mathbf{E}g(|Y|)}{g(a)}.\end{aligned}$$

注 6.1.1　这里介绍的是 Chebyshev 不等式的最广泛的形式, 其中的 $g(x)$ 可以根据不同情况、不同需求灵活选取. 例如:

如果随机变量 $Y \in L_r$ $(r > 0)$, 就可以取 $g(x) = x^r$, 得到

$$\mathbf{P}(|Y| \geqslant x) \leqslant \frac{\mathbf{E}|Y|^r}{x^r}, \ \forall\, x > 0. \tag{6.1.3}$$

特别地, 在 $r = 2$ 时, 可以通过选取 $g(x) = x^2$, 得到

$$\mathbf{P}(|Y - \mathbf{E}Y| \geqslant x) \leqslant \frac{\mathbf{Var}Y}{x^2}, \ \forall\, x > 0. \tag{6.1.4}$$

在一些书上把式 (6.1.4) 叫做 Chebyshev 不等式, 而把式 (6.1.3) 称为一般情形下的或推广的 Chebyshev 不等式.

需要指出, Chebyshev 不等式并不是在任何情况下都能给出概率的精确估计的. 看如下的例子:

例 6.1.1　(1) 设 $X \sim \mathcal{N}(0,1)$, 试估计概率 $\mathbf{P}(|X - 0.5| > 0.4)$;
(2) 设 $X \sim \mathcal{N}(\mu, \sigma^2)$, 试估计概率 $\mathbf{P}(|X - \mu| > 2\sigma)$.

解　(1) 如果采用 Chebyshev 不等式, 取 $g(x) = x^2$, 有

$$\mathbf{P}(|X - 0.5| > 0.4) \leqslant \frac{\mathbf{E}(X - 0.5)^2}{0.4^2} = \frac{\mathbf{E}X^2 - \mathbf{E}X + 0.5^2}{0.16} = \frac{1.25}{0.16} \approx 8.$$

这个估计不能说它不对, 但确实是个笑话, 不用估计, 任何概率都不大于 1, 何至于大到将近 8 的地步? 这里根本用不上 Chebyshev 不等式, 因为我们知道随机变量 X 的分布, 所以正确做法是查正态分布表:

$$\begin{aligned}&\mathbf{P}(|X - 0.5| > 0.4) = \mathbf{P}(X - 0.5 > 0.4) + \mathbf{P}(X - 0.5 < -0.4) \\ &= 1 - \Phi(0.9) + \Phi(0.1) = 1 - 0.8159 + 0.5398 = 0.7239.\end{aligned}$$

(2) 若用 Chebyshev 不等式, 取 $g(x) = x^2$, 有

$$\mathbf{P}(|X - \mu| > 2\sigma) \leqslant \frac{\mathbf{Var}X}{4\sigma^2} = \frac{1}{4}.$$

但是事实上, 由 $X \sim \mathcal{N}(\mu, \sigma^2)$, 可知

$$\frac{X - \mu}{\sigma} \sim \mathcal{N}(0, 1),$$

所以

$$\mathbf{P}(|X-\mu|>2\sigma)=\mathbf{P}\left(\left|\frac{X-\mu}{\sigma}\right|>2\right)=2(1-\Phi(2))=0.0456.$$

查表得出来的结果较之用 Chebyshev 不等式要精确得多.

但是在随机变量 X 的分布未知, 只知道它的期望与方差时, Chebyshev 不等式却可以帮我们得到一些有用的概率估计. 看几个例子.

例 6.1.2 已知某高校某门课程每年平均有 70 人选修. (1) 估计下次该课程至少有 80 人选修的概率; (2) 如果已知该课程各年选修人数的方差是 8, 再估计上述概率.

解 以 X 表示选课人数, 则 X 是非负整数值随机变量.

(1) 由于仅知道平均人数 $\mathbf{E}X=70$, 所以在式 (6.1.3) 中取 $r=1$, 得到

$$\mathbf{P}(X\geqslant 80)\leqslant\frac{\mathbf{E}X}{80}=\frac{7}{8}.$$

这是一个很可观的概率, 表明下一次选修人数超过 80 人的概率小于 $\frac{7}{8}$, 但到底小到何种程度, 却无从估计.

(2) 由于除了均值之外, 还知道了方差 $\mathbf{Var}X=8$, 所以在使用 Chebyshev 不等式时就可以采用式 (6.1.4):

$$\mathbf{P}(X\geqslant 80)=\mathbf{P}(X-70\geqslant 10)\leqslant\mathbf{P}(|X-70|\geqslant 10)\leqslant\frac{\mathbf{Var}X}{100}=0.08.$$

这样一来, 我们就心中有数了, 即下一次选修人数超过 80 人的概率不大, 不会超过 8%. 这就是 Chebyshev 不等式带来的一个好处, 它在分布未知的情况下, 仅凭期望和方差, 有时也可以给出概率上界的一个较好的估计.

人们更多地是以 Chebyshev 不等式作为工具, 讨论随机变量的性质以及随机变量序列的依概率收敛性, 包括弱大数律. 先来看运用 Chebyshev 不等式讨论随机变量性质的一个例子.

例 6.1.3 方差为 0 的随机变量是退化的随机变量, 即若 $\mathbf{Var}X=0$, 则对某个常数 c, 有 $\mathbf{P}(X=c)=1$.

证明 由于 X 的方差存在, 所以它的数学期望存在, 记 $c=\mathbf{E}X$, 则由 Chebyshev 不等式, 对任何 $\varepsilon>0$, 都有

$$\mathbf{P}(|X-c|>\varepsilon)=\mathbf{P}(|X-\mathbf{E}X|>\varepsilon)\leqslant\frac{\mathbf{Var}X}{\varepsilon^2}=0,$$

这表明, 对任何 $\varepsilon>0$, 都有

$$\mathbf{P}(|X-c|\leqslant\varepsilon)=1.$$

在上式中令 $\varepsilon \to 0$, 由概率的上连续性即得 $\mathbf{P}(|X-c|=0)=1$, 即 $\mathbf{P}(X=c)=1$.

下面是运用 Chebyshev 不等式估计概率上界的一个例子.

例 6.1.4　若 X 是非负整数值随机变量, 则有

$$1-\mathbf{E}X \leqslant \mathbf{P}(X=0) \leqslant \frac{\mathbf{Var}X}{(\mathbf{E}X)^2}.$$

证明　由于 X 是非负整数值随机变量, 故有 $\mathbf{E}X>0$ (如果 $\mathbf{E}X=0$, 则易证 X 是退化于 0 的随机变量), 从而由 Chebyshev 不等式知

$$\mathbf{P}(X=0)=\mathbf{P}(X-\mathbf{E}X=-\mathbf{E}X) \leqslant \mathbf{P}(|X-\mathbf{E}X| \geqslant \mathbf{E}X) \leqslant \frac{\mathbf{Var}X}{(\mathbf{E}X)^2}.$$

此即所证不等式的右半部. 用这个不等式估计概率的方法称为二阶矩方法, 尽管很粗糙, 但在 $\mathbf{Var}X<(\mathbf{E}X)^2$ 的情况下, 对证明某些极限定理还是相当有用的. 另一方面, 若在式 (6.1.3) 中令 $r=1$, 则可得

$$\mathbf{P}(X \geqslant 1) \leqslant \mathbf{E}X,$$

故知

$$\mathbf{P}(X=0)=1-\mathbf{P}(X \geqslant 1) \geqslant 1-\mathbf{E}X.$$

此即所证不等式的左半部. 用这个不等式估计概率的方法称为一阶矩方法.

下面来讨论随机变量序列的弱大数定律, 在这些讨论中, Chebyshev 不等式是一个重要工具.

定义 6.1.2　设 $\{X_n,\ n\in\mathbb{N}\}$ 为随机变量序列, $S_n=\sum\limits_{k=1}^{n} X_k$. 如果存在实数序列 $\{a_n,\ n\in\mathbb{N}\}$ 和正数序列 $\{b_n,\ n\in\mathbb{N}\}$, 使得

$$\frac{S_n-a_n}{b_n} \xrightarrow{p} 0, \tag{6.1.5}$$

亦即

$$\lim_{n\to\infty} \mathbf{P}\left(\left|\frac{S_n-a_n}{b_n}\right| \geqslant \varepsilon\right)=0, \quad \forall \varepsilon>0, \tag{6.1.6}$$

就说 $\{X_n,\ n\in\mathbb{N}\}$ 服从弱大数律, 其中 $\{a_n,\ n\in\mathbb{N}\}$ 称为中心化数列, $\{b_n,\ n\in\mathbb{N}\}$ 称为正则化数列.

研究弱大数律, 就是对随机变量序列 $\{X_n,\ n\in\mathbb{N}\}$ 寻找存在中心化数列 $\{a_n,\ n\in\mathbb{N}\}$ 和正则化数列 $\{b_n,\ n\in\mathbb{N}\}$, 使得式 (6.1.5) 成立的条件. 如果 $X_n\in L_1,\ n\in\mathbb{N}$, 那么一般就会取 $a_n=\mathbf{E}S_n,\ b_n=n,\ n\in\mathbb{N}$, 讨论使得

$$\frac{S_n-\mathbf{E}S_n}{n} \xrightarrow{p} 0 \tag{6.1.7}$$

成立的条件.

下面是一些弱大数律的例子.

例 6.1.5 (Markov 弱大数律) 若对随机变量序列 $\{X_n,\ n\in\mathbb{N}\}$, 有

$$\lim_{n\to\infty}\frac{\mathbf{Var}S_n}{n^2}=0,\tag{6.1.8}$$

则有如式 (6.1.7) 的弱大数律成立.

证明 在 Chebyshev 不等式中令 $g(x)=x^2$, 可知, 对任何 $\varepsilon>0$, 当 $n\to\infty$ 时, 都有

$$\begin{aligned}\mathbf{P}\left(\left|\frac{S_n-\mathbf{E}S_n}{n}\right|\geqslant\varepsilon\right)&=\mathbf{P}\left(|S_n-\mathbf{E}S_n|\geqslant n\varepsilon\right)\\&\leqslant\frac{\mathbf{E}(S_n-\mathbf{E}S_n)^2}{n^2\varepsilon^2}=\frac{1}{\varepsilon^2}\frac{\mathbf{Var}S_n}{n^2}\to 0,\end{aligned}$$

所以有如式 (6.1.7) 的弱大数律成立.

在 Markov 弱大数律中没有对序列 $\{X_n,\ n\in\mathbb{N}\}$ 中的随机变量之间的相互关系作任何假定, 所以是一个较为广泛的结论.

例 6.1.6 (Chebyshev 弱大数律) 如果序列 $\{X_n,\ n\in\mathbb{N}\}$ 中的随机变量两两不相关且存在常数 $C>0$, 使得 $\mathbf{Var}X_n\leqslant C,\ \forall\ n\in\mathbb{N}$, 那么就有如式 (6.1.7) 的弱大数律成立.

证明 由于 $\{X_n,\ n\in\mathbb{N}\}$ 中的随机变量两两不相关, 所以

$$\mathbf{Var}S_n=\sum_{k=1}^{n}\mathbf{Var}X_k\leqslant nC,$$

即有条件 (6.1.8) 成立. 故由 Markov 弱大数律得知 Chebyshev 弱大数律成立.

例 6.1.7 (Bernoulli 弱大数律) 如果以 Z_n 表示 n 重 Bernoulli 试验中的成功次数, 则有

$$\frac{Z_n}{n}\xrightarrow{p}p.\tag{6.1.9}$$

证明 我们知道可写 $Z_n=\sum\limits_{k=1}^{n}X_k:=S_n$, 其中 $\{X_k\}$ 是一列相互独立的同服从参数为 p 的 Bernoulli 随机变量, 并且 $\mathbf{E}X_k=p,\ \mathbf{Var}X_k=pq\leqslant 1$. 所以由 Chebyshev 弱大数律得知有如式 (6.1.7) 的弱大数律成立, 亦即有 (6.1.9) 成立.

下面来看一个正则化常数 $b_n\neq n$ 的例子.

例 6.1.8 设有一列口袋, 在第 k 个口袋中放有 1 个白球和 $k-1$ 个黑球. 自前 n 个口袋中各取一球, 以 Z_n 表示所取出的 n 个球中的白球个数. 则当 $r>\dfrac{1}{2}$ 时, 有

$$\frac{Z_n-\mathbf{E}Z_n}{\ln^r n}\xrightarrow{p}0.$$

证明 我们定义随机变量 X_k 为: 如果自第 k 个口袋中取出白球, 就令 $X_k=1$; 如果取出黑球, 就令 $X_k=0$. 于是 $\{X_k\}$ 是一列相互独立的 Bernoulli 随机变量, 并且 X_k 服从参数为 $p_k=\dfrac{1}{k}$ 的 Bernoulli 分布. 显然有 $Z_n=\sum\limits_{k=1}^{n}X_k$, 并且

$$\mathbf{E}X_k=\frac{1}{k},\quad \mathbf{Var}X_k=\frac{1}{k}-\frac{1}{k^2}<\frac{1}{k},\quad \mathbf{Var}Z_n=\sum_{k=1}^{n}\mathbf{Var}X_k<\sum_{k=1}^{n}\frac{1}{k}\leqslant C\ln n,$$

其中 $C>0$ 为常数. 从而由 Chebyshev 不等式知: 对任何 $\varepsilon>0$, 当 $n\to\infty$ 时, 都有

$$\begin{aligned}\mathbf{P}\left(\left|\frac{Z_n-\mathbf{E}Z_n}{\ln^r n}\right|\geqslant\varepsilon\right)&=\mathbf{P}\left(\left|Z_n-\mathbf{E}Z_n\right|\geqslant\varepsilon\ln^r n\right)\\&\leqslant\frac{\mathbf{Var}Z_n}{\varepsilon^2\ln^{2r}n}\leqslant\frac{C}{\varepsilon^2}\frac{1}{\ln^{2r-1}n}\to 0,\end{aligned}$$

所以结论成立.

例 6.1.9 在上例中, 有

$$\frac{Z_n}{\ln n}\xrightarrow{p}1.$$

证明 为证结论, 只需证明

$$\lim_{n\to\infty}\mathbf{P}(|Z_n-\ln n|\geqslant\varepsilon\ln n)=0,\qquad\forall\,\varepsilon>0.$$

注意到

$$\lim_{n\to\infty}(\mathbf{E}Z_n-\ln n)=\lim_{n\to\infty}\left(\sum_{j=1}^{n}\frac{1}{j}-\ln n\right)=C>0,$$

其中 C 为 Euler 常数, 所以当 n 充分大时, 对任何 $\varepsilon>0$, 都有

$$\varepsilon\ln n+(\ln n-\mathbf{E}Z_n)>\frac{1}{2}\varepsilon\ln n.$$

故当 n 充分大时, 就有

$$\begin{aligned}\mathbf{P}(|Z_n-\ln n|\geqslant\varepsilon\ln n)&\leqslant\mathbf{P}\Big(|Z_n-\mathbf{E}Z_n|\geqslant\varepsilon\ln n+(\ln n-\mathbf{E}Z_n)\Big)\\&\leqslant\mathbf{P}\left(|Z_n-\mathbf{E}Z_n|\geqslant\frac{1}{2}\varepsilon\ln n\right),\end{aligned}$$

从而化归上例.

6.1.2 平均收敛

现在来引入随机变量序列的另一种收敛性.

定义 6.1.3 如果随机变量 $X, X_n \in L_r$, 其中 $r > 0$, 并且

$$\mathbf{E}|X_n - X|^r \to 0, \tag{6.1.10}$$

则称随机变量序列 $\{X_n,\ n \in \mathbb{N}\}$ 依 r 阶平均收敛到随机变量 X, 或称为 L_r 收敛到随机变量 X, 记作 $X_n \xrightarrow{L_r} X$. 当 $r = 1$ 时, 简称为依平均收敛, 并记为 $X_n \xrightarrow{L} X$. L_2 收敛有时也称为均方收敛.

对于任何随机变量 $X \in L_r$, 如果令

$$X_n = \sum_{m=-\infty}^{\infty} \frac{m-1}{2^n} I\left(\frac{m-1}{2^n} \leqslant X < \frac{m}{2^n}\right), \quad n \in \mathbb{N},$$

那么就有

$$|X_n(\omega) - X(\omega)|^r \leqslant \frac{1}{2^{rn}}, \quad \forall\, \omega \in \Omega,$$

从而有 $X_n \xrightarrow{L_r} X$. 这就说明, 对任何 $X \in L_r$, 都存在 L_r 收敛到 X 的离散型随机变量序列.

在依概率收敛和 L_r 收敛之间存在如下关系: 首先, 由 Chebyshev 不等式立即得知有如下定理.

定理 6.1.2 L_r 收敛蕴涵依概率收敛.

但是, 反之不真. 有反例如下.

例 6.1.10 设概率空间 $(\Omega, \mathscr{F}, \mathbf{P})$ 为区间 $(0,1)$ 上的几何型概率空间, 即有

$$\Omega = (0,1), \quad \mathscr{F} = \mathcal{B}_1 \cap (0,1), \quad \mathbf{P} = \mathbf{L}.$$

令 $X(\omega) = 0, \quad \forall \omega \in (0,1)$, 而

$$X_n(\omega) = \begin{cases} n, & \omega \in \left(0, \dfrac{1}{n}\right), \\ 0, & \omega \in \left[\dfrac{1}{n}, 1\right). \end{cases}$$

易知, 对任何 $\varepsilon > 0$, 当 $n \to \infty$ 时, 都有

$$\mathbf{P}(|X_n - X| > \varepsilon) \leqslant \mathbf{P}(X_n > 0) = \frac{1}{n} \to 0,$$

所以 $X_n \xrightarrow{p} X$; 但是

$$\mathbf{E}|X_n - X| = \mathbf{E}X_n \equiv 1,$$

故 X_n 不依平均收敛到 X.

注 6.1.2　这个例子还告诉我们: 即使 $X_n \xrightarrow{p} X$, 也不一定就有 $\mathbf{E}X_n \to \mathbf{E}X$. 事实上, 本例中 $\mathbf{E}X_n \equiv 1$, 但是却有 $\mathbf{E}X = 0$.

例 6.1.11　对于例 6.1.8 中的随机变量序列, 当 $n \to \infty$ 时, 有

$$\frac{Z_n - \mathbf{E}Z_n}{n} \xrightarrow{L_2} 0$$

和

$$\frac{Z_n - \mathbf{E}Z_n}{n^r} \xrightarrow{p} 0,$$

其中 $r > \dfrac{1}{2}$, $Z_n = \sum\limits_{k=1}^{n} X_k$.

事实上, 由例 6.1.8 中的条件知, 当 $n \to \infty$ 时, 有

$$\mathbf{E}\Big(\frac{Z_n - \mathbf{E}Z_n}{n}\Big)^2 = \frac{1}{n^2}\sum_{k=1}^{n} \mathbf{Var}X_k \leqslant \frac{C}{n} \to 0,$$

$$\mathbf{P}\left(\Big|\frac{Z_n - \mathbf{E}Z_n}{n^r}\Big| \geqslant \varepsilon\right) \leqslant \frac{1}{\varepsilon^2}\mathbf{E}\Big(\frac{Z_n - \mathbf{E}Z_n}{n^r}\Big)^2 \leqslant \frac{C}{\varepsilon^2 n^{2r-1}} \to 0, \quad \forall \varepsilon > 0.$$

这表明, 对于这样的随机变量序列, 不仅有通常意义上的弱大数律, 即 $\dfrac{Z_n - \mathbf{E}Z_n}{n} \xrightarrow{p} 0$, 而且还进一步有其他类型的收敛性, 例如平均收敛. 研究平均收敛意义上的大数律, 对于一些重要的随机变量序列, 例如鞅和时间序列, 具有重要意义. 另外, 考虑正则化常数 n^r 的指数 r 的大小, 也是极限理论研究中的一个关注点.

为了进行下一步的讨论, 我们需要如下的概念.

定义 6.1.4　称随机变量序列 $\{X_n,\ n \in \mathbb{N}\}$ 是一致可积的, 如果

$$\lim_{a\to\infty} \sup_{n\in\mathbb{N}} \mathbf{E}\Big(|X_n| I(|X_n| \geqslant a)\Big) = 0. \tag{6.1.11}$$

例 6.1.12　若随机变量序列 $\{|X_n|\}$ 一致可积, 则

$$\frac{1}{n}\max_{1\leqslant k\leqslant n} |X_k| \xrightarrow{p} 0.$$

证明　由上讨论知, 只需证明

$$\frac{1}{n}\max_{1\leqslant k\leqslant n} |X_k| \xrightarrow{L} 0.$$

任意给定 $\varepsilon > 0$, 由 $\{|X_n|\}$ 一致可积知, 存在充分大的 $a > 0$, 使得

$$\sup_{k\geqslant 1} \mathbf{E}|X_k| I(|X_k| \geqslant a) < \frac{\varepsilon}{2}.$$

再取充分大的 n_0, 使得 $\dfrac{a}{n_0} < \dfrac{\varepsilon}{2}$. 于是, 对一切 $n \geqslant n_0$, 就都有

$$\begin{aligned}
\mathbf{E}\left\{\frac{1}{n}\max_{1\leqslant k\leqslant n}|X_k|\right\} &\leqslant \frac{1}{n}\mathbf{E}\left\{\max_{1\leqslant k\leqslant n}|X_k|I(|X_k|<a)\right\} + \frac{1}{n}\mathbf{E}\left\{\max_{1\leqslant k\leqslant n}|X_k|I(|X_k|\geqslant a)\right\} \\
&< \frac{a}{n} + \frac{1}{n}\mathbf{E}\left\{\sum_{k=1}^{n}|X_k|I(|X_k|\geqslant a)\right\} \\
&= \frac{a}{n} + \frac{1}{n}\sum_{k=1}^{n}\mathbf{E}|X_k|I(|X_k|\geqslant a) < \frac{\varepsilon}{2} + \frac{\varepsilon}{2} = \varepsilon.
\end{aligned}$$

该例反映了平均收敛在极限理论研究中有着重要应用. 正由于如此, 我们要来讨论一下平均收敛的判别准则. 在讨论中, Lebesgue 控制收敛定理、单调收敛定理和 Fatou 引理对于我们十分重要, 它们在实变函数论中都有所介绍, 我们仅运用它们的概率形式.

Lebesgue 控制收敛定理 设 $X_n \xrightarrow{p} X$. 若存在随机变量 $Y \in L_1$, 使得对一切 $n \geqslant 1$, 都有 $|X_n| \leqslant |Y|$, a.s., 则 $X, X_n \in L_1$, 且 $\mathbf{E}X_n \to \mathbf{E}X$.

单调收敛定理 设 $X_n \geqslant 0$ 且 $X_n \uparrow X$, a.s., 则必 $\mathbf{E}X_n \to \mathbf{E}X$, 故

(i) 若 $\lim\limits_{n\to\infty} \mathbf{E}X_n < \infty$, 则 $X \in L_1$;

(ii) 反之, 若 $X \in L_1$, 则对一切 $n \geqslant 1$, 都有 $\mathbf{E}X_n < \infty$.

在本定理的陈述中, 出现了随机变量序列的 a.s. 收敛性, 它相当于实变函数论中的几乎处处收敛, 其含义是: 使得关系式

$$\lim_{n\to\infty} X_n(\omega) = X(\omega)$$

不成立的 ω 的集合是一个概率为 0 的事件. 我们将在 6.4 节中详细讨论这种收敛性.

Fatou 引理 设 $X_n \geqslant 0$ 且 $X_n \in L_1$, 则有

$$\mathbf{E}\Big(\liminf_{n\to\infty} X_n\Big) \leqslant \liminf_{n\to\infty} \mathbf{E}X_n.$$

故若 $\liminf\limits_{n\to\infty} \mathbf{E}X_n < \infty$, 则有 $X_* =: \liminf\limits_{n\to\infty} X_n \in L_1$.

注 6.1.3 有些人在学过 Fatou 引理之后, 想当然地认为会有

$$\mathbf{E}\Big(\liminf_{n\to\infty} X_n\Big) \leqslant \liminf_{n\to\infty} \mathbf{E}X_n \leqslant \limsup_{n\to\infty} \mathbf{E}X_n \leqslant \mathbf{E}\Big(\limsup_{n\to\infty} X_n\Big),$$

实际上这是不对的, 例 6.1.10 恰恰说明了这一点. 利用数学分析知识容易证明, 对任何 $\omega \in (0,1)$, 都有 $\lim\limits_{n\to\infty} X_n(\omega) = 0$, 所以 $\limsup\limits_{n\to\infty} X_n$ 是一个恒等于 0 的退化随机

变量, 从而 $\mathbf{E}\Big(\limsup\limits_{n\to\infty} X_n\Big) = 0$. 但是却有 $\mathbf{E}X_n \equiv 1$ 和 $\limsup\limits_{n\to\infty}\mathbf{E}X_n = 1$. 可见最后一个不等号不能成立.

下面给出一致可积的充要条件.

定理 6.1.3　随机变量序列 $\{X_n,\ n\in\mathbb{N}\}$ 一致可积的充分必要条件是: 对任给的 $\varepsilon > 0$, 都存在 $\delta = \delta(\varepsilon) > 0$, 使得对任何满足条件 $\mathbf{P}(A) < \delta$ 的事件 A, 都有

$$\sup_{n\in\mathbb{N}}\mathbf{E}\Big(|X_n|I(A)\Big) < \varepsilon, \tag{6.1.12}$$

并且

$$\sup_{n\in\mathbb{N}}\mathbf{E}|X_n| < \infty. \tag{6.1.13}$$

证明　**充分性**　假设上述两条件成立, 则对任给的 $\varepsilon > 0$, 都存在 $\delta = \delta(\varepsilon) > 0$, 使得只要事件 A 满足条件 $\mathbf{P}(A) < \delta$, 便都有式 (6.1.12) 成立. 而由式 (6.1.13) 可知, 存在 $C > 0$, 使得 $\sup\limits_{n\in\mathbb{N}}\mathbf{E}|X_n| < C$, 于是只要 $a > \dfrac{C}{\delta}$, 那么就有

$$\mathbf{P}(|X_n| \geqslant a) \leqslant \frac{\mathbf{E}|X_n|}{a} < \frac{C}{a} < \delta, \quad \forall n\in\mathbb{N},$$

于是由式 (6.1.12) 立得

$$\sup_{n\in\mathbb{N}}\mathbf{E}\Big(|X_n|I(|X_n| \geqslant a)\Big) < \varepsilon,$$

所以 $\{X_n\}$ 一致可积.

必要性　首先, 由式 (6.1.11) 可知, 对任给的 $\varepsilon > 0$, 只要 a 充分大, 就有

$$\sup_{n\in\mathbb{N}}\mathbf{E}\Big(|X_n|I(|X_n| \geqslant a)\Big) \leqslant \varepsilon,$$

从而就有

$$\mathbf{E}|X_n| \leqslant \mathbf{E}\Big(|X_n|I(|X_n| < a)\Big) + \mathbf{E}\Big(|X_n|I(|X_n| \geqslant a)\Big) \leqslant a + \varepsilon, \quad \forall n\in\mathbb{N},$$

故有式 (6.1.13) 成立. 其次, 只要令 $\delta = \dfrac{\varepsilon}{a}$, 那么只要事件 A 满足条件 $\mathbf{P}(A) < \delta$, 便都有

$$\begin{aligned}\mathbf{E}\Big(|X_n|I(A)\Big) &= \mathbf{E}\Big(|X_n|I(A\cap(|X_n| \leqslant a))\Big) + \mathbf{E}\Big(|X_n|I(A\cap(|X_n| > a))\Big)\\ &\leqslant a\mathbf{P}(A) + \mathbf{E}\Big(|X_n|I(|X_n| > a)\Big) < 2\varepsilon, \quad \forall n\in\mathbb{N},\end{aligned}$$

即有式 (6.1.12) 成立.

由于定理 6.1.3 的形式比较复杂, 我们给出一致可积性的两个便于验证的充分条件:

推论 6.1.1 如果存在 $\alpha > 0$, 使得

$$\sup_{n\in\mathbb{N}} \mathbf{E}|X_n|^{1+\alpha} < \infty,$$

则 $\{X_n\}$ 一致可积.

该推论中的 α 不可为 0. 试看下例.

例 6.1.13 设随机变量 X_n 为 Bernoulli 变量, 有

$$\mathbf{P}(X_n = n) = \frac{1}{n}, \quad \mathbf{P}(X_n = 0) = 1 - \frac{1}{n}, \quad n \in \mathbb{N}.$$

显然对任何 $n \in \mathbb{N}$, 都有 $\mathbf{E}|X_n| = 1$, 即满足条件

$$\sup_{n\in\mathbb{N}} \mathbf{E}|X_n| < \infty,$$

但是对任何 $a > 0$, 只要 $n > a$, 就都有

$$\mathbf{E}|X_n|I(|X_n| \geqslant a) = 1,$$

可见 $\{X_n\}$ 不一致可积.

推论 6.1.2 如果存在随机变量 $Y \in L_1$, 并且对任何 $x > 0$, 都有

$$\sup_{n\in\mathbb{N}} \mathbf{P}(|X_n| > x) \leqslant \mathbf{P}(|Y| > x),$$

则 $\{X_n\}$ 一致可积.

以上两个推论的证明都不难, 留给读者作为练习.

定理 6.1.4 (平均收敛判别准则) 如果对 $r > 0$, 随机变量序列 $\{|X_n|^r, n \in \mathbb{N}\}$ 一致可积, 并且 $X_n \xrightarrow{p} X$, 则 $X \in L_r$, 且 $X_n \xrightarrow{L_r} X$.

反之, 如果对 $r > 0$, 有 $X_n \in L_r$, 且 $X_n \xrightarrow{L_r} X$, 则 $X \in L_r$, 且 $X_n \xrightarrow{p} X$.

证明 可以证明, 当 $X_n \xrightarrow{p} X$ 时, 存在子列 $\{X_{n_k}\}$, a.s. 收敛到 X.

这样一来, 当 $X_n \xrightarrow{p} X$, 且 $\{|X_n|^r\}$ 一致可积时, 由 Fatou 引理即得

$$\mathbf{E}|X|^r \leqslant \mathbf{E}\left(\liminf_{k\to\infty} |X_{n_k}|^r\right) \leqslant \liminf_{k\to\infty} \mathbf{E}|X_{n_k}|^r \leqslant \sup_{n\in\mathbb{N}} \mathbf{E}|X_n|^r < \infty,$$

所以 $X \in L_r$. 往证 $X_n \xrightarrow{L_r} X$. 由于 $\{|X_n|^r\}$ 一致可积, 所以对任给的 $\varepsilon > 0$, 都存在 $\delta = \delta(\varepsilon) > 0$, 使得对任何满足条件 $\mathbf{P}(A) < \delta$ 的事件 A, 都有

$$\sup_{n\in\mathbb{N}} \mathbf{E}\Big(|X_n|^r I(A)\Big) < \varepsilon, \quad \mathbf{E}\Big(|X|I(A)\Big) < \varepsilon.$$

又由于 $X_n \xrightarrow{p} X$, 所以对上述 $\varepsilon > 0$ 和 $\delta > 0$, 存在 $n_0 \in \mathbb{N}$, 使只要 $n \geqslant n_0$, 就有

$$\mathbf{P}(|X_n - X| > \varepsilon) < \delta.$$

由上述理由和 C_r 不等式, 即得

$$\begin{aligned}\mathbf{E}|X_n - X|^r &= \mathbf{E}\Big(|X_n - X|^r I(|X_n - X| \leqslant \varepsilon)\Big) + \mathbf{E}\Big(|X_n - X|^r I(|X_n - X| > \varepsilon)\Big)\\ &\leqslant \varepsilon^r + C_r \mathbf{E}\Big((|X_n|^r + |X|^r) I(|X_n - X| > \varepsilon)\Big) < \varepsilon^r + 2C_r\varepsilon,\end{aligned}$$

所以 $X_n \xrightarrow{L_r} X$.

反之, 如果 $X_n \xrightarrow{L_r} X$, 则易知 $X_n \xrightarrow{p} X \in L_r$. 由 C_r 不等式可得

$$\sup_{n\in\mathbb{N}} \mathbf{E}|X_n|^r \leqslant C_r \sup_{n\in\mathbb{N}} \mathbf{E}\Big(|X_n - X|^r + |X|^r\Big) < \infty.$$

另一方面, 对任给的 $\varepsilon > 0$, 都存在 $n_0 \in \mathbb{N}$, 使只要 $n \geqslant n_0$, 就有 $\mathbf{E}|X_n - X|^r < \varepsilon$. 再由 $X_n,\ X \in L_r$ 可知, 对给定的 $\varepsilon > 0$, 存在 $\delta = \delta(\varepsilon) > 0$, 使得只要 $\mathbf{P}(A) < \delta$, 就有

$$\mathbf{E}\Big(|X|^r I(A)\Big) < \varepsilon, \qquad \max_{1\leqslant n<n_0} \mathbf{E}\Big(|X_n - X|^r I(A)\Big) < \varepsilon,$$

这样一来, 即知对满足条件 $\mathbf{P}(A) < \delta$ 的事件 A, 有

$$\mathbf{E}\Big(|X_n|^r I(A)\Big) \leqslant C_r\Big(\mathbf{E}\big(|X|^r I(A)\big) + \mathbf{E}\big(|X_n - X|^r I(A)\big)\Big) < 2C_r\varepsilon, \quad \forall\, n \in \mathbb{N},$$

从而由定理 6.1.4 知 $\{|X_n|^r\}$ 一致可积.

推论 6.1.3　如果 X 和 $\{X_n\}$ 均为非负随机变量, 并且都存在一阶矩, 则当 $X_n \xrightarrow{p} X$ 时, 如下三个命题相互等价:

(1) $\{X_n\}$ 一致可积;

(2) $\mathbf{E}|X_n - X| \to 0,\ n \to \infty$;

(3) $\mathbf{E}X_n \to \mathbf{E}X,\ n \to \infty$.

证明　由定理 6.1.4 知 (1) $\Longleftrightarrow$ (2). 由 $|\mathbf{E}X_n - \mathbf{E}X| \leqslant \mathbf{E}|X_n - X|$ 知 (2) $\Longrightarrow$ (3). 下面来证 (3) $\Longrightarrow$ (2). 由于 X 和 $\{X_n\}$ 均为非负随机变量, 所以 $0 \leqslant (X - X_n)^+ \leqslant X$, 再由 $X_n \xrightarrow{p} X$ 知

$$(X - X_n)^+ \xrightarrow{p} 0,$$

从而由控制收敛定理, 即得

$$\mathbf{E}(X - X_n)^+ \to 0,$$

由此并结合 (3), 亦可得 $\mathbf{E}(X - X_n)^- \to 0$, 于是有 (2) 成立.

习　题　6.1

1. 试证明:

(1) $X_n \xrightarrow{p} X \implies X_n - X \xrightarrow{p} 0$;

(2) $X_n \xrightarrow{p} X,\ X_n \xrightarrow{p} Y \implies \mathbf{P}\{X=Y\}=1$;

(3) $X_n \xrightarrow{p} X \implies X_n - X_m \xrightarrow{p} 0\ (n,\ m\to\infty)$;

(4) $X_n \xrightarrow{p} X,\ Y_n \xrightarrow{p} Y \implies X_n \pm Y_n \xrightarrow{p} X\pm Y$;

(5) $X_n \xrightarrow{p} X$, k是常数 $\implies kX_n \xrightarrow{p} kX$;

(6) $X_n \xrightarrow{p} X \implies X_n^2 \xrightarrow{p} X^2$;

(7) $X_n \xrightarrow{p} a,\ Y_n \xrightarrow{p} b$, a, b是常数 $\implies X_nY_n \xrightarrow{p} ab$;

(8) $X_n \xrightarrow{p} 1 \implies X_n^{-1} \xrightarrow{p} 1$;

(9) $X_n \xrightarrow{p} a,\ Y_n \xrightarrow{p} b$, a, b是常数, $b\neq 0 \implies X_nY_n^{-1} \xrightarrow{p} ab^{-1}$;

(10) $X_n \xrightarrow{p} X$, Y是随机变量 $\implies X_nY \xrightarrow{p} XY$;

(11) $X_n \xrightarrow{p} X,\ Y_n \xrightarrow{p} Y \implies X_nY_n \xrightarrow{p} XY$.

2. 证明: $X_n \xrightarrow{p} X$ 的充分必要条件是:

$$\mathbf{E}\frac{|X_n-X|}{1+|X_n-X|}\to 0.$$

3. 设随机变量 X_n 服从 Cauchy 分布, 其密度函数为

$$p_n(x)=\frac{n}{\pi(1+n^2x^2)},\quad n\geqslant 1,$$

证明: $X_n \xrightarrow{p} 0$.

4. 设 $\{X_n\}$ 为独立随机变量序列, 它们有共同的密度函数 $p(x)=\mathrm{e}^{-(x-a)}$, $x>a$, 令 $Y_n=\min\{X_1,\cdots,X_n\}$, 证明 $Y_n \xrightarrow{p} a$.

5. 设 X_1 与 X_2 是相互独立的标准正态随机变量. 记

$$Y=\frac{X_1}{|X_2|},\quad Y_n=\frac{X_1}{\dfrac{1}{n}+|X_2|},\quad n\in\mathbb{N}.$$

(1) 证明 $Y_n \xrightarrow{p} Y$; (2) 试利用推论 6.1.3 说明 $\{Y_n\}$ 非一致可积.

6. 设 $\{X_n:\ n\geqslant 1\}$ 是独立随机变量序列, $\mathbf{P}(X_n=\ln n)=\mathbf{P}(X_n=-\ln n)=1/2$, $n=1,2,\cdots$, 证明: $\{X_n:\ n\geqslant 1\}$ 服从弱大数定律.

7. 设 $\{X_n:\ n\geqslant 1\}$ 是独立的随机变量序列,

$$\mathbf{P}(X_n=1)=\mathbf{P}(X_n=-1)=\frac{1}{2}\left(1-\frac{1}{2^n}\right),$$
$$\mathbf{P}(X_n=n)=\mathbf{P}(X_n=-n)=\frac{1}{2^{n+1}},\quad n=1,2,\cdots.$$

试问: $\{X_n:\ n\geqslant 1\}$ 是否服从弱大数定律?

8. 设 $\{X_n,n\geqslant 1\}$ 是一致有界的随机变量序列, 记 $S_n=\sum\limits_{k=1}^{n}X_k$. 证明: $\{X_n,n\geqslant 1\}$ 对 $a_n=\mathbf{E}S_n$, $b_n=n$ 服从弱大数律的充要条件是

$$\frac{\mathbf{Var}S_n}{n^2}\to 0.$$

9. 设 $\{X_n, n \geqslant 1\}$ 是独立同分布的非负随机变量序列且 $\mathbf{E}X_1 = \infty$, 记 $S_n = \sum_{k=1}^{n} X_k$. 试利用单调收敛定理证明: $\frac{1}{n}S_n \xrightarrow{p} \infty$.

10. 设在 Bernoulli 试验序列中, 事件 A 出现的概率为 p, 令

$$X_n = \begin{cases} 1, & \text{在第 } n \text{ 次及第 } n+1 \text{ 次试验中 } A \text{ 都出现}, \\ 0, & \text{其他}, \end{cases}$$

则 $\{X_n,\ n \geqslant 1\}$ 服从弱大数定律.

11. 设 $\{X_n,\ n \geqslant 1\}$ 是独立随机变量序列, X_n 的分布为

$$\mathbf{P}\left(X_n = \frac{(n+1)^{k/2}}{n}\right) = \frac{n}{(n+1)^k},\quad k = 1, 2, \cdots,$$

证明 $\{X_n,\ n \geqslant 1\}$ 服从弱大数定律.

12. 设 $\{X_n,\ n \geqslant 1\}$ 是独立同分布随机变量序列, 它们的共同分布为

$$\mathbf{P}(X_n = k) = \frac{c}{k^2 \ln^2 k},\quad k = 2, 3, \cdots,$$

其中 $c = \left(\sum_{k=2}^{\infty} (k \ln k)^{-2}\right)^{-1}$. 试问 $\{X_n,\ n \geqslant 1\}$ 是否服从弱大数定律?

13. 设 $\{X_n,\ n \geqslant 1\}$ 是一列具有相同的数学期望, 且方差有界的随机变量, 并且对 $j \neq k$, $\mathbf{E}(X_j X_k) \leqslant 0$. 证明: $\{X_n,\ n \geqslant 1\}$ 服从弱大数定律.

6.2 依分布收敛

研究随机变量, 自然要研究它们的分布规律; 在研究随机变量序列的收敛性时, 当然也就要研究相应的分布函数序列的收敛性.

6.2.1 依分布收敛的概念

假设 X 和 $\{X_n,\ n \in \mathbb{N}\}$ 为一列随机变量, 相应的分布函数为 $F(x)$ 和 $\{F_n(x),\ n \in \mathbb{N}\}$. 我们要来弄清楚什么是依分布收敛.

先看一个例子.

例 6.2.1　假设

$$X(\omega) = 0,\quad X_n(\omega) = \frac{1}{n},\quad \forall \omega \in \Omega,$$

那么显然在 $n \to \infty$ 时, 有

$$X_n(\omega) \to X(\omega),\quad \forall \omega \in \Omega, \tag{6.2.1}$$

因此随机变量序列 $\{X_n,\ n\in\mathbb{N}\}$ 处处收敛到 X, 既然分布函数就是反映随机变量的取值规律的, 所以 $\{X_n,\ n\in\mathbb{N}\}$ 就应当是依分布收敛到 X 的, 换句话说, 它们的分布函数列的极限就应当是 X 的分布函数. 但是, 我们知道

$$F_n(x)=\mathbf{P}(X_n\leqslant x)=\begin{cases}0, & x<\dfrac{1}{n},\\ 1, & x\geqslant\dfrac{1}{n}.\end{cases}$$

$$F(x)=\mathbf{P}(X\leqslant x)=\begin{cases}0, & x<0,\\ 1, & x\geqslant 0.\end{cases}$$

因此,

$$\lim_{n\to\infty}F_n(x)=F(x),\quad \forall x\neq 0;$$

但是却有

$$\lim_{n\to\infty}F_n(0)=0\neq 1=F(0).$$

这就表明, 在讨论分布函数列的收敛时, 我们不能要求相应的分布函数列点点收敛到 $F(x)$. 注意该例中 $x=0$ 是 $F(x)$ 的不连续点, 这就提醒我们, 需要在不连续点上放宽要求.

以 $C(F)$ 表示函数 $F(x)$ 的连续点集, 我们来给出如下定义.

定义 6.2.1 设 $\{F_n(x),\ n\in\mathbb{N}\}$ 是一列定义在 $\mathbb{R}$ 上的有界非降的右连续函数, 如果存在一个定义在 $\mathbb{R}$ 上的有界非降的右连续函数 $F(x)$, 使得

$$\lim_{n\to\infty}F_n(x)=F(x),\quad \forall\, x\in C(F),\tag{6.2.2}$$

就称 $\{F_n(x)\}$ 弱收敛到 $F(x)$, 记为 $F_n(x)\xrightarrow{w}F(x)$, 并称 $F(x)$ 是 $\{F_n(x)\}$ 的弱极限.

大家或许注意到我们在这里没有使用 "分布函数" 这个名词. 这是因为如下结论.

命题 6.2.1 分布函数列的弱极限不一定是分布函数.

反例如下.

例 6.2.2 设 $F(x)\equiv\dfrac{1}{2}$,

$$F_n(x)=\begin{cases}0, & x<-n,\\ \dfrac{x+n}{2n}, & -n\leqslant x<n,\\ 1, & x\geqslant n,\end{cases}\qquad n\in\mathbb{N}.$$

显然 $\{F_n(x)\}$ 是分布函数序列, 并且在每一点 $x\in\mathbb{R}$ 上, 都有 $F_n(x)\to F(x)$. 故知 $F_n(x)\xrightarrow{w}F(x)$, 但是 $F(x)$ 却不是分布函数.

通过上述两点讨论, 我们明确了依分布收敛的含义, 从而可以给出如下定义.

定义 6.2.2　如果 $\{F_n(x),\ n\in\mathbb{N}\}$ 是一列分布函数, 并且存在分布函数 $F(x)$, 使得 $F_n(x)\xrightarrow{w}F(x)$, 就称 $\{F_n(x)\}$ 依分布收敛到 $F(x)$, 记为 $F_n(x)\xrightarrow{d}F(x)$. 如果 $\{F_n(x),\ n\in\mathbb{N}\}$ 是随机变量序列 $\{X_n,\ n\in\mathbb{N}\}$ 的分布函数序列, 而 $F(x)$ 是随机变量 X 的分布函数, 则当 $F_n(x)\xrightarrow{d}F(x)$ 时, 称 $\{X_n\}$ 依分布收敛到 X, 并记为 $X_n\xrightarrow{d}X$.

例 6.2.3　设随机变量 $X_1,X_2,\cdots$ 独立同分布, 均服从 $\mathrm{Exp}(1)$ 分布. 记 $Y_n=\max\{X_1,X_2,\cdots,X_n\}$, 则 $Y_n-\ln n$ 依分布收敛.

证明　对任何 $x\in\mathbb{R}$, 当 $n\to\infty$ 时, 都有

$$\mathbf{P}(Y_n-\ln n\leqslant x)=\left(1-\mathrm{e}^{-(x+\ln n)}\right)^n\to\exp\{-\mathrm{e}^{-x}\}.$$

在这里, $G(x)=\exp\{-\mathrm{e}^{-x}\}$ 是一个分布函数 (读者可自行证明), 叫做 Gumbel 分布, 它是著名的三大极值分布之一.

应当注意, 依分布收敛只是随机变量的分布函数列之间的收敛关系, 它不能反映随机变量自身间的极限关系.

命题 6.2.2　依分布收敛不能蕴涵依概率收敛.

看一个例子.

例 6.2.4　设 $X,X_1,X_2,\cdots$ 是一列独立同分布的 Bernoulli 随机变量, 参数为 $0<p<1$. 由于它们的分布相同, 即有 $F_n(x)\equiv F(x)$, 所以 $F_n(x)\xrightarrow{d}F(x)$, 亦即 $X_n\xrightarrow{d}X$. 但是对任何 $0<\varepsilon<1$, 却有

$$\mathbf{P}(|X_n-X|>\varepsilon)=\mathbf{P}(X_n=0,\ X=1)+\mathbf{P}(X_n=1,\ X=0)=2p(1-p)$$

为定值, 所以 $X_n\overset{p}{\nrightarrow}X$. 这个反例告诉我们: 依分布收敛不能蕴涵依概率收敛.

但是, 反过来, 我们却有如下定理.

定理 6.2.1　如果 $X_n\xrightarrow{p}X$, 则必有 $X_n\xrightarrow{d}X$.

证明　设 X_n 与 X 的分布函数分别为 $F_n(x)$ 和 $F(x)$. 易知, 对任何 $y<x$, 有

$$(X\leqslant y)=(X\leqslant y,X_n\leqslant x)\cup(X\leqslant y,X_n>x)\subset(X_n\leqslant x)\cup(|X_n-X|>x-y),$$

所以

$$F(y)\leqslant F_n(x)+\mathbf{P}(|X_n-X|>x-y),$$

从而可由 $X_n\xrightarrow{p}X$ 推知

$$F(y)\leqslant\liminf_{n\to\infty}F_n(x).$$

同理可证, 对任何 $z>x$, 都有

$$\limsup_{n\to\infty}F_n(x)\leqslant F(z).$$

如果 $x \in C(F)$, 联立上述两式, 并且令 $y \uparrow x,\ z \downarrow x$, 那么就有

$$F(x) \leqslant \liminf_{n\to\infty} F_n(x) \leqslant \limsup_{n\to\infty} F_n(x) \leqslant F(x).$$

所以

$$\lim_{n\to\infty} F_n(x) = F(x), \quad \forall\, x \in C(F),$$

即 $X_n \xrightarrow{d} X$.

我们以 c 表示退化于 c 的随机变量. 那么在依分布收敛与依概率收敛之间有如下的特殊的等价关系.

定理 6.2.2 $X_n \xrightarrow{d} c$ 等价于 $X_n \xrightarrow{p} c$.

证明 由定理 6.2.1 知 $X_n \xrightarrow{p} c$ 蕴涵 $X_n \xrightarrow{d} c$, 所以只需证明反过来的蕴涵关系. 注意退化于 c 的随机变量的分布函数为

$$F(x) = I(x \geqslant c) = \begin{cases} 0, & x < c, \\ 1, & x \geqslant c. \end{cases}$$

它只有一个不连续点 $x = c$, 所以当 $X_n \xrightarrow{d} c$ 时, 有

$$\lim_{n\to\infty} F_n(x) = \begin{cases} 0, & x < c, \\ 1, & x > c. \end{cases}$$

故而对任何 $\varepsilon > 0$, 当 $n \to \infty$ 时, 有

$$\begin{aligned} \mathbf{P}(|X_n - c| \geqslant \varepsilon) &= \mathbf{P}(X_n \geqslant c + \varepsilon) + \mathbf{P}(X_n \leqslant c - \varepsilon) \\ &= 1 - F_n(c + \varepsilon - 0) + F_n(c - \varepsilon) \to 0, \end{aligned}$$

即有 $X_n \xrightarrow{p} c$.

在平均收敛和依分布收敛之间, 我们有如下结论.

定理 6.2.3 设 X 和 $\{X_n,\ n \in \mathbb{N}\}$ 是随机变量序列, 若 $X_n \xrightarrow{d} X$, 那么对 $r > 0$, $\mathbf{E}|X_n|^r \to \mathbf{E}|X|^r$ 的充分必要条件是 $\{|X_n|^r\}$ 一致可积.

特别地, 对于非负随机变量序列 $\{X,\ X_n,\ n \in \mathbb{N}\}$, 若 $X_n \xrightarrow{d} X$, 那么 $\mathbf{E}X_n \to \mathbf{E}X$ 的充分必要条件是 $\{X_n\}$ 一致可积.

6.2.2 连续性定理及其应用

在对依分布收敛的研究中, 连续性定理是一件堪称杀手锏级的武器. 关于它的证明和进一步讨论研究将在附录中进行. 我们在这里仅介绍它的一些应用的例子. 通过这些例子, 读者可以感受到它在证明依分布收敛性中的威力, 有利于大家认识

这门有力工具. 大家在后面的弱大数律和中心极限定理的讨论和研究中还将进一步感受到它重要性.

下面就是连续性定理的内容.

定理 6.2.4 (连续性定理) 1° 设 $F(x)$ 和 $\{F_n(x),\ n\in\mathbb{N}\}$ 都是分布函数, $f(t)$ 和 $\{f_n(t),\ n\in\mathbb{N}\}$ 是它们对应的特征函数. 如果 $F_n(x)\xrightarrow{d}F(x)$, 则有

$$\lim_{n\to\infty}f_n(t)=f(t),\quad\forall\,t\in\mathbb{R},\tag{6.2.3}$$

并且这种收敛性在任何有界闭区间上对 t 一致成立.

2° 设 $\{f_n(t),\ n\in\mathbb{N}\}$ 是一列特征函数, $\{F_n(x),\ n\in\mathbb{N}\}$ 是它们对应的分布函数. 如果存在一个在 $t=0$ 处连续的定义在 $\mathbb{R}$ 上的函数 $f(t)$ 使得式 (6.2.3) 成立, 则 $f(t)$ 是一个特征函数, 并且对于它所对应的分布函数 $F(x)$, 有

$$F_n(x)\xrightarrow{d}F(x).$$

关于该定理的证明可以从附录 A.2.3 里找到. 感兴趣的读者, 可以想一想, 什么叫做连续性? 为什么这个定理叫做连续性定理? 这里的连续性究竟指的是什么?

大家可能已经注意到在这个定理的第 1 款里没有要求 $f_n(t)$ 的极限函数 $f(t)$ 在 $t=0$ 处连续, 而在第 2 款里却做了这样一个要求. 这是为什么呢?

事实上, 极限函数 $f(t)$ 在 $t=0$ 处连续是不可缺少的一个条件. 在第 1 款里, 这一条件已经被特征函数列在 $\mathbb{R}$ 上的一致连续性所保证, 所以无须另外指出. 而在第 2 款里, 却不得不单独指出. 关于这一点, 可由下例看出.

例 6.2.5 设 $\{X_n,\ n\in\mathbb{N}\}$ 为随机变量序列, 其中 X_n 服从正态分布 $\mathcal{N}(0,n)$. 试讨论该序列的依分布收敛性.

解 分别以 $F_n(x)$ 和 $f_n(t)$ 记 X_n 的分布函数和特征函数.

一方面, 有

$$\lim_{n\to\infty}f_n(t)=\lim_{n\to\infty}\mathrm{e}^{-\frac{nt^2}{2}}=\begin{cases}1, & t=0,\\ 0, & t\neq0.\end{cases}$$

可见特征函数列 $\{f_n(t)\}$ 处处收敛, 但是极限函数在 $t=0$ 处不连续.

另一方面, 有

$$F_n(x)=\mathbf{P}(X_n\leqslant x)=\mathbf{P}\left(\frac{X_n}{\sqrt{n}}\leqslant\frac{x}{\sqrt{n}}\right)=\Phi\left(\frac{x}{\sqrt{n}}\right),\quad x\in\mathbb{R}.$$

故知对任何 $x\in\mathbb{R}$, 都有

$$\lim_{n\to\infty}F_n(x)=\lim_{n\to\infty}\Phi\left(\frac{x}{\sqrt{n}}\right)=\Phi(0)=\frac{1}{2}.$$

可见分布函数列 $\{F_n(t)\}$ 也处处收敛, 但是极限函数却不是一个分布函数. 所以 $\{X_n\}$ 不依分布收敛.

这个例子告诉我们, 特征函数列 $\{f_n(t)\}$ 的极限函数在 $t=0$ 处的连续性对于依分布收敛而言, 是一个不可缺少的必要条件.

对于连续性定理本身的讨论暂告一个段落. 下面来看一些例题, 它们都是连续性定理的应用, 这些例题表明了这个定理的重要程度.

例 6.2.6 设 $\{X_n,\ n\in\mathbb{N}\}$ 为随机变量序列, 如果当 $n\to\infty$ 时, $X_n\xrightarrow{d}\mathcal{N}(a,\sigma^2)$, 则 $\tau X_n+b\xrightarrow{d}\mathcal{N}(\tau a+b,\tau^2\sigma^2)$.

证明 记 $f_n(t)=\mathbf{E}\mathrm{e}^{\mathrm{i}tX_n}$, 则根据连续性定理知, 当 $n\to\infty$ 时, $f_n(t)$ 收敛到 $\mathcal{N}(a,\sigma^2)$ 的特征函数, 即有

$$f_n(t)\to\exp\left\{\mathrm{i}ta-\frac{\sigma^2t^2}{2}\right\},\qquad \text{任何} t\in\mathbb{R}.$$

因此, 对任何 $t\in\mathbb{R}$, 当 $n\to\infty$ 时, 就有

$$\mathbf{E}\mathrm{e}^{\mathrm{i}t(\tau X_n+b)}=\mathrm{e}^{\mathrm{i}tb}f_n(\tau t)\to\mathrm{e}^{\mathrm{i}tb}\cdot\exp\left\{\mathrm{i}\tau ta-\frac{\sigma^2\tau^2t^2}{2}\right\}=\exp\left\{\mathrm{i}t(\tau a+b)-\frac{\sigma^2\tau^2t^2}{2}\right\},$$

即收敛到 $\mathcal{N}(\tau a+b,\ \tau^2\sigma^2)$ 的特征函数. 仍由连续性定理知, $\tau X_n+b\xrightarrow{d}\mathcal{N}(\tau a+b,\ \tau^2\sigma^2)$.

例 6.2.7 设随机变量 X_n 服从参数为 $p_n>0$ 的几何分布, 若 $\lim\limits_{n\to\infty}p_n=0$, 则对任意常数 $\lambda>0$, 随机变量序列 $\left\{\dfrac{p_nX_n}{\lambda},\ n=1,2,\cdots\right\}$ 依分布收敛到参数为 λ 的指数分布.

证明 记 $q_n=1-p_n$, 则当 $n\to\infty$ 时, 对 X_n 的特征函数, 有

$$\begin{aligned}f_n(t)&=\mathbf{E}\exp\left\{\mathrm{i}t\frac{p_nX_n}{\lambda}\right\}=\mathbf{E}\exp\left\{\mathrm{i}\frac{p_nt}{\lambda}X_n\right\}=\frac{p_n\exp\left\{\mathrm{i}\frac{p_nt}{\lambda}\right\}}{1-q_n\exp\left\{\mathrm{i}\frac{p_nt}{\lambda}\right\}}\\&=\frac{p_n\left(1+\mathrm{i}\frac{p_nt}{\lambda}-\frac{p_n^2}{2\lambda^2}t^2+o(p_n^2t^2)\right)}{1-q_n\left(1+\mathrm{i}\frac{p_nt}{\lambda}-\frac{p_n^2}{2\lambda^2}t^2+o(p_n^2t^2)\right)}\\&=\frac{1+\mathrm{i}\frac{p_nt}{\lambda}-\frac{p_n^2}{2\lambda^2}t^2+o(p_n^2t^2)}{1-\mathrm{i}\frac{q_nt}{\lambda}+\frac{p_nq_n}{2\lambda^2}t^2+o(p_nq_nt^2)}\longrightarrow\frac{1}{1-\frac{\mathrm{i}t}{\lambda}}.\end{aligned}$$

在这里, $\dfrac{1}{1-\frac{\mathrm{i}t}{\lambda}}$ 是参数为 λ 的指数分布的特征函数. 所以根据连续性定理, 随机变

量序列 $\left\{\dfrac{p_nX_n}{\lambda}, n=1,2,\cdots\right\}$ 依分布收敛到参数为 λ 的指数分布.

例 6.2.8　(1) 设随机变量 $X_n\sim B(n,p_n)$. 证明: 如果当 $n\to\infty$ 时, 有 $np_n\to\lambda>0$, 则 X_n 依分布收敛到参数为 λ 的 Poisson 分布. (2) 若 $X_n\sim B(n,p)$, 则有 $\dfrac{X_n}{n}\xrightarrow{p}p$.

证明　我们曾经在定理 3.4.1 中给出结论 (1) 的一个证明, 现在从另一个角度来证明它. 记 $q_n=1-p_n$.

$$\begin{aligned}f_n(t)&=\mathbf{E}\mathrm{e}^{\mathrm{i}tX_n}=(q_n+p_n\mathrm{e}^{\mathrm{i}t})^n=\left(1+p_n(\mathrm{e}^{\mathrm{i}t}-1)\right)^n\\&=\exp\left\{n\ln\left(1+p_n(\mathrm{e}^{\mathrm{i}t}-1)\right)\right\}.\end{aligned}$$

利用 $\lim\limits_{x\to0}\dfrac{\ln(1+x)}{x}\to1$ 和 $\lim\limits_{n\to\infty}np_n=\lambda>0$ 知, 对任何固定的实数 t, 都有

$$\lim_{n\to\infty}\exp\left\{n\ln\left(1+p_n(\mathrm{e}^{\mathrm{i}t}-1)\right)\right\}=\lim_{n\to\infty}\exp\left\{np_n(\mathrm{e}^{\mathrm{i}t}-1)\right\}=\mathrm{e}^{\lambda(\mathrm{e}^{\mathrm{i}t}-1)},$$

因此, 对任何固定的实数 t, 都有

$$\lim_{n\to\infty}f_n(t)=\mathrm{e}^{\lambda(\mathrm{e}^{\mathrm{i}t}-1)},$$

故由连续性定理知, X_n 依分布收敛到参数为 λ 的 Poisson 分布.

(2) 由于 $\dfrac{X_n}{n}\xrightarrow{p}p$ 等价于 $\dfrac{X_n}{n}\xrightarrow{d}p$, 所以只需证明 $\dfrac{X_n}{n}$ 的特征函数收敛到 $\mathrm{e}^{\mathrm{i}pt}$. 我们有

$$\mathbf{E}\exp\left\{\mathrm{i}t\frac{X_n}{n}\right\}=\left(1+p(\mathrm{e}^{\frac{\mathrm{i}t}{n}}-1)\right)^n=\left(1+\frac{\mathrm{i}pt}{n}+O\left(\frac{pt^2}{n^2}\right)\right)^n.$$

令 $n\to\infty$, 即知 $\mathbf{E}\exp\left\{\mathrm{i}t\dfrac{X_n}{n}\right\}\to\mathrm{e}^{\mathrm{i}pt}$.

事实上, 这里的结论 (2) 是弱大数律的一种特殊形式, 因为 X_n 与 n 个相互独立的参数为 p 的 Bernoulli 变量的和同分布.

例 6.2.9　设随机变量 X_n 服从参数为 λ_n 的 Poisson 分布, 证明: 若 $\lambda_n\to\infty$, 则 $\dfrac{X_n-\lambda_n}{\sqrt{\lambda_n}}$ 依分布收敛到标准正态分布.

证明　对于随机变量 $\dfrac{X_n-\lambda_n}{\sqrt{\lambda_n}}$ 的特征函数 $f_n(t)$, 有

$$\begin{aligned}f_n(t)&=\mathbf{E}\exp\left\{\frac{\mathrm{i}t(X_n-\lambda_n)}{\sqrt{\lambda_n}}\right\}=\exp\{-\mathrm{i}t\sqrt{\lambda_n}\}\mathbf{E}\exp\left\{\mathrm{i}\frac{t}{\sqrt{\lambda_n}}X_n\right\}\\&=\exp\left\{-\mathrm{i}t\sqrt{\lambda_n}+\lambda_n(\mathrm{e}^{\frac{\mathrm{i}t}{\sqrt{\lambda_n}}}-1)\right\}=\exp\left\{\lambda_n\left(\mathrm{e}^{\frac{\mathrm{i}t}{\sqrt{\lambda_n}}}-1-\frac{\mathrm{i}t}{\sqrt{\lambda_n}}\right)\right\}\\&=\exp\left\{\lambda_n\left(\mathrm{e}^{\frac{\mathrm{i}t}{\sqrt{\lambda_n}}}-1-\frac{\mathrm{i}t}{\sqrt{\lambda_n}}+\frac{t^2}{2\lambda_n}\right)\right\}\exp\left\{-\frac{t^2}{2}\right\}.\end{aligned}$$

所以由第 5 章关于特征函数在 $t=0$ 处的 Taylor 展开式, 以及 $\lim\limits_{n\to\infty}\lambda_n=\infty$ 知, 当 $n\to\infty$ 时, 对任何固定的 t, 都有

$$\mathrm{e}^{\frac{\mathrm{i}t}{\sqrt{\lambda_n}}}-1-\frac{\mathrm{i}t}{\sqrt{\lambda_n}}+\frac{t^2}{2\lambda_n}=o\Big(\frac{t^2}{2\lambda_n}\Big),$$

所以

$$\lim_{n\to\infty}f_n(t)=\exp\left\{-\frac{t^2}{2}\right\}.$$

由连续性定理知, $\dfrac{X_n-\lambda_n}{\sqrt{\lambda_n}}$ 依分布收敛到标准正态分布.

本题所运用的 Taylor 展开办法, 是一种在证明依分布收敛时的常用办法, 今后我们还会多次遇到.

习 题 6.2

1. 证明: 若分布函数列 $\{F_n(x)\}$ 弱收敛于连续的分布函数 $F(x)$, 则该收敛对 $x\in\mathbb{R}^1$ 一致.

2. 证明: 若 $\{F_n(x)\}$ 为一列正态分布函数, 收敛于分布函数 $F(x)$, 则 $F(x)$ 也是正态分布.

3. 证明: 如果正态随机变量序列依概率收敛, 则其数学期望与方差也收敛.

4. 若 $\boldsymbol{X}_n$ 为 n 维正态随机向量, $\boldsymbol{X}_n\xrightarrow{p}\boldsymbol{X}$, 试证 $\boldsymbol{X}$ 为正态向量.

5. 随机变量序列 $\{X_n\}$ 具有分布函数 $\{F_n(x)\}$, 且 $F_n(x)\xrightarrow{d}F(x)$, 又 $\{Y_n\}$ 依概率收敛于常数 c, 证明:

(1) $Z_n=X_n+Y_n$ 的分布函数弱收敛于 $F(x-c)$;

(2) 如果 $c>0$, 则 $Z_n=\dfrac{X_n}{Y_n}$ 的分布函数弱收敛于 $F(cx)$.

6. 设 $\{X_n\}$ 依分布收敛到 X, 设 $\{Y_n\}$ 依分布收敛到常数 a, 证明 X_n+Y_n 依分布收敛到 $X+a$.

7. 设 $\{X_k\}$ 为独立随机变量序列, 它们都服从 -1 与 1 两点上的等可能分布. 试证 $Y_n=\sum\limits_{k=1}^{n}\dfrac{X_k}{2^k}$ 依分布收敛到 $U(-1,1)$ 随机变量.

8. 设 $X_n\xrightarrow{p}X$, 而 g 是 $\mathbb{R}^1$ 上的连续函数, 试证 $g(X_n)\xrightarrow{p}g(X)$.

9. 将上题依概率改为依分布, 其他条件不变, 命题仍真.

10. 设分布函数 $F(x)$ 对应的特征函数为 $f(t)$, 证明

$$\lim_{t\to\infty}\frac{1}{2t}\int_{-t}^{t}\mathrm{e}^{-\mathrm{i}sy}f(s)\mathrm{d}s=F(y)-F(y-0).$$

特别地, 若 X 是整值随机变量, 证明

$$\frac{1}{2\pi}\int_{-\pi}^{\pi}\mathrm{e}^{-\mathrm{i}tj}f_X(t)\mathrm{d}t=\mathbf{P}(X=j).$$

又设 $\{X_n\}$ 是独立同分布的整值随机变量列, 试对 $S_n = \sum\limits_{k=1}^{n} X_k$ 给出类似于上述的公式.

11. 设分布函数 $F(x)$ 对应的特征函数为 $f(t)$, 试证

$$\lim_{c\to\infty}\frac{1}{2c}\int_{-c}^{c}|f(t)|^2\mathrm{d}t=\sum_{x}[F(x)-F(x-0)]^2.$$

(提示: 作相互独立有相同分布函数 $F(x)$ 的随机变量 X_1, X_2, 应用上题于 X_1-X_2, 并让 $y=0$.)

12. 证明: 对任一分布函数 $F(x)$ 及所对应之特征函数 $f(t)$, 对一切函数 x 及 $h>0$ 都有

$$\frac{1}{2h}\int_{x}^{x+2h}F(y)\mathrm{d}y-\frac{1}{2h}\int_{x-2h}^{x}F(y)\mathrm{d}y=\frac{1}{\pi}\int_{-\infty}^{\infty}\left(\frac{\sin u}{u}\right)^2\mathrm{e}^{-\mathrm{i}ux/h}f\Big(\frac{u}{h}\Big)\mathrm{d}u.$$

(提示: 应用附录中的反演公式于 $F*G_h$, 其中 G_h 是 $[-h,h]$ 上的均匀分布函数.)

13. 设随机变量 X_n 的分布为 $\mathbf{P}\left(X_n=\dfrac{1}{n}\right)=\mathbf{P}(X_n=0)=\dfrac{1}{2}$, 又 $\mathbf{P}(X_0=0)=1$. 记 X_n 的分布函数为 $F_n(x)$. 证明:

(1) $F_n\xrightarrow{d}F_0$; (2) $\lim\limits_{n\to\infty}F_n(0)\neq F_0(0)$; (3) $d^*(F_n,F_0)\triangleq\sup\limits_{x}|F_n(x)-F_0(x)|\not\to 0$.

14. 若分布函数 $F(x)$ 由它的矩唯一确定, 且分布函数列 $F_n(x)$ 的 m 阶矩收敛于 $F(x)$ 的 m 阶矩, 其中 $m=1,2,\cdots$, 则有 $F_n(x)\xrightarrow{d}F(x)$.

15. 设 $\{p(x),\ p_n(x):n\geqslant 1\}$ 是概率密度函数列, 若除去一 Lebesgue 测度为 0 的集外, 对所有实数 x 成立着 $p_n(x)\to p(x)$, 则对 $\mathbb{R}^1$ 上任何 Borel 集 A 一致地有

$$\int_A p_n(x)\mathrm{d}x\to\int_A p(x)\mathrm{d}x.$$

16. 设 $\{p(x),\ p_n(x):n\geqslant 1\}$ 是概率密度函数列, 考虑下述三种收敛性:

(1) $\displaystyle\int_{-\infty}^{x}p_n(t)\mathrm{d}t\to\int_{-\infty}^{x}p(t)\mathrm{d}t,\ \forall x\in\mathbb{R}^1$;

(2) $\displaystyle\int_A p_n(x)\mathrm{d}x\to\int_A p(x)\mathrm{d}x,\ \forall A\in\mathscr{B}_1$;

(3) 对一切 Borel 集 A, 一致地成立 $\displaystyle\int_A p_n(x)\mathrm{d}x\to\int_A p(x)\mathrm{d}x$.

其中, (3) 称为分布列 $p_n(A)=\displaystyle\int_A p_n(x)\mathrm{d}x$ 依变差收敛于分布 $\mathbf{P}(A)=\displaystyle\int_A p(x)\mathrm{d}x$. 易见, (3) $\Longrightarrow$ (2) $\Longrightarrow$ (1). 证明: 条件 (3) 等价于 $p_n(x)$ 依测度收敛于 $p(x)$; 而 (2) $\Longleftrightarrow$ (1).

6.3 弱大数律和中心极限定理

在极限定理的研究中, 尽可能地降低所需矩条件的阶数, 是人们所追求的一个目标. 因为一个结论对随机变量所要求的矩条件的阶数越低, 它所适用的范围就越宽. Markov 和 Lyapunov 都曾致力于降低独立同分布随机变量序列渐近正态所需的矩条件的阶数. 这一工作几乎耗费了 Markov 的毕生精力, 尽管获得了巨大的进

展, 把指数阶矩降到了三阶矩, 但却始终未能达到预期的目标: 二阶矩. 这一梦寐以求的目标, 是在 Lyapunov 把特征函数引入概率论以后才得以实现的.

同前面一样, 本节中仍然假定 $\{X_n,\ n\in\mathbb{N}\}$ 是定义在某个概率空间 $(\Omega,\mathscr{F},\mathbf{P})$ 上的随机变量序列, 并记 $S_n=\sum\limits_{k=1}^{n}X_k$. 按照惯例, 我们将以 i.i.d. 表示独立同分布.

6.3.1 弱大数律

在 6.1 节中讨论弱大数律时, 为证明 $\dfrac{S_n-a_n}{b_n}\xrightarrow{p}0$, 都是通过方差来估计概率 $\mathbf{P}\left(\left|\dfrac{S_n-a_n}{b_n}\right|\geqslant\varepsilon\right)$ 的. 这样就必须要求相应的随机变量存在二阶矩. 我们现在要来以特征函数作为工具, 证明独立同分布场合下的弱大数律.

由于 $\dfrac{S_n-a_n}{b_n}\xrightarrow{p}0$ 等价于 $\dfrac{S_n-a_n}{b_n}\xrightarrow{d}0$, 而由连续性定理知, 后者等价于特征函数的如下收敛关系:

$$\lim_{n\to\infty}\mathbf{E}\exp\left\{\mathrm{i}t\frac{S_n-a_n}{b_n}\right\}=1,\quad\forall t\in\mathbb{R}. \tag{6.3.1}$$

这就为降低独立同分布 (i.i.d.) 场合下弱大数律成立所需的矩条件的阶数提供了有效的途径.

定理 6.3.1 (Khinchin 弱大数律) 设 $\{X,\ X_n,\ n\in\mathbb{N}\}$ 为 i.i.d. 随机变量序列, 则当 $X\in L_1$, $\mathbf{E}X=a$ 时, 有

$$\frac{S_n}{n}\xrightarrow{p}a. \tag{6.3.2}$$

证明 只需证明

$$\frac{S_n-na}{n}\xrightarrow{p}0. \tag{6.3.3}$$

记 $f_n(t)=\mathbf{E}\exp\left\{\mathrm{i}t\dfrac{S_n-na}{n}\right\}$, 则有

$$f_n(t)=\prod_{k=1}^{n}\mathbf{E}\exp\left\{\mathrm{i}t\frac{X_k-a}{n}\right\}=\left(\mathbf{E}\exp\left\{\mathrm{i}t\frac{X-a}{n}\right\}\right)^n.$$

由于 $X-a\in L_1$, $\mathbf{E}(X-a)=0$, 所以由第 5 章关于特征函数在 $t=0$ 处的 Taylor 展开式知, 对任何 $t\in\mathbb{R}$, 都有

$$\mathbf{E}\exp\left\{\mathrm{i}t\frac{X-a}{n}\right\}=1+o\left(\frac{t}{n}\right),\quad n\to\infty,$$

从而立得

$$f_n(t)=\left(1+o\left(\frac{t}{n}\right)\right)^n\to1,\quad n\to\infty,$$

故由 (6.3.1) 立知结论 (6.3.3) 成立.

注 6.3.1　应当指出, 在独立同分布 (i.i.d.) 场合下, 条件 $X_1 \in L_1$ 并不是存在数列 $\{a_n,\ n \in \mathbb{N}\}$, 使得 $\dfrac{S_n - a_n}{n} \xrightarrow{p} 0$ 成立的必要条件. 尽管如此, Khinchin 弱大数律条件的简洁、形式的明快, 使其获得大量的应用.

下面就来看几个运用 Khinchin 弱大数律解题的例子.

例 6.3.1　设 f 为区间 $[0,1]$ 上的可测函数, 且 $\int_0^1 |f(x)|\mathrm{d}x < \infty$, 而 $\{U_n\}$ 是一列相互独立的 $U[0,1]$ 随机变量. 记

$$I_n = \frac{1}{n}\sum_{k=1}^{n} f(U_k).$$

证明: 当 $n \to \infty$ 时, 有 $I_n \xrightarrow{p} I = \int_0^1 f(x)\mathrm{d}x$.

证明　记 $Y_i = f(U_i)$, 则 $\{f(U_i)\}$ 是一列独立同分布的随机变量, 且 $\mathbf{E}|Y_i| = \int_0^1 |f(x)|\mathrm{d}x < \infty$, 所以它们具有有限的数学期望 $\mathbf{E}Y_i = \int_0^1 f(x)\mathrm{d}x = I$. 根据 Khinchin 弱大数律, 当 $n \to \infty$ 时, 有

$$I_n = \frac{1}{n}\sum_{k=1}^{n} f(U_k) = \frac{1}{n}\sum_{k=1}^{n} Y_k \xrightarrow{p} \mathbf{E}Y_1 = \int_0^1 f(x)\mathrm{d}x.$$

注 6.3.2　这是一种用概率方法近似计算积分的办法, 通常称为 Monte Carlo 方法, 正如我们所看到的, 它就是 Khinchin 弱大数律的一种应用. 在 $\int_0^1 f^2(x)\mathrm{d}x < \infty$ 的条件下, 还可以用 Chebyshev 不等式来估计误差 $\mathbf{P}\left(|I_n - I| > \dfrac{a}{\sqrt{n}}\right)$.

例 6.3.2　设 $f(x)$ 是 $[0,1]$ 上的连续函数, 其对应的次数为 n 的 Bernstein 多项式是

$$B_n(x) = \sum_{k=0}^{n} f\left(\frac{k}{n}\right)\binom{n}{k} x^k (1-x)^{n-k}, \quad 0 \leqslant x \leqslant 1.$$

试利用弱大数律证明: 对任意的 $0 \leqslant x \leqslant 1$, 都有 $\lim\limits_{n\to\infty} B_n(x) = f(x)$.

证明　对于任意取定的 $0 \leqslant x \leqslant 1$, 取一列相互独立且同以 x 为参数的 Bernoulli 随机变量 $\{X_n\}$, 则对每个 n, 都有

$$B_n(x) = \mathbf{E}f\left(\frac{X_1 + X_2 + \cdots + X_n}{n}\right).$$

一方面, 根据 Bernoulli 弱大数律, 当 $n \to \infty$ 时, 有 $\dfrac{X_1 + \cdots + X_n}{n} \xrightarrow{p} \mathbf{E}X_1 = x$. 另

一方面, 由 $f(t)$ 是 $[0,1]$ 上的连续函数知存在常数 C, 使得 $\max\limits_{0\leqslant t\leqslant 1}|f(t)|\leqslant C$, 所以由控制收敛定理知, 对任意取定的 $0\leqslant x\leqslant 1$, 当 $n\to\infty$ 时, 都有

$$B_n(x)=\sum_{k=0}^{n} f\left(\frac{k}{n}\right)\binom{n}{k}x^k(1-x)^{n-k}=\mathbf{E}f\left(\frac{X_1+\cdots+X_n}{n}\right)\to f(x).$$

注 6.3.3 由 $\max\limits_{0\leqslant t\leqslant 1}|f(t)|\leqslant C$, 还可以进一步证明

$$\sup_{0\leqslant x\leqslant 1}|B_n(x)-f(x)|\to 0,\quad n\to\infty.$$

例 6.3.3 设 $X, X_1, X_2, \cdots$ 为独立同分布的随机变量序列, 有 $\mathbf{E}X=a$, $0<\mathbf{Var}X=\sigma^2<\infty$. 记

$$\overline{X}_n=\frac{1}{n}\sum_{i=1}^{n}X_i,\quad S_n^2=\frac{1}{n-1}\sum_{i=1}^{n}(X_i-\overline{X}_n)^2.$$

证明: 当 $n\to\infty$ 时, 有

$$S_n^2\xrightarrow{p}\sigma^2. \tag{6.3.4}$$

证明 记

$$\begin{aligned}S_n^2&=\frac{1}{n-1}\sum_{i=1}^{n}\Big((X_i-a)+(a-\overline{X}_n)\Big)^2\\&=\frac{1}{n-1}\sum_{i=1}^{n}(X_i-a)^2+\frac{n}{n-1}(\overline{X}_n-a)^2+2\frac{(a-\overline{X}_n)}{n-1}\sum_{i=1}^{n}(X_i-a)\\&=\frac{1}{n-1}\sum_{i=1}^{n}(X_i-a)^2-\frac{n}{n-1}(\overline{X}_n-a)^2.\end{aligned}$$

将 Khinchin 弱大数律运用于独立同分布随机变量序列 $\{X_n-a\}$, 可知 $\overline{X}_n-a\xrightarrow{p}0$; 将 Khinchin 弱大数律运用于独立同分布随机变量序列 $\{(X_n-a)^2\}$, 可知

$$\frac{1}{n-1}\sum_{i=1}^{n}(X_i-a)^2\xrightarrow{p}\sigma^2.$$

综合上述, 即得 (6.3.4).

6.3.2 Slutsky 引理

如下的命题虽然被称为引理, 却是研究依分布收敛的一个重要工具, 其重要地位绝不亚于一个重要定理.

定理 6.3.2 (Slutsky 引理) 如果 $X_n \xrightarrow{d} X$, $Y_n \xrightarrow{p} 0$, $W_n \xrightarrow{p} 1$, 则 $W_nX_n + Y_n \xrightarrow{d} X$.

证明 先证明 $W_nX_n \xrightarrow{d} X$. 记 $F(x) = \mathbf{P}(X \leqslant x)$, $T_n = W_nX_n$. 任取 $x \in C(F)$, 对任意给定的 $\varepsilon > 0$, 取 $0 < \varepsilon_1 < \varepsilon$, 使 $(1 \pm \varepsilon_1)x \in C(F)$. 易见

$$\mathbf{P}(T_n \leqslant x) \leqslant \mathbf{P}(X_n \leqslant (1+\varepsilon_1)x) + \mathbf{P}\left(|W_n - 1| \geqslant \frac{\varepsilon_1}{1+\varepsilon_1}\right),$$

$$\mathbf{P}(X_n \leqslant (1-\varepsilon_1)x) \leqslant \mathbf{P}(T_n \leqslant x) + \mathbf{P}\left(|W_n - 1| \geqslant \frac{\varepsilon_1}{1-\varepsilon_1}\right).$$

由上述两式, 得

$$\begin{aligned}&\mathbf{P}(X_n \leqslant (1-\varepsilon_1)x) - \mathbf{P}\left(|W_n - 1| \geqslant \frac{\varepsilon_1}{1-\varepsilon_1}\right)\\ \leqslant &\mathbf{P}(T_n \leqslant x) \leqslant \mathbf{P}(X_n \leqslant (1+\varepsilon_1)x) + \mathbf{P}\left(|W_n - 1| \geqslant \frac{\varepsilon_1}{1+\varepsilon_1}\right).\end{aligned}$$

令 $n \to \infty$, 就有

$$F((1-\varepsilon_1)x) \leqslant \liminf_{n\to\infty} \mathbf{P}(T_n \leqslant x) \leqslant \limsup_{n\to\infty} \mathbf{P}(T_n \leqslant x) \leqslant F((1+\varepsilon_1)x).$$

再令 $\varepsilon \downarrow 0$, 即得

$$\lim_{n\to\infty} \mathbf{P}(T_n \leqslant x) = F(x).$$

再记 $Z_n = T_n + Y_n$, 并证明 $Z_n \xrightarrow{d} X$, 其证法与上大同小异, 留给读者作为练习.

注 6.3.4 在本引理中没有任何独立性方面的要求, 这给我们的使用带来很多方便.

注 6.3.5 一个与之相关的有趣问题是: 如果 $X_n \xrightarrow{d} X$, $Y_n \xrightarrow{p} 0$, 那么是否有 $X_nY_n \xrightarrow{p} 0$? 结论是肯定的, 证法也与以上大同小异, 读者可自行证明之. 下面将不加证明地运用这一结论.

下面给出 Slutsky 引理应用的一个例子.

例 6.3.4 设 $\{X_n, n \in \mathbb{N}\}$ 为随机变量序列, 存在实常数 a 和 $\sigma^2 > 0$, 使得 $\sqrt{n}(X_n - a) \xrightarrow{d} \mathcal{N}(0, \sigma^2)$. 证明: 若函数 g 在 a 处可导, 且 $g'(a) \neq 0$, 则 $\sqrt{n}\Big(g(X_n) - g(a)\Big) \xrightarrow{d} \mathcal{N}\Big(0, \sigma^2(g'(a))^2\Big)$.

证明 先证 $X_n \xrightarrow{p} a$. 即要证明, 对任给的 $\varepsilon > 0$ 和 $\delta > 0$, 只要 n 充分大, 就都有

$$\mathbf{P}(|X_n - a| > \varepsilon) < \delta.$$

记 $G_n(x) = \mathbf{P}(\sqrt{n}(X_n - a) \leqslant x)$, 记 $\mathcal{N}(0, \sigma^2)$ 的分布函数为 $G(x)$, 由于 $G(x)$ 连续, 所以由习题 6.2 第 1 题, $G_n(x)$ 在 $\mathbb{R}$ 上一致收敛到 $G(x)$. 先取 $x_0 > 0$ 充分

大, 使得 $1-G(x_0)+G(-x_0)<\frac{\delta}{2}$, 再取充分大的 n, 使得 $\sqrt{n}\varepsilon > x_0$, 并使得对一切实数 x, 都有

$$|G_n(x)-G(x)|<\frac{\delta}{4}.$$

于是就有

$$\begin{aligned}&\mathbf{P}(|X_n-a|>\varepsilon)=\mathbf{P}\Big(\sqrt{n}|X_n-a|>\sqrt{n}\varepsilon\Big)\\ =&1-G_n(\sqrt{n}\varepsilon)+G_n(-\sqrt{n}\varepsilon-0)\\ =&\Big(1-G(\sqrt{n}\varepsilon)+G(-\sqrt{n}\varepsilon)\Big)\\ &+\Big(G(\sqrt{n}\varepsilon)-G_n(\sqrt{n}\varepsilon)\Big)+\Big(G_n(-\sqrt{n}\varepsilon-0)-G(-\sqrt{n}\varepsilon)\Big)\\ <&\Big(1-G(x_0)+G(-x_0)\Big)+|G(\sqrt{n}\varepsilon)-G_n(\sqrt{n}\varepsilon)|\\ &+|G_n(-\sqrt{n}\varepsilon-0)-G(-\sqrt{n}\varepsilon)|<\frac{\delta}{2}+\frac{\delta}{4}+\frac{\delta}{4}=\delta.\end{aligned}$$

这就表明, 当 $n\to\infty$ 时, 有 $X_n\xrightarrow{p}a$. 写

$$\sqrt{n}\Big(g(X_n)-g(a)\Big)=\sqrt{n}\Big(g'(a)(X_n-a)+Y_n\Big). \tag{6.3.5}$$

根据 Taylor 展开定理, 此处 $Y_n=o(|X_n-a|)$, 由于 $|X_n-a|\xrightarrow{p}0$, 故若写

$$\sqrt{n}Y_n=\sqrt{n}(X_n-a)\cdot\frac{Y_n}{X_n-a},$$

则有 $\sqrt{n}(X_n-a)\xrightarrow{d}\mathcal{N}(0,\sigma^2)$, $\frac{Y_n}{X_n-a}\xrightarrow{p}0$, 因此根据 Slutsky 引理后面的注 6.3.5, 有 $\sqrt{n}Y_n\xrightarrow{p}0$. 另一方面, 由 $\sqrt{n}(X_n-a)\xrightarrow{d}\mathcal{N}(0,\sigma^2)$ 和例 6.2.6 知

$$\sqrt{n}g'(a)(X_n-a)\xrightarrow{d}\mathcal{N}\Big(0,\sigma^2(g'(a))^2\Big).$$

综合上述, 由 Slutsky 引理即可得知 $\sqrt{n}\Big(g(X_n)-g(a)\Big)\xrightarrow{d}\mathcal{N}\Big(0,\sigma^2(g'(a))^2\Big)$.

这个结论在数理统计中称为 Delta 方法, 在证明统计量的渐近正态性时经常使用.

6.3.3 中心极限定理

下面来讨论依分布收敛到标准正态的问题. 由于正态分布在概率论中的特殊地位, 这一类定理被称为中心极限定理.

定义 6.3.1 设 $\{X_n,\ n\in\mathbb{N}\}$ 为随机变量序列, $S_n=\sum\limits_{k=1}^{n}X_k$. 如果存在中心化数列 $\{a_n,\ n\in\mathbb{N}\}$ 和正则化数列 $\{b_n,\ n\in\mathbb{N}\}$, 使得

$$\frac{S_n-a_n}{b_n}\xrightarrow{d}\mathcal{N}(0,\ 1), \tag{6.3.6}$$

亦即

$$\lim_{n\to\infty} \mathbf{P}\left(\frac{S_n - a_n}{b_n} \leqslant x\right) = \Phi(x), \quad \forall x \in \mathbb{R}, \tag{6.3.7}$$

就说 $\{X_n,\ n\in\mathbb{N}\}$ 服从中心极限定理或称 S_n 具有渐近正态性.

由连续性定理立即得知如下定理.

定理 6.3.3 式 (6.3.6) 成立的充分必要条件是

$$\lim_{n\to\infty} \mathbf{E}\exp\left\{\mathrm{i}t\frac{S_n - a_n}{b_n}\right\} = \exp\left\{-\frac{t^2}{2}\right\}, \quad \forall t \in \mathbb{R}. \tag{6.3.8}$$

独立同分布 (i.i.d.) 场合下的经典的中心极限定理具有特别简单的形式.

定理 6.3.4 (Lévy 中心极限定理) 设 $\{X,\ X_n,\, n\in\mathbb{N}\}$ 为 i.i.d. 随机变量序列, 则当 $X \in L_2$, $\mathbf{E}X = a$, $0 < \mathbf{Var}X = \sigma^2 < \infty$ 时, 有

$$\frac{S_n - na}{\sqrt{n}\sigma} \xrightarrow{d} \mathcal{N}(0,\, 1). \tag{6.3.9}$$

证明 记 $f_n(t) = \mathbf{E}\exp\left\{\mathrm{i}t\dfrac{S_n - na}{\sqrt{n}\sigma}\right\}$, 则有

$$f_n(t) = \prod_{k=1}^{n} \mathbf{E}\exp\left\{\mathrm{i}t\frac{X_k - a}{\sqrt{n}\sigma}\right\} = \left(\mathbf{E}\exp\left\{\mathrm{i}t\frac{X - a}{\sqrt{n}\sigma}\right\}\right)^n.$$

由于 $X \in L_2$,

$$\mathbf{E}\frac{X-a}{\sqrt{n}\sigma} = 0, \quad \mathbf{E}\left(\frac{X-a}{\sqrt{n}\sigma}\right)^2 = \frac{\mathbf{Var}X}{n\sigma^2} = \frac{1}{n},$$

所以由第 5 章关于特征函数在 $t=0$ 处的 Taylor 展开式知, 对任何 $t \in \mathbb{R}$, 都有

$$\mathbf{E}\exp\left\{\mathrm{i}t\frac{X-a}{\sqrt{n}\sigma}\right\} = 1 - \frac{t^2}{2n} + o\left(\frac{t^2}{n}\right), \quad n \to \infty,$$

从而立得

$$f_n(t) = \left(1 - \frac{t^2}{2n} + o\left(\frac{t^2}{n}\right)\right)^n \to \exp\left\{-\frac{t^2}{2}\right\}, \quad n \to \infty,$$

故有 (6.3.8), 亦即 (6.3.9) 成立.

我们在絮话正态分布中所提到的 De Moivre-Laplace 中心定理就是本定理的特殊情况.

下面回顾和比较一下独立同分布 (i.i.d.) 随机变量序列的 Khinchin 弱大数律和 Lévy 中心极限定理.

首先, Khinchin 弱大数律很容易理解, 因为它表明: 序列中的前 n 个随机变量的算术平均值依概率收敛到随机变量的平均值 (数学期望). 这正是 “大数律” 的含

义之所在. 因为众多随机变量的算术平均值应当恰好是其中各个随机变量平均值的反映. 尤其是 $\{X_n,\ n\in\mathbb{N}\}$ 为 i.i.d. 的以 p 为参数的 Bernoulli 随机变量时, $\dfrac{S_n}{n}$ 就是前 n 次试验中的平均成功次数, 随着 $n\to\infty$, 它应当越来越接近于每一次试验的成功概率 p. 事实上, 我们的先人就是通过这一点发现概率, 并且利用这一点来 "证明" 概率的客观存在性的 (参阅 1.6 节). 但是那时没有明确, 也不可能明确 "越来越接近" 的数学含义. 现在通过 Khinchin 弱大数律, 我们清楚了所谓 "越来越接近", 其实就是对任何 $\varepsilon>0$, 概率 $\mathbf{P}\left(\left|\dfrac{S_n}{n}-p\right|\geqslant\varepsilon\right)$ 都随着 $n\to\infty$ 而趋于 0. 后面还将给出其含义的进一步解释.

对于独立同分布场合下的中心极限定理, 我们应当指出它的令人 "吃惊" 之处: 这就是任何独立同分布的随机变量序列, 不论它们的共同分布是什么, 只要它们非退化并且存在有限的二阶矩, 那么它们的标准化部分和 $\dfrac{S_n-na}{\sqrt{n}\sigma}$ 就都渐近于标准正态分布. 由此可见标准正态分布在大自然界中的中心主导地位, 恰似一派万方来朝. 对于这一点, 定理 6.3.4 已经给出了理论证明, 现在再来看一些具体例子.

例 6.3.5 如果 $\{X_n,\ n\in\mathbb{N}\}$ 为一列 i.i.d. 的以 $0<p<1$ 为参数的 Bernoulli 随机变量. 那么 $S_n=\sum\limits_{k=1}^{n}X_k$ 服从二项分布 $B(n;p)$. 现在取 $p=0.4$ 为例, 我们分别观察 $n=5, n=10$ 和 $n=20$ 时 S_n 的 "密度图", 即以线段的高度表示 $S_n=k$ 的概率值 (图 6.1). 我们发现, n 越大,"密度图" 就越呈现中间大, 两头小的趋势. 而这正是正态分布的特点. 如果我们将 S_n 标准化, 那么其最高点就挪到了原点处, 并且 n 越大, 就越接近于标准正态分布的密度函数图形.

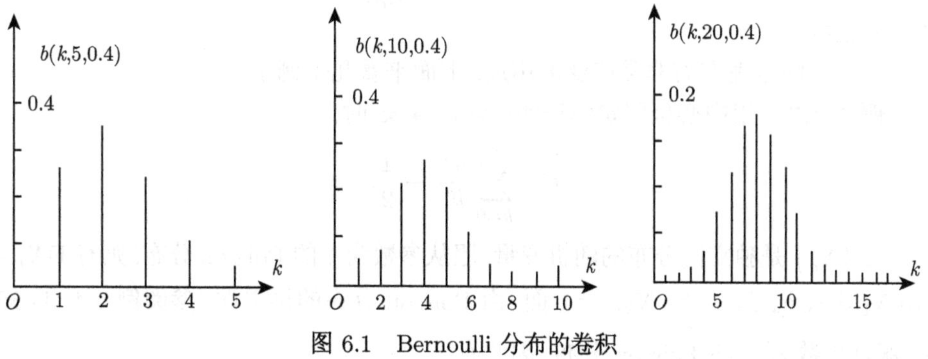

图 6.1 Bernoulli 分布的卷积

例 6.3.6 设 $\{X_n,\ n\in\mathbb{N}\}$ 为一列 i.i.d. 的服从均匀分布 $U(0,1)$ 的随机变量, 以 $p_n(x)$ 表示 $S_n=\sum\limits_{k=1}^{n}X_k$ 的密度函数. 不难算出:

$$p_1(x)=\begin{cases}1, & 0<x<1,\\ 0, & x\leqslant 0,\ x\geqslant 1.\end{cases}$$

$$p_2(x)=\begin{cases}x, & 0<x<1,\\ 2-x, & 1\leqslant x<2,\\ 0, & x\leqslant 0,\ x\geqslant 2.\end{cases}$$

$$p_3(x)=\begin{cases}\dfrac{1}{2}x^2, & x\leqslant 0,\\ \dfrac{1}{2}\left(x^2-3(x-1)^2\right), & 1\leqslant x<2,\\ \dfrac{1}{2}\left(x^2-3(x-1)^2-3(x-2)^2\right), & 2\leqslant x<3,\\ 0, & x\leqslant 0,\ x\geqslant 3.\end{cases}$$

由图 6.2 看出, n 越大, 密度函数的图形就越接近于正态分布的密度函数图形.

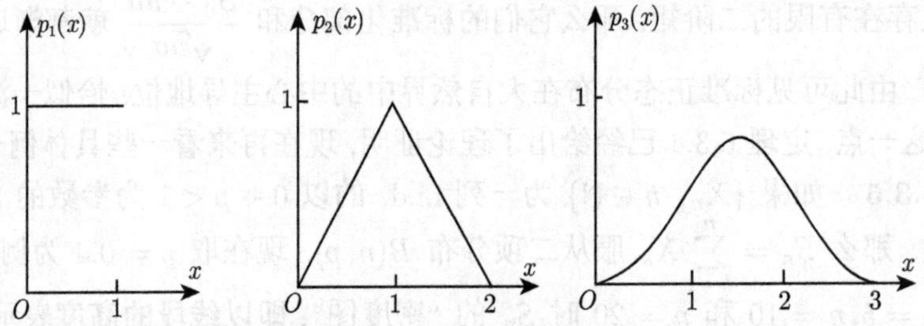

图 6.2　均匀分布的卷积

这些例子部分地展示了: 服从不同分布的 i.i.d. 的随机变量序列, 只要它满足定理 6.3.4 中的矩条件, 其标准化的部分和 $\dfrac{S_n-na}{\sqrt{n}\sigma}$ 的分布在 $n\to\infty$ 时都有共同的极限性状.

中心极限定理有着非常广泛的用途, 下面来看几个例子.

例 6.3.7　用中心极限定理证明: 当 $n\to\infty$ 时,

$$\mathrm{e}^{-n}\sum_{k=0}^{n}\frac{n^k}{k!}\to\frac{1}{2}.$$

设 $\{X_n\}$ 是独立同分布的随机变量, 服从参数为 1 的 Poisson 分布, 则有 $\mathbf{E}X_1=\mathbf{Var}X_1=1$, 记 $S_n=\sum\limits_{k=0}^{n}X_k$. 一方面, 由 Poisson 分布的再生性 (参阅例 5.4.11) 知, S_n 服从参数为 n 的 Poisson 分布, 因此有

$$\mathbf{P}(S_n\leqslant n)=\sum_{k=0}^{n}\mathbf{P}(S_n=k)=\mathrm{e}^{-n}\sum_{k=0}^{n}\frac{n^k}{k!}.$$

另一方面, 由定理 6.3.3 知, 对任何 $x\in\mathbb{R}$, 都有

$$\lim_{n\to\infty}\mathbf{P}\Big(\frac{S_n-n}{\sqrt{n}}\leqslant x\Big)=\Phi(x).$$

特别地, 取 $x=0$, 有

$$\mathrm{e}^{-n}\sum_{k=0}^{n}\frac{n^k}{k!}=\mathbf{P}(S_n\leqslant n)=\mathbf{P}(S_n-n\leqslant 0)$$
$$=\mathbf{P}\left(\frac{S_n-n}{\sqrt{n}}\leqslant 0\right)\to\Phi(0)=\frac{1}{2}.$$

例 6.3.8 用机器自动包装大米, 每袋大米的重量会因各种随机因素的影响而有所波动, 故视之为随机变量. 要求其期望值为 10 kg, 方差为 0.36 kg^2. 试求 100 袋这种大米的总重量在 990 ~ 1010 kg 的概率.

解 我们用 X 表示一袋大米的重量, 它的期望值为 $a=10$ kg, 方差为 $\sigma^2=0.36$ kg^2. 用 $X_1,X_2,\cdots,X_n$ 表示相继包装出来的 n 袋大米的重量, 则它们是与 X 同分布的独立随机变量序列. 记 $S_n=\sum\limits_{k=1}^{n}X_k$, 则有 $\mathbf{E}S_n=na=10n\,\text{kg}$, $\mathbf{Var}S_n=n\sigma^2=0.36n\,\text{kg}^2$. 根据中心极限定理, 有 $\dfrac{S_n-\mathbf{E}S_n}{\sqrt{\mathbf{Var}S_n}}=\dfrac{S_n-10n}{0.6\sqrt{n}}\xrightarrow{d}\mathcal{N}(0,1)$. 由于样本量 $n=100$ 已经不小, 所以我们可以直接利用标准正态分布来估计所需的概率, 做法如下:

$$\mathbf{P}(990\leqslant S_{100}\leqslant 1010)=\mathbf{P}\left(-\frac{10}{6}\leqslant\frac{S_{100}-1000}{6}\leqslant\frac{10}{6}\right)$$
$$\approx\Phi(1.67)-\Phi(-1.67)=2\Phi(1.67)-1=0.905.$$

在这里, 我们并不需要知道一袋大米重量 X 的具体分布, 只需要样本量足够大, 就可以用标准正态分布来估计有关概率. 这正体现了中心极限定理的重要作用.

如果我们抛掷一枚均匀的硬币 n 次, 以 S_n 表示正面出现的次数. 则 S_n 既可视为服从二项分布 $B(n,0.5)$ 的随机变量, 又可视为 n 个相互独立的参数为 0.5 的 Bernoulli 随机变量的和. 现在来估计概率 $\mathbf{P}(S_{16}=8)$.

如果利用二项分布, 则有

$$\mathbf{P}(S_{16}=8)=\binom{16}{8}2^{-16}\approx 0.1964.$$

其中需要计算多个正整数的连乘积. 现在我们利用中心极限定理估计如下: 由于 $\mathbf{E}S_n=8$, $\mathbf{Var}S_n=16\cdot 0.5^2=4$, 所以

$$\mathbf{P}(7.5\leqslant S_{16}\leqslant 8.5)=\mathbf{P}\left(\frac{-0.5}{2}\leqslant\frac{S_{16}-8}{2}\leqslant\frac{0.5}{2}\right)$$
$$\approx\Phi(0.25)-\Phi(-0.25)=2\Phi(0.25)-1=0.1974.$$

与前一个估计值仅相差 0.001 而已. 后一个估计仅需要一点简单的计算和查表, 要方便得多. 通过上述比较, 我们可以总结两点经验:

(1) 利用中心极限定理, 可以通过标准正态分布对一些概率做出较好的估计;

(2) 在所涉及的样本量 n 不太大时, 需要对概率的估计范围做出一些修正, 例如将估计概率 $\mathbf{P}(S_{16}=8)$ 修正为估计概率 $\mathbf{P}(7.5 \leqslant S_{16} \leqslant 8.5)$.

在样本量 n 相当大时, 利用中心极限定理估计概率几乎就是唯一可行的途径. 例如抛掷一枚均匀的硬币 $n=10000$ 次, 以 S_{10000} 表示正面出现的次数, 要估计概率 $\mathbf{P}(4900 \leqslant S_{10000} \leqslant 5100)$, 那么就理所当然地用下面的估计办法:

$$\mathbf{P}(4900 \leqslant S_{10000} \leqslant 5100)=\mathbf{P}\left(\frac{-100}{50} \leqslant \frac{S_{10000}-5000}{50} \leqslant \frac{100}{50}\right)$$
$$\approx \Phi(2)-\Phi(-2)=2\Phi(2)-1=0.9544.$$

下面通过一个例子比较各种不同的概率估计方法所得的结果.

例 6.3.9 设随机变量 X 服从二项分布 $B\left(6000, \dfrac{1}{6}\right)$, 其直观意义是相继抛掷一枚均匀的骰子 6000 次, 所抛出的幺点的次数. 试估计概率 $\mathbf{P}(|X-1000|<60)$.

解 如果直接用二项分布来计算, 则有

$$\mathbf{P}(|X-1000|<60)=\mathbf{P}(940<X<1060)=\sum_{k=941}^{1059}\binom{6000}{k}\frac{5^{6000-k}}{6^{6000}}.$$

如果利用参数 $\lambda=np=1000$ 的 Poisson 分布来估计, 则有

$$\mathbf{P}(|X-1000|<60)=\mathbf{P}(940<X<1060) \approx \mathrm{e}^{-1000}\sum_{k=941}^{1059}\frac{1000^k}{k!}.$$

它们的值都不易求得, 大约分别等于 0.9590 和 0.9379.

如果用 Chebyshev 不等式估计这个概率, 则由于

$$\mathbf{P}(|X-1000| \geqslant 60) \leqslant \frac{\mathbf{E}(X-1000)^2}{3600}=\frac{6000 \cdot 5}{36 \cdot 3600}=0.2315,$$

所以

$$\mathbf{P}(|X-1000|<60)=1-\mathbf{P}(|X-1000| \geqslant 60) \geqslant 0.7685.$$

这个估计固然不错, 但与所希望的精确度差之甚远. 而若利用中心极限定理, 则有

$$\mathbf{P}(|X-1000|<60)=\mathbf{P}(940<X<1060)$$
$$=\mathbf{P}\left(\frac{-360}{\sqrt{6000 \cdot 5}}<\frac{X-1000}{\sqrt{\dfrac{6000 \cdot 5}{36}}}<\frac{360}{\sqrt{6000 \cdot 5}}\right)$$
$$\approx \Phi(2.08)-\Phi(-2.08)=2\Phi(2.08)-1=0.9624.$$

与二项分布的估计值非常接近, 计算量却小很多.

例 6.3.10 某药企试制了一种新药, 宣称对某种疫病的治疗有效率达到 80%. 药品监管部门拟对 100 名该种疾病患者进行此药的临床试验, 如果其中至少有 75 名患者是治疗有效的, 就会批准该药生产. 如果该药的治疗有效率确实达到 80%, 问被批准生产的概率大约是多少?

解 以 X 表示参与试验的 100 名该种疾病患者中治疗有效的人数, 如果该药的治疗有效率确实达到 80%, 则 $X \sim B(100, 0.8)$. 下面来估计药品监管部门批准该药生产的概率 $\mathbf{P}(X \geqslant 75)$. 如果直接用二项分布计算此概率, 则有

$$\mathbf{P}(X \geqslant 75) = \sum_{k=75}^{100} \binom{100}{k} 0.8^k 0.2^{100-k} \approx 0.913.$$

其具体的计算过程较为复杂. 如果将 X 视为 100 个相互独立的参数为 0.8 的 Bernoulli 随机变量的和, 则可用中心极限定理来估计这一概率 (注意: $\mathbf{E}X = 80$, $\mathbf{Var}X = 100 \cdot 0.8 \cdot 0.2 = 16$), 不过需对求概率的范围略作修正:

$$\mathbf{P}(X \geqslant 74.5) = \mathbf{P}\left(\frac{X-80}{4} \geqslant -\frac{5.5}{4}\right) = 1 - \Phi(-1.375) = \Phi(1.375) \approx 0.916.$$

两种方法计算的结果吻合得较好.

应当指出的是, 如果要求参与试验的 100 名患者中治疗有效的人数达到 80 人才予批准, 那么批准的概率在不作修正的情况下, 只有

$$\mathbf{P}(X \geqslant 80) = \mathbf{P}\left(\frac{X-80}{4} \geqslant 0\right) = 1 - \Phi(0) = \Phi(0) = 0.5;$$

即使做了修正, 批准的概率也只有

$$\mathbf{P}(X \geqslant 79.5) = \mathbf{P}\left(\frac{X-80}{4} \geqslant -\frac{1}{8}\right) = 1 - \Phi(-0.125) = \Phi(0.125) \approx 0.55.$$

获得批准的可能性就要小很多, 基本上就是碰运气了, 可见这种要求是不合理的.

例 6.3.11 英语标准化考试共有 100 道选择题, 每道题都有 4 个备选答案, 其中只有一个答案是正确的, 每选对一个答案得 1 分, 不选或选错, 不得分. 某学生参加该项考试, 每道题都是随机地选择一个答案. 求他最终得分能大于 35 分的概率.

解 以 X 表示他的最终得分, 则 X 可视为 100 个相互独立的参数为 0.25 的 Bernoulli 随机变量的和, 有 $\mathbf{E}X = 25$, $\mathbf{Var}X = 100 \cdot 0.75 \cdot 0.25 = 18.75$. 采用中心极限定理并略加修正来估计, 得

$$\mathbf{P}(X \geqslant 34.5) = \mathbf{P}\left(\frac{X-25}{\sqrt{18.75}} \geqslant \frac{9.5}{\sqrt{18.75}}\right) = 1 - \Phi(2.194) \approx 1 - 0.986 = 0.014,$$

可见他最终得分能大于 35 分的概率不足 1.5%, 实在微乎其微.

例 6.3.12　在社会调查中, 每个民众对某项观点赞同的比例是未知数 p, 通常我们可以假定 $0.01 < p < 0.99$. 现在委托调查公司对 p 进行调查. 为了以 99% 的把握保证对 p 的预测的绝对误差不超过 3%, 应调查多少人?

解　每一个被调查者都对应一个参数为 p 的 Bernoulli 随机变量, 一般把

$$\frac{S_n}{n} = \frac{X_1 + X_2 + \cdots + X_n}{n}$$

作为对 p 的估计值, 现在要求

$$\mathbf{P}\left(\left|\frac{X_1 + X_2 + \cdots + X_n}{n} - p\right| \leqslant 0.03\right) \geqslant 0.99,$$

要确定使得该式成立的最小的 n.

我们有

$$\begin{aligned}&\mathbf{P}\left(\left|\frac{X_1 + X_2 + \cdots + X_n}{n} - p\right| \leqslant 0.03\right)\\ =&\mathbf{P}\left(\left|\frac{X_1 + X_2 + \cdots + X_n - np}{\sqrt{np(1-p)}}\right| \leqslant 0.03\sqrt{\frac{n}{p(1-p)}}\right).\end{aligned}$$

把上述概率右端的 $p(1-p)$ 以最大可能值 0.25 代入, 利用中心极限定理, 把问题变为, 要求 n, 使得

$$2\Phi(0.06\sqrt{n}) - 1 \geqslant 0.99, \quad 即\Phi(0.06\sqrt{n}) \geqslant 0.995.$$

查表知, $0.06\sqrt{n} \geqslant 2.58$, 故知满足该要求的最小的 n 约为 $43^2 = 1849$.

该例表明, 所需要调查的人数与人口规模无关, 只需要达到一定的数量就行了, 关键是如何保证每个人被调查是等可能的.

例 6.3.13　我们来继续讨论例 6.1.2. 假设该课程每年的选修人数是参数为 $\lambda = 70$ 的 Poisson 随机变量 Y. 主讲老师决定选课人数超过 80 人就分成两个班授课, 否则就集中在一个班讲课. 问分班讲课的概率是多少?

解　由 Poisson 分布的再生性, 此处的随机变量 Y 与 70 个相互独立的参数为 1 的 Poisson 随机变量的和 S_{70} 同分布, 再由中心极限定理, 就可很好地估计出 Y 不小于 80 的概率. 我们略加上一点修正, 作估计如下:

$$\begin{aligned}\mathbf{P}(Y \geqslant 79.5) =& \mathbf{P}(S_{70} \geqslant 79.5) = \mathbf{P}\left(\frac{S_{70} - 70}{\sqrt{70}} \geqslant \frac{9.5}{\sqrt{70}}\right)\\ \approx& 1 - \Phi(1.135) = 0.1271.\end{aligned}$$

例 6.3.14 设 $X, X_1, X_2, \cdots$ 为独立同分布的随机变量序列, 有 $\mathbf{E}X = a$, $0 < \mathbf{Var}X = \sigma^2 < \infty$. 记

$$\overline{X}_n = \frac{1}{n}\sum_{i=1}^{n} X_i, \quad S_n^2 = \frac{1}{n-1}\sum_{i=1}^{n}(X_i - \overline{X}_n)^2.$$

证明: 当 $n \to \infty$ 时, 有

$$\frac{\sqrt{n}(\overline{X}_n - a)}{S_n} \xrightarrow{d} \mathcal{N}(0,1).$$

证明 记

$$\frac{\sqrt{n}(\overline{X}_n - a)}{S_n} = \frac{\sigma}{S_n} \cdot \frac{\sum\limits_{i=1}^{n} X_i - na}{\sqrt{n}\sigma},$$

由中心极限定理, 知

$$\frac{\sum\limits_{i=1}^{n} X_i - na}{\sqrt{n}\sigma} \xrightarrow{d} \mathcal{N}(0,1);$$

由式 (6.3.4), 知

$$\frac{\sigma}{S_n} \xrightarrow{p} 1.$$

于是, 再由 Slutsky 引理, 即得本题结论.

注 6.3.6 本结论是数理统计大样本理论中的一个经典结论, 具有极为重要的意义.

6.3.4 独立不同分布场合下的中心极限定理

既然有独立同分布场合下的中心极限定理 (定理 6.3.4), 在独立不同分布场合下也自然应当有相应的结论. 现在就来讨论这种场合下的中心极限定理.

由于解除了同分布的条件, 所以除了要求序列中的每个随机变量都是方差有限的非退化变量之外, 还应当有一些其他的约束条件.

设 $\{X_n,\ n \in \mathbb{N}\}$ 是一列相互独立的随机变量, 有

$$\mathbf{E}X_n = a_n, \quad 0 < \mathbf{Var}X_n = \sigma_n^2 < \infty, \quad n \in \mathbb{N}. \tag{6.3.10}$$

记

$$S_n = \sum_{k=1}^{n} X_k, \quad B_n^2 = \mathbf{Var}S_n = \sum_{k=1}^{n} \sigma_k^2. \tag{6.3.11}$$

我们要来讨论标准化的部分和

$$\frac{S_n - \mathbf{E}S_n}{\sqrt{\mathbf{Var}S_n}} = \sum_{k=1}^{n} \frac{X_k - a_k}{B_n}$$

依分布收敛到标准正态分布 $\mathcal{N}(0, 1)$ 的条件.

定义 6.3.2 (Lindeberg 条件)　如果独立随机变量序列 $\{X_n,\ n \in \mathbb{N}\}$ 满足条件 (6.3.10), 并且对任何 $\tau > 0$, 都有

$$\lim_{n\to\infty} \frac{1}{B_n^2} \sum_{k=1}^{n} \mathbf{E}\left\{(X_k - a_k)^2 I(|X_k - a_k| \geqslant \tau B_n)\right\} = 0, \tag{6.3.12}$$

则称该随机变量序列满足 Lindeberg 条件.

下面来分析一下 Lindeberg 条件的含义.

定理 6.3.5　如果随机变量序列 $\{X_n,\ n \in \mathbb{N}\}$ 满足 Lindeberg 条件, 则有如下两条件同时成立:

$$\max_{1\leqslant k\leqslant n} \left| \frac{X_k - a_k}{B_n} \right| \xrightarrow{p} 0, \tag{6.3.13}$$

$$\lim_{n\to\infty} \max_{1\leqslant k\leqslant n} \frac{\sigma_k^2}{B_n^2} = 0, \tag{6.3.14}$$

其中式 (6.3.14) 称为 Feller 条件.

证明　先证式 (6.3.13). 由证明 Chebyshev 不等式时的方法, 得

$$\begin{aligned}
&\mathbf{P}\left(\max_{1\leqslant k\leqslant n} \left|\frac{X_k - a_k}{B_n}\right| \geqslant \tau\right) = \mathbf{P}\left(\max_{1\leqslant k\leqslant n} |X_k - a_k| \geqslant \tau B_n\right) \\
=&\mathbf{P}\left(\bigcup_{k=1}^{n} (|X_k - a_k| \geqslant \tau B_n)\right) \leqslant \sum_{k=1}^{n} \mathbf{P}\left(|X_k - a_k| \geqslant \tau B_n\right) \\
=&\sum_{k=1}^{n} \mathbf{E}I\left(|X_k - a_k| \geqslant \tau B_n\right) \leqslant \sum_{k=1}^{n} \mathbf{E}\left\{\left(\frac{X_k - a_k}{\tau B_n}\right)^2 I\left(|X_k - a_k| \geqslant \tau B_n\right)\right\} \\
=&\frac{1}{\tau^2 B_n^2} \sum_{k=1}^{n} \mathbf{E}\Big\{(X_k - a_k)^2 I(|X_k - a_k| \geqslant \tau B_n)\Big\},
\end{aligned}$$

故由式 (6.3.12) 知式 (6.3.13) 成立.

再证式 (6.3.14). 对任何 $0<\tau<1$, 都有

$$\begin{aligned}
&\max_{1\leqslant k\leqslant n}\frac{\sigma_k^2}{B_n^2}=\frac{1}{B_n^2}\max_{1\leqslant k\leqslant n}\mathbf{E}(X_k-a_k)^2\\
=&\frac{1}{B_n^2}\max_{1\leqslant k\leqslant n}\Big(\mathbf{E}\left((X_k-a_k)^2I(|X_k-a_k|<\tau B_n)\right)\\
&+\mathbf{E}\left((X_k-a_k)^2I(|X_k-a_k|\geqslant\tau B_n)\right)\Big)\\
\leqslant&\tau^2+\frac{1}{B_n^2}\sum_{k=1}^n\mathbf{E}\left((X_k-a_k)^2I(|X_k-a_k|\geqslant\tau B_n)\right).
\end{aligned}$$

在上式中令 $n\to\infty$, 再令 $\tau\downarrow 0$, 即得式 (6.3.14).

注 6.3.7 式 (6.3.13) 告诉我们, 如果独立随机变量序列 $\{X_n,\ n\in\mathbb{N}\}$ 满足 Lindeberg 条件, 那么每个随机变量在正则化部分和中所起的作用都随着 $n\to\infty$ 而趋于微不足道. 正如我们所知道的, 如果一个随机现象受到众多微小的随机因素的共同影响, 那么其中的随机变量 (随机向量) 便服从正态分布. 例如: 工件的尺寸的分布; 人的身高的分布; 弹着点的分布等. 既然在正则化部分和 $\dfrac{S_n-\mathbf{E}S_n}{\sqrt{\mathbf{Var}S_n}}$ 中, 每个随机变量的影响都 (随着 $n\to\infty$ 而) 趋于微不足道, 那么可以想见, 它应当渐近于标准正态分布. 这就是 Lindeberg 条件的含义所在.

推论 6.3.1 如果独立随机变量序列 $\{X_n,\ n\in\mathbb{N}\}$ 满足 Lindeberg 条件, 则有

$$\lim_{n\to\infty}B_n=\infty. \tag{6.3.15}$$

证明 事实上, 式 (6.3.13) 就是

$$\frac{1}{B_n}\max_{1\leqslant k\leqslant n}|X_k-a_k|\xrightarrow{p}0,$$

由于对 $\forall\omega\in\Omega$, $\max\limits_{1\leqslant k\leqslant n}|X_k(\omega)-a_k|$ 都是非降的, 故当式 (6.3.13) 成立时, 必然有式 (6.3.15) 成立.

下面给出独立随机变量序列的中心极限定理.

定理 6.3.6 (Lindeberg 中心极限定理) 如果独立随机变量序列 $\{X_n,\ n\in\mathbb{N}\}$ 满足 Lindeberg 条件, 则有

$$\frac{S_n-\mathbf{E}S_n}{B_n}\xrightarrow{d}\mathcal{N}(0,1)\,. \tag{6.3.16}$$

证明 令

$$X_{nk}=\frac{1}{B_n}(X_k-a_k),\quad k=1,\cdots,n;\quad \forall n\in\mathbb{N},$$

则有

$$\mathbf{E}X_{nk}=0,\quad \mathbf{E}X_{nk}^2=\frac{\sigma_k^2}{B_n^2}.$$

分别将 $\dfrac{S_n-\mathbf{E}S_n}{B_n}$ 和 X_{nk} 的特征函数记为 $f_n(t)$ 和 $f_{nk}(t)$, 有

$$f_n(t)=\prod_{k=1}^{n}f_{nk}(t).$$

并且此时, 式 (6.3.12) 化为

$$\lim_{n\to\infty}\sum_{k=1}^{n}\mathbf{E}\left(X_{nk}^2I(|X_{nk}|\geqslant\tau)\right)=0,\quad \forall\tau>0. \tag{6.3.17}$$

根据特征函数在 $t=0$ 处的 Taylor 展开式和式 (6.3.15), 对任何 $t\in\mathbb{R}$, 都有

$$f_{nk}(t)=1-\frac{\sigma_k^2t^2}{2B_n^2}+r_{nk}(t),\quad k=1,\cdots,n,\quad n\to\infty,$$

其中

$$r_{nk}(t)=o\left(\frac{\sigma_k^2t^2}{B_n^2}\right),\quad k=1,\cdots,n,\quad n\to\infty.$$

但是由于 $r_{nk}(t)$ 各不相同, 所以不如 i.i.d. 场合处理起来那么简单, 我们必须估计出它们的上界.

利用 5.4 节中的如下不等式 (5.4.11):

$$\left|\mathrm{e}^{\mathrm{i}tx}-1-\mathrm{i}tx-\frac{t^2x^2}{2}\right|\leqslant(tx)^2\wedge|tx|^3,$$

得到

$$\begin{aligned}|r_{nk}(t)|&=\left|f_{nk}(t)-\left(1-\frac{\sigma_k^2t^2}{2B_n^2}\right)\right|=\left|\mathbf{E}\left(\mathrm{e}^{\mathrm{i}tX_{nk}}-\left(1+\mathrm{i}tX_{nk}-\frac{t^2X_{nk}^2}{2}\right)\right)\right|\\&\leqslant\mathbf{E}\left|\mathrm{e}^{\mathrm{i}tX_{nk}}-\left(1+\mathrm{i}tX_{nk}-\frac{t^2X_{nk}^2}{2}\right)\right|\leqslant\mathbf{E}\left((tX_{nk})^2\wedge|tX_{nk}|^3\right).\end{aligned}$$

由式 (6.3.13) 知, 对任何固定的 t 都有 $tX_{nk}\xrightarrow{p}0$, 所以对任何 $\tau>0$, 当 n 充分大时, 都有

$$\begin{aligned}\mathbf{E}\left(t^2X_{nk}^2\wedge|tX_{nk}|^3\right)&\leqslant\mathbf{E}\left(|tX_{nk}|^3I(|X_{nk}|<\tau)\right)+\mathbf{E}\left((tX_{nk})^2I(|X_{nk}|\geqslant\tau)\right)\\&\leqslant\tau|t|^3\frac{\sigma_k^2}{B_n^2}+t^2\mathbf{E}\left((X_{nk})^2I(|X_{nk}|\geqslant\tau)\right).\end{aligned}$$

因此

$$\begin{aligned}\sum_{k=1}^{n}|r_{nk}(t)| &= \sum_{k=1}^{n}\left|f_{nk}(t)-\left(1-\frac{\sigma_k^2t^2}{2B_n^2}\right)\right| \\ &\leqslant \tau|t|^3\sum_{k=1}^{n}\frac{\sigma_k^2}{B_n^2}+\sum_{k=1}^{n}t^2\mathbf{E}\left((X_{nk})^2I(|X_{nk}|\geqslant\tau)\right) \\ &= \tau|t|^3+\sum_{k=1}^{n}t^2\mathbf{E}\left((X_{nk})^2I(|X_{nk}|\geqslant\tau)\right).\end{aligned}$$

在上式中令 $n\to\infty$, 再令 $\tau\downarrow 0$, 即得

$$\sum_{k=1}^{n}|r_{nk}(t)|=\sum_{k=1}^{n}\left|f_{nk}(t)-\left(1-\frac{\sigma_k^2t^2}{2B_n^2}\right)\right|\to 0,\quad \forall t\in\mathbb{R}.$$

显然有 $|f_{nk}(t)|\leqslant 1$, 而由式 (6.3.14), 对一切实数 t 和所有充分大的 n, 都有 $0<\dfrac{\sigma_k^2t^2}{2B_n^2}<1,\ k=1,\cdots,n$. 于是利用对一切 $|u_k|\leqslant 1,\ |v_k|\leqslant 1$ 都成立的初等不等式

$$\left|\prod_{k=1}^{n}u_k-\prod_{k=1}^{n}v_k\right|\leqslant\sum_{k=1}^{n}|u_k-v_k|, \tag{6.3.18}$$

得到

$$\lim_{n\to\infty}\left|\prod_{k=1}^{n}f_{nk}(t)-\prod_{k=1}^{n}\left(1-\frac{\sigma_k^2t^2}{2B_n^2}\right)\right|\leqslant\lim_{n\to\infty}\sum_{k=1}^{n}\left|f_{nk}(t)-\left(1-\frac{\sigma_k^2t^2}{2B_n^2}\right)\right|=0.$$

所以

$$\lim_{n\to\infty}f_n(t)=\lim_{n\to\infty}\prod_{k=1}^{n}f_{nk}(t)=\lim_{n\to\infty}\prod_{k=1}^{n}\left(1-\frac{\sigma_k^2t^2}{2B_n^2}\right).$$

从而根据连续性定理, 为证 (6.3.16), 我们只需证明

$$\lim_{n\to\infty}\prod_{k=1}^{n}\left(1-\frac{\sigma_k^2t^2}{2B_n^2}\right)=\mathrm{e}^{-\frac{t^2}{2}},\quad \forall t\in\mathbb{R}. \tag{6.3.19}$$

由于对一切实数 t 和所有充分大的 n, 都有 $0<\dfrac{\sigma_k^2t^2}{2B_n^2}<1/2,\ k=1,\cdots,n$, 利用易证的不等式

$$\mathrm{e}^{x(1-x)}\leqslant 1+x\leqslant\mathrm{e}^{x},\quad |x|<1/2,$$

一方面, 得到

$$\prod_{k=1}^{n}\left(1-\frac{\sigma_k^2t^2}{2B_n^2}\right)\leqslant\exp\left\{-\frac{t^2}{2}\sum_{k=1}^{n}\frac{\sigma_k^2}{B_n^2}\right\}=\mathrm{e}^{-\frac{t^2}{2}},\quad \forall t\in\mathbb{R}.$$

另一方面, 由于式 (6.3.14) 蕴涵

$$\sum_{k=1}^{n}\left(\frac{\sigma_k^2}{B_n^2}\right)^2 \leqslant \max_{1\leqslant k\leqslant n}\frac{\sigma_k^2}{B_n^2}\sum_{j=1}^{n}\frac{\sigma_j^2}{B_n^2} = \max_{1\leqslant k\leqslant n}\frac{\sigma_k^2}{B_n^2}\to 0,\quad n\to\infty,$$

所以又有

$$\begin{aligned}\prod_{k=1}^{n}\left(1-\frac{\sigma_k^2t^2}{2B_n^2}\right)&\geqslant \exp\left\{-\frac{t^2}{2}\sum_{k=1}^{n}\frac{\sigma_k^2}{B_n^2}-\frac{t^4}{4}\sum_{k=1}^{n}\left(\frac{\sigma_k^2}{B_n^2}\right)^2\right\}\\&=\mathrm{e}^{-\frac{t^2}{2}}\cdot\exp\left\{-\frac{t^4}{4}\sum_{k=1}^{n}\left(\frac{\sigma_k^2}{B_n^2}\right)^2\right\}\to \mathrm{e}^{-\frac{t^2}{2}},\quad n\to\infty,\quad \forall t\in\mathbb{R}.\end{aligned}$$

综合上述两方面, 即得式 (6.3.20), 定理证毕.

由于 Lindeberg 条件不易于验证, 使用起来不很方便, 下面给出两个易于使用的结果.

定理 6.3.7 设 $\{X_n,\ n\in\mathbb{N}\}$ 为独立随机变量序列, 如果存在正的常数序列 $\{L_n,\ n\in\mathbb{N}\}$, 使得

$$\max_{1\leqslant k\leqslant n}|X_k|\leqslant L_n,\quad \lim_{n\to\infty}\frac{L_n}{B_n}=0, \tag{6.3.20}$$

则有式 (6.3.16) 成立.

证明 由于 $\max\limits_{1\leqslant k\leqslant n}|X_k|\leqslant L_n$ 蕴涵

$$\max_{1\leqslant k\leqslant n}|a_k| = \max_{1\leqslant k\leqslant n}|\mathbf{E}X_k|\leqslant \max_{1\leqslant k\leqslant n}\mathbf{E}|X_k|\leqslant L_n,$$

所以

$$\max_{1\leqslant k\leqslant n}|X_k-a_k|\leqslant 2L_n.$$

从而由 $\lim\limits_{n\to\infty}\dfrac{L_n}{B_n}=0$ 可知

$$\lim_{n\to\infty}\frac{\sup\limits_{\omega\in\Omega}\max\limits_{1\leqslant k\leqslant n}|X_k(\omega)-a_k|}{B_n}=0.$$

这就表明, 对任何 $\tau>0$, 只要 n 充分大, 就有

$$(|X_k-a_k|\geqslant\tau B_n)=\Big\{\omega\ \Big|\ |X_k(\omega)-a_k|\geqslant\tau B_n\Big\}=\varnothing,\quad k=1,\cdots,n.$$

因而此时

$$\frac{1}{B_n^2}\sum_{k=1}^{n}\mathbf{E}\left\{(X_k-a_k)^2I(|X_k-a_k|\geqslant\tau B_n)\right\}=0,$$

故有 Lindeberg 条件成立, 所以由定理 6.3.6 知式 (6.3.16) 成立.

定理 6.3.8 (Lyapunov 定理) 设 $\{X_n,\ n \in \mathbb{N}\}$ 为独立随机变量序列, 如果存在 $\delta > 0$, 使得

$$\lim_{n\to\infty} \frac{1}{B_n^{2+\delta}} \sum_{k=1}^{n} \mathbf{E}|X_k - a_k|^{2+\delta} = 0, \tag{6.3.21}$$

则有式 (6.3.16) 成立. 条件 (6.3.21) 称为 Lyapunov 条件.

证明 由于在事件 $(|X_k - a_k| \geqslant \tau B_n)$ 上面有

$$\frac{|X_k - a_k|^\delta}{|\tau B_n|^\delta} \geqslant 1 ,$$

所以, 利用证明 Chebyshev 不等式的方法, 可得

$$\mathbf{E}\Big\{(X_k - a_k)^2 I(|X_k - a_k| \geqslant \tau B_n)\Big\} \leqslant \frac{1}{|\tau B_n|^\delta}\mathbf{E}\Big\{|X_k - a_k|^{2+\delta} I(|X_k - a_k| \geqslant \tau B_n)\Big\}.$$

这样一来, 就有

$$\begin{aligned}
&\lim_{n\to\infty} \frac{1}{B_n^2} \sum_{k=1}^{n} \mathbf{E}\Big\{(X_k - a_k)^2 I(|X_k - a_k| \geqslant \tau B_n)\Big\} \\
\leqslant &\lim_{n\to\infty} \frac{1}{\tau^\delta B_n^{2+\delta}} \sum_{k=1}^{n} \mathbf{E}\Big\{|X_k - a_k|^{2+\delta} I(|X_k - a_k| \geqslant \tau B_n)\Big\} = 0,
\end{aligned}$$

故有 Lindeberg 条件成立, 所以由定理 6.3.6 知式 (6.3.16) 成立.

我们在 4.4.7 节中介绍过纪录值的概念, 现在来看一个关于纪录值的中心极限定理.

例 6.3.15 设 $\{X_n\}$ 是独立同分布的随机变量序列, 服从共同的连续分布. 以 Z_n 表示前 n 个变量中纪录值的出现次数. 证明

$$\frac{Z_n - \ln n}{\sqrt{\ln n}} \xrightarrow{d} \mathcal{N}(0,\ 1).$$

证明 如前所说, 对于由 (4.4.31) 所定义的示性函数 I_j, 有 $Z_n = \sum\limits_{j=1}^{n} I_j$ 和

$$\mathbf{E}I_j = \frac{1}{j}, \quad \mathbf{Var}I_j = \frac{1}{j} - \frac{1}{j^2}, \quad \forall j \in \mathbb{N}.$$

由于对一切 j, 有 $|I_j| \leqslant 1$, 取 $L_n \equiv 1$. 众所周知

$$\lim_{n\to\infty} \sum_{j=1}^{n} \frac{1}{j} = \infty, \quad \lim_{n\to\infty} \sum_{j=1}^{n} \frac{1}{j^2} < \infty.$$

而由 Renyi 定理 (定理 4.4.5) 知, $\{I_j\}$ 是独立随机变量序列, 故

$$\mathbf{Var}Z_n = B_n^2 = \sum_{j=1}^n \mathbf{Var}I_j = \sum_{j=1}^n \frac{1}{j} - \sum_{j=1}^n \frac{1}{j^2} \to \infty, \quad n \to \infty,$$

所以条件 (6.3.20) 成立, 故由定理 6.3.7 得知

$$\frac{Z_n - \mathbf{E}Z_n}{\sqrt{\mathbf{Var}Z_n}} \xrightarrow{d} \mathcal{N}(0,1).$$

再由

$$\lim_{n\to\infty} \frac{\sum_{j=1}^n \frac{1}{j}}{\ln n} = 1, \quad \lim_{n\to\infty} \left(\sum_{j=1}^n \frac{1}{j} - \ln n \right) = C,$$

其中 $C > 0$ 为 Euler 常数, 即得所证之结论.

例 6.3.16　设 $\{X_n,\ n \in \mathbb{N}\}$ 为独立随机变量序列, 其中 X_n 服从均匀分布 $U(-\sqrt{n}, \sqrt{n})$. 证明此时有式 (6.3.16) 成立.

证法 1　容易算得

$$a_k = \mathbf{E}X_k = 0, \quad \mathbf{Var}X_k = \mathbf{E}X_k^2 = \frac{k}{3}, \quad \forall k \in \mathbb{N},$$

所以

$$B_n^2 = \sum_{k=1}^n \frac{k}{3} = \frac{n(n+1)}{6}.$$

又注意到 $|X_k| \leqslant \sqrt{k}$, 故只要取 $L_n = \sqrt{n}$, 那么就有 (6.3.20) 成立, 由定理 6.3.7 即得结论.

证法 2　取 $\delta = 2$, 有 $B_n^{2+\delta} = B_n^4 = \left(\frac{n(n+1)}{6}\right)^2$. 而

$$\sum_{k=1}^n \mathbf{E}|X_k - a_k|^{2+\delta} = \sum_{k=1}^n \mathbf{E}X_k^4 = \sum_{k=1}^n \frac{1}{2\sqrt{k}} \int_{-\sqrt{k}}^{\sqrt{k}} x^4 \mathrm{d}x = \frac{1}{30} n(n+1)(2n+1),$$

所以

$$\lim_{n\to\infty} \frac{1}{B_n^{2+\delta}} \sum_{k=1}^n \mathbf{E}|X_k - a_k|^{2+\delta} = \lim_{n\to\infty} \frac{6(2n+1)}{5n(n+1)} = 0,$$

即 Lyapunov 条件成立, 所以由定理 6.3.8 得证结论.

例 6.3.17　设 $\{X, X_n,\ n \in \mathbb{N}\}$ 为一列独立同分布的随机变量, 其中共同的分布为 $\mathbf{P}(X = 1) = \mathbf{P}(X = -1) = \frac{1}{2}$. 证明: 当 $n \to \infty$ 时, 有

$$\sqrt{\frac{3}{n^3}} \sum_{k=1}^n kX_k \xrightarrow{d} \mathcal{N}(0,1).$$

证明 记 $Y_k = kX_k$, 则有

$$\mathbf{E}Y_k = 0,\quad \mathbf{Var}Y_k = k^2,\quad B_n^2 = \sum_{k=1}^{n} k^2 = \frac{n(n+1)(2n+1)}{6}.$$

取 $L_n = n$, 则有

$$\max_{1\leqslant k\leqslant n} |Y_k| \leqslant L_n,\quad \lim_{n\to\infty} \frac{L_n}{B_n} = 0.$$

又由于

$$\lim_{n\to\infty} \frac{B_n^2}{\dfrac{n^3}{3}} = 1,$$

所以由定理 6.3.7 即得本题之结论.

例 6.3.18 设 $\{X_n,\ n\in\mathbb{N}\}$ 为一列相互独立的服从指数分布的随机变量, 其中 $\mathbf{E}X_n = \mu_n$. 证明: 若

$$\lim_{n\to\infty} \frac{\max\{\mu_k,\ 1\leqslant k\leqslant n\}}{\left(\sum\limits_{i=1}^{n}\mu_i^2\right)^{\frac{1}{2}}} = 0,$$

则当 $n\to\infty$ 时, 有

$$\left(\sum_{i=1}^{n}\mu_i^2\right)^{-\frac{1}{2}} \sum_{k=1}^{n}(X_k-\mu_k) \xrightarrow{d} \mathcal{N}(0,1).$$

证明 记 $B_n^2 = \sum\limits_{i=1}^{n}\mu_i^2$. 下面来验证 Lyapunov 条件. 取 $\delta = 1$. 由 C_r 不等式知

$$\mathbf{E}|X_k-\mu_k|^3 \leqslant 4(\mathbf{E}|X_k|^3 + \mu_k^3).$$

X_k 的密度函数是 $p_k(x) = \dfrac{1}{\mu_k}\mathrm{e}^{-\frac{x}{\mu_k}},\ x>0$, 所以

$$\mathbf{E}|X_k|^3 = \frac{1}{\mu_k}\int_0^\infty x^3\mathrm{e}^{-\frac{x}{\mu_k}}\mathrm{d}x = \mu_k^3\int_0^\infty t^3\mathrm{e}^{-t}\mathrm{d}t = 6\mu_k^3.$$

于是当 $n\to\infty$ 时, 有

$$\begin{aligned}\frac{1}{B_n^3}\sum_{k=1}^{n}\mathbf{E}|X_k-\mu_k|^3 &\leqslant \frac{28}{B_n^3}\sum_{k=1}^{n}\mu_k^3\\ &\leqslant 28\frac{\max\limits_{1\leqslant k\leqslant n}\mu_k}{B_n}\cdot\frac{1}{B_n^2}\sum_{k=1}^{n}\mu_k^2 = 28\frac{\max\limits_{1\leqslant k\leqslant n}\mu_k}{B_n} \to 0,\end{aligned}$$

这表明 Lyapunov 条件成立. 所以由 Lyapunov 定理知结论成立.

6.3.5 关于中心极限定理成立条件的进一步讨论

首先讨论独立同分布场合下的中心极限定理. 在定理 6.3.4 中, 我们证明了: 对于 i.i.d. 随机变量序列 $\{X_n,\ n\in\mathbb{N}\}$, 只要 X_1 非退化, 并且存在有限的二阶矩, 就都有式 (6.3.9) 成立.

事实上, 上述条件并不是独立同分布场合下中心极限定理, 即式 (6.3.6) 成立的充分必要条件. 为了讨论充分必要条件, 引入如下概念.

定义 6.3.3 设 $F(x)$ 为分布函数, $\overline{F}(x)=1-F(x)$. 称 $F(x)$ 属于正态吸引场, 如果

$$\lim_{x\to\infty}\frac{x^2\overline{F}(x)}{\displaystyle\int_{-x}^{x}u^2\mathrm{d}F(u)}=0\ . \tag{6.3.22}$$

在此, 我们不加证明地给出如下结论.

定理 6.3.9 设 $\{X_n,\ n\in\mathbb{N}\}$ 为 i.i.d. 随机变量序列, 则中心极限定理成立, 即存在中心化数列 $\{a_n,\ n\in\mathbb{N}\}$ 和正则化数列 $\{X_n,\ n\in\mathbb{N}\}$ 使得式 (6.3.6) 成立的充分必要条件是: X_1 的分布函数 $F(x)$ 属于正态吸引场.

下面给出演绎定理 6.3.9 的一个例子.

例 6.3.19 设 $\{X,\ X_n,\ n\in\mathbb{N}\}$ 为独立同分布的随机变量序列, 具有密度函数

$$p(x)=\frac{1}{|x|^3}I(|x|\geqslant 1),$$

则 X 属于正态吸引场; 并且, 有

$$\frac{S_n}{\sqrt{n\ln n}}\xrightarrow{d}\mathcal{N}(0,1), \tag{6.3.23}$$

其中 $S_n=\sum\limits_{k=1}^{n}X_k$.

分析 容易验证条件 (6.3.22), 所以具有上述密度函数的分布属于正态吸引场. 但是定理 6.3.9 并没有给出正则化和中心化常数列的具体形式, 所以我们还是要来证明式 (6.3.23).

证明 分别记

$$S_n'=\sum_{k=1}^{n}X_kI(|X_k|<\sqrt{n}),\quad S_n''=\sum_{k=1}^{n}X_kI(|X_k|\geqslant\sqrt{n}),\quad n\in\mathbb{N}.$$

由 Slutsky 引理 (参阅定理 6.3.2), 只需分别证明

$$\frac{S_n'}{\sqrt{n\ln n}}\xrightarrow{d}\mathcal{N}(0,1),\qquad \frac{S_n''}{\sqrt{n\ln n}}\xrightarrow{p}0.$$

任给 $\varepsilon > 0$, 任取 $1 < r < 2$, 由 Chebyshev 不等式和关于独立随机变量之和的有关矩不等式 (参阅文献 [5], 附录二), 得

$$\mathbf{P}\left(\left|\frac{S_n''}{\sqrt{n\ln n}}\right| > \varepsilon\right) \leqslant \frac{\mathbf{E}|S_n''|^r}{\varepsilon^r(n\ln n)^{r/2}} \leqslant \frac{2n}{\varepsilon^r(n\ln n)^{r/2}}\mathbf{E}|X|^r I(|X| \geqslant \sqrt{n})$$
$$= \frac{4n}{\varepsilon^r(n\ln n)^{r/2}}\int_{\sqrt{n}}^{\infty} x^{r-3}\mathrm{d}x = \frac{4}{\varepsilon^r(2-r)(\ln n)^{r/2}} \to 0, \quad n\to\infty,$$

故知 $\dfrac{S_n''}{\sqrt{n\ln n}} \xrightarrow{p} 0$. 另一方面, 由于

$$\mathbf{E}XI(|X| < \sqrt{n}) = 0, \qquad \mathbf{E}X^2 I(|X| < \sqrt{n}) = 2\int_1^{\sqrt{n}} \frac{1}{x}\mathrm{d}x = \ln n,$$

所以, 对任何 $t \in \mathbb{R}$, 都有

$$f_n(t) =: \mathbf{E}\exp\left\{\frac{\mathrm{i}tS_n'}{\sqrt{n\ln n}}\right\} = \left(\mathbf{E}\exp\left\{\frac{\mathrm{i}t}{\sqrt{n\ln n}}XI(|X| < \sqrt{n})\right\}\right)^n$$
$$= \left(1 - \frac{t^2}{2n} + o\left(\frac{t^2}{n}\right)\right)^n \to \mathrm{e}^{-t^2/2}, \quad n\to\infty,$$

即有 $\dfrac{S_n'}{\sqrt{n\ln n}} \xrightarrow{d} \mathcal{N}(0,1)$.

综合上述两方面知, $\dfrac{S_n}{\sqrt{n\ln n}} \xrightarrow{d} \mathcal{N}(0,1)$.

下面讨论独立不同分布场合下的中心极限定理. 由 6.3.4 节我们知道, Lindeberg 条件是 (6.3.16) 式成立的充分条件. 但是, 如下的反例表明 Lindeberg 条件并不是式 (6.3.16) 成立的必要条件.

例 6.3.20 设 $\{X_n,\ n \in \mathbb{N}\}$ 为独立随机变量序列, 其中 X_n 服从正态分布 $\mathcal{N}\left(0, \dfrac{1}{2^n}\right)$. 于是有 $B_n^2 = \sum\limits_{k=1}^{n} \dfrac{1}{2^k}$. 记 $\dfrac{S_n}{B_n}$ 的特征函数为 $f_n(t)$. 易知

$$f_n(t) = \prod_{k=1}^{n} \exp\left\{-\frac{t^2}{2}\frac{\frac{1}{2^k}}{\sum\limits_{k=1}^{n}\frac{1}{2^k}}\right\} = \exp\left\{-\frac{t^2}{2}\frac{\sum\limits_{k=1}^{n}\frac{1}{2^k}}{\sum\limits_{k=1}^{n}\frac{1}{2^k}}\right\} = \mathrm{e}^{-\frac{t^2}{2}} \to \mathrm{e}^{-\frac{t^2}{2}},$$

所以

$$\frac{S_n - \mathbf{E}S_n}{B_n} = \frac{S_n}{B_n} \xrightarrow{d} \mathcal{N}(0,1).$$

但是, 当 $n \to \infty$ 时, 却有

$$\frac{\sigma_1^2}{B_n^2} = \frac{\frac{1}{2}}{\sum_{k=1}^{n} \frac{1}{2^k}} \to \frac{1}{2}.$$

所以式 (6.3.14), 即 Feller 条件不成立, 由于定理 6.3.5 表明, 如果 Lindeberg 条件成立, 则必有 Feller 条件成立. 所以 Lindeberg 条件也不成立.

定理 6.3.10　设 $\{X_n,\ n \in \mathbb{N}\}$ 为独立随机变量序列, 有

$$\mathbf{E}X_k = a_k, \quad 0 < \mathbf{Var}X_k = \sigma_k^2 < \infty, \quad \forall k \in \mathbb{N}.$$

记 $S_n = \sum\limits_{k=1}^{n} X_k$, $B_n^2 = \sum\limits_{k=1}^{n} \mathbf{Var}X_k$. 则式 (6.3.16) 和 Feller 条件同时成立的充分必要条件是 Lindeberg 条件成立.

证明　定理 6.3.5 和定理 6.3.6 已经证明 Lindeberg 条件是式 (6.3.16) 和 Feller 条件同时成立的充分条件, 所以只需证明必要性.

现在假设式 (6.3.16) 和 Feller 条件同时成立, 仍然采用定理 6.3.6 证明过程中所引入的记号. 任意取定 $t \in \mathbb{R}$.

在 5.4 节中, 我们已证

$$|f_{nk}(t) - 1| \leqslant 2\mathbf{E}(1 \wedge |tX_{nk}|),$$

所以对任何 $\varepsilon > 0$, 有

$$|f_{nk}(t) - 1| \leqslant 2\mathbf{E}I(|X_{nk}| \geqslant \varepsilon) + 2\mathbf{E}|tX_{nk}|I(|X_{nk}| < \varepsilon) \leqslant 2\mathbf{P}(|X_{nk}| \geqslant \varepsilon) + 2|t|\varepsilon.$$

由 Chebyshev 不等式知

$$\mathbf{P}(|X_{nk}| \geqslant \varepsilon) \leqslant \frac{\mathbf{E}X_{nk}^2}{\varepsilon^2} = \frac{1}{\varepsilon^2} \frac{\sigma_2^2}{B_n^2}. \tag{6.3.24}$$

所以对任何 $\varepsilon > 0$, 都有

$$\max_{1 \leqslant k \leqslant n} |f_{nk}(t) - 1| \leqslant \frac{2}{\varepsilon^2} \max_{1 \leqslant k \leqslant n} \frac{\sigma_2^2}{B_n^2} + 2|t|\varepsilon.$$

在上式中, 先令 $n \to \infty$, 再令 $\varepsilon \downarrow 0$, 由 Feller 条件即得

$$\max_{1 \leqslant k \leqslant n} |f_{nk}(t) - 1| \to 0. \tag{6.3.25}$$

另一方面, 由不等式 (5.4.10) 知

$$|\mathrm{e}^{\mathrm{i}x} - 1 - \mathrm{i}x| \leqslant x^2,$$

故可推出

$$|f_{nk}(t)-1|=\left|\mathbf{E}\left\{\mathrm{e}^{\mathrm{i}tX_{nk}}-1-\mathrm{i}tX_{nk}\right\}\right|\leqslant\mathbf{E}\left|\mathrm{e}^{\mathrm{i}tX_{nk}}-1-\mathrm{i}tX_{nk}\right|\leqslant t^2\mathbf{E}X_{nk}^2=t^2\frac{\sigma_2^2}{B_n^2},$$

$$\sum_{k=1}^{n}|f_{nk}(t)-1|\leqslant t^2.$$

联立式 (6.3.25), 即得

$$\begin{aligned}\sum_{k=1}^{n}|f_{nk}(t)-1|^2&\leqslant\max_{1\leqslant k\leqslant n}|f_{nk}(t)-1|\sum_{k=1}^{n}|f_{nk}(t)-1|\\&\leqslant t^2\max_{1\leqslant k\leqslant n}|f_{nk}(t)-1|\to 0.\end{aligned}\qquad(6.3.26)$$

由于当复数 $|z|\leqslant 1$ 时, 有 $|\mathrm{Re}\,z|\leqslant 1$, 即 $\mathrm{Re}\,z-1\leqslant 0$, 所以 $|\mathrm{e}^{z-1}|=|\mathrm{e}^{\mathrm{Re}\,z-1}|\leqslant 1$, 故可对 $u_k=\exp\{f_{nk}(t)-1\}$ 和 $v_k=f_{nk}(t)$ 运用不等式 (6.3.18), 得到

$$\left|\exp\left\{\sum_{k=1}^{n}(f_{nk}(t)-1)\right\}-\prod_{k=1}^{n}f_{nk}(t)\right|\leqslant\sum_{k=1}^{n}\left|\exp\{f_{nk}(t)-1\}-f_{nk}(t)\right|.\quad(6.3.27)$$

由 e^z 的 Taylor 展开式

$$\mathrm{e}^z=1+z+\sum_{n=2}^{\infty}\frac{z^n}{n!}$$

可得, 当 $|z|\leqslant\dfrac{1}{2}$ 时, 有

$$|\mathrm{e}^z-1-z|\leqslant\sum_{n=2}^{\infty}\frac{|z|^n}{n!}=|z|^2\sum_{n=2}^{\infty}\frac{|z|^{n-2}}{n!}\leqslant|z|^2.$$

由式 (6.3.25) 知, 只要 n 充分大, 就有 $|f_{nk}(t)-1|\leqslant\dfrac{1}{2}$, 所以由式 (6.3.26) 和式 (6.3.27) 知, 当 $n\to\infty$ 时, 有

$$\begin{aligned}&\left|\exp\left\{\sum_{k=1}^{n}(f_{nk}(t)-1)\right\}-\prod_{k=1}^{n}f_{nk}(t)\right|\\&\leqslant\sum_{k=1}^{n}\left|\exp\{f_{nk}(t)-1\}-1-(f_{nk}(t)-1)\right|\\&\leqslant\sum_{k=1}^{n}|f_{nk}(t)-1|^2\to 0.\end{aligned}$$

将上式与式 (6.3.16) 结合, 就得

$$\lim_{n\to\infty}\exp\left\{\sum_{k=1}^{n}(f_{nk}(t)-1)\right\}=\lim_{n\to\infty}\prod_{k=1}^{n}f_{nk}(t)=\mathrm{e}^{-\frac{t^2}{2}},\quad \forall t\in\mathbb{R},$$

从而

$$\lim_{n\to\infty}\left|\exp\left\{\sum_{k=1}^{n}(f_{nk}(t)-1)\right\}\right|=\mathrm{e}^{-\frac{t^2}{2}},\quad \forall t\in\mathbb{R}.$$

注意到对复数 z, 有 $|\mathrm{e}^z|=\mathrm{e}^{\mathrm{Re}\,z}$, 所以在上式两端取对数, 即得

$$\lim_{n\to\infty}\sum_{k=1}^{n}\mathrm{Re}\,(f_{nk}(t)-1)=-\frac{t^2}{2},\quad \forall t\in\mathbb{R}.$$

上式即为

$$\lim_{n\to\infty}\sum_{k=1}^{n}\mathbf{E}\left(\cos tX_{nk}-1+\frac{t^2}{2}X_{nk}^2\right)=0,\quad \forall t\in\mathbb{R}.$$

特别地, 对 $t=1$, 有

$$\lim_{n\to\infty}\sum_{k=1}^{n}\mathbf{E}\left(\cos X_{nk}-1+\frac{X_{nk}^2}{2}\right)=0. \tag{6.3.28}$$

我们知道 $1-\cos x=2\sin^2\dfrac{x}{2}\leqslant\dfrac{x^2}{2}$, 并且对任何 $\tau>0$, 都存在 $0<\delta=\delta(\tau)<1$, 使得当 $|x|>\tau$ 时, 有 $2\sin^2\dfrac{x}{2}<\delta\dfrac{x^2}{2}$, 因此有

$$\begin{aligned}\mathbf{E}\left(\cos X_{nk}-1+\frac{X_{nk}^2}{2}\right)&\geqslant\mathbf{E}\left\{\left(\cos X_{nk}-1+\frac{X_{nk}^2}{2}\right)I(|X_{nk}|>\tau)\right\}\\&\geqslant\frac{1-\delta}{2}\mathbf{E}\left(X_{nk}^2I(|X_{nk}|>\tau)\right).\end{aligned}$$

将该式与式 (6.3.28) 结合, 即得

$$\lim_{n\to\infty}\sum_{k=1}^{n}\mathbf{E}\left(X_{nk}^2I(|X_{nk}|>\tau)\right)\leqslant\frac{2}{1-\delta}\lim_{n\to\infty}\sum_{k=1}^{n}\mathbf{E}\left(\cos X_{nk}-1+\frac{X_{nk}^2}{2}\right)=0,$$

此即式 (6.3.17), 所以 Lindeberg 条件成立.

6.3.6 多维场合下的中心极限定理

在数理统计的众多领域中经常需要考察随机向量依分布收敛到正态分布的问题. 从定理 5.5.7 我们已经知道, m 维随机向量 $\boldsymbol{X}$ 服从 m 维正态分布 $\mathcal{N}(\boldsymbol{a},\,\boldsymbol{B})$, 当且仅当对任何 m 维非零实向量 $\boldsymbol{s}$, 都有随机变量 $Y=\boldsymbol{s}^{\mathrm{T}}\boldsymbol{X}$ 服从一维正态分布 $\mathcal{N}(\boldsymbol{s}^{\mathrm{T}}\boldsymbol{a},\,\boldsymbol{s}^{\mathrm{T}}\boldsymbol{B}\boldsymbol{s})$. 由此事实出发, 可以证明如下定理.

定理 6.3.11 设 $\boldsymbol{X}_n$ 为 m 维随机向量序列, 如果对任何满足条件 $||\boldsymbol{s}||=1$ 的 m 维实向量 $\boldsymbol{s}$, 都有

$$\boldsymbol{s}^{\mathrm{T}}\boldsymbol{X}_n \xrightarrow{d} \mathcal{N}(0,\ 1),$$

则有

$$\boldsymbol{X}_n \xrightarrow{d} \mathcal{N}(\boldsymbol{0},\ \boldsymbol{I}).$$

有了这个定理, 多维场合下的中心极限定理就可以化为一维场合下的中心极限定理, 因而变得相当方便.

实际上, 在多维场合下, 还有不少关于渐近正态的结果, 例如下面的定理.

定理 6.3.12 ($\mathbb{R}^m$ 中的中心极限定理) 设 $\boldsymbol{X}, \boldsymbol{X}_1, \boldsymbol{X}_2, \cdots$ 为独立同分布的 m 维随机向量序列, 有 $\mathbf{E}\boldsymbol{X}=\boldsymbol{a}$ 和协方差阵

$$\boldsymbol{B}=(b_{i,j}), \quad 其中\ b_{ij}=\mathbf{E}(X_i-a_i)(X_j-a_j),\ \ 1\leqslant i,j\leqslant m.$$

记 $\boldsymbol{S}_n=\sum\limits_{k=1}^{n}\boldsymbol{X}_k$, 则当 $n\to\infty$ 时, 有

$$\frac{\boldsymbol{S}_n-n\boldsymbol{a}}{\sqrt{n}} \xrightarrow{d} \mathcal{N}(\boldsymbol{0},\boldsymbol{B}). \tag{6.3.29}$$

本定理可以由定理 6.3.11 推出.

证明 任取满足条件 $||\boldsymbol{s}||=1$ 的 m 维实向量 $\boldsymbol{s}$, 有

$$\boldsymbol{s}^{\mathrm{T}}\frac{\boldsymbol{S}_n-n\boldsymbol{a}}{\sqrt{n}}=\boldsymbol{s}^{\mathrm{T}}\left(\frac{1}{\sqrt{n}}\sum_{k=1}^{n}(\boldsymbol{X}_k-\boldsymbol{a})\right)=\frac{1}{\sqrt{n}}\sum_{k=1}^{n}(\boldsymbol{s}^{\mathrm{T}}\boldsymbol{X}_k-\boldsymbol{s}^{\mathrm{T}}\boldsymbol{a}).$$

由于 $\boldsymbol{s}^{\mathrm{T}}\boldsymbol{X}_1-\boldsymbol{s}^{\mathrm{T}}\boldsymbol{a},\ \boldsymbol{s}^{\mathrm{T}}\boldsymbol{X}_2-\boldsymbol{s}^{\mathrm{T}}\boldsymbol{a},\ \cdots$ 是 i.i.d. 随机变量序列, 期望为 0, 方差为 $\boldsymbol{s}^{\mathrm{T}}\boldsymbol{B}\boldsymbol{s}$, 所以由一维场合下的 Levy 中心极限定理 (即定理 6.3.4) 可知

$$\boldsymbol{s}^{\mathrm{T}}\frac{\boldsymbol{S}_n-n\boldsymbol{a}}{\sqrt{n}} \xrightarrow{d} \mathcal{N}(0,\ \boldsymbol{s}^{\mathrm{T}}\boldsymbol{B}\boldsymbol{s}).$$

这就表明结论 (6.3.29) 成立.

下面给出一个运用定理 6.3.12 的例子.

例 6.3.21 设 $X, X_1, X_2, \cdots$ 独立同分布于参数为 1 的指数分布, 试证明: 当 $n\to\infty$ 时, 有

$$\frac{1}{\sqrt{n}}\begin{pmatrix}\sum\limits_{i=1}^{n}X_i-n\\ \sum\limits_{i=1}^{n}X_i^2-2n\end{pmatrix} \xrightarrow{d} \mathcal{N}\left(\begin{pmatrix}0\\0\end{pmatrix},\ \begin{pmatrix}1&4\\4&20\end{pmatrix}\right).$$

证明　对于服从参数为 1 的指数分布的随机变量 X, 有

$$\mathbf{E}X^k = \int_0^\infty x^k \mathrm{e}^{-x}\mathrm{d}x = \Gamma(k+1) = k!, \quad k \in \mathbb{N}.$$

记 $\boldsymbol{X} = (X, X^2)^{\mathrm{T}}$, $\boldsymbol{X}_k = (X_k, X_k^2)^{\mathrm{T}}$, $k = 1, 2, \cdots$, 则 $\boldsymbol{X}, \boldsymbol{X}_1, \boldsymbol{X}_2, \cdots$ 为独立同分布的二维随机向量序列. 有 $\boldsymbol{a} = \mathbf{E}\boldsymbol{X} = (\mathbf{E}X, \mathbf{E}X^2)^{\mathrm{T}} = (1,2)^{\mathrm{T}}$ 和

$$\mathbf{E}(X-1)^2 = 1,\ \ \mathbf{E}(X-1)(X^2-2) = 4,\ \ \mathbf{E}(X^2-2)^2 = 20, \qquad \boldsymbol{B} = \begin{pmatrix} 1 & 4 \\ 4 & 20 \end{pmatrix}.$$

所以, 根据定理 6.3.12, 即知

$$\frac{\boldsymbol{S}_n - n\boldsymbol{a}}{\sqrt{n}} = \frac{1}{\sqrt{n}} \begin{pmatrix} \displaystyle\sum_{i=1}^n X_i - n \\ \displaystyle\sum_{i=1}^n X_i^2 - 2n \end{pmatrix} \xrightarrow{d} \mathcal{N}\left(\begin{pmatrix} 0 \\ 0 \end{pmatrix}, \begin{pmatrix} 1 & 4 \\ 4 & 20 \end{pmatrix} \right).$$

习　题　6.3

1. 设 $\{X_n:\ n \geqslant 1\}$ 是独立同分布的随机变量序列, $\mathbf{E}X_1 = a$, 则对直线上任一有界连续函数 $f(x)$,

$$\lim_{n\to\infty} \mathbf{E}f\left(\frac{X_1 + \cdots + X_n}{n}\right) = f(a).$$

2. 对一枚均匀的硬币, 至少需要抛多少次, 才能保证正面出现的比例落在区间 $[0.4, 0.6]$ 内的概率不小于 90%?

3. 设生男孩的概率为 0.515. 试求在 1 万名新生婴儿中, 女孩不少于男孩的概率.

4. 设在一个赌局中, 一枚均匀的骰子被连续抛掷 10 次. 如果总点数不大于 25 或者不小于 45, 某赌徒即可获胜. 试求他可以获胜的概率. (由于每次抛出的点数的均值与方差不是整数, 所以这里的计算需要修正, 需要计算总点数小于 25.5 或大于 44.5 的概率.)

5. 一家保险公司有 1 万名客户参加了某个人寿保险项目, 每名客户每年交纳 30 元保险费. 假设在一年内每名客户死亡的概率为 0.2%, 死亡时亲属可从保险公司获得 5000 元慰问金. (1) 保险公司一年中在该项目上亏本的概率大约是多少? (2) 保险公司上一年在该项目上获利 15 万元的概率是多少?

6. 设某器件的使用寿命服从指数分布, 其平均寿命为 20 小时. 在实际使用中, 当一个器件损坏时就立即更换为另一个新的器件. 每个器件的进价为 500 元. 试问: 在年度计划中应当为该器件做多少预算才能保证有 95% 的把握该器件一年够用 (假设一年有 2000 个工作小时)?

7. 某汽车销售点每天售出的汽车数量服从参数为 2 的 Poisson 分布. 设该销售点一年 365 天每天都营业, 且各天销售量相互独立, 试求一年中能售出 700 辆以上汽车的概率.

8. 设$\{X_j\}$是独立同分布随机变量序列, 其分布分别为: (1) $[-a,a]$ 上均匀分布; (2) Poisson 分布; (3) Γ 分布, 记

$$Y_n = \frac{\sum_{j=1}^{n}(X_j - \mathbf{E}X_j)}{\sqrt{\sum_{j=1}^{n}\mathbf{Var}X_j}}.$$

试计算 Y_n 的特征函数, 并求 $n\to\infty$ 时的极限.

9. 设 $\{X_j\}$ 是独立同分布随机变量序列, $\mathbf{E}X_1=0,\ 0<\mathbf{Var}X_1=\sigma^2<\infty$, 令

$$Y_n = \frac{\sqrt{n}(X_1+\cdots+X_n)}{X_1^2+\cdots+X_n^2} \quad 及 \quad Z_n=\frac{X_1+\cdots+X_n}{\sqrt{X_1^2+\cdots+X_n^2}},$$

试证明 Y_n 和 Z_n 具有渐近正态性, 并写出它们的具体形式.

10. 设 $\{X_n\}$ 为独立随机变量序列, 对 $n\geqslant 1$, X_n 有如下分布: (1) $\mathbf{P}(X_n=\pm\sqrt{n})=1/2$; (2) $\mathbf{P}(X_n=0)=1/3, \mathbf{P}(X_n=\pm n^{\alpha})=1/3,\ \alpha>0$. 试分别对两种情况验证 Lyapunov 条件是否成立.

11. 设 $\{X, X_i, i\in\mathbb{N}\}$ 和 $\{Y, Y_j, j\in\mathbb{N}\}$ 分别为两列独立同分布的随机变量, 它们之间也相互独立. 又知

$$\mathbf{E}X=\mu_1,\quad \mathbf{Var}X=\sigma_1^2;\quad \mathbf{E}Y=\mu_2,\quad \mathbf{Var}Y=\sigma_2^2.$$

试求当 $n,m\to\infty$ 时, $\frac{1}{n}\sum\limits_{i=1}^{n}X_i-\frac{1}{m}\sum\limits_{j=1}^{m}Y_j$ 的渐近分布.

12. 设有 n 个口袋, 在第 k 个口袋中有 1 个白球与 $k-1$ 个黑球, $k=1,2,\cdots,n$.

(1) 现从每袋中分别任取 1 球, 以 X_n 表示取得的白球总数, 证明 $\{X_n\}$ 渐近正态分布.

(2) 现从每袋中有放回地任取 2 球, 若 2 球全白则认为成功的. 以 Y_n 表成功总次数. 证明 $\{Y_n\}$ 不是渐近正态分布的.

13. 试证式 (6.3.14), 即 Feller 条件等价于: $B_n^2\to\infty$且$\dfrac{\sigma_n^2}{B_n^2}\to 0$.

14. 设 $\{X_n\}$ 为独立随机变量序列, 每个 X_n 有 $\mathcal{N}(0,\sigma_n^2)$ 分布, 其中 $\sigma_1^2=1$, 对 $n>1, \sigma_n^2=nB_{n-1}^2$. 试证 $\{X_n\}$ 满足中心极限定理但不满足 Feller 条件.

15. 设 $\{X_i, i\in\mathbb{N}\}$ 为一列独立同分布的随机变量, 且具有期望 0 和方差 1. 若一列正的常数 $\{a_i, i\in\mathbb{N}\}$ 满足条件 $s_n^2=\sum\limits_{i=1}^{n}a_i^2\to\infty$ 与 $\dfrac{a_n}{s_n}\to 0$. 证明

$$\sum_{i=1}^{n}\frac{a_iX_i}{s_n}\xrightarrow{d}\mathcal{N}(0,1).$$

16. 设 $\{X, X_i, i\in\mathbb{N}\}$ 是一列独立同分布的正值随机变量, 有 $\mathbf{E}X=1,\ \mathbf{Var}X=\sigma^2>0$. 记 $S_n=\sum\limits_{i=1}^{n}X_i$. 证明 $2(\sqrt{S_n}-\sqrt{n})\xrightarrow{d}\mathcal{N}(0,\sigma^2)$.

17. 在一款电子游戏中, 某件宝物由 n 种不同的零件拼成. 假设玩家每打开一个宝箱都可等可能地得到其中的一种零件. 若玩家想拼成一件完整的宝物, 以 X_n 表示他所需打开的宝箱个数. 证明: 当 $n\to\infty$ 时, 有

$$\lim_{n\to\infty}\mathbf{P}\Big(\frac{X_n - n\ln n}{n}\leqslant x\Big)=\exp\{-\mathrm{e}^{-x}\},\quad x\in\mathbb{R}.$$

18. 设 $\{X_i, i\in\mathbb{N}\}$ 是一列独立同分布的随机变量, 有 4 阶矩存在. 记

$$\overline{X}_n=\frac{1}{n}\sum_{i=1}^{n}X_i,\qquad \overline{X}_n^2=\frac{1}{n}\sum_{i=1}^{n}X_i^2.$$

试找出合适的常数 a, b 和常数列 $\{c_n\}$, 使得随机向量 $c_n(\overline{X}_n-a,\ \overline{X}_n^2-b)^{\mathrm{T}}$ 依分布收敛, 并确定该极限分布.

19. 设一随机试验有 m $(m\geqslant 3)$ 个可能的结果, 第 i $(1\leqslant i\leqslant m)$ 个结果 A_i 发生的概率为 $p_i>0$ 且 $\sum\limits_{i=1}^{m}p_i=1$. 独立重复该随机试验 n 次, 且以 X_i 表示 A_i 出现的总次数, $i=1,2,\cdots,m$. 证明: 存在一个正定阵 $\boldsymbol{\Sigma}$, 使得当 $n\to\infty$ 时,

$$(X_1-np_1, X_2-np_2,\cdots,X_{m-1}-np_{m-1})^{\mathrm{T}}/\sqrt{n}\xrightarrow{d}\mathcal{N}(\mathbf{0},\boldsymbol{\Sigma}).$$

6.4 a.s. 收 敛

a.s. 收敛就是几乎必然收敛, a.s. 是英文词汇 almost sure 的缩写. 我们已经在单调收敛定理的陈述和定理 6.1.4 的证明中遇到过这种收敛性, 现在要来详加讨论.

6.4.1 a.s. 收敛的概念

先来给出 a.s. 收敛的定义.

定义 6.4.1 设随机变量 X 和随机变量序列 $\{X_n,\ n\in\mathbb{N}\}$ 定义在同一个概率空间 $(\Omega,\mathscr{F},\mathbf{P})$ 上, 如果

$$\mathbf{P}\left\{\omega\ \Big|\ \lim_{n\to\infty}X_n(\omega)=X(\omega)\right\}=1,\tag{6.4.1}$$

就说 $\{X_n\}$ a.s. 收敛到 X, 或者说 $\{X_n\}$ 以概率 1 收敛到 X, 记为 $X_n\to X$, a.s. 或记为 $\mathbf{P}(X_n\to X)=1$.

在这里, 如果记 $\Omega_0=\left\{\omega\ \Big|\ \lim\limits_{n\to\infty}X_n(\omega)=X(\omega)\right\}$, 那么就有 $\mathbf{P}(\Omega_0)=1$. 因此, 所谓 "$\{X_n\}$, a.s. 收敛到 X", 就是存在 $\Omega_0\in\mathscr{F}$, 有 $\mathbf{P}(\Omega_0)=1$, 使只要 $\omega\in\Omega_0$, 就有

$$\lim_{n\to\infty}X_n(\omega)=X(\omega).$$

由于对固定的 ω 来说, $\{X_n(\omega)\}$ 就是数列, 故 "$\lim\limits_{n\to\infty}X_n(\omega)=X(\omega)$", 就是对任何 $\varepsilon>0$, 都存在 $k=k(X,\omega)\in\mathbb{N}$, 使得只要 $n\geqslant k$, 就有

$$\Big|X_n(\omega)-X(\omega)\Big|<\varepsilon.$$

因此, 我们可以用事件的语言把式 (6.4.1) 表示为

$$\begin{aligned}&\mathbf{P}\left(\bigcap_{\varepsilon>0}\bigcup_{k=1}^{\infty}\bigcap_{n=k}^{\infty}(|X_n-X|<\varepsilon)\right)\\=&\mathbf{P}\left(\bigcap_{\varepsilon>0}\bigcup_{k=1}^{\infty}\bigcap_{n=k}^{\infty}\left\{\omega \,\middle|\, |X_n(\omega)-X(\omega)|<\varepsilon\right\}\right)=1.\end{aligned} \tag{6.4.2}$$

式 (6.4.2) 中的 $\bigcap\limits_{\varepsilon>0}$ 不是可列交, 但是可以将其改写为如下的等价形式:

$$\mathbf{P}\left(\bigcap_{m=1}^{\infty}\bigcup_{k=1}^{\infty}\bigcap_{n=k}^{\infty}\left(|X_n-X|<\frac{1}{m}\right)\right)=1. \tag{6.4.3}$$

运用对偶原理, 可知式 (6.4.3) 等价于

$$\mathbf{P}\left(\bigcup_{m=1}^{\infty}\bigcap_{k=1}^{\infty}\bigcup_{n=k}^{\infty}\left(|X_n-X|\geqslant\frac{1}{m}\right)\right)=0. \tag{6.4.4}$$

显然, 式 (6.4.4) 成立, 当且仅当

$$\mathbf{P}\left(\bigcap_{k=1}^{\infty}\bigcup_{n=k}^{\infty}\left(|X_n-X|\geqslant\frac{1}{m}\right)\right)=0, \quad \forall m\in\mathbb{N}.$$

而上式成立, 当且仅当

$$\mathbf{P}\left(\bigcap_{k=1}^{\infty}\bigcup_{n=k}^{\infty}(|X_n-X|\geqslant\varepsilon)\right)=0, \quad \forall\varepsilon>0. \tag{6.4.5}$$

注意到

$$\bigcup_{n=k}^{\infty}(|X_n-X|\geqslant\varepsilon), \quad k\in\mathbb{N}$$

是下降的事件序列, 所以由概率的上连续性知, 式 (6.4.5) 等价于

$$\lim_{k\to\infty}\mathbf{P}\left(\bigcup_{n=k}^{\infty}(|X_n-X|\geqslant\varepsilon)\right)=0, \quad \forall\varepsilon>0. \tag{6.4.6}$$

总结上述讨论, 得到如下定理.

定理 6.4.1 如果随机变量 X 和随机变量序列 $\{X_n,\ n\in\mathbb{N}\}$ 定义在同一个概率空间 $(\Omega,\mathscr{F},\mathbf{P})$ 上, 则 $X_n\to X$, a.s. 的充分必要条件是式 (6.4.6) 成立.

由定理 6.4.1 可以立即得到如下推论.

推论 6.4.1 如果 $X_n \to X$, a.s., 则必有 $X_n \xrightarrow{p} X$.

证明 由于

$$(|X_n - X| \geqslant \varepsilon) \subset \bigcup_{n=k}^{\infty} (|X_n - X| \geqslant \varepsilon),$$

故只要将依概率收敛的定义中的式 (6.1.1) 与式 (6.4.6) 相比较, 即得结论.

对于 L_r 收敛与 a.s. 收敛, 有如下命题.

命题 6.4.1 L_r 收敛与 a.s. 收敛互不蕴涵.

观察例 6.1.10 中的随机变量序列 $\{X_n,\ n \in \mathbb{N}\}$ 和 $X \equiv 0$, 不难证明, 在那里有

$$\lim_{n\to\infty} X_n(\omega) = 0 = X(\omega), \quad \forall \omega \in \Omega,$$

因此 $X_n \to X$, a.s., 但是我们已经证明 $X_n \overset{L_1}{\not\to} X$, 所以 a.s. 收敛不蕴涵 L_r 收敛. 反过来的例子如下.

例 6.4.1 仍将 $(\Omega, \mathscr{F}, \mathbf{P})$ 取为区间 $(0,1)$ 上的几何型概率空间, 定义 $X \equiv 0$, 令

$$X_n = I\left(\frac{n-2^m}{2^m} < \omega < \frac{n+1-2^m}{2^m}\right), \quad 2^m \leqslant n < 2^{m+1}, \quad \forall m \in \mathbb{N}.$$

不难看出, 对任何 $r > 0$, 都有 $\mathbf{E}|X_n - X|^r = \mathbf{E}|X_n|^r \to 0$, 所以 $X_n \xrightarrow{L_r} X$. 但是, 只要 ω 不是有理数, 那么都有无限多个 n 使得 $X_n(\omega) = 1$, 所以

$$\mathbf{P}\{\omega \mid X_n(\omega) \not\to X(\omega)\} = 1,$$

即 $X_n \not\to X$, a.s..

例 6.4.2 类似地, 依概率收敛也不蕴涵 a.s. 收敛. 设随机变量 $X \equiv 0$, $Y \sim U(0,1)$, 而

$$X_{2^{n-1}+k} = I\left(\frac{k-1}{2^n} < Y < \frac{k}{2^n}\right), \quad k = 1, 2, \cdots, 2^n;\ n = 1, 2, \cdots.$$

那么对任何 $0 < \varepsilon < 1$, 都有

$$\mathbf{P}(|X_m| > \varepsilon) = \mathbf{P}(X_m = 1) = \frac{1}{2^n}, \quad 2^{n-1} < m \leqslant 2^n,$$

所以当 $m \to \infty$, 因而当 $n \to \infty$ 时, 有 $\mathbf{P}(|X_m| > \varepsilon) \to 0$, 即 $\{X_m\}$ 依概率收敛到 $X \equiv 0$. 但是, 对于任何 $\omega \in \Omega$, 都存在无穷多个 m, 使得 $X_m(\omega) = 1$, 所以 $X_m \not\to X \equiv 0$, a.s..

总结本章开头两节和本节中的讨论, 可知在随机变量序列的四种收敛性之间有着如下关系:

1° L_r 收敛与 a.s. 收敛互不蕴涵.

2° L_r 收敛与 a.s. 收敛都蕴涵依概率收敛; 但是依概率收敛不蕴涵 L_r 收敛和 a.s. 收敛.

3° 依概率收敛蕴涵依分布收敛; 但是依分布收敛不蕴涵依概率收敛.

4° 对于退化的随机变量 C, 有 $X_n \xrightarrow{p} C \Longleftrightarrow X_n \xrightarrow{d} C$.

6.4.2 无穷多次发生

在事件序列的无穷多次发生和随机变量的 a.s. 收敛之间有着密切的关系. 首先来介绍无穷多次发生的概念.

定义 6.4.2 设 $\{A_n,\ n\in\mathbb{N}\}$ 是概率空间 $(\Omega,\mathscr{F},\mathbf{P})$ 中的一列事件, 如果存在无穷多个 n, 使得 $\omega\in A_n$, 就称事件序列 $\{A_n\}$ 无穷多次发生, 记作 $\{A_n,\ \text{i.o.}\}$.

上述定义中的 i.o. 是英语词汇 infinitely often 的缩写. 关于事件序列的无穷多次发生, 有如下定理.

定理 6.4.2 如果 $\{A_n,\ n\in\mathbb{N}\}$ 是概率空间 $(\Omega,\mathscr{F},\mathbf{P})$ 中的一列事件, 则

$$\{A_n,\ \text{i.o.}\}=\bigcap_{k=1}^{\infty}\bigcup_{n=k}^{\infty}A_n. \tag{6.4.7}$$

证明 易知, $\omega\in\{A_n,\ \text{i.o.}\}\Longleftrightarrow$ 存在无穷多个 n, 使得 $\omega\in A_n \Longleftrightarrow$ 对任何 $k\in\mathbb{N}$, 存在 $n\geqslant k$, 使得 $\omega\in A_n \Longleftrightarrow \omega\in\bigcap\limits_{k=1}^{\infty}\bigcup\limits_{n=k}^{\infty}A_n$.

事实上, $\bigcap\limits_{k=1}^{\infty}\bigcup\limits_{n=k}^{\infty}A_n$ 就是第 1 章中所提到的**上极限事件**. 所以, 所谓的**无穷多次发生**(i.o.) 的概念其实与**上极限事件**是同一回事. 相应地, 容易知道 $\bigcup\limits_{k=1}^{\infty}\bigcap\limits_{n=k}^{\infty}A_n$ 表示事件序列 $\{A_n\}$ 中仅有有限多个不发生, 即该事件序列的**下极限事件**.

利用上述概念和前面的讨论, 立即得知如下命题.

命题 6.4.2 我们有:

1° $\mathbf{P}(|X_n-X|\geqslant\varepsilon,\ \text{i.o.})=0,\ \forall\,\varepsilon>0 \Longleftrightarrow X_n\to X,\ \text{a.s.};$

2° 对某个 $\varepsilon_0>0$, 有 $\mathbf{P}(|X_n-X|\geqslant\varepsilon_0,\ \text{i.o.})=1 \Longrightarrow X_n\not\to X,\ \text{a.s.}$.

这个命题说明, 在事件序列的无穷多次发生和随机变量序列的 a.s. 收敛之间有着密切的关系. 所以我们要来讨论如何判断概率 $\mathbf{P}(A_n,\ \text{i.o.})=0$ 或 1 的问题.

引理 6.4.1 (Borel-Cantelli 引理) 设 $\{A_n,\ n\in\mathbb{N}\}$ 是概率空间 $(\Omega,\mathscr{F},\mathbf{P})$ 中的事件列.

1° 如果

$$\sum_{n=1}^{\infty}\mathbf{P}(A_n)<\infty, \tag{6.4.8}$$

则有 $\mathbf{P}(A_n,\ \text{i.o.})=0$.

2°　如果 $\{A_n,\ n\in\mathbb{N}\}$ 是相互独立的事件序列, 且

$$\sum_{n=1}^{\infty}\mathbf{P}(A_n)=\infty, \tag{6.4.9}$$

则有 $\mathbf{P}(A_n,\ \text{i.o.})=1$.

证明　由式 (6.4.7) 和概率的上连续性知

$$\mathbf{P}(A_n,\ \text{i.o.})=\mathbf{P}\left(\bigcap_{k=1}^{\infty}\bigcup_{n=k}^{\infty}A_n\right)=\lim_{k\to\infty}\mathbf{P}\left(\bigcup_{n=k}^{\infty}A_n\right). \tag{6.4.10}$$

1°　由于式 (6.4.8) 蕴涵

$$\lim_{k\to\infty}\mathbf{P}\left(\bigcup_{n=k}^{\infty}A_n\right)\leqslant\lim_{k\to\infty}\sum_{n=k}^{\infty}\mathbf{P}(A_n)=0,$$

所以当式 (6.4.8) 成立时, 由式 (6.4.10) 立知 $\mathbf{P}(A_n,\ \text{i.o.})=0$.

2°　由无穷乘积的收敛性和无穷级数的收敛性之间的关系知, 当式 (6.4.9) 成立时, 对任何 $k\in\mathbb{N}$, 都有

$$\lim_{m\to\infty}\prod_{n=k}^{m}(1-\mathbf{P}(A_n))=\prod_{n=k}^{\infty}(1-\mathbf{P}(A_n))=0.$$

如果 $\{A_n,\ n\in\mathbb{N}\}$ 是相互独立的事件序列, 那么对任何正整数 $m\geqslant k$, 都有

$$\mathbf{P}\left(\bigcap_{n=k}^{m}A_n^{\mathrm{c}}\right)=\prod_{n=k}^{m}(\mathbf{P}(A_n^{\mathrm{c}}))=\prod_{n=k}^{m}(1-\mathbf{P}(A_n)),$$

于是, 由概率的下连续性, 得到

$$\mathbf{P}\left(\bigcap_{n=k}^{\infty}A_n^{\mathrm{c}}\right)=\mathbf{P}\left(\lim_{m\to\infty}\bigcap_{n=k}^{m}A_n^{\mathrm{c}}\right)=\lim_{m\to\infty}\prod_{n=k}^{m}(1-\mathbf{P}(A_n))=\prod_{n=k}^{\infty}(1-\mathbf{P}(A_n))=0.$$

由对偶原理即知

$$\mathbf{P}\left(\bigcup_{n=k}^{\infty}A_n\right)=1,\quad\forall\,k\in\mathbb{N}.$$

结合式 (6.4.10), 立知 $\mathbf{P}(A_n,\ \text{i.o.})=1$.

推论 6.4.2　如果 $\{A_n,\ n\in\mathbb{N}\}$ 是相互独立的事件序列, 则 $\mathbf{P}(A_n,\ \text{i.o.})=1$ 的充分必要条件是 (6.4.9) 式成立.

证明 充分性已证. 往证必要性. 如果 $\mathbf{P}(A_n,\ \text{i.o.})=1$, 但是却有

$$\sum_{n=1}^{\infty}\mathbf{P}(A_n)<\infty,$$

那么由 Borel-Cantelli 引理中的 1° 即得 $\mathbf{P}(A_n,\ \text{i.o.})=0$, 导致矛盾, 所以此时必有 (6.4.9) 式成立.

例 6.4.3 设 X_n 是成功率等于 $0<p_n<1$ 的 Bernoulli 随机变量. 若有 $\sum\limits_{n=1}^{\infty}p_n<\infty$, 则由 Borel-Cantelli 引理知, 几乎必然只有有限个 n, 使得 $X_n=1$, 从而存在一个随机时刻 N, 使得当 $n\geqslant N$ 时, 就有 $X_n=0$. 这表明 $\mathbf{P}\left(\lim\limits_{n\to\infty}X_n=0\right)=1$. 注意, 这里并不要求 X_n 相互独立, 只要成功率衰减得足够快, 那么百分之百地只能成功有限次.

例 6.4.4 设随机变量序列 $X_1,X_2,\cdots$ 独立同分布于 $U(0,a)$, 其中 $a>0$ 为常数. 记 $X_{(n)}=\max\{X_1,X_2,\cdots,X_n\}$. 试讨论 $X_{(n)}$ 的各种收敛性.

解 我们来证明 $X_{(n)}$ 既 a.s. 收敛到 a, 又对任何 $r>0$, 都有 L_r 收敛到 a.

显然 $X_{(n)}<a$. 而对任何 $0<\varepsilon<a$, 都有

$$\mathbf{P}(X_{(n)}\leqslant a-\varepsilon)=\prod_{k=1}^{n}\mathbf{P}(X_k\leqslant a-\varepsilon)=\left(\frac{a-\varepsilon}{a}\right)^n.$$

于是就有

$$\sum_{n=1}^{\infty}\mathbf{P}(X_{(n)}\leqslant a-\varepsilon)=\sum_{n=1}^{\infty}\left(\frac{a-\varepsilon}{a}\right)^n<\infty,$$

由 Borel-Cantelli 引理知 $\mathbf{P}(X_{(n)}\leqslant a-\varepsilon,\ \text{i.o.})=0$. 由 ε 的任意性, 即知 $X_{(n)}\to a$, a.s..

另一方面, 对任何 $r>0$ 和任意取定的足够小的 $\varepsilon>0$, 都有

$$\begin{aligned}\mathbf{E}|X_{(n)}-a|^r&=\mathbf{E}|X_{(n)}-a|^rI(|X_{(n)}-a|\leqslant\varepsilon)+\mathbf{E}|X_{(n)}-a|^rI(|X_{(n)}-a|>\varepsilon)\\&\leqslant\varepsilon^r+a^r\mathbf{P}(|X_{(n)}-a|>\varepsilon)\leqslant\varepsilon^r+a^r\mathbf{P}(X_{(n)}<a-\varepsilon)\\&=\varepsilon^r+a^r\left(\frac{a-\varepsilon}{a}\right)^n.\end{aligned}$$

此即表明, 当 $n\to\infty$ 时, 有 $\mathbf{E}|X_{(n)}-a|^r\to0$, 亦即 $X_{(n)}\xrightarrow{L_r}a$.

例 6.4.5 设 $X_1,X_2,\cdots$ 是一列相互独立的随机变量, 有

$$\mathbf{P}(X_n=1)=\frac{1}{n},\quad \mathbf{P}(X_n=0)=1-\frac{1}{n},\quad n=1,2,\cdots.$$

由于对任何 $0<\varepsilon<1$, 都有

$$\mathbf{P}(|X_n|>\varepsilon)=\mathbf{P}(X_n=1)=\frac{1}{n}\to 0,\quad n\to\infty,$$

所以 $X_n\xrightarrow{p}0$. 但是, 由于

$$\sum_{n=1}^{\infty}\mathbf{P}(|X_n|>\varepsilon)=\sum_{n=1}^{\infty}\mathbf{P}(X_n=1)=\sum_{n=1}^{\infty}\frac{1}{n}=\infty,$$

故由 Borel-Cantelli 引理知 $X_n\not\to 0$, a.s..

例 6.4.6　考虑直线上从原点出发的简单随机游动. 设各次移动相互独立, 质点每次向右移动一格的概率是 p, 向左移动一格的概率是 $1-p$. 以 S_n 表示时刻 n 质点所处的位置. 证明, 当 $p\neq\frac{1}{2}$ 时, $\mathbf{P}(S_n=0,\ \text{i.o.})=0$.

显然,

$$\mathbf{P}(S_{2k-1}=0)=0,\quad \mathbf{P}(S_{2k}=0)=\binom{2k}{k}p^k(1-p)^k=\frac{(2k)!}{k!k!}p^k(1-p)^k.$$

利用 Stirling 公式 (3.7.1), 得到

$$\begin{aligned}\mathbf{P}(S_{2k}=0)&=\frac{(2k)!}{k!k!}p^k(1-p)^k\\&\sim\frac{(2k)^{2k+\frac{1}{2}}\mathrm{e}^{-2k}\sqrt{2\pi}}{(k^{k+\frac{1}{2}}\mathrm{e}^{-k}\sqrt{2\pi})^2}p^k(1-p)^k\\&=\frac{1}{\sqrt{\pi k}}(4p(1-p))^k,\quad k\to\infty.\end{aligned}\tag{6.4.11}$$

根据符号 $a_k\sim b_k\ (k\to\infty)$ 的含义 (参阅式 (3.5.5)), 由 (6.4.11) 知, 存在 $0<C_1<C_2<\infty$, 使得对一切 k, 都有

$$C_1\frac{1}{\sqrt{\pi k}}(4p(1-p))^k\leqslant\frac{(2k)!}{k!k!}p^k(1-p)^k\leqslant C_2\frac{1}{\sqrt{\pi k}}(4p(1-p))^k.$$

众所周知, 当 $p\neq\frac{1}{2}$ 时, $q:=4p(1-p)<1$. 从而

$$\sum_{n=1}^{\infty}\mathbf{P}(S_n=0)=\sum_{k=1}^{\infty}\mathbf{P}(S_{2k}=0)\leqslant C_2\sum_{k=1}^{\infty}\frac{1}{\sqrt{\pi k}}(4p(1-p))^k=C_2\sum_{k=1}^{\infty}\frac{1}{\sqrt{\pi k}}q^k<\infty.$$

故由 Borel-Cantelli 引理知 $\mathbf{P}(S_n=0,\ \text{i.o.})=0$.

$(S_n=0)$ 意味着质点在时刻 n 时返回原点. 上述结论告诉我们, 只要 $p\neq\frac{1}{2}$, 质点就几乎必然地只会返回有限次, 因而不是 “常返” 的.

顺便说一句, 当 $p=\frac{1}{2}$ 时, 虽然有

$$\sum_{n=1}^{\infty}\mathbf{P}(S_n=0)=\sum_{k=1}^{\infty}\mathbf{P}(S_{2k}=0)\geqslant C_1\sum_{k=1}^{\infty}\frac{1}{\sqrt{\pi k}}=\infty,$$

但因为 $\{S_n\}$ 并不是相互独立的随机变量序列, 所以仍然不能直接由 Borel-Cantelli 引理得知 $\mathbf{P}(S_n=0,\ \text{i.o.})=1$.

例 6.4.7 设 $X_1,X_2,\cdots$ 是一列独立同分布的随机变量, 如果 $\mathbf{E}|X_1|<\infty$, 则 $\mathbf{P}(|X_n|>n,\ \text{i.o.})=0$; 如果 $\mathbf{E}|X_1|=\infty$, 则 $\mathbf{P}(|X_n|>n,\ \text{i.o.})=1$.

事实上, 可以证明:

$$\mathbf{E}|X_1|<\infty \iff \sum_{n=1}^{\infty}\mathbf{P}(|X_1|>n)<\infty.$$

由于 $X_1,X_2,\cdots$ 是独立同分布的随机变量序列, 所以 $\mathbf{P}(|X_1|>n)=\mathbf{P}(|X_n|>n)$, 再由它们之间的独立性和 Borel-Cantelli 引理即得本例中的结论.

例 6.4.8 设 $X_1,X_2,\cdots$ 是一列独立同分布的随机变量, 均服从参数为 1 的指数分布. 证明

$$\mathbf{P}\left(\limsup_{n\to\infty}\frac{X_n}{\ln n}=1\right)=1.$$

对于参数为 1 的指数分布的随机变量 X, 有

$$\mathbf{P}(X>x)=\int_x^{\infty}\mathrm{e}^{-t}\mathrm{d}t=\mathrm{e}^{-x},\quad x>0.$$

所以对任何 $0<\varepsilon<1$, 有

$$\sum_{n=1}^{\infty}\mathbf{P}\left(\frac{X_n}{\ln n}>1+\varepsilon\right)=\sum_{n=1}^{\infty}\mathbf{P}(X_n>(1+\varepsilon)\ln n)=\sum_{n=1}^{\infty}\frac{1}{n^{1+\varepsilon}}<\infty;$$
$$\sum_{n=1}^{\infty}\mathbf{P}\left(\frac{X_n}{\ln n}>1-\varepsilon\right)=\sum_{n=1}^{\infty}\mathbf{P}(X_n>(1-\varepsilon)\ln n)=\sum_{n=1}^{\infty}\frac{1}{n^{1-\varepsilon}}=\infty.$$

前一个级数收敛, 表明对任何 $0<\varepsilon<1$, 都有 $\mathbf{P}\left(\frac{X_n}{\ln n}>1+\varepsilon,\ \text{i.o.}\right)=0$, 所以 $\mathbf{P}\left(\limsup\limits_{n\to\infty}\frac{X_n}{\ln n}\leqslant 1\right)=1$. 后一个级数发散, 表明对任何 $0<\varepsilon<1$, 都有 $\mathbf{P}\left(\frac{X_n}{\ln n}>1-\varepsilon,\ \text{i.o.}\right)=1$, 所以 $\mathbf{P}\left(\limsup\limits_{n\to\infty}\frac{X_n}{\ln n}\geqslant 1\right)=1$. 综合两方面, 即得所要证明的结论.

6.4.3　若干引理与不等式

为了后面讨论的需要, 先来陈述和证明几个关于实数和数列的引理.

从数学分析中大家已经知道如下的结论.

引理 6.4.2　设 $\{a_n,\ n\in\mathbb{N}\}$ 为实数列, $\lim\limits_{n\to\infty}a_n=a\in\mathbb{R}$, 如果 $\{b_n,\ n\in\mathbb{N}\}$ 为非负数列, 有 $\lim\limits_{n\to\infty}\sum\limits_{k=1}^{n}b_k=\infty$, 则有

$$\lim_{n\to\infty}\frac{\sum\limits_{k=1}^{n}b_ka_k}{\sum\limits_{k=1}^{n}b_k}=a.$$

特别地, 有

$$\lim_{n\to\infty}\frac{a_1+\cdots+a_n}{n}=a.$$

我们来利用上面的引理证明一个进一步的结论.

引理 6.4.3 (Kronecker 引理)　设 $\{x_n,\ n\in\mathbb{N}\}$ 为实数列, $\{b_n,\ n\in\mathbb{N}\}$ 为正数列, 有 $b_n\uparrow\infty$, 则当级数 $\sum\limits_{n=1}^{\infty}\dfrac{x_n}{b_n}$ 收敛时, 有

$$\lim_{n\to\infty}\frac{1}{b_n}\sum_{k=1}^{n}x_k=0. \tag{6.4.12}$$

证明　记 $y_0=0,\ y_n=\sum\limits_{k=1}^{n}\dfrac{x_k}{b_k}$, 于是由级数 $\sum\limits_{n=1}^{\infty}\dfrac{x_n}{b_n}$ 收敛知

$$\lim_{n\to\infty}y_n=\lim_{n\to\infty}\sum_{k=1}^{n}\frac{x_k}{b_k}:=y\in\mathbb{R}. \tag{6.4.13}$$

另一方面, 有

$$\frac{1}{b_n}\sum_{k=1}^{n}x_k=\frac{1}{b_n}\sum_{k=1}^{n}b_k(y_k-y_{k-1})=y_n-\frac{1}{b_n}\sum_{k=1}^{n-1}(b_{k+1}-b_k)y_k. \tag{6.4.14}$$

由于 $\{b_{k+1}-b_k\}$ 为非负数列, 并且 $b_n=\sum\limits_{k=1}^{n-1}(b_{k+1}-b_k)\uparrow\infty$, 所以由引理 6.4.2 知, 式 (6.4.13) 蕴涵

$$\lim_{n\to\infty}\frac{1}{b_n}\sum_{k=1}^{n-1}(b_{k+1}-b_k)y_k=\lim_{n\to\infty}y_n=y.$$

这表明式 (6.4.14) 右端两项的极限相同, 所以有式 (6.4.12) 成立.

在 Kronecker 引理中的数列 $\{x_n,\ n\in\mathbb{N}\}$ 是实数列, 而且没有规定它的各项的正负性. 这个引理对于研究强大数律十分有用. 除此之外, 以下的 Kolmogorov 不等式也在强大数律的研究中起着重要作用.

定理 6.4.3 (Kolmogorov 不等式) 设 $\{X_k,\ 1\leqslant k\leqslant n\}$ 为相互独立的随机变量, 且

$$\mathbf{E}X_k=0,\quad \mathbf{E}X_k^2<\infty,\quad |X_k|\leqslant c\leqslant\infty,\quad 1\leqslant k\leqslant n.$$

记 $S_k=\sum\limits_{j=1}^{k}X_j$, 则对任意给出的 $\varepsilon>0$, 都有

$$1-\frac{(\varepsilon+c)^2}{\sum\limits_{k=1}^{n}\mathbf{E}X_k^2}\leqslant\mathbf{P}\left(\max_{1\leqslant k\leqslant n}|S_k|\geqslant\varepsilon\right)\leqslant\frac{1}{\varepsilon^2}\sum_{k=1}^{n}\mathbf{E}X_k^2. \tag{6.4.15}$$

证明 记

$$A_n=\left(\max_{1\leqslant j\leqslant n}|S_j|\geqslant\varepsilon\right);$$

$$B_1=A_1=(|S_1|\geqslant\varepsilon);\quad B_k=\left(\max_{1\leqslant j<k}|S_j|<\varepsilon,\ |S_k|\geqslant\varepsilon\right),\quad k=2,\cdots,n.$$

易知 $B_1,B_2,\cdots,B_n$ 两两不交, 并且 $A_n=\bigcup\limits_{k=1}^{n}B_k$. 因此有 $I(A_n)=\sum\limits_{k=1}^{n}I(B_k)$ 和 $\mathbf{P}(A_n)=\sum\limits_{k=1}^{n}\mathbf{P}(B_k)$. 所以

$$\sum_{k=1}^{n}\mathbf{E}X_k^2=\mathbf{E}S_n^2\geqslant\mathbf{E}\Big(S_n^2I(A_n)\Big)=\sum_{k=1}^{n}\mathbf{E}\Big(S_n^2I(B_k)\Big).$$

由于 S_k 和 B_k 都只与随机变量 $X_1,\cdots,X_k$ 有关, 而 S_n-S_k 是随机变量 $X_{k+1},\cdots,X_n$ 的和, 所以 $S_kI(B_k)$ 与 S_n-S_k 独立. 这样一来, 就有

$$\begin{aligned}\mathbf{E}\Big(S_n^2I(B_k)\Big)&=\mathbf{E}\Big((S_n-S_k+S_k)^2I(B_k)\Big)\\&=\mathbf{E}\Big((S_n-S_k)^2I(B_k)\Big)+\mathbf{E}\Big(S_k^2I(B_k)\Big)\\&\geqslant\mathbf{E}\Big(S_k^2I(B_k)\Big)\geqslant\varepsilon^2\mathbf{P}(B_k).\end{aligned}$$

综合上述两式, 即得

$$\sum_{k=1}^{n}\mathbf{E}X_k^2\geqslant\varepsilon^2\sum_{k=1}^{n}\mathbf{P}(B_k)=\varepsilon^2\mathbf{P}(A_n),$$

此即表明 Kolmogorov 不等式的右半部成立.

如果 $c=\infty$, 则不等式的左半部显然成立. 下设 $c<\infty$. 注意此时, 在事件 B_k 上, 有 $|S_k|\leqslant|S_{k-1}|+|X_k|\leqslant\varepsilon+c$, 所以

$$\begin{aligned}\mathbf{E}\left(S_n^2I(A_n)\right)&=\sum_{k=1}^n\mathbf{E}\Big(S_n^2I(B_k)\Big)=\sum_{k=1}^n\mathbf{E}\Big(S_k^2I(B_k)\Big)+\sum_{k=1}^n\mathbf{E}\Big((S_n-S_k)^2I(B_k)\Big)\\&\leqslant(\varepsilon+c)^2\sum_{k=1}^n\mathbf{P}(B_k)+\sum_{k=1}^n\mathbf{E}(S_n-S_k)^2\mathbf{P}(B_k).\end{aligned}$$

注意到

$$\mathbf{E}(S_n-S_k)^2=\sum_{j=k+1}^n\mathbf{E}X_j^2\leqslant\sum_{j=1}^n\mathbf{E}X_j^2=\mathbf{E}S_n^2,$$

故由上式得到

$$\mathbf{E}\Big(S_n^2I(A_n)\Big)\leqslant\Big((\varepsilon+c)^2+\mathbf{E}S_n^2\Big)\sum_{k=1}^n\mathbf{P}(B_k)=\left((\varepsilon+c)^2+\mathbf{E}S_n^2\right)\mathbf{P}(A_n).\quad(6.4.16)$$

另一方面, 又有

$$\begin{aligned}\mathbf{E}\Big(S_n^2I(A_n)\Big)&=\mathbf{E}S_n^2-\mathbf{E}\Big(S_n^2I(A_n^{\mathrm{c}})\Big)\geqslant\mathbf{E}S_n^2-\varepsilon^2\mathbf{P}(A_n^{\mathrm{c}})\\&=\sum_{k=1}^n\mathbf{E}X_k^2-\varepsilon^2+\varepsilon^2\mathbf{P}(A_n).\end{aligned}\quad(6.4.17)$$

把式 (6.4.17) 代入式 (6.4.16), 整理后即得

$$\mathbf{P}(A_n)\geqslant\frac{\sum\limits_{k=1}^n\mathbf{E}X_k^2-\varepsilon^2}{(\varepsilon+c)^2+\sum\limits_{k=1}^n\mathbf{E}X_k^2-\varepsilon^2}\geqslant1-\frac{(\varepsilon+c)^2}{\sum\limits_{k=1}^n\mathbf{E}X_k^2}.$$

此即不等式的左半部.

习　题　6.4

1. 设随机变量序列 $\{X_n\}$ 满足 $X_1>X_2>\cdots>0$, a.s., 那么有 $X_n\xrightarrow{p}0\Longrightarrow X_n\to0$, a.s..

2. 设对随机变量序列 $\{X_n\}$ 和随机变量 X, 有 $X_n\xrightarrow{p}X$. 证明: 存在子列 $\{X_{n_k}\}$, 使得 $X_{n_k}\to X$, a.s..

3. 证明: 若对一切 n, $|X_n|\leqslant C$, 且 $X_n\xrightarrow{p}X$, 则对任一 $r>0$, 有 $X_n\xrightarrow{L_r}X$.

4. 设 $\{X_n\}$ 是相互独立且具有有限方差的随机变量序列, 证明: 若 $\sum\limits_{n=1}^{\infty}\frac{\mathbf{Var}X_n}{n^2}<\infty$, 则必有

$$\lim_{n\to\infty}\frac{1}{n^2}\sum_{k=1}^{n}\mathbf{Var}X_k=0.$$

5. 设 $\{X_n\}$ 为独立随机变量序列, 试证 $X_n\xrightarrow{\text{a.s.}}0$ 充分必要条件是对任何 $\varepsilon>0$, 都有

$$\sum_{n=1}^{\infty}\mathbf{P}\{|X_n|\geqslant\varepsilon\}<\infty.$$

6. 举例说明: 在 Borel-Cantelli 引理中, 命题 (1) 的逆不成立.

7. 对事件序列 $\{A_n\}$, 以及整数序列 $1=n_1<n_2<\cdots$, 证明:

(1) $\bigcap\limits_{k=1}^{\infty}\bigcup\limits_{n=k}^{\infty}A_n=\bigcap\limits_{k=1}^{\infty}\bigcup\limits_{j=k}^{\infty}\bigcup\limits_{n=n_j}^{n_{j+1}-1}A_n$;

(2) 若 $\sum\limits_{j=1}^{\infty}\mathbf{P}\left\{\bigcup\limits_{n=n_j}^{n_{j+1}-1}A_n\right\}<\infty$, 则 $\mathbf{P}\left\{\overline{\lim\limits_{n\to\infty}}A_n\right\}=0$.

8. 若对随机变量序列 $\{X_n\}$, 有

$$\sum_{j=1}^{\infty}\mathbf{P}\left\{\max_{n_j\leqslant n<n_{j+1}}|X_n|\geqslant\varepsilon\right\}<\infty,\quad\forall\,\varepsilon>0,$$

则 $X_n\to 0$, a.s..

9. 若 $\{X_n\}$ 是独立随机变量序列, 方差有限, 记

$$S_n=\sum_{k=1}^{n}(X_k-\mathbf{E}X_k),\quad Y_n=\frac{S_n}{n}.$$

(1) 利用 Kolmogorov 不等式证明:

$$p_m:=\mathbf{P}\left(\max_{2^m\leqslant n<2^{m+1}}|Y_n|\geqslant\varepsilon\right)\leqslant\frac{1}{(2^m\varepsilon)^2}\sum_{j<2^{m+1}}\mathbf{Var}X_j;$$

(2) 对上述 p_m, 证明: 若 $\sum\limits_{k=1}^{\infty}\frac{\mathbf{Var}X_k}{k^2}<\infty$, 则 $\sum\limits_{m=1}^{\infty}p_m<\infty$.

10. 设 $\{c_k\}$ 为常数列, 令

$$s_n=\sum_{k=1}^{n}c_k,\quad b_m=\sup_{k\in\mathbb{N}}|s_{m+k}-s_m|,\quad b=\inf_{m\in\mathbb{N}}b_m,$$

试证 $\sum\limits_{k=1}^{\infty}c_k$ 收敛的充要条件是 $b=0$.

11. 若 $\{X_k\}$ 是独立随机变量序列, 方差有限, 记

$$S_n'=\sum_{k=1}^{n}\frac{X_k-\mathbf{E}X_k}{k}.$$

(1) 利用 Kolmogorov 不等式证明

$$\mathbf{P}\left\{\max_{1\leqslant k\leqslant n}|S'_{m+k}-S'_m|\geqslant\varepsilon\right\}\leqslant\frac{1}{\varepsilon^2}\sum_{k=m+1}^{m+n}\frac{\mathbf{Var}X_k}{k^2};$$

(2) 利用上题结论证明: 若 $\sum\limits_{k=1}^{\infty}\dfrac{\mathbf{Var}X_k}{k^2}<\infty$, 则 S'_n 以概率 1 收敛.

6.5 强大数律

前面曾讨论过弱大数律, 现在要来讨论强大数律. 先给出强大数律的定义.

定义 6.5.1 设 $\{X_n,\ n\in\mathbb{N}\}$ 为随机变量序列, $S_n=\sum\limits_{k=1}^{n}X_k$. 如果存在中心化数列 $\{a_n,\ n\in\mathbb{N}\}$ 和正则化正数列 $\{b_n,\ n\in\mathbb{N}\}$, 其中 $0<b_n\uparrow\infty$, 使得

$$\frac{S_n-a_n}{b_n}\to 0,\ \text{a.s.},\tag{6.5.1}$$

就说 $\{X_n\}$ 服从强大数律.

与弱大数律相比较, 强大数律只是把 $\dfrac{S_n-a_n}{b_n}\xrightarrow{p}0$ 换成了 a.s. 收敛到 0. 但是, a.s. 收敛是一种比依概率收敛强得多的收敛性, 它们在研究方法上有很多不同之处. 我们需要从建立研究工具入手, 首先来讨论独立随机变量级数的 a.s. 收敛性问题. 本书只讨论独立随机变量序列的强大数律.

6.5.1 独立随机变量级数的 a.s. 收敛性

如果 $\{X_n,\ n\in\mathbb{N}\}$ 为定义在某个概率空间 $(\Omega,\mathscr{F},\mathbf{P})$ 上的随机变量序列, 则对每个固定的 $\omega\in\Omega$, $\{X_n(\omega),\ n\in\mathbb{N}\}$ 就是实数列. 我们可以讨论数项级数 $\sum\limits_{n=1}^{\infty}X_n(\omega)$ 的收敛性.

定义 6.5.2 如果存在事件 Ω_0, 有 $\mathbf{P}(\Omega_0)=1$, 使只要 $\omega\in\Omega_0$, 就有级数 $\sum\limits_{n=1}^{\infty}X_n(\omega)$ 收敛, 就称随机变量级数 $\sum\limits_{n=1}^{\infty}X_n$, a.s. 收敛.

容易证明如下的关于随机变量级数 a.s. 收敛的命题.

引理 6.5.1 设 $\{X_n,\ n\in\mathbb{N}\}$ 为随机变量序列, 对某个 $0<r\leqslant 1$, 有 $\sum\limits_{n=1}^{\infty}\mathbf{E}|X_n|^r<\infty$, 则 $\sum\limits_{n=1}^{\infty}X_n$, a.s. 收敛.

证明 由于 $0<r\leqslant 1$, 所以由 C_r 不等式可知

$$\mathbf{E}\left(\sum_{n=1}^{\infty}|X_n|\right)^r\leqslant\sum_{n=1}^{\infty}\mathbf{E}|X_n|^r<\infty,$$

此即表明 $\sum\limits_{n=1}^{\infty}|X_n|<\infty$, a.s., 亦即 $\sum\limits_{n=1}^{\infty}X_n$, a.s. 绝对收敛, 更为 a.s. 收敛.

下面来讨论独立随机变量级数 a.s. 收敛的条件.

引理 6.5.2 如果独立随机变量序列 $\{X_n,\ n\in\mathbb{N}\}$ 满足条件

$$\mathbf{E}X_n=0,\quad n\in\mathbb{N};\quad \sum_{n=1}^{\infty}\mathbf{E}X_n^2<\infty, \tag{6.5.2}$$

则 $\sum\limits_{n=1}^{\infty}X_n$, a.s. 收敛.

证明 记 $S_n=\sum\limits_{k=1}^{n}X_k$. 任给 $\varepsilon>0$, 由条件 (6.5.2) 知, 当正整数 $m\geqslant n\to\infty$ 时, 有

$$\mathbf{P}\left(|S_m-S_n|\geqslant\varepsilon\right)\leqslant\frac{1}{\varepsilon^2}\sum_{k=n+1}^{m}\mathbf{E}X_k^2\to 0.$$

这表明存在随机变量 S, 使得 $S_n\xrightarrow{p}S$. 因此存在子列 $\{S_{n_k}\}$, 使得 (参阅习题 6.4 第 2 题)

$$S_{n_k}\to S,\quad \text{a.s.}. \tag{6.5.3}$$

又由 Kolmogorov 不等式的右半部得到

$$\sum_{k=1}^{\infty}\mathbf{P}\left(\max_{n_k<j\leqslant n_{k+1}}|S_j-S_{n_k}|\geqslant\varepsilon\right)\leqslant\frac{1}{\varepsilon^2}\sum_{k=1}^{\infty}\sum_{j=n_k+1}^{n_{k+1}}\mathbf{E}X_j^2=\frac{1}{\varepsilon^2}\sum_{j=1}^{\infty}\mathbf{E}X_j^2<\infty.$$

如果记

$$A_k=\left(\max_{n_k<j\leqslant n_{k+1}}|S_j-S_{n_k}|\geqslant\varepsilon\right),\quad k\in\mathbb{N},$$

则 $\{A_k,\ k\in\mathbb{N}\}$ 为独立随机事件序列, 故由 Borel-Cantelli 引理知

$$\mathbf{P}(A_k,\ \text{i.o.})=0.$$

再由 $\varepsilon>0$ 的任意性, 即知

$$\max_{n_k<j\leqslant n_{k+1}}|S_j-S_{n_k}|\to 0,\ \text{a.s.}\ ,\quad k\to\infty,$$

结合式 (6.5.3), 得知

$$S_n\to S,\quad \text{a.s.}.$$

可将引理 6.5.2 作一个推广.

推论 6.5.1 设 $1<r\leqslant 2$, 如果独立随机变量序列 $\{X_n,\ n\in\mathbb{N}\}$ 满足条件

$$\mathbf{E}X_n=0,\quad n\in\mathbb{N};\quad \sum_{n=1}^{\infty}\mathbf{E}|X_n|^r<\infty,$$

则 $\sum\limits_{n=1}^{\infty}X_n$, a.s. 收敛.

证明　写

$$X_n' = X_n I(|X_n| \leqslant 1), \qquad X_n'' = X_n I(|X_n| > 1).$$

由 Chebyshev 不等式知

$$\sum_{n=1}^{\infty} \mathbf{P}(|X_n| > 1) \leqslant \sum_{n=1}^{\infty} \mathbf{E}|X_n|^r < \infty,$$

由此及 Borel-Cantelli 引理知

$$\mathbf{P}(|X_n| > 1, \text{ i.o.}) = 0.$$

这就表明, 在级数 $\sum\limits_{n=1}^{\infty} X_n''$ 中 a.s. 地只有有限项非 0, 所以该级数 a.s. 收敛.

再考虑级数 $\sum\limits_{n=1}^{\infty} X_n'$. 注意到 $|X_n'| < 1$ 和 $1 < r \leqslant 2$, 知

$$\begin{aligned}\sum_{n=1}^{\infty} \mathbf{E}(X_n' - \mathbf{E}X_n')^2 &\leqslant 2\sum_{n=1}^{\infty}\Big(\mathbf{E}(X_n')^2 + (\mathbf{E}X_n')^2\Big)\\ &\leqslant 2\sum_{n=1}^{\infty}\Big(\mathbf{E}|X_n'|^r + |\mathbf{E}X_n'|^r\Big) \leqslant 4\sum_{n=1}^{\infty}\mathbf{E}|X_n'|^r \leqslant 4\sum_{n=1}^{\infty}\mathbf{E}|X_n|^r < \infty,\end{aligned}$$

从而由引理 6.5.2 知级数 $\sum\limits_{n=1}^{\infty} (X_n' - \mathbf{E}X_n')$, a.s. 收敛. 又因 $\mathbf{E}X_n = 0$, 知 $\mathbf{E}X_n' = -\mathbf{E}X_n''$, 故知

$$\begin{aligned}\sum_{n=1}^{\infty} |\mathbf{E}X_n'| = \sum_{n=1}^{\infty} |\mathbf{E}X_n''| &= \sum_{n=1}^{\infty} |\mathbf{E}X_n I(|X_n| > 1)|\\ &\leqslant \sum_{n=1}^{\infty} \mathbf{E}|X_n| I(|X_n| > 1) \leqslant \sum_{n=1}^{\infty} \mathbf{E}|X_n|^r < \infty,\end{aligned}$$

所以, 级数 $\sum\limits_{n=1}^{\infty} \mathbf{E}X_n'$ 收敛, 从而级数 $\sum\limits_{n=1}^{\infty} X_n'$, a.s. 收敛.

综合上述两方面, 即得 $\sum\limits_{n=1}^{\infty} X_n = \sum\limits_{n=1}^{\infty} X_n' + \sum\limits_{n=1}^{\infty} X_n''$, a.s. 收敛.

下面研究有界独立随机变量级数的 a.s. 收敛性问题.

引理 6.5.3　设 $\{X_n,\, n \in \mathbb{N}\}$ 为独立随机变量序列, 存在某个常数 $c > 0$, 使得 $|X_n| \leqslant c$, a.s., $\forall\, n \in \mathbb{N}$. 那么

1° 如果 $\sum\limits_{n=1}^{\infty} X_n$, a.s. 收敛, 则 $\sum\limits_{n=1}^{\infty} \mathbf{E}X_n$ 和 $\sum\limits_{n=1}^{\infty} \mathbf{Var}X_n$ 都收敛.

2° 如果 $\mathbf{E}X_n = 0$ $(n \in \mathbb{N})$ 并且 $\sum\limits_{n=1}^{\infty} \mathbf{Var}X_n = \infty$, 则 $\sum\limits_{n=1}^{\infty} X_n$, a.s. 发散.

证明 先证 2°. 如果对一切 $n\in\mathbb{N}$, 有 $|X_n|\leqslant c$, a.s., $\mathbf{E}X_n=0$, 并且 $\sum\limits_{n=1}^{\infty}\mathbf{E}X_n^2=\sum\limits_{n=1}^{\infty}\mathbf{Var}X_n=\infty$, 那么由 Kolmogorov 不等式的左半部可得, 对任何 $\varepsilon>0$ 和 $n\in\mathbb{N}$, 都有

$$\mathbf{P}\left(\max_{1\leqslant k\leqslant m}|X_{n+1}+\cdots+X_{n+k}|\geqslant\varepsilon\right)\geqslant 1-\frac{(\varepsilon+c)^2}{\sum\limits_{k=n+1}^{n+m}\mathbf{E}X_k^2}\to 1,\quad m\to\infty.$$

这就是说, 对任何 $n\in\mathbb{N}$, 都有

$$\mathbf{P}\left(\sup_{k\geqslant 1}|X_{n+1}+\cdots+X_{n+k}|\geqslant\varepsilon\right)=1,$$

所以 $\sum\limits_{n=1}^{\infty}X_n$, a.s. 发散.

再证 1°. 取随机变量序列 $\{X_n,\ n\in\mathbb{N}\}$ 的一个独立的复制 $\{X_n',\ n\in\mathbb{N}\}$, 即使得 $\{X_n,\ X_n',\ n\in\mathbb{N}\}$ 为独立随机变量序列, 并且对每个 n, X_n' 与 X_n 同分布. 再令 $\widetilde{X}_n=X_n-X_n'$, 于是 $\{\widetilde{X}_n,\ n\in\mathbb{N}\}$ 为独立的对称随机变量序列, 并且

$$|\widetilde{X}_n|\leqslant 2c,\ \text{a.s.},\quad \mathbf{E}\widetilde{X}_n=0,\quad \mathbf{Var}\widetilde{X}_n=2\mathbf{Var}X_n,\quad \forall n\in\mathbb{N}.$$

由于 $\sum\limits_{n=1}^{\infty}X_n$, a.s. 收敛, 所以 $\sum\limits_{n=1}^{\infty}X_n'$, a.s. 收敛, 从而 $\sum\limits_{n=1}^{\infty}\widetilde{X}_n$, a.s. 收敛, 故由已证的 2° 知 $2\sum\limits_{n=1}^{\infty}\mathbf{Var}X_n=\sum\limits_{n=1}^{\infty}\mathbf{Var}\widetilde{X}_n<\infty$. 从而由引理 6.5.2 知 $\sum\limits_{n=1}^{\infty}(X_n-\mathbf{E}X_n)$, a.s. 收敛, 于是有 $\sum\limits_{n=1}^{\infty}\mathbf{E}X_n$ 收敛.

定理 6.5.1 (Kolmogorov 三级数定理) 设 $\{X_n,\ n\in\mathbb{N}\}$ 为独立随机变量序列, 那么使得级数 $\sum\limits_{n=1}^{\infty}X_n$, a.s. 收敛的充分条件是: 存在常数 $c>0$, 使得

1° $\sum\limits_{n=1}^{\infty}\mathbf{P}(|X_n|>c)<\infty$;

2° $\sum\limits_{n=1}^{\infty}\mathbf{E}\Big(X_nI(|X_n|\leqslant c)\Big)$ 收敛;

3° $\sum\limits_{n=1}^{\infty}\mathbf{Var}\Big(X_nI(|X_n|\leqslant c)\Big)<\infty$.

而必要条件是对任何常数 $c>0$, 上述三级数都收敛.

证明 先证必要性. 若级数 $\sum\limits_{n=1}^{\infty}X_n$, a.s. 收敛, 则 $X_n\to 0$, a.s., 所以对任何常数 $c>0$, 若记 $A_n=(|X_n|\geqslant c)$, 则都有 $\mathbf{P}(A_n,\ \text{i.o.})=0$. 由于 $\{A_n\}$ 为独立随机事件序列, 所以由 Borel-Cantelli 引理知 1° 成立. 如果记 $Y_n=X_nI(|X_n|\leqslant c)$, 那么条件 1° 表明

$$\sum_{n=1}^{\infty}\mathbf{P}(X_n\neq Y_n)=\sum_{n=1}^{\infty}\mathbf{P}(|X_n|>c)<\infty.$$

故有

$$\mathbf{P}((X_n \neq Y_n),\ \text{i.o.}) = 0,$$

所以由级数 $\sum\limits_{n=1}^{\infty} X_n$, a.s. 收敛知级数 $\sum\limits_{n=1}^{\infty} Y_n$, a.s. 收敛. 由于 $\{Y_n,\ n \in \mathbb{N}\}$ 为有界的独立随机变量序列, 所以由引理 6.5.3 知条件 2° 和 3° 成立.

再证充分性. 如果存在常数 $c > 0$, 使得三个级数都收敛. 我们仍记 $Y_n = X_n I(|X_n| \leqslant c)$, 那么由条件 1° 知 $\mathbf{P}((X_n \neq Y_n),\ \text{i.o.}) = 0$, 所以除去一个零概集之外, $\sum\limits_{n=1}^{\infty} X_n$ 与 $\sum\limits_{n=1}^{\infty} Y_n$ 有相同的敛散性, 但是由引理 6.5.3 知, 条件 2° 和 3° 蕴涵 $\sum\limits_{n=1}^{\infty} Y_n$, a.s. 收敛, 所以级数 $\sum\limits_{n=1}^{\infty} X_n$, a.s. 收敛.

利用本节的知识, 我们可以讨论纪录值的增长速度, 即证明纪录值出现次数按照对数阶增长. 有关纪录值的介绍, 参阅 4.4.7 节.

例 6.5.1　设 $\{X_n\}$ 是独立同分布随机变量序列, 服从共同的连续分布 F. 以 Z_n 表示前 n 个随机变量中纪录值的出现次数, 证明: 当 $n \to \infty$ 时, 有

$$\frac{Z_n}{\ln n} \to 1, \quad \text{a.s.}.$$

证明　根据 4.4.7 节, 可将 Z_n 写为 $Z_n = \sum\limits_{j=1}^{n} I_j$, 其中 $\{I_n\}$ 是一列独立的 Bernoulli 随机变量, 有

$$\mathbf{E}I_j = \frac{1}{j}, \quad \mathbf{Var}I_j = \frac{1}{j} - \frac{1}{j^2} = \frac{j-1}{j^2}.$$

于是有

$$\sum_{j=2}^{\infty} \mathbf{Var}\left(\frac{I_j}{\ln j}\right) = \sum_{j=2}^{\infty} \frac{j-1}{j^2 \ln^2 j} < \sum_{j=2}^{\infty} \frac{1}{j \ln^2 j} < \infty.$$

根据引理 6.5.2, 这表明

$$\sum_{j=2}^{\infty} \frac{I_j - \mathbf{E}I_j}{\ln j}, \quad \text{a.s.收敛}.$$

Kronecker 引理表明, 上式蕴涵当 $n \to \infty$ 时, 有

$$\frac{Z_n - \sum\limits_{j=1}^{n} \frac{1}{j}}{\ln n} = \frac{\sum\limits_{j=2}^{\infty} (I_j - \mathbf{E}I_j)}{\ln n} \to 0, \text{ a.s.}.$$

又由众所周知的事实

$$\lim_{n \to \infty} \frac{\sum\limits_{j=1}^{n} \frac{1}{j}}{\ln n} = 1$$

即得所证的结论.

6.5.2 强大数律

下面讨论独立同分布随机变量序列的强大数律.

定理 6.5.2 (Kolmogorov 强大数律) 设 $\{X_n,\ n\in\mathbb{N}\}$ 为独立同分布的随机变量序列, $S_n=\sum\limits_{k=1}^{n}X_k$, 则存在常数 a 使得

$$\frac{S_n-na}{n}\to 0,\quad \text{a.s.} \tag{6.5.4}$$

的充分必要条件是 $\mathbf{E}|X_1|<\infty,\ \mathbf{E}X_1=a$.

证明 首先, 指出:

$$\mathbf{E}|X_1|<\infty \Longleftrightarrow \sum_{n=1}^{\infty}\mathbf{P}(|X_1|\geqslant n)<\infty. \tag{6.5.5}$$

事实上, 有

$$\begin{aligned}\mathbf{E}|X_1|&=\sum_{n=1}^{\infty}\mathbf{E}\Big(|X_1|I(n-1\leqslant|X_1|<n)\Big)\\&\leqslant\sum_{n=1}^{\infty}n\mathbf{P}(n-1\leqslant|X_1|<n)=1+\sum_{n=1}^{\infty}\mathbf{P}(|X_1|\geqslant n).\end{aligned}$$

另一方面, 又有

$$\begin{aligned}\sum_{n=1}^{\infty}\mathbf{P}(|X_1|\geqslant n)&=\sum_{n=1}^{\infty}\sum_{k=n}^{\infty}\mathbf{P}(k\leqslant|X_1|<k+1)=\sum_{k=1}^{\infty}k\mathbf{P}(k\leqslant|X_1|<k+1)\\&\leqslant\sum_{k=1}^{\infty}\mathbf{E}\Big(|X_1|I(k\leqslant|X_1|<k+1)\Big)\leqslant\mathbf{E}|X_1|.\end{aligned}$$

综合上述两方面, 即得式 (6.5.5).

如果存在常数 a, 使得式 (6.5.4) 成立, 那么就有

$$\frac{S_n}{n}\to a,\quad \text{a.s.},$$

因此

$$\frac{X_n}{n}=\frac{S_n-S_{n-1}}{n}=\frac{S_n}{n}-\frac{n-1}{n}\frac{S_{n-1}}{n-1}\to 0,\quad \text{a.s.}.$$

这就表明, 对任何 $\varepsilon>0$, 都有

$$\mathbf{P}(|X_n|\geqslant n\varepsilon,\quad \text{i.o.})=\mathbf{P}\left(\frac{|X_n|}{n}\geqslant\varepsilon,\quad \text{i.o.}\right)=0.$$

如果记 $A_n = (|X_n| \geqslant n)$, 那么 $\{A_n\}$ 是独立随机事件序列, 所以由上述事实和 Borel-Cantelli 引理知

$$\sum_{n=1}^{\infty} \mathbf{P}(|X_1| \geqslant n) < \infty,$$

亦即有 $\mathbf{E}|X_1| < \infty$.

现在假定 $\mathbf{E}|X_1| < \infty$, $\mathbf{E}X_1 = a$, 下面来证明式 (6.5.4) 成立. 记 $Y_n = X_n I(|X_n| < n)$, $n \in \mathbb{N}$, 由式 (6.5.5) 知

$$\sum_{n=1}^{\infty} \mathbf{P}(Y_n \neq X_n) = \sum_{n=1}^{\infty} \mathbf{P}(|X_n| \geqslant n) < \infty,$$

于是由 Borel-Cantelli 引理知 $\mathbf{P}(Y_n \neq X_n, \text{ i.o.}) = 0$, 从而为证式 (6.5.4), 只需证明

$$\frac{1}{n}\left(\sum_{k=1}^{n} Y_k - na\right) \to 0, \quad \text{a.s.}.$$

又因为 $\lim\limits_{n\to\infty} \mathbf{E}Y_n = \lim\limits_{n\to\infty} \mathbf{E}X_n I(|X_n| < n) = a$, 所以 $\lim\limits_{n\to\infty} \dfrac{1}{n}\sum\limits_{k=1}^{n} \mathbf{E}Y_k = a$, 因此只需证明

$$\frac{1}{n}\sum_{k=1}^{n}(Y_k - \mathbf{E}Y_k) \to 0, \quad \text{a.s.}. \tag{6.5.6}$$

注意到

$$\frac{|Y_n - \mathbf{E}Y_n|}{n} \leqslant 2, \quad \mathbf{E}\frac{Y_n - \mathbf{E}Y_n}{n} = 0,$$

并且

$$\begin{aligned}
\sum_{n=1}^{\infty} \mathbf{Var}\frac{Y_n - \mathbf{E}Y_n}{n} &= \sum_{n=1}^{\infty} \frac{1}{n^2}\mathbf{E}(Y_n - \mathbf{E}Y_n)^2 \\
&\leqslant \sum_{n=1}^{\infty} \frac{1}{n^2}\mathbf{E}Y_n^2 = \sum_{n=1}^{\infty} \frac{1}{n^2}\mathbf{E}\Big(X_1^2 I(|X_1| \leqslant n)\Big) \\
&= \sum_{n=1}^{\infty} \frac{1}{n^2}\sum_{k=1}^{n} \mathbf{E}\left(X_1^2 I\left(k-1 < |X_1| \leqslant k\right)\right) \\
&\leqslant \sum_{n=1}^{\infty} \frac{1}{n^2}\sum_{k=1}^{n} k^2 \mathbf{P}\left(k-1 < |X_1| \leqslant k\right) \\
&= \sum_{k=1}^{\infty} k^2 \mathbf{P}\left(k-1 < |X_1| \leqslant k\right)\sum_{n=k}^{\infty} \frac{1}{n^2}
\end{aligned}$$

$$\leqslant 2\sum_{k=1}^{\infty} k\mathbf{P}\left(k-1<|X_1|\leqslant k\right)$$

$$\leqslant 2\left(1+\mathbf{E}|X_1|\right)<\infty.$$

故由三级数定理知 $\sum\limits_{n=1}^{\infty}\dfrac{Y_n-\mathbf{E}Y_n}{n}$, a.s. 收敛, 再由 Kronecker 引理知式 (6.5.6) 成立.

看一个强大数律应用的例子.

例 6.5.2 设 $\{X_n\}$ 独立同分布, 服从共同的分布 F. 记

$$F_n(x)=\frac{1}{n}\sum_{k=1}^{n} I(X_k\leqslant x),\quad x\in\mathbb{R}.$$

F_n 称为 $X_1,X_2,\cdots,X_n$ 的经验分布函数 (empirical distribution function). 由 Kolmogorov 强大数律知, 对任何给定的 $x\in\mathbb{R}$, 都有

$$F_n(x)\to F(x),\quad \text{a.s.}.$$

事实上, 上述收敛具有一致性, 即有

$$\lim_{n\to\infty}\sup_{x\in\mathbb{R}}|F_n(x)-F(x)|=0,\quad \text{a.s.}.$$

这就是著名的 Glivenko-Cantelli 定理, 在数理统计中有很多应用.

在 Kolmogorov 强大数律中仅考察了期望存在的情形. 下面把它推广到 $0<r<2$ 阶矩存在的场合.

定理 6.5.3 (Marcinkiewicz 强大数律) 设 $\{X_n,\ n\in\mathbb{N}\}$ 为独立同分布的随机变量序列, $S_n=\sum\limits_{k=1}^{n}X_k$. 则存在常数 a 使得

$$\frac{S_n-na}{n^{\frac{1}{r}}}\to 0,\quad \text{a.s.} \tag{6.5.7}$$

的充分必要条件是

$$\mathbf{E}|X_1|^r<\infty,\quad a=\begin{cases}\mathbf{E}X_1, & 1\leqslant r<2,\\ \text{任意实数}, & 0<r<1.\end{cases}$$

证明 由式 (6.5.5), 可知

$$\mathbf{E}|X_1|^r<\infty \Longleftrightarrow \sum_{n=1}^{\infty}\mathbf{P}\left(|X_n|\geqslant n^{\frac{1}{r}}\right)<\infty.$$

必要性部分的证明与上类似, 故略.

下证充分性, 仅需考虑 $r \neq 1$ 的情形. 在 $1 < r < 2$ 时, 不失一般性, 可设 $\mathbf{E}X_1 = 0$, 于是只需证明

$$\frac{S_n}{n^{\frac{1}{r}}} \to 0, \quad \text{a.s.}. \tag{6.5.8}$$

记 $Y_n = X_n I(|X_n| < n^{\frac{1}{r}})$, $n \in \mathbb{N}$, 那么就有

$$\sum_{n=1}^{\infty} \mathbf{P}(Y_n \neq X_n) = \sum_{n=1}^{\infty} \mathbf{P}(|X_n| \geqslant n^{\frac{1}{r}}) < \infty,$$

于是为证 (6.5.8), 只需证明

$$\frac{1}{n^{\frac{1}{r}}} \sum_{k=1}^{n} Y_k \to 0, \quad \text{a.s.}. \tag{6.5.9}$$

先证

$$\sum_{n=1}^{\infty} \frac{1}{n^{\frac{1}{r}}} \mathbf{E}Y_n \quad \text{收敛}. \tag{6.5.10}$$

当 $0 < r < 1$ 时, 由于 $\dfrac{1}{r} > 1$, 所以

$$\begin{aligned}
\sum_{n=1}^{\infty} \frac{\mathbf{E}|Y_n|}{n^{\frac{1}{r}}} &\leqslant \sum_{n=1}^{\infty} n^{-\frac{1}{r}} \sum_{j=1}^{n} j^{\frac{1}{r}} \mathbf{P}(j-1 < |X_n|^r \leqslant j) \\
&= \sum_{n=1}^{\infty} n^{-\frac{1}{r}} \sum_{j=1}^{n} j^{\frac{1}{r}} \mathbf{P}(j-1 < |X_1|^r \leqslant j) \\
&= \sum_{j=1}^{\infty} j^{\frac{1}{r}} \mathbf{P}(j-1 < |X_1|^r \leqslant j) \sum_{n=j}^{\infty} n^{-\frac{1}{r}} \\
&\leqslant C \sum_{j=1}^{\infty} j^{\frac{1}{r}} \mathbf{P}(j-1 < |X_1|^r \leqslant j) j^{1-\frac{1}{r}} \\
&= C \sum_{j=1}^{\infty} j \mathbf{P}(j-1 < |X_1|^r \leqslant j) \\
&\leqslant C \left(1 + \mathbf{E}|X_1|^r\right) < \infty,
\end{aligned}$$

故知此时式 (6.5.10) 成立. 当 $1 < r < 2$ 时, 由于已经假定 $\mathbf{E}X_1 = 0$, 所以

$$\sum_{n=1}^{\infty} \frac{|\mathbf{E}Y_n|}{n^{\frac{1}{r}}} = \sum_{n=1}^{\infty} \frac{|\mathbf{E}(X_n - Y_n)|}{n^{\frac{1}{r}}} \leqslant \sum_{n=1}^{\infty} n^{-\frac{1}{r}} \sum_{j=n}^{\infty} j^{\frac{1}{r}} \mathbf{P}(j-1 < |X_1|^r \leqslant j)$$

$$
\begin{aligned}
&=\sum_{j=1}^{\infty} j^{\frac{1}{r}}\mathbf{P}(j-1<|X_1|^r\leqslant j)\sum_{n=1}^{j} n^{-\frac{1}{r}}\\
&\leqslant C\sum_{j=1}^{\infty} j^{\frac{1}{r}}\mathbf{P}(j-1<|X_1|^r\leqslant j)j^{1-\frac{1}{r}}\\
&=C\sum_{j=1}^{\infty} j\mathbf{P}(j-1<|X_1|^r\leqslant j)\\
&\leqslant C\left(1+\mathbf{E}|X_1|^r\right)<\infty,
\end{aligned}
$$

亦有式 (6.5.10) 成立. 并且由 Kronecker 引理知

$$
n^{-\frac{1}{r}}\sum_{k=1}^{n}\mathbf{E}Y_k\to 0.
$$

由三级数定理知, 只需再证

$$
\sum_{n=1}^{\infty} n^{-\frac{2}{r}}\mathbf{Var}Y_n<\infty.
$$

对此, 有

$$
\begin{aligned}
\sum_{n=1}^{\infty} n^{-\frac{2}{r}}\mathbf{Var}Y_n&\leqslant\sum_{n=1}^{\infty} n^{-\frac{2}{r}}\mathbf{E}Y_n^2\leqslant\sum_{n=1}^{\infty} n^{-\frac{2}{r}}\sum_{j=1}^{n} j^{\frac{2}{r}}\mathbf{P}(j-1<|X_1|^r\leqslant j)\\
&=\sum_{j=1}^{\infty} j^{\frac{2}{r}}\mathbf{P}(j-1<|X_1|^r\leqslant j)\sum_{n=j}^{\infty} n^{-\frac{2}{r}}\\
&\leqslant C\sum_{j=1}^{\infty} j\mathbf{P}(j-1<|X_1|^r\leqslant j)<\infty.
\end{aligned}
$$

综合上述, 知结论成立.

习 题 6.5

1. 验证下列独立随机变量序列 $\{X_k\}$ 是否满足强大数定律:

(1) $\mathbf{P}\{X_k=\pm 2^k\}=\dfrac{1}{2}$;

(2) $\mathbf{P}\{X_k=\pm 2^k\}=2^{-(2k+1)}$, $\mathbf{P}\{X_k=0\}=1-2^{2k}$;

(3) $\mathbf{P}\{X_k=\pm k\}=\dfrac{1}{2}k^{-\frac{1}{2}}$, $\mathbf{P}\{X_k=0\}=1-k^{-\frac{1}{2}}$.

2. 试证独立随机变量序列, 若存在一致有界的四阶中心矩, 则强大数定律成立.

3. 设 $\{X_n: n\geqslant 1\}$ 是独立的随机变量序列, 则

$$
\mathbf{P}\left\{\sum_{n=1}^{\infty} X_n \text{ 收敛}\right\}=0 \text{ 或 } 1.
$$

4. 设 $\{X_n : n \geqslant 1\}$ 是两两独立、均值为零、方差有界的随机变量序列, 则 $\{X_n\}$ 服从强大数定律.

5. 若 $\{X_n : n \geqslant 1\}$ 为独立同分布的随机变量序列, $\mathbf{P}(X_1 = 0) = \mathbf{P}(X_1 = 2) = \dfrac{1}{2}$, 证明 $\sum\limits_{n=1}^{\infty} \dfrac{X_n}{3^n}$, a.s. 收敛.

6. 称 R 为 Rademacher 随机变量, 如果 $\mathbf{P}(R = \pm 1) = \dfrac{1}{2}$. 证明: 如果 $\{R_n : n \geqslant 1\}$ 为相互独立的 Rademacher 随机变量序列, 则有 $\sum\limits_{n=1}^{\infty} \dfrac{R_n}{n}$, a.s. 收敛.

7. 设 $\{X_n : n \geqslant 1\}$ 为独立随机变量序列, $\{R_n : n \geqslant 1\}$ 为相互独立的 Rademacher 随机变量序列, 且 $\{X_n\}$ 与 $\{R_n\}$ 独立. 证明: 若 $\sum R_n X_n$, a.s. 收敛, 则 $\sum X_n^2$, a.s. 收敛.

8. 设 $\{X_n : n \geqslant 1\}$ 为独立同分布的随机变量序列, $\{c_n : n \geqslant 1\}$ 为有界实数列. 证明: 若 $\mathbf{E}X_1 = 0$, 则

$$\frac{1}{n}\sum_{j=1}^{n} c_j X_j \to 0, \quad \text{a.s.}.$$

(提示: 先做截尾.)

9. 运用强大数定律证明, 对于区间 $[0, 1]$ 上任何连续函数 $f(x)$, $g(x)$, 只要存在常数 $c > 0$, 使得

$$0 \leqslant f(x) \leqslant cg(x), \quad x \in [0, 1],$$

就有

$$\lim_{n\to\infty} \int_0^1 \cdots \int_0^1 \frac{f(x_1) + \cdots + f(x_n)}{g(x_1) + \cdots + g(x_n)} \mathrm{d}x_1 \cdots \mathrm{d}x_n = \frac{\displaystyle\int_0^1 f(x)\mathrm{d}x}{\displaystyle\int_0^1 g(x)\mathrm{d}x}.$$

参 考 文 献

[1] 杨振明. 概率论. 北京: 科学出版社, 2001.

[2] 陈希孺. 概率论与数理统计. 合肥: 中国科学技术大学出版社, 1996.

[3] 汪仁官. 概率论引论. 北京: 北京大学出版社, 1994.

[4] 复旦大学. 概率论: 第一册, 概率论基础. 北京: 人民教育出版社, 1979.

[5] 林正炎, 陆传荣, 苏中根. 概率极限理论基础. 北京: 高等教育出版社, 1999.

[6] W. 费勒. 概率论及其应用. 上册. 胡迪鹤, 林向清译. 北京: 科学出版社, 1980.

[7] 何琛, 史济怀, 徐森林. 数学分析. 北京: 高等教育出版社, 1985.

[8] 徐森林. 实变函数论. 合肥: 中国科学技术大学出版社, 2002.

[9] S. Ross. 概率论基础教程 (中译本). 赵选民等译. 北京: 机械工业出版社, 2006.

[10] 施利亚耶夫. 概率 (中译本). 周概容译. 北京: 高等教育出版社, 2007.

[11] 施利亚耶夫. 概率论习题集 (中译本). 苏淳译. 北京: 高等教育出版社, 2008.

[12] 马林. 六西格玛管理. 北京: 中国人民大学出版社, 2004.

[13] 韦博成. 漫话信息时代的统计学. 北京: 中国统计出版社, 2011.

[14] 贾广素. 概率方法在不等式证明中的应用. 网络杂志 “奇趣数学苑”, 来自微信, 2019 年 7 月 2 日.

附 录

此处收录的内容可视为课本主干内容的补充. 有些是知识的补充, 有些则是为保证理论严密性的需要.

*A.1 一些计数模式

正确计数对于计算概率十分重要, 本节旨在介绍一些基本的计数知识.

A.1.1 关于排列组合计数模式的再认识

大家知道, 计数问题中有两个基本要素: 一个是 "分组", 一个是 "顺序". 下面来谈谈如何认识排列和组合模式中的这两个要素. 先看一个例题.

例 A.1.1 甲、乙、丙、丁四人进行乒乓球双打练习, 两人一对地结为对打的双方, 有多少种不同的结对方式?

可能有人会认为这个问题是简单的组合问题: 从四人中选出两人结为一对, 剩下的两人结为一对即可. 于是他们算得: 有 $\binom{4}{2} = 6$ 种方式. 但事实是否如此呢? 我们还是实际地来排一排吧! 不难看出, 一共只有如下 3 种结对方式:

(1) {甲, 乙} {丙, 丁}; (2) {甲, 丙} {乙, 丁}; (3) {甲, 丁} {乙, 丙}.

这个事实说明, 组合模式并不适用于这个问题. 有人可能会问: 这是为什么呢? 组合, 组合, 不就是用来解决分组和结合问题的吗? 我们说: 固然不错, 组合是用来解决 "分组" 和 "结合" 问题的, 但是这里仍然有着一个顺序问题. 固然, 在按组合模式分出的组内, 元素之间是没有顺序的, 但是需要指出的是: 在组与组之间却存在着顺序, 或者叫做 "编号"! 应当注意, 在按组合模式计算时, 我们计算的是 "取出两个人" 的所有不同取法数目. 假如把取出的两人算为一组, 而把留下的两个人算为另一组. 那么由于 "取出甲、乙, 留下丙、丁" 和 "取出丙、丁, 留下甲、乙" 是两种不同的取出方式, 从而在这种计算方法中, 就被算作是两种不同的 "分组" 方式了, 于是就得到了如下 6 种分组方式:

(1) 第一组为: {甲, 乙}; 第二组为: {丙, 丁}.
(2) 第一组为: {丙, 丁}; 第二组为: {甲, 乙}.
(3) 第一组为: {甲, 丙}; 第二组为: {乙, 丁}.

(4) 第一组为: {乙, 丁}; 第二组为: {甲, 丙}.

(5) 第一组为: {甲, 丁}; 第二组为: {乙, 丙}.

(6) 第一组为: {乙, 丙}; 第二组为: {甲, 丁}.

这就是说, 在这种计算中, 我们已经把所分出的组编了号: 取出的两个人为第一组, 剩下的两个人为第二组. 这就告诉我们:

"组合" 是一种**"有编号的分组模式"**, 或者说, *按照组合模式计算出的分组方式数目中, 已经天然地把组的不同编号方式数目计算在内了*.

这就是说, 我们需要重新认识组合模式. 在运用组合模式计数时, 必须时时注意: 在计算出的分组方式数目中, 不但计入了谁和谁分在一个组的不同方式, 而且还天然地计入了各个组之间的不同编号方式.

运用上述认识, 我们可以方便地解决如下问题.

例 A.1.2 欲将 6 个人分为 3 组, 每组 2 人, 分别从事 3 项不同工作, 求分配方式数.

解 先取出两人从事第 1 项工作, 有 $\binom{6}{2}$ 种方式; 再取出两人从事第 2 项工作, 有 $\binom{4}{2}$ 种方式; 剩下的两人从事第 3 项工作. 所以一共有

$$\binom{6}{2}\cdot\binom{4}{2}=\frac{6!}{4!\cdot 2!}\frac{4!}{2!\cdot 2!}=\frac{6!}{2!\cdot 2!\cdot 2!}=90$$

种分配方式.

在这里, 3 项工作是不同的, 在它们之间天然地存在着 "顺序", 或者叫 "编号", 所以适用于组合模式. 由于分出的组数多于两组, 所以将分组过程分为几步进行.

A.1.2 多组组合

为了适应这种分为多个 "不同的" 组的问题需求, 人们总结出如下的 "多组组合模式".

多组组合模式 有 n 个不同元素, 要把它们分为 k 个不同的组, 使得各组依次有 $n_1, n_2, \cdots, n_k$ 个元素, 其中 $n_1+n_2+\cdots+n_k=n$, 则一共有

$$\frac{n!}{n_1!\cdot n_2!\cdots n_k!} \tag{A.1.1}$$

种不同分法. 也把多组组合模式称为 "有编号分组模式".

事实上, 采用逐次取出的办法考虑, 即可得到这个问题的答案:

$$\binom{n}{n_1}\binom{n-n_1}{n_2}\cdots\binom{n-n_1-n_2-\cdots-n_{k-2}}{n_{k-1}}=\frac{n!}{n_1!\cdot n_2!\cdots n_k!}\ .$$

多组组合是一种相当广泛的计数模式, 它兼容了大家所熟悉的组合模式和排列模式.

事实上, 当 $k=2$ 时的多组组合, 就是通常的组合模式. 而 "从 n 个不同元素中选出 k 个来的排列" 问题, 则可视为将 n 个不同元素分为 $k+1$ 不同的组, 使得前 k 个组各有 1 个元素, 而最后 1 个组有 $n-k$ 个元素, 于是由多组组合模式知, 共有

$$\frac{n!}{1!\cdot 1!\cdots 1!\cdot (n-k)!}=\frac{n!}{(n-k)!}$$

种分法, 即排列方式. 在这里, k 个元素之间的顺序变为组与组之间的顺序.

我们来讨论**不尽相异元素的排列**问题. 在例 1.3.5 的解法 2 中曾经利用过这种计数模式. 在那里, 我们把 7 只白猫看成同一种元素 (不可区分), 把 3 只黑猫也看成同一种元素. 于是它们所能够列成的所有不同队列数目就是把 10 个位置分成各有 7 个和 3 个位置的分组方式数目. 由于分成的两个组是 "有区别的", 所以适用于组合模式. 一般地, 当分出的组为 k 个, $k\geqslant 2$ 时, 当然就可以用多组组合模式来解决. 所以, 不尽相异元素的排列其实就是将所有不同的位置分成 k 个不同的组, 因此就是对多组组合模式的一种应用. 为便于今后应用, 我们将其总结为:

不尽相异元素的排列模式　有 n 个元素, 属于 k 个不同的类, 同类元素之间不可辨认, 各类元素分别有 $n_1, n_2, \cdots, n_k$ 个, 其中 $n_1+n_2+\cdots+n_k=n$, 要把它们排成一列, 则一共有

$$\frac{n!}{n_1!\cdot n_2!\cdots n_k!} \tag{A.1.2}$$

种不同排法.

上述事实说明了多组组合模式在计数问题中的基础性地位. 所以说多组组合模式是我们所掌握的一种最基本的计数模式.

A.1.3　分球入盒问题

概率论中的许多计数问题, 都可以形象地刻画为各种不同类型的分球入盒问题. 按照球和盒子是否可辨, 可以把 "分球入盒问题" 分成多种不同类型.

第一类分球入盒问题　有 n 个不同的小球, 要把它们分入 k 个不同的盒子, 使得各盒依次有 $n_1, n_2, \cdots, n_k$ 个小球, 其中 $n_1+n_2+\cdots+n_k=n$. 一共有多少种不同分法?

不难看出, 这个问题就是一个多组组合问题: 要把 n 个不同元素分为 k 个不同的组, 使得各组依次有 $n_1, n_2, \cdots, n_k$ 个元素, 其中 $n_1+n_2+\cdots+n_k=n$. 所以由多组组合模式立刻知道, 一共有

$$\frac{n!}{n_1!\cdot n_2!\cdots n_k!}$$

种不同分法.

这里有两个特征: 小球不同, 盒子也不同, 故适用于多组组合模式.

第二类分球入盒问题　有 n 个相同的小球, 要把它们分入 k 个不同的盒子. 一共有多少种不同分法?

在这里, n 个球是相同的, k 个盒子是互不相同的. 因此我们只需要关心各个盒子中的球数, 而无须考虑哪个球落在哪个盒子中. 在这个问题中, 我们没有指定各个盒子中所放的球数, 因为一旦球数给定, 则分球方式也就给定了, 所以就只有 1 种分法了. 我们可把问题设想为

n 个相同的小球已经一字排开, 只需在它们之间加上 $k-1$ 块隔板, 把它们隔为 k 段, 然后让各段对号放入相应的盒子即可.

对这个问题的解答需分两种情况考虑:

(1) **容许有空盒出现**　此时对隔板的放置位置没有限制, 这相当于要将 $n+k-1$ 个不尽相异的元素进行排列, 其中 1 类元素 (小球) 有 n 个, 另 1 类元素 (隔板) 有 $k-1$ 个, 所以由不尽相异元素的排列模式知, 一共有

$$\binom{n+k-1}{n}=\binom{n+k-1}{k-1}$$

种不同分法.

(2) **不容许有空盒出现**　此时对隔板的放置位置有限制, 因为只能把隔板放置在 n 个小球所形成的 $n-1$ 个间隔上, 并且每个间隔至多可以放置一块隔板, 所以只要从 $n-1$ 个间隔中取出 $k-1$ 个来放它们即可. 故有 $\binom{n-1}{k-1}$ 种不同分法.

这个问题的特点是: 球相同, 盒子不同.

如下的例题是第二类分球入盒模式的一个应用.

例 A.1.3　设有方程 $x+y+z=15$, 试分别求出它的正整数解和非负整数解 (x,y,z) 的组数.

解　设想将 15 个无区别的小球分入 3 个不同的盒子, 再分别将第 1,2,3 个盒中的球数对应为 x,y,z 的值即可. 所以, 非负整数解的组数 (相当于允许出现空盒的情况) 为

$$\binom{15+3-1}{15}=\binom{17}{2}=\frac{17\cdot 16}{2}=136;$$

而正整数解的组数 (相当于不允许出现空盒的情况) 为

$$\binom{15-1}{3-1}=\binom{14}{2}=\frac{14\cdot 13}{2}=91.$$

第三类分球入盒问题　有 n 个不同的小球, 要把它们分入 k 个相同的盒子, 使得有 k_1 个盒子各有 n_1 个小球, 有 k_2 个盒子各有 n_2 个小球, $\cdots$, 有 k_m 个盒子各

有 n_m 个小球, 其中

$$k_1+k_2+\cdots+k_m=k,\quad k_1n_1+k_2n_2+\cdots+k_mn_m=n.$$

一共有多少种不同分法?

这个问题的特点是: 球不同, 盒子相同. 因此只需要关心有几个盒子放几个球, 而不需要管 "哪些" 盒子放 "哪几个" 球, 所以称为 "无编号分组模式", 意即对分出的组不用加以区分. 这个问题的解答比较复杂, 还是先从一些例子看起.

前面讲过的甲、乙、丙、丁四人进行乒乓球双打的问题就是 "无编号分组问题" 的最简单的例子. 由于用组合模式算出的分组方式是带有编号的, 已经对所分出的组排了顺序, 两个组的顺序有 2! 种, 所以只要将 "有编号分组方式数目" 除以 2!, 即得 "无编号分组方式数", 因此, 有

$$\frac{\begin{pmatrix}4\\2\end{pmatrix}}{2!}=\frac{4!}{2!\cdot 2!\cdot 2!}=3$$

种 "无编号分组" 方式. 这个结果正好与具体的分组方式数目相符.

再来看一个例子.

例 A.1.4　要把 7 人分为 3 个小组, 执行同一种任务, 其中一个组 3 人, 另两个组各 2 人, 求分组方式数.

解　显然这也是一个 "无编号分组" 问题. 但是却与上面的情况有所不同. 因为其中有一个 3 人组, 无论是否编号, 它都与其余两个组有所区别 (编号无非是为了对分出的组加以区分), 所以在按 "有编号分组模式" 算出分组方式数之后, 只应再除以 2! (即除去两个不加区分的组的排列顺序数), 故得: 共有

$$\frac{7!}{3!\cdot 2!\cdot 2!}\cdot\frac{1}{2!}=\frac{7!}{3!\cdot(2!)^3}$$

种分组方式.

通过上述讨论, 我们得知第三类分球入盒问题的解为: 用 "有编号分组" 方式数 α 除以 "无须加以区分的排列方式数"β, 即得所求的 "无编号分组" 方式数 $\dfrac{\alpha}{\beta}$, 其中

$$\alpha=\frac{n!}{(n_1!)^{k_1}(n_2!)^{k_2}\cdots(n_m!)^{k_m}},\tag{A.1.3}$$

$$\beta=k_1!k_2!\cdots k_m!.\tag{A.1.4}$$

为便于今后运用, 我们不加证明地给出如下的陈述. 有兴趣的读者可以从关于组合论的有关书籍中找到其证明.

无编号分组模式 有 n 个不同的小球, 要把它们分入 k 个相同的盒子, 使得有 k_1 个盒子各有 n_1 个小球, 有 k_2 个盒子各有 n_2 个小球, $\cdots$, 有 k_m 个盒子各有 n_m 个小球, 其中

$$k_1+k_2+\cdots+k_m=k,\quad k_1n_1+k_2n_2+\cdots+k_mn_m=n,$$

则一共有 $\dfrac{\alpha}{\beta}$ 种不同分法, 其中 α 和 β 分别如式 (A.1.3) 和式 (A.1.4) 所示.

A.1.4 可重排列和可重组合

在排列组合问题中, 还有一类可以重复使用元素进行排列组合的问题, 分别称为可重排列和可重组合. 可重排列较为简单:

可重排列模式 有 n 种不同元素, 要从中取出 k 个来进行排列, 同种元素可重复使用, 则一共有 n^k 种不同的 (重复) 排列方式.

事实上, 每个位置上所放置的元素都有 n 种不同选取方式, 一共选取 k 次, 故得结论.

可重组合问题的提法是: 有 n 种不同元素, 要从中取出 k 个来, 同种元素可重复选取, 要求出所有不同的选取方式数目.

有趣的是, 这个问题也是第二类分球入盒模式的应用. 事实上, 所取出的 k 个元素分属为 n 种不同类型, 这就相当于把 k 个相同的小球放入 n 个不同的盒子, 并且可以出现空盒, 于是只需从 $n+k-1$ 个不同位置中取出 $n-1$ 个位置放置隔板. 所以有:

可重组合模式 有 n 种不同元素, 要从中取出 k 个来, 同种元素可重复选取, 则有

$$\binom{n+k-1}{n-1}=\binom{n+k-1}{k}$$

种不同的选取方式.

A.1.5 大间距组合

我们经常会遇到位置不相邻的组合问题, 例如在例 1.3.3 中, 就要求任何两位女士都不相邻的概率. 这个问题的一般性提法是

要从数集 $\{1,2,\cdots,n\}$ 中取出 k 个不同的数

$$1\leqslant j_1<j_2<\cdots<j_k\leqslant n, \tag{A.1.5}$$

使之满足条件:

$$j_2-j_1>m,\ \ j_3-j_2>m,\ \ \cdots,\ \ j_k-j_{k-1}>m, \tag{A.1.6}$$

其中 m 为正整数, 且有 $(k-1)m<n$. 要求出所有不同的取法数目.

为了求出其取法数目, 先把它同普通的组合模式作一番比较.

如果要是从数集 $\{1,2,\cdots,n\}$ 中任意取出 k 个不同的数 $1\leqslant j_1<j_2<\cdots<j_k\leqslant n$, 那么就是一个普通的组合问题, 不过, 所取出的 k 个数只能满足条件:

$$j_2-j_1>0,\ \ j_3-j_2>0,\ \ \cdots,\ \ j_k-j_{k-1}>0. \tag{A.1.7}$$

我们知道, 此时的取法数目为 $\dbinom{n}{k}$.

这就告诉我们, 只要所取出的 k 个数满足条件 (A.1.5) 和 (A.1.7), 那么就可以用通常的组合计数公式来计算其取法数目.

现在考察满足条件 (A.1.5) 和 (A.1.6) 的数组. 如果令

$$i_l=j_l-(l-1)m,\quad l=2,3,\cdots,k,$$

那么显然有

$$1\leqslant i_1<i_2<\cdots<i_k\leqslant n-(k-1)m,$$

并且还有

$$i_2-i_1>0,\ \ i_3-i_2>0,\ \ \cdots,\ \ i_k-i_{k-1}>0.$$

因此, $i_1,i_2,\cdots,i_k$ 就是从数集 $\{1,2,\cdots,n-(k-1)m\}$ 中任意取出的 k 个不同的数. 反之, 如果 $1\leqslant i_1<i_2<\cdots<i_k\leqslant n-(k-1)m$ 是从数集 $\{1,2,\cdots,n-(k-1)m\}$ 中任意取出的 k 个不同的数, 那么只要令

$$j_l=i_l+(l-1)m,\quad l=2,3,\cdots,k,$$

就易见有 (A.1.5) 和 (A.1.6) 成立, 上述两种变换互为反变换, 并且是一一对应的, 因此这两个取数问题的取法数目相等. 由此我们得出

大间距组合模式 如果要从数集 $\{1,2,\cdots,n\}$ 中取出 k 个不同的数, 使之满足条件 (A.1.5) 和 (A.1.6), 那么所有不同的取法数目为

$$\binom{n-(k-1)m}{k}. \tag{A.1.8}$$

有趣的是, 我们可以把**可重组合**看成**0 间距组合**, 即把式 (A.1.7) 中的 m 看成 -1, 并且利用 (A.1.8) 计算其组合数目, 得知有 $\dbinom{n-(k-1)m}{k}=\dbinom{n+k-1}{k}$ 种不同的可重组合方式. 其结论与我们前面给出的结果相同.

有了上面的讨论, 我们就可以解答如下的问题了.

例 A.1.5　10 男 4 女随机地站成一行, 求每两位女士之间都至少间隔两位男士的概率.

解　样本空间 Ω 仍然是由 14 人站成一行的所有不同排法组成, 故 $|\Omega| = 14!$. 如果用 B 表示任何两位女士之间都至少间隔两位男士的事件, 则事件 B 由一切满足要求的排法组成, 我们来看如何计算 $|B|$.

我们先对 14 个位置进行分配, 即要从 14 个位置中挑出 4 个位置给女士. 由于任何两位女士之间都至少间隔两位男士, 所以属于 $n = 14$, $k = 4$, $m = 2$ 的大间距组合问题, 故由式 (A.1.8) 知有 $\binom{n-(k-1)m}{k} = \binom{8}{4}$ 种位置分配方式.

再让男士们和女士们在所分得的位置上排列, 即得

$$|B| = \binom{8}{4} \cdot 10! \cdot 4!,$$

所以

$$\mathbf{P}(B) = \frac{\binom{8}{4} \cdot 10! \cdot 4!}{14!} = \frac{\binom{8}{4}}{\binom{14}{4}} = \frac{70}{1001}.$$

值得一提的是, 上述答案还提供了本题的另外一条解题思路:

以 Ω 表示所有不同的位置分配方式, 则有 $|\Omega| = \binom{14}{4}$, 于是事件 B 由一切符合要求的位置分配方式组成, 即 $|B| = \binom{8}{4}$, 结果亦得

$$\mathbf{P}(B) = \frac{\binom{8}{4}}{\binom{14}{4}} = \frac{70}{1001}.$$

习　题　A.1

1. 证明下列恒等式:

(1) $\binom{n}{1} + 2\binom{n}{2} + 3\binom{n}{3} + \cdots + n\binom{n}{n} = n2^{n-1}$;

(2) $\binom{n}{1} - 2\binom{n}{2} + 3\binom{n}{3} - \cdots + (-1)^{n-1}n\binom{n}{n} = 0$;

(3) $\sum\limits_{k=0}^{a-r} \binom{a}{k+r}\binom{b}{k} = \binom{a+b}{a-r}$;

(4) $\binom{n}{0}^2+\binom{n}{1}^2+\cdots+\binom{n}{n}^2=\binom{2n}{n}$.

2. 某市的电话号码为 6 位数, 假定每位数字均可为 $0,1,2,\cdots,9$ 中任何一个数字, 试问: 该市可能有多少个 6 位数字均不相同的电话号码?

3. 5 种不同的半导体收音机和四种不同的电视机列成一排, 如果任何两台电视机不靠在一起, 共有多少种陈列方法?

4. 把 r_1 个不可分辨的白球和 r_2 个不可分辨的黑球放入 n 个盒中, 试求可区分的放法种数.

5. 把 r_1 个同样的骰子和 r_2 枚同样的硬币一起扔一次, 试问有多少可以区分的结果?

6. 将 r_1 个不可分辨的白球、r_1 个不可分辨的黑球、r_3 个不可分辨的红球进行排列, 试问有多少种可以区分的排列方式?

7. 将 n 个不同的球任意放入 n 个不同的盒中, 每球入各盒均为等可能. 试求: (1) 无空盒; (2) 1 号盒空着的概率.

8. 将 r 个相同的球放入编号为 $1\sim n$ 的 n 个盒中, 每球入各盒均为等可能. 试求如下各事件的概率: $A=\{$指定的 r 个盒中恰各一球$\}$; $B=\{$每盒至多 1 球$\}$; $C=\{$指定的盒中恰有 m 个球$\}$.

9. 将 3 个不同的球放入编号为 1, 2, 3, 4 的四个盒中, 每球入各盒均为等可能. 试求如下各事件的概率: (1) 恰有两个空盒; (2) 有球盒的最小编号为 2.

10. 假定任何一个人的生日在任一个月都是等概率的, 试求下述各事件的概率: (1) 12 个人的生日在 12 个不同的月份; (2) 6 个人的生日恰巧在两个月中.

11. (续) 给定 30 个人, 试求: 12 个月中有 6 个月恰巧包含两个人的生日, 有 6 个月恰巧包含 3 个人的生日的概率.

12. 一个人有 n 把钥匙, 但只有一把能打开门. 由于不知道哪一把能打开门, 他随机地用这些钥匙去试开. 因此, 每一把钥匙在每一次试验中被抽中的概率都是 n^{-1}, 这个人恰巧在第 r 次把门打开的概率是多少?

13. 某家有 4 个女孩, 她们去洗餐具. 在打破的 4 个餐具中有 3 个是最小女孩打破的. 因此人家说她笨. 她是否有理由申辩这完全是碰巧? 试讨论此问题与随机放球入盒模型的联系.

14. 某工作人员在某一星期里, 曾经接待访问 12 次. 所有这 12 次的访问恰巧都在星期二和星期四. 试求该事件的概率. 是否可以断言他只在星期二和星期四接见访问者? 这 12 次访问没有一次在星期日, 是否可以断定星期日他根本不会客?

15. 在盛有号码 $1,2,\cdots,N$ 的球的箱子中有放回地摸了 n 次球, 依次记下其号码, 试求这些号码按严格上升次序排列的概率.

16. 求在上题中这些号码按非降 (不一定严格上升) 的次序排列的概率.

17. 任意从数列 $1,2,\cdots,N$ 中不放回地取出 n 个数, 并按大小排列为 $x_1<\cdots<x_m<\cdots<x_n$, 试求 $x_m=M$ 的概率 $(1\leqslant M\leqslant N)$.

18. n 个人随机地坐成一排或一圈, 试分别求出两种情况下, 在两个指定的人之间恰坐有 s 个人的概率.

19. 若 n 个人站成一横列, 其中有 A 和 B 两人, 问恰有 r 个人夹在 A 和 B 之间的概率为多少? 如果他们不是站成一列而是站成一圈. 试证这个概率与 r 无关, 而且它就是 $1/n$.

20. 为减少比赛的总次数, 将 $2n$ 个球队分为两组, 每组 n 个队. 试求如下事件的概率: 两个最强的球队被分在 (1) 不同组; (2) 同一组.

*A.2 一些概念和一些定理的证明

A.2.1 Poisson 过程初谈

在 3.5.1 节中, 我们出于近似计算二项分布概率的需要, 引入了 Poisson 分布. 但是, Poisson 分布的产生也有其自身的机制. 为了说明 Poisson 分布的产生机制, 下面要来初步介绍一下 Poisson 过程.

我们知道, 向 110 台的报警是一次次到来的; 自然灾害是一次次发生的; 放射性粒子是一个个放射出的; 等等. 它们都可以看成一种于随机时刻到来的 "质点流". 在这里, "质点" 和 "流" 都是一种形象的说法, 并且 "点" 到来的时间间隔都是随机变量. 如果对 $t \geqslant 0$, 以 X_t 表示在时刻 t 以前到来的质点数目, 亦即表示在时间区间 $[0,t)$ 中到来的质点数目, 我们将会证明, 在一定的条件下, 对任何 $t \geqslant 0$, 随机变量 X_t 都服从 Poisson 分布, 并且其参数与 t 有关. 显然, 对不同的 t, X_t 是不同的随机变量, 从而 $\{X_t,\ t \geqslant 0\}$ 是一族以 t 为参数的随机变量, 称为随机过程. 在这里, t 是一个时间参数, 所以称 $\{X_t,\ t \geqslant 0\}$ 为 "随机过程" 是非常形象的. 在概率论中, 也会遇到 t 不是时间参数的场合, 此时也沿用随机过程的名称.

下面来证明, 在一定的条件下, "随机质点流" 的数目形成 Poisson 过程.

如前所说, 对 $t \geqslant 0$, 随机变量 X_t 表示在时间区间 $[0,t)$ 中到来的质点数目, 因此对 $0 \leqslant t_1 < t_2$, 就有 $X_{t_1} \leqslant X_{t_2}$, 并且 $X_{t_2} - X_{t_1}$ 就是在时间区间 $[t_1, t_2)$ 中到来的质点数目.

定理 A.2.1 假设 "随机质点流" 的数目满足如下三个条件:

1° **独立增量性** 在不相交的时间区间中到来的质点数目相互独立, 即对任何 $0 \leqslant t_1 < t_2 \leqslant t_3 < t_4$, 都有随机变量 $X_{t_2} - X_{t_1}$ 与 $X_{t_4} - X_{t_3}$ 相互独立.

2° **平稳增量性** 随机变量 $X_{t+a} - X_a$ 的分布律只与时间区间 $[a, a+t)$ 的长度 t 有关, 而与其起点 a 无关, 从而可记

$$p_k(t) = \mathbf{P}(X_{t+a} - X_a = k).$$

3° **相继性** 在有限的时间区间中只有有限个质点来到, 即对任何 $t > 0$, 都有

$$\sum_{k=0}^{\infty} p_k(t) = \sum_{k=0}^{\infty} \mathbf{P}(X_t = k) = \mathbf{P}(X < \infty) = 1;$$

并且, 在充分小的时间间隔 t 中最多只来到一个质点, 即有

$$\sum_{k=2}^{\infty} p_k(t) = o(t), \quad t \to 0;$$

而且, 我们排除永无质点到来的无意义的情形, 即假定 $p_0(t)$ 不恒等于 1.

当如上三个条件满足时, 则存在常数 $\lambda > 0$, 使得对一切 $t > 0$ 都有

$$p_k(t) = \mathrm{e}^{-\lambda t}\frac{(\lambda t)^k}{k!}, \quad k = 0, 1, 2, \cdots \tag{A.2.1}$$

证明　对任意正数 t 和 Δt, 由全概率公式和独立增量性 1°, 得

$$p_k(t+\Delta t) = \sum_{j=0}^{k} p_{k-j}(t)p_j(\Delta t), \quad k = 0, 1, 2, \cdots. \tag{A.2.2}$$

当 $k = 0$ 时, 上式化为

$$p_0(t+\Delta t) = p_0(t)p_0(\Delta t). \tag{A.2.3}$$

由于 $p_0(t)$ 表示在时间区间 $[0, t)$ 中无质点到来的概率, 它显然关于 t 单调非增. 因此它作为函数方程 (A.2.3) 的有界单调解, 必具形式 (请读者自行证明):

$$p_0(t) = b^t, \quad t \geqslant 0,$$

其中 $0 \leqslant b \leqslant 1$. 如果 b 等于 1 或 0, 则必导致 $p_0(t)$ 等于 1 或 0, 而与上述假定 3° 相矛盾, 所以 b 为小于 1 的正数, 亦即存在某个常数 $\lambda > 0$ 使得 $b = \mathrm{e}^{-\lambda}$. 于是

$$p_0(t) = \mathrm{e}^{-\lambda t}, \quad t \geqslant 0. \tag{A.2.4}$$

此即表明式 (A.2.1) 对 $k = 0$ 成立.

假设式 (A.2.1) 已对 $k = m - 1$ 成立, 往证它也对 $k = m$ 成立. 由相继性 3° 知, 对任何 $k > 2$, 有

$$0 \leqslant \sum_{j=2}^{k} p_{k-j}(t)p_j(\Delta t) \leqslant \sum_{j=2}^{\infty} p_j(\Delta t) = o(\Delta t), \quad \Delta t \to 0.$$

从而由 (A.2.2) 和上式得

$$p_m(t+\Delta t) = p_m(t)p_0(\Delta t) + p_{m-1}(t)p_1(\Delta t) + o(\Delta t), \quad \Delta t \to 0. \tag{A.2.5}$$

由已证的式 (A.2.4) 知

$$p_0(\Delta t) = \mathrm{e}^{-\lambda\Delta t} = 1 - \lambda\Delta t + o(\Delta t), \quad \Delta t \to 0,$$

再利用 3° 相继性得

$$p_1(\Delta t) = 1 - p_0(\Delta t) - \sum_{j=2}^{\infty} p_j(\Delta t) = \lambda \Delta t + o(\Delta t), \quad \Delta t \to 0.$$

将上述两式代入 (A.2.5), 得

$$\frac{p_m(t+\Delta t) - p_m(t)}{\Delta t} + \lambda p_m(t) = \lambda p_{m-1}(t) + o(1), \quad \Delta t \to 0.$$

将 $k = m-1$ 时的式 (A.2.1) 代入其中, 并令 $\Delta t \to 0$, 即得

$$\frac{\mathrm{d}p_m(t)}{\mathrm{d}t} + \lambda p_m(t) = \frac{\lambda^m t^{m-1}}{(m-1)!}\mathrm{e}^{-\lambda t}.$$

事实上, 此时右端的极限存在, 从而左端的极限存在, 且与右端相等, 这不仅表明 $p_m(t)$ 的导数存在, 而且满足上面的等式. 再结合明显的初始条件 $p_m(0) = 0$(注意这里 $k \geqslant 1$), 便知上述微分方程的解是

$$p_m(t) = \mathrm{e}^{-\lambda t}\frac{(\lambda t)^m}{m!}.$$

满足此定理条件的质点流的计数过程 $\{X_t,\ t \geqslant 0\}$ 称为强度为 λ 的 Poisson 过程. 由平稳增量性和 (A.2.1) 知, 对任何 $t > 0$ 随机变量 X_t 都服从参数为 λt 的 Poisson 分布, 即有

$$\mathbf{P}(X_t = k) = \mathrm{e}^{-\lambda t}\frac{(\lambda t)^k}{k!}, \quad k = 0, 1, 2, \cdots.$$

这就很好地解释了 Poisson 分布的成因机制. 对 Poisson 过程的进一步研究属于随机过程论的内容.

A.2.2 反演公式与唯一性定理

由定义 5.4.1 以及其后面的讨论, 我们知: 特征函数 $f(t)$ 可以由分布函数 $F(x)$ 唯一确定. 现在要来讨论反过来的问题, 即分布函数 $F(x)$ 是否也可以由其特征函数 $f(t)$ 唯一确定? 换言之, 不同的分布函数可否对应同样的特征函数? 我们将明确地回答: 分布函数与特征函数**相互唯一确定**. 换言之, 不同的分布函数一定对应不同的特征函数. 为此要来证明特征函数 $f(t)$ 的反演公式.

下面先来证明数学分析中的一个结论.

引理 A.2.1 我们有

$$\lim_{x\to\infty}\int_0^x \frac{\sin au}{u}\mathrm{d}u = \frac{\pi}{2}\mathrm{sgn}\{a\}, \tag{A.2.6}$$

其中 sgn $\{a\}$ 是 a 的符号函数.

证明 记

$$I(a,x)=\int_0^x \frac{\sin au}{u}\mathrm{d}u,$$

通过作变量代换 $y=au$, 并注意被积函数是偶函数, 便知

$$\lim_{x\to\infty} I(a,x)=\lim_{x\to\infty}\ \mathrm{sgn}\{a\}I(1,x).$$

所以只需证明

$$\lim_{x\to\infty} I(1,x)=\lim_{x\to\infty}\int_0^x \frac{\sin u}{u}\mathrm{d}u=\frac{\pi}{2}.$$

将

$$\frac{1}{u}=\int_0^\infty \mathrm{e}^{-uv}\mathrm{d}v$$

代入 $I(1,x)$, 并交换积分顺序, 得

$$\begin{aligned}I(1,x)&=\int_0^x \sin u\left(\int_0^\infty \mathrm{e}^{-uv}\mathrm{d}v\right)\mathrm{d}u=\int_0^\infty\left(\int_0^x \mathrm{e}^{-uv}\sin u\mathrm{d}u\right)\mathrm{d}v\\&=\int_0^\infty\left(\frac{1}{1+v^2}-\frac{v\sin x+\cos x}{1+v^2}\mathrm{e}^{-vx}\right)\mathrm{d}v\\&=\frac{\pi}{2}-\int_0^\infty \frac{s\sin x+x\cos x}{x^2+s^2}\mathrm{e}^{-s}\mathrm{d}s.\end{aligned}$$

后一个积分中的被积函数被 e^{-s} 所控制, 再由 Lebesgue 控制收敛定理, 可知当 $x\to\infty$ 时, 该积分趋于 0. 引理证毕.

定理 A.2.2 (反演公式) 如果 $f(t)$ 是由式 (5.4.3) 所定义的特征函数, 则对任何 $a,b\in\mathbb{R}$, 都有

$$\frac{F(b)+F(b-0)}{2}-\frac{F(a)+F(a-0)}{2}=\lim_{c\to\infty}\frac{1}{2\pi}\int_{-c}^{c}\frac{\mathrm{e}^{-\mathrm{i}ta}-\mathrm{e}^{-\mathrm{i}tb}}{\mathrm{i}t}f(t)\mathrm{d}t. \tag{A.2.7}$$

证明 当 $a=b$ 时, 上式两端都为 0, 故可不妨设 $a<b$. 考察积分

$$\begin{aligned}J(c):&=\frac{1}{2\pi}\int_{-c}^{c}\frac{\mathrm{e}^{-\mathrm{i}ta}-\mathrm{e}^{-\mathrm{i}tb}}{\mathrm{i}t}f(t)\mathrm{d}t\\&=\frac{1}{2\pi}\int_{-c}^{c}\left(\int_{-\infty}^{\infty}\frac{\mathrm{e}^{-\mathrm{i}ta}-\mathrm{e}^{-\mathrm{i}tb}}{\mathrm{i}t}\mathrm{e}^{\mathrm{i}tx}\mathrm{d}F(x)\right)\mathrm{d}t.\end{aligned}$$

由于

$$\left|\frac{\mathrm{e}^{-\mathrm{i}ta}-\mathrm{e}^{-\mathrm{i}tb}}{\mathrm{i}t}\mathrm{e}^{\mathrm{i}tx}\right|=\frac{|\mathrm{e}^{\mathrm{i}t(b-a)}-1|}{|t|}\leqslant b-a,$$

所以积分 $J(c)$ 有限, 并且可以交换积分顺序, 故有

$$
\begin{aligned}
J(c)=&\frac{1}{2\pi}\int_{-\infty}^{\infty}\left(\int_{-c}^{c}\frac{\mathrm{e}^{-\mathrm{i}ta}-\mathrm{e}^{-\mathrm{i}tb}}{\mathrm{i}t}\mathrm{e}^{\mathrm{i}tx}\mathrm{d}t\right)\mathrm{d}F(x)\\
=&\frac{1}{\pi}\int_{-\infty}^{\infty}\left(\int_{0}^{c}\frac{\sin t(x-a)}{t}\mathrm{d}t-\int_{0}^{c}\frac{\sin t(x-b)}{t}\mathrm{d}t\right)\mathrm{d}F(x)\\
=&\frac{1}{\pi}\int_{-\infty}^{\infty}(I(x-a,c)-I(x-b,c))\,\mathrm{d}F(x).
\end{aligned}
$$

由引理 A.2.1 知

$$
\lim_{c\to\infty}\frac{1}{\pi}(I(x-a,c)-I(x-b,c))=\begin{cases}1, & a<x<b,\\ \dfrac{1}{2}, & x=a \text{ 或 } x=b,\\ 0, & x<a \text{ 或 } x>b.\end{cases}
$$

所以对一切 x 和足够大的 c, 该函数有界. 我们将 $J(c)$ 分为 5 部分, 并且运用 Lebesgue 控制收敛定理, 即得

$$
\begin{aligned}
\lim_{c\to\infty}J(c)=&\int_{(-\infty,a)}0\mathrm{d}F(x)+\int_{\{a\}}\frac{1}{2}\mathrm{d}F(x)+\int_{(a,b)}1\mathrm{d}F(x)\\
&+\int_{\{b\}}\frac{1}{2}\mathrm{d}F(x)+\int_{(b,\infty)}0\mathrm{d}F(x)\\
=&\frac{F(b)+F(b-0)}{2}-\frac{F(a)+F(a-0)}{2}.
\end{aligned}
$$

定理 A.2.3 (唯一性定理) 分布函数由特征函数唯一确定.

证明 将分布函数 $F(x)$ 的连续点集记为 $C(F)$, 设 $f(t)$ 为 $F(x)$ 的特征函数. 当 $a,b\in C(F)$ 时, 反演公式 (A.2.7) 变为

$$
F(b)-F(a)=\lim_{c\to\infty}\frac{1}{2\pi}\int_{-c}^{c}\frac{\mathrm{e}^{-\mathrm{i}ta}-\mathrm{e}^{-\mathrm{i}tb}}{\mathrm{i}t}f(t)\mathrm{d}t.
$$

先令 a 在 $C(F)$ 中趋于 $-\infty$, 即知 $F(x)$ 在任何 $x=b\in C(F)$ 处被 $f(t)$ 所唯一确定. 当 $x\notin C(F)$ 时, 可令 b 在 $C(F)$ 中单调下降趋于 x, 由 $F(x)$ 的右连续性, 即知 $F(x)$ 在任何 $x\in\mathbb{R}$ 处被都 $f(t)$ 唯一确定.

注 A.2.1 将定理 A.2.3 与特征函数的定义相结合, 我们可知: 分布函数与特征函数相互唯一确定.

定理 A.2.4 如果特征函数 $f(t)$ 绝对可积, 即

$$
\int_{-\infty}^{\infty}|f(t)|\mathrm{d}t<\infty, \tag{A.2.8}
$$

则对应的分布函数 $F(x)$ 为连续型, 且其密度函数为

$$p(x)=\frac{1}{2\pi}\int_{-\infty}^{\infty}f(t)\mathrm{e}^{-\mathrm{i}tx}\mathrm{d}t. \tag{A.2.9}$$

证明　任取 $b\in\mathbb{R}$, 令 $a_n\in C(F)$ 且 $a_n\uparrow b$, 有

$$\frac{F(b)+F(b-0)}{2}-F(a_n)\leqslant\frac{b-a_n}{2\pi}\int_{-\infty}^{\infty}|f(t)|\mathrm{d}t,$$

故由条件 (A.2.8) 知 $\dfrac{F(b)+F(b-0)}{2}-F(a_n)\downarrow 0$, 由于一般情况下为 $F(a_n)\uparrow F(b-0)$, 所以上述事实表明 $F(b)=F(a-0)$, 即 $F(x)$ 处处连续.

任取 $x\in\mathbb{R},\Delta x\neq 0$, 由反演公式得

$$\frac{F(x+\Delta x)-F(x)}{\Delta x}=\frac{1}{2\pi}\int_{-\infty}^{\infty}\frac{\mathrm{e}^{-\mathrm{i}tx}-\mathrm{e}^{-\mathrm{i}t(x+\Delta x)}}{\mathrm{i}t\Delta x}f(t)\mathrm{d}t,$$

一方面, 上式中的被积函数被可积的函数 $|f(t)|$ 所控制, 另一方面当 $\Delta x\to 0$ 时, 被积函数趋于 $\mathrm{e}^{-\mathrm{i}tx}f(t)$, 故由 Lebesgue 控制收敛定理得证式 (A.2.9).

A.2.3　连续性定理

特征函数是研究依分布收敛的有力工具. 我们将在本节中建立分布函数列的依分布收敛性与对应的特征函数列的逐点收敛性之间的联系.

先来讨论与弱收敛有关的一些问题. 容易证明如下的关于右连续有界非降函数列弱收敛的充分必要条件.

定理 A.2.5　设 $F(x)$ 和 $\{F_n(x),\ n\in\mathbb{N}\}$ 是一列定义在 $\mathbb{R}$ 上的有界非降的右连续函数, 则 $F_n(x)\xrightarrow{w}F(x)$ 的充分必要条件是: 对于 $C(F)$ 的某个稠密子集 D, 有

$$\lim_{n\to\infty}F_n(x)=F(x),\quad \forall x\in D. \tag{A.2.10}$$

证明　必要性显然. 往证充分性. 假设条件 (A.2.10) 成立, 任取 $x\in C(F)\backslash D$, 由于对任何 $y,z\in D$, 并且 $y<x<z$, 都有

$$F_n(y)\leqslant F_n(x)\leqslant F_n(z),$$

所以当 $n\to\infty$ 时, 由条件 (A.2.10) 可得

$$F(y)\leqslant\liminf_{n\to\infty}F_n(x)\leqslant\limsup_{n\to\infty}F_n(x)\leqslant F(z).$$

由于 $x\in C(F)$, 且 D 为稠密集, 所以当令 $y\in D\uparrow x,\ z\in D\downarrow x$ 时, 便得式 (6.2.2), 所以 $F_n(x)\xrightarrow{w}F(x)$.

首先介绍若干有关的概念和命题.

定理 A.2.6 (Helly 第一定理) 定义在 $\mathbb{R}$ 上的任何一列一致有界的非降右连续函数 $\{F_n(x),\ n\in\mathbb{N}\}$ 都是弱紧的, 即都存在 $\{F_n(x)\}$ 的一个子列 $\{F_{n_k}(x)\}$ 和一个定义在 $\mathbb{R}$ 上的有界非降的右连续函数 $F(x)$, 使得 $F_{n_k}(x)\xrightarrow{w}F(x)$.

证明 将 $\mathbb{R}$ 上的有理数集记为 $D=\{r_1,r_2,\cdots\}$. 由于 $\{F_n(r_1)\}$ 是一个有界数列, 所以存在子列 $\{F_{1,n}(r_1)\}$ 收敛到某个实数 $G(r_1)$. 由于 $\{F_{1,n}(r_2)\}$ 还是一个有界数列, 所以存在它的一个子列 $\{F_{2,n}(r_2)\}$ 收敛到某个实数 $G(r_2)$. 注意 $\{F_{2,n}\}$ 是 $\{F_{1,n}\}$ 的子列, 所以同时有

$$\lim_n F_{2,n}(r_1)=G(r_1),\quad \lim_n F_{2,n}(r_2)=G(r_2).$$

如此继续下去, 可得一串子列 $\{F_{m,n}\}$, $m\in\mathbb{N}$, 其中

$$\{F_{m,n}\}\subset\{F_{m+1,n}\},\quad \forall m\in\mathbb{N},$$

从而对每个 m, 都有

$$\lim_n F_{m,n}(r_k)=G(r_k),\quad k=1,2,\cdots,m. \tag{A.2.11}$$

这就是说, 得到了 $\{F_n\}$ 的如下的一串子列:

$$\begin{array}{ccccc} F_{1,1} & F_{1,2} & \cdots & F_{1,n} & \cdots \\ F_{2,1} & F_{2,2} & \cdots & F_{2,n} & \cdots \\ \vdots & \vdots & & \vdots & \\ F_{m,1} & F_{m,2} & \cdots & F_{m,n} & \cdots \\ \vdots & \vdots & & \vdots & \end{array}$$

使得 (A.2.11) 成立. 易知, 由这个阵列的对角线上的成员组成的序列 $\{F_{n,n}\}$ 仍然是 $\{F_n\}$ 的子列. 而且, $\{F_{n,n},\ n\geqslant 1\}$ 是 $\{F_{1,n}\}$ 的子列, 所以 $\lim\limits_n F_{n,n}(r_1)=G(r_1)$; 同时 $\{F_{n,n},\ n\geqslant 2\}$ 是 $\{F_{2,n}\}$ 的子列, 所以 $\lim\limits_n F_{n,n}(r_2)=G(r_2)$; $\cdots$; 一般地, $\{F_{n,n},\ n\geqslant k\}$ 是 $\{F_{k,n}\}$ 的子列, 所以 $\lim\limits_n F_{n,n}(r_k)=G(r_k)$. 总之, $\{F_{n,n}\}$ 作为 $\{F_n\}$ 的子列具有如下性质:

$$\lim_n F_{n,n}(r_k)=G(r_k),\quad \forall r_k\in D. \tag{A.2.12}$$

易见 $G(x)$ 是对一切 $x=r_k\in D$ 有定义的有界非降函数.

现在, 令

$$F(x)=\begin{cases} G(r_k), & \forall x=r_k\in D, \\ \inf\limits_{r_k>x} G(r_k), & x\notin D, \end{cases} \tag{A.2.13}$$

则 $F(x)$ 是对一切 $x \in \mathbb{R}$ 有定义的有界非降函数.

由于 $F(x)$ 在 $\mathbb{R}$ 的稠密子集 D 上与 $G(x)$ 重合, 所以由 (A.2.12) 式和定理 A.2.10 知 $F_{n,n}(x) \xrightarrow{w} F(x)$. 而由定义式 (A.2.13) 容易证明 $F(x)$ 右连续.

该定理证明中所使用的方法称为**对角线法**.

定理 A.2.7 (Helly 第二定理) 如果分布函数列 $F_n(x) \xrightarrow{d} F(x)$, 则对任何定义在 $\mathbb{R}$ 上的有界连续函数 $g(x)$, 都有

$$\lim_{n\to\infty}\int_{\mathbb{R}} g(x)\mathrm{d}F_n(x) = \int_{\mathbb{R}} g(x)\mathrm{d}F(x). \tag{A.2.14}$$

证明 可以采用定理 6.2.4 中部分 1° 的证法证明本定理, 现在给出另一证法. 由于分布函数列 $F_n(x) \xrightarrow{d} F(x)$, 所以 $F(x)$ 也是分布函数. 根据第 3 章有关内容知, 可以将 $(\Omega, \mathscr{F}, \mathbf{P})$ 取为区间 $(0,1)$ 上的几何型概率空间 (即令 $\Omega = (0,1)$, $\mathscr{F} = \mathscr{B}\cap(0,1)$, $\mathbf{P}$ 为 Lebesgue 测度), 再令 (反函数 F^{-1} 的定义参阅定义 3.3.3)

$$X(\omega) = F^{-1}(\omega), \quad X_n(\omega) = F_n^{-1}(\omega), \quad \forall\, n\in\mathbb{N}, \quad \forall\, \omega\in(0,1).$$

则 X 和 X_n 的分布函数分别为 $F(x)$ 和 $F_n(x)$. 此时有 $\omega = F(x)$, $x\in\mathbb{R}$. 由于 $\omega = F(x)$ 与 $x := F^{-1}(\omega)$, $\omega\in(0,1)$ 均单调非降, 它们互为反函数, 有相同的图像, 故由 $F_n(x) \xrightarrow{d} F(x)$ 可以推出 $\lim\limits_{n\to\infty} F_n^{-1}(\omega) = F^{-1}(\omega)$, $\omega\in C(F^{-1})$. 由于 $C(F^{-1})$ 稠密于区间 $(0,1)$, 所以 $X_n = F_n^{-1}$(相对于 Lebesgue 测度) 几乎处处收敛到 $X = F^{-1}$. 我们可以改变 $\omega\notin C(F^{-1})$ 时的 $X(\omega)$ 和 $X_n(\omega)$ 的定义, 例如, 把它们都定义为 0, 使得 X 和 X_n 的分布函数仍然分别为 $F(x)$ 和 $F_n(x)$, 并且 $X_n = F_n^{-1}$ 处处收敛到 $X = F^{-1}$. 由于 $g(x)$ 为连续有界函数, 所以 $g(X_n)$ 处处收敛到 $g(X)$. 再由 Lebesgue 控制收敛定理, 即得

$$\lim_{n\to\infty}\int_{\mathbb{R}} g(x)\mathrm{d}F_n(x) = \lim_{n\to\infty}\mathbf{E}g(X_n) = \mathbf{E}g(X) = \int_{\mathbb{R}} g(x)\mathrm{d}F(x).$$

下面介绍本节的最主要的结论 (连续性定理) 及其证明.

定理 A.2.8 (连续性定理) 1° 设 $F(x)$ 和 $\{F_n(x),\, n\in\mathbb{N}\}$ 都是分布函数, $f(t)$ 和 $\{f_n(t),\, n\in\mathbb{N}\}$ 是它们对应的特征函数. 如果 $F_n(x) \xrightarrow{d} F(x)$, 则有

$$\lim_{n\to\infty} f_n(t) = f(t), \quad \forall t\in\mathbb{R}, \tag{A.2.15}$$

并且这种收敛性在任何有界闭区间上对 t 一致成立.

2° 如果 $\{f_n(t),\, n\in\mathbb{N}\}$ 是一列特征函数, $\{F_n(x),\, n\in\mathbb{N}\}$ 是它们对应的分布函数, 如果存在一个在 $t=0$ 处连续的定义在 $\mathbb{R}$ 上的函数 $f(t)$ 使得式 (A.2.15) 成立, 则 $f(t)$ 是一个特征函数, 并且对于它所对应的分布函数 $F(x)$, 有

$$F_n(x) \xrightarrow{d} F(x).$$

证明 1° 如果 $F_n(x) \xrightarrow{d} F(x)$, 则由于对任何 $t \in \mathbb{R}$, 函数 $g_t(x) = \mathrm{e}^{\mathrm{i}tx}$ 都是定义在 $\mathbb{R}$ 上的有界连续函数, 所以由 Helly 第二定理立得式 (A.2.15). 故只需证明这种收敛性在任何有界闭区间上对 t 一致成立. 易知只需对 $\forall t_0 > 0$, 将这种界闭区间取为 $[-t_0, t_0]$.

任给 $\varepsilon > 0$, 可取充分大的正数 $A \in C(F)$, 使得

$$\int_{|x|>A} \mathrm{d}F(x) = F(-A) + 1 - F(A) < \varepsilon.$$

由于

$$\lim_{n\to\infty} F_n(A) = F(A), \quad \lim_{n\to\infty} F_n(-A) = F(-A),$$

所以当 n 充分大时, 就有

$$\int_{|x|>A} \mathrm{d}F_n(x) = F_n(-A) + 1 - F_n(A) < 2\varepsilon.$$

我们有

$$\begin{aligned}&|f_n(t) - f(t)| = \left|\int_{\mathbb{R}} \mathrm{e}^{\mathrm{i}tx}\mathrm{d}F_n(x) - \int_{\mathbb{R}} \mathrm{e}^{\mathrm{i}tx}\mathrm{d}F(x)\right| \\ \leqslant& \int_{|x|>A} \mathrm{d}F_n(x) + \int_{|x|>A} \mathrm{d}F(x) + \left|\int_{|x|\leqslant A} \mathrm{e}^{\mathrm{i}tx}\mathrm{d}F_n(x) - \int_{|x|\leqslant A} \mathrm{e}^{\mathrm{i}tx}\mathrm{d}F(x)\right|,\end{aligned}$$

所以只需证明, 当 $n \to \infty$ 时, 有

$$\left|\int_{-A}^{A} \mathrm{e}^{\mathrm{i}tx}\mathrm{d}F_n(x) - \int_{-A}^{A} \mathrm{e}^{\mathrm{i}tx}\mathrm{d}F(x)\right|$$

对 $|t| \leqslant t_0$ 一致趋于 0.

我们有

$$\left|\mathrm{e}^{\mathrm{i}tx} - \mathrm{e}^{\mathrm{i}ty}\right| = \left|\mathrm{e}^{\mathrm{i}ty}\left(\mathrm{e}^{-\mathrm{i}t(x-y)} - 1\right)\right| \leqslant |x - y|.$$

取 $-A = x_0 < x_1 < \cdots < x_m = A$ 充分密, 使得 $x_j \in C(F)$, $j = 0, 1, \cdots, m$, 且使得 $t_0(x_{j+1} - x_j) < \varepsilon$, $j = 0, 1, \cdots, m-1$. 于是就有

$$\sup_{|t|\leqslant t_0} \sup_{x_j\leqslant x\leqslant x_{j+1}} \left|\mathrm{e}^{\mathrm{i}tx} - \mathrm{e}^{\mathrm{i}tx_j}\right| < \varepsilon, \quad j = 0, 1, \cdots, m-1.$$

我们有

$$
\begin{aligned}
&\sup_{|t|\leqslant t_0}\left|\int_{-A}^{A}\mathrm{e}^{\mathrm{i}tx}\mathrm{d}F_n(x)-\int_{-A}^{A}\mathrm{e}^{\mathrm{i}tx}\mathrm{d}F(x)\right| \\
\leqslant &\sum_{j=0}^{m-1}\sup_{|t|\leqslant t_0}\left|\int_{x_j}^{x_{j+1}}\mathrm{e}^{\mathrm{i}tx}\mathrm{d}F_n(x)-\int_{x_j}^{x_{j+1}}\mathrm{e}^{\mathrm{i}tx}\mathrm{d}F(x)\right| \\
\leqslant &\sum_{j=0}^{m-1}\sup_{|t|\leqslant t_0}\left|\int_{x_j}^{x_{j+1}}\left(\mathrm{e}^{\mathrm{i}tx}-\mathrm{e}^{\mathrm{i}tx_j}\right)\mathrm{d}F_n(x)\right|+\sum_{j=0}^{m-1}\sup_{|t|\leqslant t_0}\left|\int_{x_j}^{x_{j+1}}\left(\mathrm{e}^{\mathrm{i}tx}-\mathrm{e}^{\mathrm{i}tx_j}\right)\mathrm{d}F(x)\right| \\
+&\sum_{j=0}^{m-1}\sup_{|t|\leqslant t_0}\left|\int_{x_j}^{x_{j+1}}\mathrm{e}^{\mathrm{i}tx_j}\mathrm{d}F_n(x)-\int_{x_j}^{x_{j+1}}\mathrm{e}^{\mathrm{i}tx_j}\mathrm{d}F(x)\right|:=I_{1,n}+I_{2,n}+I_{3,n}.
\end{aligned}
$$

显然有

$$
\begin{aligned}
I_{1,n}&\leqslant\sum_{j=0}^{m-1}\int_{x_j}^{x_{j+1}}\sup_{|t|\leqslant t_0}\left|\mathrm{e}^{\mathrm{i}tx}-\mathrm{e}^{\mathrm{i}tx_j}\right|\mathrm{d}F_n(x) \\
&<\varepsilon\sum_{j=0}^{m-1}\int_{x_j}^{x_{j+1}}F_n(x)=\varepsilon\int_{-A}^{A}\mathrm{d}F_n(x)\leqslant\varepsilon.
\end{aligned}
$$

同理 $I_{2,n}<\varepsilon$. 我们来看 $I_{3,n}$. 易知

$$
\begin{aligned}
I_{3,n}&=\sum_{j=0}^{m-1}\sup_{|t|\leqslant t_0}\left|\mathrm{e}^{\mathrm{i}tx_j}\Big((F_n(x_{j+1})-F_n(x_j))-(F(x_{j+1})-F(x_j))\Big)\right| \\
&\leqslant 2\sum_{j=0}^{m}|F_n(x_j)-F(x_j)|.
\end{aligned}
$$

由于 $x_j\in C(F),\ j=0,1,\cdots,m-1$, 所以只要 n 充分大时, 就有

$$
|F_n(x_j)-F(x_j)|<\frac{\varepsilon}{2(m+1)},\quad j=0,1,\cdots,m-1,
$$

故而就有 $I_{3,n}<\varepsilon$. 综合上述, 即得 (A.2.15) 式对 $|t|\leqslant t_0$ 一致成立.

2° 由于 $\{F_n(x),\ n\in\mathbb{N}\}$ 是弱紧的, 所以存在定义于 $\mathbb{R}$ 上的有界非降右连续的函数 $\widetilde{F}(x)$ 和 $\{F_n(x),\ n\in\mathbb{N}\}$ 的一个子列 $\{F_{n_k}(x),\ k\in\mathbb{N}\}$, 使得

$$
F_{n_k}(x)\xrightarrow{w}\widetilde{F}(x).
$$

易知 $\widetilde{F}(-\infty)\geqslant 0,\ \widetilde{F}(\infty)\leqslant 1$. 假设

$$
\alpha:=\widetilde{F}(\infty)-\widetilde{F}(-\infty)<1. \tag{A.2.16}
$$

由于函数 $f(t)$ 在 $t=0$ 处连续且使得式 (A.2.15) 成立, 所以 $f(0)=1$, 并且对任意的 $0<\varepsilon<1-\alpha$, 存在足够小的 $\delta>0$, 使得

$$\frac{1}{2\delta}\left|\int_{-\delta}^{\delta} f(t)\mathrm{d}t\right| > \alpha+\frac{\varepsilon}{2}. \tag{A.2.17}$$

由于 $F_{n_k}(x)\xrightarrow{w}\widetilde{F}(x)$, 故结合式 (A.2.16), 知存在 $b>\dfrac{4}{\varepsilon\delta}$, 使得 $\pm b\in C(\widetilde{F})$, 当 k 充分大时, 有

$$\alpha_k := F_{n_k}(b)-F_{n_k}(-b)<\alpha+\frac{\varepsilon}{4}.$$

注意到

$$\left|\int_{-\delta}^{\delta}\mathrm{e}^{\mathrm{i}tx}\mathrm{d}t\right|\leqslant 2\delta;\quad \left|\int_{-\delta}^{\delta}\mathrm{e}^{\mathrm{i}tx}\mathrm{d}t\right| = \left|\frac{2}{x}\sin\delta x\right|\leqslant\frac{2}{b},\quad |x|>b,$$

故又有

$$\begin{aligned}
&\frac{1}{2\delta}\left|\int_{-\delta}^{\delta} f_{n_k}(t)\mathrm{d}t\right| = \frac{1}{2\delta}\left|\int_{-\infty}^{\infty}\left(\int_{-\delta}^{\delta}\mathrm{e}^{\mathrm{i}tx}\mathrm{d}t\right)\mathrm{d}F_{n_k}(x)\right| \\
\leqslant &\frac{1}{2\delta}\left|\int_{-b}^{b}\left(\int_{-\delta}^{\delta}\mathrm{e}^{\mathrm{i}tx}\mathrm{d}t\right)\mathrm{d}F_{n_k}(x)\right| + \frac{1}{2\delta}\left|\int_{|x|\geqslant b}\left(\int_{-\delta}^{\delta}\mathrm{e}^{\mathrm{i}tx}\mathrm{d}t\right)\mathrm{d}F_{n_k}(x)\right| \\
\leqslant &\alpha_k+\frac{1}{b\delta}<\alpha_k+\frac{\varepsilon}{4}<\alpha+\frac{\varepsilon}{2}.
\end{aligned}$$

此与 (A.2.17) 式相矛盾. 所以必有 $\alpha=\widetilde{F}(\infty)-\widetilde{F}(-\infty)=1$, 亦即 $\widetilde{F}(x)$ 为分布函数, 于是就有 $F_{n_k}(x)\xrightarrow{d}\widetilde{F}(x)$. 这样一来, 由 1° 即知, $\{f_{n_k}(t)\}$ 收敛到 $\widetilde{F}(x)$ 的特征函数. 结合式 (A.2.15) 得知 $f(t)$ 就是分布函数 $\widetilde{F}(x)$ 的特征函数. 从而由唯一性定理知 $\widetilde{F}(x)=F(x)$.

下面再证 $F_n(x)\xrightarrow{d}F(x)$. 用反证法. 如果 $F_n(x)\overset{d}{\nrightarrow}F(x)$, 那么由于去掉子列 $\{F_{n_k}(x),\ k\in\mathbb{N}\}$ 后的 $\{F_n(x),\ n\in\mathbb{N}\}$ 仍然是弱紧的, 从而其中存在另一个子列 $\{F_{m_k}(x),\ k\in\mathbb{N}\}$ 弱收敛到另一个不同于 $F(x)$ 的有界非降右连续的函数 $G(x)$. 重复上述证明可知 $G(x)$ 也是以 $f(t)$ 为特征函数的分布函数, 于是与唯一性定理产生矛盾. 所以 $F_n(x)\xrightarrow{d}F(x)$.

*A.3 统计学中的三大分布

统计学中的三大分布是指 χ^2 分布、t 分布和 F 分布, 它们都与相互独立的标准正态随机变量的函数有关. 这三大分布在统计推断中具有重要应用.

A.3.1 χ^2 分布

我们已经在 3.4.4 小节中引入过 χ^2 分布的定义, 那里是把 χ^2 分布作为 Γ 分布 $\Gamma(\lambda, r)$ 的特例看待的. 即把参数 $\lambda = \frac{1}{2}$, $r = \frac{n}{2}$ 的 Γ 分布称为 "自由度为 n 的 χ^2 分布". 现在我们要来进一步讨论 χ^2 分布. χ^2 分布在数理统计中具有重要意义, 它是现代统计学的奠基人之一的 Karl Pearson 提出来的, 是统计学中的一个非常有用的著名分布.

在数理统计中把自由度为 n 的 χ^2 分布记为 χ^2_n, 并把其密度函数记为 $k_n(x)$. 容易看出, 如果在 Γ 分布的密度函数 (参阅式 (4.4.7)) 中令 $\lambda = \frac{1}{2}$, $r = \frac{n}{2}$, 即可得到

$$k_n(x) = \frac{1}{\Gamma\left(\frac{n}{2}\right) 2^{\frac{n}{2}}} \mathrm{e}^{-\frac{x}{2}} x^{\frac{n-2}{2}}, \quad x > 0, \tag{A.3.1}$$

其中有一个参数 $n \in \mathbb{N}$. 为了纪念 Karl Pearson 的功劳, 人们把分布 χ^2_n 称为 "自由度为 n 的 Pearson χ^2 分布". 如下的定理表明: χ^2_n 分布与 n 个相互独立的标准正态随机变量的平方和有关, 这也是 "自由度 n" 的含义所在.

定理 A.3.1 设随机变量 $X_1, X_2, \cdots, X_n$ 相互独立, 都服从标准正态分布 $\mathcal{N}(0,1)$, 令

$$Y = X_1^2 + X_2^2 + \cdots + X_n^2,$$

则 Y 的分布就是 χ^2_n.

证明 在例 3.6.7 中, 我们已经求得 $Y = X_1^2$ 的密度函数是

$$k_1(x) = \frac{1}{\sqrt{2\pi x}} \exp\left\{-\frac{x}{2}\right\}, \quad x > 0.$$

由于 $\Gamma\left(\frac{1}{2}\right) = \sqrt{\pi}$, 所以式 (A.3.1) 对 $n = 1$ 成立. 假设结论对 $n = m$ 成立, 我们来看 $n = m + 1$. 由密度函数的卷积公式知

$$\begin{aligned} k_{m+1}(x) &= \int_{-\infty}^{\infty} k_m(u) k_1(x-u) \mathrm{d}u = \int_0^x k_m(u) k_1(x-u) \mathrm{d}u \\ &= \frac{1}{\Gamma\left(\frac{m}{2}\right) 2^{\frac{m}{2}} \cdot \Gamma\left(\frac{1}{2}\right) 2^{\frac{1}{2}}} \mathrm{e}^{-\frac{x}{2}} \int_0^x u^{\frac{m-2}{2}} (x-u)^{-\frac{1}{2}} \mathrm{d}u. \end{aligned} \tag{A.3.2}$$

在上述积分中作变量替换 $u = xt$, 得到

$$\int_0^x u^{\frac{m-2}{2}}(x-u)^{-\frac{1}{2}}\mathrm{d}u = x^{\frac{m-1}{2}}\int_0^1 t^{\frac{m-2}{2}}(1-t)^{-\frac{1}{2}}\mathrm{d}t$$

$$= x^{\frac{m-1}{2}}\mathrm{B}\left(\frac{m}{2},\frac{1}{2}\right) = x^{\frac{m-1}{2}}\frac{\Gamma\left(\frac{m}{2}\right)\Gamma\left(\frac{1}{2}\right)}{\Gamma\left(\frac{m+1}{2}\right)},$$

将上述结果代入式 (A.3.2), 即知式 (A.3.1) 对 $n = m+1$ 成立.

如下的定理刻画了 χ^2 分布的卷积封闭性:

定理 A.3.2 如果随机变量 Y_1 与 Y_2 相互独立, 其中 Y_1 服从分布 χ^2_n, Y_2 服从分布 χ^2_m, 则 Y_1+Y_2 服从分布 χ^2_{n+m}.

证明 我们可以利用密度函数的卷积公式证明之, 也可以利用定理 A.3.1 得出结论. 事实上, 如果取 $n+m$ 个相互独立同服从标准正态分布的随机变量 $X_1, X_2, \cdots, X_{n+m}$, 令

$$Y_1 = X_1^2 + \cdots + X_n^2, \quad Y_1 = X_{n+1}^2 + \cdots + X_{n+m}^2,$$

则 Y_1 与 Y_2 相互独立, 并且 $Y_1 \sim \chi^2_n$, $\quad Y_2 \sim \chi^2_m$, 而

$$Y_1 + Y_2 = X_1^2 + \cdots + X_{n+m}^2,$$

所以由定理 A.3.1 知 $Y_1 + Y_2 \sim \chi^2_{n+m}$.

由例 4.4.2 知道: 若干个参数相同的指数分布的卷积是 Γ 分布, 如下的定理则进一步描述了 χ^2 分布与服从相同参数的指数分布的独立随机变量之和的分布的关系.

定理 A.3.3 如果随机变量 $X_1, X_2, \cdots, X_n$ 相互独立, 都服从参数为 $\lambda > 0$ 的指数分布, 则

$$Y = 2\lambda(X_1 + X_2 + \cdots + X_n) \sim \chi^2_{2n}.$$

证明 由式 (4.4.7) 知, $X_1 + X_2 + \cdots + X_n$ 的密度函数是

$$p_n(x) = \frac{\lambda^n}{\Gamma(n)}x^{n-1}\mathrm{e}^{-\lambda x}, \quad x > 0.$$

而

$$F_Y(x) = \mathbf{P}\left(X_1 + X_2 + \cdots + X_n \leqslant \frac{x}{2\lambda}\right),$$

所以 Y 的密度函数等于

$$\frac{\mathrm{d}}{\mathrm{d}x}F_Y(x) = \frac{1}{2\lambda}p_n\left(\frac{x}{2\lambda}\right) = \frac{1}{2\lambda}\frac{\lambda^n}{\Gamma(n)}\left(\frac{x}{2\lambda}\right)^{n-1}\mathrm{e}^{-\frac{x}{2}} = \frac{1}{\Gamma(n)2^n}\mathrm{e}^{-\frac{x}{2}}x^{n-1}, \quad x > 0,$$

即为 $k_{2n}(x)$.

A.3.2 t 分布

不难证明, 对任何 $n \in \mathbb{N}$, 如下的函数都是一个概率密度函数:

$$t_n(x) = \frac{\Gamma\left(\dfrac{n+1}{2}\right)}{\sqrt{n\pi}\Gamma\left(\dfrac{n}{2}\right)}\left(1+\frac{x^2}{n}\right)^{-\frac{n+1}{2}}, \quad x \in \mathbb{R}. \tag{A.3.3}$$

我们把这个密度函数称为 "自由度为 n 的 t 分布" 的密度函数, 以 $X \sim t_n$ 表示随机变量 X 服从自由度为 n 的 t 分布.

t 分布是由英国统计学家 W. Gosset 于 1907 年首次以笔名 Student 发表的, 所以有时也将它称为 "学生氏分布", 它也是数理统计学中的最重要的分布之一. 由式 (A.3.3) 看出, 该分布的密度函数关于原点对称, 其图形与标准正态分布 $\mathcal{N}(0,1)$ 密度函数的图形非常相似. 事实上, 当 n 很大时, t 分布的确很接近于标准正态分布. 在数理统计学和 A.3.3 节中, 将会进一步讨论它的性质. 我们先在这里给出一个定理, 介绍 t 分布的产生背景.

定理 A.3.4 设随机变量 Y_1 与 Y_2 独立, 其中 $Y_1 \sim \chi_n^2$, 而 Y_2 服从标准正态分布 $\mathcal{N}(0,1)$. 令

$$Z = \frac{Y_2}{\sqrt{\dfrac{Y_1}{n}}},$$

则有 $Z \sim t_n$.

证明 记 $X = \sqrt{\dfrac{Y_1}{n}}$, 先来求 X 的密度函数 $g_n(x)$. 由于

$$\mathbf{P}(X \leqslant x) = \mathbf{P}\left(\sqrt{\frac{Y_1}{n}} \leqslant x\right) = \mathbf{P}(Y_1 \leqslant nx^2) = \int_0^{nx^2} k_n(u)\mathrm{d}u,$$

所以只要在上式两端对 x 求导, 即得 X 的密度函数 $g_n(x)$ 为

$$g_n(x) = 2nxk_n(nx^2).$$

再对

$$p(x,y) = \varphi(x)g_n(y) = \frac{1}{\sqrt{2\pi}}\mathrm{e}^{-\frac{x^2}{2}} \cdot 2nyk_n(ny^2)$$

应用两个独立随机变量之商的密度公式 (4.4.7), 得知 $Z = \dfrac{Y_2}{\sqrt{\dfrac{Y_1}{n}}}$ 的密度函数为

$$\frac{1}{\sqrt{2\pi}}\frac{1}{\Gamma\left(\frac{n}{2}\right)2^{\frac{n}{2}}}\int_0^{\infty}2nt^2\mathrm{e}^{-\frac{nt^2}{2}}\left(nt^2\right)^{\frac{n-2}{2}}\mathrm{e}^{-\frac{(tx)^2}{2}}\mathrm{d}t$$

$$=\frac{1}{\sqrt{2\pi}}\frac{1}{\Gamma\left(\frac{n}{2}\right)2^{\frac{n}{2}}}2n^{\frac{n}{2}}\int_0^{\infty}t^n\exp\left\{-\frac{1}{2}(nt^2+t^2x^2)\right\}\mathrm{d}t. \tag{A.3.4}$$

作变量替换

$$u=\frac{1}{2}(nt^2+t^2x^2),\quad 即t=\sqrt{\frac{2u}{n+x^2}},$$

上式中的积分变为

$$\frac{1}{2}\left(\frac{2}{n+x^2}\right)^{\frac{n+1}{2}}\int_0^{\infty}\mathrm{e}^{-u}u^{\frac{n-1}{2}}\mathrm{d}u=\frac{1}{2}\left(\frac{2}{n+x^2}\right)^{\frac{n+1}{2}}\Gamma\left(\frac{n+1}{2}\right),$$

以此代入式 (A.3.4), 即得 Z 的密度函数为如式 (A.3.3) 所示的 $t_n(x)$.

A.3.3 *F* 分布

F 分布是以著名统计学家 Fisher 的名字命名的, 它是指以以下的函数作为密度函数的分布:

$$f_{mn}(x)=m^{\frac{m}{2}}n^{\frac{n}{2}}\frac{\Gamma\left(\frac{m+n}{2}\right)}{\Gamma\left(\frac{m}{2}\right)\Gamma\left(\frac{n}{2}\right)}x^{\frac{m}{2}-1}(mx+n)^{-\frac{m+n}{2}},\quad x>0, \tag{A.3.5}$$

其中有两个参数 $m,n\in\mathbb{N}$, 故称为 "参数为 m,n 的 F 分布"(注意 m 与 n 的地位不对称, 不能弄错顺序), 并记为 F_{mn}. F 分布也是数理统计学中的一个重要分布, 有很多应用.

定理 A.3.5 设随机变量 Y_1 与 Y_2 独立, 其中 $Y_1\sim\chi_n^2$, 而 $Y_2\sim\chi_m^2$, 令

$$Z=\frac{\frac{1}{m}Y_2}{\frac{1}{n}Y_1},$$

则有 $Z\sim F_{mn}$.

证明 由于 Y_1 与 Y_2 相互独立, 所以 $\frac{1}{n}Y_1$ 与 $\frac{1}{m}Y_2$ 也相互独立. 易知 $\frac{1}{n}Y_1$ 与 $\frac{1}{m}Y_2$ 的密度函数分别为 $nk_n(nx)$ 和 $mk_m(my)$, 应用公式 (4.4.8), 得知 Z 的密度函

数为

$$
\begin{aligned}
& mn\int_0^\infty tk_n(nt)k_m(mtx)\mathrm{d}t \\
= & mn\frac{1}{\Gamma\left(\frac{m}{2}\right)2^{\frac{m}{2}}\Gamma\left(\frac{n}{2}\right)2^{\frac{n}{2}}}\int_0^\infty t\mathrm{e}^{-\frac{nt}{2}}(nt)^{\frac{n-2}{2}}\mathrm{e}^{-\frac{mtx}{2}}(mtx)^{\frac{m-2}{2}}\mathrm{d}t \\
= & \frac{1}{2^{\frac{m+n}{2}}\Gamma\left(\frac{m}{2}\right)\Gamma\left(\frac{n}{2}\right)}m^{\frac{m}{2}}n^{\frac{n}{2}}x^{\frac{m}{2}-1}\int_0^\infty \mathrm{e}^{-\frac{1}{2}(mx+n)t}x^{\frac{m+n}{2}-1}\mathrm{d}t. \qquad \text{(A.3.6)}
\end{aligned}
$$

作变量替换 $u=\frac{1}{2}(mx+n)t$, 上式中的积分化为

$$
2^{\frac{m+n}{2}}(mx+n)^{-\frac{m+n}{2}}\int_0^\infty \mathrm{e}^{-u}u^{\frac{m+n}{2}-1}\mathrm{d}u=2^{\frac{m+n}{2}}(mx+n)^{-\frac{m+n}{2}}\Gamma\left(\frac{m+n}{2}\right).
$$

以此代入式 (A.3.6), 即知 Z 的密度函数为 $f_{mn}(x)$.

A.3.4 三大分布在统计中的重要性

三大分布之所以在数理统计中具有重要应用, 主要是由于它们具有下面所要介绍的几个性质. 先来介绍两个重要的统计量.

设 $X_1, X_2, \cdots, X_n$ 为独立同分布的随机变量, 令

$$
\overline{X}=\frac{1}{n}\sum_{k=1}^n X_k, \quad S^2=\frac{1}{n-1}\sum_{k=1}^n (X_k-\overline{X})^2, \qquad \text{(A.3.7)}
$$

则 $\overline{X}$ 和 S^2 在数理统计中分别称为样本均值和样本方差, 是重要的统计量. 三大分布都与正态分布 $\mathcal{N}(a,\sigma^2)$ 的样本均值和样本方差的函数有关.

由第 5 章有关知识知道:

引理 A.3.1 如果随机变量 $X_1, X_2, \cdots, X_n$ 相互独立, 都服从正态分布 $\mathcal{N}(a,\sigma^2)$. 则有

$$
\frac{\sqrt{n}(\overline{X}-a)}{\sigma}\sim\mathcal{N}(0,1). \qquad \text{(A.3.8)}
$$

引理 A.3.2 如果随机变量 $X_1, X_2, \cdots, X_n$ 相互独立, 都服从正态分布 $\mathcal{N}(a,\sigma^2)$. 则 $\overline{X}$ 与 S^2 相互独立.

证明 只需证明 $\sqrt{n}\cdot\overline{X}$ 与 $\sum\limits_{k=1}^{n}(X_k-\overline{X})^2$ 相互独立. 找一个正交方阵 $\boldsymbol{O}$, 它的第一行都是 $\dfrac{1}{\sqrt{n}}$, 作正交变换

$$\begin{pmatrix} Y_1 \\ Y_2 \\ \vdots \\ Y_n \end{pmatrix} = \boldsymbol{O}\begin{pmatrix} X_1 \\ X_2 \\ \vdots \\ X_n \end{pmatrix}. \tag{A.3.9}$$

于是有

$$Y_1=\frac{1}{\sqrt{n}}\sum_{k=1}^{n}x_k=\sqrt{n}\cdot\overline{X},$$

并且由于 $\boldsymbol{O}$ 为正交方阵, 上述变换不改变平方和, 所以 $\sum\limits_{k=1}^{n}Y_k^2=\sum\limits_{k=1}^{n}X_k^2$.

我们知道 $X_1,X_2,\cdots,X_n$ 的联合密度函数为

$$\begin{aligned} p(x_1,x_2,\cdots,x_n)&=\frac{1}{(\sqrt{2\pi}\sigma)^n}\exp\left\{-\frac{1}{2\sigma^2}\sum_{k=1}^{n}(x_k-a)^2\right\} \\ &=\frac{1}{(\sqrt{2\pi}\sigma)^n}\exp\left\{-\frac{1}{2\sigma^2}\left(\sum_{k=1}^{n}x_k^2-2a\sum_{k=1}^{n}x_k+na^2\right)\right\}. \end{aligned} \tag{A.3.10}$$

令

$$\begin{pmatrix} x_1 \\ x_2 \\ \vdots \\ x_n \end{pmatrix} = \boldsymbol{O}^{\mathrm{T}}\begin{pmatrix} y_1 \\ y_2 \\ \vdots \\ y_n \end{pmatrix},$$

上述变换不改变平方和, 所以 $\sum\limits_{k=1}^{n}y_k^2=\sum\limits_{k=1}^{n}x_k^2$, 并且 $\sum\limits_{k=1}^{n}x_k=\sqrt{n}y_1$. 又因为正交方阵的行列式为 1, 所以由定理 4.4.4 知随机向量 $(Y_1,Y_2,\cdots,Y_n)$ 的联合密度函数为

$$\begin{aligned} q(y_1,y_2,\cdots,y_n)&=\frac{1}{(\sqrt{2\pi}\sigma)^n}\exp\left\{-\frac{1}{2\sigma^2}\left(\sum_{k=1}^{n}y_k^2-2a\sqrt{n}y_1+na^2\right)\right\} \\ &=\frac{1}{\sqrt{2\pi}\sigma}\mathrm{e}^{-\frac{(y_1-\sqrt{n}a)^2}{2\sigma^2}}\cdot\prod_{k=2}^{n}\frac{1}{\sqrt{2\pi}\sigma}\mathrm{e}^{-\frac{y_k^2}{2\sigma^2}}. \end{aligned}$$

这个结果表明随机变量 $Y_1,Y_2,\cdots,Y_n$ 相互独立, 并且

$$Y_1\sim\mathcal{N}(\sqrt{n}a,\sigma^2);\quad Y_k\sim\mathcal{N}(0,\sigma^2),\quad k=2,\cdots,n.$$

从而 Y_1 与 $\sum\limits_{k=2}^{n} Y_k^2$ 独立. 但是有

$$\sum_{k=2}^{n} Y_k^2 = \sum_{k=1}^{n} Y_k^2 - Y_1^2 = \sum_{k=1}^{n} X_k^2 - \frac{1}{n}\left(\sum_{k=1}^{n} X_k\right)^2 = \sum_{k=1}^{n}(X_k - \overline{X})^2, \quad \text{(A.3.11)}$$

所以 $Y_1 = \sqrt{n}\cdot\overline{X}$ 与 $\sum\limits_{k=1}^{n}(X_k - \overline{X})^2$ 独立.

定理 A.3.6　如果随机变量 $X_1, X_2, \cdots, X_n$ 相互独立, 都服从正态分布 $\mathcal{N}(a, \sigma^2)$. 则有

$$\frac{(n-1)S^2}{\sigma^2} = \frac{1}{\sigma^2}\sum_{k=1}^{n}(X_k - \overline{X})^2 \sim \chi_{n-1}^2. \quad \text{(A.3.12)}$$

证明　按照式 (A.3.9) 作正交变换, 就有

$$(n-1)S^2 = \sum_{k=1}^{n}(X_k - \overline{X})^2 = \sum_{k=2}^{n} Y_k^2$$

是 $n-1$ 个相互独立的服从正态分布 $\mathcal{N}(0, \sigma^2)$ 的随机变量的和, 所以 $\dfrac{(n-1)S^2}{\sigma^2}$ 是 $n-1$ 个相互独立的服从标准正态分布 $\mathcal{N}(0, 1)$ 的随机变量的和, 故得结论.

定理 A.3.7　如果随机变量 $X_1, X_2, \cdots, X_n$ 相互独立, 都服从正态分布 $\mathcal{N}(a, \sigma^2)$. 则有

$$\frac{\sqrt{n}(\overline{X} - a)}{S} \sim t_{n-1}.$$

证明　由引理 A.3.1, 定理 A.3.6 和定理 A.3.4 即得.

附表 I　常用分布表

分布名称	参数	概率密度	期望	方差	生成函数	特征函数	备注
退化分布 (一点分布)	c	$\begin{pmatrix} c \\ 1 \end{pmatrix}$	c	0		$\mathrm{e}^{\mathrm{i}ct}$	关于参数 c 有再生性
Bernoulli 分布 (两点分布)	p $0<p<1$	$\begin{pmatrix} 0 & 1 \\ q & p \end{pmatrix}$	p	pq	$q+ps$	$q+p\mathrm{e}^{\mathrm{i}t}$	是 $n=1$ 时的二项分布
二项分布 $b(k;n,p)$	$n\geqslant 1$ $0<p<1$	$\begin{pmatrix} n \\ k \end{pmatrix} p^k q^{n-k}$, $k=0,1,\cdots,n$	np	npq	$(q+ps)^n$	$(q+p\mathrm{e}^{\mathrm{i}t})^n$	关于 n 有再生性
几何分布 $g(k;p)$	p $0<p<1$	$q^{k-1}p$, $k=1,2,\cdots$	$\dfrac{1}{p}$	$\dfrac{q}{p^2}$	$\dfrac{ps}{1-qs}$	$\dfrac{p\mathrm{e}^{\mathrm{i}t}}{1-q\mathrm{e}^{\mathrm{i}t}}$	是 $r=1$ 的 Pascal 分布; 无记忆
Pascal 分布 (负二项分布) $f(k;r,p)$	r,p r为自然数 $0<p<1$	$\begin{pmatrix} k-1 \\ r-1 \end{pmatrix} p^r q^{k-r}$ $k=r,r+1,\cdots$	$\dfrac{r}{p}$	$\dfrac{rq}{p^2}$	$\left(\dfrac{ps}{1-qs}\right)^r$	$\left(\dfrac{p\mathrm{e}^{\mathrm{i}t}}{1-q\mathrm{e}^{\mathrm{i}t}}\right)^r$	关于 r 有再生性
Poisson 分布 $p(k;\lambda)$	λ $\lambda>0$	$\dfrac{\lambda^k}{k!}\mathrm{e}^{-\lambda}$, $k=0,1,2,\cdots$	λ	λ	$\mathrm{e}^{\lambda(s-1)}$	$\mathrm{e}^{\lambda(\mathrm{e}^{\mathrm{i}t}-1)}$	关于 λ 有再生性
超几何分布	M,N,n 均为自然数	$\dfrac{\begin{pmatrix} M \\ k \end{pmatrix}\begin{pmatrix} N-M \\ n-k \end{pmatrix}}{\begin{pmatrix} N \\ n \end{pmatrix}}$ $k=0,1,\cdots,n$	$\dfrac{nM}{N}$	$\dfrac{nM}{N}\left(1-\dfrac{M}{N}\right)\dfrac{N-n}{N-1}$			

续表

分布名称	参数	概率密度	期望	方差	生成函数	特征函数	备注
均匀分布 $U(a,b)$	a,b $a<b$	$\dfrac{1}{b-a}$, $a<x<b$	$\dfrac{a+b}{2}$	$\dfrac{(b-a)^2}{12}$		$\dfrac{\mathrm{e}^{\mathrm{i}tb}-\mathrm{e}^{\mathrm{i}ta}}{\mathrm{i}t(b-a)}$	
正态分布 $N(a,\sigma^2)$	a,σ^2 $\sigma>0$	$\dfrac{1}{\sigma\sqrt{2\pi}}\mathrm{e}^{-\frac{(x-a)^2}{2\sigma^2}}$, $-\infty<x<+\infty$	a	σ^2		$\mathrm{e}^{\mathrm{i}at-\frac{1}{2}\sigma^2t^2}$	关于 a,σ^2 有再生性
指数分布	λ $\lambda>0$	$\lambda\mathrm{e}^{-\lambda x}$, $x>0$	$\dfrac{1}{\lambda}$	$\dfrac{1}{\lambda^2}$		$\left(1-\dfrac{\mathrm{i}t}{\lambda}\right)^{-1}$	是 $\Gamma(\lambda,1)$ 分布; 无记忆
Gamma 分布 $\Gamma(\lambda,r)$	λ,r $\lambda,r>0$	$\dfrac{\lambda^r}{\Gamma(r)}x^{r-1}\mathrm{e}^{-\lambda x}$, $x>0$	$\dfrac{r}{\lambda}$	$\dfrac{r}{\lambda^2}$		$\left(1-\dfrac{\mathrm{i}t}{\lambda}\right)^{-r}$	关于参数 r 有再生性
χ^2 分布 $\chi^2(n)$	n $n\geqslant1$	$\dfrac{1}{2^{\frac{n}{2}}\Gamma\left(\frac{n}{2}\right)}x^{\frac{n}{2}-1}\mathrm{e}^{-\frac{x}{2}}$, $x>0$	n	$2n$		$(1-2\mathrm{i}t)^{-\frac{n}{2}}$	关于 n 有再生性; 是 $\Gamma\left(\dfrac{1}{2},\dfrac{n}{2}\right)$ 分布; 是正态平方和的分布
Cauchy 分布 $C(\lambda,\mu)$	λ,μ $\lambda>1$	$\dfrac{1}{\pi}\dfrac{\lambda}{\lambda^2+(x-\mu)^2}$, $-\infty<x<+\infty$	不存在	不存在		$\mathrm{e}^{\mathrm{i}\mu t-\lambda\lvert t\rvert}$	是 $t(1)$ 分布; 是正态之商的分布; 关于 λ,μ 有再生性
Rayleigh 分布	σ $\sigma>0$	$\dfrac{x}{\sigma^2}\mathrm{e}^{-\frac{x^2}{2\sigma^2}}$, $x>0$	$\sqrt{\dfrac{\pi}{2}}\sigma$	$\left(2-\dfrac{\pi}{2}\right)\sigma^2$			是 $\chi^2(2)$ 随机变量之算术根的分布

续表

分布名称	参数	概率密度	期望	方差	生成函数	特征函数	备注
对数正态分布	a,σ $\sigma>0$	$\dfrac{1}{\sigma x\sqrt{2\pi}}\mathrm{e}^{-\frac{(\ln x-a)^2}{2\sigma^2}}$, $x>0$	$\mathrm{e}^{a+\frac{\sigma^2}{2}}$	$\mathrm{e}^{2a+\sigma^2}(\mathrm{e}^{\sigma^2}-1)$			是 e^{ξ} 的分布，其中 ξ 为 $\mathcal{N}(a,\sigma^2)$ 随机变量
Weibull 分布	α,λ $\alpha,\lambda>0$	$\alpha\lambda x^{\alpha-1}\mathrm{e}^{-\lambda x^{\alpha}}$, $x>0$	$\Gamma\left(\dfrac{1}{\alpha}+1\right)\cdot\lambda^{-\frac{1}{\alpha}}$	$\lambda^{-\frac{2}{\alpha}}\left[\Gamma\left(\dfrac{2}{\alpha}+1\right)-\left(\Gamma\left(\dfrac{1}{\alpha}+1\right)\right)^2\right]$			
Laplace分布	λ,μ $\lambda>0$	$\dfrac{1}{2\lambda}\mathrm{e}^{-\frac{\lvert x-\mu\rvert}{\lambda}}$, $-\infty<x<+\infty$	μ	$2\lambda^2$		$\dfrac{\mathrm{e}^{\mathrm{i}\mu t}}{1+\lambda^2t^2}$	
t 分布 $t(n)$	n $n\geqslant 1$	$\dfrac{\Gamma\left(\frac{n+1}{2}\right)}{\sqrt{n\pi}\Gamma\left(\frac{n}{2}\right)}\cdot\left(1+\dfrac{x^2}{n}\right)^{-\frac{n-1}{2}}$ $-\infty<x<+\infty$	0 $(n>1)$	$\dfrac{n}{n-2}$ $(n>2)$			是独立的正态与 χ^2 分布之商的分布
F 分布 $F(m,n)$	m,n $m,n\geqslant 1$	$\dfrac{m^{\frac{m}{2}}n^{\frac{n}{2}}}{B\left(\frac{m}{2},\frac{n}{2}\right)}x^{\frac{m}{2}-1}$, $(n+mx)^{-\frac{m+n}{2}},x>0$	$\dfrac{n}{n-2}$ $(n>2)$	$\dfrac{2n^2(m+n-2)}{m(n-2)^2(n-4)}$ $(n>4)$			是独立 χ^2 分布之商的分布
Beta 分布	α,β $\alpha,\beta>0$	$\dfrac{\Gamma(\alpha+\beta)}{\Gamma(\alpha)\Gamma(\beta)}\cdot$ $x^{\alpha-1}(1-x)^{\beta-1}$, $0<x<1$	$\dfrac{\alpha}{\alpha+\beta}$	$\dfrac{\alpha\beta}{(\alpha+\beta)^2(\alpha+\beta+1)}$			

附表 II Poisson 分布数值表

$$p(k;\lambda)=\frac{\lambda^k}{k!}\mathrm{e}^{-\lambda}$$

k	λ							
	0.1	0.2	0.3	0.4	0.5	0.6	0.7	0.8
0	0.904837	0.818731	0.740818	0.670320	0.606531	0.548812	0.496585	0.449329
1	0.090484	0.163746	0.222245	0.268128	0.303265	0.329287	0.347610	0.359463
2	0.004524	0.016375	0.033337	0.053626	0.075816	0.098786	0.121663	0.143785
3	0.000151	0.001092	0.003334	0.007150	0.012636	0.019757	0.028388	0.038343
4	0.000004	0.000055	0.000250	0.000715	0.001580	0.002964	0.004968	0.007669
5	–	0.000002	0.000015	0.000057	0.000158	0.000356	0.000696	0.001227
6	–	–	0.000001	0.000004	0.000013	0.000036	0.000081	0.000164
7	–	–	–	–	0.000001	0.000003	0.000008	0.000019
8	–	–	–	–	–	–	0.000001	0.000002

k	λ							
	0.9	1.0	1.5	2.0	2.5	3.0	3.5	4.0
0	0.406570	0.367879	0.223130	0.135335	0.082065	0.040787	0.030197	0.018316
1	0.365913	0.367879	0.334695	0.270671	0.205212	0.149361	0.150091	0.073263
2	0.164661	0.183940	0.251021	0.270671	0.256516	0.224042	0.184959	0.146525
3	0.049398	0.061313	0.125510	0.180117	0.213763	0.224042	0.215785	0.195367
4	0.011115	0.015328	0.047067	0.090224	0.133602	0.168031	0.188812	0.195367
5	0.002001	0.003066	0.014120	0.036089	0.066801	0.100819	0.132169	0.156293
6	0.000300	0.000511	0.003530	0.012030	0.027834	0.050409	0.077098	0.104196
7	0.000039	0.000073	0.000756	0.003437	0.009941	0.021604	0.038549	0.059540
8	0.000004	0.000009	0.000142	0.000859	0.003106	0.008102	0.016865	0.029770
9	–	0.000001	0.000024	0.000191	0.000863	0.002701	0.006559	0.013231
10	–	–	0.000004	0.000038	0.000216	0.000810	0.002296	0.005292
11	–	–	–	0.000007	0.000049	0.000221	0.000730	0.001925
12	–	–	–	0.000001	0.000010	0.000055	0.000213	0.000642
13	–	–	–	–	0.000002	0.000013	0.000057	0.000197
14	–	–	–	–	–	0.000003	0.000014	0.000056
15	–	–	–	–	–	0.000001	0.000003	0.000015
16	–	–	–	–	–	–	0.000001	0.000004
17	–	–	–	–	–	–	–	0.000001

续表

k	λ							
	4.5	5.0	5.5	6.0	7.0	8.0	9.0	10.0
0	0.011109	0.006738	0.004087	0.002479	0.000912	0.000335	0.000123	0.000045
1	0.049990	0.033690	0.022477	0.014873	0.006383	0.002684	0.001111	0.000454
2	0.112479	0.084224	0.061813	0.044618	0.022341	0.010735	0.004998	0.002270
3	0.168718	0.140374	0.113323	0.089235	0.052129	0.028626	0.014994	0.007567
4	0.189808	0.175467	0.155819	0.133853	0.091226	0.057252	0.033737	0.018917
5	0.170827	0.175467	0.171401	0.160623	0.127717	0.091604	0.060727	0.037833
6	0.128120	0.146223	0.157117	0.160623	0.149003	0.122138	0.091090	0.063055
7	0.082363	0.014445	0.123449	0.137677	0.149003	0.139587	0.117116	0.090079
8	0.046329	0.065278	0.084871	0.103258	0.130337	0.139587	0.131756	0.112599
9	0.023165	0.036266	0.051866	0.068838	0.101405	0.124077	0.131756	0.125110
10	0.010424	0.018133	0.028526	0.041303	0.070983	0.099262	0.118580	0.125110
11	0.004264	0.008242	0.014263	0.022529	0.045171	0.072190	0.097020	0.113736
12	0.001599	0.003434	0.006537	0.011262	0.026350	0.048127	0.072765	0.094780
13	0.000554	0.001321	0.002766	0.005199	0.014188	0.029616	0.050376	0.072908
14	0.000178	0.000472	0.001087	0.002288	0.007094	0.016924	0.032384	0.052077
15	0.000053	0.000157	0.000398	0.000891	0.003311	0.009026	0.019431	0.034718
16	0.000015	0.000049	0.000137	0.000336	0.001448	0.004513	0.010960	0.021699
17	0.000004	0.000014	0.000044	0.000118	0.000596	0.002124	0.005768	0.012764
18	0.000001	0.000004	0.000014	0.000039	0.000232	0.000944	0.002893	0.007091
19	–	0.000001	0.000004	0.000012	0.000085	0.000397	0.001370	0.003732
20	–	–	0.000001	0.000004	0.000030	0.000159	0.000617	0.001866
21	–	–	–	0.000001	0.000010	0.000061	0.000264	0.000889
22	–	–	–	–	0.000003	0.000022	0.000108	0.000404
23	–	–	–	–	0.000001	0.000008	0.000042	0.000176
24	–	–	–	–	–	0.000003	0.000016	0.000073
25	–	–	–	–	–	0.000001	0.000006	0.000029
26	–	–	–	–	–	–	0.000002	0.000011
27	–	–	–	–	–	–	0.000001	0.000004
28	–	–	–	–	–	–	–	0.000001
29	–	–	–	–	–	–	–	0.000001

附表III 标准正态分布数值表

$$\Phi(x)=\frac{1}{\sqrt{2\pi}}\int_{-\infty}^{x}\mathrm{e}^{-\frac{t^2}{2}}\,\mathrm{d}t$$

x	0.00	0.01	0.02	0.03	0.04	0.05	0.06	0.07	0.08	0.09
0.0	0.5000	0.5040	0.5080	0.5120	0.5160	0.5199	0.5239	0.5279	0.5319	0.5359
0.1	0.5398	0.5438	0.5478	0.5517	0.5557	0.5596	0.5636	0.5675	0.5714	0.5753
0.2	0.5793	0.5832	0.5871	0.5910	0.5943	0.5987	0.6026	0.6064	0.6103	0.6141
0.3	0.6179	0.6217	0.6255	0.6293	0.6631	0.6368	0.6406	0.6443	0.6480	0.6517
0.4	0.6554	0.6591	0.6628	0.6664	0.6700	0.6736	0.6772	0.6808	0.6844	0.6879
0.5	0.6915	0.6950	0.6985	0.7019	0.7054	0.7088	0.7123	0.7157	0.7190	0.7224
0.6	0.7257	0.7291	0.7324	0.7357	0.7389	0.7422	0.7454	0.7486	0.7517	0.7549
0.7	0.7580	0.7611	0.7642	0.7673	0.7704	0.7734	0.7764	0.7794	0.7823	0.7852
0.8	0.7881	0.7910	0.7939	0.7967	0.7995	0.8023	0.8051	0.8078	0.8106	0.8133
0.9	0.8159	0.8186	0.8212	0.8238	0.8264	0.8289	0.8315	0.8340	0.8365	0.8389
1.0	0.8413	0.8438	0.8461	0.8485	0.8508	0.8531	0.8554	0.8577	0.8599	0.8621
1.1	0.8543	0.8665	0.8686	0.8708	0.8729	0.8749	0.8770	0.8790	0.8810	0.8830
1.2	0.8849	0.8869	0.8888	0.8907	0.8925	0.8944	0.8962	0.8980	0.8997	0.9015
1.3	0.9032	0.9049	0.9066	0.9085	0.9099	0.9115	0.9131	0.9147	0.9162	0.9177
1.4	0.9192	0.9507	0.9222	0.9236	0.9251	0.9265	0.9278	0.9292	0.9306	0.9319
1.5	0.9332	0.9345	0.9357	0.9370	0.9382	0.9394	0.9406	0.9418	0.9430	0.9441
1.6	0.9452	0.9463	0.9474	0.9484	0.9495	0.9505	0.9515	0.9525	0.9535	0.9545
1.7	0.9554	0.9564	0.9573	0.9582	0.9591	0.9599	0.9608	0.9616	0.9625	0.9633
1.8	0.9641	0.9649	0.9656	0.9664	0.9671	0.9678	0.9686	0.9693	0.9700	0.9706
1.9	0.9713	0.9719	0.9726	0.9732	0.9738	0.9744	0.9750	0.9756	0.9762	0.9767
2.0	0.9772	0.9778	0.9783	0.9788	0.9793	0.9798	0.9803	0.9808	0.9812	0.9817
2.1	0.9821	0.9826	0.9831	0.9834	0.9838	0.9842	0.9846	0.9850	0.9854	0.9857
2.2	0.9861	0.9864	0.9868	0.9871	0.9875	0.9878	0.9881	0.9884	0.9887	0.9890
2.3	0.9893	0.9896	0.9898	0.9901	0.9904	0.9906	0.9909	0.9911	0.9913	0.9916
2.4	0.9918	0.9920	0.9922	0.9925	0.9927	0.9929	0.9931	0.9932	0.9934	0.9936
2.5	0.9938	0.9940	0.9941	0.9943	0.9945	0.9946	0.9948	0.9949	0.9951	0.9952
2.6	0.9953	0.9955	0.9956	0.9957	0.9959	0.9960	0.9961	0.9962	0.9963	0.9964
2.7	0.9965	0.9966	0.9967	0.9968	0.9969	0.9970	0.9971	0.9972	0.9973	0.9974
2.8	0.9974	0.9975	0.9976	0.9977	0.9977	0.9978	0.9979	0.9979	0.9980	0.9981
2.9	0.9981	0.9982	0.9982	0.9983	0.9984	0.9984	0.9985	0.9985	0.9986	0.9986
3.0	0.9987	0.9987	0.9987	0.9988	0.9988	0.9989	0.9989	0.9989	0.9990	0.9990
3.2	0.9993	0.9993	0.9994	0.9994	0.9994	0.9994	0.9994	0.9995	0.9995	0.9995
3.4	0.9997	0.9997	0.9997	0.9997	0.9997	0.9997	0.9997	0.9997	0.9997	0.9998
3.6	0.9998	0.9998	0.9999	0.9999	0.9999	0.9999	0.9999	0.9999	0.9999	0.9999
3.8	0.9999	0.9999	0.9999	0.9999	0.9999	0.9999	0.9999	0.9999	0.9999	0.9999
$\Phi(4.0)=0.999948329$				$\Phi(5.0)=0.9999997133$				$\Phi(6.0)=0.9999999990$		